AF380876

Handbuch der Baugrunderkundung

Julian Lehn, M.Sc. · Marvin Willikens

Handbuch der Baugrunderkundung

Geräte und Verfahren

2. Auflage

Founding Author: Heinrich Otto Buja

Julian Lehn, M.Sc.
Bad Grund, Deutschland

Marvin Willikens
Korb, Deutschland

ISBN 978-3-658-45051-9   ISBN 978-3-658-45052-6 (eBook)
https://doi.org/10.1007/978-3-658-45052-6

Die Deutsche Nationalbibliothek verzeichnet diese Publikation in der Deutschen Nationalbibliografie; detaillierte bibliografische Daten sind im Internet über https://portal.dnb.de abrufbar.

Planung/Lektorat: Ralf Harms
Springer Vieweg ist ein Imprint der eingetragenen Gesellschaft Springer Fachmedien Wiesbaden GmbH und ist ein Teil von Springer Nature.
Die Anschrift der Gesellschaft ist: Abraham-Lincoln-Str. 46, 65189 Wiesbaden, Germany

Wenn Sie dieses Produkt entsorgen, geben Sie das Papier bitte zum Recycling.

Vorwort zur überarbeiteten Auflage

Die Baugrunderkundung und die darauf aufbauenden Baugrund- und Gründungsempfehlungen bilden das Fundament jeder fundierten Planung und Ausführung im Bauwesen. Sie liefert unverzichtbare Informationen über die Beschaffenheit des Untergrundes bzw. des vorgesehenen Baugrundes und ist damit die Grundlage für eine technisch zuverlässige, sichere und wirtschaftliche Projektumsetzung.

Das vorliegende Handbuch der Baugrunderkundung erscheint nun in seiner zweiten, überarbeiteten und erweiterten Auflage. Es basiert auf dem grundlegenden Werk von Heinrich-Otto Buja († 2023), der mit großer fachlicher Tiefe und jahrzehntelanger Erfahrung im Spezialtiefbau einen bedeutenden Beitrag zur geotechnischen Fachliteratur geleistet hat. Sein Wissen und seine praxisnahen Darstellungen bilden bis heute die Grundlage dieses Handbuchs.

Mit dieser Auflage war es unser Ziel, die Inhalte in wesentlichen Teilen zu aktualisieren und um neue Entwicklungen zu ergänzen. Ebenso wurden u. a. die Kapitel zu Qualitätssicherung und rechtlichen Rahmenbedingungen durch Gastautoren überarbeitet und erweitert. So reagiert das Handbuch auf die zunehmend komplexen Anforderungen der geotechnischen Planung und Ausführung.

Das Handbuch richtet sich weiterhin an Fachleute aus der Baubranche und dem Fachgebiet Geotechnik, an Planerinnen und Planer, ausführende Unternehmen sowie an Studierende. Unser Anspruch war es, sowohl ein praxisorientiertes Nachschlagewerk als auch eine zuverlässige Wissensbasis für die tägliche Arbeit und Ausbildung bereitzustellen.

Die vorliegende zweite Auflage versteht sich dabei nicht als Abschluss, sondern als Zwischenstand in einem fortlaufenden Prozess. Künftige Überarbeitungen sollen das Werk kontinuierlich weiterentwickeln und an neue technische, rechtliche und methodische Anforderungen anpassen.

Ein besonderer Dank gilt den Gastautorinnen und -autoren sowie allen Kolleginnen und Kollegen, die durch die Überarbeitung bestehender Kapitel sowie durch eigene Fachbeiträge wesentlich zur Qualität und Aktualität dieser Ausgabe beigetragen haben. Ihre Expertise und ihr Engagement haben diese Auflage entscheidend bereichert und das Werk auf eine breitere fachliche Basis gestellt.

Stuttgart, Deutschland   Julian Lehn
30.06.2025   Marvin Willikens

Ein wesentliches Teilgebiet des Bauwesens ist der Erd- und Grundbau, der weitgehend unter dem Sammelbegriff Geotechnik zusammengefasst wird. Teilgebiete sind u. a. die Baugrunderkundung, die Ingenieurgeologie und der Spezialtiefbau.

Alle Lasten und Einwirkungen aus Bauwerken müssen auf oder in unsere Mutter Erde geleitet werden. Immer größeren Lasten stehen stetig kleiner werdende Flächenangebote gegenüber. Viele große Baumaßnahmen können somit nur noch mit erheblichen unterirdischen Anstrengungen realisiert werden. Hier setzt der Spezialtiefbau als der Teil der Geotechnik an, dessen Produkte sich so tief im Baugrund befinden, dass eine unmittelbare Einsichtnahme während der Herstellung und somit eine direkte Funktionskontrolle nicht möglich ist. Planung, Ausführung und Qualitätssicherung erfordern auf diesem Gebiet besondere Kenntnisse, Geräte und Verfahren, deren Entwicklung einer ständigen Verbesserung und Innovation unterworfen ist.

Die Baugrunderkundung schafft die Voraussetzungen für die Beurteilung der erforderlichen Maßnahmen (Beherrschung des vorhandenen Grundwassers, Gründungs- und Verbaumaßnahmen u. v. a. m.) und Belastungen des Baugrundes. Fehler bei diesen Erkundungen können schwerwiegende Folgen haben. Daher sind eine gute Ausbildung und eine verantwortungsvolle Durchführung dieser Arbeiten unabdingbar.

Die Geotechnik ist sehr komplex und kann verständlicherweise nicht zusammenhängend dargestellt werden. Dieses Buch befasst sich vorrangig mit der Baugrunderkundung und der Ingenieurgeologie. Ferner werden solche Bereiche behandelt, die zur Verbesserung des Baugrundes beitragen bzw. die das Arbeiten im Baugrund erschweren, wie z. B. das Wasser im Baugrund. Des Weiteren wird die Möglichkeit aufgezeigt, die vorhandene Wärmeenergie des Bodens durch die Geothermie zu nutzen.

Weitere Themen sind die Qualitätssicherung, die Vertrags- und Rechtsfragen im Spezialtiefbau sowie die Sicherheitstechnik. In einem kurzen Beitrag wird auf die außerbetriebliche Aus- und Weiterbildung im Brunnen- und Spezialtiefbau hingewiesen.

Das Fachgebiet Geotechnik hat in den letzten Jahrzehnten laufend an Umfang und Bedeutung im Bauingenieurwesen gewonnen. Die Lehrinhalte der Geotechnik sind jedoch keine reinen Rechenfächer. Grundlagen für ein erfolgreiches Arbeiten auf diesem Gebiet sind neben sicheren theoretischen und experimentellen Kenntnissen deren praktische Zusammenhänge und Anwendungen in der Baupraxis.

Das Literaturangebot bezüglich der labormäßigen Bearbeitung in der Bodenmechanik sowie der Grundbauberechnungen ist mehr als ausreichend. Eine Lücke stellt hier immer noch die Durchführungsseite sowie die Gerätetechnik dar. Verstärkt wird dieses Problem mit den immer kürzer werdenden Praktikumszeiten und z. T. dem Mangel an praktischer Vorerfahrung.

Diesem Problem hat sich der Verfasser bereits in seinen Fachbüchern „Handbuch der Baugrunderkundung – Gerät und Verfahren" und „Handbuch der Baugrunderkundung – Gerät und Verfahren" (beide 1999 u. 2001 – Werner Verlag) sowie „Praxishandbuch der Ramm- und Vibrationstechnik" (2007 – Bauwerk Verlag) gewidmet. Wie auch in den vorgenannten Büchern steht auch in dem vorliegenden Buch die Verfahrens- und Gerätetechnik im Vordergrund.

Das Buch ist für Studierende als Begleitmaterial für Universitäten, Fachhochschulen, Berufsfachschulen und Fachlehrgänge gedacht. Weiterhin soll es Nachschlagewerk für den in der beruflichen Praxis stehenden Ingenieur dienen. Die Rückmeldungen und Kritiken auf die o. g. Bücher haben aber auch gezeigt, dass die ausführenden Unternehmen, Fachingenieure und ausschreibende Stellen großes Interesse an dieser Fachliteratur zeigen.

Murrhardt, Deutschland											Heinrich Otto Buja
15.06.2008

Interessenkonflikt

Die Autor*innen haben keine für den Inhalt dieses Manuskripts relevanten Interessenkonflikte.

Inhaltsverzeichnis

Tabellenverzeichnis

Die Baugrunderkundung

1.1 Allgemeines

Der Baugrund gehört strenggenommen zu den Baustoffen und bildet unter anderem mit der Gründung von Bauwerken jeglicher Art die Grundlage für das Bauvorhaben. Über dessen Beschaffenheit und Eigenschaften müssen bei der Planung eines Bauvorhabens ausreichend gesicherte Erkenntnisse vorliegen. Durch die Verknappung und damit Verteuerung des Baugrundes wird inzwischen zwangsläufig auch auf Bereiche zurückgegriffen, deren Eignung als Baustoff nur unter bestimmten bautechnischen Maßnahmen (z. B. Sondergründungen) möglich ist. Diese Sondermaßnahmen gewinnen zunehmend erheblichen Einfluss auf die Baukosten.

Die Erstellung von verkehrstechnischen Bauwerken, Hochhäusern, Industrieanlagen usw. ist heute ohne umfangreiche Baugrunderkundungen und die anschließende fachliche Bewertung im Rahmen des Geotechnischen Berichts nicht mehr denkbar. Auf die Ergebnisse bauen die weiteren Planungen und Kostenermittlungen auf. Ausführungen von Sondermaßnahmen wie Tiefgründungen, Grundwasserabsenkungen usw. sind ohne genaue Bodenparameter nicht möglich.

Inzwischen haben auch die Erkundungen auf vorhandene Altlasten einen hohen Stellenwert eingenommen. Rückstände aus der Lagerung von Industrieabfällen, militärischen Anlagen, Undichtigkeiten von Tanklagern, wilde Deponien, kriminelle Umweltverschmutzung usw. haben verständlicherweise zur großen Vorsicht bei den Bauwilligen geführt und die Verstärkung der Baugrunduntersuchungen nötig gemacht.

Einen weiteren Schwerpunkt der Baugrunderkundungen und Messstellenbohrungen stellen vorhandene und neu zu planende Abfalldeponien dar. Umfangreiche Voruntersuchungen und Messstellen zur Überwachung sind unerlässlich. Hitzeentwicklung und chemische Vorgänge in den Deponiemassen (z. B. Bildung von Gasen) müssen erkundet und überwacht werden.

© Der/die Autor(en), exklusiv lizenziert an Springer Fachmedien Wiesbaden GmbH, ein Teil von Springer Nature 2025
J. Lehn, M.Sc., M. Willikens, *Handbuch der Baugrunderkundung*,
https://doi.org/10.1007/978-3-658-45052-6_1

Spontane Untersuchungs- und Messstellenbohrungen werden bei Verkehrsunfällen mit Gefahrstoffen erforderlich. Sie bestimmen den Umfang und das weitere Vorgehen zur Schadensreduzierung und der einzuleitenden Vorsichtsmaßnahmen.

Der Grundwasserhaushalt nimmt immer mehr an Bedeutung zu. Die Kontrolle auf Grundwasserverseuchungen durch die Industrie und die Landwirtschaft kann nur durch ein dichtes Netz von Grundwassermessstellen (GWM) gewährleistet werden. In diesem Zusammenhang ist auch der Einfluss von kurzzeitigen Grundwasserabsenkungen für Baumaßnahmen zu nennen, die von den Wasserbehörden zu genehmigen sind. Die Zustimmung setzt in der Regel eine Prüfung der Verträglichkeit für den Wasserhaushalt der betreffenden Region durch Probeabsenkungen mit Überwachung durch Messpegel voraus. Ferner muss ständig überwacht werden, ob tiefere Grundwasserstockwerke schon durch Umwelteinflüsse betroffen sind. Die vorhandenen GW-Messstellen reichen für diese Tiefen oft nicht mehr aus. Darüber hinaus sind Kenntnisse zum Grundwasserchemismus für die Planung und Genehmigung der Einleitung des geförderten Grundwassers erforderlich.

Die vorgenannte Aufzählung beweist den hohen Stellenwert dieses Teilbereiches des Spezialtiefbaus. Auch die deutsche Bohrgeräteindustrie hat dieser Aufgabe in den letzten Jahrzehnten mit Erfolg Rechnung getragen und in Zusammenarbeit mit den Anwendern moderne, wendige sowie leistungsstarke Maschinen entwickelt. Der Flexibilität der meist kleinen und mittelständigen Bohrunternehmen ist zu verdanken, dass auch viele neue Verfahren und Werkzeuge eingeführt bzw. Altbewährtes weiterentwickelt wurde. Zuletzt nimmt die Digitalisierung durch die Aufzeichnung von Maschinendaten und die kurzfristige Auswertung der gewonnenen Erkenntnisse einen immer größeren Stellenwert ein. Durch diesen Fortschritt können aktuelle und zukünftige Bauvorhaben wirtschaftlicher umgesetzt werden.

Für Tunnelprojekte, die überwiegend im Fels aufgefahren werden, sind umfangreiche geotechnische Voruntersuchungen und begleitende Messverfahren durchzuführen. Während es für die Böden eine große Anzahl von genormten Laborversuchen gibt, sind die Parameter für Fels überwiegend in Feldversuchen zu ermitteln. Hierzu sind u. a. Beobachtungs- bzw. Versuchsbohrungen einzubringen. Teilweise werden die Untersuchungen parallel zur Abteufung der Bohrung ausgeführt.

1.2   Aufgaben und Methoden der Baugrunderkennung

1.2.1   Aufgaben der Baugrunderkundung

Bautechnischen Bodenuntersuchungen sind erforderlich, um Unterlagen für die technisch und wirtschaftlich einwandfreie Planung und Ausführung von Bauwerken bereitzustellen. Eine der wichtigsten Aufgaben ist es, anhand der gewonnenen Bodenproben Parameter für die zulässige Beanspruchung des Bodens zu gewinnen, damit das geplante Bauwerk sicher und ohne schädliche Setzungen gegründet werden kann (Gebrauchstauglichkeit) und die Grundbruchsicherheit gewährleistet ist (Tragfähigkeit). Die Erkundungsergebnisse müssen Aufschluss über die Schichtenfolge, Neigung und Mächtigkeit der Schichten sowie die Eigenschaften der einzelnen Bodenschichten geben. Notwendig ist, dass insbesondere die Schichten erfasst werden, welche Setzungen hervorrufen sowie geringe Scherfestigkeiten aufweisen, da diese die Standsicherheit und die Gebrauchstauglichkeit der Bauwerke beeinflussen.

Zur Baugrunduntersuchung im Felde gehören nicht nur Untersuchungen, die eine Probeentnahme zur Grundlage haben, sondern ebenso verschiedene Messungen, die unmittelbar im Bohrloch vorgenommen werden. Diese Messungen und Untersuchungen lassen sich nicht im Labor anhand von Proben durchführen, da hierzu ein Großfeldversuch erforderlich ist. Diese Versuche werden von speziellen Geotechnischen Ingenieurbüros ausgeführt, die auch den entsprechenden Ausbau der Messstelle überwachen bzw. vornehmen.

Die bautechnischen Bodenuntersuchungen müssen so frühzeitig vorliegen, dass damit die Art des Bauwerks und seiner Gründung rechtzeitig festgelegt wird. Wenn dies nicht der Fall ist und die Auswertung unter Zeitdruck durchgeführt werden muss, kann es zur Beeinträchtigung der fristgerechten und optimalen Ausführung kommen. So können oft Sondermaßnahmen wie Baugrubenverbau, Sondergründungen, Grundwasserabsenkung usw. nicht rechtzeitig geplant, ausgeschrieben und berechnet werden. Es kommt nicht selten aus diesen Gründen zu einem Baustopp und einer Erhöhung der geplanten Baukosten. Da die Kosten für eine sachgemäß ausgeführte Baugrunduntersuchung mit Fachgutachten lediglich ein bis zwei Prozent der Bausumme betragen, ist eine Zurückhaltung bei dieser Entscheidung nicht gerechtfertigt.

1.2.2 Umfang der Baugrunderkundung

Bautechnische Bodenuntersuchungen sind nach DIN 1054 erforderlich, wenn die örtlichen Erfahrungen keinen ausreichenden Aufschluss über Art und Beschaffenheit der Bodenschichten geben. Dies ist z. B. bei Hangbebauungen der Fall, wo die Schichten nicht waagerecht liegen, sich auf kurze Distanz ändern können und wasserführende Schichten zu Rutschungen neigen.

Ferner sind Bodenuntersuchungen unumgänglich, sobald die nach DIN 1054 zulässige Bodenpressung überschritten werden soll. In diesem Fall muss anhand der Untersuchungsergebnisse nachgewiesen werden, dass die zu erwartenden Setzungen unschädlich sind und Grundbruchsicherheit besteht. Anzuraten sind darüber hinaus Bodenuntersuchungen für alle Gründungen und Arbeiten im Grundwasserbereich, da nur aufgrund genauer Kenntnis der Bodeneigenschaften wirtschaftliche Lösungen gefunden werden können.

Anzahl, Anordnung und Tiefe der Erkundungsbohrungen richten sich nach Größe und Form des Bauwerks, der Bauwerkslast, der Regelmäßigkeit des Baugrunds und der Tiefenlage des Gründungshorizontes des geplanten Gebäudes und des Nachbargebäudes.

Ausreichende Aufschlüsse über größere Tiefen müssen durch Bohrungen gewonnen werden. Die Bestimmungen und näheren Angaben gelten, aber sinngemäß auch für andere Aufschlüsse. Schürfgruben kommen hierfür jedoch seltener in Betracht, da diese mit vertretbaren Aufwendungen nicht bis zur erforderlichen Tiefe ausgeführt werden können.

Nach der jeweiligen Aufgabe unterscheidet man gemäß DIN 1054 Erkundungsbohrungen und Bohrungen für Einzelbauwerke.

Erkundungsbohrungen erschließen den Baugrund über größere Flächen, z. B. für Be-
bauungspläne oder Straßen. Sie werden zunächst in großen Abständen durchgeführt. Aufgrund der gewonnenen Ergebnisse und je nach Erfordernis der Planung werden weitere Bohrungen oder Sondierungen zwischengeschaltet. Das gesamte Netz soll so eng sein, dass es
über die Lage, Neigung und Mächtigkeit der Baugrundschichten sowie über ihre Beschaffenheit und Gleichmäßigkeit Aufschluss gibt. Die Hauptbohrungen sind so tief zu führen, dass
eine tragfähige Schicht in ausreichender Dicke nachgewiesen wird. Die Zusatzbohrungen
oder Sondierungen können abgebrochen werden, sobald sie diese Schicht erreicht haben.
Bei langgestreckten Bauvorhaben wird man Längsschnitte anlegen, bei größerer Flächen-
ausdehnung (Industriegelände, Baugebiete usw.) geben zusätzliche Querschnitte einen umfassenden Überblick. Besser sind noch räumliche Darstellungen (Abb. 1.1).

Bohrungen für Einzelbauwerke sollen genauen Aufschluss über die Bodenverhältnisse
unter dem einzelnen Gebäude erbringen. Sie sind innerhalb oder mindestens in nächster Umgebung der Grundfläche niederzubringen. Auch hier muss die Anzahl der Bohrungen den
Baugrundverhältnissen angepasst werden. Zeigt sich bei den ersten Bohrungen, dass mit
fließgefährdeten Böden oder organischen Ablagerungen zu rechnen ist, so sollten zusätzliche
Bohrungen angeordnet werden, um die Ausdehnung dieser Schichten genau zu lokalisieren.

Wenngleich ausreichende Baugrunduntersuchungen in Verbindung mit einem Baugrundgutachten immer die beste Gewähr gegen Überraschungen bei der Abwicklung eines
Bauvorhabens bieten, gibt es dennoch eine Reihe von Voruntersuchungen, die genutzt
werden sollten, bevor man die Bohrkolonne anrücken lässt. Dies ist sowohl ratsam für ein
einzelnes Wohnhaus als auch für Hochhäuser, Industriebauten, Verkehrsanlagen und Bau-

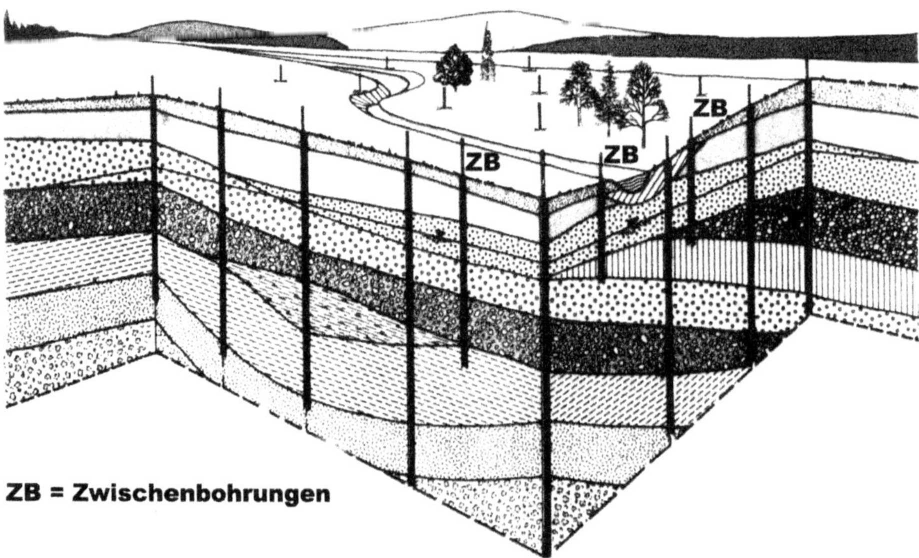

Abb. 1.1 Bohrschema für ein großflächiges Bauvorhaben mit Haupt- und Zwischenbohrungen

vorhaben der öffentlichen Hand. Erst nach dieser Voruntersuchung sollte dann entschieden werden, welche Maßnahmen zur weiteren Baugrunderkundung getroffen werden sollen. Dies wird letztlich aber bestimmt bzw. mitbestimmt von den maßgebenden DIN-Normen, den jeweiligen Prüfinstanzen und den Anforderungen der Tragwerksplaner.

1.3   Methoden der Baugrunderkundung

1.3.1   Allgemeines

Wer ein Bauwerk errichten will, muss zunächst ein Baugrundstück erwerben, wenn er nicht schon über ein solches verfügt. Dabei möchte sich der Käufer nur ungern auf die Aussagen des Verkäufers über die Baugrundbeschaffenheit verlassen. Er muss sich zwangsläufig selbst einen Überblick verschaffen und möchte natürlich vorab dazu keinen Auftrag für ein Baugrundgutachten erteilen, das heißt, er muss zunächst auf Methoden zurückgreifen, die keine oder nur geringe Kosten verursachen. Die nachfolgende Aufstellung beginnt mit den einfachsten und kostengünstigsten Verfahren.

Auskünfte über die zu erwartenden Baugrundverhältnisse kann man sich mittels folgender Verfahren verschaffen:

- Geologische Karten
- Auskünfte von Nachbarn
- Boden- und wasseranzeigende Pflanzen
- Handbohrer und Schlitzsonden
- Leichte Bohrgeräte (Dreiböcke)
- Schürfgruben
- Schlag- und Drucksondierungen
- Baugrundaufschlussbohrungen
- Geophysikalische Untersuchungen
- Spezialuntersuchungen

1.3.2   Geologische Karte

Obwohl der griechische Geograph Strabo bereits eine 17-bändige Enzyklopädie der Geografie erstellte, die für das Militär und die Verwaltung des Römischen Reiches verwendet wurde, begann für Mitteleuropa erst seit Ende des 18. Jahrhunderts das Sammeln zuverlässiger geologischer Erkenntnisse, die in Karten eingetragen wurden. Diese Eintragungen stammen aus den unterschiedlichsten Quellen (Schachtungen, Bohrungen, Bergbau, geophysikalische Untersuchungen, Luftaufnahmen usw.). Besonders interessant sind dabei die regionalen geologischen Aufnahmen. Aus diesen geologischen Karten sind insbesondere großflächige Ablagerungen von Felsformationen, Löß, Kies, Torf usw. sowie die Grundwasserstände ersichtlich. Solche Karten sind besonders wichtig für Baumaßnahmen auf der „grünen Wiese". Ergänzende Auskünfte kann man bei den Wasserbehörden erhalten. Hier werden die Bohrergebnisse der GW-Messstellenbohrungen und Beobachtungsergebnisse der aktuellen Wasserstände gesammelt.

Diese Kartenwerke können auch behilflich sein, sich auf die zu erwartenden Bodenformationen bei den Bohrarbeiten einzustellen. Allerdings können trotzdem örtlich erhebliche Abweichungen auftreten.

Die digitalen Portale des Bundes oder der Länder hinsichtlich geologischer sowie hydrologischer und hydrogeologischer Grundlagen und Daten werden stetig ausgebaut und sind hierdurch sofort verfügbar.

1.3.3 Auskünfte von Nachbarn, Bauherrn und Bestandsunterlagen

Gesicherte Erkenntnisse kann man sich auch bei den unmittelbaren Nachbarn beschaffen, die bereits in nächster Nähe gebaut haben. Dazu gehört ebenfalls die Inaugenscheinnahme von laufenden Baugrubenausschachtungen im Umfeld des Grundstückes.

Des Weiteren kann der Bauherr je nach Bauvorhaben relevante geotechnische und auch umwelttechnisch Informationen.

Bei vielen Bauvorhaben, vor allem im Infrastrukturbereich, liegen bereits Erkenntnisse aus vorherigen Projekten im unmittelbaren Baufeld vor. Die Digitalisierung von Archiven bzw. die seit vielen Jahren bereits digital abgelegten Unterlagen führen zu einer guten Datengrundlage für die Aufstellung von Erkundungskonzepten und ersten geotechnischen Empfehlungen, so dass hier zum einen der Vorgang beschleunigt werden kann und zum anderen ggf. Erkundungspunkte eingespart werden können.

1.3.4 Boden- und Wasserverhältnisse anzeigende Pflanzen

1.3.4.1 Allgemeines

Die Beziehungen zwischen der Pflanzenwelt und dem Ingenieurbau bezeichnet man als Ingenieurbiologie. Obwohl das Schwergewicht dieser Wissenschaft auf den Gebieten der Kulturtechnik und der Landschaftsgestaltung liegt, lassen sich auch für die Baugrunderkundung eine ganze Reihe von Erkenntnissen nutzbringend anwenden, denn die Pflanze gibt Auskunft über die Wasser- und Bodenverhältnisse ihres Standortes. Aus dem Vorkommen bestimmter Pflanzenarten und -gemeinschaften können mehr oder weniger sichere Rückschlüsse auf, die am Standort herrschenden Wasser- und Bodenverhältnisse gezogen werden. Je nach der Anpassungsfähigkeit an die Umweltbedingungen sind die einzelnen Arten verschieden zuverlässig für die Beurteilung der Untergrundverhältnisse. Die Kulturpflanzen der Landwirtschaft scheiden aus dem Kreis der Betrachtungen aus, da bei ihnen die Kennzeichen durch Züchtung und Düngung weitgehend verwischt sind. Ebenso eignen sich Bäume und Sträucher als Leitpflanzen weniger, da ihr Gedeihen nicht unbedingt an eine bestimmte Bodenart oder bestimmte Wasserverhältnisse im Untergrund gebunden ist. Zuverlässige Hinweise liefern nur bestimmte, im natürlichen Verband wachsende Wildpflanzen.

Allerdings stellen auch diese Erkenntnisse keinen Ersatz für eingehende Baugrunduntersuchungen dar. Sie können im Allgemeinen auch nur für Baumaßnahmen auf unberührtem Gelände herangezogen werden, aber hier für gewisse Vorentscheidungen sehr wichtig sein. An dieser Stelle können nur die wichtigsten Erscheinungsformen behandelt werden.

1.3.4.2 Wasseranzeigende Pflanzen

Zur Feststellung der Wasserverhältnisse im Untergrund kann eine ganze Reihe von Pflanzenarten als zuverlässiger Hinweis dienen. Durch sie lässt sich erkennen, ob und in welcher Tiefe fließendes Sicker- oder Grundwasser auftritt oder ob im Untergrund stehendes Stauwasser ohne merkbaren Zu- und Abfluss vorhanden ist und welche Bodenarten zu erwarten sind.

Bewuchs dieser Arten, der sich oft in flachen Geländesenken oder an Hängen in Richtung des Gefälles hinzieht, deutet auf unterirdische Wasseradern. Quer zu den Hängen liegender waagerechter Bewuchs zeigt den Horizont von wasserführenden Schichten auf undurchlässiger Unterlage an. Treten sie neben oder oberhalb von geplanten Baugruben oder Einschnitten auf, so ist mit laufendem Wasserandrang zu rechnen. Bei waagerechten Pflanzenstreifen an Hängen kann der Verdacht auffallende, wasserführende Schichten auf bindigen, undurchlässigen Gleitschichten mit Rutschungsgefahr bestehen. Im Allgemeinen kann man annehmen, dass die Wurzeltiefe als untere Grenze für das Vorhandensein von Grundwasser gelten kann. Es ist aber durchaus möglich, dass der eigentliche Wasserhorizont tiefer liegt und die Wurzeln durch die kapillar aufsteigende Feuchtigkeit versorgt werden. Durch aufmerksame Beobachtung lassen sich somit wertvolle Aufschlüsse gewinnen, ohne dass Schürfungen oder Bohrungen angesetzt werden müssen.

Folgende Pflanzen kennzeichnen zuverlässig fließendes Wasser im Boden
Rohrschilf (Abb. 1.2)

Standort: Wächst meist an Süßwasserufern mit mäßigem Wasserzug. Auf trockenen Böden an Hängen.

Hinweis: Auf Wiesen und Äckern zeigt es fließendes Grundwasser in 1,50 bis 2,00 m Tiefe über bindigen, undurchlässigen Schichten an; bevorzugt zum Wachsen schwere, tonige Böden. Wurzeln bis 2,50 m tief.

Rohrglanzgras oder **Wasserhafer** (Abb. 1.3)

Standort: Bevorzugt lockere Böden mit leicht bis rasch fließendem Wasser.

Hinweis: Das Wasser steht etwas höher als beim Rohrschilf an.

Waldbinse oder **Waldschilf** (Abb. 1.4)

Standort: Kein besonderer Standort

Hinweis: Zeigt oberflächennahes, fließendes Grundwasser bis zu höchstens 1 m Tiefe an; häufig in der Umgebung von Quellen; ferner zuverlässige Anzeige unterirdischer Wasseradern.

Pfeifengras (Abb. 1.5)

Standort: Kein besonderer Standort

Abb. 1.2 Rohrschilf

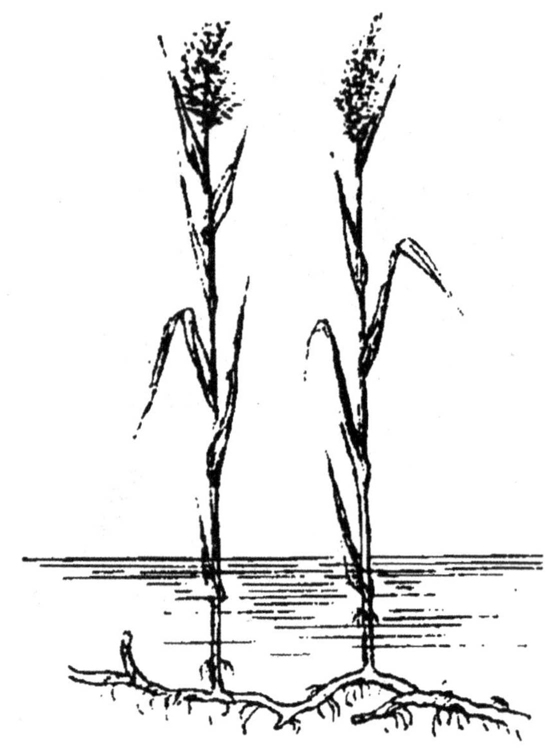

Abb. 1.3 Wasserhafer

Abb. 1.4 Waldbinse

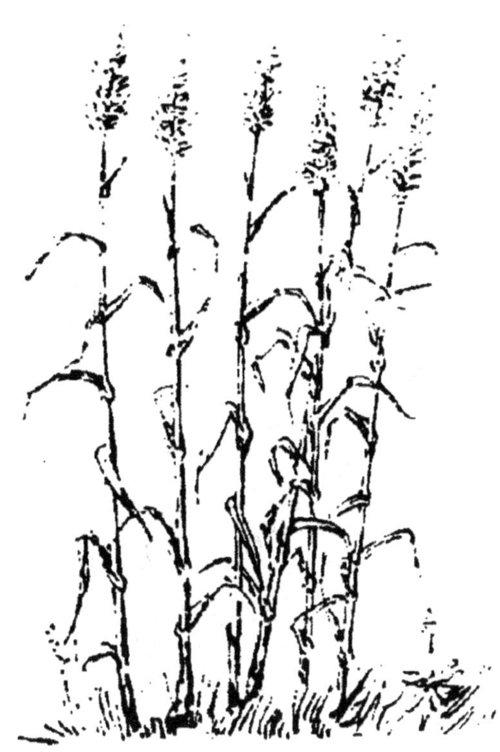

Abb. 1.5 Pfeifengras

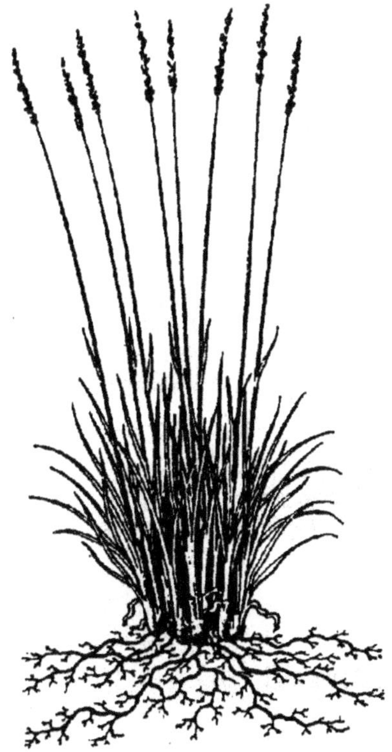

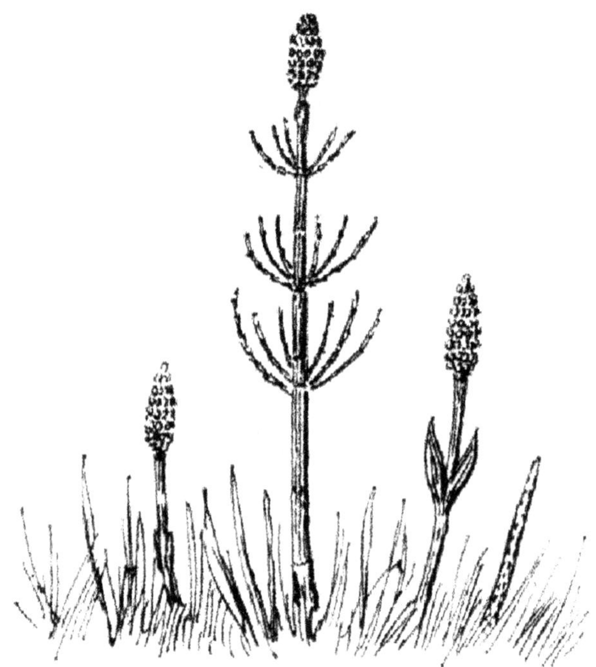

Abb. 1.6 Riesenschachtelhalm

Hinweis: Zeigt stets schwachbewegtes Grundwasser an, dessen Höhe jedoch jahreszeitlich stark wechseln kann; ein ausgesprochenes Warnzeichen für Grundwasser, auch wenn zur Zeit der Schürfung trockener Untergrund festgestellt wird.

Riesenschachtelhalm (Abb. 1.6)

Standort: Wächst auf feuchten Moderhumusschichten mit fließendem Sickerwasser.

Hinweis: Die Wuchshöhe nimmt mit der Mächtigkeit der Humusschicht zu; meist an mehr oder minder geneigten Standorten. Hangböden mit Riesenschachtelhalmen deuten auf Rutschungsgefahr bei Anschnitten.

Folgende Pflanzen kommen nur in stehenden Gewässern und auf Böden mit Staunässe ohne Abfluss vor

Breitblättriges Kolbenschilf (Abb. 1.7)

Hinweis: Ein guter Anzeiger von stehendem Wasser und schlammiger Bodenbildung mit Anfängen der Verlandung. In der Regel kann das Wasser durch einmaliges Abpumpen entfernt werden.

Sumpfmoos (Abb. 1.8)

Hinweis: Meist im Verein mit Wollgras in Hochmooren auf wasserstauender Unterlage

Gelbe Teichrose (Abb. 1.9)

Hinweis: Meist ein sicheres Zeichen für stehendes oder sehr langsam fließendes Gewässer

Abb. 1.7 Breitblättriges Kolbenschilf

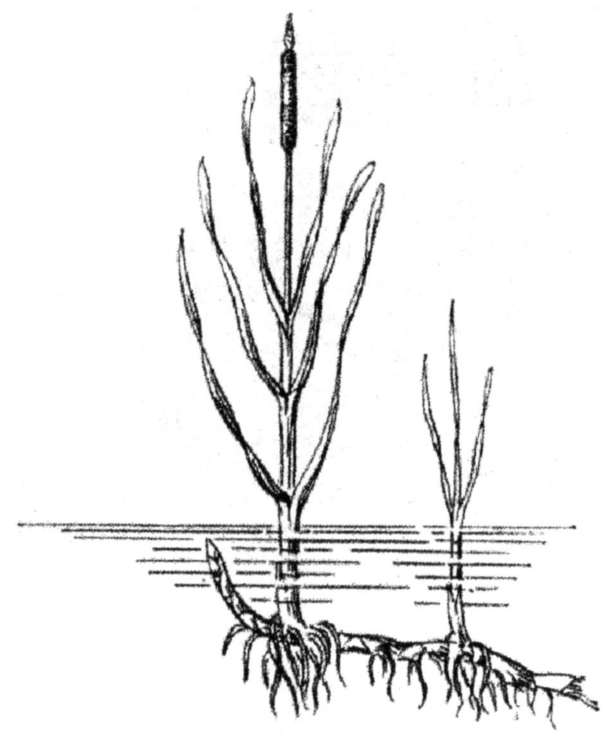

Abb. 1.8 Sumpfmoos

Abb. 1.9 Gelbe Teichrose

1.3.4.3 Pflanzen, die Bodenarten anzeigen

Die Zusammenhänge zwischen Pflanzenart und Bodenart sind bei weitem nicht so eindeutig wie bei den Grundwasserverhältnissen. Immerhin lassen sich aus dem Vorkommen bestimmter Pflanzen für den Grundbau wertvolle Rückschlüsse ziehen. So werden dem Bauingenieur vornehmlich Anzeiger für lehmige bindige Böden, reine Sandböden und allenfalls kalkhaltige Böden willkommen sein. Sie können ihm zur Beurteilung ihrer Brauchbarkeit als Dammschüttstoffe oder zur Hinterfüllung dienen.

Folgende Pflanzen deuten auf lehmige oder anlehmige Bodenarten
Huflattich (Abb. 1.10)

Anzeige: Zeigt zuverlässig feuchten Lehm und Ton an. Vorkommen auf Sandböden deutet stets auf Lehmeinsprengungen und stark anlehmige Einschlüsse hin. Streifen und größere Gruppen an Hängen treten meist an heraustretenden Lehm- oder Tonadern mit Quellhorizonten auf.

Abb. 1.10 Huflattich

Maiglöckchen (Abb. 1.11)

Anzeige: Ändert mit dem Lehmgehalt des Bodens stark seine Erscheinungsform. Auf reinem Sandboden bildet sich nur ein spindelförmiges, gelbgrünes Blatt ohne Blüten aus. Mit steigendem Lehmgehalt wird es zweiblättrig mit schwachem Blütenstand; auf frischen Lehmböden rundlich-ovale Blätter mit tiefgrüner bis bläulicher Farbe und großglockige Blüten. Der Duft nimmt mit mager werdenden Böden ab.

Leberblume (Abb. 1.12)

Anzeige: Fehlt auf reinem Sand; auch hier mit steigendem Lehmgehalt dunklere Färbung der Blätter und kräftigerer Wuchs; dreilappige Blätter mit roten Blüten.

Folgende Pflanzen bevorzugen Sandböden:

Heidekraut (Abb. 1.13)

Auf lockeren, durchlässigen und kalkarmen Sandböden

Silbergras

Fast ausschließlich auf losen Sandböden, kalkmeidend

Gelbe Lupine

Gedeiht noch auf sehr mageren Sandböden und ist sehr kalkempfindlich.

Die Aufzählung stellt nur eine kleine Auswahl von allgemein bekannten Pflanzen dar. Insgesamt gibt es mehr als 100 Pflanzen, die Wasser und bestimmte Bodenarten anzeigen.

Abb. 1.11 Maiglöckchen

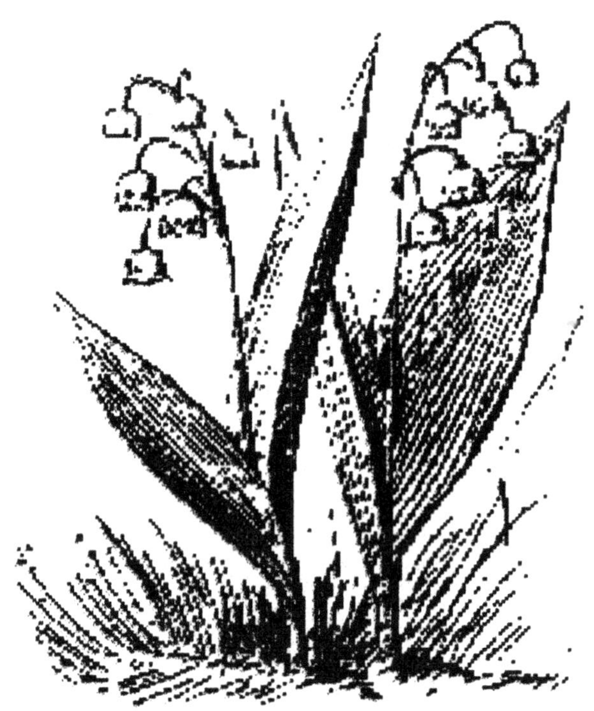

Abb. 1.12 Leberblume

Abb. 1.13 Heidekraut

1.3.4.4 Zusammenfassung

Wie oben gezeigt, kann die Ingenieurbiologie einen wesentlichen Beitrag zur Kostenminimierung leisten und vor Überraschungen bei der Wahl der Baugrundstücke schützen. Auch lässt sich besser abschätzen, mit welchen Sondermaßnahmen (Grundwasserabsenkung, Abdichtungen, Gründungstiefe, Sondergründungen usw.) zu rechnen ist. Die Erkenntnisse lassen sich durch zusätzliche Handbohrungen, Schlitzsonden und Sondierungen sowie geologische Karten mit geringem Kostenaufwand ergänzen. Zusätzlich können Ergebnisse von benachbarten Bauvorhaben und Anschnitte im Gelände herangezogen werden. Auf jeden Fall sollte sichergestellt sein, dass ein gesicherter Aufschluss bis 2 m unter der Gründungssohle vorliegt.

1.3.5 Handbohrer und Schlitzsonden

Für einfache Baugrunduntersuchungen, die auch noch von Laien ausgeführt werden können, verwendet man Handbohrer und Schlitz- oder Peilsonden.

Die Handbohrer haben einen Bohrdurchmesser von 30 bis 100 mm. Sie bestehen in der Regel aus einem Drehgriff, einer Bohrstange (die gegebenenfalls zu verlängern ist) und dem eigentlichen Bohrwerkzeug.

Das können sein: Spiralbohrschnecken oder Schappen (Abb. 1.14). Gebohrt wird bei Tiefen von 1 bis 3 m in der Regel ohne Bohrbock und ohne Verrohrung. Bei größeren Tiefen (max. 5 m) wird ein Bohrbock mit Handwinde und gegebenenfalls eine leichte Verrohrung verwendet. Ohne Verwendung von Hilfsmitteln kann das Herausziehen Probleme be-

Abb. 1.14 Handtellerbohrer
und Schappe

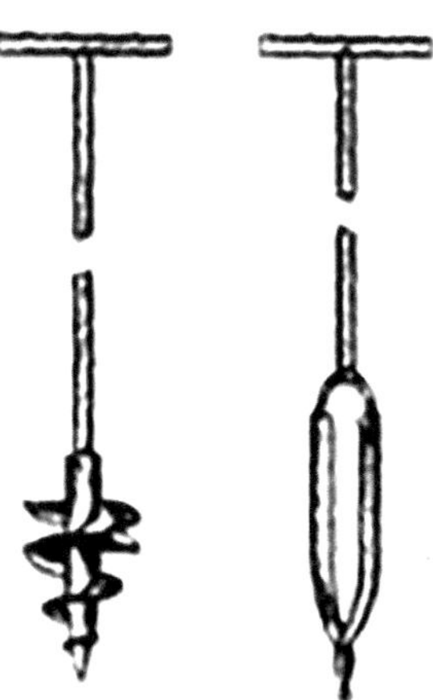

Abb. 1.15 Einfacher Dreibock mit Handwinde und leichter Verrohrung

reiten; daher verwendet man vielfach Klemmfrösche oder die obenerwähnten Dreiböcke
mit Handwinde (Abb. 1.15). Bei wasserführenden Sandschichten und Bohrtiefen über
1 m, kann auf eine Verrohrung nicht verzichtet werden, wenn man verwertbare Ergebnisse
erzielen will.

Abb. 1.16 Handschlitzsonde

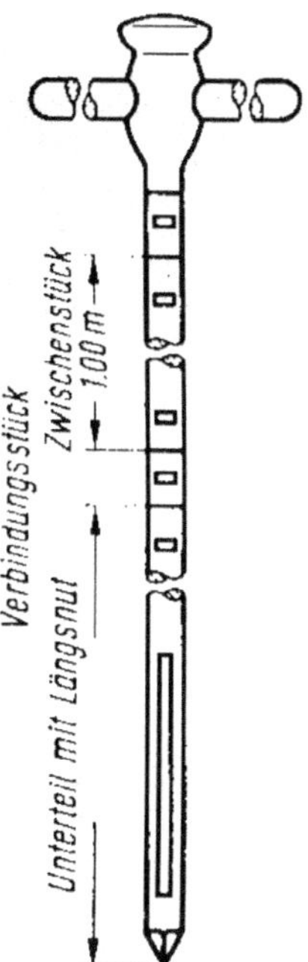

Die Schlitzsonde (Abb. 1.16) besteht aus einem Schlagkopf mit Drehgriff und der Sondierstange mit einem Durchmesser von etwa 30 bis 50 mm. In der Schlitzsonde befindet sich eine Längsnut zur Aufnahme von Bodenproben. Die Sonde wird mit einem schweren Holzhammer (bei großen Geräten maschinell) in den Boden getrieben. Vor dem Herausziehen wird die Sondierstange etwas gedreht, damit die in der Nut befindliche Bodenprobe abgeschert wird. Die übliche Tiefe beträgt 1 bis 2 m; dabei lässt sich die Sonde problemlos herausziehen. Es sind auch Gestängeverlängerungen möglich, dann sind aber Hilfsmittel zum Ziehen der Gestänge nötig (Abb. 1.17). Der in der Nut vorhandene Boden wird sauber herausgenommen und in beschrifteten Probebehältern aufbewahrt. Eine ergänzende Beurteilung des Bodens ergibt sich aus dem Eindringwiderstand beim Einrammen.

Eine zuverlässige Bodenansprache für Bauzwecke ist mit den vorgenannten Methoden nicht möglich; sie sollten nur als eine Voruntersuchung angesehen werden, bevor man umfangreichere Untersuchungen veranlasst. Für eine Beurteilung auf Oberflächenverseuchung oder Untersuchung auf landwirtschaftliche Eignung des Grundstückes reichen die vorgenannten Untersuchungen allerdings in der Regel aus.

Abb. 1.17 Gestängehebevorrichtung

1.3.6 Sondierungen

Ramm- und Drucksondiergeräte dienen in Lockergesteinen zur Ermittlung der Schichtgrenzen und sind nur sinnvoll in Verbindung mit Schichtenprofilen. Sie werden überwiegend verwendet bei der Untersuchung des Baugrundes für Verkehrsanlagen (Brücken-
und Straßenbau) und ebenso zur Nachprüfung von Verdichtungsarbeiten und Schüttungen
sowie zur Bestimmung der Lagerungsverhältnisse rolliger Böden.

1.3.7 Rammkernsonde

Die Rammkernsonde (RKS-System) ist ein Gerät, bei dem das Gestänge mit verschiedenen
Entnahmevorrichtungen versehen werden kann. Das Einrammen erfolgt maschinell mit
einem Brennkrafthammer oder einem Elektroschnellschlaghammer.

1.3.8 Standardsonde

Versuche mit dieser Sonde werden als Standard Penetrations Test (SPT) bezeichnet. Sie
werden im Bohrloch vorgenommen.

1.3.9 Schürfgruben

Eine Schürfgrube (Abb. 1.18) gibt auf einfachste und sicherste Art Aufschluss über die Baugrundverhältnisse, ist aber begrenzt auf eine Tiefe von 2 bis 3 m. Da die Erkundungstiefe je nach Fundamentbreite mindesten 6 m und bis 3 m unterhalb der Gründungssohle betragen soll, reicht diese Tiefe für die Gründung von Bauwerken im Allgemeinen nicht aus, wenn nicht Erkenntnisse aus der unmittelbaren Nachbarschaft vorliegen. Jedoch können von der Sohle der Schürfgrube tiefer führende Bohrungen und Sondierungen ausgeführt werden. Schürfgruben sind indessen außerordentlich geeignet, um einwandfreie Befunde aus der vorgenannten Tiefe durch Entnahme ungestörter Proben mittels Stechzylinder (Abb. 1.19) zu erhalten. Es genügt schon eine Grundfläche von etwa 2 m².

Bei der Herstellung der Schürfgruben ist die DIN 4124-Baugruben und Gräben zu beachten, das heißt, bei einer Tiefe über 1,25 m bis 1,75 m ist eine Abböschung oder ein Teilverbau (Brusthölzer) vorgeschrieben. Ab 1,75 m Tiefe ist ein voller Verbau einzubringen; hierzu können genormte Verbauplatten benutzt werden. Schürfgruben eignen sich nur für die Bereiche oberhalb des Grundwasserspiegels. Weitere Untersuchungen können gegebenenfalls mit Schlitz- oder Rammkernsonden vorzunehmen. Die anfallenden Kosten sind davon abhängig, ob die Schürfe im Rahmen der Ausschachtung erfolgen kann, oder ob ein besonderer Antransport des Baggers erforderlich ist und ein Verbau nötig wird. Allerdings kann bei nicht allzu tiefen Schürfgruben ein Minibagger Verwendung finden, ohne das erhebliche Transportkosten anfallen.

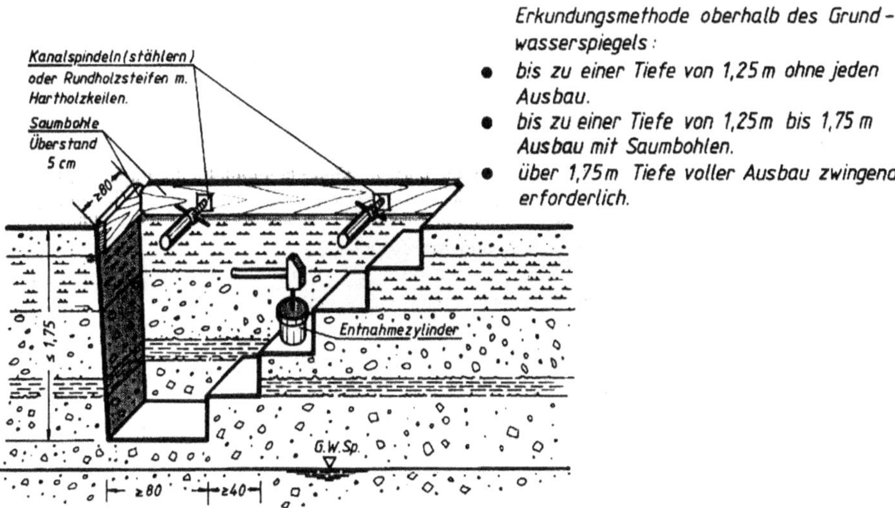

Abb. 1.18 System für das Anlegen einer Schürfgrube (Längsschnitt)

Abb. 1.19 Stechzylinder zur Entnahme ungestörter Bodenproben

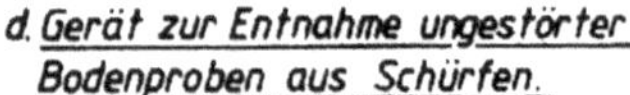

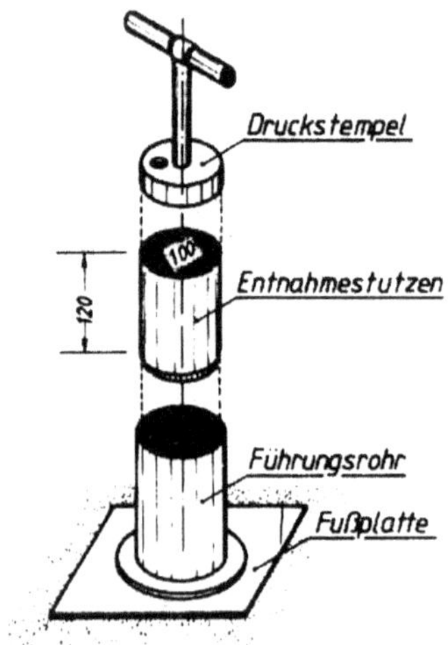

1.3.10 Baugrundaufschlussbohrungen nach DIN EN ISO 22475

Eine zuverlässige Baugrunderkundung ist überwiegend nur mit normgerechten Baugrundaufschlussbohrungen in Verbindung mit einem Baugrundgutachten gewährleistet. Nur so sind ausreichende Aufschlusstiefen zu erreichen und eine fachgerechte Beurteilung gewährleistet. Dies ist besonders wichtig, wenn z. B. aufgrund der Bodenverhältnisse eine Pfahlgründung erforderlich ist. Da der Aufschluss mindestens 3 m unterhalb der Pfahlaufstandsebene geführt werden muss, sind unter Umständen Bohrtiefen von 20 bis 30 m notwendig. Dies ist nicht ohne den Einsatz von Spezialgeräten möglich. Die Arbeiten sind fachgerecht nach den geltenden DIN-Vorschriften durchzuführen und zu protokollieren.

1.3.11 Geophysikalische Untersuchungen

Bei den bisher beschriebenen Bodenuntersuchungen wird jeweils der Untergrund an bestimmten Punkten untersucht, und zwar – mit Ausnahme der Ramm- und Drucksondierungen – durch Entnahme von Bodenproben. Mittels geophysikalischer Untersuchungen werden dagegen großflächig Art und Mächtigkeit bestimmter Schichten (Kiesvorkommen, Torf, Lagerstätten von Kohle, Erz, Erdöl usw.) ohne Probenahme ermittelt.

Sie liefern zwar keine bodenkundlichen Ergebnisse, geben jedoch im Zusammenhang mit Bohrungen Aufschlüsse bei der Erkundung größerer Bauflächen. Sie erlauben außerdem, Unregelmäßigkeiten im Baugrund zu erkennen, was besonders wichtig beim Bau von Staudämmen ist. Das Hauptanwendungsgebiet bleibt jedoch die Lagerstättenuntersuchung. Für den eigentlichen Baubereich sind sie wenig relevant. Nachfolgend werden einige Verfahren kurz beschrieben.

Hierzu gehören:

- Seismische Untersuchungen
- Dynamische Untersuchungen
- Bodenelektrische Untersuchungen
- Untersuchungen mittels radioaktiver Isotopen

Seismische Untersuchungen

Man schließt bei seismischen Bodenuntersuchungen aus dem elastischen Verhalten des Bodens auf seine Art, Schichtung und Festigkeit. Durch Sprengungen werden Bodenerschütterungen erzeugt, die sich als Wellen fortpflanzen. Anhand der Laufzeit (Geschwindigkeit) und weiterer Parameter der einzelnen Wellen wird die Mächtigkeit, Lage und Art der Schichten ermittelt. Das Verfahren ist für große Tiefen geeignet. So wurden z. B. die Kohlevorkommen im Ruhrgebiet ausschließlich aufgrund seismischer Untersuchungen lokalisiert (Tiefe, Mächtigkeit und Einfallen der Flöze).

Dynamische Untersuchungen

Auch hier erlaubt das elastische Verhalten des Bodens Rückschlüsse auf Art, Schichtung und Festigkeit des Bodens. Durch eine Erregermaschine werden Schwingungen erzeugt, deren Schwingzahl und Schwingweite regelbar sind. Die Fortpflanzungsgeschwindigkeit im Boden hängt von der Bodenart ab, so dass eine Änderung der Fortpflanzungsgeschwindigkeit stets auf Unterschiede in der Bodenzusammensetzung deutet. Jedoch ist die Feststellung der Tiefenlage und der Mächtigkeit einer zweiten Schicht mit dem Verfahren nur sehr schwer möglich; es erlaubt deshalb nur Bodenuntersuchungen bis etwa 20 m Tiefe.

Bodenelektrische Untersuchungen

Das Verfahren – auch „elektrische Widerstandsmessung" genannt – beruht darauf, dass die Leitfähigkeit des Bodens von seiner Beschaffenheit abhängt. Vor allem ändert der Wassergehalt die Leitfähigkeit erheblich, so dass stark durchfeuchtete Böden wesentlich geringeren Widerstand zeigen als trockene, poröse Böden. Durch zwei Elektroden wird Gleichstrom in den Boden geleitet und mit zwei Sonden der Widerstand gemessen. Es können mit diesem Verfahren insbesondere Höhen von Grundwasser und Fels ermittelt werden.

Untersuchungen mittels radioaktiver Isotope

Führt man ein Isotop mit einer Sonde in den Baugrund ein, so kann man mit Hilfe eines Geiger-Müller-Zählers (Zählrohr und Impulszähler) als Empfänger, die den Baugrund durchdringenden Strahlen messen und aus der Differenz zwischen Abgabeintensität und Empfangsintensität die Lagerungsdichte des Untergrunds bestimmen. Dabei wird zunächst ein Rohr in den Boden gerammt (< 20 m). Die Sonde enthält unten das radioaktive Präparat und darüber – durch eine Bleiabschirmung gegen die direkte Strahlung geschützt – das Zählrohr. Dieses registriert jenen Teil der Strahlung, den der Boden so reflektiert, dass er das Zählrohr erreicht. Je nachdem, ob Boden oder Wasser festgestellt werden soll, kommen unterschiedliche Strahlenquellen.

1.3.11.1 Spezialuntersuchungen

Dabei handelt es sich im Wesentlichen um Untersuchungen, die im Bohrloch oder in besonders hergestellten Bohrungen durchgeführt werden, um weitergehende Erkenntnisse über den Bau-grund zu erhalten. Insbesondere die Felseigenschaften lassen sich labormäßig nicht oder nur ungenau bestimmen. Eine Beschreibung dieser Verfahren erfolgt im Kap. 9 Untersuchungen im Bohrloch.

Historische Entwicklung in der Bohrtechnik

2

2.1 Allgemeines

Obwohl die Ursprünge der Bohrtechnik bis zu 4000 Jahre zurückreichen, begann die nachweisliche Entwicklung in Europa erst gegen Ende des Mittelalters. Auf der Suche nach Wasser, Salz, Edelmetallen und später auch Erz haben die Menschen schon Bohrleistungen erbracht, die uns heute schwer vorstellbar sind. Man muss zwangsläufig zu der Annahme gelangen, dass unsere Vorfahren über Werkzeuge und Methoden verfügten, die uns bis heute verborgen geblieben sind. Mit dem Anstieg der Weltbevölkerung stiegen die Bedürfnisse der Menschen, die mit oberirdischen Vorkommen nicht mehr zu decken waren. Diese wurden zu einem großen Teil schon sehr früh bergmännisch gewonnen (z. B. Salz). Mit dem Bergbau entwickelte sich auch die Bohrtechnik. Sie ist daher bis heute mit dem Bergbau traditionell und technisch eng verbunden geblieben.

2.2 Entwicklung der Verfahren und Geräte

Bei Ausgrabungen und Entdeckungen an den ägyptischen Pyramiden von Gizeh wurden u. a. Beweise dafür gefunden, dass beim Bau der Pyramiden (2550 bis 2315 v. Chr.) bereits Diamanten bei Gesteinsbohrungen verwendet wurden. In dem literarischen Werk „Die Reisen des Venezianers Marco Polo" (seine Reisen führten ihn zweimal nach China, und zwar 1275 und 1292) wird über Bohrtechniken berichtet, die schon 600 bis 260 v. Chr. angewendet wurden. Hier finden sich auch Abbildungen, die aufgrund von Überlieferungen erstellt wurden. Unter anderem wurden Bohrungen bis etwa 600 m Tiefe bei einem Durchmesser von etwa 350 mm zur Soleförderung ausgeführt. Die Abb. 2.1 zeigt ein Verfahren, das dem pennsylvanischen System ähnlich ist. Das Antriebsproblem wurde so gelöst, dass

J. Lehn, M.Sc., M. Willikens, *Handbuch der Baugrunderkundung*,
https://doi.org/10.1007/978-3-658-45052-6_2

Abb. 2.1 Historisches
Bohrverfahren ähnlich dem
pennsylvanischen System

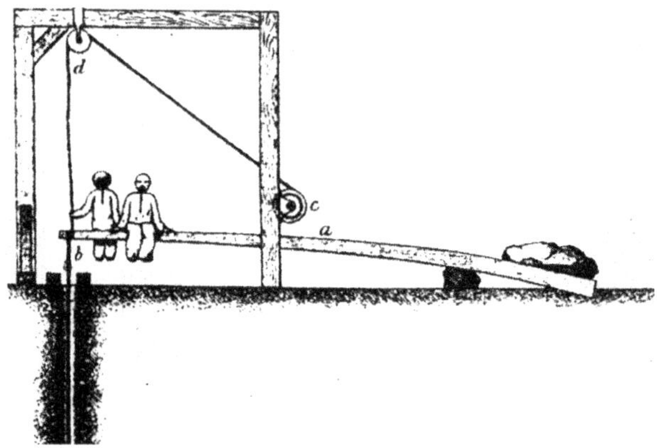

Abb. 2.2 Historisches
Bohrverfahren mit hängendem
Bohrwerkzeug

ein Mann fortwährend auf ein federndes Brett sprang. Über ein Seil, an dem das Bohrwerkzeug befestigt war, wurde so der Meißel in Bewegung gehalten. Ein vergleichbares
System zeigt Abb. 2.2. Das ebenfalls an einem Seil hängende Bohrwerkzeug läuft über
eine Walze am Bohrlochmund. Durch Herunterziehen und Loslassen des Seiles durch
Menschenkraft erhält der Meißel seine Fallhöhe.

Daneben wurden aber auch Methoden entwickelt, bei denen Tiere (Wasserbüffel, Esel)
zum Bewegen des Meißels zum Einsatz kamen. Die Förderung des gelösten Materials erfolgte über die Spülung der Bohrung. Es ist möglich, dass die Chinesen hierbei bereits
Bohrspülungen eingesetzt haben.

Kartäusermönche aus der Chartreuse bei Grenoble bringen 1126 eine Brunnenbohrung
bis 305 m nieder. Vermutlich wurde diese Bohrung bergmännisch im Schachtverfahren
hergestellt.

Förmlich an Kunstwerke erinnern die Bohrwerkzeuge aus dem späten Mittelalter. Die
Abb. 2.3 wurde einer alten historischen Darstellung entnommen.

Abb. 2.3 Historische
Darstellung von
Bohrwerkzeugen

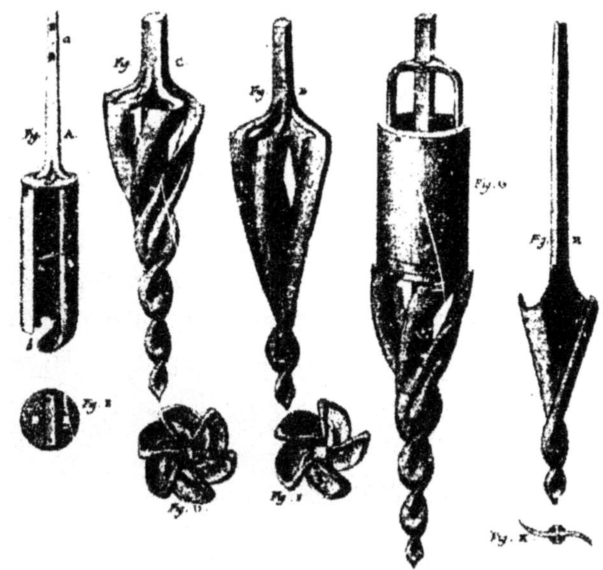

Abb. 2.4 Bohrapparat
(nach Stotz)

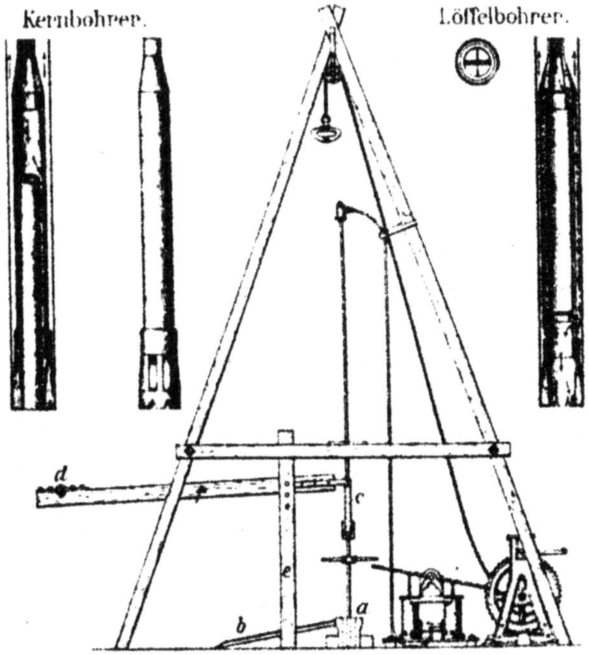

Es fällt auf, dass die ersten Geräte, die zum Niederbringen von Bohrungen verwendet
wurden, Bohrapparate genannt wurden. Einen solchen Bohrapparat (nach Stotz) zeigt
Abb. 2.4. Hierbei fand zum ersten Mal ein Spülbohrgestänge Verwendung. Das Bewegen

des Gestänges erfolgte von Hand über einen Schwengel, ebenso das Versetzen des Meißels; desgleichen wurde die Bedienung der Spülpumpe von Hand betrieben. Das Verfahren kann als frühes pennsylvanisches System angesehen werden.

Den ersten Bohrkran der wohl ältesten Bohrgerätefabrik, Wirth in Erkelenz, zeigt
Abb. 2.5. Während bis zur Jahrhundertwende die Bohrgerüste aus Holz beständen
(Abb. 2.4), war dieses Gerät bereits aus Stahl gefertigt und hatte einen Antrieb durch einen
Verbrennungsmotor. Gezogen wurde der Wagen allerdings noch von Pferden, Über das
angewendete Bohrverfahren liegenkeine weiteren Erkenntnisse vor.

1856 wurde zum ersten Mal eine Dampfmaschine bei Bohrarbeiten eingesetzt. Allerdings blieben solche Einsätze wegen der Schwerfälligkeit dieser Maschinen auf Einsätze
mit Großgeräten bei Tiefbohrungen und dem Großbrunnenbau beschränkt.

Die entscheidende Wende kam mit der Erfindung des Dieselmotors und der Hydraulik-
anwendung in der Antriebstechnik. Zunächst erfolgte der Antrieb vom Dieselmotor auf
das Bohrgetriebe über Riemenantrieb. Die Abb. 2.6 zeigt einen Bohrgeräteantrieb der Fa.
Craelius, Typ XB, aus dem Jahre 1930 mittels Einzylinder-Dieselmotor und Riemenantrieb.

Aus dem Jahre 1956 stammt das schon fortschrittliche Kompaktbohrgerät der Firma
SULLIMA, Typ Joy 22-HD, mit einem Vierzylinderdieselmotor, hydraulischem Bohrantrieb und Bohrvorschub (Abb. 2.7).

Im Jahre 1965 kam schließlich das erste vollhydraulische Brunnen- und Aufschluss-
bohrgerät als Mobilversion auf Lkw der Fa. Salzgitter Maschinen AG zum Einsatz. Es entspricht im Prinzip den heutigen Geräten mit hydraulisch aufrichtbarem Mast, hydraulischem Bohrantrieb, aufgebauten Pumpen und Winden sowie einem Antrieb der Hydraulikpumpe über den Fahrzeugmotor (Abb. 2.8).

Abb. 2.5 Historischer
Bohrkran aus dem Jahre 1900

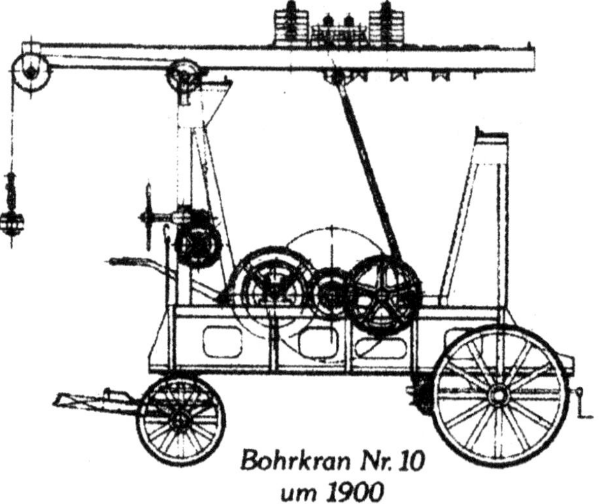

Abb. 2.6 Bohrgeräteantrieb der Fa. Craelius, Typ XB

Abb. 2.7 Kompaktbohrgerät der Firma SULLIMA, Typ Joy 22-HD

Abb. 2.8 Mobilbohrgerät der Salzgitter Maschinen AG aus dem Jahre 1965

2.3 Entwicklung der Baugrunderkundung

Der genaue Beginn gezielter Baugrunderkundungen lässt sich nicht eindeutig bestimmen. Die ersten Lehrbücher und wissenschaftlichen Aufsätze aus dem Bereich der Bodenmechanik erschienen 1773 (Coulomb). Weiteren Aufschwung erfuhr die Bodenmechanik mit den Arbeiten von Collins (1846) sowie Tiefenbacher, von Kaven, Zimmermann (um 1800). Die Tabellen der Bodenparameter waren jedoch noch sehr unterschiedlich und ungenau. Dies lag nicht zuletzt an der ungenügenden Qualität der Baugrundaufschlüsse und unterschiedlichen Laborverfahren. Im Jahre 1928 wurde die „Deutsche Gesellschaft für Bodenmechanik" gegründet. Es erschienen die ersten DIN-Vorschriften der Bodenmechanik mit der Vereinheitlichung der Bodenbezeichnungen, Bodenparameter und Laborverfahren.

Mit der Entwicklung der Gründungs- und Verbautechniken stieg auch die Notwendigkeit nach zuverlässigen Aussagen über den Baugrund und die Grundwasserverhältnisse, ohne die eine Bemessung dieser Bauteile nicht mehr möglich war.

Bei der Planung und Ausführung hat man es mehr oder weniger dem Zufall überlassen, welche besonderen Maßnahmen erforderlich wurden. Zudem gab es ohnehin keine wesentlichen Alternativen. Schäden durch unsachgemäße Gründungen sind z. B. der Schiefe Turm von Pisa, der Münzturm in Berlin usw.

Bis zum Ende des 19. Jahrhunderts kannte man als Gründungselement nur den Holz-pfahl. Soweit nicht aufgrund von Erfahrungen bei Nachbarbauwerken Erkenntnisse vor-lagen, wurden zunächst einige Pfähle mit unterschiedlichen Längen angeliefert und Probe-rammungen durchgeführt. Es war dabei nicht tragisch, wenn ein Pfahl zu lang oder zu kurz war, da ein Verkürzen oder Verlängern problemlos erfolgen konnte – dieses Vorgehen wird auch heute noch durchgeführt, wenn nur Vertikalkräfte aufzunehmen sind. Hinzu kam, dass bis zur Erstellung einer öffentlichen Wasserversorgung einem Bauvorhaben stets eine Brunnenbohrung vorausging. Damit lagen zum Teil die zur Pfahllängenbestimmung nöti-gen Angaben vor. Für die Pfahltragfähigkeit gab es schon sehr früh Erfahrungswerte.

Nach Einführung der Stahl- und Stahlbetonrammpfähle sowie der Bohrpfähle wurden bereits Bohrungen nur zum Zwecke der Baugrunderkundung ausgeführt, um die Grün-dung wirtschaftlich ausführen zu können. Es kam schließlich zur Aufstellung von Normen und Regeln für diese Untersuchungen. Die DIN-Vorschriften für Grundbauwerke (Grün-dungen, Verbau usw.) bezogen sich schließlich auf die Baugrundnormen.

Ab Mitte dieses Jahrhunderts etablierten sich immer mehr Ingenieurbüros für Grund-bau, Grundbaulabors usw., die Baugrundproben labormäßig nach bestimmten Regeln untersuchten und den Statikern für die Bemessung der Grundbauwerke an die Hand geben konnten. Hierbei zeigte sich, dass die lange Zeit üblichen gestörten Bodenproben auf-grund der noch unterentwickelten Bohrmethoden, für eine exakte Beurteilung nicht aus-reichten. Zunächst wurden Geräte und Methoden zur Entnahme von ungestörten Proben entwickelt. Nach und nach kam es dann zu Entwicklungen, die zur durchgehenden Kern-gewinnung führten. Parallel dazu begann die Einführung der Ramm- und Druck-sondierungen sowie Messungen innerhalb der Bohrlöcher und geophysikalischen Unter-suchungen. Heute sind die Bohrmethoden nahezu ausgereift.

Obwohl Baugrunduntersuchungen in den DIN-Normen und Richtlinien zwingend vorge-schrieben sind, werden vielfach noch Bauvorhaben ohne Vorliegen von Baugrundaufschlüssen bzw. Einschaltung von Baugrundgutachtern ausgeführt. Leider musste schon mancher Bau-herr die Folgen solcher Sparmaßnahmen mit wesentlich höheren Baukosten bezahlen.

2.4 Chronik der Bohrtechnik

Die nachfolgende Chronik wurde auszugsweise dem von der Firma *Alfred Wirth GmbH, Erkelenz,* 1979 herausgegebenen *Handbuch der Bohrtechnik* entnommen.

Es wird nicht genau ermittelt werden können, wie alt die Bohrtechnik eigentlich ist. Nachstehend sollen aber einige wichtige geschichtliche Daten der Entwicklung der Bohr-technik und der Bohrgeräte festgehalten werden.

2550 bis 2315 v. Chr.

Die Ägypter benutzen für den Bau der Pyramiden und Grabdenkmäler in *Gizeh* Diamantbohrwerkzeuge.

600 bis 260 v. Chr.

Chinesen bringen Bohrungen nieder, die bereits damals bis zu etwa 356 mm Durchmesser hatten und Tiefen bis etwa 610 m erreichten.

1126

Kartäusermönche aus der *Chartreuse* bei Grenoble, bringen eine Brunnenbohrung bis etwa 305 m Tiefe nieder.

Ende des 13. Jahrhunderts

Marco Polo bereist Asien und berichtet über Bohrungen.

ca. 1410

In der Münchener Bilderhandschrift des *Giovanni Fontana* wird ein Gerät zum Erbohren von Wasserbrunnen gezeigt.

um 1640

Der Franzose *Pallisy* teuft bei *Modena* und im *Artois* nach einer uns unbekannten Methode freifließende Brunnen (arthesische Brunnen) ab.

1745

Die erste Ölbohrung wird in *Pechelbronn, Elsaß*, niedergebracht.

1810

Die erste *Salzbohrung* wird in Deutschland ausgeführt.

1814

In *Cumberland, Kentucky*, wird eine *Ölbohrung* abgeteuft.

1828

Die erste *Seilbohrung* in Europa wird niedergebracht.

1840

Die erste *Trockenrotarybohrung* wird in Südfrankreich durch *Fauvelle* bis zu etwa 579 m Tiefe ausgeführt.

1845

Der Engländer *Beart* erhält ein Patent auf ein Rotarybohrverfahren.

1845

Fauvelle lässt sich sein Zirkulationssystem patentieren.

1847

Die Bohrung *Neusalzwerk* erreicht 695 m Teufe.

1856

Zum ersten Mal wird eine Dampfmaschine bei einer Brunnenbohrung eingesetzt.

1859

Erste auf Erdöl angesetzte Bohrungen werden in *Wietze* bei Celle, in den *USA* und in *Russland* ausgeführt.

1863

Erste Diamantkernbohrung kann in der Schweiz durch *Leschot* abgeteuft werden.

1873

Die erste Bohrlochvermessung wird durchgeführt.

1878

Das erste Patent auf einen Zweirollenmeißel wird eingereicht.

1882

Der *Blow-out-Preventer* für Seilschlagbohrgerät kommt zum Einsatz.

1886

Bohrung *Schladebach* erreicht 1748 m Tiefe.

1892

Die ersten Stahlbohrtürme sind im Einsatz.

1893

Die Diamantbohrung *Paruschowitz*, Oberschlesien, wird in 2003 m Tiefe eingestellt.

1897

Die erste Offshorebohrung auf einem Pfahlrost in *Santa Barbara*, USA, wird ausgeführt.

1897

Anton Racky, deutscher Bohrpionier, legt den Grundstock für die heutige *Bohrgeräte-fabrik Wirth GmbH in Erkelenz*.

1903

Zum ersten Mal wird Zement zum Absperren von Wasser in Bohrlöchern eingesetzt.

1908

Der erste Rollenmeißel kommt zum Einsatz.

1923

Schwerspat kommt in Bohrspülungen zur Anwendung.

1925

Hartmetall wird als Kronen- und Meißelbesatz verwendet.

1925

Erste *Rotarybohrung* unter Einsatz eines Dieselmotors in Deutschland abgeteuft.

1925

API führt einen Standard für Ketten und Tool Joint ein.

1928

Hartmetallpanzerung als Kaliberschutz für Bohrwerkzeuge eingesetzt.

1929

Zum ersten Mal kommt *Bentonit* für Bohrspülungen zur Anwendung.

1931

In *Rincon*, USA, wird die erste Bohrung über 3000 m Teufe (3049 m) niedergebracht.

1937

Die Deutsche *Bohrmeisterschule in Celle* wird gegründet.

1938

Die Bohrung *Holstein* wird in 3818 m Teufe eingestellt.

1938

Die erste *Rotaryluftspülbohrung* wird ausgeführt.

1947

Die Bohrung *Caddo County*, USA, wird 5418 m tief.

1949

Der erste *Warzenrollenmeißel* wird eingeführt.

1950

Bohrung *Sublette County*, USA, wird 6238,4 m tief.

1953

Der *Düsenmeißel* wird eingeführt.

1953

Die erste vollhydraulische Bohranlage kommt zum Einsatz.

1956

Die erste Großlochbrunnenbohranlage mit 2,00 m Durchmesser wird eingesetzt.

1963

Die Bohrung *Münsterland 1*, hergestellt mit einer *Wirth-Bohranlage*, erreicht 5966 m.

1966

Die Bohrung *Arsten*, ebenfalls hergestellt mit einer *Wirth-Bohranlage*, erreicht 6276 m.

1968

Der erste *Großlochrollenmeißel* für Pfahlgründungen bis 3,00 m Durchmesser kommt zum Einsatz.

1968

Die Bohrung *Meilion 2*, Frankreich, wird 6306 m tief.

1970

Die Bohrung *St. Bernhard*, Parish, USA, erreicht eine Tiefe von 7782 m.

1974

Die Bohrung *Lone Star, Beckham Co*, USA, 9558 m tief.

1978

Die Bohrung *Vorderriß*, Kalkalpen Bayern, hergestellt mit einer *Wirth-Bohranlage*, erreicht eine Tiefe von 6408 m.

1992

Die *Kola-Bohrung*, Russland, 12.262 m tief, gilt als die zurzeit tiefste Bohrung der Welt.

1995

Die für Deutschland tiefste Bohrung, die Kontinentalbohrung in der Oberpfalz, die eigentlich die tiefste Bohrung der Welt werden sollte, musste bei 9101 m aufgegeben werden, da hier bereits die plastische Zone erreicht wurde.

Grundzüge der Ingenieur-Geologie 3

Dieses Kapitel wurde gemeinsam mit Herrn Prof. Dr. Rüdiger Triebel überarbeitet. Rüdiger Triebel ist Ingenieur und Experte für Sprengtechnik. Nach seinem Studium „Bergbau und Rohstoffe" und der Promotion an der TU Clausthal arbeitete er bei der K + S AG, wo er seit 2005 das Referat Bergbau leitet. Er ist zudem Geschäftsführer der MSW-Chemie GmbH. Seit 2014 lehrt er an der TU Clausthal und wurde 2021 zum Honorarprofessor für Sprengtechnik ernannt. Zudem engagiert er sich in der Entwicklung sicherer und emissionsarmer Sprengstoffe.

3.1 Allgemeines

Wie die Geschichte aller Völker und Zeiten lehrt, hängt die Entwicklung eines Volkes, sein wirtschaftliches Leben sowie sein geistiger und kultureller Aufstieg weitgehend von der Beschaffenheit des Bodens, insbesondere den Mineralvorkommen und den Energiequellen seines Landes, ab. Auf dem Boden wachsen die für seine Ernährung und das Leben notwendigen land- und forstwirtschaftlichen Erzeugnisse. Die Gesteins-Ablagerungen bergen die für die Volkswirtschaft wertvollen mineralischen Rohstoffe, wie Brennstoffe, Salze und Erze. Die Erdkruste selbst baut sich aus verschiedenartigen Gesteinen auf, die Bau- und Industriezwecken dienen. In ihren Schichten fließt das zur Erhaltung des Lebens unentbehrliche Grundwasser. Auch die für die Gesunderhaltung so wichtigen Heilquellen und Mineralwässer entspringen dem Boden. Schon daraus geht hervor, welche Bedeutung eine genaue Kenntnis des Erdbodens, und zwar seiner äußeren Oberflächenformen, seiner gesteinsmäßigen Zusammensetzung, seines inneren Aufbaus, seiner Mineralvorkommen und ihrer Bildungsgeschichte besitzt. Von besonderem Wert sind diese Kenntnisse für den

© Der/die Autor(en), exklusiv lizenziert an Springer Fachmedien Wiesbaden GmbH, ein Teil von Springer Nature 2025
J. Lehn, M.Sc., M. Willikens, *Handbuch der Baugrunderkundung*,
https://doi.org/10.1007/978-3-658-45052-6_3

Bauingenieur, dessen Aufgabe es ist, auf bzw. in diesem Boden Gebäude, Verkehrswege (z. B. Gleisanlagen, Straßen, Tunnel) und Versorgungseinrichtungen (z. B. Trink- und Abwasserversorgung, Strom- u. Telefonleitungen) zu planen und zu bauen. Dieses Wissen soll die *Geologie*,[1] d. h. die Lehre von der Erde im Sinne der Erforschung der Erdgeschichte vermitteln. Genauer gesagt, ist unter Geologie die Lehre von der stofflichen Zusammensetzung, dem Aufbau und der Entwicklungsgeschichte unserer Erde sowie des Lebens auf der Erde zu verstehen.

Die Geologie ist zwar eine beschreibende und erklärende, letzten Endes aber eine „historische" Wissenschaft. In engster Verbindung mit der Geologie als Kernwissenschaft steht eine Reihe von Hilfswissenschaften, wie die Mineralogie, als Lehre von den Mineralen, d. h. den einzelnen Bausteinen der festen Erdkruste (Kohlen, Erze, Salze, Edelsteine und Bestandteile der Gesteine), weiter die Gesteinslehre oder *Petrographie*[2] bzw. Petrologie und Petrochemie; d. h. Lehre von den Gesteinen (am Aufbau der Erdkruste beteiligte, aus Mineralen zusammengesetzte Mineralmassen), ferner die Versteinerungslehre oder *Paläontologie*[3] Lehre von den pflanzlichen und tierischen Lebewesen früherer Zeiträume und schließlich die Lagerstättenkunde als Lehre von dem Auftreten und den Entstehungsursachen der Anhäufungen nutzbarer mineralischer Rohstoffe in der Erde.

Für das Verständnis über Entstehung und Aufbau der Fels- und Bodenformationen ist ein kurzer Einblick in die Geologie unerlässlich. Diese Kenntnisse unterstützen nicht zuletzt die richtige Auswahl der Bohrverfahren und Werkzeuge und damit deren Effektivität.

Als Baugrund kommt dabei nur ein ganz geringer Teil der bis zu 60 km mächtigen Erdkruste in Frage. Davon sind gerade knapp 10 km durch Bohrungen oder Bergbau erschlossen. Für den Grundbau und damit den Baugrundaufschluss sind Tiefen bis zu 100 m möglich. Bedingt durch vulkanische Tätigkeiten, Verwerfungen, Faltungen usw. muss bei den Bohrarbeiten mit den unterschiedlichsten Gesteinsarten gerechnet werden. Daher ist eine kurze Betrachtung der in diesem Bereich vorkommenden Gesteine von Vorteil.

Beschaffenheit der festen Gesteine ist durch unmittelbare Beobachtungen an der Oberfläche und in der Tiefe (Bergbau und Bohrlöcher) bekannt. Der weitere Aufbau des Erdkörpers, insbesondere des Erdkerns, beruht auf seismologischen sowie geophysikalischen Beobachtungen und Untersuchungen, so dass die Erkenntnisse zum Teil noch als „Hypothese" gelten müssen, kennen wir doch nicht einmal 1/1000 des Abstandes der Erdoberfläche zum Erdmittelpunkt. Fest steht nur, dass die Wärme mit der Tiefe zunimmt, dass das Erdinnere eine hohe Wichte hat und zum Teil glutflüssig ist.

---

[1] Gr. gé = Erde, lógos = Lehre.

[2] Gr. Pétros = Stein, gráphein = beschreiben.

[3] Gr. Palaiós = alt, ón, óntos = Lebewesen.

Beweise für die ständige, wenn auch bisweilen unregelmäßige Zunahme der Wärme nach der Tiefe liefern uns u. a. Beobachtungen in Bohrlöchern, Bergwerken, Tunnels sowie heiße Quellen und die Vulkanausbrüche.

Aus entsprechenden Messungen in Mitteleuropa ergibt sich, dass hier im Allgemeinen eine Temperaturerhöhung von 1 °C auf je 30 m Tiefenzunahme eintritt (gegenüber um etwa 1 °C auf 50–120 m Tiefenzunahme z. B. auf dem amerikanischen Kontinent). Die „geothermische Tiefenstufe" ist aber durchaus nicht überall gleich.

Beachtlich ist, dass sich in etwa 25 m Teufe um die ganze Erde eine neutrale Zone (mit gleichbleibender Temperatur von + 9 °C) hinzieht. Die erheblichen Schwankungen der Außentemperatur im Sommer und Winter reichen nicht bis zu dieser Zone, sondern halten sich im Gleichgewicht. Erst von hier ab kann man von der absoluten Gebirgstemperatur sprechen, die durch die geothermische Tiefenstufe bestimmt wird.

Deutschlands tiefste Bohrung, die so genannte „Kontinentaltiefbohrung" in der Oberpfalz, musste bei 9101 m aufgegeben werden, da die plastische Zone erreicht wurde. Die tiefste Bohrung ist zurzeit noch eine Ölbohrung in Oklahoma, USA, mit 9558 m Endtiefe.

Die „Allgemeine Geologie" untersucht den stofflichen Aufbau und die Struktur der Erde, die geologischen Kräfte, Prozesse und Phänomene sowie die zugrunde liegenden Gesetzmäßigkeiten. Sie unterscheidet dabei zwischen exogenen und endogenen Kräften. Mit den Platten und ihren Bewegungen befasst sich die Plattentektonik.

Gewissermaßen als Weiterentwicklung der „theoretischen Geologie", die sich mit der Entstehung der Erde befasst, hat im Laufe der Zeit die „praktische Geologie", zu der auch die „Ingenieurgeologie" gehört und die u. a. auch für den Bereich der Bauwirtschaft maßgebend ist, an Bedeutung zugenommen. Man versteht darunter den Zweig der Geologie, der sich auf die Bedürfnisse des praktischen Lebens erstreckt. Hierzu gehört die Beschaffenheit der Erdkruste für die Sonderzwecke der Technik und Wirtschaft (Lagerstättenkunde, Grundwasserverhältnisse, Bauwesen, Wasserwirtschaft usw.). Sie liefert für den Bereich der Bauindustrie sowie den planenden und berechnenden Ingenieuren die notwendigen Grundlagen und Parameter. Die folgenden Tabellen (Tab. 3.1 und 3.2) stellen die erdgeschichtliche Untergliederung nach Dachroth dar. Diese Untergliederung dient dazu, den Verlauf und die wesentlichen Entwicklungsphasen der Erde nachvollziehbar darzustellen und die geologischen Prozesse, die unsere Erdkruste geformt haben, besser zu verstehen.

Tab. 3.1 Erdgeschichtliche Untergliederung nach „Dachroth" Teil 1

Erdzeit-alter	Formation (System)	Ab-teilung	Alter Dauer [10^6 Jahre]	Wich-tige tekto-nische Ären	Faltungs-Gebiete	Wichtige Gesteine (Mitteleuropa)	
						Witterungs-empfindlich	Witterungs-beständig
Erdneuzeit (Känozoikum oder Neozoikum)	Quartär	Holozän (Alluvium = geolog. Gegen-wart)	0,020	Alpidische Ära	Himalaja	Gehänge-, Geschiebe-, Verwitterungs- und Auelehme, Tone, Torfe, Faulschlamm	Sande, Kiese, Schotter, Gerölle
		Pleistozän (Diluvi-um)	Eiszeit 1			Geschiebemergel, Löße, Lößlehme, Bän-dertone, Torfe, Faulschlamm	Sande, Kiese, Schotter, Gerölle, Travertin
	Tertiär (Braun-kohlezeit)	Pliozän, Miozän, Oligozän, Eozän, Paläozän	70		Alpen, Karpar-ten, Himalaja, Pyrenäen	Tone, Mergel, Lehme, lehmige Sande, Sand-steine, glasreiche Basalte, Sonnenbren-nerbasalt, Kieselgur	Sande, Kiese, glasarme Basalte, Phonolithe, Dazi-te, Andesite
Erdmittelalter (Mesozoikum)	Kreide	Dan, Senon, Emscher, Turon, Cenoman, Gault, Neoaom	140		Anden, NW-D. (Bruch-faltung), Ost-Alpen Sibirien	Mergelsandsteine, (Pläner), Kreide-mergel, Schiefertone, Tonmergel	Quadersandsteine, Kreidekalke
	Jura	Malm (weißer) Dogger (brauner) Lias (schwarz.)	180		Sierra Nevada, NW-D. (Bruch-faltung)	Tone, Mergel	Dolomite, reine Kalke, Mamor-kalke
	Trias	Keuper			Japani-sche Inseln	Bunte Letten u. Mer-gel, Schieferton, Gips-letten u. -mergel, Lettensandstein	Sandsteine, Kalksteine
		Muschel-Kalk				Gips- und salzhaltige Mergel, mergelige Kalke	Dolomite, reine Kalkbänke
		Bunt-sandstein	225			Mergel, Gipsschiefer, Sandsteinschiefer, Schieferletten, Lettensandstein, Bröckelschiefer	Quarzsteine, Rogensteine

Tab. 3.2 Erdgeschichtliche Untergliederung nach „Dachroth" Teil 2

Erdzeit-alter	Formation (System)	Ab-teilung	Alter Dauer [10^6 Jahre]	Wich-tige tekto-nische Ären	Faltungs-Gebiete	Wichtige Gesteine (Mitteleuropa)	
						Witterungs-empfindlich	Witterungs-beständig
Erdaltertum (Paläozoikum)	Perm	Zechstein		Varistische Ära	Ural	Schiefer u. Salztone, Stinkschiefer, Mergel, Salze, Schiefertone, Gipse, Anhydrit, Gipsletten u. -mergel	Dolomite, Kalke
		Rot-liegendes	275			Tonige Konglomerate und Sandsteine, Schieferletten (Rötelschiefer)	Porphyre, Porphyrite, Melaphyre
	Karbon (Steinkohlezeit)	Oberes Karbon (produktives K.), unteres Karbon	345		Asturien, europäische Mittelgebirge	Schiefertone, Tonschiefer, Alaunschiefer, tonige Sandsteine, tonige Graphitschiefer	Graphit, Diorite, Granodiorite, Syenite, Grauwacken, Gabbros, Konglomerate, Kiesel- u. Dachschiefer
	Devon	oberes, mittleres, unteres Devon	400		Rheinisches Schiefergebirge	Ton- u. Graphitschiefer, Grauwacken, Schalsteine, dolomitische Mergel	Grauwacken, Diabase, Kalke
	Silur		450	Kaledonische Ära	Ardennen, Appalachen, West-Norwegen	Alaunschiefer, Grapholiten- u. Tonschiefer, Graphit- u. Lederschiefer, Ockerkalke	Griffelschiefer, Kalke, Phyllit
	Ordovicium		490				
	Kambrium		580		Hebriden	Alaunschiefer, Tonschiefer, tonschieferreiche Grauwacken, Phyllit	Sandsteine, Grauwacken, Kalke, Phyllit
Erdfrühzeit	Algonkium	Jotnium Karelium	2200	Assyntische Ära	Baltischer, Kanadischer, Sinischer,		Grauwacken, Glimmerschiefer, Kalksilikatgestein, Quarzite,
Erdurzeit	Archaikum		4500	Lautentische Ära	Afrikanischer Schild		Mamor, Gneise, Leptite, Amphiolite

3.2   Die Gesteine

3.2.1   Aufbau des Erdkörpers

Aufgrund der vorgenannten Feststellungen und Annahmen kam man zu einer Einteilung des gesamten Erdkörpers in vier Kugelschalenzonen (Abb. 3.1).

a) *Erdkruste*, etwa 29 bis 56 km mächtig, aus sauren und basischen Gesteinen mit einer mittleren Wichte von etwa 26 bis 30 kN/m^3.
b) *Erdmantel*, etwa 1200 km mächtig, aus den kieselsauren Verbindungen der Leicht- und Schwermetalle mit einer mittleren Wichte von etwa 34 kN/m^3. *Erdkruste und Erdmantel* werden als „*Lithosphäre*[4]" zusammengefasst.
c) Zwischenschicht (*Chalkossphäre*[5]), etwa 1700 km mächtig, aus verschiedenen Eisenverbindungen mit einer mittleren Wichte von 64 kN/m^3.
d) Eben-Nickel-Kern (*Barysphäre*[6]), etwa 3500 km mächtig, vorwiegend aus *Eisen* (etwa 90 %) sowie *Nickel, Platin, Gold* u. a. Bestandteilen. Die mittlere Wichte wird mit 90 bis 100 kN/m^3 angenommen.

Abb. 3.1   Kreisausschnitt des Erdkörpers

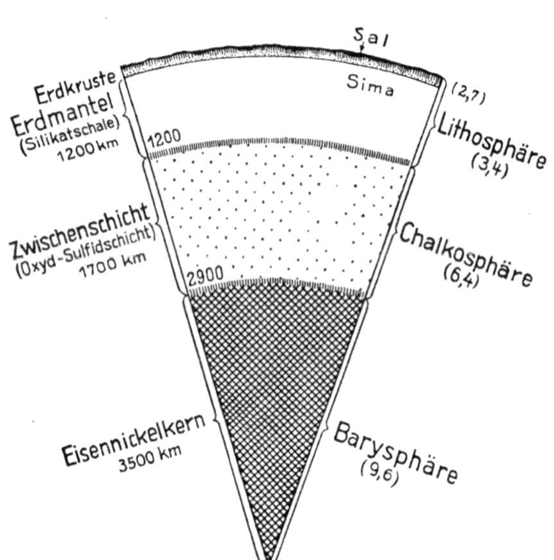

---

[4] Gr. Líthos = Stein, sphaíra = Kugel.
[5] Gr. chalkós = Erz.
[6] Gr. barys = schwer.

3.2.1.1 Die Erdkruste

Aufbau und Form der Erdkruste werden bestimmt durch *exogene* (äußere) und *endogene* (innere) Kräfte.

3.2.1.1.1 Exogene (äußere) Kräfte

Exogene Kräfte wirken von außen; dazu gehören Luft (Wind), Wasser, Eis, die Sonneneinstrahlung. Exogene Vorgänge sind u. a. Erosion, Verwitterung und Sedimentation; sie sind maßgebend für die Entstehung der Böden.

Die an einer Freilegung der Festlandsoberfläche durch Verwitterung bzw. flächenhafte Erniedrigung der Geländeformen beteiligten Abtragungskräfte werden unter dem Begriff der Denudation zusammengefasst. Ihr Endziel ist die Einebnung von Hochflächen zu Rumpfflächen. Sie erfolgt durch die zwar langsam, aber pausenlos fortschreitende Ausräumung und Wegführung des verwitterten Gebirgsschuttes durch Regen, Eis und Wind (Erosion).

Durch die Erosion werden Gesteine und Minerale der Erdoberfläche, besonders die durch Verwitterung entstandenen Lockermassen und Böden, abgetragen und in ein tieferes Niveau verfrachtet. Unterschieden wird Erosion durchfließendes Wasser, durch Gletscher (Exaration), durch Wind (Deflation, Ablation) und durch die Brandung an Meeresküsten (Abrasion). Die Erosion hat die Tendenz – im Gegenspiel mit den erdinneren Kräften – die Relief- und Niveauunterschiede der Erdoberfläche auszugleichen und Gefälle zu verflachen.

Neben der abblasenden und transportierenden Tätigkeit (z. B. Dünen) leistet der Wind auch noch eine ausnagende Arbeit (Deflation, Ablation). Er greift den durch die Wirkung der Sonnenbestrahlung zermürbten Felsen durch den ständigen Anprall der von Wind bewegten Sandkörnchen (gleichsam wie ein Sandstrahlgebläse) mehr oder weniger stark an und schleift ihn dabei ab. Auf diese Weise entstehen ausgeprägte Gesteinsreliefs, besonders, wenn härtere und weichere Gesteinsbänke miteinander wechsellagern (Abb. 3.2).

Neben der abblasenden und transportierenden Tätigkeit (z. B. Dünen) leistet der Wind auch noch eine ausnagende Arbeit (*Deflation, Ablation*). Er greift den durch die Wirkung der Sonnenbestrahlung zermürbten Felsen durch den ständigen Anprall der von Wind bewegten Sandkörnchen (gleichsam wie ein Sandstrahlgebläse) mehr oder weniger stark an und schleift ihn dabei ab. Auf diese Weise entstehen ausgeprägte Gesteinsreliefs, besonders, wenn härtere und weichere Gesteinsbänke miteinander wechsellagern (Abb. 3.3).

Endogene Kräfte wirken aus dem Erdinneren Die Meeresbrandung (*Abrasion*) hat einen wesentlichen Einfluss auf die Gestaltung der Küste und anschließender Landgebiete. Hierbei wirkt sowohl die Kraft der Meereswogen als auch der Angriff der der Küste vorgelagerten und durch die Wellen bewegten Gesteinstrümmer auf diese ein.

Die Wirkung des Meeres setzt vielfach mit der Herausbildung einer *Brandungshohlkehle* ein. Je nach der Beschaffenheit des Gesteins kommt es dabei nicht selten zu merkwürdigen Bildungen wie Felsentore (Abb. 3.3), Grotten, Felsnadeln u. a. Im Laufe der Zeit kann die gesamte Steilküste landeinwärts rücken. Gleichzeitige Senkung des Landes unter den Meeresspiegel beschleunigt diese Vorgänge.

Abb. 3.2 Durch Sandschliff (Deflation) entstandenes Gesteinsreliefs

Abb. 3.3 Durch Abrasion (Einfluss der Meeresbrandung) entstandene Gesteinsreliefs, El Rawché, Beirut

3.2.1.1.2 Endogene (innere) Kräfte

Die thermische Energie der Erde stammt u. a. aus zwei Quellen: Zum einen wird die Erde durch den radioaktiven Zerfall von Elementen im Inneren aufgeheizt, zum anderen enthält sie noch die Restwärme aus ihrer ursprünglichen, glutflüssigen Phase. Diese Wärmeunterschiede führen zu Dichteunterschieden, die sich durch Bewegung ausgleichen wollen. Diese Bewegungen erzeugen Kräfte, die für die Plattenbewegungen, den Vulkanismus, den Plutonismus (magmatische Prozesse) sowie für Erdbeben und die Hebung oder Senkung der Erdkruste verantwortlich sind. Die Tektonik untersucht dabei die Strukturen, Deformationen und Störungen der Erdkruste, wie etwa Schichtungen, Falten und Verwerfungen. Die Plattentektonik befasst sich speziell mit den Bewegungen der Erdplatten und ihren Auswirkungen.

Die Vulkane sind eine Landschaftsform, die auf dem Festland oder auf dem Meeresboden durch vulkanische Aktivitäten, insbesondere durch die Förderung von Lava, vulkanischen Lockermassen und Gasen entstanden ist. Das Magma dringt aus dem Erdinneren durch einen oder mehrere Schlote oder durch Spalten an die Erdoberfläche. Aus der erstarrten Lava und dem vulkanischen Lockermaterial (Vulkanite) baut sich der flache, deckenförmige oder kegelförmige Vulkan auf (Abb. 3.6). Je nach Zusammensetzung der Lava kann diese relativ ruhig ausfließen oder aber explosionsartig ausbrechen. Am Ort der Eruption bildet sich meist ein Krater (Abb. 3.4), der vielfach als Kratersee (Maar) ausgebildet ist (Abb. 3.5).

Abb. 3.4 Schematische Darstellung eines Vulkans

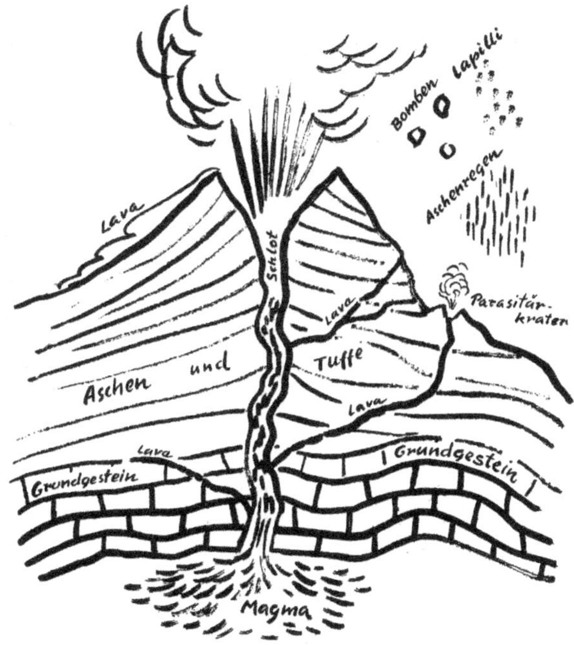

Abb. 3.5 Schematischer Querschnitt durch ein Maar der Eifel

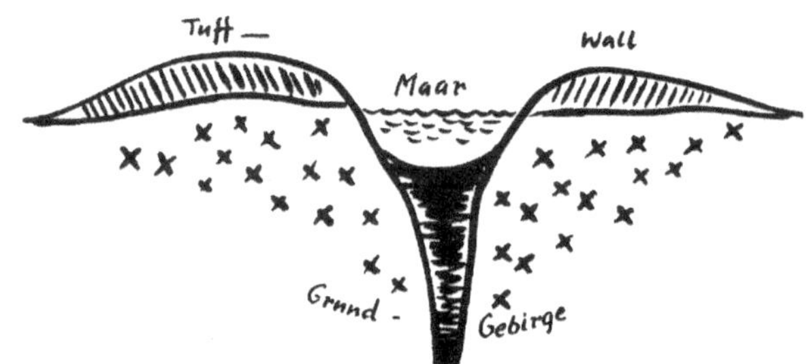

Vulkane werden je nach ihrer Form und ihrem Aufbau in verschiedene Typen unterteilt, darunter Schildvulkane, Schichtvulkane und Stratovulkane. Schätzungen zufolge sind weltweit etwa 500 Vulkane heute oder in historischer Zeit aktiv, wobei untermeerische Vulkane sowie Vulkane, die von Gletschern bedeckt sind, in dieser Zahl nicht berücksichtigt sind. Besonders zahlreich treten Vulkane an den aktiven Randzonen der tektonischen Platten auf.

Für die weiteren Betrachtungen wollen wir uns nur mit der Erdkruste befassen. Diese besteht aus den zwei Gesteinsarten-Hauptgruppen, und zwar **Festgesteine** und **Lockergesteine**.

3.2.2   Die Festgesteine

Die Festgesteine werden unterteilt in (Abb. 3.6):

- Erstarrungsgesteine oder Eruptivgesteine
- Kristalline Schiefer oder metamorphe Gesteine
- Schichtgesteine oder Sedimentgesteine

Die Erstarrungsgesteine lassen sich weiter unterteilen in die

- Tiefen- und Ganggesteine (hierzu gehören: Granit, Gabbro, Diorit)
- Ergussgesteine (hierzu gehören: Quarz, Basalt, Diabas)
- Kristalliner Schiefe (hierzu gehören: Gneis, Glimmerschiefer, Phyllit)
- Schichtgesteine

3.2.2.1 Tiefen- und Ganggesteine

Tiefen- und Ganggestcine sind Erstarrungsgesteine, die sich aus hochtemperaturigen, lavaähnlichen Schmelzen gebildet haben, welche unter Luftabschluss aus der Erdtiefe aufgestiegen sind und dort abgekühlt und erstarrt sind. Oft wird das umgebende Kontaktgestein durch die einwirkende Hitze verändert. Zu den bedeutendsten Vertretern dieser Gesteinsgruppen zählen Granit, Syenit, Diorit, Gabbro, Diabas, Quarzporphyr und Peridotit.

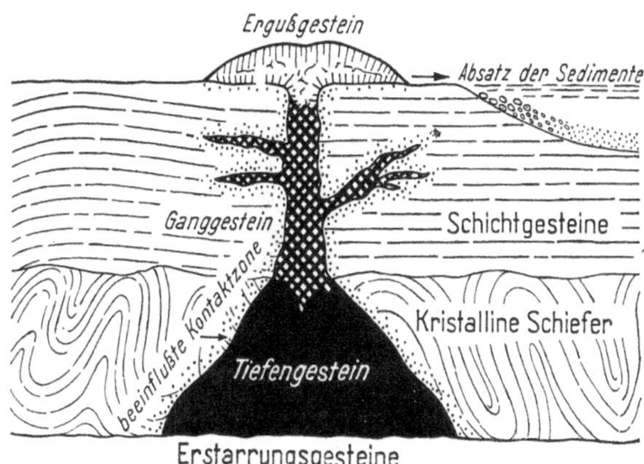

Abb. 3.6 Verschiedenartige Gesteinsablagerungen der Erstarrungsgesteine im Hinblick auf ihre Entstehung

Der Granit ist wohl der bekannteste und am weitesten verbreitete Vertreter der Tiefengesteine. Er weist ein feinkörniges Gefüge auf und besteht hauptsächlich aus Feldspat, Quarz und Glimmer. Ein charakteristisches Merkmal des Granits ist seine ausgeprägte Teilbarkeit und Klüftung, die nach bestimmten geologischen Gesetzmäßigkeiten verläuft. Granit bildet den Kern vieler deutscher Mittelgebirge sowie der Alpen.

Für den Baugrund hat Granit jedoch nur eine untergeordnete Bedeutung. Bei Bohrarbeiten kann er jedoch erhebliche Schwierigkeiten verursachen und zu hohem Werkzeugverschleiß führen.

3.2.2.2 Ergussgesteine oder Vulkanite

Ergussgesteine entstehen, wenn Magma an die Erdoberfläche oder den Meeresboden aufsteigt und dort aufgrund des geringeren Drucks schnell abkühlt und erstarrt. Dieser Prozess erfolgt meist unter Luftabschluss, wodurch die Eruptivmassen rasch gefrieren und oft ausgedehnte Decken bilden. Durch den reduzierten Druck können Gase schneller entweichen, was zu einer unvollständigen Ausbildung der Kristalle führt. Daher bestehen diese Gesteine häufig aus einer kompakten, kristallinen Grundmasse oder enthalten Einzelkristalle als Einsprenglinge. Bei noch schnellerer Abkühlung können sie eine „glasige" oder „schaumige" Struktur aufweisen. Zu den wichtigsten Ergussgesteinen gehören unter anderem Basalt (Abb. 3.7), Quarz, Trachyt, Diabas, Porphyr, Leparit, Dolerit und Andesit.

Ergussgesteine und Vulkanite gelten als besonders tragfähiger Baugrund. Sie zeichnen sich durch ihre hohe Tragfähigkeit aus und zeigen unter Bauwerkslasten kaum Verformungen. Außerdem sind sie hervorragend als Baustoff verwendbar (Straßenbau, Stützmauern usw.).

Zu den Ergussgesteinen zählen ebenfalls die sogenannten Tuffe. Diese sind aus lockeren Auswurfmassen (Vulkanasche) entstanden, die nach ihrem Absatz durch plötzliche Entgasung bzw. Quellung wieder zu festen Gesteinen wurden und sehr häufig geschichtet sind (Abb. 3.8). Je nach Ursprungsgestein werden die Tuffe unterteilt in: Porphyr-, Diabas-, Trachyt-, Phonolith- und Basalttuffe. Große Vorkommen von Tuffen, die ebenfalls größtenteils schichtartig gelagert sind, kann man in der Eifel antreffen.

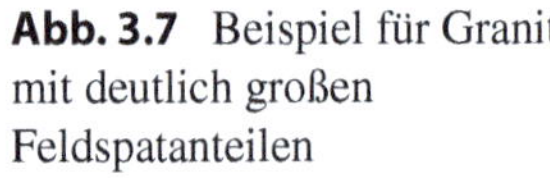

Abb. 3.7 Beispiel für Granit mit deutlich großen Feldspatanteilen

Wichtige Vulkangesteine

Granit (Abb. 3.7) ist ein fein- bis grobkörniges, kristallin-gemengtes, magmatisches Gestein mit richtungslos-körniger Struktur. Es setzt sich aus Feldspat, Quarz und Glimmer sowie kleinen Anteilen weiterer Minerale wie Zirkon, Apatit, Magnetit, Ilmenit und Titanit zusammen. Er ist hell, meist grau oder leicht rötlich, und mit dunkleren Kristallen gesprenkelt. Granit ist ein Tiefengestein, das in größeren Tiefen der Erdkruste aus einem Magma erstarrt. Vom Magmaherd können Gänge ausstrahlen, in denen sich der grobkörnige Pegmatit bildet. Granit gehört zu den verbreitetsten Gesteinen der Erdkruste.

Die Dichte von Granit beträgt 2,63 bis 2,75. Seine Bruchfestigkeit reicht von 7 bis 30 kN/cm^2. Granit hat eine höhere Festigkeit als Sandstein, Kalkstein und Marmor und ist folglich schwieriger abzubauen. Da er äußerst widerstandsfähig gegen Witterungseinflüsse ist, dient er als vielseitiges Baumaterial, z. B. für Pflastersteine, Brückenpfeiler und Ähnliches. Er kommt hauptsächlich in geologisch älteren Gebirgen vor, z. B. im Schwarzwald oder im Bayerischen Wald, und bildet dort das sogenannte Grundgebirge.

Basalt ist das verbreitetste vulkanische Gestein. Es ist ein feinkörniges, dichtes und dunkles, graues bis schwarzes Gestein. Es enthält Feldspat, Quarz und Foide sowie Spuren von Hornblende, Pyroxene, Biotit, Olivin, Magnetit, Ilmenit und Apatit. Basalt bildet bei der Erstarrung der Lava oft schöne polyedrische (vielflächige) Säulen aus (Abb. 3.8), die senkrecht zur Abkühlungsfläche stehen. Er bildet Kuppen und mächtige Decken und Plateaus. Basalt ist ein besonders zähes und wetterfestes Gestein; es wird u. a. zu Gleisschotter und Splitt verarbeitet. Basalt kommt in Deutschland u. a. im Siebengebirge, Westerwald, Vogelsberg und in der Rhön vor.

Diorit, ein klein- bis mittelkörniges Tiefengestein von meist grauer oder dunkelgrauer Farbe, wird aufgrund seiner beigemengten Hornblende in Form von Nadeln oder Körnern auch Grünstein genannt. Diorit (Abb. 3.9) besteht vorwiegend aus Feldspat, Quarz und geringeren Mengen Hornblende, Augit, Biotit, Titanit, Apatit, Zirkon und Granat.

Abb. 3.8 Basaltsäule

Abb. 3.9 Quarz-Diorit

Porphyr (griechisch porphyros: purpur), ist ein Eruptivgestein, das große, gut ausgebildete, in einer feinkörnigen Masse eingebettete Kristalle besitzt, die in einer dichten, gleichartigen bis glasartigen Grundmasse abgelagert sind. Die feinkörnige Matrix nennt man Grundmasse und die größeren Kristalle Einsprenglinge. Es ist die ursprüngliche Bezeichnung für ein in Ägypten gefundenes Gestein, das markante, in eine rote oder purpurne Matrix eingelagerte Feldspatkristalle besaß.

Syenit, ein mittel- bis grobkörniges, hell- bis dunkelgraues Tiefengestein, besteht vorwiegend aus Feldspat und Hornblende. Im Unterschied zum ansonsten ähnlichen Granit enthält Syenit keinen oder nur wenig Quarz. Statt Quarz kann Syenit auch geringe Mengen an Feldspatvertretern enthalten. Nebengemengeteile sind Magnetit, Apatit, Zirkon. Syenit (Abb. 3.10) kommt in Deutschland im Schwarzwald und bei Dresden vor.

Diabas ist dem Diorit ähnlich, aber heller. Er besteht hauptsächlich aus Augit und Feldspat.

3.2.2.3 Die Schichtgesteine

3.2.2.3.1 Allgemeines

Die *Schichtgesteine* umfassen die Absätze zerstörter ehemaliger *Ergussgesteine*, kristalliner Schiefer oder älterer Sedimente vorwiegend im Wasser. Sie wurden hauptsächlich im Meerwasser der flachen Kontinentalränder (Schelfgebiete), in der Tiefsee oder in den Sammelmulden vor den Gebirgen durch Flüsse bzw. durch Schmelzwasser abgesetzt. Abb. 3.11 zeigt den Absatz lockerer Schichtgesteine, gesondert nach Wichte und Entfernung von der Küste.

Abb. 3.10 Beispiel für Syenit

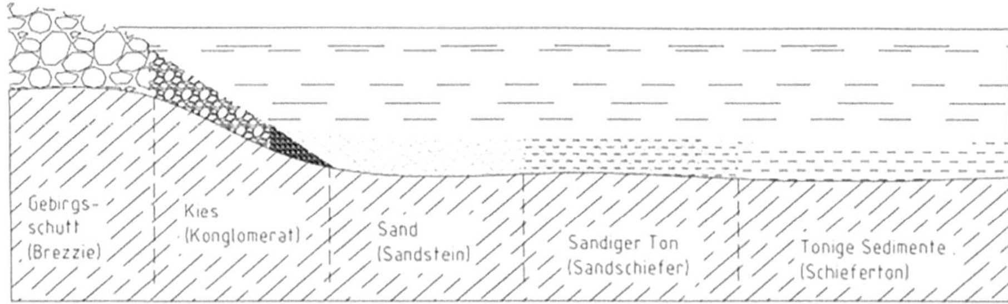

Abb. 3.11 Absatz lockerer Schichtgesteine, gesondert nach Wichte und Entfernung von der Küste

Das besondere Kennzeichen der Schichtgesteine sind die plattenförmigen Lagen, die wie Blätter eines Buches übereinander liegen. Ungeschichtete Absätze (wie z. B. Geschiebemergel, Terrassenschotter u. a.) gehören zu den Ausnahmen. Weitere Kennzeichen sind der Mangel an kristalliner Struktur und ihre von den Ergussgesteinen nicht selten abweichende chemische Zusammensetzung.

Entsprechend der Art und Weise ihrer Entstehung können unterschieden werden:

- **mechanische Schichtgesteine (Sedimente)**
- **chemische Schichtgesteine**
- **organische Schichtgesteine**
- **Umwandlungsgesteine**

3.2.2.3.2 Mechanische Schichtgesteine

Die mechanischen Schichtgesteine sind in der Hauptsache aus den durch Verwitterung zerstörten Bruchstücken älterer Gesteine entstanden, die durch Regen, Wind, Eis oder fließendes Wasser weggeführt und abgesetzt wurden (Diagenese genannt). Sie werden auch als Trümmergesteine bezeichnet.

Die wesentlichen mechanischen Schichtgesteine sind: Sandstein, Schiefer, Schieferton bzw. Tonschiefer, Kalkstein, Marmor, Alabaster. Der Sandstein unterscheidet sich durch die Korngröße und (je nach Eisengehalt) nach der Farbe (z. B. roter Sandstein). Auch die anderen Gesteine können je nach Zusammensetzung sehr unterschiedliche Strukturen und Farben zeigen (z. B. der Marmor).

Die durch fließendes Wasser in Küstennähe abgesetzten lockeren Gesteinsbrocken werden je nach ihrem Abstand von der Küste bzw. ihrer Wichte meist immer kleiner und unterliegen einer natürlichen Aufbereitung (Abb. C-9). Die vulkanischen Tuffe können aufgrund ihrer Schichtung auch als Sedimente angesehen werden.

Je nachdem, ob die Gesteinsbrocken oder Körner noch nicht miteinander verbunden oder schon wieder verfestigt sind, unterscheidet man zwischen lockeren Trümmergesteinen (die im Allgemeinen als Böden bezeichnet werden) und verfestigten Trümmergesteinen.

Verfestigte Trümmergesteine

Diese sind wiederverfestigte Trümmergesteine und bestehen vorwiegend aus mehr oder weniger abgerundeten Quarzkörnern mit Einzelkorngrößen von

- > 2 mm bei grobkörnigen Quarzkörnern (Konglomerate)
- 2–0,02 mm in mittelkörnigen Quarzkörnern (Sandstein, Grauwacke)
- < 0,02 mm bei feinkörnigen Quarzkörnern (Schieferton, Tonschiefer).

Sie sind durch ein toniges, dolomitisches, kieseliges, oder mehr mergeliges Bindemittel verkittet. Ein von jedem Bohrmeister gefürchteter Vertreter dieser Gesteinsart ist das „Nagelfluhgestein" der Alpenvorberge. Sein Gefüge ähnelt dem des Betons. Bohrtechnisch lässt es sich jedoch wesentlich schlechter beherrschen als der Beton. Breccien sind ebenfalls Konglomerate, jedoch mit nicht abgerundeten, eckig-kantigen Gesteinsbruchstücken.

Ebenso ist die Grauwacke, ein unvollkommen ausgearbeitetes graues Gestein mit eckigen Bruchstücken aus Gesteinen wie Feldspat, Kieselschiefer, Ton und Schiefer, zu den Konglomeraten zu zählen.

Nachfolgend einige Vertreter der verfestigten Trümmergesteine.

Es entstand aus:

Gebirgsschutt	>	**Breccie** (eckige Körner) (Abb. 3.12)
Geröll	>	**Konglomerat** (runde Körner)
Sand	>	**Sandstein** (Abb. 3.13)
tonigem Sand	>	**Sandschiefer, Grauwacke** (Abb. 3.14)
Ton	>	**Schiefer**

Verschiedene Trümmergesteine

Sandstein besteht aus Sandkörnchen, die durch nach Art und Menge sehr verschiedene Bindemittel zusammengekittet sind. Nach der Art der Bindemittel (Quarz, Calciumcarbonat, Eisenoxid) unterscheidet man kieselige oder Quarzsandsteine, kalkige, tonige, mergelige, eisenhaltige u. a. Sandsteine. Die Farbe hängt weitgehend von den Bindemitteln ab. Eisenoxid führt zu einer roten oder rotbraunen, andere Bindestoffe zu einer weißen, gelblichen oder grauen Farbe. Sandstein ist nicht nur ein natürlicher Speicher für Öl- und Erdgasvorkommen, sondern wird auch als Baumaterial verwendet.

Abb. 3.12 Beispiel für Breccie. (Hier bunte Breccie)

Abb. 3.13 Beispiel für
Buntsandstein

Abb. 3.14 Beispiel für
Grauwacke

Grauwacke ist farblich bunt, vorwiegend dunkelgrau. Die Korngröße schwankt in weiten Grenzen, so dass sie auch als Bindeglied zwischen der Breccie bzw. den Konglomeraten und dem Sandstein angesehen werden kann. Das Bindemittel ist meist kieselig.

Schieferton ist ein Sedimentgestein, das aus verfestigten Tonen entstanden ist, meist grau bis graublau, kann noch mit dem Messer geschnitten werden. Bei Wasseraufnahme quillt er und zerfällt beim Austrocknen blättrig. Roter, grüner und violetter Schieferton und schwach verfestigter Ton wird Tonstein oder mancherorts Letten genannt; diese Bezeichnung soll jedoch in der Bodenmechanik nicht verwendet werden. Die Korngrößen liegen unter 0,02 Millimeter. Das Gestein enthält noch Wasser, ist aber im Unterschied zum Ton nicht mehr plastisch verformbar.

Die im Meer sedimentierten Tone werden durch den Druck überlagernder Schichten verfestigt. Dabei wird das in den Poren sitzende Wasser ausgepresst und das Gestein komprimiert. Durch den Druck bilden sich manche Tonminerale um, und es entstehen zum Teil neue Tonminerale. Steigt der Druck weiter an, kann die Grenze zur Metamorphose (Umwandlung) erreicht werden; dabei entsteht Tonschiefer, der eine Mittelstellung zwischen Schichtgesteinen (Sedimenten) und Umwandlungsgesteinen (Metamorphiten) einnimmt.

Bei der Verfestigung des Gesteins werden die Tonminerale parallel ausgerichtet. Der Schieferton erhält dadurch ein paralleles oder plattiges Gefüge, die „Schieferung". Berühmt ist der Schieferton für die gut abgebildeten Fossilien (Abb. 3.15) Versteinerungen von Meerestieren und Pflanzen (z. B. Fische und Muscheln, Farne usw.).

Tonschiefer ist stärker verfestigt, hart und quillt im Wasser nicht auf, verwittert aber leicht an der Oberfläche. Tonschiefer (Abb. 3.16) geht durch erhöhten Druck aus einem Schieferton hervor und ist durch eine echte Schieferung geprägt. Weitere Druckerhöhung wandelt Tonschiefer zu kristallinem Schiefer um. Tonschiefer ist sehr feinkörnig und dicht, meist durch Bitumen oder Graphitschüppchen grau oder schwarz gefärbt, durch eisenhaltige Minerale auch rötlich bis braun.

Neben Tonmineralen enthält Tonschiefer Quarz und Glimmer und vor allem Muskovit, der sich aus Tonmineralen gebildet hat. Das Rheinische Schiefergebirge ist nach den hier weit verbreiteten Tonschiefern benannt. Hier wird auch, ebenso wie im Frankenwald, der sehr gleichmäßig geschieferte, gut spaltende und leicht zu verarbeitende so genannte

Abb. 3.15 Fossilien aus dem Schieferton

Abb. 3.16 Beispiel für Tonschiefer

Dachschiefer abgebaut, der aus dem Karbon stammt. Man verwendet ihn zum Dachdecken und Verkleiden von Wänden.

Sandschiefer (streifiger Schieferton) ist eine spezielle Form des Schiefertons, die insbesondere in geologischen Formationen des Karbonzeitalters (359 bis 299 Mio. Jahre) vorkommt. Er zeichnet sich durch eine feine Wechsellagerung von sandigen (hellen) und tonigen (dunklen) Schichten aus, die in ihrer Dicke variieren. Diese Schichten können in unterschiedlichen Anteilen vorkommen, was zu einer differenzierten Struktur führt. Mal überwiegen die einen, mal die anderen Streifen nach Häufigkeit und Dicke. Man wird sandstreifige Schiefertone bei Überwiegen der sandigen Streifen, tonstreifige Schiefertone bei Überwiegen der tonigen Streifen und einfach streifige Schiefertone bei ungefähr gleichem Verhältnis unterscheiden können.

Die Eigenschaften von Sandschiefer variieren je nach dem spezifischen Anteil und der Art der enthaltenen Minerale. Insbesondere reagieren die Gesteine unterschiedlich auf mechanische Einwirkungen wie Schlagen, Ritzen oder Druck. So können die sandigen Schichten aufgrund ihrer größeren Korngröße härter und widerstandsfähiger sein, während die tonigen Schichten tendenziell weicher und leichter zu bearbeiten sind.

3.2.2.3.3 Chemische Schichtgesteine

Zu den chemischen Schichtgesteinen gehören Salze und Kalisalze, Gips und Anhydrit, Erze, Mineralien und Kieselsteine. Auch einige Ablagerungen von Kalksteinen und Dolomiten sowie Marmor gehören dazu. Sie entstanden durch chemische Prozesse infolge von Ausfällung leicht löslicher Stoffe an Ort und Stelle aus übersättigten Lösungen bzw. durch natürliche Eindampfung. Chemische Schichtgesteine sind wesentlich seltener als mechanische Sedimente.

3.2.2.3.4 Organische Schichtgesteine

Hierzu können gezählt werden: Korallenkalke, Kieselerden, Humusgesteine (Torf Braunkohle, Steinkohle, Anthrazit), bituminöse Gesteine (Kohlenwasserstoff, Erdöl), Phosphatgesteine (Phosphorit, Asphalt), Schreibkreide. Streng genommen sind die organischen Sedimente nicht mehr als eigentliche Absatzgesteine zu bezeichnen, da es sich bei ihnen vornehmlich um Bildungen handelt, die auf Lebenstätigkeit von Organismen zurückzuführen sind, z. B.:

Tiere	>	**Korallen, Erdöl, Ölschiefer**
Pflanzen	>	**Braunkohle, Steinkohle, Torf**

Der **Kalkstein** (Abb. 3.17), ein typischer Vertreter der organischen Sedimentgesteine, besteht vorwiegend aus Calcit (Calciumcarbonat, $CaCO_3$). Er entsteht im Meer und in geringem Umfang auch in Seen und an Quellen. Der Kalk fällt entweder direkt aus der Lösung aus oder entstammt den kalkigen Schalen und Skeletten abgestorbener Muscheln, Schnecken, Korallen, Schwämme oder Algen. Er kann Druckfestigkeiten bis 35 kN/cm^2 aufweisen und ist zum Teil reich an Fossilien.

3.2.2.3.5　Umwandlungsgesteine

Diese „*metamorphen*[7] Gesteine" sind Gesteine, die infolge gewaltiger Drücke bei Gebirgsfaltungen oder hohen Temperaturen ihr Gefüge derart verändert haben, dass eine neue Gesteinsart mit kristalliner oder auch schiefriger Textur entstanden ist. Hierzu gehören auch die Kontaktzonen der Ganggesteine. Als Beispiel hierfür gilt Augengneis.

So ähneln die kristallinen Schiefer den Eruptivgesteinen durch ihre Kristallinität und ihren Mineralbestand, unterscheiden sich aber von ihnen durch ihre gerichtete Textur. Von den Sedimentgesteinen sind sie durch den meist auftretenden Mangel an gut erhaltenen Versteinerungen verschieden. Die wichtigsten Vertreter der kristallinen Schiefer sind die Gneise, lagenförmige Gemenge kristallinisch-körniger Gesteine, bestehend aus Quarz, Feldspat und Glimmer mit einigermaßen paralleler Textur.

Abb. 3.17 Kalkstein mit einer Fossilie

---

[7]Gr. metamórphois = Umgestaltung, Verwandlung.

Sie gliedern sich in *Orthogneise* (ehemalige Eruptivgesteine), *Metagneise* (von granitischen Lösungen durchdrungene Sedimente) und in *Paragneise* (frühere Sedimente). Dazu gehören Phyllite, feinschuppige farbige oder dunkle Gesteine mit großem Tongehalt, Glimmerschiefer und andere.

In wirtschaftlicher Beziehung stehen die *metamorphen* Gesteine weit hinter den Eruptiv- und Sedimentgesteinen zurück.

Das Vorkommen der kristallinen Schiefer beschränkt sich aber nicht auf die Gesteine der Urzeit. Gesteine weit jüngerer Formationen können infolge starker *metamorpher* Veränderung kristalline Struktur zeigen, wie z. B. die fossil führenden Bündnerschiefer in den zentralen Teilen der Westalpen und anderen Orten.

3.2.2.3.6 Gesteinsbildende Mineralien

Die wichtigsten Mineralien für die Gesteinsbildung sind:

- **Feldspat**
- **Quarz**
- **Glimmer**

Der **Feldspat** gehört zu den wichtigsten gesteinsbildenden Mineralgruppen. Er bildet Mischkristalle innerhalb eines kontinuierlichen Systems, das zwischen den Endgliedern Kalifeldspat (Orthoklas), Natronfeldspat (Albit) und Kalkfeldspat (Anorthit) variiert. Diese Mischreihe ermöglicht zahlreiche Zwischenformen, die in verschiedenen geologischen Kontexten vorkommen können. Feldspäte sind Hauptbestandteile vieler magmatischer und metamorpher Gesteine wie Granit, Gneis und Basalt. Durch die Verwitterung dieser Gesteine und die Sedimentation in trockenen Klimaten gelangen Feldspäte auch in Sedimentgesteine. Sie gehören zu den häufigsten Mineralen und machen etwa zwei Drittel der kontinentalen Erdkruste aus.

Mit einer Härte von 6 bis 6,5 und einer Dichte zwischen 2,5 und 2,8 g/cm^3 zeigen Feldspäte einen glasigen Glanz. Sie variieren in der Farbgebung von farblos oder weiß bis hin zu rosafarbenen, gelben, grünen und roten Tönen. Aufgrund ihrer chemischen Zusammensetzung sind Feldspäte anfällig für Verwitterung, wobei unter anderem Tonminerale wie Kaolinit entstehen. Diese Verwitterungsprodukte sind von wesentlicher Bedeutung für den Bodenbildungsprozess.

Quarz ist ein Mineral, das in der kristallinen Form von Siliciumdioxid (SiO_2) vorkommt und in verschiedenen Modifikationen existiert. Die wichtigste Modifikation, der sogenannte Tiefquarz, ist nach Feldspat das zweithäufigste Mineral in der Erdkruste. Quarz tritt als gesteinsbildendes Mineral sowohl in Magmatiten, Sedimentgesteinen als auch Metamorphiten auf.

Mit einer Härte von 7 und einer Dichte von 2,65 g/cm^3 zeichnet sich Quarz durch einen glasigen bis speckigen Glanz aus. In seiner reinen Form ist Quarz farblos und durchsichtig, jedoch weist er häufig durch Beimengungen eine milchige Trübung oder andere Farben auf. Beispielsweise erhält der Milchquarz seine charakteristische milchig-weiße Farbe durch winzige flüssige oder gasförmige Einschlüsse.

Quarz dient als Ausgangsmaterial für die Glasherstellung und ist ein wichtiger Bestandteil von Zement und Mörtel. Zudem wird gemahlener Quarz als Schleifmittel in der Steinbearbeitung, beim Sandstrahlen und Glasschleifen verwendet. In pulverisierter Form findet Quarz auch Anwendung in der Porzellanherstellung, in Scheuerseifen, Schmirgelpapier und Holzfüllern.

Glimmer ist vor allem in Magmatiten, Metamorphiten und einigen Sedimenten enthalten. Er bildet Kristalle im monoklinen System und lässt sich aufgrund seiner Schichtstruktur sehr gut in dünne, biegsame und elastische Blättchen spalten. Glimmerminerale (Abb. 3.18) sind komplexe Aluminiumsilikate, deren Härte zwischen 2 und 3 und deren spezifisches Gewicht zwischen 2,7 und 3,3 g/cm^3 liegt.

3.2.2.3.7 Schlussbetrachtung

Es sind insgesamt rund 40 verschiedene Gesteinsarten bekannt, von denen nicht alle in dieser Arbeit behandelt werden konnten. Zudem sind nicht alle für die Bohrtechnik und den Bau von gleicher Bedeutung. In der Praxis begegnen wir häufig Mischungen verschiedener Gesteinsarten während der Bohrarbeiten. So können in einem Bohrloch Gerölle, Kiese, Sande, Tone, Torf und unterschiedliche Festgesteinsarten gleichzeitig vorkommen.

Ein sehr einheitlicher Schichtenaufbau zeigt sich vor allem in den deutschen Küstenregionen, wo hauptsächlich Sande, Tone, Schluffe und Torfe vorkommen. Diese geologischen Schichten stellen zwar in einigen Fällen einen herausfordernden Baugrund dar, insbesondere aufgrund ihrer variierenden Festigkeit und Wasserdurchlässigkeit, doch sie führen in der Regel nicht zu erheblichen Problemen bei der Bohrtechnik. Solche Böden bieten oft den Vorteil einer besseren Vorhersagbarkeit in Bezug auf deren physikalische Eigenschaften, was den Bohrprozess erleichtern kann.

Die Komplexität der geologischen Bedingungen in verschiedenen Regionen erfordert jedoch eine präzise geotechnische Untersuchung vor Bohrmaßnahmen, da die jeweiligen Materialzusammensetzungen und ihre Eigenschaften wesentliche Einflussfaktoren für den

Abb. 3.18 Beispiel für
Rubinglimmer

Erfolg der Bohrtechnik darstellen. Auch die Wechselwirkungen zwischen den Gesteinsarten, etwa durch Wassergehalt oder die Festigkeit der Festgesteine, müssen bei der Planung und Durchführung von Bohrungen berücksichtigt werden, um technische Schwierigkeiten zu vermeiden und die Effizienz zu steigern.

3.2.3 Lagerungsformen der Festgesteine

3.2.3.1 Allgemeines

Die Lagerungsformen der Festgesteine variieren erheblich, was hauptsächlich auf die unterschiedlichen Entstehungsprozesse der drei Hauptgesteinsgruppen zurückzuführen ist. Diese Prozesse beeinflussen nicht nur die mineralogische Zusammensetzung, sondern auch die Struktur und die physikalischen Eigenschaften der Gesteine. Die Lagerungsformen hängen maßgeblich davon ab, ob das Gestein durch Erstarrung aus geschmolzenem Magma (magmatische Gesteine), durch Ablagerung von Partikeln oder chemischen Verbindungen im Wasser (sedimentäre Gesteine) oder durch Umwandlung unter hohem Druck und Temperatur (metamorphe Gesteine) entstanden ist.

3.2.3.2 Lagerungsformen der Erstarrungsgesteine

An der Erdoberfläche zeigen diese Gesteine ein vielfältiges Erscheinungsbild, das stark von der Viskosität des Lavamaterials und den Erstarrungsbedingungen geprägt ist. Die wichtigsten Lagerungsformen sind:

1. **Vulkanberge**

   Vulkanberge dominieren das Landschaftsbild an Stellen, an denen Magma an die Erdoberfläche gelangt. Hier kristallisieren die Gesteinsmassen aus, nachdem sie durch vulkanische Aktivität ausgestoßen wurden. Je nach Lavaeigenschaft und Fördermechanismus bilden sich unterschiedliche Strukturen:

   Quellkuppen: Bei zähflüssigem Magma entstehen massive, kuppelförmige Strukturen, die direkt über der Ausflussöffnung erstarren. Diese sogenannten Quellkuppen haben eine beeindruckende Höhenentwicklung und eine kompakte Gestalt.

   Lavaströme: Dünnflüssiges Magma breitet sich entlang von Hängen oder flachen Geländestrukturen aus und erstarrt zu lang gestreckten, flussartigen Formen. Diese Ströme zeichnen sich durch ihre wulstige Struktur an der Ober- und Unterseite aus, die durch die unterschiedliche Erstarrungsgeschwindigkeit im Inneren und an der Oberfläche des Lavastroms entsteht.

   Lavadecken: Dünnflüssige Lava kann sich auch großflächig ausbreiten und teppichartige Decken bilden. Diese Schichten können, abhängig von der Ausflussmenge, mehrere Kilometer mächtig sein und eine ebenmäßige Oberfläche hinterlassen.

2. **Eindringungskörper (Plutonite)**

   Unter der Erdoberfläche erstarrende Magmamassen bilden Eindringungskörper, deren Lagerungsform stark vom Intrusionsprozess abhängt:

Batholithe und Plutone: Dies sind große, unregelmäßige Intrusionskörper, die sich häufig über weite Bereiche erstrecken. Sie entstehen tief in der Erdkruste und repräsentieren die Wurzeln großer magmatischer Systeme.

Gänge und Lagergänge: Magma, das in Schwächezonen der Kruste (z. B. Klüfte) eindringt, bildet Gesteinskörper mit einer meist tabularen Struktur. Gänge können sowohl vertikal als auch diagonal verlaufen, während Lagergänge parallel zur Schichtung des umgebenden Gesteins eingelagert werden.

Stocke und Lakkolithe: Stocke sind kleinere, säulenartige Eindringungskörper, während Lakkolithe pilzförmige Intrusionskörper darstellen, die flache Aufwölbungen in den überlagernden Gesteinsschichten hervorrufen.

Die Lagerungsformen der Erstarrungsgesteine (Abb. 3.19) geben wertvolle Hinweise auf die magmatischen Prozesse und die tektonischen Bedingungen, die zur Entstehung des Gesteins geführt haben. Vulkanische Strukturen erlauben Rückschlüsse auf die Fördermechanismen und die chemische Zusammensetzung der Lava, während intrusive Strukturen die Tektonik und die thermischen Bedingungen des Erdmantels und der unteren Kruste widerspiegeln.

Die Erstarrungsgesteine haben – im Gegensatz zu der bei den Schichtgesteinen vorzugsweise in einer Ebene entwickelten Ausdehnung – vielfach nach allen Richtungen verschiedene Erstreckungen. Handelt es sich doch in den aus der Tiefe in schmelzflüssigem Zustand aufgestiegenen Gesteinsmassen um so genannte Eindringungskörper und nur ausnahmsweise um Auflagerungsgesteine.

Abb. 3.19 Lagerungsformen der Ergussgesteine. (Oben: Kappen – unten: Decken)

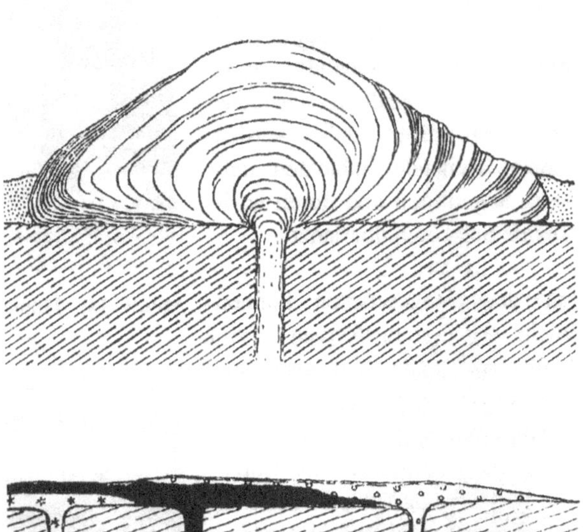

An der Erdoberfläche fallen diese Gesteine zunächst als Vulkanberge ins Auge. Sie bilden bei Dickflüssigkeit des Lavamaterials über der Ausflussöffnung zum Teil gewaltige Kuppen (so genannte Quellkuppen) oder bei Dünnflüssigkeit des ausfließenden Materials flussartige Lavaströme mit wulstförmigen Erstarrungsformen auf der Ober- und Unterseite sowie teppichartige Decken.

3.2.3.3 Lagerungsformen der Schichtgesteine (Sedimente)

Im Gegensatz zu den aus der Tiefe aufgestiegenen Tiefengesteinen haben wir es bei den Schichtgesteinen mit ursprünglich flächenartig abgelagerten Gesteinsbrocken zu tun. Die Mächtigkeit der Schichten kann sehr verschieden sein.

Örtlich zeigen die Schichten erhebliche Abweichungen von der horizontalen Lage. So sieht man nicht selten Gebirgsfaltungen (Abb. 3.20) an den zutage tretenden Gesteinsbänken und nahezu steil stehende Schichten. Sie können gleichförmig oder auch ungleichförmig zueinander gelagert sein, das heißt verschiedene Neigungen zeigen. Dabei werden geneigt stehende Schichten teilweise abgetragen und durch horizontale Schichten überlagert.

Abb. 3.20 Gebirgsfalte

Für das Baugeschehen können solche Ablagerungsformen von großer Bedeutung sein, insbesondere für die Tragfähigkeit und die Gefahr von Rutschungen, sofern die geneigt liegenden Schichten von Bändern aus Schluff oder Ton unterbrochen sind und in Verbindung mit Wasser zu Abschiebungen führen können. Dies ist besonders bei Bauvorhaben in Hanglage zu beachten.

Ihre richtige Kenntnis ist für die Baupraxis bedeutungsvoll, weil durch sie nicht selten an der Oberfläche und den darauf stehenden Gebäuden Schäden entstehen können, für die der Bauherr unter Umständen dann verantwortlich gemacht werden kann.

Auch bohrtechnisch können derartige Lagerungsformen zu großen Schwierigkeiten führen. Es kann unter anderem zu Bohrabweichungen, Kernverlusten und Verklemmen der Futterrohre kommen.

3.2.3.3.1 Schichtenbiegungen (Falten)

Falten und **Faltungen** (Abb. 3.21) sind durch erdinnere Kräfte hervorgerufene Verbiegungen von geschichteten Gesteinen. Es handelt sich hierbei um tektonische Einengungs- oder Stauchungsformen. Sie hängen oft mit Gebirgsbildung zusammen (Faltengebirge), bei denen starke horizontale Kräfte wirksam werden. Sie treten hier nicht einzeln auf, sondern meist in so genannten Faltengemeinschaften.

Jede Falte besteht aus einem Scheitel und zwei Flanken, Flügeln oder Schenkeln. Sind die Flügel nach unten geöffnet, spricht man von einem Sattel, bei nach oben geöffneten Flügeln von einer Mulde. Die gedachte Linie, um die die Falte gebogen ist, heißt Falten-

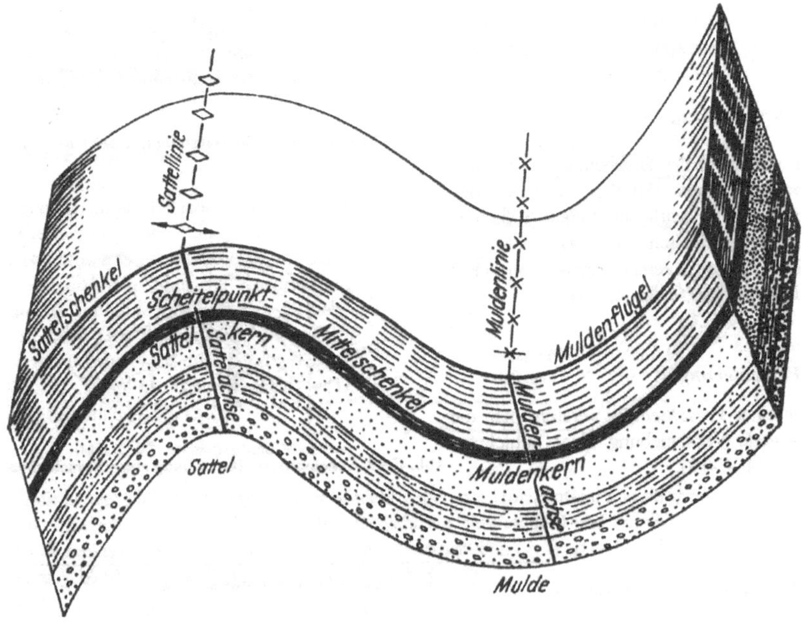

Abb. 3.21 Schematische Darstellung der Faltung

achse (Sattelachse, Muldenachse). Ist die Faltenachse geneigt, so taucht die Falte ab, d. h., sie verschwindet nach einer gewissen Strecke unter einer (gedachten) horizontalen Fläche. Die Ebene, in der alle Faltenachsen liegen, heißt Achsenfläche. Sie kann eben oder gekrümmt sein. Je nach Neigung der Achsenfläche unterscheidet man stehende Falten (mit senkrechter Achsenfläche), mehr oder weniger geneigte Falten (mit entsprechend geneigter Achsenfläche) und liegende Falten (mit stark geneigter oder waagerechter Achsenfläche). Die Achsenfläche kann sogar über die Waagerechte hinaus weiter geneigt werden, dann nennt man die Falte überkippt.

Da sich große Gebiete der Erde, besonders ihre Gebirge, aus Faltengebirgen zusammensetzen, gehört die Faltung (Abb. 3.20 und 3.21) von Gebirgsschichten zu den bekanntesten, aber auch wichtigsten geologischen Erscheinungen.

3.2.3.3.2 Schichtenzerreißungen (Verwerfungen)

Im Gegensatz zu den nur die Lage der Schichten verändernden Faltungen stehen *Zerreißungen* von Gebirgsschichten längs steil einfallender Klüfte oder Spalten. Derartige Brüche oder Risse (*Scherrisse*) entstehen, wenn Schichten ihre Zusammensetzungskraft verlieren. Diese Erscheinungsformen nennt man auch *Störungen* (*bergmännischer Ausdruck*).

3.2.3.3.3 Abschiebungen

Vergleichbar mit den Verwerfungen sind *Abschiebungen* oder *Sprünge*. Unter einer Abschiebung (Abb. 3.22) versteht man die abwärts gerichtete Bewegung eines Gebirgsstücks.

3.2.3.3.4 Überschiebungen

Eine vergleichbare Erscheinungsform sind *Überschiebungen*. Hierbei können sich ebenfalls durch seitlichen Schub Schichten übereinander schieben, so dass sich eine Schichtenfolge in einer bestimmten Tiefe wiederholen kann (Abb. 3.23).

Abb. 3.22 Abschiebung
(Schema)

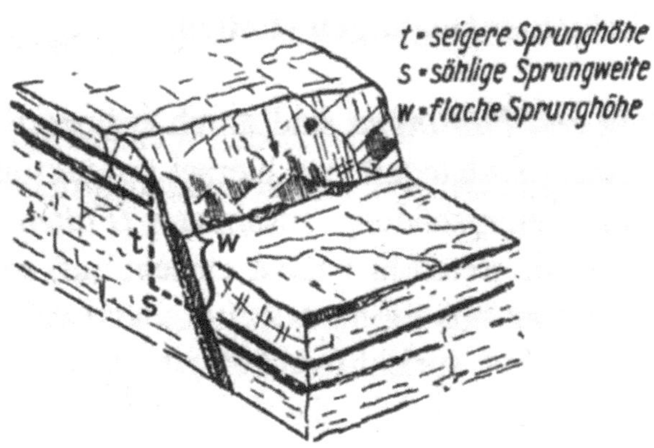

Abb. 3.23 Überschiebung
(Schema)

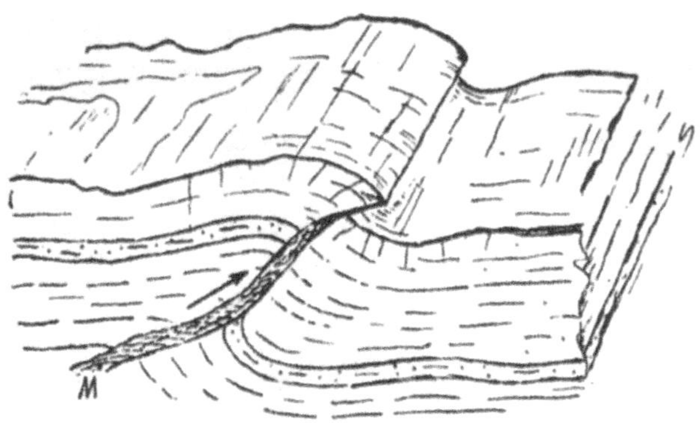

Abb. 3.24 Verschiebung
(Schema)

3.2.3.3.5 Verschiebung

Unter einer *Verschiebung* versteht man die horizontale Verschiebung einer Schichtenfolge (*Überlagerung*). geneigt stehende Schichtgesteine durch Wasser und Wind abgetragen und später durch die gleichen Kräfte wieder von z. T. mächtigen Schichten überlagert (Abb. 3.24).

3.2.3.3.6 Überlagerungen

Bei den *Überlagerungen* (Abb. 3.25) werden steil bzw. geneigt stehende Schichten durch Wasser und Wind abgetragen und später durch die gleichen Kräfte wieder zum Teil mächtigen Schichten überlagert.

   Gräben und **Horste** sind durch Zerrungen während und nach Gebirgsfaltungen entstanden. Durch das Auseinanderklaffen konnten großflächige Gebirgsteile absacken und so Gräben oder Horste (Abb. 3.26) bilden. Diese Erscheinungen dürfen nicht mit den Gräben verwechselt werden, die durch Flüsse eingeschnitten wurden, z. B. Grand Canyon (Arizona, Amerika). Die hier gemeinten Gebirgsformen sind heute jedoch in dieser scharfkantigen Form nicht mehr zu erkennen, sondern sind zum Teil aufgefüllt oder stark abgerundet bzw. abgeflacht (z. B. Rheingraben).

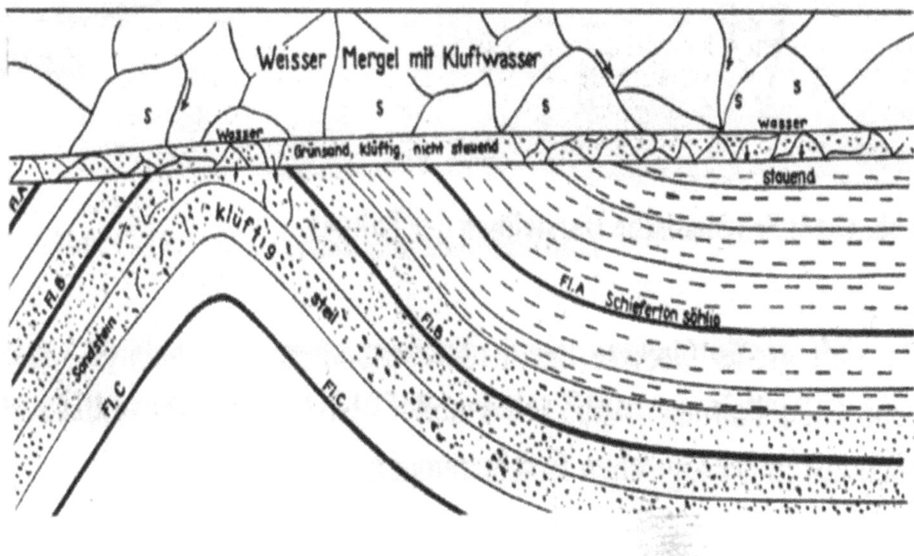

Abb. 3.25   Überlagerung

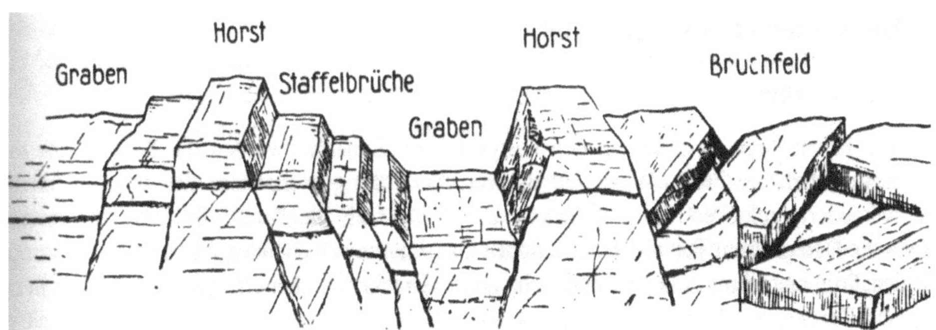

Abb. 3.26   Schematische Darstellung von Gräben, Horsten und Brüchen

Man versteht unter Streichen einer Schicht ihre Erstreckung in einer bestimmten Himmelsrichtung. Diese wird bestimmt durch den *Horizontalwinkel*, der die Nordrichtung mit einer *Streichlinie* (Schnitt der Schichtebene mit der Horizontalebene) einschließt. Die *Streichrichtung* wird durch den gemessenen Winkel „a°" im Uhrzeigersinn (z. B. a = 90°) bestimmt (Abb. 3.27).

Das Fallen ist das Maß der Neigung einer Schicht gegen die Horizontale. Der Einfallwinkel „ß 0" ist der Winkel zwischen der Falllinie (verläuft senkrecht zur Streichlinie) und der Richtung der Falllinie; sie verläuft senkrecht zur Streichlinie, aber in der Horizontalen (z. B. ß = 35°). Bei einer horizontal gelagerten Schicht wäre das Einfallen ß = 0° (Abb. 3.27).

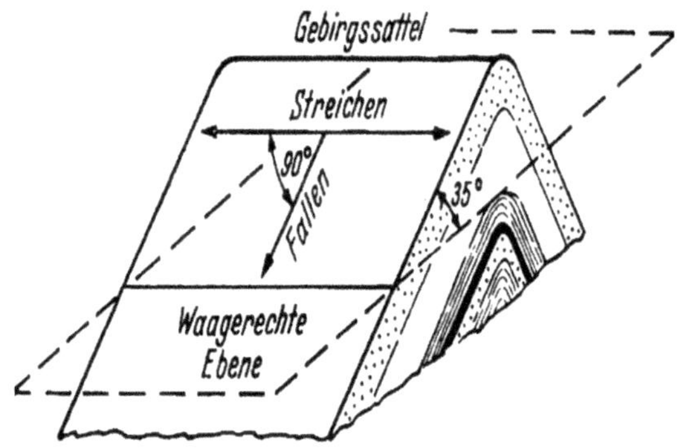

Abb. 3.27 Schematische Darstellung von Streichen und Fallen

Zusammenfassung

Die hier gezeigten Beispiele von Ablagerungs- und Schichtenformen stellen nur eine kleine Auswahl dar und erheben damit auf keinen Fall Anspruch auf Vollständigkeit. Weitere Erläuterungen zu diesen geologischen Erscheinungen würden zu weit führen und sind auch im Zusammenhang mit dem Gesamtthema „Baugrunduntersuchungen" wenig sinnvoll.

3.3 Die Böden (Lockergesteine)

3.3.1 Allgemeines

Alle Böden haben ihren Ursprung in den Festgesteinen. Zunächst wurden die Festgesteine durch Sonne, Regen, Schnee, Frost, Wind und die verschiedenartigen Einflüsse der Pflanzen in ihrem Gefüge verändert, gelockert und zerkleinert. Der Wind trug die Feinstteile fort und lagerte sie irgendwo ab. Den größten Teil allerdings nahmen Gletscher und fließendes Wasser auf und transportierten den Trümmerschutt zum Teil über sehr große Strecken. Dabei erfolgte eine weitere Zerkleinerung und Sortierung. Wenn die Transportkraft z. B bei abnehmender Fließgeschwindigkeit oder Niedrigwasser nicht mehr ausreichte, erfolgte die Ablagerung und eventuell später auch ein Weitertransport bei höherem Wasserstand oder erneute Überlagerungen. Je weiter der Abstand vom Ursprung, desto feinkörniger wurde das Material bis zur Küste hin. Feinsand, Schluff und Schlick wurden im Küstenbereich abgelagert.

Auf den Gletschern gelangten auch Gerölle und große Findlinge bis in die Norddeutsche Tiefebene, wo sie bei Ausschachtungsarbeiten noch heute gefunden werden (Abb. 3.23).

In **Flussmitte** verblieben im Wesentlichen die Gerölle (vom Transport abgeschliffene und abgerundete Gesteinsbrocken). In den **Flussbiegungen** lagerten sich außen die Feinteilchen und innen die gröberen Materialien ab. Schifffahrt, Hochwasser, Veränderungen der Fließgeschwindigkeit durch Begradigungen der Flüsse usw. haben dazu geführt, dass heute fast überall die gesamte Korngrößenpalette anzutreffen ist, ins-gesamt also der Verwitterungsschutt des vom Fluss bewegten Materials (Gerölle) bzw. die vom Eis (Gletscher) mitgeführten und zum Teil abgeschliffenen Gesteinsbrocken und Moränenschutt. Die Unterteilung erfolgt in den Größenbereichen Schotter, Kies, Sand, Schluff und Ton (siehe unten).

Die Böden werden zunächst unterteilt in die Hauptgruppen

- **nichtbindige (rollige) Böden und**
- **bindige Böden**

Im Wesentlichen haben wir es allerdings mit Mischböden zu tun, die aus sehr unterschiedlichen Korngrößen, Zusammensetzungen und Beimengungen bestehen. Zu den Ausnahmen gehören u. a. der Fluss- bzw. Meeressand, der aus nahezu gleich großen und dicht gelagerten Quarzkörnern besteht, und Schluffe, die in mächtigen Schichten anzutreffen sind (z. B. Löß). Kiese sind dagegen überwiegend gemischt abgelagert.

Als typische Mischböden, die begrifflich nicht genau festgelegt sind, bezeichnet man:

Lehm ist ein weit verbreitetes Verwitterungsprodukt, das aus Ton, Schluff und Sand besteht. Da der Anteil der verschiedenen Körnungsklassen sehr verschieden sein kann, präzisiert man ihn durch die Begriffe sandig, tonig und schluffig.

Lehm entsteht durch die Verwitterung der verschiedensten Gesteine und enthält Tonminerale und Eisen. Die Eisenverbindungen sorgen für die gelblich bis braune Farbe. Je nach der Entstehung unterscheidet man Lößlehm, Geschiebelehm, der aus entkalktem Geschiebemergel entstanden ist, und Auelehm, der sich aus den Sedimenten der Flusstäler bildet.

Mergel ist ein sedimentäres Lockergestein, dass aus Ton, Kalk und gelegentlich sehr wenig Sand besteht. Die genaue Bezeichnung richtet sich nach dem Verhältnis der Bestandteile: z. B. Tonmergel, Mergelton, sandiger Mergel oder Kalkmergel. Die so genannten Geschiebemergel der Norddeutschen Tiefebene sind in der Eiszeit entstanden. Sie enthalten abgerundete Gesteinsbrocken, die so genannten Geschiebe.

Organische Böden bestehen vollständig aus organischen Stoffen (z. B. Torf) oder auch aus einem Gemisch von Feinsanden und Schluffen mit einem hohen Anteil an organischen Stoffen (z. B. Humus, Faulschlamm).

Der Humus ist ein im Zersetzungsprozess befindliches organisches Material im Boden, das von toten Tieren und Pflanzen stammt. Im Anfangsstadium der Zersetzung wird ein Teil des Kohlenstoffes, Wasserstoffes, Sauerstoffes und Stickstoffes rasch als Wasser, Kohlendioxid, Methan und Ammoniak abgeleitet. Die anderen Bestandteile zersetzen sich langsam und bleiben als Humus zurück.

Der **Löß**, ein gelblich-braunes Lockersediment, der in Deutschland großflächig in zum Teil mächtigen Schichten auftritt, muss etwas genauer betrachtet werden. Er besteht in der Regel aus etwa 10 bis 25 % Ton (Korndurchmesser < 0,002 mm) und 70 bis 80 % Schluff

(Korndurchmesser 0,002 bis 0,063 mm). Der Rest von ungefähr 10 bis 15 % ist Fein-(Korndurchmesser 0,063 bis 0,2 mm) und Mittelsand (Korndurchmesser 0,2 bis 0,63 mm). Die Zusammensetzung variiert je nach Herkunftsgebiet sehr stark. Hauptbestandteil ist immer Quarz (zwischen 60 und 70 %). Daneben treten Glimmer, Feldspat und Kalziumkarbonat in wechselnden Anteilen auf Löß entstand aus einem vom Wind ausgeblasenen, verfrachteten und abgelagerten Flugstaub aus den vegetationslosen Schotter- und Sandflächen des Pleistozäns (Eiszeitalter). Die Mächtigkeit der Ablagerungen und die Korngrößen nehmen mit der Entfernung zum Liefergebiet ab.

Die Ablagerung erfolgt meistens vor Mittelgebirgsschwellen. So gibt es in Deutschland die mächtigsten Lößschichten nördlich der Mittelgebirge in den so genannten Börden (Magdeburger Börde, Soester Börde usw.) und im Rheintal.

Die Vorkommen im Voralpenland sind, bedingt durch das Liefergebiet (Kalkalpen), sehr Karbonat reich (bis zu 35 %). Die Mächtigkeiten der Lößablagerungen können in Deutschland bis zu 40 Metern (in China zum Teil mehrere hundert Meter) betragen.

Bohrtechnisch stellt der Löß keine besonderen Anforderungen. Da er meistens eine steife bis halbfeste Konsistenz aufweist, lässt er sich sehr gut mit der Schnecke bohren und auch leicht kernen. Je nach Bohraufgabe kann auch zum Teil auf eine Verrohrung verzichtet werden.

Daneben sind auch örtliche Bezeichnungen verschiedener Mischböden bekannt. Dazu gehören Klei, Essener Grünsand, Mudde, Seeton, Keupermergel, Bänderton, Seekreide, Granitzersatz usw., deren Zusammensetzungen sehr unterschiedlich sind.

Diese Böden sind, mit Ausnahme der Gebirgs- und Vorgebirgsgegenden, das wesentliche Betätigungsfeld des Grundbaus. Sie sind es auch, die mit ihren vielen Erscheinungsformen die Probleme bei den Gründungen liefern. An dieser Stelle muss aber der Ansicht widersprochen werden, dass Festgesteine wesentlich problemloser sind. Dies trifft nur zu, wenn es sich um nahezu flache Lagerungen einheitlicher Schichten handelt. Sobald diese Schichten stark wechseln, geneigt, gestört und von Gleitschichten unterbrochen sind, beginnen die Schwierigkeiten. Diese werden verstärkt, wenn wasserführende Schichten hinzukommen und Hanglagen zu beachten sind. Hier sind zuverlässige Baugrundaufschlüsse unerlässlich, um größere Bauschäden zu vermeiden.

3.3.2 Einteilung der Böden (Tab. 3.3)

Tab. 3.3 Bezeichnungen, Korngrößen und Eigenschaften der Böden

Gruppe	Hauptbodenart	Untergruppe	Korngrößenbereich in mm	Lagerungs-dichten	Steifigkeit
Rollige Böden	Kies	Grobkies Mittelkies Feinkies	> 20,0 bis 63,0 > 6,3 bis 2,0 > 2,0 bis 6,3	locker mitteldicht dicht	
	Sand	Grobsand Mittelsand Feinsand	> 0,6 bis 2,0 > 0,2 bis 0,6 > 0,06 bis 0,2	locker mitteldicht dicht	
Bindige Böden	Schluff	Grobschluff Mittelschluff Feinschluff	> 0,02 bis 0,06 > 0,06 bis 0,02 < 0,002 bis 0,06		halbfest steif weich breiig
	Ton		< 0,002		hart bis breiig
Böden mit organischen Beimengungen	Schluffe mit organischen Beimengungen		durch unterschiedliche Beimengungen nicht bestimmbar		halbfest weich breiig
	Tone mit organischen Beimengungen		siehe oben		halbfest weich breiig
	grob- bis gemischtkörnige Böden mit kalkigen, kieseligen Beimengungen		siehe oben		halbfest weich breiig
Organische Böden	nicht bis mäßig zersetzte Torfe		keine Kornbestimmung		weich bis breiig
	zersetzte Torfe		siehe oben		weich bis breiig
	Mudden Faulschlamm Gyttja		keine Kornbestimmung		weich bis breiig
Auffüllungen	unterschiedliche Mischböden, bestehend aus:		durch die stark unterschiedliche Zusammensetzeng ist keine Korngrößenbestimmung möglich	le nach Zusammensetzung locker bis dicht	fest halbfest weich

3.4　Grundwasser und Quellen

3.4.1　Der Wasserkreislauf

Auf der Erde gibt es über 1,4 Mrd. Kubikkilometer Wasser, das sich fortwährend im Kreislauf durch Flüsse, Meere, Atmosphäre, Böden und Gesteine befindet.

Gemessen an der Wassermenge, die in jedem Teil des Kreislaufes ist, sind Flüsse nur ein sehr kleiner Teil des Systems. Der weitaus größte Teil des Wassers ist salzig, wobei die Meere 96,5 % des gesamten Wassers der Erde enthalten. Von den übrigen 3,5 %, die Süßwasser sind, ist der größte Teil entweder in den Kälteregionen in polaren Eisdecken, Gletschern und Schnee (69 %) oder unterhalb der Erdoberfläche als Grundwasser (30 %) gebunden. In Seen befinden sich weitere 0,25 %, während die Atmosphäre 0,04 % enthält. In Flüssen sind nur 0,006 % des gesamten Süßwassers der Erde enthalten. Hier fließt das Wasser unter dem Einfluss der Schwerkraft, wodurch es die Energie erhält, die Landschaft durch Erosion, Transport und Ablagerung von Gesteinen zu gestalten. Der Wasserkreislauf ist eine dynamische, erneuerbare und natürliche Grundlage für menschliches, pflanzliches und tierisches Leben.

Der Wasserkreislauf (Abb. 3.28) beginnt, wenn Wasser aus den Meeren verdunstet und dabei in die Atmosphäre gelangt. Das atmosphärische Wasser gelangt als Niederschlag in Form von Hagel oder Schnee auf die Erdoberfläche zurück. Welche Wassermenge den Boden erreicht, hängt von vielen Faktoren ab. Im Allgemeinen erhalten höhere Lagen mehr Niederschlag als tiefere. Die meisten Flüsse entstehen im Gebirge. Ein Teil des Niederschlages wird von Pflanzen, insbesondere Bäumen, abgefangen und kehrt durch Rückverdunstung direkt in die Atmosphäre zurück, bevor er auch nur den Boden erreicht. Der Wasserverlust durch diesen Vorgang kann beträchtlich sein. Die Rodung von Bäumen für den Nutzpflanzenanbau (Entwaldung) kann die Menge und Geschwindigkeit des

Abb. 3.28 Der Wasserkreislauf. (Schematische Darstellung)

Niederschlags, der den Boden erreicht, bedeutend erhöhen. Dadurch kommt es örtlich zu einer verstärkten Bodenerosion und zu einem erhöhten Hochwasserrisiko.

Wenn der Niederschlag den Erdboden erreicht, sickert er gewöhnlich in den Boden ein, wo er entweder bis zum Grundwasser vordringt oder langsam als Zwischenabfluss hangabwärts fließt. Bei schweren Stürmen kann aber dort, wo menschliche Eingriffe zu einer Verdichtung der Bodenoberfläche oder einer Abdeckung mit Beton geführt haben und wo der Boden bereits gesättigt ist, nicht das gesamte Wasser versickern. Das überschüssige Wasser sammelt sich an der Oberfläche, um dann als Oberflächenabfluss hangabwärts zu dem nächstgelegenen Fluss zu fließen. Das Wasser, das den Fluss entweder durch Zwischenabfluss oder Oberflächenabfluss erreicht, wird als Abfluss bezeichnet.

3.4.2 Das Grundwasser

3.4.2.1 Grundbegriffe der Hydrologie

Grundwasser ist das im Untergrund frei bewegliche, nur der Schwerkraft unterliegende und alle Poren ausfüllende Wasser. Schichten, die Grundwasser enthalten, nennt man Grundwasserleiter oder Grundwasser führende Schichten.

Die **untere Grenzfläche** ist eine wasserundurchlässige Boden- oder Gesteinsschicht (Grundwasserstauer).

Die **obere Grenzfläche** ist der Grundwasserspiegel (Abb. 3.29), der sich im Brunnen oder in der Bohrung einstellt. Das Grundwasser kann einen Grundwasserstrom oder – wenn es ruht – ein Grundwasserbecken bilden. Grundwasserarten sind:

Das **freie, ungespannte Grundwasser** steht nicht unter Überdruck. An seiner Oberfläche sind der Wasser- und Luftdruck gleich groß (Abb. 3.30a).

Freies, schwebendes Grundwasser ist vorhanden, wenn unter der Grundwassersohle nochmals eine lufthaltige Zone folgt (Abb. 3.30b).

Gespanntes (artesisches) Grundwasser steht unter Überdruck (Abb. 3.30c).

Von **Grundwasserstockwerken** spricht man, wenn mehrere Grundwasserleiter durch undurchlässige Schichten (Stauer) voneinander getrennt sind (Abb. 3.30d).

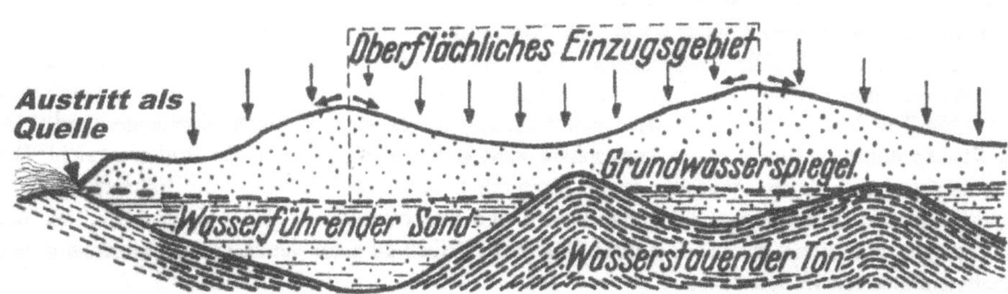

Abb. 3.29 Der Grundwasserspiegel. (Schematische Darstellung)

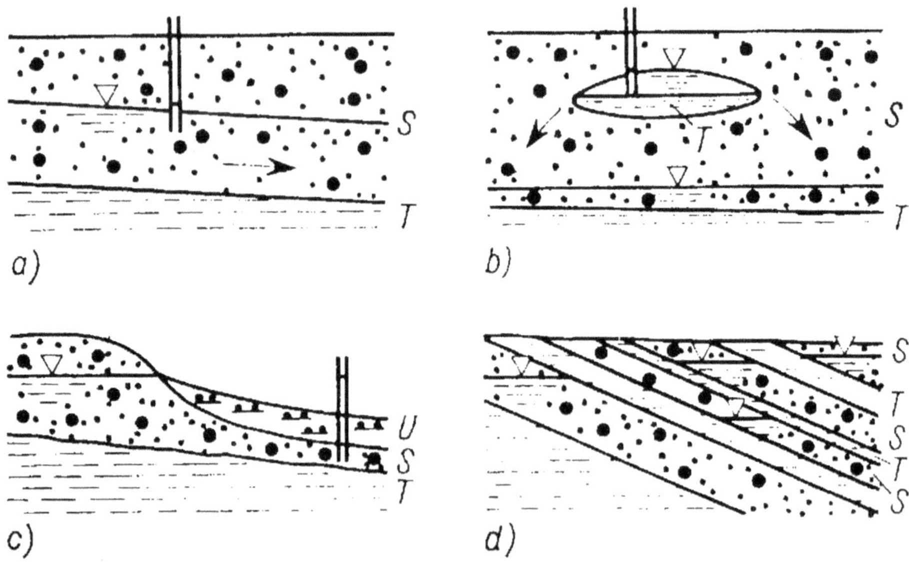

Abb. 3.30 Grundwasserarten. (Schematische Darstellungen)

Wasser oberhalb des Grundwasserspiegels

Durch Oberflächen-, Grenz- oder Kapillarkräfte wird Wasser oberhalb der Grundwasseroberfläche im Boden gehalten; es ist also nicht frei beweglich. Nach der Art der Wasserbindung sind zu unterscheiden:

Hygroskopisches Wasser (*Saugwasser*) wird von den Oberflächenkräften der Bodenteilchen angesaugt (adsorbiert) und umgibt die Körner mit einer Hülle verdichteten Wassers. Als Folge dieser verdichteten Wasserhüllen werden die Körner nicht wassergesättigter, bindiger Böden durch freie Oberflächenkräfte aneinander gezogen (*Kohäsion*).

Haftwasser wird durch Grenzflächenkräfte an den Bodenteilchen festgehalten. Das Haftwasser erfährt keine Verdichtung und steht nicht mit dem Grundwasser in Verbindung.

Kapillarwasser (*Porensaugwasser*) steht dagegen mit dem Grundwasser in Verbindung. Es steigt vom Grundwasserspiegel infolge der Kapillarwirkung in den Haarröhrchen des Bodens auf und wird durch die Oberflächenspannung des Wassers gehalten. In der unmittelbar über dem Grundwasserspiegel liegenden Zone füllt das Kapillarwasser alle Poren (*Bereich des geschlossenen Kapillarwassers*). In größerer Höhe über dem Grundwasserspiegel sind nur noch einzelne Poren mit Wasser, die restlichen mit Luft gefüllt (*Bereich des offenen Kapillarwassers*).

Sickerwasser stellt die Verbindung zwischen dem Niederschlags- und dem Grundwasser her und ergänzt den Grundwasserhaushalt. Unter dem Einfluss der Schwerkraft sickert es zum Grundwasser. Auf dem Weg ergänzt es zunächst das Haft- und Kapillarwasser der durchsickerten Schichten, so dass schließlich nur das überschüssige Wasser zum Grundwasser gelangt.

3.4.3 Die Quellen

3.4.3.1 Allgemeines

Der natürliche Austritt des unterirdischen Wassers wird als *Quelle* bezeichnet. Über Tage liegt diese Stelle im Schnittpunkt des Grundwasserspiegels mit der Tagesoberfläche. Unter Tage liegt sie am tiefsten Punkt der durch Bohrungen oder Bergbau angefahrenen wasserführenden Zonen.

Viele dieser Quellen führen Mineralsubstanz. Sie werden als „Heil- und Mineralquellen" bezeichnet, wenn sie eine entsprechende Menge fester Bestandteile (Schwefel, Salze, Eisen, Sulfat, radioaktive Stoffe usw.) oder freie Kohlensäure besitzen. Je nach der Tiefe, aus der das Wasser aufsteigt, sind die Mineralquellen „*kalt*" (unter 20 °C), „*warm*" (über 20 °C) oder „*heiß*" (bis etwa 72 °C, z. B. Aachen). Die Wärme entspricht normalerweise der Tiefe, aus der die Quellen stammen.

Die Quellen können

aufsteigend oder
absteigend sein.

Zu der zweiten Gruppe gehören die Schichtquellen, Überfallquellen, Stauquellen, Verwerfungsquellen, Kluftquellen und Zapfquellen (Abb. 3.31).

Aufsteigende Quellen sind solche, die durch hydrostatischen Druck oder Gasauftrieb bewegt werden. Überwiegend handelt es sich dabei um artesische Brunnen. Die Austrittsstellen von „gespanntem" (artesischem) Wasser bilden sich dort, wo sich infolge Überdeckung durch eine undurchlässige Schicht oder Lagerung zwischen zwei undurchlässigen Schichten ein freier Grundwasserspiegel nicht bilden kann. Artesische Quellen bzw. Brunnen sind vielfach besonders wasserergiebig, weil das Wasser unter großem Druck austritt. Dabei ist die Steighöhe dieses Wassers infolge der Reibung etwas geringer als die des freien Grundwasserspiegels bei gespanntem Wasser. Alle Quellwasser enthalten Fremdstoffe, die vorwiegend den durchflossenen Gesteinen entstammen.

Artesisch gespanntes Wasser kann u. a. zu erheblichen Schwierigkeiten bei Gründungsarbeiten führen (Bohrpfähle, Tiefgründungen), wenn das Wasser unerwartet angeschnitten wird (Grundbruchgefahr). Es ist daher bei den Untersuchungsbohrungen genau zu erfassen, damit bei den Bauarbeiten rechtzeitig Gegenmaßnahmen (z. B. durch Auflast) getroffen werden können.

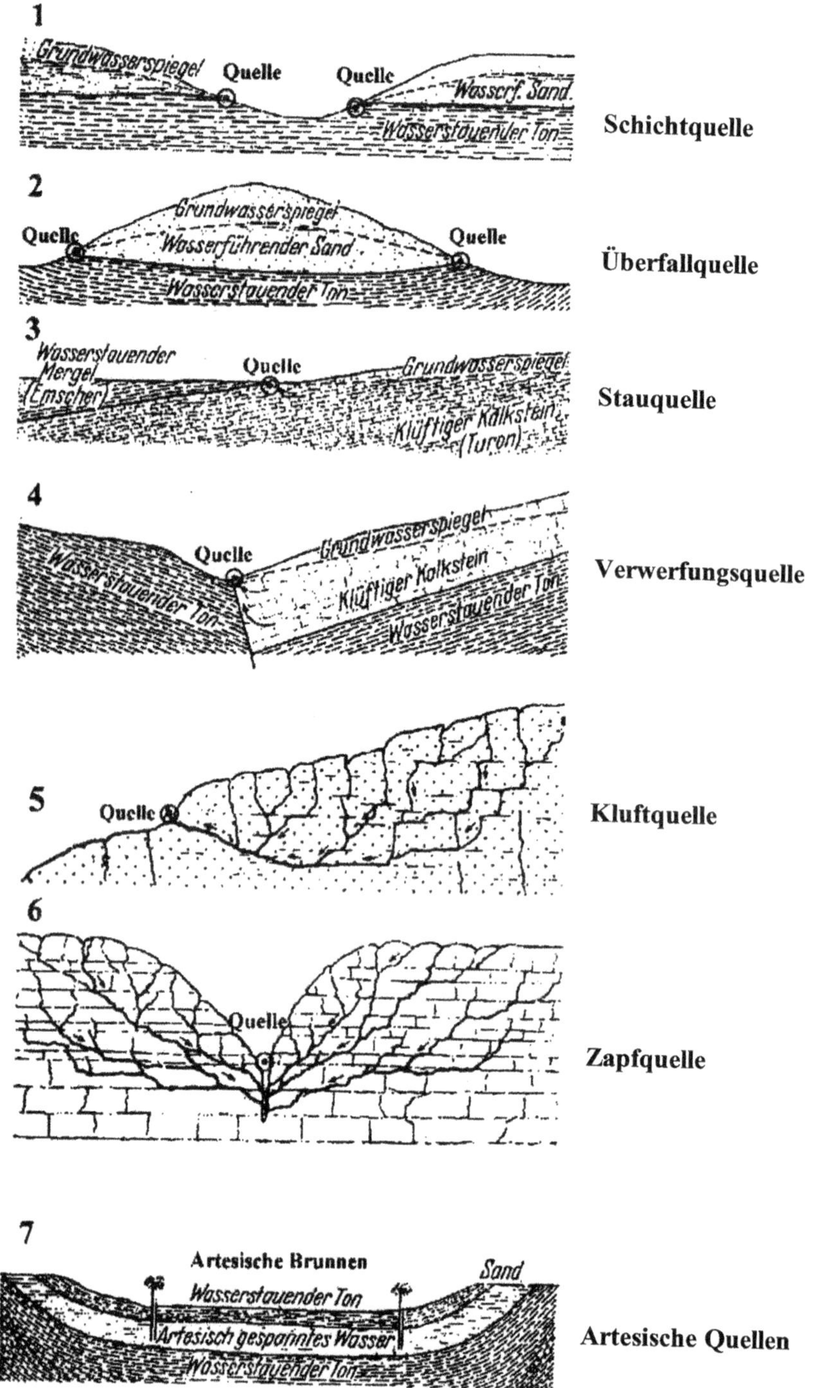

Abb. 3.31 Verschiedene Quellenarten

3.5 Die Minerale

3.5.1 Allgemeines

Die Mineralogie ist die Wissenschaft, die sich mit den Mineralien beschäftigt. An dieser Stelle muss man wohl erst einmal Mineralien definieren. Ein Mineral ist ein fester oder auch selten flüssiger Stoff mit bestimmten chemischen und physikalischen Eigenschaften, der in der Erde vorkommt. Im Vergleich dazu sind Gesteine Stoffe, die sehr unterschiedlich sind. Mineralien sind etwas, was den Menschen schon seit Jahrtausenden fasziniert. Es gibt ungefähr 3000 bekannte Mineralien doch nur wenige von Ihnen konnten den Menschen begeistern. Hierbei geht es um das Aussehen der Mineralien die ausschlaggebend dafür sind, wie beliebt sie sind. Besonders schöne Mineralien sind sehr oft durchsichtig und haben auch oft eine schöne Farbe oder eine schöne Form. Die Beliebtheit eines Minerals entscheidet also darüber, ob er als Edelstein angesehen wird oder nicht.

3.5.2 Entstehung

Es gibt drei große Entstehungsprozesse:

- **Magmatischer Entstehungsprozess**
- **Sedimentärer Entstehungsprozess**
- **Metamorpher Entstehungsprozess**

Das *Magma* ist bekannt als der Stoff, der aus Vulkanen rauskommt und dann *Lava* genannt wird. Es ist eine Flüssigkeit im Erdinneren die eine Temperatur von 1300 Grad Celsius hat. Wenn das Magma aus dem Erdinneren zur Erdoberfläche drängt, kühlt es langsam ab und kristallisiert. Es bilden sich damit die ersten Mineralien, die jedoch noch recht tief liegen. Auf dem weiteren Weg nach oben wird das Magma immer dünnflüssiger und kristallisiert an verschiedenen Stellen aus. Eine der letzteren Phasen ist die *hydrothermale Phase*. In dieser Phase ist es zunächst so, dass aus dem Magma einige Gase entweichen und auch nach oben strömen. Oft bilden Sie dadurch, im bereits vorliegenden Gestein, Hohlräume. Diese Hohlräume füllen sich anschließend mit Magma. In dieser Phase entsteht vor allem *Quarz* (Bergkristall, Amethyst usw.). Das ist auch der Grund, warum man Quarz oft in solchen Hohlräumen findet, die als *Geoden* bezeichnet werden. Generell wächst Quarz oft an Spalten im Gestein.

Bei der sedimentären Mineralienbildung handelt es sich vor allem um erdnahe Mineralien die vielen Umweltfaktoren ausgesetzt sind und sich dadurch ständig verändern. Hohe Temperaturen können beispielsweise neue chemische Verbindungen zur Folge haben. Starker Forst hat z. B. hat auf einige Stoffe eine sprengende Wirkung. Außerdem sollte man die verschiedenen Säuren und andere Stoffe, die vom Regen transportiert werden, nicht vernachlässigen. Auch Wasser selbst und der Luftsauerstoff können mit einigen Mineralien reagieren und dadurch entstehen neue Mineralien. Bei dem *metamorphen Vorgang* wird das Magma an Stellen, wo sich bereits Mineralien gebildet haben, noch einmal durchflossen und somit diese Mineralien z. T. stark verändert. Es gibt auch noch spezielle Entstehungsprozesse für organische Mineralien.

3.5.3 Physikalische Eigenschaften

Jedes Mineral hat bestimmte chemische und physikalische Eigenschaften. Chemisch gesehen hat jedes Mineral eine bestimmte Zusammensetzung. Am einfachsten ist die Zusammensetzung, wenn es sich dabei um Elemente handelt, doch die meisten Mineralien sind Moleküle oder Ionen und haben somit chemische Formeln. Die wichtigsten Mineralien können in 9 Mineralklassen eingeordnet werden.

Elemente
Metalle (z. B. Diamant, Gold, Silber) – Metalloide (z. B. Arsen) Nichtmetalle (Zum Beispiel, Schwefel, Graphit)
Sulfide
Kiese (z. B. Schwefelkies) – Glanze (z. B. Bleiglanz) – Blenden (z. B. Zinkblende)
Halogenide
(z. B. Fluorit, Steinsalz, Flussspat)
Oxide und Hydroxide
(z. B. Korund, Quarz)
Nitrate, Carbonate und Borate
(z. B. Calcit, Malachit)
Sulfate, Chromate, Molybdate und Wolframate
(z. B. Alabaster)
Phosphate, Arsenate und Vanadate
(z. B. Türkis)
Silikate
(z. B. Feldspat, Topas)
Organische Verbindungen
(z. B. Bernstein)
Die Form der meisten Mineralien wird von Kristallen (Abb. 3.32) gebildet. Kristalle sind gleichartig zusammengesetzte, von ebenen Flächen begrenzte Körper. Meist treten die Kristalle dicht gedrängt und eng miteinander verwachsen auf. Man nennt es Ganze Kristallgitter. Eine willkürliche Anordnung nennt man amorph.

Für Mineralien gibt es folgende 7 verschiedene Kristallsysteme (Abb. 3.33):

trigonal
triklin
rhombisch
tetragonal

Abb. 3.32   Bergkristall (links) – Cuprit-Kristall (rechts)

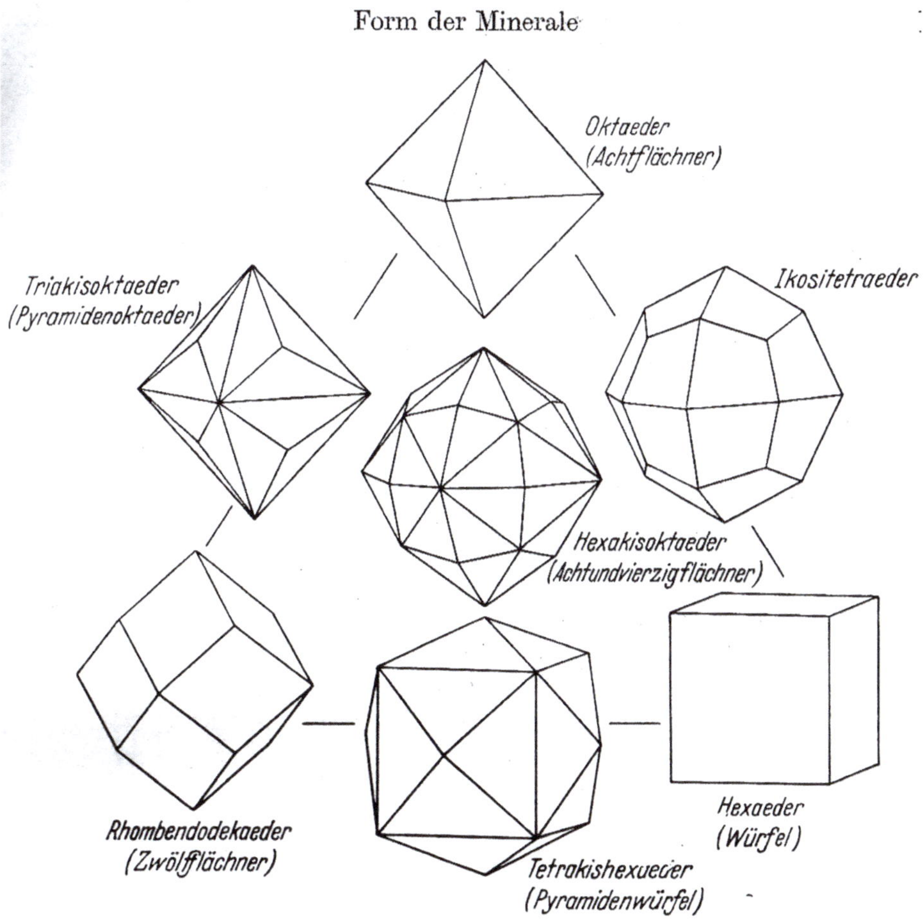

Abb. 3.33   Kristallsysteme

hexagonal
kubisch
monoklin

Steinsalz kristallisiert beispielsweise im kubischen System. Da Steinsalz (NaCl) auch Kochsalz (NaCl) ist, kann man schon im Kochsalz manchmal ganz kleine Würfel erkennen. Bei größeren Brocken ist es noch deutlicher. Mineralien, die also im kubischen System kristallisieren, haben eine Würfelform.

Quarz kristallisiert im trigonalen System wie auch der Korund (Rubin, Saphir). Dadurch, dass z. B. das Material bei der Mineralienentstehung nicht regelmäßig nachkommt oder auch durch viele andere Einflüsse kann es zu Verformungen kommen, so dass ein Kristall nicht perfekt ist. Auch Platzmangel oder Fremdstoffe können die Kristallform ändern. Fast nie findet man perfekte Kristalle. Auch ist das Verhältnis vom Umfang zur Höhe nicht immer dasselbe. Bei Platzmangel kommt es auch oft zur Zwillingsbildung. Ein Kristall wächst dabei in den anderen hinein.

Die **Dichte** ist eine weitere Eigenschaft der Mineralien. Die Dichte ist die Masse pro Volumeneinheit. Dazu nimmt man normalerweise Gramm pro Kubikzentimeter (g/cm^3). Wasser hat z. B. eine Dichte von 1 g/cm^3. Die meisten Mineralien haben eine höhere Dichte als Wasser und gehen somit in Wasser unter.

Die **Härte** ist ein weiteres Merkmal. Sie ist allgemein die Möglichkeit des Eindringens in das Mineral. Dazu gibt es die Mohrsche Härteskala (Tab. 3.4). Sie reicht von 1 bis 10. Ein Mineral mit der Härte 1 ist mit dem Fingernagel ritzbar während der Diamant mit der Härte 10 nicht mal mehr durch Messer ritzbar ist. Ein Mineral mit einer höheren Härte kann ein Mineral mit einer geringeren Härte ritzen.

Die Mohrsche Härteskala
Die *Farbe* ist ein weiteres Erkennungsmerkmal.

Es gibt farblose Kristalle wie z. B. den Bergkristall (Abb. 3.32 links) und den Diamanten. Quarze, wie z. B. der Amethyst, verdanken ihre Farbe verschiedenen Beimengungen. Sie werden daher gefärbte Mineralien bezeichnet.

Tab. 3.4 Die Mohrsche Härteskala

Härte	Material	Allgemeine Kennzeichnung
1	Talk	fettig und milde
2	Gips	gute Spaltbarkeit, bunte Farben auf Bruchflächen
3	Calcit	spaltet nach 3 Flächen, bunt schillernd
4	Fluorit	spaltet nach dem Oktaeder
5	Apatit	
6	Feldspat	
7	Quarz	fettiger Glasglanz u. muscheliger Bruch
8	Topas	spaltet gut nach einer Ebene
9	Korund	
10	Diamant	Diamantglanz infolge Dispersion des Lichtes

Tab. 3.5 Farben von Mineralien und deren Strichfarbe

Mineral	Mineralfarbe	Strichfarbe
Schwefelkies	messinggelb	grauschwarz
Kupferkies	goldgelb	grunschwarz
Eisenglanz	schwarzrot	rot
Kohleneisenstein	schwarz	braunschwarz
Zinkblende	braun	gelblich
Augit	pech- bis grünschwarz	graugrün

Tab. 3.6 Dichte verschiedener Minerale und Metalle in g/cm^3

Braunkohle	1,25–1,35	Quarz	2,6	Pyrit	5,1	Quecksilber	13,6
Steinkohle	1,3	**Kalkspat**	2,7	**Bleiglanz**	7,5	**Gold**	15,5–19,4
Anthrazit	1,4–1,7	**Zinkblende**	4,0	**Kupfer**	8,5–9,0	**Platin**	21,5
Steinsalz	2,2	**Schwerspat**	4,3	**Silber**	10–12	**Iridium**	22,3

Mineralien die dank ihrer chemischen und physikalischen Eigenschaften eine Eigenfarbe haben werden farbige Mineralien genannt.

Um festzustellen, ob ein Mineral gefärbt ist oder farbig ist, kann man damit über eine Oberfläche streichen und sich den Abrieb anschauen. Dies ist der so genannte Strich (Tab. 3.5).

Der **Glanz** eines Minerals ist eine weitere Eigenschaft. Es gibt Diamantglanz, Glasglanz, Fettglanz und Metallglanz.

Die **Lichtdurchlässigkeit** ist auch sehr wichtig. Besonders saubere Mineralien haben eine hohe Lichtdurchlässigkeit, wobei diese natürlich auch auf die chemischen und physikalischen Eigenschaften, des Minerals selbst, zurückzuführen ist.

Die **Dichte** (g/cm^3), ist eines der wichtigsten Merkmale (Tab. 3.6).

3.5.4 Magnetische Eigenschaften

Gewisse Minerale zeigen polaren Magnetismus, d. h. sie ziehen Eisenteichen wie ein Magnet an, so z. B. Magneteisenstein oder wirken auf die Magnetnadel ein, wie z. B. Spateisenstein. Dagegen besitzen andere Minerale, besonders die eisenhaltigen, einfachen Magnetismus, d. h. werden vom Magneten angezogen.

Von der magnetischen Anziehung eisenhaltiger Minerale macht man u. a. bei der Aufbereitung der Erze durch Magnetscheidung ausgiebigen Gebrauch.

3.5.5 Elektrische Eigenschaften

Die Minerale sind entweder Leiter (metallische Leiter), Nichtleiter der Elektrizität (sog. Isolatoren) oder zeigen Übergänge. Nichtleiter können durch verschiedene Vorgänge, z. B. durch Reibung (wie bei fast allen Mineralen), durch Druck oder durch Erwärmung elektrisch angeregt werden.

3.5.6 Die wichtigsten Minerale

3.5.6.1 Metalle

Gold (*Au = Aurum*), der König der Metalle, kommt in der Natur hauptsächlich gediegen oder legiert mit anderen Metallen vor. Es tritt in Körnern, Flittern, Blättchen, Blechen und Klumpen („nuggets" bis 153 kg). Gut ausgebildete (kubische) Kristalle sind selten.

Das natürliche Gold ist niemals chemisch rein. Es enthält noch 0,5–40 % Silber. Dem Gold Siebenbürgens brechen sogar bis zu 40 % Silber bei. Der Silbergehalt ändert auch die Farbe und die Wichte.

Über nennenswerte Vorkommen verfügen: Südafrika, Australien, Kanada (Alaska) und Russland.

Silber (*Ag = Argentum*) – gediegen-tritt meistens gestrickt, ästig, blechförmig, plattig, draht- und haarförmig sowie in Klumpen bis zu mehreren 100 k. auf. Es führ vielfach geringe Mengen von Platin und Kupfer. Seine silberweiße Farbe ist in der Natur meist durch Anlauffarben verdeckt.

Der ehemalige Silbererz-Abbau, u. a. im Harz und Erzgebirge ist sämtlich eingestellt. Über größere Vorkommen verfügen z. Zt. noch: Mexiko, Peru, Kanada, Russland.

Kupfer (*Cu = Cuprum*) kristallisiert regulär und bildet gern ästige Formen sowie eingesprengt in Blechen, Platten und Klumpen. Letzter erreichen z. T. ein Gewicht von 400 kg und mehr.

Größere Lagerstätten befinden sich u. a. in den USA, Kongo, Rhodesien, Chile und Russland.

Quecksilber (*Hg = Hydrargyrum*) ist das einzige bei gewöhnlicher Temperatur tropfbar flüssige Metall, das erst bei rd. 30o C erstarrt. Es ist zinnweiß und hat den bekannten starken Metallglanz und ist giftig. Die Wichte beträgt 13,6 g/cm³. Quecksilber wird durch Rösten Zinnobererzes und Kondensation der Quecksilberdämpfe gewonnen.

Die Vorkommen liegen vornehmlich in China, Spanien, USA und Mexiko.

Eisen (*Fe = Ferrum*) ist zwar das Hauptelement der Erde, komm aber als gediegenes Eisen nur selten vor. Das technisch verwendete Eisen, d. h. Roheisen wird aus Eisenerz gewonnen.

Die Hauptvorräten an Eisenerz verteilen sich auf: USA, Russland, Schweden, Frankreich und Indien.

3.5.6.2 Metalloide und Nichtmetalle

Zu dieser Gruppe gehören:

Wismut (*BI = Bismutum*), **Antimon** (*Sb = Stibium*), **Schwefel** (*S = Sulfur*),
Diamant (*C = Carbonium*), **Graphit** (*C*)
Diamant (Abb. 3.34) entsteht tertiär in den Tiefengesteinen Peridotit und Eklogit. Dort verwandelt sich Graphit (hexagonaler Kohlenstoff) in einer blitzschnellen Metamorphose zu Diamanten, wenn ein Schwellenwert von ca. 2000 °C Hitze und 40.000 Atmosphären Druck überschritten wird.

Abb. 3.34 Diamant
auf Matrix

Der Diamant spielt nicht nur in der in der Industrie eine bedeutende Rolle, sondern ist auch geologisch sehr wertvoll. Aus Einschlüssen in Diamanten kann auf die Zusammensetzung des Erdinneren in bestimmten Tiefen geschlossen werden. So wurden Diamanten aus Tiefe von über 700 km durch ihre Einschlüsse nachgewiesen. (Bestimmte Gesteine können nur unter diesem Druck und Tiefe entstehen). Das Gro der Diamanten dürfte in einer Tiefe von 140 bis 150 km im oberen Erdmantel entstehen.

Vorkommen u. a. Südafrika und Kongogebiet. Dort tritt der Diamant in der Ausfüllungsmasse von kraterartigen Schloten auf, und zwar als Gemengteil eines ultrabasischen olivinreichen, peridotitähnlichen (tuffartigen) Eruptivgesteins („Kimberlit") dem sog. „mountain stone".

Graphit besteht ebenso wie Diamant aus Kohlenstoff, unterscheidet sich aber von diesem in allen physikalischen Eigenschaften. Ist stark metallisch glänzend, undurchsichtig, sehr weich, fühlt sich schlüpfrig an und färbt stark ab (sog. „Reißblei"), Ist unschmelzbar und wird von Säuren nicht angegriffen.

Vorkommen gibt es u. a. als Flinz- oder Flockengraphit, in eisenschwarzen, schuppigen Aggregaten oder in dichten erdigen Massen in den Alpen, bei Passau, in Ceylon, Kanada und Sibirien.

Die Verwendung ist je nach seiner Beschaffenheit sehr verschieden. Die grobschuppigen, kristallinen und reineren Abarten kommen vorwiegend für Schmelztiegel der Edelmetalle in Betracht. Der aufbereitete reine „Pudergraphit" dient als Schmiermittel, für Farbkörper, Elektrodenkohle, insbesondere aber für die Bleistiftfabrikation. Die unreinen feinschuppig bis dichtes, erdiges Abarten werden als Schutzanstrich für Eisen, zu Stahltiegeln, zum Auskleiden der Eisenschmelzformen u. a. m. verwendet.

Wismut (metallisches) dient u. a. zur Herstellung leicht schmelzbarer Legierungen, chemischer Präparate und in der Röntgentechnik. Wichtiges Wismuterz ist: Wismutglanz Bi2S2.

Antimon (gediegen) ist von grünlich-weißer Farbe und leicht schmelzbar. Weltvorkommen befinden sich u. a. in Schweden, China und Mexiko.

Schwefel (gediegen) ist honiggelb bis braun. und zeigt nicht selten große rhombische Kristalle auf. Auf Sizilien bergmännisch gewonnen und dann ausgeschmolzen. In den USA wird er durch Einleiten von überhitztem Dampf in den unterirdischen Lagerstätten erschmolzen, hochgefördert und zum Erstarren gebracht. Schwefel findet u. a. Verwendung zur Herstellung von Schwefelsäure, in der Heilkunde, Erzeugung von Schwarzpulver, Zündhölzerherstellung u.v.m.

3.5.6.3 Sulfide

Sulfide sind sauerstofffreie Verbindung der Metalle und Nichtmetalle mit Schwefel S, Arsen As, Antimon Sb, Wismut Bi.

Die Sulfide bilden in hüttentechnischer Beziehung bemerkenswerte Mineralklassen, da sie eine große Zahl der wichtigsten Erze umschließen. Man kann die Sulfide in drei Gruppen einteilen:

Kiese: Metallglanz, meist lichte Schwefel-Verbindungen

Glanze: Metallglanz, graue, dunkel gefärbte Schwefel-Verbindungen

Blenden: ohne Metallglanz, mit Diamant- bis Fettglanz und S-Verbindungen

Kiese: Pyrit (Schwefelkies, Eisenkies), Markasit (Strahlkies), Haarkies (Millerit), Magnetkies (Pyrrhotin), Rotnickelkies (Abb. 3.35), Buntkupferkies (Bornit).

Glanze: Fahlerz (Tetraedrit), Bleiganz (Galenit) (Abb. 3.36), Antimonglanz (Grauspießglanz), Silberglanz (Argentit), Molybdänglanz, Kupferglanz (Chalkosin).

Blenden: Zinkblende (Sphalerit) (Abb. 3.37), Zinnober, Rotgültigerze (Silberblenden)

3.5.6.4 Oxyde und Hydroxyde

Quarz (reines Siliziumoxyd2 SiO2) ist nach Feldspat das häufigste und verbreitetste Mineral (sog. „Kieselstein"). Kennzeichnend ist der muschelige und splittrige Bruch,

Abb. 3.35 Rotnickelkies

Abb. 3.36 Bleiglanz

Abb. 3.37 Zinkblende

Abb. 3.38 Opal

Kennzeichen: Glas- und Fettglanz auf der Bruchfläche sowie Funkenbildung beim Schlagen mit der Stahlklinge. Quarz ist farblos und mannigfach gefärbt, durchsichtig, trübe bis undurchsichtig. Er ist in Wasser so gut wie unlöslich, aber löslich in Fluss-Säure. Schmelzpunkt bei 1700°.

Viele Vorkommen in den Alpen, Ural, Schottland und Weltlagerstätten in Madagaskar, Brasilien u. a.

Eine deutlich kristallisierte Art und Quarzabart ist der Bergkristall (Abb. 3.32), ein durchsichtiger, wasserklarer, farbloser Quarz in oft großen Kristallen.

Opal (Abb. 3.38) ist wasserhaltige amorphe Kieselsäure (ehem. Gel). Seine natürliche Oberfläche ist gerundet, traubig oder nierenförmig. Er ist durchsichtig bis undurchsichtig. Vorkommen in Australien, Mexiko, Ungarn u. a. Beliebt als Schmuckstein.

Roteisenerz (Eisenglanz, Hämatit)

Eigenschaften: Allen Arten des Roteisensteins (Abb. 3.39) gemeinsam ist der kirsch- bis braunrote Strich. In reinem Zustand enthält er 70 % Eisen und ist daher eines der wichtigsten Eisenerze. Das Erz ist schwach magnetisch. Man unterscheidet derben Roteisenstein (Blutstein) und Eisenglanz.

Als Eisenglanz werden die kristallisierten oder deutlich kristallinen Abarten des Roteisenerzes bezeichnet. Sie haben einen lebhaften Metallglanz und eine dunkle Farbe. Feinschuppig nennt man sie „Eisenglimmer". Der Entstehung nach handelt es sich meist um magmatische Ausscheidungen von Eisenerz.

Vorkommen: Roteisenerze bzw. Eisenglanze treten besonders in Form von Lagern, aber auch auf Gängen auf. Abbauwürdige Lagerstätten befanden sich in Deutschland an vielen Stellen; so im Gebiet der Lahn und Dill, im Harz bei Elbingerode. Reiche Vorkommen finden sich u. a. in Brasilien, den Ver. Staaten, in Russland, Schweden und in vielen anderen Ländern.

Verwendung: Die Hauptmenge des Roteisenerzes dient zum Erschmelzen von Eisen.

Magneteisenstein (Magnetit)

Eigenschaften: Mit r. 72 % Fe ist Magneteisenstein (Abb. 3.40) das eisenreichste und damit wertvollste Eisenerz. Er ist grobkörnig bis dicht, undurchsichtig, schwarz und

Abb. 3.39 Roteisenerz
(Hämatit)

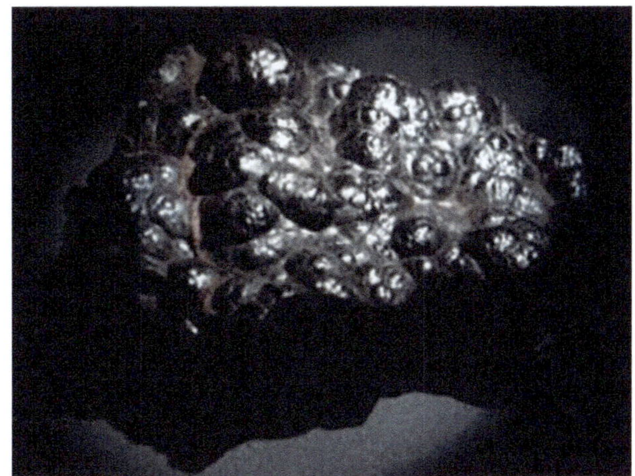

Abb. 3.40 Magneteisenstein
(Magnetit)

besitzt bei körniger Struktur zuweilen lebhaften und verschiedenen Metallglanz. Kristallisiert vielfach in schönen Oktaedern. Ausgezeichnet durch starken Magnetismus. Er verwittert zu Brauneisenstein.

Vorkommen: In Deutschland kaum noch nennenswert. Zu den größten Vorkommen des in Europa zählen die bekannten Lagerstätten im nördlichen Schweden mit einer Förderung an rd. 19 Mio. t (2005) mit einem F-Gehalt von 62–70 % und einem Vorrat von über 1 Mia t. Ferner die Vorkommen in Brasilien mit 196,3 Mio. t und Australien mit 181 Mio. t (2005). Weitere vorkommen in Finnland u. Kanada.

Brauneisenerz
Eigenschaften: Brauneisenerz (Abb. 3.41) ist bald derb und fest, bald flockig und erdig, aber nie kristallisiert. Seine Aggregate zeigen vielfach eine nierenförmige, tropfsteinförmige oder röhrenförmige glänzend schwarze Oberfläche.

Abb. 3.41 Brauneisenerz (Limonit)

Brauneisenerz enthält in reinem Zustande r. 60 % Eisen. Das dichte Material ist mehr oder weniger durch andere Stoffe (Ton, Kalk, Kieselsäure) verunreinigt. Seine Farbe ist braun in allen Tönen, ferner braunrot, schwarz und ockergelb; der Strich braunschwarz.

Vorkommen: Unter den oxydischen Eisenerzen ist der Brauneisenstein am häufigsten. Bildet sich primär u. a. da, wo sich Eisen unter Zutritt von Luft aus wässerigen Lösungen mit oder ohne Zutun von Organismen (Bakterien) niederschlägt oder sekundär dort, wo eisenhaltige Minerale verwittern. Es stellt dann ein ehemaliges Gel dar. Häufig als Verwitterungsprodukt im „eisernen Hut" von Gängen und Lagern, wie z. B. im Siegerland, ferner im Harz (Elbingerode), in Nassau, im Fichtelgebirge, in Rio Tinto (Spanien) u. v. a. Abarten sind: olithe. Hirsekorngroße Kügelchen (Ooide, mit konzentrischem, meist kalkigem Schalenbau), die sich in flachem, aber bewegtem Wasser gebildet haben. Bohnerze. Grobe, oolithähnliche konkretionäre Gebilde.

Minette ist feinoolithisches Brauneisenerz. Größtes Vorkommen in der Welt ist das lothringisch-luxemburgisch-französische „Becken von Briey" im braunen Jura (mit r. 30 % Fe und einem Vorrat von 10 Mia t kalkiger und kieseliger Erze) in bis zu 7 Flözen mit 2–10 m Einzelmächtigkeit.

Raseneisenerze sind Ausscheidungen aus eisenhaltigen Gewässern in sumpfigen Gegenden oder auf dem Boden von Seen (mit bis 6 % Phosphorsäure), wie in den Seen Finnlands und Schwedens.

Brauneisenerzkonglomerat sind Brauneisensteingerölle, die durch ein kalkig-toniges oder Gelber Ocker. Erdige gelbbraune Masse, die als Farbstoff verwandt wird. Findet sich häufig als Ausscheidung in Grubenwässern.

Rotkupfererz ist mit 89 % Cu das reichste Kupfererz. Das Mineral kristallisiert regulär. Farbe hell- bis dunkelrot, Strich braunrot, stark glänzend. Kristalle sind durchscheinend bis undurchsichtig. Häufig in der Oxydationszone von Kupfererzgängen.

Zinnstein (Kassiterit)

Eigenschaften: Zinnstein (Abb. 3.42) hat eine nelkenbraun bis schwarz glänzende Farbe. Ist durchscheinend bis undurchsichtig. Unvollkommene Spaltbarkeit, muscheliger Bruch mit Fettglanz bzw. blendeartiger Glanz. Strich hellgelb. Kristallisiert gut, u. a. in quadratischen Säulen, vielfach in Zwillingsform (sog. „Visiergraupen"). Enthält in reinem Zustand r. 79 % Sn.

Vorkommen: Findet sich entweder „primär" auf Gängen, als „Bergzinn" eingewachsen in Form der „Zwitterbänder" (besonders im Granit bzw. in den Greisen), oder auf „sekundärer" Lagerstätte lose im Sand. Größter Lieferant von Seifenzinn ist das Gebiet um Sumatra und Borneo, Bolivien, Kongo, Alaska, Nigeria, Rhodesien u. a.

Verwendung: Zinn wird in erster Linie zu Weißblechen, ferner zu Gusswaren, Orgelpfeifen, Stanniol, Tuben, Legierungen, Bronze, Rotguss und Schriftmetall verwandt sind.

Manganerze (Abb. 3.43) finden sich bei ziemlich gleicher chemischer Zusammensetzung (mit r. 62 % Mn) in sehr verschiedenen Ausbildungsformen.

Abb. 3.42 Zinnstein (Kassiterit)

Abb. 3.43 Manganerz

Vorkommen: Deutschland ist verhältnismäßig arm an reinen Manganerzen. Zu den Weltlagerstätten gehören u. a. Ukraine, Afrika, Indien, Brasilien, Spanien.

Verwendung: Mangan dient u. a. zur Darstellung von Chlor (durch Behandlung mit Salzsäure), zur Entschwefelung beim Eisenguss, bei der Herstellung von Vorlegierungen aus Eisen und Mangan (Ferromangan und Spiegeleisen), als Manganbronze (für Schiffsschrauben), zum Entfärben des Glases, für Trockenelemente sowie für chemische und viele andere Zwecke.

Korund

Eigenschaften: Die Kristalle des Korunds (Abb. 3.44) zeigen u. a. säulige (tonnenförmige), prismatisch-pyramidale und flach tafelige rhomboedrische Formen. Sie sind z. T. farblos, häufiger blau, rot, braun, gelb, öfters auch mehrfarbig und vielfach durchsichtig bis trübe. Es werden unterschieden:

Der Gemeine Korund dient vorwiegend als Schleifmittel. Er wird heute meist durch das synthetische Karborundum ersetzt.

Der Smirgel ist ein feinkörniges, dunkles Gemenge von Korund mit verschiedenen Eisenerzen und Quarzen.

Der Rubin ist ein durch Chromoxyd tiefrot gefärbter, reiner, durchsichtiger und sehr wertvoller Edelstein. Hauptfundorte: Birma, Thailand und Ceylon.

Der Saphir (Abb. 3.45) ist ein durch eine Eisen-Titanoxydverbindung kornblumenblau bzw. gelb auch grün gefärbter, reiner und durchsichtiger, wertvoller Edelstein. Hauptfundorte sind: Kaschmir, Oberbirma, Ceylon, Australien und USA. Der orangefarbige Saphir Ceylons heißt „Padparadscha".

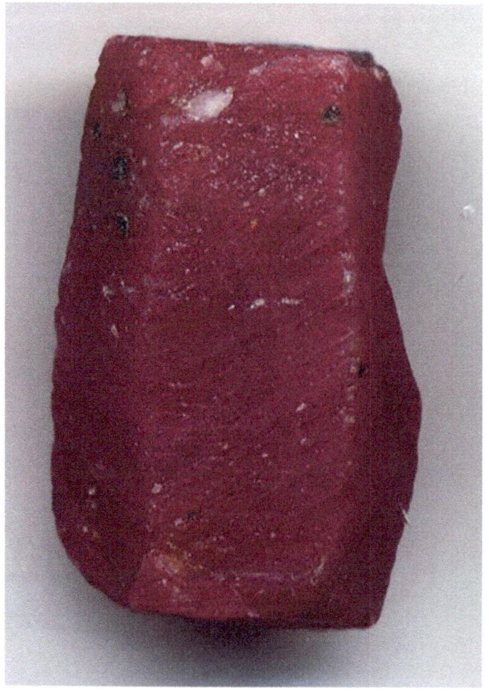

Abb. 3.44 Unbearbeiteter Korund-Rubin

Abb. 3.45 Unbearbeiteter
Korund-Saphir

Abb. 3.46 Bauxit

Bauxit (Abb. 3.46) ist ein unscheinbares, erdiges oder toniges, vielfach braunrotes kolloidales Mineral, besser Gestein, dass in reinem Zustande aus Tonerde und Wasser besteht und in der Natur stark durch Eisenoxyd und Kieselsäure verunreinigt ist. Zusammensetzung: 50 bis 70 % Al_2O_3, 0–25 % Fe_2O_3, 12–40 % H_2O, 2–30 % SiO_2.

Entstanden bei der tropischen Verwitterung tonerdereicher Gesteine. Je nach seiner Entstehung aus dem anstehenden Gestein unterscheidet man „Kalkbauxit" und „Silikatbauxit".

Vorkommen: Bauxit wurde zuerst bei Les Beaux in Südfrankreich beobachtet und trägt daher seinen Namen. Die wichtigsten Lagerstätten Europas bergen Jugoslawien, Griechenland. Weltvorkommen liegen in UdSSR, in USA, Guayana, Kanada, Guinea, Indien, Australien und Brasilien.

Verwendung: Bauxit ist neben reiner Tonerde das Hauptaluminiumerz, aus dem das metallische Aluminium (heute das wichtigste Leichtmetall) durch Elektrolyse abgeschieden wird.

Uranpecherz (Abb. 3.47) ist das wichtigste Uranerz mit 80–85 % UO_2, Uranpecherz ist ein derbes, dichtes, pech- bis grün-schwarzes, glänzendes und undurchsichtiges Mineral mit oft nierenförmiger Oberfläche und muscheligem Bruch.

Vorkommen: Bekannte europäische Fundorte sind St. Joachimsthal (Tschechien), Spanien, Portugal, Frankreich u. a. Genannt seien auch die armen Vorkommen von Annaberg, Oberschlema, Schneeberg u. a. Weltvorkommen in: Mexiko, Madagaskar, Australien, Russland, Ostindien u. a. L.

Verwendung: Ursprünglich als wertlos angesehen, dienen die Uranpechblende ihre Verwitterungsminerale heute zur Erzeugung des radioaktiven chem. Elements bzw. Metalls Uran (U). Der Gehalt der hochwertigen Uranpecherze an Uran schwankt etwa zwischen 1 und 5 %.

3.5.6.5 Haloidsalze

Haloidsalze sind Verbindungen von Elementen mit den Halogenen Fluor, Chlor, Brom und Jod Salze einer Halogenwasserstoffsäure: Fluorwasserstoffsäure, Bromwasserstoffsäure, Chlorwasserstoff säure und Jodwasserstoffsäure.

Zu den bekanntesten und wichtigsten Haloidensalz gehört das Steinsalz (Abb. 3.48):

Steinsalz (Kochsalz) kristallisiert fast nur in Würfeln und spaltet nach den Würfelflächen. Es ist meist farblos, aber durch beigemengte Substanzen auch grau, gelb, grün oder blau gefärbt, durchsichtig oder durchscheinend.

Abb. 3.47 Uranpecherz (Pechblende)

Abb. 3.48 Steinsalz

Vorkommen: Steinsalzlagerstätten finden sich in ausgedehnten Lagern in allen geologischen Formationen; doch sind bestimmte Zeitalter durch die Häufigkeit und Mächtigkeit der in ihnen auftretenden Steinsalzlager ausgezeichnet.

Bevorzugte Salzformationen sind in Europa der Zechstein, dem die meisten Salzlager Mittel- und Norddeutschlands angehören, ferner der Buntsandstein, der Muschelkalk, die Perm-Trias (Salzkammergut), Jura und das Tertiär in Lothringen, Baden, Rumänien und Spanien. In Mittel- und Norddeutschland, Hessen, Thüringen und am Niederrhein ist das Steinsalz von Kalisalzen, den sog. „Abraumsalzen", begleitet.

Das Steinsalz wird z. T. bergmännisch gewonnen und bei genügender Reinheit schon in der Grube auf Speisesalz verarbeitet. Früher wurde das nur aus natürlichen Salzquellen stammende Salz aus der beim Salinenbetrieb anfallenden und durch „Gradierwerke" angereicherten Sole erzeugt.

Heute geschieht die Anreicherung schwacher Solen vorwiegend durch Auflösen bergmännisch gewonnenen „Steinsalzes" oder durch unterirdische „Spülbetriebe". Die angereicherte Sole wird dann in Pfannen eingedampft, wobei das Salz in grober oder feiner Form ausfällt und durch Zentrifugieren von der Feuchtigkeit befreit wird.

3.5.6.6 Salze der sauerstoffhaltigen Säuren

Sauerstoffsalze entstehen durch Verbindungen von Metallen mit Säuren. Die wichtigsten dieser Säuren sind:

Salze der Salpeterssäure (Nitrate)

Natronsalpeter, Kalisalpeter.

Salze der Kohlensäure (Karbonate)

Kalkspat, Aragonit, Magnesit, Weißbleierz, Strontianit, Eisenspat, Zinkspat der Galmei, Dolomit, Kupferglasur, Malachit, Manganspat.

Salze der Schwefelsäure (Sulfate)

Gips, Schwerspat, Anhydrit,

Salze der Phosphorsäure (Phosphate)

Apatit

Salze der Kieselsäure (Silikate)

Feldspat, Glimmer, Granat (z. B. als Granatschmuck), Augit, Hornblende.
Gruppe der Schmuck- u. Edelsteine (Silikate)- z. B. Smaragd, Aquamarin, Topas,
Turmalin

Einige Erläuterungen zu den Edelsteinen

Wegen der besonderen Stellung der Edelsteine unter den Mineralen soll hier nochmals zusammenfassend darauf eingegangen werden.

Bekanntlich beruht ihre Wertschätzung als edle Steine sowohl auf ihren physikalischen
Eigenschaften, und zwar der Durchsichtigkeit, der schönen Farbe, dem Glanz, dem Feuer,
der Härte, als auch auf ihrer Seltenheit und Widerstandsfähigkeit sowie auf Modelaune,
nicht zuletzt aber auf der Unzerstörbarkeit ihres inneren Wertes.

Man unterscheidet vielfach zwischen den wertvollen (selteneren) Edelsteinen und den
weniger edlen (häufigeren) Schmucksteinen (Halbedelsteinen), ohne hier scharfe Grenzen
ziehen zu können.

Zu den Edelsteinen im engsten Sinne gehören: Diamant, Smaragd (Abb. 3.49), Rubin
und Saphir (sog. „Juwelen"). Dazu treten weiter: Aquamarin (Abb. 3.50), Edelopal, Be-
ryll, Spinell, Alexandrit, Turmalin, Kunzit, Granat (Abb. 3.51), Edeltopas, Zirkon, Hya-
cinth, Chrysolith, Amazonit, Heliodor u. a.

Abb. 3.49 Smaragd

Abb. 3.50 Aquamarin

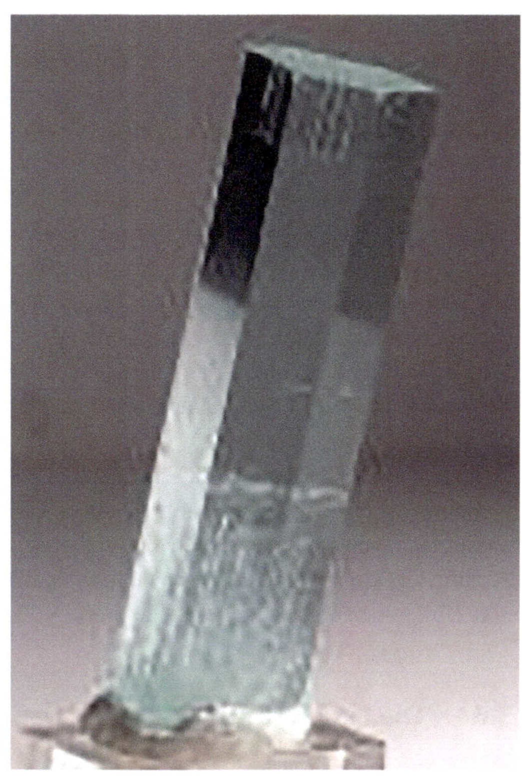

Abb. 3.51 Granat

Abgesehen von den vorgenannten Edelsteinen gibt es noch eine Menge anderer Schmucksteine, die im Handel z. T. mit irreführenden Namen belegt werden, wie Amethyst, Dioptas, Chrysopras, Rosenquarz, Rauchtopas, Olivin, Karneol, Heliotrop, Labrador, Opal, Mondstein, Rhodonit, Türkis, Chalzedon, Achat, Onyx, Citrin, Malachit, Azurit, Jadeit, Nephrit, Jaspis, Lapislazuli, Obsidian. und viele andere.

Seit einiger Zeit ist es gelungen, fast alle Edelsteine künstlich („synthetisch") herzustellen, u. zw. aus feiner Tonerde (mit färbendem Zusatz) durch die Hitze einer Knallgasflamme oder eines elektrischen Ofens in Form einer sog. „Schmelzbirne". Diese synthetischen entsprechen bei Rubin, Saphir, Smaragd und gewissen Spinellarten hinsichtlich der chemischen Zusammensetzung, der Farbe, der Härte, des Glanzes und der Lichtbrechung fast den natürlichen echten Steinen. Sie werden aber im Handel als „Kunsterzeugnisse" bei weitem nicht so hoch et. Nur dem Fachmann ist es möglich, sie u. a. durch die Form durch die Form der Einschlüsse (Luftbläschen u. Anwachsstreifen) und das Lumineszenzverhalten, als „synthetische" zu erkennen.

Beim „König der Edelsteine" (Diamant) ist die künstliche Herstellung „größerer" Steine noch nicht gelungen. Auch die synthetischen Steine spielen für die feinmechanische Technik (als Lagersteine für Taschenuhren und Präzisionsinstrumente) wie auch für Juweliere (für günstigeren Schmuck) eine große Rolle.

3.6   Die Lagerstätten

3.6.1   Allgemeines

Unter einer Lagerstätte versteht man eine durch einen natürlichen Entstehungsvorgang örtlich hervorgerufene Anhäufung nutzbarer Minerale und Gesteine in der Erde, deren Abbau vernünftigerweise Gegenstand wirtschaftlicher Verwertung sein kann.

Demgemäß stellt die Lagerstättenlehre als angewandte Geologie und Mineralogie die Lagerstätten der Minerale in den Vordergrund ihrer Betrachtung. Bildet doch die Kenntnis der Lagerstätte die elementare Voraussetzung für alle ihre Hereingewinnung betreffenden technischen und wirtschaftlichen Maßnahmen.

Bei der Beurteilung einer Lagerstätte ist die Frage von besonderer Bedeutung, ob sie „absolut" (d. h. unter allen Umständen) oder „relativ" (d. h. nur unter gewissen Voraussetzungen und Bedingungen) abbauwürdig ist.

Es ist klar, dass die Begriffe absolut und relativ nicht allein durch die Art und Menge des Minerals und den Verkaufswert bedingt, sondern abhängig vom neuesten Stande der technischen, wirtschaftlichen und verkehrsmäßigen Verhältnisse eines Rohstoffvorkommens sind. So wird z. B. auch eine große Eisenerzlagerstätte in einem weitab von jedem Verkehr gelegenen Gebiete nur schwer bergbauliche Interessen finden, während ein kleines gutes Uranerzvorkommen, wenn auch in verkehrsmäßig ungünstiger Lage, ein mehr oder minder begehrtes bergbauliches Objekt sein kann.

Die Nutzung einer Lagerstätte hängt von vielen Faktoren ab, wie von der Vorratsmenge, den Gewinnungskosten, dem Preis, dem Gehalt an nutzbarem Mineral, dem Stand der Gewinnungs- und Hüttentechnik, dem Weltmarkt, der geographischen Lage des Fundortes, den Arbeits-, Transport- und Lohnverhältnissen, der bergbaulichen Teufe und vielen anderen Umständen. Nicht minder wichtig sind Fragen nach ihrer Entstehungsgeschichte, der geologischen Position, dem Streben des jeweiligen Landes nach Selbstversorgung mit Rohstoffen und viele andere.

Neben den reinen Mineralvorkommen gelten als Lagerstätten auch noch manche anderen Bodenschätze, wie nutzbare Gesteine und Erden, Erdgase und vor allem der Wasserschatz (das Grundwasser einschl. der Mineral- und Heilquellen).

3.6.2 Einteilung der Lagerstätten

Bei der Einteilung der Lagerstätten kann man bezüglich ihrer Gliederung von ihrem Inhalt, ihrer Entstehung, ihrer Beziehung zum Nebengestein sowie von ihren äußeren Formen ausgehen.

3.6.2.1 Gliederung. nach Inhalt und Entstehung

Nach ihrem Inhalt lassen sich unterscheiden Lagerstätten der:

festen Brennstoffe (Steinkohle, Braunkohle), Erze (d. h. Mineralgemenge, aus denen sich Metalle oder Metallverbindungen gewinnen lassen), wasserlöslichen Salze (Stein- und Kalisalze), Kohlenwasserstoffe (Erdöl, Asphalt, Erdwachs und Ölschiefer), sonstigen Minerale, nutzbaren Gesteine und Erden, Erdgase, Edel- und Schmucksteine und die Vorkommen von Grundwasser (einschl. der Mineral- und Heilquellen).

Nach ihrer Entstehung erlauben die nutzbaren Vorkommen der Erdkruste – entsprechend den drei natürlichen gesteinsbildenden Vorgängen – auch eine dreifache Gliederung u. zw.:

Lagerstätten der magmatischen Folge, d. h. Lagerstätten, die aus einer der verschiedenen Bildungsphasen schmelzflüssiger Teile der Erdtiefe hervorgegangen sind.

Lagerstätten der sedimentären Folge, d. h. Lagerstätten, die auf Umsetzungs- bzw. Neubildungsvorgänge von Mineralsubstanz an der Erdoberfläche zurückgehen,

Lagerstätten der metamorphen Folge, d. h. primär vorhandene magmatische oder sedimentäre Lagerstätten, die in geringeren oder größeren Tiefen der Erdrinde bei höheren Drucken und Temperaturen ganz oder teilweise in ihrem Mineralbestand und Gefüge umgewandelt („metamorphosiert") worden sind.

Hinsichtlich der Altersbeziehung zum einschließenden Nebengestein lassen sich die Lagerstätten weiter gliedern in solche, die gleichzeitig mit dem Nebengestein (syngenetisch) und solche, die später als das Neben-gestein (epigenetisch), u. zuweilen durch Zufuhr meist aus der Tiefe stammender Magmen, Minerallösungen (Mineralthermen) oder Mineraldämpfe entstanden sind.

Die Erkenntnis der Entstehung noch im Abbau stehender Lagerstätten ist mitunter sehr schwierig und bei manchen Vorkommen noch Gegenstand der Forschung. Auf die vielen wissenschaftlichen Erfahrungen und Untersuchungsergebnisse der Entstehungsgeschichte und der Gliederung der Erzlagerstätten kann hier nicht näher eingegangen werden.

3.6.2.2 Kennzeichnung nach der äußeren Form

Angesichts der vorwiegend bergmännisch-lagerstättentechnischen Zwecke der Darstellung soll hier die äußere Form der Lagerstätten zugrunde gelegt werden, da sie ja unter Berücksichtigung von Mächtigkeit, Ausdehnung und Einfallen des Vorkommens die Erschließungsarbeiten (Ausrichtung, Vorrichtung und Abbau) maßgeblich beeinflusst.

Dass bei dieser Gliederung stellenweise genetisch ungleichartige Lagerstätten zusammengefasst und gleichartige auseinandergezogen werden, ist unvermeidlich.

Der Form nach unterscheidet man:

a) **Plattenförmige Lagerstätten**

Flöze sind vorwiegend konkordant eingeschaltete plattenförmige Mineralvorkommen, die im Verhältnis zu ihrer meist relativ geringen Mächtigkeit eine große Länge und Breite besitzen und sich durch nahezu parallele und ebene Begrenzungsflächen auszeichnen. Ihre ursprünglich horizontale Ablagerung ist durch gebirgsbildende Kräfte häufig gestört.

Nach ihrer Entstehung handelt es sich in den Flözen durchweg um sedimentäre Ablagerungen.

Beispiele: Braun- u. Steinkohlenflöze, Eisenerzlagerstätten, Rot- und Brauneisenerzlager, Kalilager und Schwefelkieslager u. a.

Gänge sind Ausfüllungen tektonisch aufgerissener Spalten mit Erzen und sonstigen Mineralgemengen von plattenartiger Form, die gewissermaßen vernarbte Wunden der Erdkruste darstellen. Daher ist der Ganginhalt stets jünger als das Nebengestein.

Beispiele: Erzgänge (Abb. 3.52), Kalkspatgänge, Bleizinkerzgänge, Goldquarzgänge u. a.

b) **Lagerstätten von unregelmäßigen Formen**

Stockwerke (Abb. 3.53 links) sind massige Gesteinszonen, die von zahllosen ± schwachen Erzgängen netzartig durchschwärmt werden sind. Dabei wird auch das Nebengestein auf feinsten Klüften mit Erz durchsetzt.

Sie sind entstehungsgeschichtlich vielfach – aber nicht immer – magmatischen Ursprungs.

Beispiele: Ausscheidungen von Kupfererzen und Nickelmagnetkies (z. B. in Norwegen) und von Magneteisenerzen im Ural, ferner Salzstöcke.

Linsen, Nester, Putzen (Abb. 3.53 rechts) sind unregelmäßig begrenzte, größere oder kleinere Mineralanhäufungen im Nebengestein, die meist keine große Erstreckung im Streichen und im Fallen haben.

Abb. 3.52 Erzgang. (Erzgrube „Himmelfahrt" bei Freiberg)

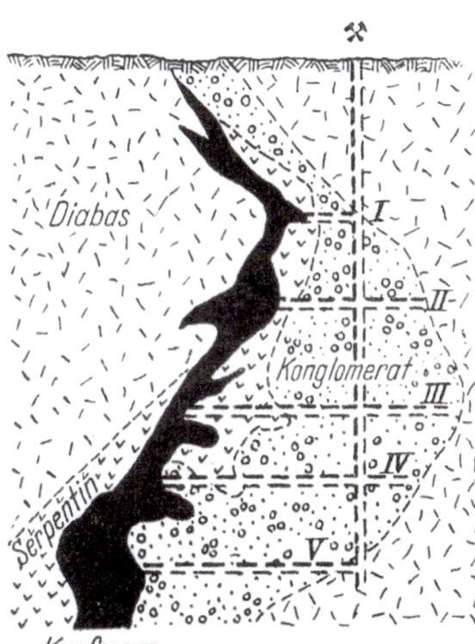

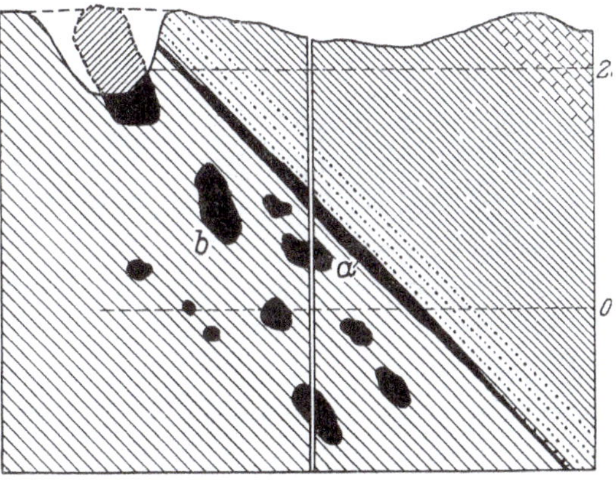

Abb. 3.53 Links: Beispiel für einen Kupfererzstock (Montecatini/Toskana), rechts: Beispiele für Linsen- und nesterförmige Vorkommen

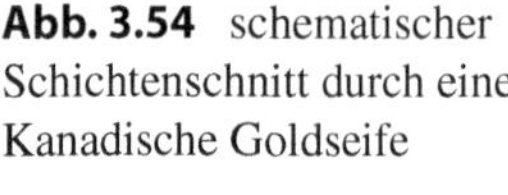

Abb. 3.54 schematischer Schichtenschnitt durch eine Kanadische Goldseife

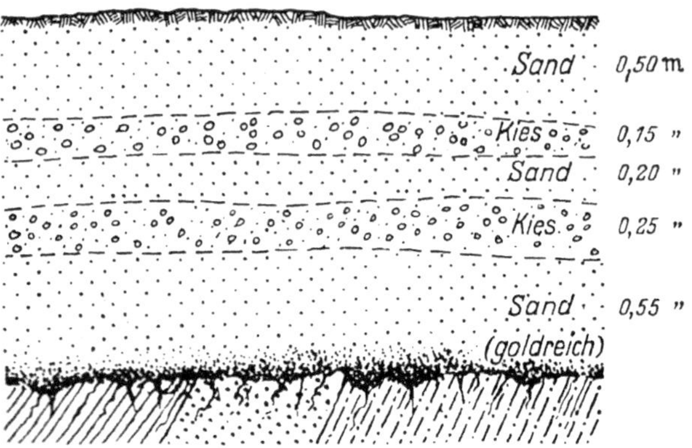

Seifen (Trümmerlagerstätten) sind lockere (sandige u. kiesige) zusammen geschwemmte Gesteinsablagerungen mit starker Anreicherung bestimmter Edelmetalle, Erze und Edelsteine.

Derartige flächenhaft ausgebildete Vorkommen sind durch Zertrümmerung primär anstehender Mineralvorkommen („eluviale" Seifen) oder unter Weiterbeförderung des Materials in bewegtem Wasser und Absatz in Flüssen, Seen oder Meeresbecken (als sog. „alluviale" Seifen) entstanden, wobei das Material nach der Wichte und der Korngröße sortiert wurde. Seifen können naturgemäß nur sehr widerstandsfähige Minerale bilden.

Beispiel: Gold-, Platin- und Zinnseifen sowie Magneteisen-, Edelstein-(Diamant-, Granat- und Zirkon-)seifen vieler Länder. Dahin gehören auch die verfestigten „fossilen" Seifen (Abb. 3.54), wie die präkambrischen Goldkonglomerate des Witwatersrand Gebietes in Südafrika.

3.6.3 Aufsuchen von Lagerstätten

Bevor auf die verschiedenen Arten der Lagerstätten selbst eingegangen sei, soll noch kurz der mannigfachen geologisch-bergmännischen Mittel zu ihrer Erforschung und Aufschließung eingegangen werden.

Bis in die Neuzeit ist der Nachweis von Lagerstätten nach erfolgter geologischer Vorprüfung und Kartierung durch die klassischen Verfahren der bergmännischen Oberflächenuntersuchung (Schürfgräben und Stollen, Aufschlussbohrungen u. a.) mit nachfolgender Weitererschließung das übliche Verfahren gewesen.

Heute bedient man sich angesichts des Umstandes, dass in den alten, genau bekannten und durchforschten Kulturländern wichtigere neue Funde wertvoller Mineralvorkommen nur noch selten an der Erdoberfläche gemacht werden, besonders zum Nachweis unter Deckgebirgsschichten und in der Tiefe verborgener Lagerstätten meist einer der neuzeitlichen geophysikalischen Methoden.

Zur ersten Erkundung eines noch unaufgeschlossenen Gebietes, wie im Ausland, kann auch das Flugzeug durch Aufnahme von Luftbildern unter Einsatz von Seintillometern, Magnetometern und anderen Instrumenten wertvollen Dienst leisten.

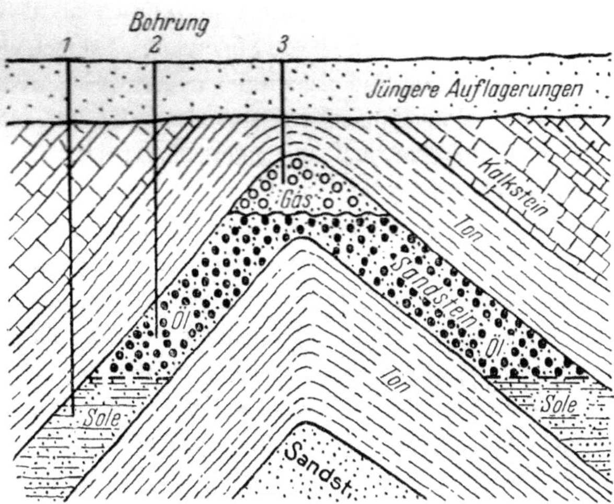

Abb. 3.55 Öllagerstätte vom Satteltypus (Schema). Im Scheitel Gas, auf den Sandsteinflanken Erdöl, in der Tiefe Sole

Die praktische Bedeutung dieser neuen Verfahren (sog. „moderne Wünschelruten") für den Nachweis von Lagerstätten hat auch für den deutsche Boden, der durch seine bisherige Erschließung hinreichend auf Lager-stätten erforscht zu sein schien, durch die Anwendung geophysikalischer Untersuchungsmethoden noch Überraschungen gebracht hat. So hat man die Vorkommen von Öl und Gas im Emsland, verschiedene Salzhorste und Öllagerstätten (Abb. 3.55), im übrigen Norddeutschland entdeckt.

Bei den auf dem Verhalten der Mineralvorkommen und ihres Nebengesteins gegenüber bestimmten physikalischen Kräften beruhenden geophysikalischen Untersuchungsverfahren unterscheidet man u. a.:

Magnetische Messungen, die auf der Erkenntnis beruhen, dass eisen- und nickelhaltige Gesteine des Untergrundes das gewöhnliche Kraftfeld des Erdmagnetismus messbar beeinflussen. Die wichtigsten Untersuchungsgeräte sind die „magnetische Feldwaage" (nach A. Schmidt), dass „Vertikalvariometer" und das „Feldmagnetometer". Sie finden besonders zum Nachweis von Eisenerzlagerstätten und bei großregionalen Vorarbeiten Verwendung.

Gravimetrische Messungen gehen von der verschieden großen Anziehungskraft ungleich schwerer Massen im Untergrunde (Gebirgsmassive, Ozeanböden, Kontinentalschollen u. a.) aus. Ihre Apparate arbeiten nach dem Grundsatz des Abweichens nach der Richtung der größten Massenanziehung. Die früheren Schwerependel und Drehwaagen werden heute durch die sog. „Gravimeter" ersetzt. Besonders wichtig zur Feststellung von „Salzstöcken" im Untergrunde.

Die **seismischen Verfahren** gründen sich auf der verschiedenen Leitfähigkeit der Gesteine für die Fortpflanzung künstlich durch Sprengungen erzeugter elastischer Erschütterungswellen Sie sind also gewissermaßen eine Art von Erdbebenmessung. Hierbei wird Verlauf und Lagerungsform von Mineral-vorkommen durch das „Reflexions"- bzw. das „Refraktionsverfahren" festgestellt. Die große Zahl der hierdurch nachgewiesenen wertvollen Lagerstätten (Salzdome, Erdölvorkommen u. a.) beweist die hohe wirtschaftliche Bedeutung der seismischen Methoden.

Die **geoelektrischen Verfahren** stützen sich auf die Messung der verschieden großen elektrischen Leitfähigkeiten von Mineralen, Gesteinen und Wasser. Sehr wichtig sind auch die geoelektrischen Widerstandsmessungen von Gesteinen in unverrohrten Bohrlöchern nach dem „Schlumberger-Verfahren" geworden. Ihre Hauptbedeutung haben sie für Fragen der „Irydrologie" und „Ingenieurtechnik".

Die **radioaktiven Methoden** bedienen sich des Nachweises radioaktiver Strahlen von unmittelbar an der Oberfläche ausstrahlenden Erzgängen oder Erzkörpern durch das Geiger-Müller-Zählrohr und das Scintillometer (Lichtfunkendetektor).

Besonders wertvoll ist dieses Verfahren für den Nachweis von Uran (Radium)-Lagerstätten geworden. Erfolgversprechend für die Suche nach derartigen Lagerstätten sind die vielfach unwegsamen, abgetragenen geologischen „Schilde" der Länder: Kanada, Skandinavien und Südafrika u. a., in denen Erzvorkommen unmittelbar an die Erdoberfläche treten und mit den neueren Methoden schon vom Flugzeug aus genau festgelegt werden können.

Für alle Rohstofferschließungen ist auch die Gewinnung wissenschaftlicher Erkenntnisse über das Alter der geologischen Formation bzw. der Horizonte, an die die Lagerstätten gebunden sind, sowie ihre geologische Stellung (Entstehungsgeschichte und Tektonik) bedeutungsvoll.

Neuerdings spielen bei der Untersuchung der Erdöllagerstätten u. a. sowie bei der Identifizierung der Stein- und Braunkohlenflöze auch mikropaläontologische Durchforschungen der erschlossenen Ablagerungen auf „Foraminiferen", „Ostrakoden" und „Pollen" eine Rolle.

Schließlich noch ein Wort zur **Wünschelrute**, die leider auch noch heute zum Nachweis von Minerallagerstätten in der Tiefe herangezogen wird. Trotz angeblich erzielter Erfolge steht durch wissenschaftliche Prüfung der sog. „Ergebnisse" der Wünschelrute fest, dass diese (aus Holz oder Metall) nur Vorgänge im Organismus der Rutengänger anzeigt. Keineswegs aber ist die Rute selbst durch Einwirkung von Ausstrahlungen seitens der Minerallagerstätte her beeinflussbar. Daher müssen alle der Wünschelrute zugeschriebenen Erfolge, ebenso wie die angeblichen Wirkungen sog. „Erdstrahlen" auf den Menschen, entweder als Zufallstreffer nach der Wahrscheinlichkeitsrechnung beurteilt oder ganz abgelehnt werden.

3.6.4 Die Lagerstätten in Deutschland

3.6.4.1 Allgemeines

Im Hinblick auf den besonderen Zweck des Buches soll die Behandlung der Lagerstätten auf die Vorkommen des deutschen Raumes beschränkt bleiben. Außerdem wird auf eine ausführliche die Entstehungsbeschreibung verzichtet

Die Bundesrepublik, ist, verglichen mit der Größe seines Gebietes, war verhältnismäßig reich an Bodenschätzen aller Art. Neben bedeutenden Vorkommen an Kohle und Salz (einschließlich Kali) verfügte Deutschland noch über größere Lagerstätten an Eisen-,

Blei- und Zinkerzen, so dass der Bedarf an Kohle, Salz, Eisen, Blei und Zink für Jahrzehnte gesichert war. Bezüglich der Erze ist das Bundesgebiet heute jedoch auf Einfuhr aus dem Ausland angewiesen.

Wichtige Rohstoffe und Lagerstätten in Deutschland sind z. B.:

- Kohlenlagerstätten (einschließlich Torf): Braunkohle (Rheinisches Revier, Lausitz), Steinkohle (ehemals Ruhrgebiet, Saarland), Torf (Norddeutschland)
- Erdöl- und Erdgasvorkommen: Erdöl (Niedersachsen, Bayern), Erdgas (Norddeutschland)
- Salzlagerstätten: Kalisalz (Werra-Fulda-Gebiet, Niedersachsen), Steinsalz (Thüringen, Bayern)
- Lithiumvorkommen: Oberrheingraben (Lithiumhaltige Thermalwässer), Erzgebirge (Zinnwaldit)
- Gesteine und Erden: Sand, Kies, Ton (bundesweit), Kalkstein (Schwäbische und Fränkische Alb), Basalt, Granit (Eifel, Erzgebirge)
- Erzlagerstätten: Eisenerz (ehemals Siegerland, Lahn-Dill-Gebiet), Kupfererz (Harz, Erzgebirge), Zinkerz (Aachen, Harz)
- Edel- und Schmucksteine: Achat (Idar-Oberstein), Quarz, Bergkristall (Schwarzwald, Fichtelgebirge)
- Sonstige nutzbare Minerale: Fluorit, Baryt (Schwarzwald, Harz), Kaolin (Oberpfalz, Sachsen)

3.6.4.2 Die Kohlenlagerstätten

Unter Kohlen versteht man brennbare Sedimente, die im Laufe langer Zeiten aus pflanzlicher Substanz (Torf) unter vollkommenem Abschluss von der Luft durch Zersetzungsvorgänge in Braunkohle und später durch Einwirkung von Wärme und Druck zu Steinkohle geworden sind.

Die Bedeutung der Brennstoffe (im engeren Sinne) für die Allgemeinheit schon daraus zu erkennen, dass die Kohlen als Energiequelle den Lebensstandard der Menschheit stark beeinflusst haben und bei weitem die erste Stelle einnahmen, wenn sie auch gegenüber den jüngeren Energiequellen in Deutschland nicht unerheblich an Bedeutung eingebüßt haben.

Zur Deckung des ständig steigenden Energiebedarfs wird heute der Bedarf aus den unterschiedlichsten Energiequellen gedeckt. Hierzu gehören u. a.: Braunkohle, Steinkohle, Atomenergie, Erdöl, Gas, Windkraft, Sonnenenergie u. a.

3.6.4.3 Die Torflagerstätten und -gewinnung

Torf (Abb. 3.56) ist ein organisches Sediment, das in Mooren entsteht. Er bildet sich aus der Ansammlung nicht oder nur unvollständig zersetzter pflanzlicher Substanz und stellt die erste Stufe der Inkohlung dar. Torf besitzt eine große wirtschaftliche Bedeutung und wird deshalb an zahlreichen Stellen abgebaut.

Ab einem Gehalt an organischer Substanz von 30 % (Rest Wasser und Mineralien) spricht man von Torf; Gehalte unter 30 % bezeichnet man als Feuchthumus oder (etwas

Abb. 3.56 Torfgewinnung in
Ostfriesland

veraltet) als Moorerde. Man unterscheidet Niedermoortorf, der sich in Niedermooren bildet, von Hochmoortorf, der ausschließlich in Hochmooren gebildet wird.

Bei Hochmoortorfen unterscheidet man nach dem Grad der Verdichtung und dem entsprechend nach dem Heizwert. Die Variation reicht vom Weißtorf über den Brauntorf bis zum Schwarztorf. Der helle Weißtorf lässt die Struktur der Pflanzen noch deutlich erkennen, bei weiterer Zersetzung entsteht ein homogener, wenigstens bei Betrachtung mit bloßem Auge strukturloser Körper, Brauntorf oder auch Bunttorf genannt. Die älteste Torfschicht ist der so genannte Schwarztorf. Die unteren Schichten eines Torflagers sind dabei (weil älter, größerem Druck ausgesetzt und während der Entstehung auch durchlüftet) in der Zersetzung weiter fortgeschritten als die oberen.

Weißtorf wird als Düngetorf zur Auflockerung von Pflanzerde verwendet, die Bezeichnung ist irreführend, da der Gehalt an düngenden Mineralien keine hinreichend breite Zusammensetzung zur ausgewogenen Anreicherung von Mangelböden bietet.

Die Entstehung von Torf geht sehr langsam vor sich. Als Durchschnittswert für die Torfablagerung in einem Moor ist ein Mittelwert von 1 mm pro Jahr anzusetzen. Dabei ist das Torfmoos die wichtigste torfbildende Pflanze. Sonstige Pflanzen, die zur Vermoorung und Vertorfung führen, sind: Besenheide, Glockenheide, Sauergräser, Wollgräser, Binsen u. a.

Der Torf wird heute im Fließverfahren gefräst oder gebaggert und zunächst durch Pressen und schließlich durch offene Lagerung bis zur Verwertung getrocknet.

Verwertung von Torf

Viele Whisky-Sorten, vor allem schottische, erfordern das Trocknen des Malzes über einem Torffeuer. Ursprünglich war dies ein einfaches Gebot der Notwendigkeit, da Schottland sehr waldarm ist und Holz- oder Holzkohlefeuer daher zu teuer waren. Heute ist das Torffeuer zu einem wichtigen Geschmacksträger geworden; nur so kann der spezielle rauchig-phenolartige Geschmack einiger Whiskysorten erzielt werden.

Da Torf ein Vielfaches des Eigengewichtes an Wasser speichern kann, wird er mit Kalk neutralisiert und mit Nährsalzen und weiteren Zuschlagstoffen wie Ton oder Sand aufgemischt und so zum Kultursubstrat weiterverarbeitet.

Torf wurde regional in großen Mengen verheizt, auch um Gärtnereibetriebe mit Wärme für Gewächshäuser zu versorgen. Ein großer Betrieb in Wiesmoor wurde noch im 20. Jahrhundert in Nachbarschaft eines Torfkraftwerks eröffnet. Torfs als Heizmaterial und als Substrat zurück.

Torf wird vielfach in der Medizin und Körperpflege eingesetzt, vor allem als Moorbad, Moorpackungen und sogar als Torfsauna.

Weitere Nutzungen von Torf: Herstellung von Textilien, Herstellung von Aktivkohle, Streumaterial, Filtermaterial. Isoliermaterial u. a.

3.6.4.4 Braunkohlenlagerstätten und -gewinnung

Hauptentstehungszeit der heute geförderten Braunkohlen ist das Tertiär. Wie bei der Steinkohle, spielt auch hier das Holz abgestorbener Bäume, Sträucher und Gräser eine Rolle, welches unter Druck und Luftabschluss den Prozess der Inkohlung durchlief. Da Braunkohle in einem jüngeren Erdzeitalter entstanden ist, unterscheidet sie sich qualitativ von der Steinkohle zum Beispiel durch einen höheren Schwefelgehalt und einer groben, lockeren und poröseren Grundmasse, in der auch große Einschlüsse (mitunter ganze Stubben) zu finden sind.

In Deutschland gibt es drei große Braunkohle-Reviere: das Rheinische Braunkohlenrevier in der Niederrheinischen Bucht, das Mitteldeutsche und das Lausitzer Revier. Das größte deutsche Braunkohleunternehmen ist die RWE Power AG (vormals RWE Rheinbraun AG) mit Sitz in Essen und Köln. Ihre Briketts werden unter dem Namen Union-Brikett vermarktet.

Der Abbau erfolgt im Tagebau (Abb. 3.57) mit modernen Großgeräten. Dabei sind mächtige Deckschichten abzubauen und umzusetzen sowie ganze Ortschaften umzusiedeln.

Neben der Verwendung als Brennstoff zu Heizzwecken (Brikett) wird der größte Anteil der gewonnenen Braunkohle wir zu Gewinnung von Strom in Großkraftwerken eingesetzt und der Abdampf als Fernwärme genutzt. Die Kraftwerke werden dabei immer größer.

Beispiele:

Kraftwerk Weisweiler: 2 Blöcke mit je 600 MW mit einem Kohleeinsatz von 20,9 Mio. t (2003)

Kraftwerk Frimmersdorf liefert mit allen Blöcken 2136 MW, 22,2 Mio. t. Kohleeinsatz

Kraftwerk Niederaußem (Stadt Bergheim mit 3864 MW bei einem Kohleverbrauch 23,7 Mio. t).

Abb. 3.57 Panoramaaufnahme vom Tagebau Frimmersdorf

3.6.4.5 Steinkohlenlagerstätten und -gewinnung

Hauptentstehungszeit der Steinkohle (Abb. 3.58) ist global gesehen das Karbon. Entstanden ist sie aus großen Urwaldbeständen, die im Prozess des Absterbens große Mengen Biomasse anhäuften, ähnlich wie in einem Torfmoor zur heutigen Zeit. Diese Ablagerungen wurden teilweise in regelmäßigen Abständen (deswegen gibt es im Steinkohlebergbau meist mehrere Flöze bis zu einer Stärke von 3,00 m) durch andere Sedimente wie Tone und Sand/Sandsteine abgedeckt, in welcher mitunter Einschlüsse und Abdrücke prähistorischer Pflanzen zu finden sind. Dadurch wurde das organische Ausgangsmaterial unter Luftabschluss und hohem Druck und hohen Temperaturen so lange verdichtet und umgewandelt, bis ein fester Verbund aus Kohlenstoff, Wasser und unbrennbaren Einschlüssen in Form von Asche entstand:

Das Erzeugnis eines noch höheren Inkohlungsstadiums wird als Anthrazit bezeichnet (Vorkommen u. Abbau im Raum Ibbenbüren) Bei ihm ist die Pflanzensubstanz nur noch mikroskopisch nachweisbar. Anthrazit zeichnet sich durch gelb-rötlichen metallischen Glanz, verhältnismäßig große Gleichartigkeit und hohem Heizwert aus.

Nach einem anfänglichen Tagebau mussten die Vorkommen durch immer tiefere Schächte (heute bis 1750 m) erschlossen werden. Dabei wanderte z. B. der Ruhrbergbau immer weiter nach Norden und hat dort den Fluss Lippe erreicht und z. T. bereits unterfahren.

Trotz modernster Technologie im Abbau (siehe Abb. 3.59 und 3.60) und in der Weiterverarbeitung ist die Zahl der Steinkohlegruben in Deutschland auf wenige große Verbundanlagen gesunken, die noch rund 10.000 Beschäftigte zählen, da der Steinkohleabbau stark reduziert wurde und die letzten Gruben voraussichtlich bis 2038 schließen werden. Die Vorräte an Steinkohle würden noch für mehr als 100 Jahre reichen.

Abb. 3.58 Steinkohle

Abb. 3.59 Einschienenhängebahn für Personen- u. Materialtransport

Abb. 3.60 Walzenschrämmaschine und vollhydraulischer Grubenausbau

3.6.4.6 Erzlagerstätten

Eisenerzvorkommen sind in Deutschland vor allem in bestimmten Regionen wie dem Harz, dem Siegerland, dem Erzgebirge und dem Lahn-Dill-Gebiet zu finden. Die dort geförderten Erze waren jedoch meist eisenarm und wiesen mit durchschnittlich 25 % Fe einen vergleichsweise niedrigen Eisengehalt auf. Zudem handelte es sich oft um saure Erze mit geringem Kalkgehalt, was eine aufwendige Verhüttung erforderte.

Während des Zweiten Weltkriegs wurde die Förderung aufgrund der Rohstoffknappheit aufrechterhalten, doch bereits in den folgenden Jahrzehnten ging sie stark zurück. Die letzte Eisenerzgrube in Deutschland wurde 1982 geschlossen. Der geringe Erzgehalt sowie die hohen Abbau- und Verarbeitungskosten machten den Betrieb zunehmend unwirtschaftlich, insbesondere im Vergleich zu Importen aus Schweden, Brasilien und Australien.

Da die Erzförderung heute für Deutschland ohne Bedeutung ist, wird dieser Abschnitt nur kurz behandelt. Unter einer Erzlagerstätte ist eine örtliche Anreicherung metallhaltiger Mineralgemenge (sog. „Erze") in der Erdkruste zu verstehen, aus denen sich vernünftigerweise nach dem jeweiligen Stand der Aufbereitung- und Hüttentechnik Metalle oder Schwermetallverbindungen gewinnen lassen.

Unter Umständen können sogar sehr arme Mineralvorkommen noch als Erze bezeichnet werden, wenn nur die Gesamtsubstanz an Erz genügend groß ist, oder bestimmte Umstände, z. B. Kriegsnotwendigkeiten, zu bergbaulicher Gewinnung zwingen.

Nach der bei der „Einteilung der Minerallagerstätten" unterscheidet man (Abb. 3.61):

a) **Magmatische Lagerstätten** (Eisen im Basalt, Flussspat, Dolomit,Topas u. a.)
b) **Sedimentäre Lagerstätten** (Manganerz, Rot- u. Brauerz, Nickelerz u. a.)
c) **Metamorphe Lagerstätten** (Spateisenstein, Eisenglanz, Magnetit u. a.)

Erzgänge sind als Ablagerungsformen der Erze die die bekanntesten und für den bergbaulichen Betrieb. Unter Gängen versteht man Ausfüllungen irgendwie entstandener Klüfte und Spalten in der Erdkruste mit Erzen oder anderer nutzbarer Mineralsubstanz. Sie durchsetzen das Nebengestein nach den verschiedensten Richtungen, bald ohne, bald mit Verwerfung des Nebengesteins. Lagerstättentechnisch kann man unterscheiden in *einfache Gänge und zusammengesetzte Gänge*. Die Mächtigkeit der Gänge reicht von einem Meter bis mehrere Hundert von Meter.

Abb. 3.61 Schema des einfachen Ganges

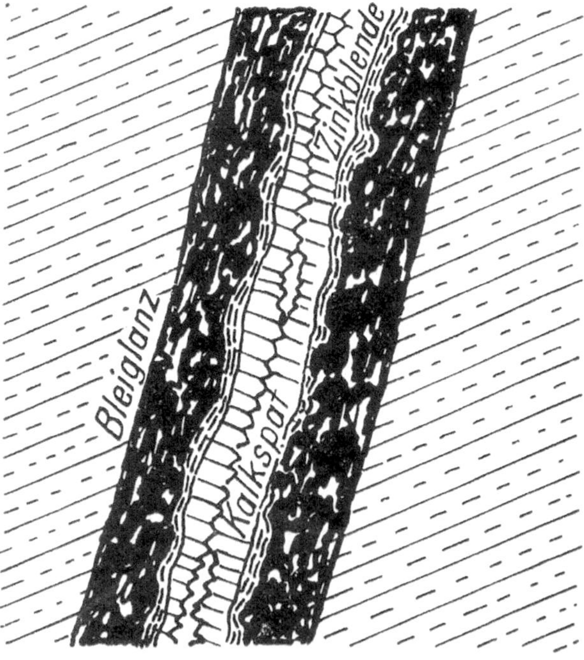

3.6.4.7 Stein- und Kalisalzlagerstätten

3.6.4.7.1 Allgemeines und Vorkommen

Zu den bedeutenden Bodenschätzen, die in Deutschland unter Tage gewonnen werden, gehören insbesondere das Kalisalz und das Steinsalz, wobei Letzteres dem Menschen seit Urzeiten unentbehrlich ist. Steinsalz ist das einzige Mineral, das für die unmittelbare Ernährung des Menschen verwendet wird.

Steinsalz findet sich in mehr oder weniger mächtigen Lagern in fast allen Ländern der Erde, und zwar kann es seiner Entstehung entsprechend in jeder Formation auftreten, vorwiegend aber in der Zechstein-, Trias- und Tertiärformation. Die Steinsalzvorkommen werden bergmännisch z. T. zu dem Zwecke abgebaut, das gewonnene Salz unmittelbar auf „Speisesalz" oder industriell weiter zu verarbeiten. Große Mengen von Salz werden als Siedesalz durch Eindampfen natürlicher oder bergmännisch gewonnener Sole erzeugt.

Die Verwendung von Kali- und Steinsalzen ist vielseitig. Sind sie doch wichtige Ausgangsstoffe für viele Industriezweige. So kommen sie sowohl in der Nahrungsmittelindustrie als auch der weiterverarbeitenden Industrie, sowie in der Landwirtschaft als Düngemittel, und als Auftausalz zum Einsatz.

Die wichtigste *Steinsalzlagerstätten* in Deutschland birgt die Zechsteinformation in Nordwest-, Mittel- und Norddeutschland. Deutschland verfügt über einen nennenswerten Anteil der Weltkalivorräte. Ein bedeutender Teil der Produkte geht in den Export.

Aber auch die *Trias* schließt bauwürdige Steinsalzvorkommen ein, wie im *oberen Buntsandstein des Harzvorlandes* (mit bis 100 m Mächtigkeit) und im *mittleren Muschelkalk* von Mittel- und *Süddeutschland*, wo u. a. Steinsalz bei Heilbronn abgebaut wird. Bekannt sind ferner die unreinen Steinsalzvorkommen Bayerns in der *alpinen Trias* von *Reichenhall* und *Berchtesgaden*.

3.6.4.7.2 Entstehung der Kalilager

Vor mehr als 250 Mio. Jahren waren große Teile Mitteleuropas von einem Binnenmeer bedeckt, das vom offenen Ozean durch seichte Meerengen weitgehend abgetrennt war. Durch starke Sonneneinstrahlung – damals herrschte in unseren Breiten ein wüstenähnliches Klima – verdunstete das Wasser wie in einer Siedepfanne. Der Salzgehalt des Gewässers stieg, bis die gelösten Minerale (Karbonate, Sulfate und Chloride) auskristallisierten und Schichten kali- bzw. salzhaltiger Minerale bildeten.

Die Entstehung der Kalilager ist nicht in allen Einzelheiten geklärt. Jedenfalls sind sie als Absätze verdunsteter abgeschnürter und in langsamer Absenkung befindlicher Meeresbecken oder salzhaltiger Binnenseen anzusehen. Die wichtigste Grundlage zur Deutung der Entstehung der Salzlager bietet die (**Ochseniussche Barretheorie**), die in der Abb. 3.62 erläutert ist.

So sind zum Teil mächtige Salzschichten entstanden. Am Standort Bernburg entstanden mehrere hundert Meter mächtigen Ablagerungen, die während der erdgeschichtlichen Entwicklung durch wasserundurchlässige Schichten abgedeckt und so vor Wiederauflösung geschützt wurden. Damit verfügen wir heute über ein Naturprodukt, das die Wärme der Sonne aus reinem Meerwasser zu einer Zeit geschaffen hat, als es noch keine Umweltverschmutzung gab.

Abb. 3.62 Schematische Darstellung der Ochseniusschen Barretheorie. (Quelle: K + S AG)

ENTSTEHUNG DER SALZLAGER NACH DER „BARRENTHEORIE" VON CARL OCHSENIUS (1830-1906)

Salzhaltiges Wasser aus dem offenen Ozean strömt über eine Schwelle ins Flachmeer, verdunstet und reichert dort den Salzgehalt an.

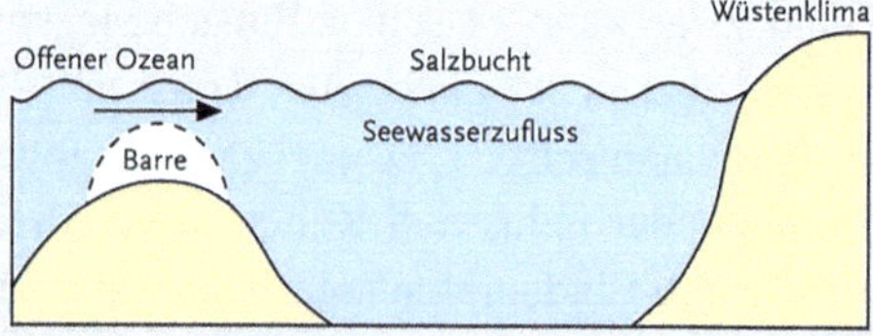

Ist durch Verdunstung die Sättigungsgrenze für schwer lösliche Salze erreicht, lagern sich zunächst Kalk und Dolomit, sodann Anhydrit in mächtigen Bodenschichten ab.

Später schlägt sich NaCl als Steinsalz nieder. Durch Bodenerosion und Wind bilden sich Toneinlagerungen im Salz.

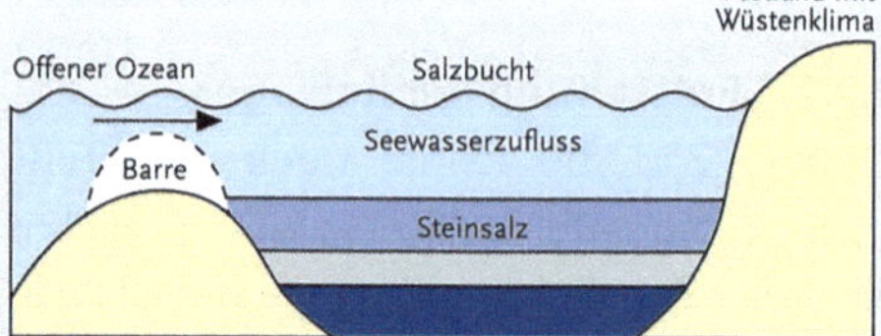

Nach erneuter Überflutung und starker Verdunstung bildet sich über dem Salzlager eine mächtige Anhydritschicht, die das Salzlager vor Wiederauflösung schützt.

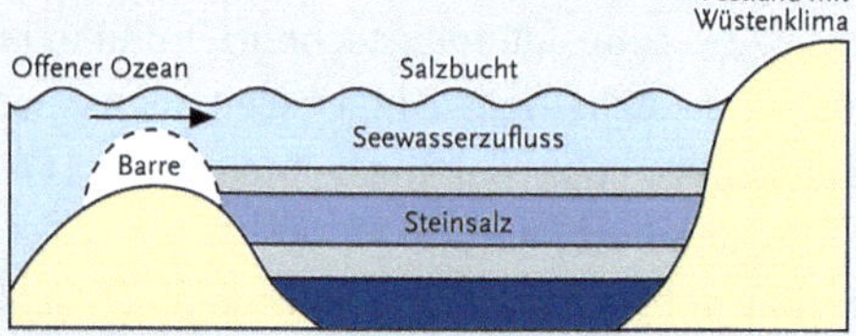

3.6.4.7.3 Abbau der Steinsalz- und Kalilager

Bergmännischer Abbau

Der Abbau der Kali- und Steinsalze passt sich der Ausbildung der Lagerstätten an, die in Deutschland sehr unterschiedlich ist. Deutschland gilt als die Geburtsstätte des Kalibergbaus, die Verfahren werden ständig weiterentwickelt. Die moderne Gewinnung im bergmännischen Abbau mit Bohr- und Sprengarbeit sowie die Abförderung der Rohsalze ist hochgradig mechanisiert Sofern die geologischen und technischen Bedingungen es zulassen, werden Kali- und Steinsalze auch mit schneidender Lösetechnik gewonnen.

Die Abb. 3.63 zeigt den Kammerbau mit strossenartiger Gewinnung von Steinsalz, die Abb. 3.64 einen Fahrlader in einer Abbaukammer am Standort Bernburg.

Im deutschen Kalibergbau kommt überwiegend der Örter-Festen-Bau (engl. room-and-pillar) zum Einsatz, das Abbauverfahren in allgemeiner Form ist in Abb. 3.65 dargestellt, das Verfahren für den Kalibergbau in der flachen Lagerung in Abb. 3.66.

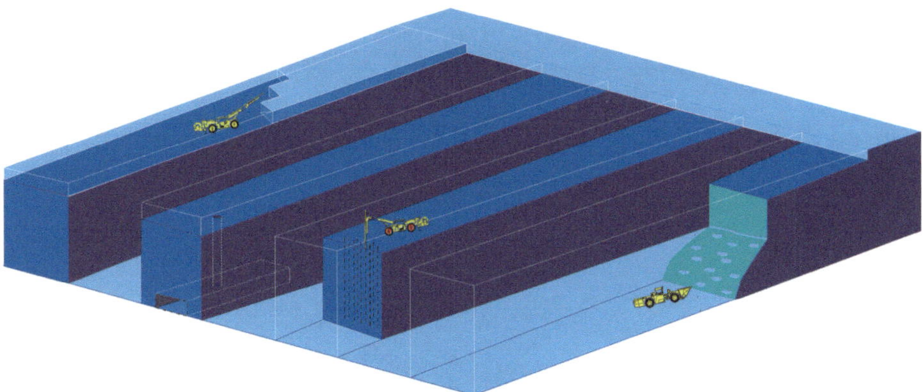

Abb. 3.63 Kammerbau mit strossenartiger Gewinnung

Abb. 3.64 Fahrlader in einer Abbaukammer. (Quelle: K + S AG)

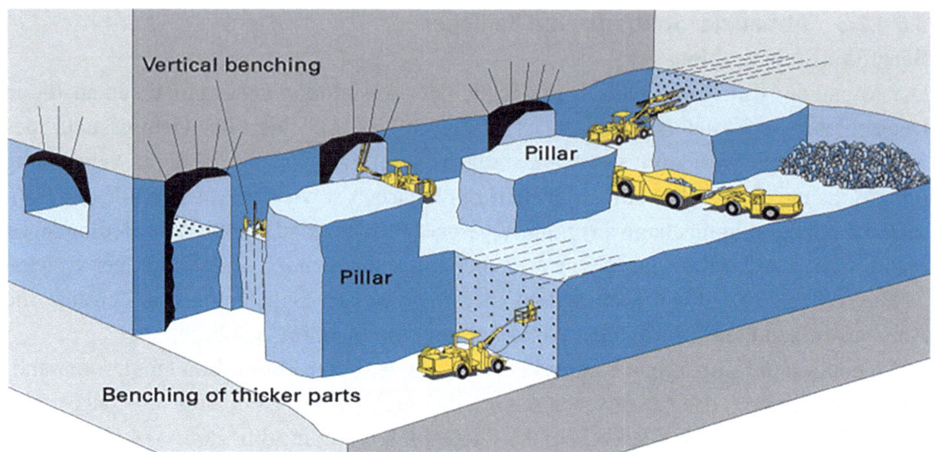

Abb. 3.65 Örter-Festen-Bau. (Quelle Atlas Copco)

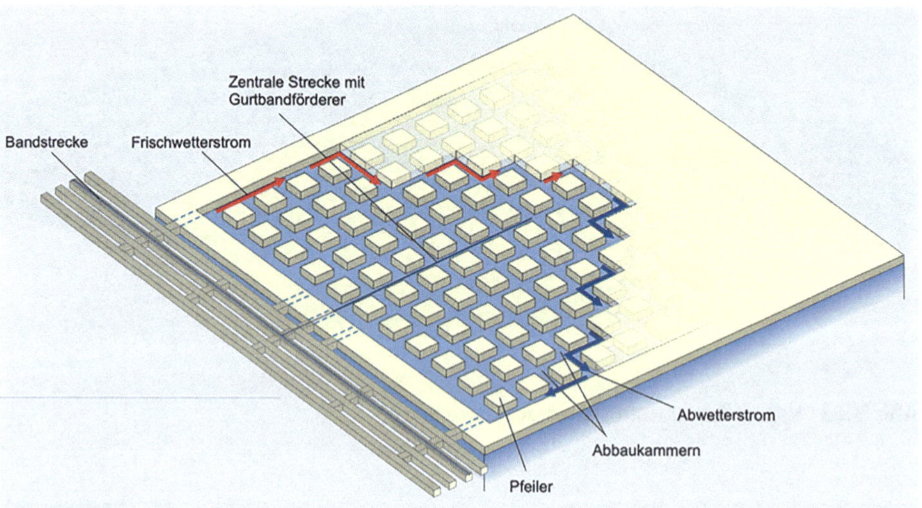

Abb. 3.66 Örter-Festen-Bau im Kalibergbau der flachen Lagerung. (Quelle: Rauche)

Der Einsatz von modernen Diesel- und Elektrofahrladern, Beraubemaschinen, Firstankerbohrwagen, computergesteuerten elektrohydraulischen Sprenglochbohrwagen und die Rohsalzförderung mit Gurtbandanlagen sind im deutschen Kali- und Steinsalzbergbau seit langem etabliert.

Der Gewinnungszyklus mit Bohr- und Sprengtechnik im Kalibergbau der K + S AG ist in Abb. 3.67 dargestellt, die Abb. 3.68 zeigt einen Firstankerbohrwagen.

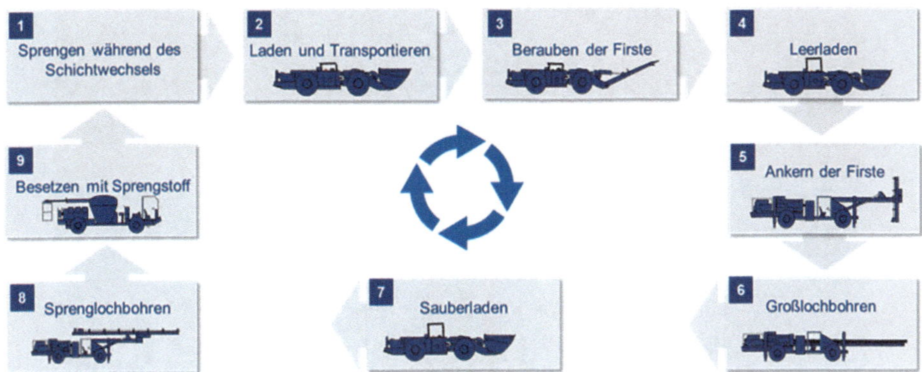

Abb. 3.67 Gewinnungszyklus im Kalibergbau der flachen Lagerung. (Quelle K + S AG)

Abb. 3.68 Firstankerbohrwagen im Kalibergbau. (Quelle: K + S AG)

Abbau mit Soltechnik

Beim Solungsbergbau (engl. solution mining), dargestellt in Abb. 3.69, wird durch Frischwasser durch Bohrlöcher von über Tage in lösefähiges (Salz-)Gestein eingebracht, wodurch mit Wasser-Salz-Lösung gefüllte Kammern, sogenannte Kavernen, entstehen. In einem nächsten Schritt wird die gesättigte Sole an die Erdoberfläche gefördert. Diese Sole wird anschließend in der Fabrik verdampft und das Kristallisat zu Produkten verarbeitet.

Die soltechnische Gewinnung von flachgelagerten Kaliflözen in großen Teufen erfolgt auch mit mehreren Bohrungen, wie in Abb. 3.70 dargestellt.

In Berchtesgaden wird Steinsalz im sogenannten „nassen Abbau" gewonnen. Dabei wird Süßwasser in das Gebirge eingeleitet, welches das Steinsalz aus dem Mischgestein herauslöst. Es entsteht Sole, also eine konzentrierte Salzlösung mit 26,5 % Salzgehalt. Die Sole wird in sogenannten Bohrspülwerken gewonnen. So wird z. B. in Berchtesgaden das Salz im so genannten „nassen Abbau" gewonnen. Dabei wird Süßwasser in das Gebirge

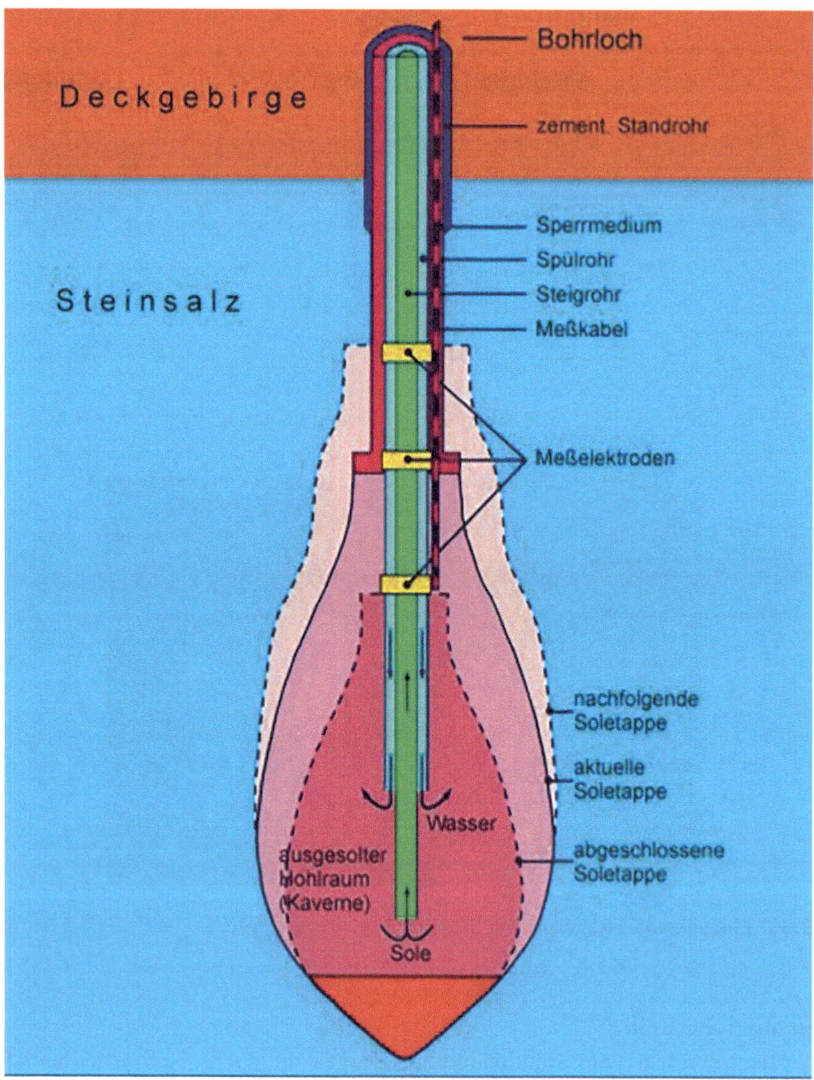

Abb. 3.69　Schema der soltechnischen Gewinnung von Steinsalz. (Quelle K + S AG)

eingeleitet, das das Salz aus dem Mischgestein herauslöst. Es entsteht Sole, also eine konzentrierte Salzlösung mit 26,5 % Salzgehalt. Am Prinzip des nassen Abbaus hat sich bis heute nichts geändert. Die Sole wird mit Hilfe so genannter Bohrspülwerke gewonnen.

Bis in 150 m Tiefe unter Abbaustreckenniveau werden zur Feststellung des erforderlichen Mindestsalzgehaltes im Gestein Proben durch Bohrungen entnommen.

Für die Gewinnung von Sole im nassen Abbau wird zunächst ein Hohlraum erschlossen. Dieser wird mit Süßwasser gefüllt. Das Wasser hat die Aufgabe, die wasserlöslichen Bestandteile, also auch das Salz, an Decke und Wänden aus dem Gebirgsverband heraus zu

Abb. 3.70 Schema der soltechnischen Gewinnung von Kalisalz. (Quelle: K + S AG)

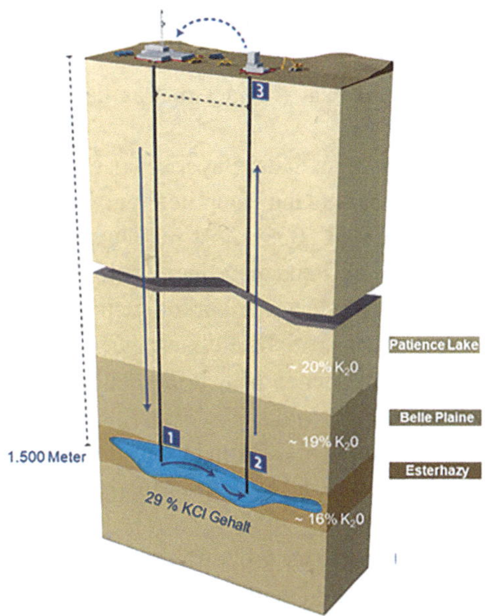

lösen. Die unlöslichen Bestandteile des Gesteins sinken nach unten und setzen sich am Boden ab. Der Hohlraum vergrößert sich durch ständig neu eingeleitetes Süßwasser. Dieser Vorgang wird so lange wiederholt, bis ein 3500 bis 5000 m^3 großer so genannter Initialhohlraum fertig gestellt ist.

Die kontinuierliche Solegewinnung beginnt, wenn die Deckenfläche des Hohlraumes circa 3000 m2 erreicht hat. Täglich werden etwa 1 cm Gestein aus der Deckenfläche gelöst. Bei einer Abbauhöhe von 100 m kann ein Bohrspülwerk rund 30 Jahre genutzt werden; in dieser Zeit können eine Million Kubikmeter voll Salz-Lösung, also Salzwasser, das den maximal möglichen Anteil von 26,5 % Salz enthält.

Die Berchtesgadener Sole wird zur Saline Bad Reichenhall gepumpt und dort zu Produkten verarbeitet.

3.6.4.8 Sonstige nutzbare Minerale, Gesteine und Erden

Abgesehen von den vorgenannten Bodenschätzen spielen aber auch noch die vielfach nicht genügend gewerteten Vorkommen von sonstigen nutzbaren Mineralen, Gesteinen und Erden des deutschen Bodens für Wirtschaft und Technik eine große Rolle.

3.6.4.8.1 Sonstige nutzbare Minerale

Aus der großen Zahl dieser nutzbaren Minerale sollen hier nur die wichtigste genannt werden. Die bauwürdigen Mengen sind zum Teil sehr gering, so dass der Abbau vielfach eingestellt wurde.

Graphit (C). Der deutsche Graphit tritt in bauwürdiger Menge in Form von „Lagern" in umgewandelten (metamorphen) Gesteinen auf.

Die wichtigsten deutschen Vorkommen (mit sog. „Flinz") liegen im bayerischen Walde bei Passau.

Flußspat (CaF_2) findet sich an den verschiedensten Stellen Deutschlands, u. zw. auf „Gängen"

Zum Beispiel in der Bayerischen Oberpfalz, im Schwarzwald und bei Regensburg. Früher war Deutschland Hauptlieferant von Flussspat für den Welthandel.

Schwerspat ($BaSO_4$) ist im deutschen Raume sehr verbreitet. Das hydrothermal und sedimentär entstandene Mineral tritt vielfach in Form mächtiger auf.

Das größte deutsche Vorkommen (mit r. 3 m Mächtigkeit) ist das sedimentäre devonische Schwerspat-Schwefelkieslager von Mengen a. d. Lenne. Außerdem findet Schwerspat auf zahlreichen bauwürdigen Gängen im Schwarzwald, Odenwald, Spessart, Sauerland, Thüringer Wald, Eifel, Harz, Rhön u. a. 0

Strontianit ($SrCO_3$) und Coelestin ($SrSO_4$). Wichtigster Fundpunkt des im allgemeinen seltenen Strontianits war das Münsterland. Der Abbau ist seit 1938 allmählich zum Erliegen gekommen.

Phosphate. Der große Bedarf an Phosphatgesteinen (u. a. für Zwecke der Düngung) kann aus landeseigenen Vorkommen nicht gedeckt werden. Immerhin verfügt Deutschland über Vorkommen von Phosphorit in der Kreide bei Harzburg und Amberg, bei Regensburg, im mitteldevonischen Kalk des Lahngebietes und an a. 0.

Gips ($CaSO_4$) bzw. Anhydrit ($Ca SO_4$) sind in Deutschland in großen Ablagerungen als Begleiter des Steinsalzes u. a. im Zechstein und in der Trias vorhanden.

Hauptvorkommen: Südrand des Harzes, „Gipshüte" von Lüneburg und Segeberg (Holstein), Südschwarzwaldrand, Baden-Württemberg und Bayerische Alpen. Die Gipsgewinnung erfolgt in Steinbruchbetrieben oder untertage.

Magnesit ($MgCO_3$) und Dolomit Camp (CO_3)2.

Vorkommen des für viele Zwecke der keramischen Industrie benötigten kristallinen Magnesits sind in Deutschland selten. An seine Stelle tritt häufig Dolomit, der in großen Mengen im deutschen Raum vorhanden ist.

Talk (Speckstein) wird an verschiedenen Stellen Deutschlands, so in Göpfersgrün (Fichtelgebirge) und im Randgebiet der Münchberger Gneisplatte gebaut. Der Bedarf kann aus eigener Förderung nicht gedeckt werden.

3.6.4.8.2　Nutzbare Gesteine

Unter den reichen Bodenschätzen nutzbarer Gesteine (insbesondere der natürlichen Bausteine des deutschen Raumes) seien nur einige der wichtigen genannt. Ihre Vorkommen reichen mengenmäßig aus, um unseren Bedarf an Bau-, Schamotte-, Pflaster-, Industriesteinen und Bahnschotter in der BRD u. a. zu decken.

Tiefengesteine. Von den an vielen Orten des deutschen Raumes auftretenden Tiefengesteinen wird besonders der Granit, der Syenit und der Gabbro ausgiebig gebaut und verwendet.

Ergussgesteine. Von den zu Bausteinen, Straßenschotter u. a. verwandten Ergussgesteinen sind vornehmlich zu nennen die tertiären Basalte des Rheinischen Schiefergebirges, die Basaltlaven der Eifel u. ferner die Porphyre des Rotliegenden, die devonischen Quarzkeratophyre und Diabase (Lahn- und Dillgebiet sowie das Ostsauerland) und die Phonolithe. Dazu kommen die verschiedenartigen Tuffe, wie von Weibern und Ettringen (Laacher Seegebiet) sowie die reichen Vorkommen von Bimssanden im Neuwieder Becken

Sedimentgesteine. Zu den meistverwandten Bausteinen dieser Gruppe gehören u. a. Sandsteine, Kalksteine (Abb. 3.71), Dolomite, Quarzite, Kieselschiefer, Dachschiefer sowie Grauwacken.

Von den in Betracht kommenden Sandsteinen seien u. a. die Vorkommen der Unter- und Oberkreide der Sächsischen Schweiz, die Grünsandsteine von Soest und von Regensburg, der Bentheimer Sandstein, die Wealden-Sandsteine von Obernkirchen, der Portasandstein, die Keupersandsteine, die Buntsandsteine des Schwarzwaldes und der Weserberge, des Sollings, des Soonwaldes, die Karbonsandsteine des Piesberges (Ibbenbüren), des Ruhrbezirks und des Eifelrandes genannt.

Kalkgesteine $CaCO_3$ (mit bis 96 % $CaCO_3$), die für Bauzwecke, als Zuschläge beim, zum Brennen und für die Zementherstellung verwendet werden, sind nicht selten. Hierzu gehören die tertiären Kalke des Mainzer Beckens, die Kreidekalke Nord- und Mitteldeutschlands, die Zementkalke des Osnings, die Kreidekalke der Münsterschen Bucht bei Beckum (wichtiger Standort der deutschen Zement-Industrie), Triaskalke in Süd- und

Abb. 3.71 Blick in einen Kalksteinbruch in der Münsterschen Bucht

Mitteldeutschlands, die Massenkalke des Mitteldevons von Hohenlimburg, Hönnetal, Elberfeld, Paffrath, Wülfrath und der Eifel, die Vorkommen an Marmor im Odenwald und Fichtelgebirge und die den verschiedensten Formationen eigenen Dolomite des Bergischen Landes, des Sauerlandes. u. a. Orte.

Zu nennen sind noch u. a. Grauwacken im Schiefergebirge im „Bergischen", insbes. bei Gummersbach, der im Tiefbau gewonnenen Dachschiefern am Rhein, in der Eifel und im östlichen Sauerland sowie die devonischen Fels- und tertiären Findlingsquarziten des Westerwaldes, Sachsens u. a. Orte.

3.6.4.8.3 Nutzbare Erden

Der deutsche Boden ist auch sehr reich an Vorkommen nutzbarer Erden, die in erster Linie als Baustoffe, zu Ziegelzwecken und in der Glas- und keramischen Industrie Verwendung finden.

Erwähnt seien unter v. a. die vielen Kaolinvorkommen des Tertiärs in Sachsen (Grimma, Meißen u. a. 0.), Bayern, Thüringen und im Rheinland (Geisenheim), die besonders von der Porzellanindustrie sehr gesucht werden sowie die Lagerstätten des Siegerlandes für die keramische und chemische Industrie.

Ebenso groß ist der Reichtum an reinen verfestigten Tonen (Tonschiefern) verschiedenen Alters (im Rheinischen Schiefergebirge) sowie die feuerfesten Tone und der Schiefertone des Karbons.

Auch Sande (Quarzsande) spielen eine große Rolle, und zwar für die keramische und die Glasindustrie, wie die weißen Sande von Nievelstein (bei Aachen), die tertiären Sande von Dörentrup (Lippe), die Formsande von Ratingen, Bottrop und Osterfeld und die Kreidesande von Haltern. Bekannt sind ferner die „Klebsande" von Eisenstein, die Silbersande von Euskirchen.

Erwähnenswert sind zudem ölführende Sandsteine (Abb. 3.72), die als Speichergesteine in Erdöllagerstätten geologisch und wirtschaftlich von Bedeutung sind, etwa im Norddeutschen Becken oder im Oberrheingraben.

Erwähnt seien u. a. auch noch die zahlreichen ± großen Vorkommen von Kiesen und Sanden längs der zahlreichen Flussläufe. Kies gehört zu den wichtigsten Materialien im Baugeschehen, da Hauptbestandteil in der Betonherstellung.

Genannt seien noch die Bauxitvorkommen am Vogelsberg für die Aluminiumindustrie sowie für die Schleifscheibenindustrie.

3.6.4.8.4 Edel- und Schmucksteine

Die Gewinnung von Edel- und Schmucksteinen spielt für Deutschland heute kaum noch eine wirtschaftliche Rolle. Jedenfalls birgt der deutsche Boden keine wertvollen Edelsteine, wie Diamanten, Smaragde, Rubine, Saphire u. a. Von bescheidener Bedeutung waren u. a. die heute abgebauten Vorkommen von Topas (bei Schneckenstein), Achat (im oberen Nahegebiet bei Idar-Oberstein), Nephrit (bei Jordansmühle) und Chrysopras (bei Frankenstein). Das einzige noch gewonnene Mineral ist der Bernstein des Samlandes, welcher bergmännisch aus der unteroligozänen „blauen Erde" gefördert, zu den verschiedensten Schmuck- und Gebrauchsgegenständen verarbeitet und lebhaft gehandelt wird.

Abb. 3.72 Ölführender
Sandstein – weiß =
Sandsteinkörner, schwarz =
Erdöl in Porenräumen

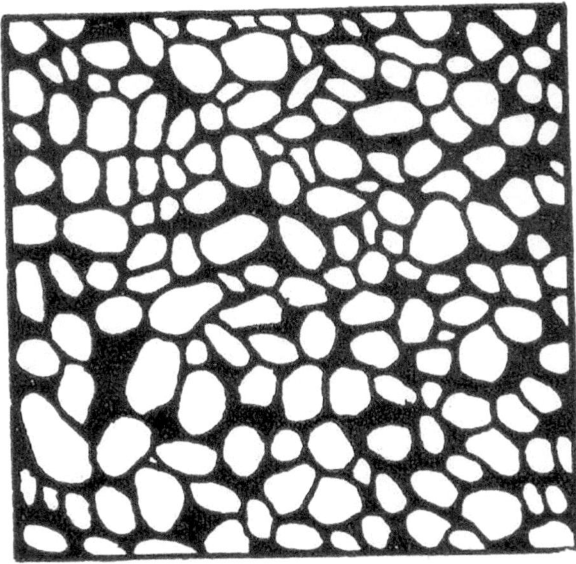

3.7   Zusammenfassung

Dieses Kapitel erhebt keinen Anspruch auf Vollständigkeit. Jeder weiß, dass das Thema Geologie ganze Bücherschränke füllt. Es ist sehr schwierig auf rd. 70 Seiten einen Gesamtüberblick zu schaffen. Das Ziel war das Wesentliche für den *Grundbauer* herauszufiltern und ein wenig Allgemeinwissen zu liefern, was mir hoffentlich gelungen ist.

Insbesondere die Abschnitte Braunkohle- und Steinkohlegewinnung zeigen, dass in Deutschland noch große Energiereserven vorhanden sind. Die Gewinnung bzw. Förderung ist jedoch und mit hohem technischem Aufwand und Kosten verbunden.

Bohrtechnik

4

4.1 Allgemeines

Bohrungen dienen sehr unterschiedlichen Zwecken. Eine Definition nach Bohrtiefen ist wenig sinnvoll. Andererseits sind die allgemein verwendeten Begriffe wie Flachbohrungen, Trockenbohrungen, Schürfbohrungen, Tiefbohrungen, Großlochbohrungen sehr verwirrend und zum Teil unzutreffend beschrieben. So wird der Begriff „Trockenbohrung" so definiert: „Wird das Bohrgut periodisch in einem Bohrwerkzeug gefördert, so spricht man vom „Trockenbohren". Dabei ist unerheblich, ob die Bohrarbeit über oder unter dem Grundwasserspiegel erfolgt. Bei einer Kern-bohrung mit Wasserspülung wird das Bohrgut bzw. der Bohrkern ebenfalls periodisch gefördert; trotzdem gilt dieses Verfahren nicht als Trockenbohrung. Auch für den Begriff „Flachbohrung" variieren die Teufenangaben in der Literatur von 300 bis 1500 m. In der Erdölbohrtechnik bezeichnet man z. B. Bohrungen unter 500 m Teufe als Flachbohrungen und solche über 500 bis 5000 m Teufe als Tiefbohrungen. Alle tieferen Bohrungen (über 5000 m Teufe) gelten als übertiefe Bohrungen. Ebenso ungeklärt ist die Definition der Großlochbohrungen und Bohrungen mit kleinen Durchmessern. Vorschläge gehen dahin, jede Bohrung, die drehend nach dem direkten oder indirekten Spülverfahren und nicht mehr mit einem handelsüblichen Dreikegelrollenmeißel, also größer als $26'' \approx 600$ mm niedergebracht wird, als Großlochbohrung zu bezeichnen.

Nach Möglichkeit sollte man daher vor allem die Sammelbegriffe „Flachbohrungen" bzw. „Flachbohrtechnik" und „Schürfbohrungen" vermeiden oder sie allenfalls nur innerhalb eines Fachgebietes anwenden. Alle bisherigen Versuche einer eindeutigen Unterteilung scheitern aber auch an den zahlreichen Überschneidungen.

J. Lehn, M.Sc., M. Willikens, *Handbuch der Baugrunderkundung*, https://doi.org/10.1007/978-3-658-45052-6_4

Für die Baugrunderkundungsbohrungen ist dagegen die Einteilung gem. DIN EN ISO 22475-1, Tab. 1, „Durchgehende Gewinnung von Proben in Böden mittels Bohrverfahren." wesentlich und eindeutig. Diese Einteilung schließt alle üblichen Bohrverfahren, Bohr-Ø, Fördern der Probe usw. ein.

4.2   Einteilung der Bohrverfahren

4.2.1   Allgemeines

Abgesehen von einigen wenigen Sonderfallen werden Bohrungen in folgenden Fachbereichen niedergebracht:

- Erdöl und Erdgasgewinnung (zu Lande und auf dem Wasser)
- Speichertechnik
- Nukleartechnik
- Meerestechnik
- Bergbau (über Tage und unter Tage)
- Bautechnik (Grundbau, Tunnelbau, Rohrvortieb)
- Brunnenbau für Trink-, Industrie- und Mineralwasserversorgung
- Sprenglochtechnik

  Zu den Bohrungen in der Bautechnik gehören:

- Bohrungen für Pfähle
- Bohrungen zum Einbau von Verbauträgern
- Bohrungen zu Baugrunderkundung
- Bohrungen für GW-Messstellen

  Bohrungen für Absenkbrunnen

- Bohrungen für Injektionsarbeiten
- Bohrungen für Wärmepumpen
- Bohrungen für Versuche im Bohrloch
- Bohrungen zur Entgasung im Deponie- und Altlastenbereich

  Zu den Verfahren gehören:

- Kernbohrungen (in kernfähigem Untergrund), sie ergeben die besten Ergebnisse
- Bohrungen für gestörte Bodenproben (sogenannte Trockenbohrungen)
- Spülbohrverfahren in Verbindung mit Kernbohrungen oder untergeordnete Zwecke
- Rotarybohrverfahren in Verbindung mit Kernbohrungen oder untergeordnete Zwecke

- Imlochhammer-Bohrverfahren in Verbindung mit Kernbohrungen oder untergeordnete Zwecke
- Rammkern- und Schlauchkernbohrungen
- Brunnenbohrungen

Im Weiteren sollen folgende Verfahren beschrieben werden:

- Kernbohrungen im Rotationsbohrverfahren (mit und ohne Spülung)
- Kernbohrungen im Rammkernverfahren (mit und ohne Spülung bzw. Hohlbohrschnecke)
- Bohrungen im Schlagbohrverfahren (Greifer, Kiespumpe, Schlagbüchse, Meißel; ohne Spü-lung)
- Bohrungen im Drehbohrverfahren (Vollbohr- und Hohlbohrschnecke, Schappe; ohne Spü-lung)
- Spülbohrverfahren mit direkter Spülung
- Spülbohrverfahren mit indirekter Spülung
- Schlagdrehbohren mit Imlochhammer (Luft- oder Wasserspülung)

Soweit für die oben genannten Bohrverfahren eine Verrohrung erforderlich ist, sind folgende Ver-fahren zur Einbringung möglich:

- durch Einrammen
- durch Einrütteln
- durch Eindrücken bzw. Einpressen
- mittels oszillierender Verrohrungsmaschinen
- mittels rotierender Verrohrungsmaschinen
- mittels rotierender Kraftdrehköpfe (Primärverrohrung)
- mittels Drehschwinge

Außer den Verfahren mittels rotierender Verrohrungsmaschinen und Kraftdrehköpfe sind die übrigen Verfahren für den Baugrundaufschluss nur von untergeordneter Bedeutung.

4.2.2 Unterscheidungsmerkmale der Bohrverfahren

Die Bohrverfahren unterscheiden sich im Wesentlichen nach (Tab. 4.1):

4.2.3 Beschreibung der Bohrverfahren

Die für den Baugrundaufschluss gebräuchlichen Verfahren werden in folgender Reihenfolge beschrieben:

Tab. 4.1 Übersicht der Bohrverfahren, Bohrwerkzeuge und Güteklassen gemäß DIN EN ISO 22475-1

Art der Lösung des Bodens oder des Gesteins	Art der Bodenproben bei der bohrtechnischen Gewinnung	Art der Förderung des erbohrten Bodens oder des Gesteins	Art des Bohrantriebes bzw. Bohrvorganges	Art des Bohrwerkzeugs	Güteklasse der Bodenproben nach DIN EN ISO 22475-1, Tab. H.1
schleifend drehend-schneidend schabend oder reißend drehend-zertrümmernd schlagendgrabend schlagendzertrümmernd durchschlagend-zertrümmernd	Trockenvollbohrung (Kernbohrung) bei ungestörter Probeentnahme Trockenvollbohrung bei gestörter Probeentnahme Spülvollbohrung mit Bohrkleinförderung im Flüssigkeits- oder Luftstrom Kernbohrung mit gleichzeitiger Bohrkleinförderung im Spülstrom (Wasser oder Luft)	kontinuierlich intermittierend (zeitweise) mechanisch hydraulisch pneumatisch Spülung indirekt durch das Bohrgestänge Spülung direkt durch den Ringraum zwischen Bohrlochwand und Bohrgestänge durch das offene Bohrloch mit Hilfe des Bohrwerkzeugs	a) über Flur angeordnet: schlagend durch Freifall drehend durch Kraftdrehkopf oder Drehtisch mit oder ohne „pulldow" (Andruck), mit im KDK oder Drehtisch gleitender Mitnehmerstange (Kelly) oder mit KDK verbundenem Bohrgestänge b) unter Flur angeordnet: schlagend bzw. drehschlagend durch Imloch-hammer in Verbindung mit KDK	schlagende Werkzeuge: Greifer Kiespumpe Schlagbüchse Schlagmeißel Rammkernrohr drehende Werkzeuge: Schnecke Schappe (Bohreimer) Kernrohr Rollenmeißel Spülmeißel drehend-schlagende Werkzeuge: Imlochhammer	GKL1: Kornzusammensetzung, Wassergehalt, Dichte des feuchten Bodens, Steifmodul, Scherfestigkeit, Wasserdurchlässigkeitsbeiwert GKL2: Kornzusammensetzung, Wassergehalt, Dichte des feuchten Bodens, Wasserdurchlässigkeitsbeiwert GKL3: Kornzusammensetzung, Wassergehalt GKL4: Kornzusammensetzung GKL5: Schichtenfolge

- schlagendes Bohren
- drehendes Bohren ohne Spülung
- Rammkernverfahren mit oder ohne Spülhilfe
- drehendes Bohren mit Spülung
- Drehschlagbohren mit Spülung

4.2.3.1 Schlagbohrverfahren

4.2.3.1.1 Allgemeines

Alle Geräte und Werkzeuge, die für die folgenden Bohrverfahren eingesetzt werden, werden im Kap. 5 ausführlich beschrieben.

Das Schlagbohrverfahren ist wohl das älteste Bohrverfahren, das von den Chinesen bereits vor ca. 4000 Jahren angewendet wurde. Bei der Felsbohrung beruht das Lösen auf der Sprödigkeit des Gesteins. Das Lösen rolliger Böden mit Kiespumpen erfolgt durch den Luftpumpeneffekt des Kolbens. Bei Einsatz von Greifern kann man von einer Grabwirkung sprechen (danach auch die Bezeichnung des ersten Seilgreifers „Hammergrab").

Bei den Schlagbohrverfahren unterscheidet man das

- Gestängefreifallbohren und das
- Seilfreifallbohren

Das Gestängefreifallbohren sowie viele weitere Schlagbohrverfahren (pennsylvanisches, kanadisches Verfahren usw.) sind für den Baugrundaufschlussbereich ohne jede Bedeutung und werden daher nicht behandelt.

Beim Seilfreifallbohren hängt das Bohrwerkzeug am Seil und wird im freien Fall auf die Bohrlochsohle fallengelassen. Hierbei unterscheidet man den freien Fall aus großer Höhe (im Greiferbetrieb), das Bohren mit geringen Fallhöhen (Schlagbüchsen und Meißel) sowie das Kiespumpenverfahren. Hierbei steht der Pumpenkörper auf der Sohle und nur der Kolben wird hochgezogen und abgelassen.

4.2.3.1.2 Seilfreifallbohren mit dem Greifer

Das Verfahren kommt nur in Verbindung mit Seil-baggern und für rollige und bindige Böden zum Einsatz. Es wird ebenfalls eingesetzt zum Fördern von durch Meißeln gelöstem Material. Von wenigen Ausnahmen abgesehen (zuverlässig standfester Boden), ist beim Greiferbohren eine Verrohrung erforderlich. Das Bohrwerkzeug darf dabei nicht tiefer als die Rohrunterkante geraten, um seitlichen Bodenentzug zu vermeiden. Ohne Verrohrung neigt eine Greiferbohrung auch stark zur Abweichung. Da rein statische Auflasten für die Mitnahme der Rohrtour kaum noch üblich sind, werden Greiferbohrungen (Abb. 4.1) stets in Verbindung mit Verrohrungseinrichtungen ausgeführt. Diese sind in der Lage, den Rohrstrang dem Werkzeug vorauseilen zu lassen.

Die Verrohrungsmaschinen sind in der Lage, auch größere Teufen im gewünschten Enddurchmesser (z. B. bei Großbrunnen) ohne Teleskopierung zu erreichen. Die

Abb. 4.1 Einsatz einer Greiferbohranlage für Pfahlgründung mit Verrohrungsmaschine. Ein Mangel in der Ausführung ist hier das Fehlen eines Einführtrichters. (Quelle: Brückner-Grundbau)

Verrohrungsmaschinen bewegen die Rohre unter axialem Andruck bzw. Zug durch Oszillation (schockierend) oder durchdrehend (rotierend).

Die Bohrarbeiten laufen in der Regel folgendermaßen ab:

1. Anfahren der Bohrpunktposition
2. Einsetzen des ersten Rohres in die Verrohrungsmaschine
3. Niederbringen des ersten Rohres, bis das Rohr standfest ist
4. Beginn der Greiferarbeit bei gleichzeitiger Verrohrung
5. bei Bedarf nachsetzen des nächsten Rohres

Als Verrohrung werden fast ausschließlich nur noch die sogenannten Nippelschnellverschlussrohre (Abb. 4.2) verwendet. Da beim Einfahren der Bohrgreifer und anderer Bohrwerkzeuge die Nippelverbindungen sehr schnell beschädigt werden, sollten beim Bohren stets Einfuhrtrichter verwendet werden. Be-schädigte Verbindungen fuhren zu Behinderungen beim Aufsetzen der Rohre und erheblichen Reparaturkosten.

Der Durchmesserbereich dieser Bohrungen beträgt 600 bis 2500 mm (bei Prototypen bis 3000 mm). Es wurden bereits Tiefen bis 100 m erreicht.

Als Greifer stehen mechanische und hydraulische Systeme passend zu den jeweiligen Rohrtouren zur Verfügung. Sie können zum Teil ohne wesentlichen Umbau im Einseil-

Abb. 4.2 Nippelschnellverschlussrohre, einwandig, System Nordmeyer

und Zweiseilverfahren betrieben werden. Einige Greifer ermöglichen das Arretieren der Schaufeln, so dass mit dem Greifer auch gemeißelt werden kann. Dabei sollte jedoch eine geringe Fallhöhe (< 1 m) gewählt werden, da sonst Schäden an den Schaufeln und Scherengestängen auftreten können, die unter Umständen zu hohen Reparaturkosten führen.

Als Seilbagger kommen Mobil- und Raupenbagger zum Einsatz, die zum Teil speziell auf den Greiferbetrieb mit Verrohrungsmaschinen abgestimmt und eingerichtet sind. Die hydraulischen Verrohrungsmaschinen werden überwiegend von der Bordhydraulik des Baggers versorgt.

Der Einsatz dieses Bohrverfahrens findet vielfach bei Aufschlussbohrungen im Deponiebereich statt.

Die Bodenprobenqualität der gewonnenen Bodenproben entspricht GKL 4 (trocken bis erdfeucht) und GKL 5 (wassergesättigt).

4.2.3.1.3 Seilfreifallbohren mit der Ventilschlagbüchse

Die Ventilschlagbüchse gehört zu den ältesten Bohrwerkzeugen. Sie kann auch an Dreiböcken mit Schlagwinde und leichten Bohrgeräten mit Schlagwerk betrieben werden, allerdings nur unter Wasser.

Das Werkzeug wird mit einer Fallhöhe von 30 bis 50 cm auf die Bohrsohle fallengelassen. Beim Aufschlagen öffnet sich die Ventilklappe und die Schlagbüchse dringt in den Boden ein. Beim Hochziehen schließt sich das Ventil und verhindert so das Ausfließen des Bodens. Der Vorgang wird so lange wiederholt, bis das Gefäß gefüllt bzw. kein Bohrfortschritt mehr festzustellen ist. Da die Schlagbüchse im leeren Zustand durch den Auftrieb mit geringer Schlagenergie auftrifft, wird der Bohrfortschritt erst mit zunehmendem Füllungsgrad zufriedenstellend.

Trotz der einfachen Konstruktion bedarf es für den Betrieb einer ausreichenden Erfahrung. In Abhängigkeit vom Boden und Wasserstand ist die Fallhöhe zu regulieren. Zu hoher Wasserstand über der Bohrlochsohle kann dazu fuhren, dass die Schlagbüchse nicht arbeitet. Der Bohrdurchmesser sollte nicht größer als 400 mm sein.

Außer dem Einsatz bei Baugrundaufschlussbohrungen eignet sich die Schlagbüchse auch zum Säubern der Bohrlochsohle bei Brunnen- und Pfahlbohrungen.

Es bedarf keiner besonderen Erwähnung, dass dieses Bohrsystem nur mit gleichzeitiger Verrohrung, die nach Möglichkeit tiefer als die Bohrlochsohle reichen sollte, betrieben werden kann.

Die gewonnenen Bodenproben entsprechen der GKL 3–4.

4.2.3.1.4 Seilfreifallbohren mit der Kiespumpe

Auch die Kiespumpe gehört zu den Werkzeugen, die schon sehr lange, insbesondere im Brunnenbau eingesetzt werden. Sie arbeitet nur einwandfrei in groben Sanden sowie Kiesböden, und wie die Ventilschlagbüchse, nur unter Wasser.

Die Arbeitsweise unterscheidet sich jedoch von der Schlagbüchse dadurch, dass nicht das gesamte Bohrwerkzeug angehoben und fallengelassen wird, sondern nur der Kolben. Dafür wird die Kiespumpe auf die Bohrlochsohle abgestellt und der Kolben in kurzen Hüben (ca. 30 cm) ange-hoben und wieder abgelassen. Beim Hochziehen wird die Ventilklappe geöffnet und der Boden im Luftpumpenprinzip in den Pumpenkörper gesaugt. Beim Ausbauen verhindert das Ventil das Auslaufen des Bodens. Auch das Arbeiten mit der Kiespumpe erfordert sehr viel Erfahrung.

Die gewonnenen Bodenproben entsprechen der GKL 4–5.

4.2.3.1.5 Seilfreifallbohren mit dem Meißel

Der Fallmeißel dient nur der Zertrümmerung von Hindernissen und dem Lösen von Fels oder felsähnlichen Böden. Zur Förderung werden andere Werkzeuge (Greifer, Schlagbüchse usw.) benötigt.

Die Fallhöhe darf nicht zu groß gewählt werden, da die hohe Energie, die beim Auftreffen auf die Sohle erzeugt wird, zu Schäden (Risse, Brüche) am Werkzeug fuhren können. Eine Fallhöhe von 2 m sollte nicht überschritten werden. Mit kurzen Fallhöhen bei schneller Folge kann insbesondere im Fels oft eine wesentlich bessere Leistung erzielt werden.

Sehr wichtig ist die ständige Entfernung des gelösten Materials (Säubern der Sohle), da das gelöste Material den Meißel sehr stark abbremst und kaum noch Bohrfortschritt festzustellen ist.

Es ist nicht ratsam, größere Felsstrecken im Meißelverfahren zu durchteufen, da dieses Verfahren sehr unwirtschaftlich ist (mangelnde Bohrleistung, hohe Reparaturkosten am Meißel, großer Verschleiß an Schlagwerken und Winden).

Obwohl das Schlagbohrverfahren schon Ende der 1950er-Jahre bei tiefen Bohrungen vom Drehbohrverfahren und später durch das Lufthammerbohrverfahren zunehmend verdrängt wurde, da wesentlich höhere Leistungen zu erzielen sind, stellt das Schlagbohrverfahren unter ganz bestimmten Baugrundverhältnissen immer noch eine wirtschaftliche Lösung dar. Dies kann der Fall sein, wenn bei sehr tiefliegendem Grundwasserspiegel stark klüftige Schichten mit großen Hohlräumen zu durchteufen sind. Hier können oberhalb des Grundwasserspiegels derartig hohe Spülungsverluste auftreten, dass es problematisch wird, die hohen Wassermengen heranzubringen. Spülwassermengen von 100 m³/h und mehr sind dabei durchaus keine Seltenheit. Bei Einsatz von Imlochhämmern können sich erhebliche

Schwierigkeiten einstellen, wenn Felsschichten mit stark bindigen Schichten zu durchörtern sind. Die auf das Zertrümmern ausgerichtete Wirkungsweise geht verloren, der Hammer verklebt und die Leistung nimmt stark ab. Bei der vorgenannten Geologie kommt ein enormer, kaum noch vertretbarer Luftbedarf hinzu, so dass mit dem Lufthammerverfahren unter diesen Voraussetzungen keine befriedigenden Ergebnisse erreicht werden können.

Die Wirtschaftlichkeit des Schlagbohrverfahrens mit Meißeleinsatz konnte durch eine wesentliche Verbesserung der Schlagbohrmeißel und der Schlagwerkstechnik erhöht werden. Unerlässlich ist bei diesem Verfahren eine Hilfsverrohrung, die bei größeren Tiefen unter Umständen mehrfach teleskopiert werden muss. Dazu kommen entsprechende Bohrgerüste und Verrohrungseinrichtungen. Zu empfehlen sind je Durchmesser zwei Meißel, damit die Schlagwerkzeuge im ständigen Wechsel neu belegt werden können. Für die Förderung des gelösten Materials werden Schlagbüchsen und Bohrgreifer eingesetzt.

Große Anforderungen werden bei dem vorgenannten Verfahren an das Personal gestellt. Die Erfahrungen in der Schlagbohrtechnik sind durch die vorrangig eingesetzte Drehbohrtechnik stark zurückgegangen. Die Bauzeiten sind erheblich länger als bei den drehenden Verfahren. Man rechnet je nach Bohrdurchmesser mit einer Tagesleistung von 5 bis 10 m.

Die gewonnenen Bodenproben entsprechen GKL 5.

4.2.3.1.6 Zusammenfassung

Mit Ausnahme der Bohrgreifer werden Schlagbohrwerkzeuge nur noch in Einzelfallen eingesetzt. Sie wurden durch die hohe Technisierung der Bohrgeräte, starke Kraftdrehköpfe und leistungsfähige Drehbohrwerkzeuge zunehmend verdrängt. Die Entwicklung der Felsbohrschnecken macht den Einsatz von Schlagmeißeln nur noch selten erforderlich.

4.2.3.2 Drehbohrverfahren ohne Spülung

4.2.3.2.1 Allgemeines

Dieses Verfahren gehört zu den üblichen und vielseitig angewendeten Verfahren in der Baugrundaufschlusstechnik. Durch starke Kraftdrehköpfe und zweckmäßige Werkzeuge sind sehr hohe Bohrleistungen zu erzielen.

Im Wesentlichen sind folgende Verfahren zu unterscheiden:

- Schneckenbohrverfahren
- Schappenbohrverfahren
- Trockenkernrohrverfahren

4.2.3.2.2 Schneckenbohrverfahren

Hierzu gehören:

- Normalschneckenverfahren (Kurzschnecken)
- Hohlbohrschneckenverfahren (Endlosschnecken)

4.2.3.2.3   Bohren mit Normalschnecken

Die Normal- oder Kurzschnecken werden in Längen von 1 bis 2 m eingesetzt (selten länger) und eignen sich für alle trockenen bis erdfeuchten Böden. Im Grundwasserbereich sind nur bei bindigen Böden zufriedenstellende Ergebnisse zu erzielen. Für den Baugrundaufschluss sind Schneckendurchmesser bis 300 mm üblich, während bei Großbohrgeräten Durchmesser bis 2500 mm möglich sind.

Die besten Leistungen werden mit maximalem Vorschub und geringer Drehzahl erreicht, da hierbei die Schneckenwendel lückenlos gefüllt (Abb. 4.3) werden und so die besten Probenergebnisse erzielt werden können. Bodenart und Schichtenfolge lassen sich so sehr gut erkennen. Voraussetzung ist, dass die Schnecke ohne Umdrehung bzw. nur geringer Rechtsdrehung ausgebaut wird. Die Bodenansprache sollte auch, wenn möglich, an der Schnecke erfolgen, bevor diese entleert wird.

Bei hoher Drehzahl und geringem Vorschub wird der Boden nur in dünnen Lagen „abgeschabt" und ständig gefördert, so dass eine zuverlässige Bodenansprache nicht möglich ist. Insbesondere ist es so schwierig, die Tiefenlage zu bestimmen.

Abb. 4.3 Vorbildlich gefüllte Bohrschnecke ohne jegliche Fehlstellen. (Quelle: Bauer)

Das Entleeren der Schnecke erfolgt bei Großbohrgeräten durch sogenannte „Schnecken-putzer" oder das „Schütteln" (kurze Links- und Rechtsdrehung). Bei stark bindigen Böden fuhren nur der Schneckenputzer, das Entfernen mit dem Spaten bzw. das Eindrehen in einen nichtbindigen Boden zum Erfolg.

Die Kraftspülköpfe der Aufschlussbohrgeräte lassen sich nach oben schwenken und dann herunterfahren, so dass ein bequemes Säubern der Schnecke und Probeentnahme möglich ist (Abb. 4.4).

In den meisten Fällen wird die Verrohrung mit einer Verrohrungseinrichtung (Verrohrungsdrehtisch) ein-gesetzt, da durchgehende standfeste, bindige Schichten ohne Zwischenlagen, die zum Nachfall neigen, sehr selten sind. Sie verbessert die Qualität der

Abb. 4.4 Baugrundaufschlussarbeiten mit Normalbohrschnecke im Bereich einer Mülldeponie

Abb. 4.5 Transport- und Aufbewahrungsbox für Beton-Schüttrohre. Auch einsetzbar für Bohrrohre z. B. bei Anker- u. Geothermie-Bohrungen

gewonnenen Proben und garantiert einen geraden Verlauf der Bohrung und ist auch bei der Entnahme von ungestörten Proben sehr von Vorteil.

Bei großen Teufen kann je nach Baugrund eine Teleleskopierung nötig werden. Die Durchmesser der Futterrohre sind auf diese Möglichkeit abgestimmt.

Zur Handhabung der Gewindefutterrohre sollte folgendes beachtet werden:

- Beim Transport die Gewinde mit PVC- oder Stahlschutzkappen versehen,
- Transport nach Möglichkeit (stehend oder liegend) in offenen Boxen (Abb. 4.5),
- Gewinde stets peinlich sauber halten (schont die Gewinde und erleichtert das Verschrauben),
- Futterrohre nie werfen,
- beim Aufsetzen nie die Hände unter die Rohrkante halten, Verletzungsgefahr

4.2.3.2.4   Bohren mit Hohlbohrschnecken

Eine besondere Entwicklung ist das Bohren mit Hohlschnecken. Es kann für den Einbau von Vakuumlanzen, Herstellung von GW-Messstellen, Pfahlgründungen und für verschiedene Systeme der Probeentnahme angewendet werden.

Beim Bohren ohne ständige Kerngewinnung ist die Schnecke mit einer am Gestänge geführten wiedergewinnbaren Bohrspitze, die als Zentralbohrer bezeichnet wird, verschlossen. Ist die Teufe erreicht, von der an eine Probe genommen werden soll, erfolgt mittels Gestänge die Entriegelung und der Ausbau des Zentralbohrers. Nun kann die Kerneinrichtung am Innengestänge eingebaut, die Kernstrecke abgebohrt und anschließend der Kern gezogen werden. Da keine Bohrspülung verwendet wird, können hochwertige Bohrproben gewonnen (GKL 2–3) werden. Das Verfahren eignet sich nur für bindige Böden bis Tiefenbereiche von maximal 25 m.

4.2.3.2.5 Bohren mit Verdrängungsbohrschnecken

Diese Endlosbohrschnecke entspricht der Hohlbohrschnecke. Sie ist auf Verdrängung des Bodens ausgelegt und hat daher nur sehr schmale Schneckenwendel.

Es werden verlorene oder wiedergewinnbare Bohrspitzen bzw. Schneidschuhe verwendet. Für den Baugrundaufschluss hat diese Schnecke keine Bedeutung. Gelegentlich wird das System bei der GW-Messstellenherstellung mit großem Rohrdurchmesser verwendet. Allerdings werden sehr starke Kraftdrehköpfe benötigt, so dass für das Niederbringen dieses Schneckensystems nur Großbohrgeräte in Frage kommen. Ein Anwendungsbeispiel zeigt Abb. 4.6 auf einer Mülldeponie. Für den Einbau von Kiesbelagfiltern wurden Verdrängungsschnecken mit einem Durchmesser von 70 cm eingesetzt.

Abb. 4.6 Einsatzbeispiel für Verdrängungsschneckensystem. (Quelle: Keller-Grundbau)

4.2.3.2.6 Bohren mit Drehbohrschappen

Drehbohrschappen werden in unterschiedliche Formen eingesetzt (s. Kap. 5), Schappen mit Ventilklappe können auch bei rolligen, wasserführenden Böden verwendet werden. Sie sind bei Baugrundbohrungen am Gestänge geführt einzusetzen (Abb. 4.7). Bei Bohrdurchmesser bis etwa 300 mm reichen die Drehmomente der Kraftspülköpfe im Allgemeinen aus. Zur Entleerung ist bei den heute verwendeten Systemen eine Seitenklappe vorgesehen. Die Handhabung ist problemlos und bedarf keiner besonderen Erfahrung.

Die gewonnenen Bodenproben entsprechen der GKL 4.

4.2.3.2.7 Bohren mit Trockenkennrohr

Drehbohrtrockenkernrohre werden mit Durchmessern bis etwa 150 mm in Verbindung mit Hohlbohrschnecken oder auch gleichzeitiger Verrohrungen in bindigen Böden zur Probeentnahme eingesetzt.

Abb. 4.7 Baugrunderkundungsbohrung unter Einsatz einer Drehbohrschappe. (Quelle: Nordmeyer)

Da ein Trockenvollbohren im Fels ohne Spülung technisch nicht möglich ist, wird bei Kernbohrrohren nur ein kleiner Ringraum mit sehr hohen Anpressdrücken in den Fels geschnitten. Das Trockenkernverfahren im Festgestein kommt allerdings in der Bohrtechnik selten vor, da ohne die Abführung des Bohrkleins kaum ein wirtschaftlicher Bohrfortschritt möglich ist. Das Problem der Bohrkleinförderung wird durch Querrippen am Umfang (Abb. 4.8) teilweise gelöst. Trotzdem liegen die erreichbaren Kernlängen bei maximal 80 cm, meistens jedoch nur bei 30 bis 50 cm. Benötigt werden hohe Drehmomente und Andruckkräfte. Beim Niederbringen sollte nicht gewartet werden, bis der KDK (Kraftdrehkopf) „abgewürgt" ist, d. h. stehenbleibt. In der Regel ist das Kernrohr dann schon so

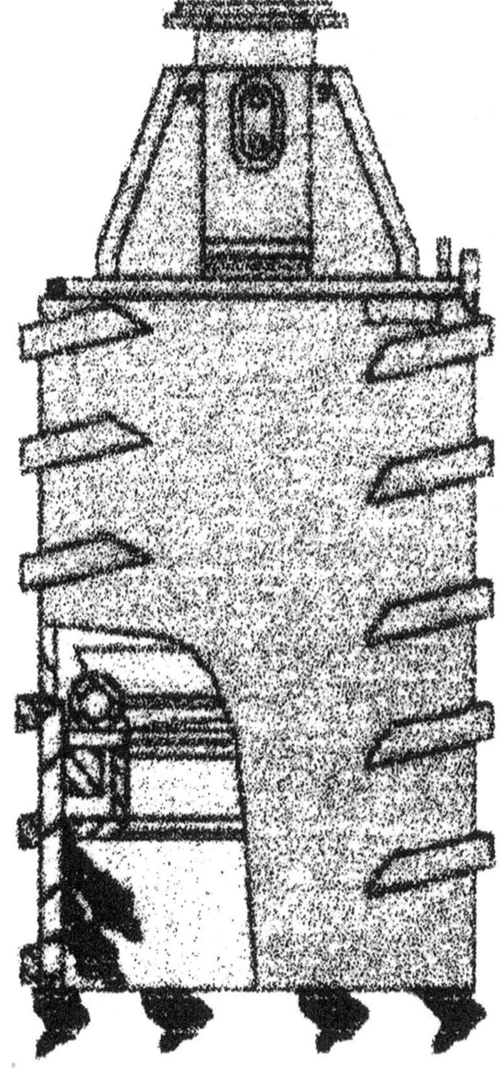

Abb. 4.8 Trockenkernrohr, versehen mit Rippen zur Förderung des Bohrkleins. (Quelle: Bauer)

festgefahren, dass es nur mit Sondermaßnahmen (Hochdruckspülung o. ä.) freizu-
bekommen ist. Daher muss das rotierende Kernrohr ständig angehoben werden und sich
so freiarbeiten kann. Die Bodenproben bei der Verwendung von Trockenkernrohren entsprechen der GKL 1–3.

4.2.3.2.8 Bohren mit Rollenmeißelkernrohren

Eine Abwandlung des Trockenkernrohres, das nicht ganz dem Anspruch „ohne Spülung"
gerecht wird, ist das Rollenmeißelkernrohr, bei dem das Lufthebeverfahren zur Absaugung
des Bohrkleins aus dem Ringraum zum Einsatz kommt. Hierdurch werden die vorher genannten Probleme der Bohrkleinförderung beseitigt.

Allerdings wird das Verfahren ausschließlich in Verbindung mit Großdrehbohrgeräten
angewendet, da die Kraftdrehköpfe der Geräte für den Baugrundaufschluss nicht die erforderlichen hohen Drehmomente und Andrücke aufbringen. Außerdem ist das System für
den Kellystangenbetrieb konzipiert. Da bei der Luftspülung die Rollenmeißel nur ungenü-
gend gekühlt werden, sind erste Versuche gescheitert. Wesentlich sind die Anordnung und
die Art der Lagerung. Inzwischen arbeitet das Verfahren problemlos bei Bohrdurchmessern von 700 bis 1500 mm auch bei sehr harten Felsformationen. Die Ringraumbreite
beträgt 150 bis 200 mm. Das Kernrohr und die Arbeitsweise sind in Kap. 5 ausführlich beschrieben. Es ist besonders dort einsetzbar, wo eine verhältnismäßig kurze Bohrstrecke in
harter Felsformation bei großem Bohr-durchmesser zu durchteufen ist. Für den Normal-
bohrbetrieb ist das Verfahren wirtschaftlich nicht anzuwenden. Den Systemaufbau zeigt
Abb. 4.9.

Die Bodenproben (Kerne) entsprechen der GKL 1–3.

4.2.3.3 Rammkernbohrverfahren

4.2.3.3.1 Verfahren 1 (Überbohrtechnik)

Neben weiteren Systemen (Abb. 4.10) hat der Bohrgerätehersteller Nordmeyer, Peine, das
Hohlbohrschneckenverfahren modifiziert und daraus das Rammkernrohr mit der
Typenbezeichnung RKR entwickelt. Der Grund war die verstärkte Nachfrage zur Gewin-
nung durchgehend gekernter Bodenproben nach DIN EN ISO 22475-1.

Ergänzend muss dazu gesagt werden, dass schon seit 1931 Bodenproben durch Eintrei-
ben eines Stahlrohres verwendet und dieses System seitdem laufend verbessert wurde.

Zur Probenentnahme in festgelagerten, kiesigen Böden ist – das mittels luftbetriebenem
Ramm-hammer (Düsterloh-Rammhammer) – Rammkernrohr bekannt. Das Nordmeyer-
Rammkernrohr benötigt dagegen weder den üblicherweise erforderlichen Kompressor,
noch eine starke Seilwinde zum Ziehen des Kernrohres.

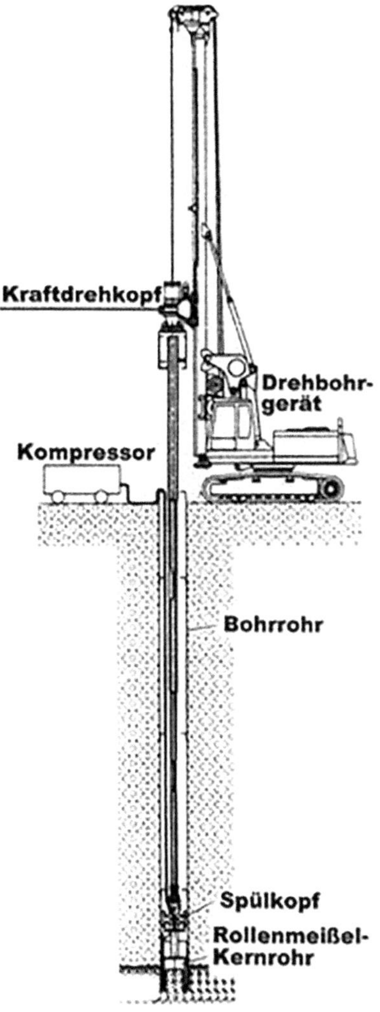

Abb. 4.9 Systemaufbau beim Rollennmeißelkernrohrverfahren. (Quelle: Bauer)

Als Schutzverrohrung und gleichzeitig zur Führung des Rammkernrohres (RKR) können Bohrrohre oder HB-Schnecken gemäß den in Tab. 4.2 genannten Abmessungen verwendet werden. Bei vorhandenen größeren Bohrrohren sind Sonderausführungen mit größerem Führungsdurchmesser lieferbar.

Achtung: Beim Überbohren mit HB-Schnecken oder Bohrrohren mit Rechtsgewinde müssen die Gewindeverbindungen des Rammkernrohres ebenfalls Rechtsgewinde haben bzw. für Bohrrohre mit Linksgewinde muss auch das Rammkernrohr mit Linksgewinde ausgeführt sein! Das gelieferte Gewinde ist im Rammkernrohr eingraviert.

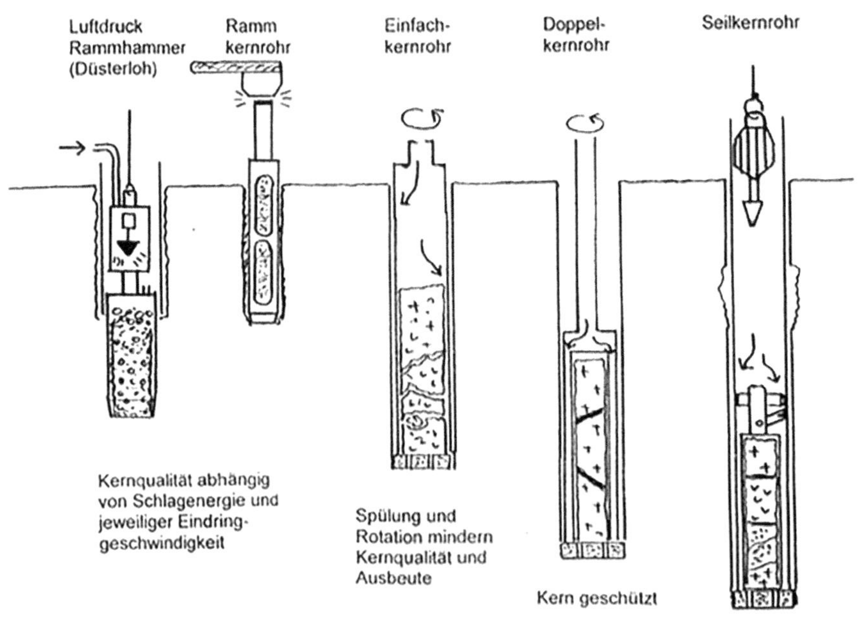

Abb. 4.10 Schematische Darstellung der Bohrverfahren zur Kernprobenentnahme. (Quelle: Comdrill GmbH, Herr Martin Happel)

Tab. 4.2 Systemmaße des Nordmeyer-Rammkernrohres (RKR)

Hohlbohrschnecke HBS	79/185	111/205	165/280	224/350	
Schneid- und Wendel-∅	185	205	280	350	mm
Seelenrohr Innen-∅	79	111	165	224	mm
Schneidkopf Innen-∅	75	100	147	208	mm
Rammkernrohr		RKR-73	RKR-115		
Entnahmerohr-∅ außen/innen	L = 1 m	98/82	144/127		mm
Schneidschuh-∅ außen/innen		98/73	144/115		mm
Kernfänger-∅ außen/innen		81/74 × 15	131/117 × 2,5		mm
PVC-Innenrohr (Liner)	50 × 1,8	80 × 1,8	125 × 2,5		mm
Druckrohr		DKR-73	DKR-115		
Einbau von Doppelkernrohren					
Doppelkernrohr-∅ außen/innen	66/52	86/72	131/116,7	131/116,7	mm
Einbau von Seilkernrohren					
Seilkernrohr-∅ außen/innen		96/63,5	146/102	146/102	mm
Einbau von Filterrohren					
– mit Kiesbelag DN	40	50	115	150	mm
– ohne Kiesbelag DN	50	1 80	125	150	mm

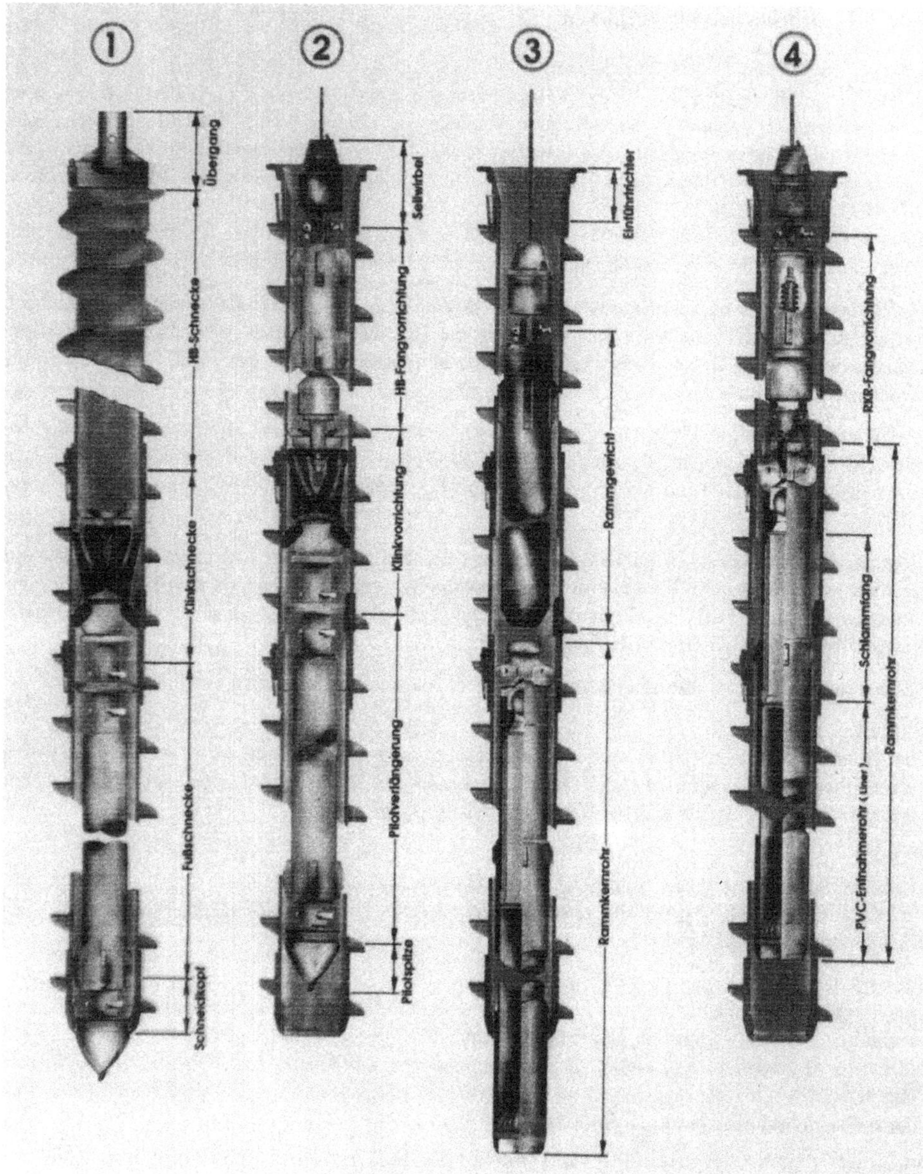

Abb. 4.11 Arbeitsablaufphasen beim Rammbohrkernsystem Nordmeyer mit Hohlbohrschnecke

Anhand der Darstellung des Ablaufschemas (Abb. 4.11) wird das Verfahren beschrieben.

Phase 1

Die Hohlbohrschnecke (HBS) mit Klinkenschnecke und Schneidkopf wird mit der Pilotspitze (Abb. 4.12) verschlossen und einschließlich der Klinkenkopf mittels Kraftdrehkopf

Abb. 4.12 Einfahren der Pilotspitze. (Quelle: Nordmeyer)

bis auf die gewünschte Tiefe gebracht, wobei der Boden teils verdrängt und teils gefordert wird.

Phase 2

Nach Erreichen der gewünschten Bohrtiefe wird die Verbindung zum KDK gelöst, der Führungs-trichter aufgeschraubt und mit der am Seil geführten HN-Fangvorrichtung die Pilotspitze mit der Klinkenvorrichtung gezogen.

Phase 3

Das komplette Rammkernrohr wird nun mit der seilgeführten RKR-Fangvorrichtung in die Schutzverrohrung bzw. HB-Schnecke gehoben, am Klinkenkopf ausgeklinkt und fällt dann im freien Fall auf die zuvor gereinigte Bohrlochsohle. Anschließend wird das Rammgewicht am Seil in die Verrohrung bzw. HB-Schnecke eingelassen und das Kernrohr mittels Seilschlagwerk oder Schlagseilwinde 1 m in den anstehenden Boden eingetrieben.

Phase 4

Nach Beendigung des Rammvorganges wird das Rammgewicht ausgebaut, das gefüllte Kernrohr bis etwa 5 cm oberhalb der Kernrohr-UK überbohrt und dann mit der Fangvorrichtung am Seil gezogen und der Kern ausgebaut.

Der Ablauf wird mit Phase 1 fortgesetzt.

Bei Arbeiten im Grundwasserbereich ist die Hohlbohrschnecke vorher mit Wasser zu füllen.

Wenn in einer HB-Schnecke mit verlorenem Schneidring gearbeitet wird, so ist zur Vermeidung eines vorzeitigen Schneidringverlustes ein Rammkernrohr mit Durchschlagsicherung einzusetzen.

Je nach den anstehenden Bodenverhältnissen und verfügbarer Mastlänge sind Rammgewichte mit 100, 200 oder 300 kg einsetzbar. Der Fühungsdurchmesser muss dem Innendurchmesser der eingesetzten Bohrrohre bzw. HB-Schnecken angepasst sein. Ebenso der Führungsdurchmesser am Schlammfang des Rammkernrohres und der Fangvorrichtung.

Eine spezielle Entnahmevorrichtung erleichtert und beschleunigt den Ein- und Ausbau des Rammkernrohres. Das Rammkernrohr wird am Seil hängend in die senkrecht stehende Aufnahme eingehängt, wobei die Führungsnasen vom Schlammfang in der Aufnahme verdrehsicher arretieren. Nachdem die Aufnahme mit dem Kernrohr in die Waagerechte umgelegt wurde, kann sogleich der Schneidschuh mit dem Hakenschlüssel vom Entnahmerohr abgeschraubt werden. Das gefüllte PVC-Innenrohr wird entnommen und an beiden Enden mit Kappen verschlossen oder mit Wachs versiegelt. Es beschleunigt den Arbeitsablauf, wenn zwei Kernrohrgarnituren vorhanden sind, um längere Pausen durch den Kernausbau zu vermeiden.

Das System ist noch für weitere Bohrverfahren einsetzbar, und zwar für:

- Druckkernrohrverfahren
- Rotationskernrohrverfahren (wenn z. B. im Fels weitergebohrt werden soll)
- GW-Messpegeleinbau

4.2.3.3.2 Verfahren 2 (Überbohrtechnik)

Es muss an dieser Stelle darauf hingewiesen werden, dass nach Angaben der Firmen Celler Brunnenbau und Geomechanik das Verfahren 1 von den genannten weiterentwickelt bzw. modifiziert wurde. Die Zielsetzung war: hochwertige Bodenproben bei wirtschaftlicher Gewinnung zu erreichen. Offenbar liegen aber keine Patente oder ein Gebrauchsmusterschutz vor. Das Verfahren wird daher inzwischen von zahlreichen Unternehmen in gleicher Form angewendet. Es ist ausreichend, den Arbeitsablauf anhand des Systems „Celler Brunnenbau" zu erklären, da die Geräte und die Verfahrensprozesse aller Anwender in den wesentlichen Merkmalen identisch sind.

Nicht die wissenschaftliche Forschung, sondern die Praxis hat dieses Verfahren zu einem System weiterentwickelt, mit dem es heute möglich ist, in Böden der Klassen 1 bis 5 (wassergesättigt oder ungesättigt) noch Bodenproben hoher Güteklassen zu gewinnen.

Phase 1

Das Rammkernrohr, bestückt mit einer auf die jeweiligen Bodenformationen angepassten Kernkrone mit Fangfedern (Abb. 4.13) wird mit einem Rammbär über ein Exzenterschlagwerk in den zu untersuchenden Untergrund getrieben. Die so in eine PVC-Hülse gekernte Strecke ist normalerweise ein Meter lang.

Phase 2

Ist das Kernrohr komplett in den Untergrund getrieben, wird es nach Ausbau des Rammbärs mit einer Rohrtour (ø 168 mm) überbohrt und somit die Bohrlochwand gleichzeitig gesichert. Dabei ist es wichtig, dass die Bohrrohrtour nicht ganz bis zur derzeitigen Endteufe der gekernten Strecke geteuft wird, damit Kernverluste vermieden werden.

Phase 3

Durch vorsichtiges Anheben der Bohrrohrtour wird das Rammkernrohr von der Bohrlochsohle gelöst und kann dann mit Hilfe der Seilfangvorrichtung (Klinkengehäuse und Klinke) über eine Seilwinde geborgen werden.

Nachdem der Rohrschuh mit Fangring abgeschraubt ist (Abb. 4.14), erfolgt die Entnahme der PVC-Hülse mit dem gewonnenen Kern. Dieser kann entweder direkt an der Bohrung für detaillierte geologische Untersuchungen vorbereitet werden oder er kann im Falle, dass mit Kontaminationen zu rechnen ist, auch unmittelbar nach Entnahme versiegelt werden.

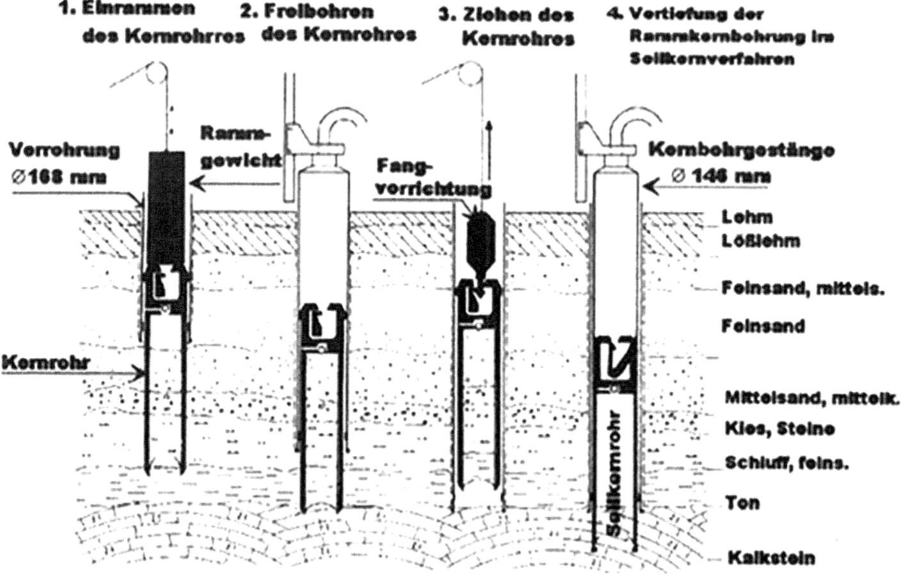

Abb. 4.13 Verfahrensablauf des Rammkernsystems nach Celler Brunnenbau

Abb. 4.14 Entfernen der Scheidkrone zur Entnahme des Rammkernes. (Quelle: Celler Brunnenbau)

Nach Angabe der Fa. Geomechanik kann zur besseren Bodenansprache bzw. geotechnischen Untersuchung auf der Baustelle der PVC-Inliner auf einem speziellen Sägetisch aufgetrennt werden. Anschließend werden die Schnittstellen wieder verklebt und die Probe versiegelt.

Phase 4

Ein wichtiger Aspekt, sich für eine Rammkernbohrung zu entscheiden, kann sein, dass eine solche Bohrung in Gesteinen der Bodenklasse 6 und 7 als Seilkernbohrung mit Doppelkernrohr vertieft werden kann, ohne zusätzliche Verrohrungen einbauen zu müssen.

Die mit einer Rammkernbohrung, in weitgehend ungestörten Böden gewonnenen absolut teufengerechten Kerne machen in vielen Fällen eine geophysikalische Untersuchung der so hergestellten Bohrlöcher überflüssig. Ein Kerndurchmesser von 100 mm hat sich durchgesetzt, weil das Verhältnis des gewonnenen Mengen Materials zum Bohrlochdurchmesser sehr günstig ist und auch kostenmäßig ein Optimum erreicht. Selbst beim Antreffen von sehr groben Kiesen oder härteren Lagen in sonst weichen Formationen hat sich das Rammkernbohren bestens bewährt, weil die Hindernisse zertrümmert werden und die Bohrung problemlos vertieft werden kann. Kernverluste sind auch in diesen Fällen auf ein Minimum reduziert.

Wird die Anzahl der Rammschläge pro Bohrmeter gezählt, so bekommt man schon während des Rammvorgangs Informationen über die Lagerungsdichte bzw. Konsistenz des Untergrundes; in vielen Fällen werden damit Druck- oder Rammsondierungen überflüssig, auch auf die Entnahme von Sonderproben kann häufig verzichtet werden.

Laut Angaben der Celler Brunnenbau wurden schon Rammkernbohrungen bis auf Teufen von über 150 m niedergebracht, wobei solch tiefe Bohrungen an bestimmte geologische Verhältnisse gebunden sind.

Rammkernbohrverfahren mit größerem Durchmesser

Da der bisherige Kerndurchmesser von 101 mm für viele Fragestellungen, z. B. für das Erkennen von tektonischen Strukturen wie Klüften und Scherflächen, nicht ausreichend war, wurde der Wunsch, diese Bohrmethode in größeren Durchmessern zu realisieren, von Baugrundfachleuten immer lauter. Aus diesen Gründen hat die Firma Celler Brunnenbau das Rammkernverfahren mit einem größeren Bohrdurchmesser realisiert.

Das Bohrverfahren läuft so wie in Abb. 4.13 gezeigt ab. Der Kerndurchmesser beträgt hierbei 245 mm bei einem Bohrdurchmesser von etwa. 350 mm. Alle anderen Details wie die Form der Rammkernrohr-, schneide oder des Klinkengehäuses und der Klinke sind konstruktiv gleich.

Eine Einschränkung gegenüber dem bisherigen Rammkernbohrverfahren liegt in der Tatsache, dass der jetzt sehr große Kern sich nicht mehr ohne Hilfsmaßnahmen mit dem Kraftdrehkopf überbohren lässt. Sofern nicht entsprechend starke Verrohrungsdrehtische zur Verfügung stehen, muss Spülhilfe eingesetzt werden. Alle bisher durchgeführten Bohrungen mit dieser Garnitur zeigen, dass auch die Kerne mit einem Durchmesser von 245 mm teufengerecht und ungestört gewonnen werden können.

Auch der Kerngewinn ist bei diesem Bohrverfahren in fast allen Böden der Klassen 3 bis 5 mit 100 % zu gewährleisten. Die Abb. 4.15 zeigt ein ausgebautes Rammkernrohr dieser Dimension.

Abb. 4.15 Rammkernrohr mit einem Durchmesser von 245 mm vor der Entleerung. (Quelle: Celler Brunnenbau)

Die gewonnenen Proben in bindigen Böden entsprechen der GKL 1–2 und die in nicht-bindigen Böden der GKL 2–3.

4.2.3.3.3   Verfahren 3 (Rammhammerverfahren)

Im süddeutschen Raum mit überwiegend tertiären und quartären Böden (Rheingraben, Vorgebirge usw.) lässt das ursprüngliche Rammkernbohrverfahren mit einem Durchmesser von 100 mm nur recht selten anwenden. Da das Inlinersystem bei diesen Böden ebenfalls auf Schwierigkeiten stößt, hat sich hier folgendes Verfahren durchgesetzt:

Phase 1

Das Kernrohr mit einem Durchmesser von 120 bis 280 mm und einer Länge von 1 m, das mit dem Rammbohrhammer verbunden ist, wird in den anstehenden Baugrund eingerammt.

Phase 2

Mit einem Bohrrohr, dass dem Durchmesser des Kernrohres angepasst ist, wird mittels Verrohrungsdrehtisch das Kernrohr überbohrt. Bevor die heute üblichen Verrohrungsdreh-tische zur Ver-fügung standen, wurde die Rohrtour ebenfalls mit dem Rammhammer ein-gebracht. Die erreichbaren Bohrtiefen waren dabei jedoch unbefriedigend. Gleichfalls hat sich der Einsatz von Spülhilfe nicht durchgesetzt.

Phase 3

Der Rammhammer mit Kernrohr wird nun mit der Seilwinde vorsichtig von der Sohle ge-löst und ausgebaut.

Phase 4

Nach dem Abschrauben der Schneidkrone mit Fangring wird der Boden mit Hilfe von Druckluft aus dem Kernrohr herausgepresst. Dazu hat das Kernrohr am oberen Ende eine entsprechende Vorrichtung. Unter das Kernrohr muss ein Auffangbehälter gestellt werden.

Aus nicht ganz verständlichen Gründen verzichtet man vielfach auf das Abschrauben des Schneidschuhs und auf die Verwendung einer Fangvorrichtung (Federkorb o. ä.), da sich der Boden durch das Einrammen stark verdichtet und ein Federkorb oftmals starken Beschädigungen unterworfen ist. Allerdings wird das Entleeren unnötig erschwert und muss durch Schläge am Kernrohr unterstützt werden. Die gewonnenen Proben verlieren dabei außerdem an Qualität.

Phase 5

Die so gewonnenen Proben werden teufengerecht in speziellen Probenkisten eingelagert und DIN-gerecht beschriftet.

Ergänzende Hinweise:

Besonders sorgfältig ist bei der Entnahme weiterer Sonderproben zu arbeiten. Solche Proben müssen aus dem ungestörten Bereich unterhalb der Verrohrung entnommen wer-den. Vor dem Einführen des Entnahmegerätes ist die Bohrlochsohle daher zu säubern.

Nach dem Einrammen muss die Probe in der untersten Stützenebene durch Heben des Entnahmegerätes abgerissen werden. Die Sonderprobe ist sofort nach dem Abschrauben aus dem Entnahmegerät luftdicht zu verschließen. Dies kann durch eine Plastikkappe oder durch Vergießen mit Ceresin erfolgen. Eine genaue Beschriftung der Probe darf nicht vergessen werden.

Da die Bodenproben nicht als geschlossener Kern entnommen und eingelagert werden können, entspricht die Qualität nicht den Rammkernbohrverfahren, sondern je nach Bodenart und Wasserstand der GKL 2–3.

Einrammen mit einem Imlochhammer
Das oben geschilderte Verfahren kann ebenfalls in Verbindung mit einem Imlochhammer angewendet werden. Hierbei wird ein PVC-Inliner verwendet. Der Kerndurchmesser ist auf 100 mm beschränkt und damit in geröllhaltigen Böden nicht einsetzbar.

4.2.3.4 Drehbohrverfahren mit Spülung

4.2.3.4.1 Allgemeines
Beim Spülbohrverfahren wird das gelöste Material mit einem Medium ausgetragen. Dabei werden folgende Verfahren unterschieden:

- Spülung mit Klarwasser
- Spülung mit Wasser unter Verwendung von Spülungszusätzen
- Spülung mit Luft
- Spülung mit Luft und Wasser

Als grundsätzliche Bohrverfahren sind zu nennen:

- Kernbohrverfahren
- Vollbohrverfahren

Beim Kernbohrverfahren wird lediglich ein Ringraum freigeschnitten und das Bohrklein ausgetragen sowie der Kern periodisch (abschnittsweise) gefordert.

Beim Vollbohrverfahren wird das Bohrklein stetig gelöst und von der Spülung ausgetragen.

4.2.3.4.2 Bohrverfahren
Da für bindige und rollige Böden neben dem Trockenbohrverfahren aus wirtschaftlichen Gründen fast nur noch das Rammkernverfahren eingesetzt wird, ist der Einsatzbereich der Kernrohre in Fels oder in felsähnlichen Formationen (stark verfestigte rollige Böden).

Neben Formen, die nur für Sondereinsätze Verwendung finden, sind die wesentlichen Systeme:

- Kernbohrungen mit Einfachkernrohren
- Kernbohrungen mit Doppelkernrohren
- Kernbohrungen mit Dreifachkernrohren
- Kernbohrungen mit Seilkernrohren

4.2.3.4.3 Kernbohrungen mit dem Einfachkernrohr

Die unter Kap. 5 beschriebenen Einfachkernrohre (Typen B und Z) finden insbesondere Anwendung in einem homogenen Gebirge. Die üblichen Durchmesser betragen 76 bis 146 mm. Besonders mit dem dünnwandigen Einfachkernrohr Typ B mit einer Lippenbreite von 7 mm sind in sehr kompakten Felsformationen gute Bohrleistungen zu erzielen. Bei Einfachkernrohren können schmallippige Bohrkronen eingesetzt werden, wodurch die Kosten für das Bohrwerkzeug niedrig sind. Günstig ist, dass man mit Einfachkernrohren im Vergleich zu Doppelkernrohren unter gleichen Bedingungen höhere Bohrleistungen erzielen kann, weil weniger Gestein zu zerstören ist, und dass bei einem gegebenen Bohrlochdurchmesser der Bohrkerndurchmesser größer ist als beim Einsatz von Doppelkernrohren. Voraussetzung ist, dass die zu kernenden Schichten unempfindlich sind gegen die am Bohrkern mit hoher Geschwindigkeit vorbeiströmende Bohrspülung und gegen die ständige Rotation des Kernrohres. Lockere Einlagerungen können durch die Bohrspülung ausgewaschen werden und damit die Qualität der gewonnenen Bodenproben sehr gemindert.

Beim Bohren mit dem Einfachkernrohr ist auf ausreichende und stetige Spülung zu achten, da sich zwischen dem Futterrohr und dem Kernrohr Sedimente aus grobem Bohrklein absetzen und das Kernrohr verklemmen kann. Dies wird dadurch begünstigt, wenn der Durchmesserunterschied zwischen Futterrohr und Kernrohr verhältnismäßig groß ist und damit die Auftriebsgeschwindigkeit stark abnimmt. Der Innendurchmesser des Futterrohres ist daher stets so abzustimmen, dass eine ausreichende Auftriebsgeschwindigkeit für den Bohrkleinaustrag besteht.

Ein sehr wichtiges Element des Kernrohres zur verlustfreien Gewinnung des Bohrkerns ist der Kernfangring (Abb. 4.16), der sich während des Abbohrens im oberen konisch geformten Teil der Bohrkrone befindet, damit der Bohrkern vorbeigleiten kann. Beim Anheben des Kernrohrs angehoben, rutscht der nach unten. Die Folge ist, dass sich der abgebohrte Kern mit dem Kernfänger verklemmt und so gezogen werden kann (Abb. 4.16, Detail A).

Das Einfachkernrohr ermöglicht gem. DIN EN ISO 22475-1, Tab. 2 und 3, eine Proben-GKL 2–5 (durchgehende Gewinnung gekernter Proben).

Abb. 4.16 Schematische
Darstellung der
Kernfangeinrichtung eines
Einfachkernrohres. (Quelle:
Comdrill). 1 Kernfangring, 2
Kernfanghülse, 3 Bohrkern, 4
Steuerhülse

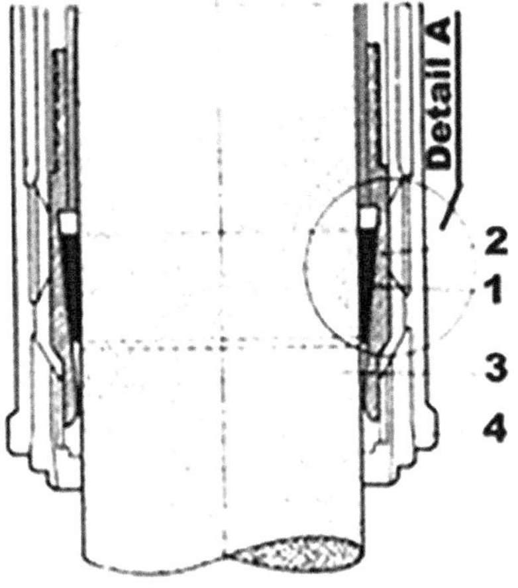

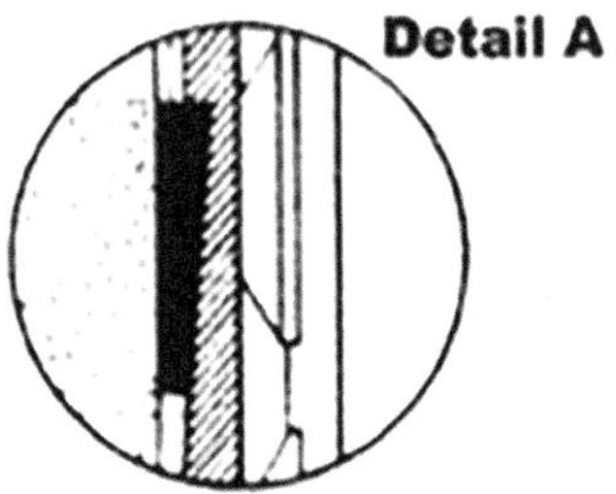

4.2.3.4.4 Kernbohrungen mit dem Doppelkernröhr

Einfachkernrohre sind nicht geeignet in Bodenformationen, die zum Ausspülen neigen.
Bei stark wechselnden Schichten ist mit dieser Erscheinung besonders zu rechnen. Beim
Doppelkernrohr (Abb. 4.17) wird der Bohrkern vor der vorbeiströmenden Spülung geschützt. Während bei einem mitdrehenden Kernrohr der Bohrkern noch immer mechanisch beansprucht werden kann, sind heute nur noch Doppelkernrohre in Gebrauch, bei
denen das Mitrotieren des Innenrohres nicht mehr möglich ist. Obwohl die Konstruktion
wesentlich aufwendiger und damit auch erheblich teurer ist, hat sich dieser Typ durchgesetzt. Doppelkernrohre benötigen breitlippige Bohrkronen; damit ist das Verhältnis zwischen Bohrlochdurchmesser und Kerndurchmesser ungünstiger als bei Einfachkern-rohren.
Doppelkernrohre mit stillstehendem Innenrohr haben sich überall dort durchgesetzt, wo
mit Einfachkernrohren ein befriedigender Kerngewinn nicht erzielt werden kann.

Damit das Innenrohr gut durchspült werden kann, erfolgt der Einbau des Doppelkernrohres im offenen Zustand. Das Innenrohr ist dabei nicht gegen das Bohrgestänge abgeschlossen. Um die Bohrspülung zu zwingen, beim Abwärtsfließen nur den Ringraum zwischen Innen- und Außen-rohr zu benutzen, wird nach Erreichen der Bohrlochsohle eine

Abb. 4.17 Schematische Detaildarstellung des Unterteils eines Doppelkernrohres. Die rechte Seite ist aus Darstellungsgründen leicht gedreht. 1: Kernfänger, 2: Bohrkern, 3: Bohrkrone. (Quelle: Commdrill)

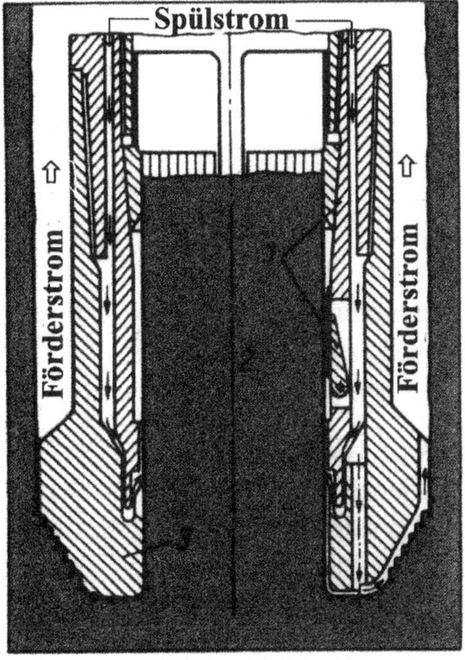

Kugel eingeworfen, die das Innen-rohr verschließt. Damit beim Eintreten des Bohrkerns in das Innenrohr eine Komprimierung der darin befindlichen Bohrspülung vermieden wird, befindet sich am oberen Ende des Innenrohres ein Kanal, durch den die Bohrspülung austreten kann.

Die Bohrspülung fließt über die Spülkanäle unmittelbar zur Kronenlippe, so dass der Förderstrom keinen Kontakt mit dem Bohrkern bekommt. Die notwendige Spülmenge kann dabei in Abhängigkeit vom Durchmesser 200 bis 600 1/min betragen.

Der Kernfänger ist als Federring ausgebildet oder korbförmig. Dieser lässt den Kern vorbeigleiten und verklemmt sich mit ihm beim Ziehen des Kernrohrs.

Die verwendeten Bohrkronen sind sowohl oberflächenbesetzt als auch imprägniert und haben eine starke Lippe. Auch Hartmetallkronen sind möglich.

Über Spülungslöcher im Kronenkörper gelangt die Bohrspülung unmittelbar zur Bohrkronenlippe, wodurch der Bohrkern vor Erosionserscheinungen geschont wird. Damit die Spülungslöcher nicht durch Feststoffe verstopft werden, ist auf eine gute Spülung zu achten.

Eine Sonderform des Doppelkernrohres ist das Schalenkernrohr T6-S mit geteiltem Innenrohr, das besonders in Lockerformationen Anwendung findet. Die Funktion dieses Kernrohrs ist im Kap. 5 ausführlich beschrieben. Der maximale Kerndurchmesser bei diesem System ist mit 115,7 mm angegeben.

Nach dem Bergen des Kernrohres wird die Bohrkrone mit Fangring abgeschraubt und die obere Halbschale entfernt. Jetzt kann eine einwandfreie Ansprache des Bohrkerns erfolgen und anschließend der Bohrkern in die Kernkiste umgestülpt werden. Es ist aber auch möglich, den Kern in einen PVC-Liner zu schieben und die Enden mit einer Kappe zu verschließen, um ihn so vor dem Austrocknen zu schützen.

4.2.3.4.5 Kernbohrungen mit dem Seilkernrohr

Die Seilkernrohre (Abb. 4.18) gehören zu den am meisten eingesetzten Kernrohrtypen. Es sind Doppelkernrohre mit einer Vorrichtung, die es gestattet, das Innenkernrohr aus- und einzubauen, während der Bohrstrang im Bohrloch verbleibt. Auf diese Weise wird Zeit für

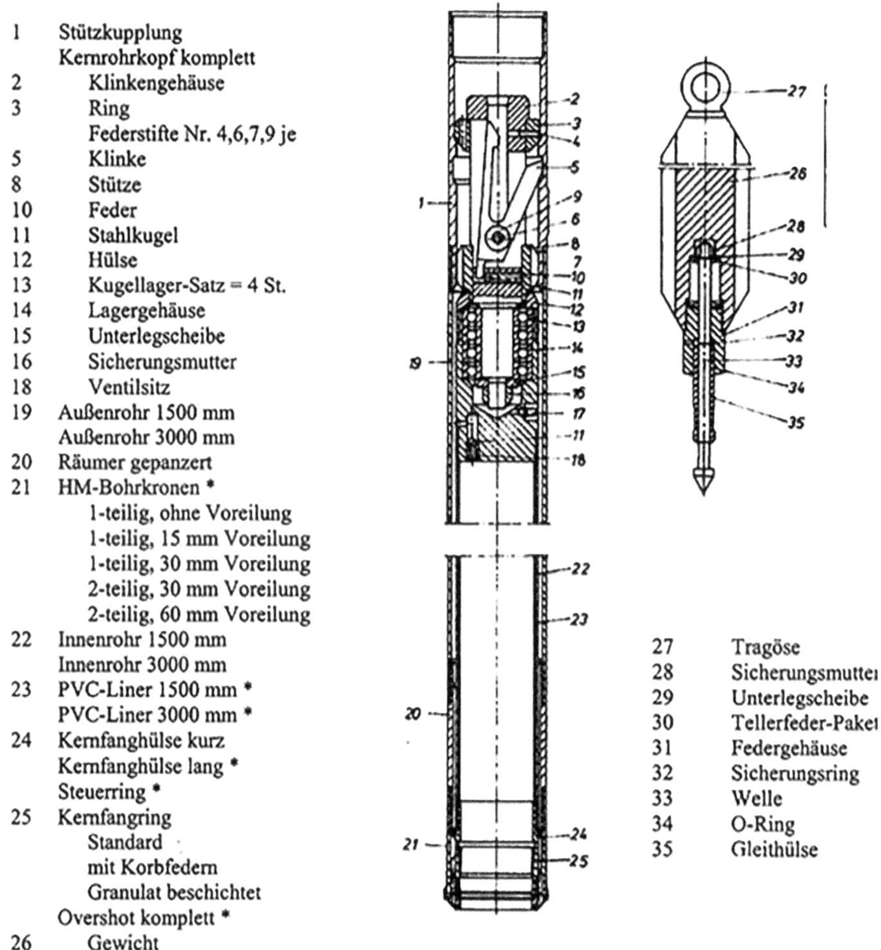

1	Stützkupplung
	Kernrohrkopf komplett
2	Klinkengehäuse
3	Ring
	Federstifte Nr. 4,6,7,9 je
5	Klinke
8	Stütze
10	Feder
11	Stahlkugel
12	Hülse
13	Kugellager-Satz = 4 St.
14	Lagergehäuse
15	Unterlegscheibe
16	Sicherungsmutter
18	Ventilsitz
19	Außenrohr 1500 mm
	Außenrohr 3000 mm
20	Räumer gepanzert
21	HM-Bohrkronen *
	1-teilig, ohne Voreilung
	1-teilig, 15 mm Voreilung
	1-teilig, 30 mm Voreilung
	2-teilig, 30 mm Voreilung
	2-teilig, 60 mm Voreilung
22	Innenrohr 1500 mm
	Innenrohr 3000 mm
23	PVC-Liner 1500 mm *
	PVC-Liner 3000 mm *
24	Kernfanghülse kurz
	Kernfanghülse lang *
	Steuerring *
25	Kernfangring
	Standard
	mit Korbfedern
	Granulat beschichtet
	Overshot komplett *
26	Gewicht
27	Tragöse
28	Sicherungsmutter
29	Unterlegscheibe
30	Tellerfeder-Paket
31	Federgehäuse
32	Sicherungsring
33	Welle
34	O-Ring
35	Gleithülse

Abb. 4.18 Schnitt durch das Seilkernbohrsytem SK6L (NSK 146) mit technischen Daten. (Quelle: Comdrill)

den sonst erforderlichen Gestängeaus- und -einbau eingespart. Das System wird in Kap. 5 beschrieben. Die anzuwendende Bohrtechnik entspricht der des Doppelkernrohres.

Zusätzliche Anwendungshinweise:

Das Außenkernrohr wird zusammen mit dem Bohrstrang eingebaut und zunächst die Bohrlochsohle freigespült. Danach wird das Innenkernrohr in das Bohrgestänge eingesetzt bis in seinen Sitz im Außenkernrohr. Dies gelingt jedoch nur bis Bohrlochneigungen, die kleiner als 45° sind. Bei größeren Bohrlochneigungen muss das Innenkernrohr mit einer begrenzten Pumpenleistung bis in seine Stellung im Außenkernrohr gepumpt werden. Die Sperrklinken rasten ein, sobald das Innenkernrohr seine Arbeitsstellung erreicht hat.

Wenn der Kern abgebohrt und das Innenkernrohr gefüllt ist, wird dieses nach oben gedrückt. Hierdurch wird ein elastisches Ventil, das so genannte Spülungsschließventil, im oberen Teil des Innenkernrohres zusammengepresst, wodurch der Durchfluss der Bohrspülung unterbrochen wird, was einen erheblichen Anstieg des Pumpendruckes zur Folge hat. Daraufhin wird der Bohrstrang kurz angehoben und dabei der Kern vom anstehenden Gebirge getrennt.

Mit dem Fanggerät, das in die entsprechende Vorrichtung am Innenkernrohr einklinkt, kann das Kernrohr mit dem darin befindlichen Bohrkern am Seil nach oben ausgebaut werden. Anschließend ist es möglich, sofort ein anderes Innenrohr einzulassen und weiterzubohren.

Das Dreifachseilkernrohrverfahren

Das in Kap. 5 beschriebene Dreifachseilkernrohr System GEOBOR-S stellt ein Doppelseilkernrohr mit PVC-Inliner dar. Im Folgenden wird die genaue Handhabung dieses Kernrohres beschrieben, die im Prinzip auch auf andere Seilkernrohre angewendet werden kann.

A. Grundeinstellung

Zunächst ist zu prüfen, ob die Klinken am Innenrohrkopf leichtgängig arbeiten. Die Kernfanghülse wird mit einem Kernfangring versehen und mittels Ringschlagschlüssel fest am Innenrohr verschraubt. Der Abstand zwischen Landering und Gleithülse ist zu messen. Er sollte 70 mm betragen. Das so vorbereitete Innenrohr wird nun in das komplette Außenrohr (einschließlich Räumer und Krone) eingeschoben. Nach Einklinken des Innenrohres sollte der Abstand zwischen Kernfanghülse und Kronenprofil ca. 2 mm betragen. Die richtige Grundeinstellung des Kernrohres ist von großer Bedeutung. Bei fehlerhafter Einstellung kann es zu Kernausspülungen und Eindringen von Bohrgut zwischen Innen- und Außenrohr einerseits oder zum Mitdrehen des Innenrohres durch Aufsitzen der Kernfanghülse in der Bohrkrone andererseits kommen. Im Extremfall erfolgt keine Verriegelung. Dadurch kann sich das Innenrohr beim Bohren nach oben schieben.

B. Bohren

Wenn Kernrohr und Bohrstrang im Bohrloch in Position gebracht sind, beginnt das Bohren in der gleichen Art wie bei der konventionellen Bohrarbeit. Um ein optimales Bohr-

Tab. 4.3 Empfohlene Drehzahlen, Spülungsmengen, Abreißkraft und empfohlener Andruck

Bohrkronen	Drehzahl in U/min	Bohrandruck	Spülung (Wasser)
Hartmetallstift- oder Plattenkrone	50–100 U/min	15–50 kN je nach Gebirgs- und Bodenart	150–250 l/min je nach Gebirgs- und Bodenart
Hartmetall-CORBORIT-Krone	80–150 U/min		
PKD-DIAPAX-(Stratapax) Krone	50–100 U/min		
PKD-TRIPAX-(Geoset) Krone	150–300 U/min	Abreißkraft	Spülung (Luft)
DIAMY-Krone (oberflächenbesetzt)	200–400 U/min	40–60 kN (Labordaten) ungestörte Proben	10–17 m³/min je nach Gebirgs- und Bodenart
DIABORIT-Krone (imprägniert)	300–500 U/min		
GEOTECH-Sägezahnkrone	50–150 U/min		

ergebnis zu erlangen, muss die passende Krone zu der zu bohrenden Formation eingesetzt, sowie die richtige Drehzahl, der passende Andruck und eine angemessene Spülmenge verwendet werden (Tab. 4.3).

C. Fangen und Heben des Innenkernrohres

Wenn das Kernrohr voll oder eine Kernblockade entstanden ist, wird das Bohren unterbrochen und der Bohrstrang angezogen, bis die erste Verbindungsstelle über dem Gestängehalter anlangt. Wird der Bohrstrang angezogen, ist der Kern gerissen. Der Bohrstrang wird danach im Gestängehalter abgefangen und das Bohrgestänge abgeschraubt. Jetzt kann kontrolliert werden, ob das Seil sicher am Overshot befestigt ist. Das Overshot wird nun durch den Bohrstrang hinuntergelassen. Wenn das Overshot zum Halten gekommen ist, kann man das Seil anziehen, um zu kontrollieren, ob das Overshot am Innenkernrohr fest ist. Ist dies nicht der Fall, das Overshot mit dem Seil etwa einen Meter anziehen und wieder hinunterfallen lassen. Hat das Overshot das Innenkernrohr gefangen, kann es zur Oberfläche gezogen werden und durch Zusammendrücken der Klinken vom Innenkernrohr gelöst. Der Kern kann nun aus dem Innenrohr entnommen werden. Um den Kern herauszubekommen, ist es manchmal nötig, einen Gummihammer zu benutzen und sanft an das Innenrohr zu klopfen. Hierfür niemals einen Stahlhammer benutzen, denn verbeulte Innenrohre verursachen Kernblockaden.

D. Einfahren des Innenkernrohres in ein wassergefülltes Bohrloch

Nach Kernentnahme wird das Innenkernrohr zum Einbau vorbereitet. Dazu sind die Kernfanghülse und der Kernfangring auf Beschädigungen zu überprüfen. Die Kernfanghülse ist dann mit Hilfe des Ringschlagschlüssels fest mit dem Kernrohr zu verschrauben.

Wichtig ist, das lose Kernfanghülsen zum Verspannen des Innenrohres im Außenrohr fuhren können; das führt zu Ausbauproblemen. Die Klinken am Kernrohrkopf müssen sich leicht bewegen lassen und in Außenposition stehen. Das Innenkernrohr wird am Overshot befestigt und mittels Seilwinde in das Seilkerngestänge so weit eingelassen, dass nur noch der Kernrohrkopf sichtbar ist. Mittels einer kleinen Abfanggabel wird das Innenkernrohr unterhalb des Landeringes abgefangen und an der Oberkante des letzten Gestänges abgesetzt. Nun kann das Overshot abgezogen werden. Die Gabel wird seitlich abgezogen und das Innenkernrohr schwimmt durch das Bohrgestänge bis in Einklinkposition. Beim Einklinken ist ein deutlicher Doppelschlag zu hören (der erste beim Passieren der Landehülse und der zweite beim Aufschlagen des Landeringes in der Landehülse).

E. Einfahren des Innenkernrohres in ein trockenes Bohrloch
Kernrohr überprüfen wie unter A. beschrieben. Wenn das Bohrloch kein oder wenig Wasser beinhaltet, kann das Innenkernrohr nicht auf die gleiche Art wie beim wassergefüllten Bohrloch in Bohrposition gebracht werden. Hier muss mit Hilfe der Seilkernrohrwinde und einer Zusatzausrüstung gearbeitet werden, der sogenannten Trockenlocheinbauvorrichtung.

Die Vorgehensweise für diese Ausrüstung kann wie folgt beschrieben werden:

1. An der Fangvorrichtung die Fangglocke abschrauben.
2. Die Trockenlochausrüstung anschrauben.
3. Die Mutter durch Linksdrehen lösen.
4. Die komplette Vorrichtung auf das Spannwerk aufsetzen.
5. Bis zum Anschlag nach unten drücken (die drei Klinken treten seitlich aus).
6. Die Mutter rechtsdrehen, die Federspannung wird dadurch gehalten (blockiert).
7. Die komplette Einbauvorrichtung über den Kernrohrkopf des Innenrohres schieben.
8. Mit der Seilwinde das Innenrohr in das Seilkernbohrgestänge einfahren, bis nur noch die Mut-ter sichtbar ist.
9. Die Mutter durch Linksdrehen lösen, die Blockade wird aufgehoben.
10. Mit der Seilwinde abwärtsfahren.
11. Die Klinken der Trockenlochausrüstung reiben jetzt innen am Seilkerngestänge entlang, bis die Löseposition – eine Ausdrehung im Stabilizer – des Außenrohres erreicht ist.
12. Das Innenkernrohr setzt jetzt mit dem Landering in der Landehülse auf. Die Trockenlochaus-rüstung ist entspannt und das Innenkernrohr in der vorgesehenen Position.
13. Die Trockenlochausrüstung mit der Seilwinde ziehen.

F. Ziehen mit der Trockenlochausrüstung
Nach Anbau der Trockenlocheinbauvorrichtung an die Fangvorrichtung muss beim Fangen des Innenkernrohres die Trocklocheinbauvorrichtung nicht entfernt werden, sondern man kann mit dieser Ausrüstung auch als Fangvorrichtung wie folgt arbeiten:

1. Werkzeug spannen
2. Einfahren des Innenkernrohres
3. Fangvorrichtung mit der Seilwinde in das Seilkerngestänge einlassen, fangen und wieder aus-fahren.
4. Die Trockenlochausrüstung vom Kernrohrkopf des Innenkernrohres durch Einrücken der Kernrohrkopfklinken abziehen.

4.2.3.4.6 Bohren mit Spezialkernröhren

Eine spezielle Kernbohrausrüstung zur teufengerechten und vollständigen Probengewinnung von flüssigen und pastösen Stoffen wurde von der Fa. Celler Brunnenbau entwickelt (Abb. 4.19). Sie besteht aus einem Doppelkernrohr, bei dem das Innenrohr aus PVC als Entnahmezylinder dient. Am unteren Ende des PVC = Hüllrohres sind zur mechanischen Sicherung des Kernes Fangfedern montiert. Diese werden während des Bohrvorganges vorgespannt und sind zweilagig ausgeführt. Dazwischen lagert eine gegen pastöse und flüssige Stoffe dichtende Spezialfolie aus PVC.

Abb. 4.19 Spezialkernrohr
System Celler Brunnenbau

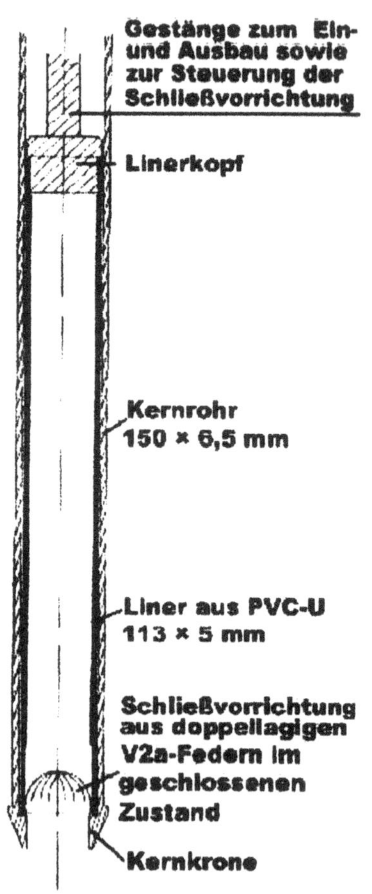

Mit einem Doppelbohrkopf werden das Innen- und Außenkernrohr gemeinsam in den zu untersuchenden Untergrund abgeteuft. Die Führung des PVC-Hüllrohres erfolgt über ein Innengestänge mit einem Wirbel. Die so in die PVC-Hülse (Durchmesser 100 mm) gekernte Strecke ist einen Meter lang.

Ist das Doppelkernrohr einen Meter, in Ausnahmefallen weniger, in den Untergrund abgeteuft, wird die Entnahmehülse durch Ziehen des Innengestänges von der Bohrlochsohle gelöst. Dabei schließen sich die vorgespannten Kernfangfedern. Das Innenkernrohr mit der Kernprobe wird durch Ausbau des Innengestänges geborgen. Das Außenrohr verbleibt zur Sicherung der Bohrlochwand mit der Bohrkrone auf der Bohrlochsohle im Untergrund.

Nachdem der in der PVC-Hülse gewonnene Kern geborgen ist, wird dieser sofort versiegelt. Die PVC-Hülse dient als Transport und Lagerbehälter und ist folglich mit den Kernfangfedern als Einweghülse konzipiert.

Als Bohranlagen können neben den üblichen Aufschlussbohrgeräten auch als Ankergeräte konzipierte Bohrgeräte verwendet werden, welche heute überwiegend mit Doppelkopfbohreinrichtungen ausgerüstet sind.

4.2.4 Vollbohrverfahren mit Spülung

4.2.4.1 Allgemeines

Das Vollbohrverfahren mit Spülung, im Allgemeinen „Spülbohrverfahren" genannt, ist nur mit großen Einschränkungen für Baugrundaufschlussbohrarbeiten einsetzbar. So wird für das Rotarybohrverfahren mit Direktspülung nur die GKL 5 und für Rotationsspülbohrungen mit indirekter Spülung die GKL 4–5 angegeben.

Als Spülbohrverfahren sind folgende Systeme zu nennen:

- Rotarybohrverfahren mit direkter Spülung (Druckspülung)
- Rotarybohrverfahren mit indirekter Spülung (Saugbohren)
- Lufthebebohrverfahren
- Counterflushbohrverfahren
- Strahlsaugbohrverfahren

Um bei gelegentlicher Nutzung über die genannten Verfahren im Prinzip unterrichtet zu sein, sollen diese im Folgenden beschrieben werden. Es muss aber darauf hingewiesen werden, dass die professionelle Verwendung dieser Bohrsysteme große Erfahrung voraussetzt, um sie wirtschaftlich einsetzen zu können.

4.2.4.2 Rotarybohrverfahren mit direkter Spülung (Druckspülung)

Das Bohrverfahren kann unter Einsatz mobiler Bohranlagen (Abb. 4.20) ausgeführt werden. Da diese überwiegend mit Universaldrehköpfen (Spüldrehköpfen) ausgestattet sind, können mit ein und demselben Bohrgerät die unterschiedlichen Rotarybohrverfahren aus-

Abb. 4.20 Mobiles
Spülbohrgerät bei der
Druckspülbohrung,
schematische Darstellung

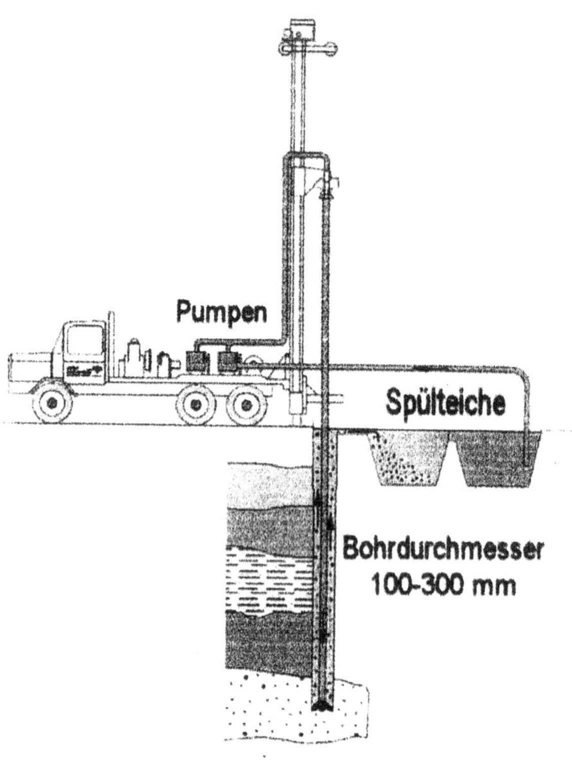

geführt werden. Die übrigen benötigten Aggregate (Kolbenpumpen, Kreiselpumpen und Kompressoren) können auch beigestellt werden, wenn sie nicht auf den Bohranlagen installiert sind.

Für das Abteufen von Aufschlussbohrungen (Durchmesser bis 300 mm) im Lockergestein (Bodenklassen 1–5) wie im Festgestein (Bodenklassen 5 + 6) bis in große Teufen (über 1000 m) wird das Rotarydirektspülbohrverfahren eingesetzt (Abb. 4.20). Der Aufwand an technischen Hilfsmitteln für das Niederbringen solcher Bohrungen ist relativ gering. In Abb. 4.21 ist der Spülungskreislauf beim direkten Spülbohrverfahren dargestellt. Mit Kolben oder Kreiselpumpe, die im Normalfall auf den Bohrgeräten montiert sind, wird aus einem Spülteich oder einer Spülwanne das Spülungsmedium durch einen Druckschlauch und den Rotarydrehkopf in das Bohrgestänge durch das Bohrwerkzeug zur Bohrlochsohle gepumpt.

Dort tritt das Spülungsmedium zusammen mit dem Bohrklein (Cuttings) in den entstehenden Zwischenraum zwischen Bohrgestänge und Bohrlochwand ein und wird über den Ringraum zutage gefördert.

In Spülteichen oder Spülwannen setzt sich das geförderte Bohrgut ab (Abb. 4.21). Durch einen Saugschlauch wird durch die obengenannten Pumpen die von den Feststoffen gereinigte Spülflüssigkeit in Umlauf gehalten. Um die Bodenproben teufengerecht und

Abb. 4.21 Schematische
Darstellung des Spülkreislaufs

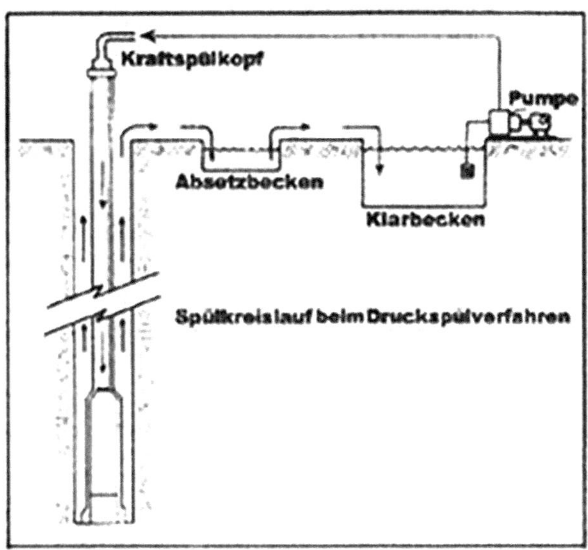

möglichst von Nachfall unvermischt fordern zu können, muss die Pumpenleistung der Bohrgeräte sowohl von der Literleistung (Volumen) als auch vom Förderdruck so bemessen sein, dass die Aufstiegsgeschwindigkeit des Spülmediums im Ringraum mindestens 0,5 m/s, besser 0,7 bis 1,0 m/s, beträgt. Durch solche Aufstiegsgeschwindigkeit wird sichergestellt, dass teufengerechte Spülproben gewonnen werden können.

Durch die entstehende Wassersäule im Bohrloch wird ein hydrostatischer Überdruck erzeugt, der in aller Regel die Bohrlochwand stabilisiert. Eventuell notwendige Hilfsverrohrungen werden nur benötigt, wenn Spülungsmittelzusätze (Bentonite oder CMC-Produkte) nicht eingesetzt werden dürfen oder Formationen durchteuft werden, in denen große Spülungsverluste auftreten (grob-körnige unverfestigte Sedimente oder sehr klüftiges Gestein). Um solchen eventuellen Spülungsverlusten vorbeugen zu können, ist es unbedingt nötig, das über Tage vorgehaltene Spülungsvolumen entsprechend groß anzulegen.

Von der Kapazität der Pumpen und vom Gestängedurchmesser hängt es ab, bis zu welchen Teufen das Direktspülverfahren wirtschaftlich eingesetzt werden kann. Durchaus gängige Leistungen der Kreiselpumpen sind 2500–3500 l/min bei einem Pumpendruck von 10 bar, während auf Bohrgeräten aufgebaute Kolbenpumpen Leistungen von bis zu 1500 l/min und 25 bar Pumpendruck erreichen. Mit diesen Pumpenleistungen sind Aufschlussbohrungen im Rotarydruckspülbohrverfahren bis 900 m und tiefer wirtschaftlich realisierbar. Von der Geologie ist es abhängig, wie kalibertreu solche Bohrungen geteuft werden können, da die mit dem Bohrgut aufgeladene Spülflüssigkeit auf gröbere klastische Formationen erosiv wirken kann. Dieser Effekt kann aber durch den Einsatz von Spülungsmittelzusätzen minimiert bzw. ausgeschlossen werden.

4.2.4.3 Rotarybohrverfahren mit indirekter Spülung (Saugbohren)

Beim Saugbohrverfahren (Abb. 4.22) wird das Bohrgut mit dem Spülstrom durch das Gestänge von der Zentrifugalpumpe gefördert. Die Fließbewegung der Spülung wird durch die Wirkung des atmosphärischen Luftdrucks auf den Bohrlochwasserspiegel beim Einsetzen der Saugwirkung der Pumpe erzeugt. Die Saug-wirkung setzt erst ein, wenn die Pumpe über eine Vakuumeinrichtung gefüllt ist. Der Fördervorgang liegt zwischen Bohrlochsohle und Saugpumpe nur auf der Saugseite der Kreiselpumpe.

Die Förderleistung ist abhängig von der monometrischen Förderhöhe (theoretisch 10 m und praktisch 6 bis 8 m), je nach Dichte des Spülstromgemischs. Undichtigkeiten und Reibungsverluste in der Förderleitung vermindern den Betrag mit zunehmender Bohrlochtiefe. Vor Inbetriebnahme der Saugpumpe, das heißt auch nach jedem Gestängenachsetzen, muss das Bohrloch bis knapp unter die Rasensohle gefüllt sein. Schon ein geringes Absinken geht auf Kosten der Vakuumerzeugungszeit. Bei einem Absinken von 3 bis 5 m ist ein Anfahren der Spülung und somit der Bohrung nicht mehr möglich.

Abb. 4.22 Schematische Darstellung des Saugbohrverfahrens. (Quelle: Wirth)

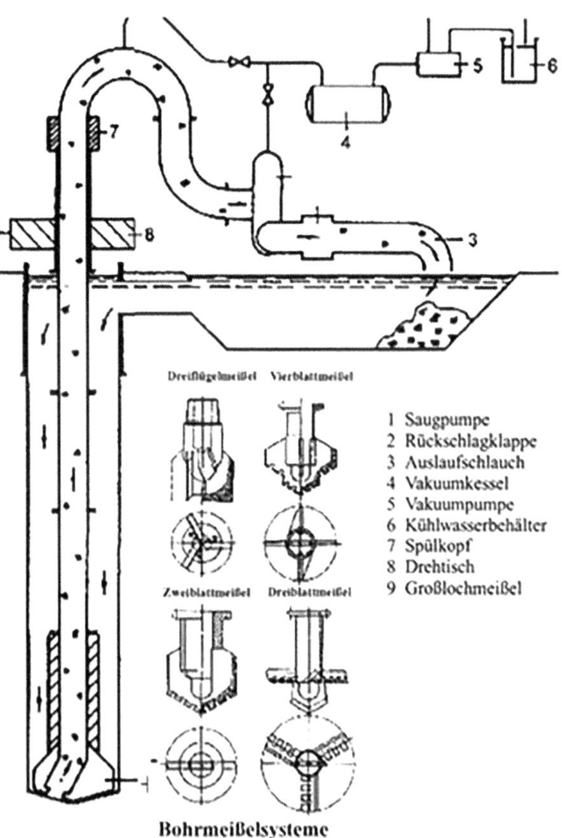

4.2.4.4 Rotarybohrverfahren im Lufthebesystem

Für den Bau von Absenk-, Trink- oder Mineralwasserbrunnen ist das Rotarydruckspülbohrverfahren nur bedingt anwendbar, da die wirtschaftlich erreichbaren Bohrdurchmesser nur bis zu maximal 400 mm sein können. Bei größeren Bohrlochdurchmessern wären zu hohe Antriebsenergien notwendig, um die erforderliche Auftriebsgeschwindigkeit der Spülung im Ringraum zu realisieren. Deshalb wurde das früher für flache Bohrungen angewandte Saugbohrverfahren technisch in das Lufthebebohrverfahren übergeführt.

Beim Rotarylufthebebohrverfahren wird das beim Bohren gelöste Bohrgut durch eine Flüssigkeits-/Luftsäule im Bohrgestänge über den Kraftdrehkopf der Bohranlage zutage gefördert (Abb. 4.23). Beim Lufthebebohrverfahren fließt die Spülflüssigkeit (in aller Regel klares Wasser) im Ringraum zwischen Bohrgestänge und Bohrlochwand zur Bohrlochsohle, belädt sich mit Bohrgut und wird durch das Bohrgestänge einer Absetzgrube zugeführt. Hier wird die Spülung von Feststoffen (Cuttings) gereinigt und feststofffreies Wasser der Bohrung wieder zugeführt. Die Fließgeschwindigkeit im Bohrgestänge beträgt idealerweise 3–4 m/s. Diese Geschwindigkeit ist ausreichend, um auch beim Einsatz von klarem Wasser als Spülmedium grobkörnige Gesteinspartikel oder Cuttings zutage zu fördern. Die Größe der zu fördernden Gesteinskomponenten hängt von der Größe des Innendurchmessers des Bohrgestänges ab.

Mit dieser Methode ist es möglich, Bohrungen mit einem Durchmesser bis 2000 mm zu realisieren. Wird die obengenannte Fließgeschwindigkeit im Gestänge erreicht, werden teufengerechte Spülproben gefördert.

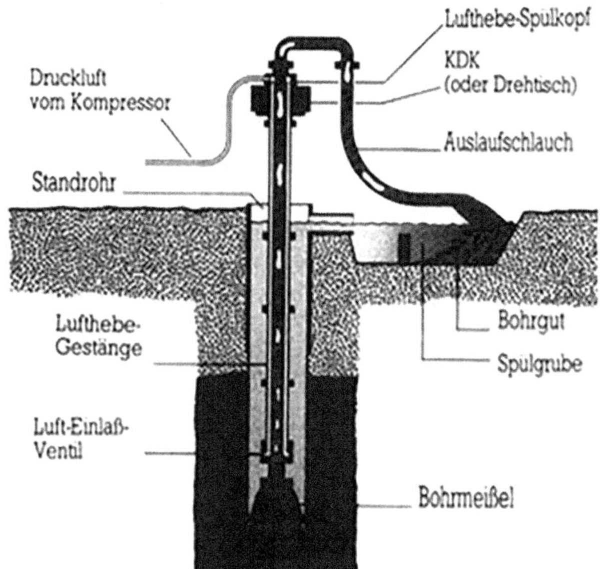

Abb. 4.23 Schematische Darstellung des Lufthebebohrverfahrens. (Quelle: Wirth)

Die zu erreichende Bohrtiefe ist eine Funktion des Durchmessers, der Bohrrohre und der Kapazität der eingesetzten Kompressoren. Außer-dem müssen Rotarykraftdrehköpfe einen lichten Durchgang von mindestens 130 mm, besser jedoch von 150 mm oder gar 200 mm haben.

Die Einspeisung der benötigten Druckluftenergie kann prinzipiell auf drei Wegen erfolgen. Bei der ersten Methode wird die Luft durch separate Luftleitungen, die außen am Bohrgestänge angeschweißt sind, über eine Antriebsdüse in das Bohrgestänge eingespeist, wodurch ein Wasser-Luftgemisch entsteht.

Eine zweite Möglichkeit besteht im Einsatz von doppelwandigem Bohrgestänge, bei dem die Luft zwischen dem Außen- und Innenrohr in das Innere des Bohrgestänges eingespeist wird.

Die dritte Möglichkeit besteht darin, dass ein Lufteinspeisgestänge am Drehkopf angebaut und im Bohrgestänge mitgefühlt wird. Beim Eintritt der Druckluft in das Gestänge, das ist bei allen drei Arten gleich, dehnt sich die komprimierte Luft aus und bewirkt dadurch eine Schubkraft auf die Flüssigkeitssäule, die mit Bohrgut vermischt ist. Diese Schubkraft wirkt sowohl nach oben als auch nach unten. Damit wird das Bohrgut zutage gefördert und das Bohrwerkzeug, ob Flügel- oder Rollenmeißel, gleichzeitig gereinigt; auch wirkt es Verstopfungen des Bohrwerkzeuges entgegen.

Wichtig ist darauf zu achten, dass die Fallgeschwindigkeit der Spülung im Ringraum zwischen Bohrlochwandung und Gestänge nicht zu schnell wird. Denn bei zu hoher Fallgeschwindigkeit ist die Stabilität des Bohrloches in Lockergesteinsformationen nicht mehr gewährleistet und es kann zu Nachfallen aus der Bohrlochwandung kommen. Die Fallgeschwindigkeit des Spülwassers im Bohrloch sollte etwa 20 m/min betragen. Höhere Fallgeschwindigkeiten können realisiert werden, wenn anstelle von klarem Wasser mit einer Bohrspülung, die durch Spülungsadditive aufgeladen ist, gearbeitet wird.

Bei Einsatz des Lufthebebohrverfahrens kann sowohl im Festgestein als auch in Lockergesteins-formationen (Sanden, Kiesen und Tonen) in der Regel auf den Einsatz einer Verrohrung verzichtet werden. Lediglich der Einbau eines kurzen Standrohres zur Sicherung des Bohrlochmundes ist erforderlich.

Wichtig ist, dass die Wassersäule im Bohrloch gegenüber dem angetroffenen Grundwasserspiegel einen Überdruck aufweist. Dieser muss den lokalen geologischen und geographischen Gegebenheiten angepasst sein. Liegt der Grundwasserspiegel direkt unter der Geländeoberkante, muss das Standrohr entsprechend verlängert und die Bohranlage auf ein Podest gestellt werden. Dieser Überdruck sorgt dann für die Stabilisierung der gesamten offenstehenden Bohrlochwand.

Grundsätzlich muss beim Abteufen im Lufthebebohrverfahren darauf geachtet werden, dass das in Spülungswannen oder in Spülteichen bevorratete Spülungsvolumen dem dreifachen Bohrlochinhalt entspricht, um auf einen eventuellen Spülverlust sofort reagieren zu können.

Ganz wichtig ist, dass das Bohrloch permanent voll Spülung gehalten wird, da schon ein kurzzeitiges Unterschreiten des benötigten Überdruckes auf die Formationen zum Einbruch der Bohrlochwand führen kann.

Das Ergebnis einer Lufthebebohrung sowohl im Fest- als auch im Lockergestein ist ein in aller Regel ein sehr kalibergetreues Bohrloch und eine von Bohrgut nicht kontaminierte Bohrlochwand. Damit ist der optimale hydraulische Anschluss von Filterrohrstrecken der installierten Brunnen an die wasserführenden Formationen gewährleistet.

Bei doppelwandigen Lufthebebohrgestängen sind Lufthebebohrungen auch in sehr kleinen Durchmessern (200–216 mm) möglich, da das Bohrgestänge statt Flanschenverbindungen nur wenig auftragende Gewindeverbindungen besitzt. Aufgrund der genannten Vorteile des Lufthebebohrverfahrens für den späteren Ausbau der Bohrungen werden tiefe Messstellenbohrungen auch in geringen Durchmessern zunehmend als Lufthebebohrungen gefordert.

Jede Veränderung von Bohrparametern wirkt sich auf den Förderstrom und unter Umständen auf die Bohrleistung aus. Die Einflüsse und Ergebnisse kann man wie folgt zusammenfassen:

1. Bei gleichen Verhältnissen Einblastiefe/Gesamttiefe nimmt die Fördermenge mit wachsender Gesamttiefe ab. Einerseits wächst die mit der Druckluft zugeführte Leistung, andererseits wächst auch die erforderliche Leistung für Hub und Reibung.
2. Bei zunehmender Einblastiefe werden für den Förderbeginn kleinere Luftmengen benötigt, weil das eingeschlossene Luftvolumen im Gestänge wächst. Bei gleichen Luftmengen wächst die Fördermenge mit zunehmender Einblastiefe bei sich ständig verkleinernder Zuwachsrate und steigenden Kosten für die Luftverdichtung.
3. Mit wachsender Förderhöhe nimmt die Fördermenge durch wachsende Reibungs- und Beschleunigungsverluste ab. Die Förderhöhe sollte möglichst kleingehalten werden.
4. Größere Gestängedurchmesser erfordern größere Luftmengen, bringen aber auch größere Fördermengen. Kleinere Gestängedurchmesser kommen mit geringeren Luftmengen aus.
5. Dichte und Größe des beförderten Bohrgutes bei gleicher Transportkonzentration bewirken eine höhere mittlere Dichte, weil die Schlupfgeschwindigkeit zwischen Spülung und Feststoff zunimmt. Die Auswirkungen auf die Förderkennlinie entsprechen einem verlängerten Unterrohr. Größere Luftmengen sind für den Förderbeginn erforderlich.
6. Eine höhere Feststoffkonzentration vergrößert den Druckabfall im Unterrohr.

4.2.4.5 Counterflushbohrverfahren

Das Counterflush-Verfahren (Abb. 4.24) entwickelte sich aus einem Gegenstromschlagbohrverfahren, das unter anderem durch den österreichischen Ingenieur Fauck weiterentwickelt wurde. Es wird überwiegend im Steinsalz- und Kalibergbau als kontinuierliches Kernbohrverfahren eingesetzt. Dabei fördert eine Kolbenpumpe die Spülung in den Ringraum unterhalb eines Drehpreventers. Von dort fließt sie weiter zum Bohrwerkzeug und steigt im Inneren des Gestänges auf, wobei sie das abgebohrte Material – in Form von kurzen Bohrkernen und Cuttings – zum Bohrgut- oder Kernfangsieb transportiert.

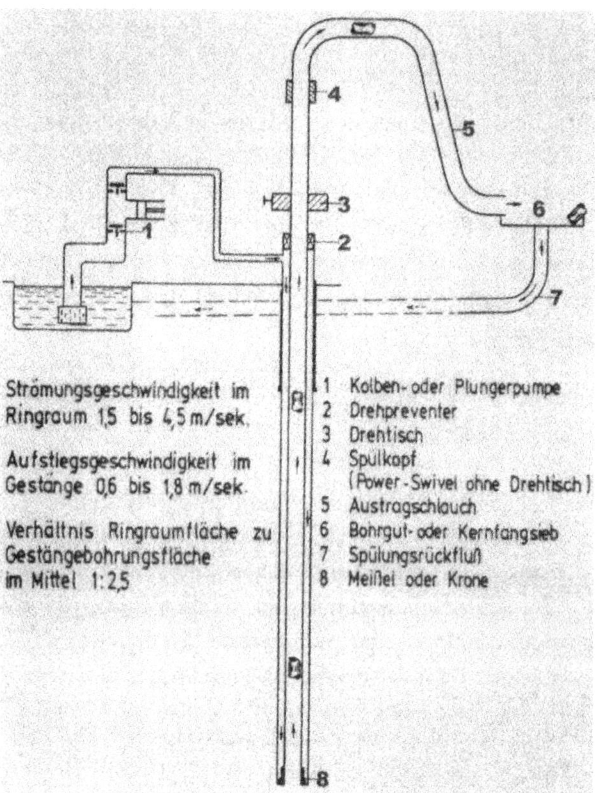

Abb. 4.24 Schematische Darstellung des Counterflush-Spülbohrverfahrens

Allerdings ist der Einsatz der Counterflush-Technik bei Spülungsverlusten oder in druckschwachem Gebirge nur schwer oder gar nicht möglich.

Vor dem Bohrbeginn muss ein Standrohr in ein vorgebohrtes Loch einzementiert oder mit Packern abgesetzt werden. Darauf werden die Absperrorgane montiert. Die Konstruktion des Bohrlochkopfes richtet sich nach den zu erwartenden Druckverhältnissen.

Bei Senkrecht- oder Abwärtsbohrungen sollte vor dem Anschneiden der Bohrsohle klar gespült werden, um unnötige Gebirgsbelastungen durch unkontrollierte Druckanstiege (Frac-Drücke) zu vermeiden.

Vorteile für Aufschlussbohrungen:

- Relativ kleine Bohrausrüstung für die erreichbaren Teufen bzw. Bohrlängen erforderlich.
- Schneller Bohrfortschritt durch kleinen Schneidquerschnitt und geringe Bohrbelastung.
- Kontinuierliche Kerngewinnung bei Schräg-, Horizontal- und Aufwärtsbohrungen unter Tage – ohne Roundtrips für die Kernförderung.

4.2.4.6 Strahlsaugbohrverfahren

Das Strahlsaugbohrverfahren beruht auf der Wirkungsweise einer Wasserstrahlpumpe und zählt zu den Saugbohrverfahren. Die Strahlpumpe kann sowohl oberhalb als auch unterhalb des Wasserspiegels positioniert werden. Die Betriebsweise ähnelt der des klassischen Saugbohrens, jedoch ist die Förderleistung der Wasserstrahlpumpe bei gleichem Gestängedurchmesser geringer als die einer Saugpumpe.

Heute wird das Strahlsaugbohren vor allem bei großen Bohrlochdurchmessern als Ergänzung zum Lufthebebohrverfahren eingesetzt, um die ersten Bohrmeter (etwa 0–10 m) wirtschaftlich abzuteufen. Für kleinere Bohrdurchmesser werden Strahlsaugbohranlagen erfolgreich für Aufschlussbohrungen als Spülbohrverfahren im Lockergestein eingesetzt.

Beim Absinken des Spülungsspiegels im Bohrloch oder bei Spülungsverlusten kann die veränderte Saughöhe den Einsatz des Verfahrens erschweren oder unmöglich machen. In solchen Fällen kann das Strahlsaugbohrverfahren durch den Einsatz von Druckluft unterstützt werden.

Voraussetzungen für den erfolgreichen Einsatz dieses Verfahrens sind:

1. Geringe Wasserzuflüsse: Der Wasserzulauf aus dem Gebirge muss so gering sein, dass er mit dem Luftstrom ausgetragen werden kann und das Bohrloch nicht absäuft.
2. Feine Cuttings und ausreichende Luftgeschwindigkeit: Die Bohrkleinpartikel müssen klein genug sein, um durch den Luftstrom der Meißeldüsen aufgewirbelt und mit einer Strömungsgeschwindigkeit von 40 bis 60 m/s im Gestänge sicher ausgetragen zu werden.
3. Gesicherte Kühlung des Bohrwerkzeugs: Die Lager des Bohrmeißels müssen ausreichend gekühlt werden, da das Verfahren keine Flüssigkeitsspülung nutzt. Eine unzureichende Kühlung kann zu Überhitzung und frühzeitigem Verschleiß führen.

Funktionsweise des Strahlsaugbohrverfahrens (Abb. 4.25)
Ein Verdichter erzeugt die Druckluft für die im Spülkopf (Auslaufkrümmer) angeordnete Strahldüse. Der entstehende Luftstrom erzeugt einen Unterdruck im Bohrgestänge, wodurch Luft über den Ringraum angesaugt wird. Dies ermöglicht eine hohe Strömungsgeschwindigkeit im Gestänge, die das Bohrgut zuverlässig nach oben transportiert.

Ein Teil der Druckluft wird über Luftleitungen im Flanschgestänge oder durch ein Doppelwandgestänge gezielt zum Bohrwerkzeug geleitet. Dort fördern spezielle Düsen, die auf die Bohrlochsohle gerichtet sind, das Bohrklein nach oben, sodass es vom Saugluftstrom aufgenommen werden kann.

Da dieses Verfahren – insbesondere bei Festgestein – große Mengen Bohrstaub erzeugt, muss die Bohranlage mit einer Entstaubungsanlage ausgestattet sein. Dabei sorgen Quetschventile für die Vorabscheidung von bis zu 70 % des körnigen Bohrguts, während der restliche Feinstaub über Filteranlagen abgeschieden wird.

Abb. 4.25 Schematische Darstellung des Strahlsaugbohrverfahrens

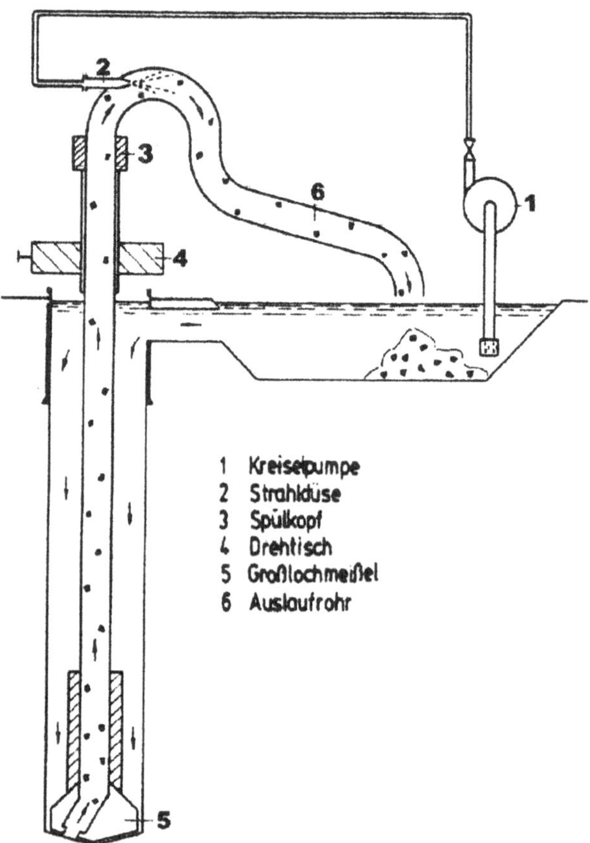

4.2.5 Spülungstechnik

4.2.5.1 Allgemeines

Aus wirtschaftlichen Gründen haben sich im modernen Bohrverfahren die Spülbohrverfahren durchgesetzt. Hierzu zählen alle Bohrtechniken, die zum Abtransport und zur Beseitigung des Bohrkleins von der Bohrlochsohle ein Spülmedium verwenden. Im Vergleich mit den Trockenbohrverfahren, bei denen der Bohrvorgang diskontinuierlich, nämlich Auflockern des Gebirges, Herausbringen des Gesteins, Nachsetzen einer Verrohrung, abläuft, zeichnet sich die Spülbohrtechnik durch hohe Bohrfortschritte und das Einsparen von Hilfsverrohrungen aus.

Zum Abteufen von Bohrungen ohne Verrohrung in Lockersedimenten ist für das hydraulische Abstützen des Bohrlochs grundsätzlich ein Spülungssäulendruck notwendig, der den vom Grundwasser und Gebirge ausgehenden Druck übersteigt.

Beim Eindringen bzw. Infiltrieren der Bohrspülung in nichtbindige Lockergesteine (Kies/Sand) bildet sich an der Bohrlochwand ein Belag, der als Filterkuchen bezeichnet wird. Dieser verleiht dem Boden eine gewisse Kohäsionsfähigkeit; Druckspannungen können über ihn in das Gebirge eingeleitet werden. Der Filterkuchen wirkt außerdem als Abdichtung und begrenzt Flüssigkeitsverluste.

Die Bohrspülung übernimmt folgende Aufgaben:

- Austrag des Bohrkleins von der Bohrlochsohle
- Stabilisierung der Bohrlochwand
- Schonung der wasserführenden Schichten
- Kompensation erhöhter Gebirgsdrücke
- kalibergerechte Durchführung der Bohrung
- Kühlung und Schmierung der Bohrwerkzeuge

Nur mit Wasser als Spülflüssigkeit sind diese Anforderungen nicht oder nur sehr unvollkommen zu sichern. Erst durch die Zugabe und Kombination von Spülungsmitteln können die meisten unverrohrten Bohrungen standsicher abgeteuft werden.

Die Spülungstechnik ist jedoch ein sehr komplexes und schwieriges Thema in der Bohrtechnik. Es umfassend zu behandeln, würde für sich schon mindestens einen eigenen Band füllen. Da die Spülung jedoch überwiegend nur bei unverrohrten Bohrungen angewendet wird und Aufschluss-bohrungen in der Regel verrohrt werden, dürfte eine grundlegende Betrachtung ausreichend sein. Spülungszusätze sind zulässig, wenn der Auftraggeber ausdrücklich zustimmt. Sind Wasserproben zwecks chemischer Untersuchung zu entnehmen, sind Spülungszuätze nicht zulässig.

Spülungszusätze werden z. B. bei Baugrundaufschluss- und Pegelbohrungen angewendet,

- wenn bei Aufschlussbohrarbeiten nur eine tiefliegende Bodenschicht von Interesse ist und die Überlagerung mit einem wirtschaftlicheren Bohrverfahren (Spülbohrung) ausgeführt werden kann,
- wenn bei einer Aufschlussbohrung im Wesentlichen nur die Schichtenwechsel bzw. -folgen von Interesse sind,
- wenn bei einer Pegelbohrung nur die wasserführende Schicht erreicht werden soll,
- wenn eine Bohrung nur für die Durchführung von bestimmten Messungen oder geophysikalischen Untersuchungen niedergebracht wird, die nur in einer unverrohrten Bohrung ausgeführt werden können und daher standfeste Bohrlochwandungen zu gewährleisten sind.

4.2.5.2 Aufgaben der Spülungszusätze

Obwohl der Einsatz einer reinen Wasserspülung zu bevorzugen ist, kann auf einen Einsatz von Spülungszusätzen nicht verzichtet werden. So sind z. B. erbohrte Feinanteile (Tone) nicht in der Lage, sich in Spülgruben abzusetzen. Sie laden die Spülung und dringen wegen des Überdruckes in durchlässige Bodenschichten ein und setzen diese zu. Um dies zu verhindern und um eine bessere Austragung des Bohrkleins zu erzielen, werden in der Bohrtechnik Spülungszusätze eingesetzt.

Die Spülungszusätze erfüllen folgende Funktionen:

- Sie erhöhen die Tragfähigkeit der Spülung.
- Sie fördern die Bildung eines Filterkuchens, der die Wasserleiter schützt.
- Sie verhindern das Quellen erbohrter Tone und verbessern deren Austragsfähigkeit.
- Sie stabilisieren das Bohrloch gegen Ein- und Nachfall, was primär durch den hydrostatischen Überdruck des Spülungsspiegels in Relation zum Grundwasserspiegel (GW-Spiegel-Differenz) gewährleistet wird.
- Sie ermöglichen gegebenenfalls eine gezielte Erhöhung der Spülungsdichte, was ausschließlich zur Beherrschung artesischer Zuflüsse erforderlich ist. Dies wird durch die Zugabe spezifischer Beschwerungsmittel wie Kreide oder Schwerspat erreicht, da Bentonite und Polymere – entgegen einer verbreiteten Annahme – die Dichte nur unwesentlich erhöhen.

4.2.5.3 Bentonite

Bentonit ist ein Gestein, das überwiegend aus dem Tonmineral Montmorillonit besteht. Dieses gehört zur Gruppe der Schichtsilikate (Phyllosilikate) und besitzt eine plättchenartige Struktur.

Bei Natriumbentonit, der für Bohrspülungen häufig verwendet wird, sind Natriumionen an die negativ geladenen Oberflächen der Montmorillonit-Plättchen (Abb. 4.26) angelagert. Beim Eindispergieren in Wasser werden die Plättchen durch elektrostatische Abstoßung voneinander getrennt und fein in der Flüssigkeit verteilt. Sie lösen sich jedoch nicht chemisch auf, sondern bilden eine hochviskose Suspension.

Im Ruhezustand ordnen sich die einzelnen Plättchen durch elektrostatische Wechselwirkungen zu einer kartenhausähnlichen Struktur an. Diese Struktur verleiht der Suspension ihre thixotropen Eigenschaften:

- Bei Bewegung (z. B. Rühren oder Pumpen) verflüssigt sich die Suspension.
- Im Ruhezustand bildet sich eine Gelstruktur, die Stabilität verleiht und das Bohrloch stützt.

Abb. 4.26 Kartenhausstruktur des Bentonits

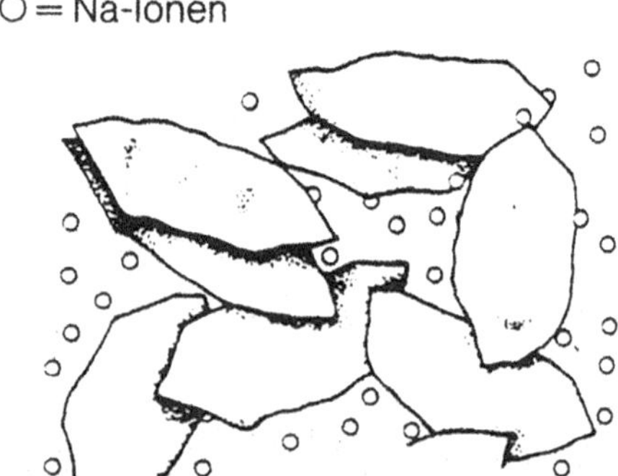

Ein Bentonitprodukt mit der Typenbezeichnung Multiton®B (Produkt der Preussag Wasser und Rohrtechnik, 31.228 Peine) ist ein Na-aktiviertes Bentonit und stabilisiert Kies und Grobsandschichten. Es verleiht der Spülung ein hohes Maß an Tragfähigkeit. Die Beschwerungsmittel werden in Schwebe gehalten. Es ist ein anorganisches Produkt und daher kein Nährboden für Mikroorganismen.

Bentonite in Verbindung mit einem Polymeren begrenzen die Infiltration der Spülung in das Gebirge. Hierbei entstehen dünne, leicht abpumpbare Filterkuchen.

Anwendung

Beim Ansetzen von Bentonitpülungen muss die Wasservorlage intensiv gerührt oder umgepumpt werden, um die Bildung von Klumpen zu vermeiden. Es empfiehlt sich, beim Erstansatz Bentonit in einer kleinen Wassermenge zu dispergieren (fein zu verteilen) und anschließend eine Verdünnung auf die gewünschte Einsatzkonzentration vorzunehmen. In Kombination mit weiteren Spülungsmitteln ist Bentonit immer als erste Komponente anzusetzen.

Aktivbentonitspülungen erreichen ihre volle Wirksamkeit erst nach einer bestimmten Quellzeit, die u. a. von der Intensität des Einrührungsvorgangs abhängt. Beim Einrichten der Bohrstelle sollte daher frühzeitig, mindestens jedoch eine Stunde vor dem Beginn der Bohrarbeiten, mit der Herstellung der Bentonitspülung begonnen werden.

Empfohlene Rezepturen

indirekter Spülungskreislauf je m³ Wasser	direkter Spülungskreislauf je m³ Wasser
10–30 kg Multiton®B + Polymer	10–40 kg Multiton®B + Polymer

Beim Durchbohren oberflächennaher Schotter oder Grobkiese ist zur Stabilisierung der Bohr-lochwand und Sicherung des Austrags folgende Rezeptur zu empfehlen:

$$\text{pro m}^3 \text{ Wasser 60 kg Multiton®B}$$

Nach dem Verrohren oder vor dem Einlösen von Polymeren ist die Spülung zurückzuwässern.

Eigenschaften

Äußeres:	feingemahlenes Pulver
Spez. Gewicht (Korndichte):	2,6 t/m³
Schüttgewicht:	0,7–0,8 g/cm³
Wassergehalt:	etwa 79 %
ph-Wert, 5 % ige Suspension:	etwa 10
Lagerfähigkeit:	unbegrenzt
Verpackung:	50 kg Kunststoffsack

4.2.5.4 CMC-Polymere

CMC ist die Abkürzung für Carboxymethylcellulose. Für Bohrspülungen im Brunnenbau werden überwiegend hochviskos eingestellte Marken eingesetzt, die primär die Austragsfähigkeit verbessern. Darüber hinaus wirken CMC-Zusätze stabilisierend auf quellfähige wasserempfindliche Formationen, wodurch Nachfall oder Kaliberverengungen vermieden werden.

Durch die Zugabe geringer Mengen CMC wird das Filtrationsverhalten einer Bohrspülung deutlich verbessert. Hieraus resultiert, dass die Spülung nur in geringem Maß in die erbohrten Formationen eindringt und Verstopfungen vermieden werden.

Ein CMC-Polymere mit dem Markenzeichen SBF-Viscopol® (Produkt der Preussag Wasser und Rohrtechnik, 31.228 Peine) ist ein gereinigtes CMC-Polymer (PAC), das speziell für die Verwendung feststoffarmer Bohrspülungen entwickelt wurde. Es zeichnet sich durch seine stark viskositätserhöhende Wirkung aus. Zur Sicherung des Bohrkleinaustrags und zur Stabilisierung der Bohrlochwand genüge in der Regel

$$1-2\,kg\,SBF-Viscopol®/m^3\,Wasser.$$

Insbesondere beim Bohren in tonigen Schichten kann auf die Verwendung von Bentonit verzichtet werden.

CMC-Polymere sollten an einer turbulenten Stelle im Spülungskreislauf vorsichtig eingestreut werden. Bereits nach zehnminütiger Quellzeit werden 90 % der Endviskosität erreicht.

In Gebieten unbekannter Geologie sowie in Bereichen mit Grobkiesen oder Geröllen ab Geländeoberkante empfiehlt sich zur Bohrlochstabilisierung und Vermeidung von Spülungsverlusten eine Spülung, bestehend aus

$$10-20\,kg\,Multiton®B+1\,kg\,SBF-Viscopol®/m^3\,Wasser.$$

In diesem Fall muss das Polymer nach dem Bentonit eingelöst werden.

SBF-Viscopol® ist nach Angabe des Herstellers frei von toxischen Substanzen, besitzt einen Aktivgehalt von mehr als 90 % und enthält weniger als 1° Natriumchlorid. Die Ware kommt praktisch keimfrei in den Handel und erfüllt im Hinblick auf den Anteil an Schwermetallen den strengen Anforderungen als Lebensmittelzusatzstoff. Eine trinkwasserhygienische Beurteilung liegt vor.

Anwendung

Indirekter Spülungskreislauf (z. B. Lufthebeverfahren): 2 kg SBF-Viscopol®/m³ Wasser

Direkter Spülungskreislauf (z. B. Druckspülverfahren): 2–5 kg SBF-Viscopol®/m³ Wasser

Die Spülungskontrolle erfolgt zweckmäßig durch Messung der Marshtrichter-Auslaufzeiten sowie der Wasserabgabezeit mit dem Ringapparat.

Eigenschaften (Firmenangaben)

Art des Polymers:	Natriumcarboxymethylcellulose
Äußeres:	Granulat
Aktivgehalt:	mindestens 90 %
Feuchtigkeitsgehalt:	etwa 8 %
ph-Wert einer 1 %igen Lösung:	etwa 7
Salzgehalt:	maximal 1 %
Marsh-Trichter-Auslaufzeiten:	2 kg/m^3 etwa 40 s–3 kg/m^3 etwa 49 s–4 kg/m^3 etwa 63 s
Schüttgewicht:	etwa 650 kg/m^3
Verpackung:	8 kg Polyäthylensack
Weitere CMC-Produkte sind:	Antisol FL 30 000 und Tylose VHR

4.2.5.5 Schaummittel

Besonders in harten, klüftigen und druckschwachen Formationen werden zur Erhöhung des Bohrfortschritts und Schonung der Lagerstätte Bohrungen unter Verwendung einer Luft- bzw. Schaumspülung, häufig mit Imlochbohrhammer, abgeteuft.

Zum Erhalt einer Schaumspülung werden geeignete Additive, entweder mit Wasser verdünnt oder als getrennte Komponenten, mittels Dosierpumpe dem Luftstrom zugesetzt. Außer der Verbesserung der Austragsfähigkeit der abgebohrten Gebirgsteilchen wird beim Bohren mit einer Schaumspülung

- das Zusammenballen erbohrter Feststoffe und damit eine Brückenbildung im Bohrloch vermieden,
- im Bohrloch zufließendes Wasser durch Verschäumen ausgetragen,
- in empfindlichen Gebirgsformationen die Bohrlochwand stabilisiert,
- eine Staubentwicklung vermieden.

Anwendung (nach Firmenangaben)

Bei hohen Auftriebsgeschwindigkeiten (900–1500 m/min), z. B. bei Verwendung von Imlochbohrhämmern: 1 m^3 Wasser + 5–151 Dodifoam® ES.

Bei geringen Auftriebsgeschwindigkeiten (60–90 m/min) und der Verwendung konventioneller Bohrwerkzeuge: 1 m^3 Wasser + 1 kg SBF-Viscopol® + 5–151 Dodifoam® ES.

Eigenschaften

Art des Produktes:	Na-Fettalkoholpolyglykolethersulfat
ph-Wert einer 1 %igen Lösung:	6,5–8,0
Viskosität	120 mPas
Lagerfähigkeit:	praktisch unbegrenzt, bei Frosteinwirkung kann es zu Trenungserscheinungen kommen, die durch einfaches Durchmischen behoben werden können
Verpackung:	60 kg Kunststoffspundfass

Weitere Bohrspülungsprodukte für besondere Anwendungsfalle sind u. a.:

- Feinkreide (für trägerschonende beschwerte Spülungen)
- Schwerspat (für hochbeschwerte Spülungen)
- Soda (zum Schutz vor Zementkontaminationen und ph-Wert-Regelungen)
- Gewerbesalz (für Salzwasserspülungen)

4.2.5.6 Messen und Überwachen von Bohrspülungen

4.2.5.6.1   Kontrolle der Spülungsparameter für eine erfolgreiche Spülbohrung

Entscheidend für das erfolgreiche Abteufen einer Spülbohrung ist die kontinuierliche Überwachung und Einhaltung der vorgegebenen Spülungsparameter. Abweichungen können zu Bohrlochinstabilitäten oder Verstopfungen führen und müssen durch geeignete Maßnahmen rechtzeitig korrigiert werden.

Zu den Standardmessungen zählen:

- Dichte der Spülung,
- Marsh-Trichter-Viskosität,
- Filtrationsverhalten der Spülung (Wasserverlustmessung).

Zur Vermeidung von Verstopfungen in den wasserführenden Schichten haben sich leichte, feststoffarme Polymerspülungen bewährt. Der Feststoffanteil einer Spülung wird indirekt über die Dichte mit Hydrometer und Spülungswaage kontrolliert.

Sofern es die Bohrlochsituation erlaubt, sollte die Dichte einer Süßwasserspülung 1,1 kg/l nicht überschreiten, um Ablagerungen und unnötige Druckerhöhungen zu vermeiden.

4.2.5.6.2   Messung der Marsh-Trichter-Viskosität

Die Marsh-Viskosität wird mit einem Marsh-Trichter bestimmt. Sie gibt Aufschluss über die Tragfähigkeit der Bohrspülung und ihre Fließeigenschaften.

Richtwerte
- Indirekte Spülstromrichtung: 40 s für den Auslauf von 1 L
- Druckspülbohrungen: 45–55 s
- Die Restauslaufzeit sollte insbesondere bei beschwerten Spülungen maximal 10 s unter der zuerst gemessenen Auslaufzeit liegen.

Messverfahren
1. Der Marsh-Trichter wird erschütterungsfrei aufgehängt oder in der Hand gehalten und am unteren Ende verschlossen.

2. Die Spülung wird über das Sieb eingefüllt, bis der Flüssigkeitsspiegel die Unterkante des Siebes (1500 ml) erreicht.
3. Die untere Öffnung wird freigegeben, und die Zeit für den Auslauf von 1000 ml sowie die Restauslaufzeit für 500 ml wird mit einer Stoppuhr gemessen.

4.2.5.6.3 Messung des Filtrationsverhaltens der Bohrspülung

Das Filtrationsverhalten (Wasserabgabezeit) gibt an, wie viel freies Wasser aus der Bohrspülung unter Druck abgegeben wird. Dies ist entscheidend für die Bohrlochstabilität, insbesondere in quellfähigen Tonschichten.

- Hoher Wasserverlust kann zu Instabilitäten führen, indem zu viel Wasser in das Gebirge eindringt.
- Niedriger Wasserverlust ermöglicht die Bildung eines dünnen, leicht entfernbaren Filterkuchens, der das Bohrloch stabilisiert.

Die Messung (Abb. 4.27) erfolgt üblicherweise mit einer API-Filterpresse (Standardmethode), die den Wasserverlust über einen definierten Zeitraum (meist 30 min) bestimmt.

Ein alternatives Verfahren zur schnellen Bestimmung ist der Ringapparat, der aus einer Grundplatte, einem Ring mit konischer Öffnung und Filterpapier besteht:

1. Filterpapier auf die Grundplatte legen, darauf den Ring zentrisch aufsetzen.
2. Die Spülung in die konische Öffnung des Rings füllen und eine Stoppuhr starten.
3. Messzeit stoppen, sobald der äußere Bereich des Filterpapiers vollständig durchfeuchtet ist.

Eine gut konditionierte Spülung sollte einen geringen Wasserverlust aufweisen. Werte von mehr als 1000 s im Ringapparat weisen auf eine niedrige Filtrationsrate hin.

Abb. 4.27 Geräte zur Messung und Überwachung der Spülung

4.2.5.7 Ausrüstung und Technik der Feststoffentfernung

Bei der Spülbohrtechnik, die überwiegend unverrohrt und größtenteils unter Verwendung von Spülzusetzen abläuft, ist die möglichst vollständige Abscheidung des geförderten Bohrkleins eine wesentliche Voraussetzung für einen schnellen, problemlosen und wirtschaftlichen Bohrprozess.

Eine effektive Feststoffreinigung

- erhöht die Bohrgeschwindigkeit durch Senkung der Spülungsdichte und Viskosität stabilisiert die Tonschichten durch einen geringeren Infiltrationsdruck der Spülung
- vermindert die Gefahr von Spülungsverlusten durch Senkung des Spülungsdruckes
- verringert den Maschinen- und Werkzeugverschleiß (Pumpen, Gestänge, Meißel)

Feststoffentfernung beim Bohren mit Spülungen ohne Gelstruktur

Grobes Bohrklein setzt sich in Wasser infolge seiner großen Masse in ausreichend dimensionierten Absatzbecken oder -behältern (Abb. 4.28) schnell und ohne Schwierigkeiten ab. Durch richtige Dimensionierung der Absetzgruben muss mehr Volumen zur Verfügung stehen, als dem Volumen des erbohrten Materials entspricht, da sonst bereits heraufgefördertes Bohrklein wieder in das Bohrloch zurückgelangt.

Sehr feines Bohrklein, das vor allem bei Verwendung von Diamantbohrwerkzeugen anfällt, setzt sich bedeutend langsamer ab als grobes Bohrklein. Die Strömungsgeschwindigkeit in den Absetzanlagen muss hier sehr niedrig gehalten werden.

Feststoffentfernung beim Bohren mit Tonspülungen mit Gelstruktur (Gelstärken)

Die Geschwindigkeit, mit der sich Bohrklein in der Spülung absetzt, hängt maßgeblich von der Viskosität und insbesondere der Gelstärke der Bohrspülung ab. Je höher die Gelstärke ist und je feiner das Bohrklein, desto langsamer erfolgt das Absetzen. In bestimmten Fällen kann eine hohe Gelstärke das vollständige Absetzen feinster Feststoffe verhindern.

Abb. 4.28 Praktisches Beispiel einer Anlage für Feststoffentfernung. (Containersystem)

Die Hauptaufgabe der Spülungsreinigung besteht daher in der Zerstörung des Gelgerüstes, um eine effektive Feststoffentfernung zu ermöglichen. Dabei gilt:

- Grobes Bohrklein kann durch Siebung entfernt werden.
- Feines Bohrklein erfordert eine vorherige mechanische Zerstörung des Gelgerüsts und kann dann durch Sedimentation oder Abzentrifugieren aus der Spülung entfernt werden.

Besonders beim Diamantbohren, wo sehr feines Bohrklein anfällt, bleibt dieses in hochviskosen Tonspülungen nahezu vollständig suspendiert und setzt sich ohne gezielte Maßnahmen nicht mehr ab.

Zu den einfachen Abscheideanlagen (Abb. 4.29) für Bohrklein gehören:

- Spülrinne mit eingesetzten Brettchen (1)
- Fächerrinne (2)
- Absetzgrube mit Überlauft (3)
- Absetzgrube mit Trennwand (4)

Zu den aufwendigeren mechanischen Einrichtungen zählen:

- mechanische Siebe
- Zentrifugen
- Spülungsvibratoren (Abb. 4.30)

Abb. 4.29 Einfaches Absetzsystem

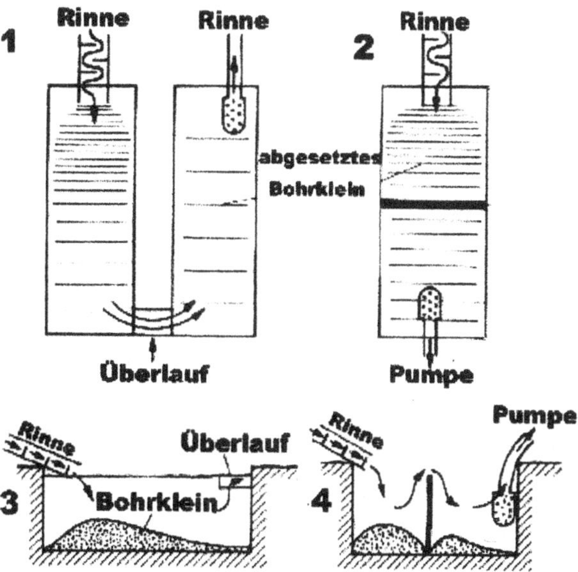

Abb. 4.30 Spülungsvibrator

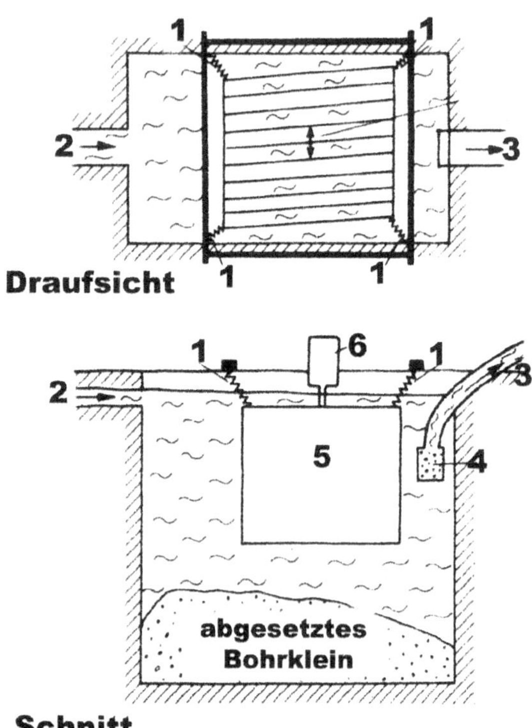

1. federnde Aufhängung der Vibratoren
2. Spülungszulauf
3. Spülungsauslauf
4. Saugkorb
5. Vibrator
6. Vibratorantrieb

4.2.6 Drehschlagbohren (Imlochhammersystem)

4.2.6.1 Allgemeines

Das Drehschlagbohrverfahren ist ein Vollbohrsystem mit Luft- bzw. Luft-Wasserspülung bei stetiger Bohrkleinaustragung zur Felsdurchörterung. Für den Baugrundaufschluss hat das Verfahren bezüglich der bodenmechanischen Aussagen keine Bedeutung. Es kann allenfalls der Schichtwechsel festgestellt werden (GKL 5 gem. DIN EN ISO 22475-1). Soll allerdings eine Felsformation wirtschaftlich und schnell durchfahren werden, ohne dass die baugrundtechnischen Aussagen der betreffenden Formation von Bedeutung sind, so wird man bisweilen dieses Verfahren in Sonderfällen einsetzen. Dies trifft teilweise auch für Pegelbohrungen zu.

Gerätetechnische Angaben siehe Kap. 5.

4.2.6.2 Anwendungstechnik

Mit pneumatischen Imlochhämmern (Abb. 4.31) werden gegenwärtig Bohrungen von 67 bis 762 mm Durchmesser niedergebracht. Der für den Betrieb des Imlochhammers erforderliche Druckluftbedarf ist hauptsächlich abhängig von seinem Durchmesser und dem zur Verfügung stehenden Betriebsdruck. Die Effektivität pneumatischer Imlochhämmer steigt dabei mit zunehmendem Betriebsdruck.

Das Bohren mit dem Imlochhämmer hat gegenüber den konventionellen Bohrverfahren den Vorteil eines

- schnellen Bohrfortschrittes
- geringen erforderlichen Drehmomentes
- geringen erforderlichen Andruckes

Dies bedeutet, dass mit kleinen Bohranlagen hohe Bohrleistungen erzielt werden können.

Wird nur mit Luft als Spülmedium gearbeitet, erübrigen sich die häufig sehr aufwendigen Maßnahmen, die für die Wasserversorgung der Baustelle erforderlich wären (Wasserleitungen, Spülungsbehälter, Teiche usw.). Neben der Erzeugung der Arbeitsenergie muss die Druckluft auch für den Austrag des Bohrgutes sorgen.

4.2.6.3 Mögliche Bohrverfahren

Druckluftspülung

Die Spülung ausschließlich mit Luft ist das am häufigsten angewendete Verfahren beim Bohren mit dem Imlochhämmer. Es ist am einfachsten, benötigt aber bei größeren Durchmessern eine hohe Kompressorleistung für den Bohrgutaustrag.

Abb. 4.31 Imlochhammerkrone für Bohrdurchmesser 796 mm

Wasserspülung

Über den Ringraum eines Doppelwandgestänges wird dem Imlochhammer die Druckluft und somit die Arbeitsenergie zugeführt. Durch das Innenrohr wird die Wasserspülung zugeleitet. Dieses Verfahren ermöglicht eine hohe Staubbindung. Der Bohrgutaustrag kann durch die Wasserspülung ebenfalls verbessert werden.

Außerdem hat sich die Verwendung eines Schaummittels durchgesetzt. Auf 1 m³ Wasser werden dabei 5–15 l Schaummittel zugesetzt. Bei sehr geringer Auftriebsgeschwindigkeit kann zusätzlich noch ein CMC-Polymer beigemischt werden.

Umkehrspülung

Die Bohrkrone dichtet während des Bohrens das Bohrloch gegenüber dem Ringraum zwischen Bohrlochwand und Gestänge weitgehend ab. Das Bohrgut wird durch die äußeren Luftaustrittsöffnungen in der Bohrkrone zu einer mittleren Abluftöffnung geblasen und über das Innenrohr eines Doppelwandgestänges abgefördert. Diese neueste Entwicklung ermöglicht es, nahezu gänzlich unverschmutzte Proben teufengenau aus dem Bohrgut zu entnehmen.

Bohren mit Unterschneidung (SIM-CAS-Verfahren)

Für Bohrungen, bei denen eine Verrohrung mitgefühlt werden muss, zum Beispiel im Lockergestein, werden Exzentermeißel eingesetzt, deren beweglicher Teil bei Rechtsdrehung des Hammers herausklappt und die Rohre unterschneidet. Die Rohre werden durch eine Vorrichtung am Drehkopf des Bohrgerätes nachgedrückt oder über eine Rohrbewegungseinrichtung nachgeführt. Durch Linksdrehen kann der Exzentermeißel zusammengeklappt und durch die Verrohrung ausgebaut werden. Auf diese Weise kann man schnell eine erforderliche Verrohrung setzen, ohne das Bohrverfahren zu wechseln.

Phase 1 Niederbringen der Bohrung mit Exzenterimlochhammer unter Mitnahme einer Verrohrung bis auf die standfeste Formation (z. B. Fels)
Phase 2 Ausbauen des Exzenterimlochhammers
Phase 3 Verrohrte Bohrung bis auf die standfeste Formation
Phase 4 Vertiefung der Bohrung in der standfesten Formation mit Normalimlochhammer

Das Verrohren des Bohrloches wird bei dem Top-Drive-Verfahren entweder durch Belastung des Rohrtourkopfes durch den Kraftdrehkopf oder bei tieferen Bohrungen durch eine Verrohrungseinrichtung unterstützt. Zentrierungen oberhalb des Hammers und am oberen Ende der Verrohrung sorgen dafür, dass Bohrstrang und Imlochhammer innerhalb der Verrohrung zentrisch geführt werden.

Beim sogenannten Shoe-Drive-Verfahren erhält der Rohrschuh der Verrohrung Schultern. Entsprechende Schultern sind am Einsteckende des Imlochhammers (Abb. 4.32) angeordnet, so dass während des Bohrens der Hammer gleichzeitig auf den Rohrschuh schlägt und die Verrohrung mitnimmt. Große Aussparungen im Schulterbereich des Rohrschuhs und des Einsteckendes gewährleisten das Abfördern des Bohrkleins durch die Luftspülung, so dass die Bohrlochsohle während des Bohrens sauber bleibt.

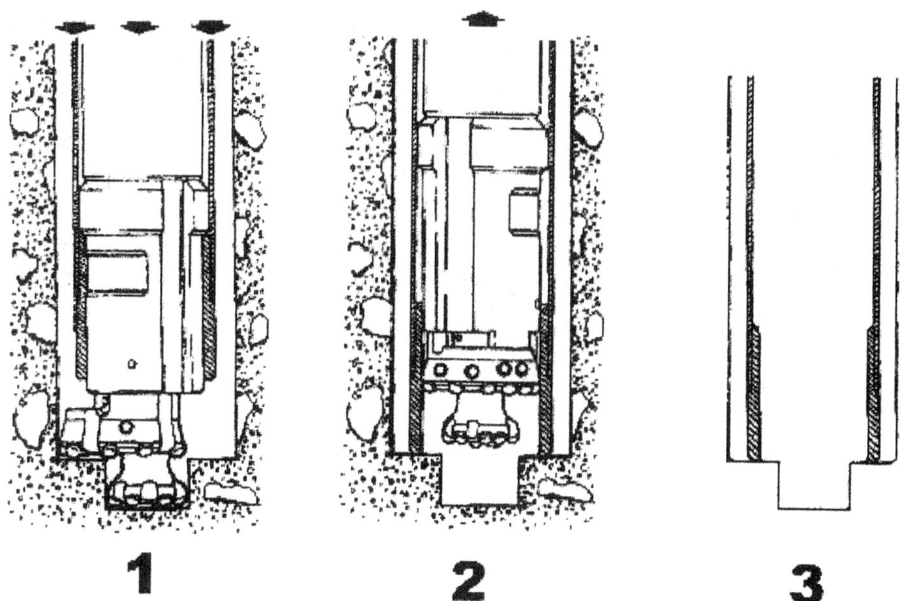

Abb. 4.32 Exzenterimlochhammer (Anwendungsbeispiel). (Quelle: SPIBO Spielhoff-Bohrwerkzeuge GmbH)

Nach Erreichen des Felshorizontes kann durch Linksdrehen der Exzentermeißel eingefahren wer-den, der Bohrstrang gezogen und die Bohrung im Anschluss durch die Verrohrung fortgesetzt werden. Der Durchmesser ist durch die Schultern des Rohrschuhs geringfügig kleiner als Top-Drive-Verfahren.

4.2.6.4 Voraussetzungen und Hinweise für das Bohren mit Imlochhämmern

Der Imlochhammer lässt sich in nahezu allen Formationen einsetzen, besonders im harten, kompakten Gebirge können sehr hohe Bohrfortschritte erzielt werden. Voraussetzung für einen schnellen Bohrfortschritt bei niedrigem Werkzeugverschleiß ist ein ausreichender Spülstrom. Bei Luftspülung muss gewährleistet sein, dass die Auftriebsgeschwindigkeit im Ringraum zwischen Bohrlochwand und Gestänge mindestens 1000 m/min beträgt. Falls die erforderliche Luftmenge nicht zur Verfügung gestellt werden kann, können folgende Maßnahmen eine Verbesserung des Bohrergebnisses bringen:

- Verkleinern des Ringraumes durch den Einsatz von Bohrgestänge mit größerem Außendurchmesser,
- Einsatz eines Mantelrohres und Förderung des Bohrgutes über Bohrschnecken oberhalb des Hammers,

- Verwendung von biologisch abbaubarem Schaum (s. Spülungszusätze), der über eine Dosier-pumpe dem Luftstrom zugesetzt wird. Hierdurch lässt sich die erforderliche Auftriebsgeschwindigkeit auf 200 m/min senken.

Zum Luftverbrauch verschiedener Hammertypen siehe Kap. 5.

Anbohren

Bei Beginn einer Bohrung (Abb. 4.33) sollte mit reduziertem Luftdruck gearbeitet werden, so dass die Bohrlochfront nicht zerstört wird, besonders, wenn die Bohrung durch Weichüberlagerungen führt. Wenn das Kopfloch vollendet und verrohrt ist, kann der Druck auf den normalen Arbeitsdruck erhöht werden.

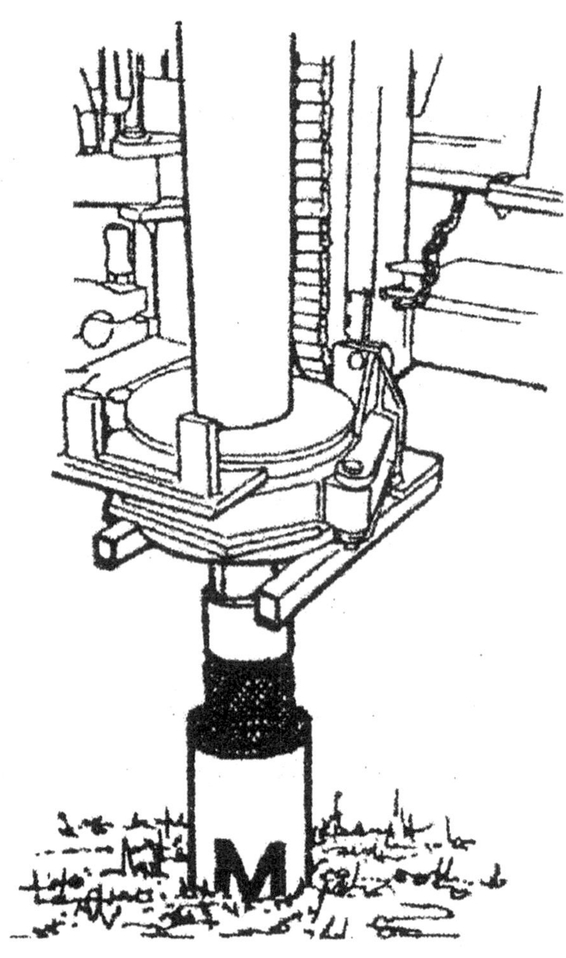

Abb. 4.33 Anbohren mit Imlochhammer. (Quelle: SPIBO Spielhoff-Bohrwerkzeuge GmbH)

Bohren bei nassen Bedingungen

In sehr nassen Bohrbedingungen (Abb. 4.34) sollte der Bohrhammer mindestens 3 m vom Bohrlochboden hochgehoben werden, wenn die Bohrung nicht über Nacht fortgesetzt wird oder eine längere Bohr-unterbrechung erforderlich ist. Dies minimiert das Risiko, dass Bohrklein in den Hammer eindringt oder das Bohrloch zusammenfallt und gegebenenfalls den Hammer vergräbt.

Starker Wasserdruck in einem Bohrloch erzeugt Druck gegenüber dem Luftstrom. 10 m Wasser in einem Bohrloch erzeugen 1 bar Gegendruck gegen den momentan herrschenden Luftdruck im Hammer (Abb. 4.35). Es sollte daher bei der Festlegung des Luftdrucks die maximale Tiefe des Wassers, die in dem Bohrloch erwartet wird, berücksichtigt werden. Zum Beispiel ein Hammer, der mit 12 bar Luftdruck 40 m unter dem Wasserspiegel arbeitet, erhält 4 bar Gegendruck, so dass er effektiv nur mit 8 bar arbeitet. Wenn der gewünschte, kalkulierte Druck von 8 bar unter dem Minimum des empfohlenen Arbeitsdrucks des Hammers liegt, wird die Vortriebsgeschwindigkeit stark reduziert und eventuell bis zu Null heruntergehen, wenn der Hammer noch tiefer unter Wasser bohrt. Bei Bohrungen unter Wasser ist es empfehlenswert, den Meißel auf dem Boden des Bohrlochs stehen zu lassen, wenn Gestänge zugefügt wird, da sonst Wasser und Bohrklein in den Hammer durch die Auslasslöcher im Bohrmeißel eindringen kann.

Abb. 4.34 Bohren im Wasser
Bohren bei Wasserdruck.
(Quelle: SPIBO Spielhoff-
Bohrwerkzeuge GmbH)

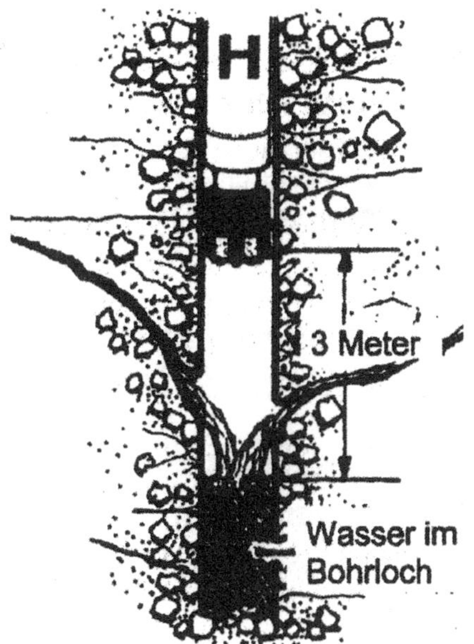

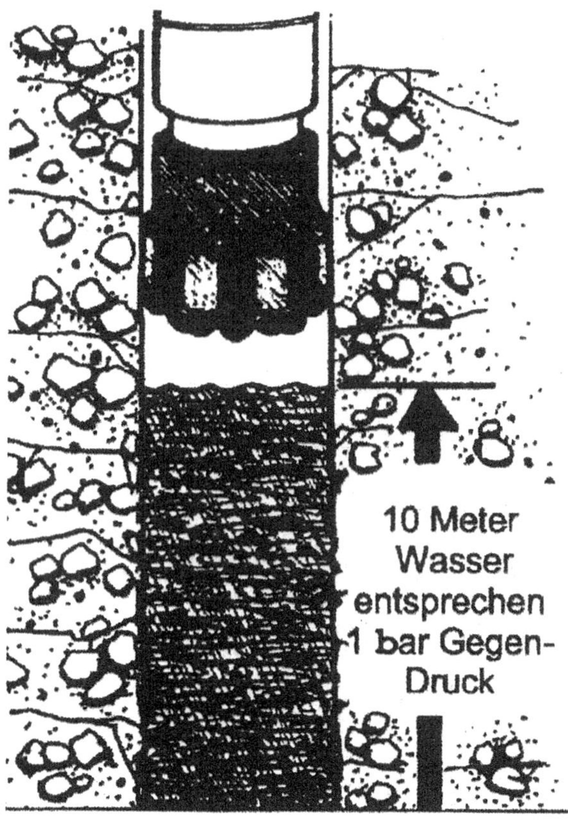

Abb. 4.35 Bohren mit Wasserüberdruck. (Quelle: SPIBO Spielhoff-Bohrwerkzeuge GmbH)

Bohren mit übergroßen Bohrmeißeln

Wenn mit übergroßen Bohrmeißeln (Abb. 4.36) gebohrt wird, sollte der Hammer regelmäßig von der Bohrlochsohle gehoben und mit bis zum zweifachen Luftvolumen gespült werden. Dies unterstützt die Reinhaltung des Bohrloches. Das Bohrklein, welches sich sonst in dem Bohrloch infolge der reduzierten Auftriebsgeschwindigkeit sammelt, wird durch diese Prozedur ausgetragen.

Benutzung von Schaum

Schaum und Wasserlösungen können in den Luftstrom durch den Einsatz einer Schauminjektionspumpe beigefügt werden. Die Einspritzung des Schaumes sollte nach dem Luftölen erfolgen mit einem Injektionsdruck, der etwa 3 bar höher liegt als der Nennarbeitsdruck.

Ein Maximum von 1 bis 2 l Schaummittel auf 100 l Wasser ist im Allgemeinen ausreichend für die meisten Schauminjektionsanwendungen mit Imlochhämmern.

Schauminjektionen sind eine ausgezeichnete Hilfe, wenn die Auftriebsgeschwindigkeit bei Bohrungen mit niedrigem Luftdruck mit übergroßen Meißeln zu unterstützen oder Bohrgutaustragungen durch große Mengen Wasser zu unterstützen.

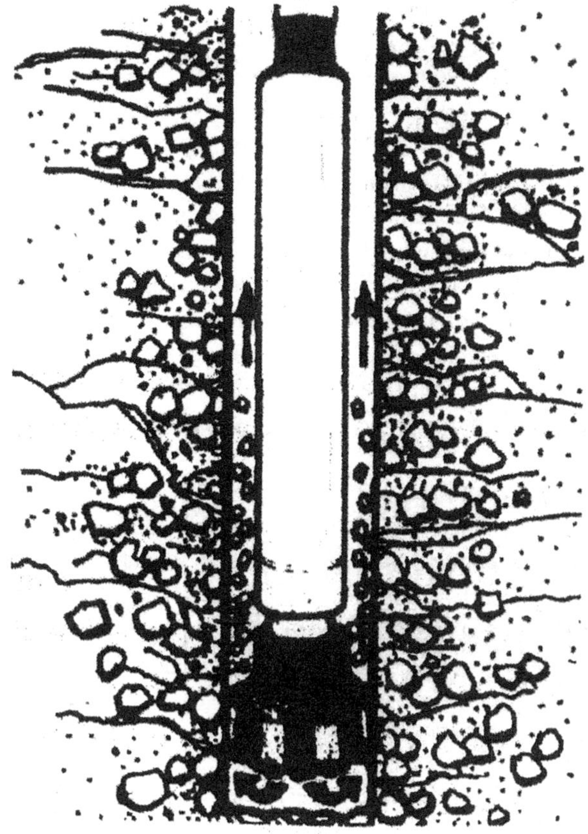

Abb. 4.36 Bohren mit einem übergroßen Meißel. (Quelle: SPIBO Spielhoff-Bohrwerkzeuge GmbH)

Schaum und Wasserinjektionen sind auch dann hilfreich, wenn kleine Mengen Wasser im Bohr-loch vorhanden sind, durch die der Felsstaub zu einer Paste gebunden wird. Hierbei besteht die Gefahr, dass die Luftaustrittsöffnungen verstopft werden und eine Ausfütterung des Bohrloches entsteht.

Überprüfung des Bohrmeißeldurchmessers
Wenn ein neuer Bohrmeißel am Hammer befestigt wird, um ein angefangenes Bohrloch weiter abzuteufen, muss überprüft werden, ob der Bohrmeißeldurchmesser etwas kleiner ist als der Durchmesser des bisher gebohrten Abschnitts, da der Meißel sonst verklemmen kann.

Niemals sollte man einen Meißel zum Vertiefen eines vorgebohrten Loches benutzen, wenn der Meißel einen etwas größeren Bohrdurchmesser als das bereits gebohrte Loch hat, da dies einen sehr starken Verschleiß der äußeren Hartmetallstifte und einen eventuellen Bruch nach sich zieht.

Bohrhammerandruck

Zu große Auflast wird zur Folge haben, dass der Meißel nicht mehr schlagend, sondern mehr als Drehbohrwerkzeug arbeitet. Dadurch wird verhindert, dass der Fels zersplittert. Das Austragen des Bohrkleins muss so schnell wie möglich erfolgen, um ein erneutes Zerstören des Bohrkleins zu vermeiden. Zu starker Andruck kann auch Hammerkomponenten beschädigen. Nicht ausreichender Andruck bedingt ein Zurückschlagen des Hammers. Nur geringe Energie wird dabei an den Fels abgegeben und Vibrationen werden möglicherweise eine Beschädigung des Bohrstranges nach sich ziehen.

Die Tab. 4.4 listet die empfohlenen Andrücke auf, die bei Halco-Hämmern angewandt werden sollten. Die Werte sind grundsätzlich auch für andere Hammertypen mit vergleichbaren Kenndaten anwendbar. Sobald das Gestänge ausreichendes Gewicht durch die Tiefe des Loches erreicht hat, um die maximale Auflast zu erreichen (hierbei muss das Gewicht des Kraftdrehkopfes berücksichtigt werden), muss der Bohrstrang zurückgehalten werden.

Drehmoment

Imlochhammermeißel benötigen ungleich den Dreikegelrollenmeißeln nur ein sehr geringes Drehmoment. Allgemein können in kompakten Felsbedingungen bis zu 50 m Tiefe die Tabellenwerte für die erforderlichen Drehmomente angenommen werden. Abhängig von den vorhandenen Bohrlochbedingungen, Bohrlochtiefen oder der Formationsart, z. B. gebrochenen Formationen usw., können gegebenenfalls größere Drehmomente erforderlich werden.

4.2.7 Bohrkronen, Bohrmeißel und Bohrschneiden

4.2.7.1 Allgemeines

Die Wahl der optimalen Bohrgeräte und Bohrwerkzeuge ist maßgebend für einen wirtschaftlichen Bohrprozess. Dies trifft insbesondere für die Bestückung der eigentlichen Bohrwerkzeuge (Bohrkronen, Meißel und Bohrschneiden) zu.

Tab. 4.4 Andruck, Drehmomente und Drehzahl der Imlochhämmer System Halco. (Andruck, Drehmomente und Drehzahl der Imlochhämmer System Halco)

Hammertyp	minimaler Andruck kN	maximaler Andruck kN	Bohrloch-Ømm	erforderliches Drehmoment kNm	maximale Drehzahl U/min.
MACH 303	1,5	3	105	0,5	35
MACH 44	2,5	5	127	1,2	35
MACH 50	4,0	9	165	2,5	25
MACH 66/60/66 HD	5,0	15	200	3,0	20
MACH 88	8,0	20	300	3,5	15
MACH 120/122	16,0	35	445	4,0	10

Trotz zahlreicher wissenschaftlicher Abhandlungen und umfangreicher Tabellen bleibt es schwierig, verbindliche Empfehlungen für die Wahl der Werkzeuge zu geben. Dies trifft insbesondere für die Felsbohrtechnik im Trockenbohrverfahren (das Bohren ohne Spülung) zu. Hier werden vielfach die technischen oder wirtschaftlichen Grenzen der Verfahrenstechnik erreicht.

Grundsätzlich wird, in Abhängigkeit der Dichte oder Festigkeit des Bodens, zwischen folgenden Methoden unterschieden:

- schneidendes bzw. schabendes Lösen von rolligen und bindigen Böden
- reißendes Lösen von sehr fest gelagerten Böden und weichem Fels
- schlagende, drückende und abscherende Verfahren bei mittelhartem bis hartem Fels

Zwar werden eine Vielzahl von unterschiedlichsten Bohrkronen und -meißel für die jeweiligen Gesteinshärten empfohlen, aber die Entscheidung, wann z. B. ein Fels sehr hart oder hart ist, bleibt beim Anwender. Die Beurteilung ist jedoch aufgrund der großen Festigkeitsbandbreiten sehr schwierig, wie die nachfolgenden Tab. 4.5 und 4.6 zeigen.

Die große Bandbreite insbesondere bei den harten Gesteinen (z. B. Sandstein und Kalkstein) lässt erkennen, dass eine zutreffende Kronen- bzw. Meißelempfehlung unmöglich ist. Geht man davon aus, dass Aufschlussbohrungen größtenteils in einem „jungfräulichen" Bereich durchzuführen ist und somit nur geringe oder keine Kenntnisse über die zu erwartenden Formationen vorliegen, wird die Entscheidung noch schwieriger. Vielfach handelt es sich noch um eine Einzelbohrung. Bei mehreren Bohrungen auf einem überschaubaren Areal können gegebenenfalls die Erfahrungen aus der ersten Bohrung ausgewertet und für die Werkzeugbestimmung genutzt werden.

Tab. 4.5 Gesteinshärten. (Druckfestigkeiten)

lfd. Nr.	Gesteinshärte	Gesteinsarten (Beispiele)	Druckfestigkeit kN/cm^2
1	weiche Gesteine	Geschiebemergel, Gips, Salzgestein, Braunkohle, Kaolin, harter Lehm, Letten, stark verwitterter Schieferton	1–3
2	mittelharte Gesteine	Schieferton, verwitterter Kalkstein, harter Mergel, Marmor, schwach verwitterter Sandstein, Muschelkalk, Anhydrit, harte Steinkohle, quarzhaltiger Mergel, Raseneisenerz	2–10
3	harte Gesteine	Sandstein, Kalkstein, Tuffgestein, Porphyr, Gabbro, unverwittertes Schiefergestein, Glimmerschiefer	5–25
4	sehr harte Gesteine	harter Kalkstein, Sandstein mit hohem Quarzgehalt sowie alle Gesteine mit hohem Quarzanteil, Konglomerate (Nagelfluhgestein), harter Tonschiefer, Syenit, Dolomitgestein	10–30
5	extrem harte Gesteine	Quarzit, Gneis, Diabas, Feuerstein, Hornstein, kompakte Ergussgesteine, Korundgestein, Diorit, Granit	20–40

Tab. 4.6 Verschiedene Gesteinsfestigkeiten

Gesteinsart	Festigkeitsbereich kN/cm^2	mittlere Festigkeit kN/cm^2	Gesteinsart	Festigkeitsbereich kN/cm^2	mittlere Festigkeit kN/cm^2
Granit	7–30	20	Sandstein	5–35	17
Dolomit	15–30	22	Schieferton	5–10	7
Basalt	10–40	25	Mergel	2–10	6
Diabas	15–30	25	Beton	2–6	4
Kalkstein	1–35	10	Ziegelmauerwerk	1–3	2

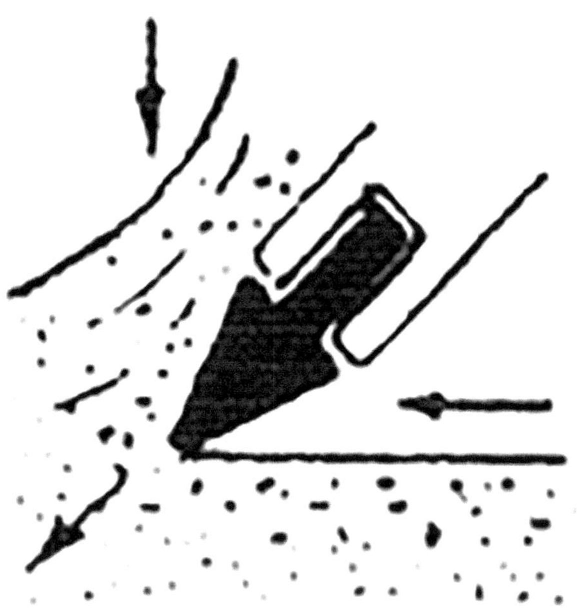

Abb. 4.37 Schneidendes Lösen

4.2.7.2 Meißelbestückung bei Trockendrehbohrwerkzeugen

4.2.7.2.1 Schneidenausbildung für rollige Böden

Der Bohrvorgang entspricht dem *schneidenden* bzw. *schabenden Verfahren* (Abb. 4.37). Für Bohrschnecken und -schappen (Bohreimer) werden dazu fast ausschließlich auswechselbare Hartmetallflachzähne (aus der Baggerschaufeltechnik) verwendet. Der Anstellwinkel sollte so steil sein, dass die Schneide auch bei grobem Kies und Geröll gut greift. Bei der Anordnung der Meißelhalter ist darauf zu achten, dass der Halter nicht abgeschliffen wird (Vermeidung von Reparaturkosten).

Einschnittige Ausführungen neigen in unverrohrten Bohrungen sehr stark zur Achsabweichung und sollten nach Möglichkeit nicht verwendet werden. Als Vorschneider genügen in der Regel einfache Fischschwanzpiloten.

4.2.7.2.2 Schneidenausbildung für bindige Böden

Als Schneidwerkzeuge haben sich die obenerwähnten Flachmeißel bewährt. Der Einstellwinkel sollte hier jedoch so flach gewählt werden, dass sich die Schnecke nicht zu stark in den Boden zieht und Gegenzug aufgebracht werden muss, damit der KDK nicht „abgewürgt" wird. Bohrtechnisch ist es wirkungsvoller, mit Andruck zu arbeiten. Sollte der Gegenzug nicht genügen, so muss durch rechtzeitiges Anheben der Schnecke der Boden laufend „abgerissen" werden.

Das schneidende Verfahren kann zum Teil in sehr festen bindigen Böden und sehr fest gelagerten rolligen Böden nicht mehr angewendet werden. Hier muss gegebenenfalls auf ein „reißendes" Verfahren umgestellt werden.

4.2.7.2.3 Meißelbestückung für Fels- bzw. felsähnliche Böden

Das „Aufreißen" des harten Bodens bzw. Fels erfolgt durch schräggestellte Reißzähne am Boden des Drehbohrwerkzeuges (Abb. 4.38). Beim Drehen des Werkzeuges reißen die Zähne Furchen in den Fels und nachfolgende Zähne lösen dann die stehengebliebenen Bereiche. Da der Reißzahn die Tendenz hat, aus dem Material herauszuwandern, muss das Bohrwerkzeug beim Drehen stark angepresst werden. Der Einsatz von Großdrehbohrgeräten ermöglicht die gleichzeitige Übertragung von hohen Drehmomenten und vertikalen Anpressdrücken auf die Reißzähne. Als Reißzähne werden überwiegend Rundschaftmeißel verwendet.

Diese werden in der Regel am Boden von Bohreimern oder Bohrschnecken in einer horizontalen Ebene angeordnet. Auch eine Mischung aus Flach- und Rundschaftmeißel können bei bestimmten Lagerungsverhältnissen zu befriedigenden Leistungen führen.

Abb. 4.38 Reißendes Lösen

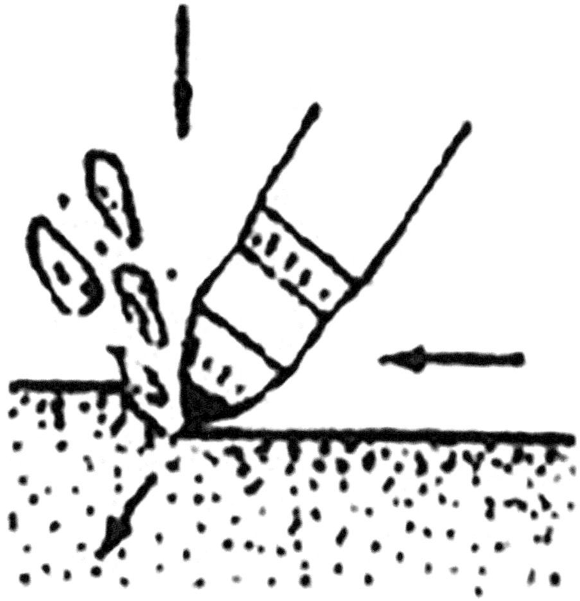

Abb. 4.39 Felsbohrschnecke
ohne Vorschneider und Pilot

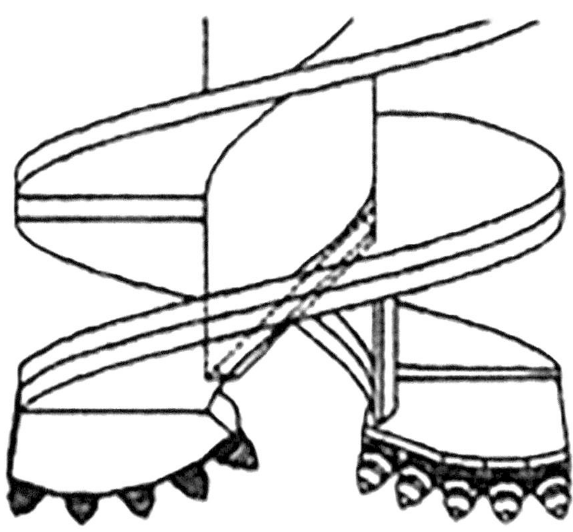

Die Reißwirkung des Gesamtwerkzeuges kann erhöht werden, indem die Rundschaftmeißel auf der sich nach unten verjüngenden Schnecke, über mehrere Wendelgänge verteilt, angeordnet werden. Diese „Progressivschnecken" benötigen allerdings sehr hohe
Drehmomente, um die volle Reißwirkung einsetzen zu können.

Von entscheidender Bedeutung sind ebenfalls Größe und Bestückung der Vorschneider
und Piloten. Trotz dieser durch Versuche bestätigten Erkenntnisse, hat sich eine Fels-
schneckenkonstruktion ohne Vorschneider offenbar ebenfalls bewährt (Abb. 4.39).

4.2.7.2.4 Lösen eines Ringquerschnittes

In vielen Fällen ist es wirtschaftlich nicht vertretbar, spezielle Felsbohrgeräte einzusetzen, wenn ein Trockenvollbohren technisch nicht mehr durchführbar ist. Das gilt besonders dann, wenn nur kurze Felsstrecken zu durchörtern sind. Die Drehmomente und
Vorschubkräfte von Drehbohrgeräten reichen dagegen aber für das Kernbohren in der
Regel aus. Hierbei wird nur ein kleiner Ringraum mit hohen spezifischen Anpressdrücken in den Fels geschnitten. Der verbleibende Felskern bricht entweder an vorgegebenen natürlichen Gleitflächen oder er wird mit konventionellen Methoden (wie
Fallmeißel) zerstört.

Kernbohrrohr

Kernbohrrohre werden üblicherweise mit Rundschaftmeißeln oder mit Hartmetall ver-
sehenen Stollenzähnen ausgerüstet (s. Kap. 5). Sie werden vor allem in reißfähigem
Fels verwendet. Dazu zählen z. B. klüftiger Kalkstein, Konglomerate, Tonschiefer und
ähnliche Gesteinsarten. Die Abb. 4.40 zeigt eine besonders schwere Konstruktion der
Fa. Bauer, Schrobenhausen, mit Doppelschneide und eine besondere Kernfangeinrichtung.

Abb. 4.40 Schweres
Kernbohrrohr mit
Förderrippen. (Quelle: Bauer)

Rollenmeißelkernbohrrohr

Bei dem Rollenmeißelkernbohrrohr werden die Vorteile des Lösens mit Rollenmeißel, drückende Wirkung (Abb. 4.41), mit den Vorteilen des Kernbohrrohrprinzips (Konzentration der Kräfte auf eine kleine Umfangsfläche) kombiniert.

Normalerweise werden Rollenmeißel mit einer Schneidbreite von etwa 150 mm verwendet. Der Anpressdruck wird über das System (Vorschubzylinder, Drehgetriebe und verriegelbare Kellystange) erzeugt.

Da ein Rollenmeißel nicht im Bohrschmant laufen kann, werden die gelösten Felssplitter kontinuierlich von der Ringsohle abgesaugt und über einen Saugkanal, der als Steigrohr am Kernbohrrohr befestigt ist, in einen Auffangbehälter geblasen

Allgemeiner Hinweis: Die erforderliche Bohrwerksbelastung beim Trockenbohrverfahren ist im Wesentlichen Erfahrungssache und vom Geschick des Bohrmeisters bzw. Geräteführers abhängig.

4.2.8 Diamantbohrkronen für das Kernspülverfahren

4.2.8.1 Allgemeines

Bei den Bohrkronen mit oberflächenbesetzten Diamant-, Synset, Stratacut- und Hartmetallbohrkronen erfolgt das Lösen ebenfalls durch Reißen, Brechen und Abscheren, während man bei imprägnierten Diamantbohrkronen mehr von einem „Schleifen" sprechen kann. Durch die Bewegung des Diamantkornes in Drehrichtung erfolgt bei Überschreitung der Scherfestigkeit ein Abscheren des Materials. Die dadurch entstehenden

Abb. 4.41 Drückendes Lösen

Risse hinter diesem Diamanten erleichtern das Abscheren des Gesteins durch den folgenden Diamanten. Durch den Vorgang des Gesteinsbrechens in harten und spröden Gesteinen wird klar, dass ein Diamant mit runder, möglichst glatter Oberfläche am geeignetsten ist. Er besitzt den geringsten Reibungsfaktor, erwärmt sich demzufolge relativ gering und widersteht der erforderlichen hohen Druckbelastung am besten.

In elastisch-plastischen Gesteinen beschränkt sich die Gesteinszerstörung auf das Abscheren. Die vom Diamanten gezogene Furche entspricht nur etwa dessen Querschnittsfläche. Ein Diamant mit scharfen Kanten führt in diesen Gesteinen bei relativ geringer Bohrwerkzeugbelastung und hoher Drehzahl zu guten Ergebnissen. Diese Art der Gesteinszerstörung erklärt, dass nicht selten in weicheren Gesteinen eine geringere Bohrgeschwindigkeit als in härteren Gesteinen erzielt wird. Es zeigt auch, dass nicht ausschließlich die Härte, sondern die Bohrbarkeit des Gesteins insgesamt für das Erreichen hoher Bohrgeschwindigkeiten ausschlaggebend ist.

Diese kurze theoretische Betrachtung zeigt schon die Schwierigkeiten bei der Entscheidung für das optimale Bohrregime. Hinzu kommen die Probleme bei der Wahl der richtigen Bohrkrone, insbesondere bei den Diamantbohrkronen durch eine Vielzahl von unterschiedlichen Diamanthärten, Kronenformen usw.

Bei den Diamanthärten ist z. B. zu entscheiden zwischen Bohrkronen der Güteklassen:
Natural, Premium, Select, Westafrika WA 1 (Standard), Westafrika W 2 (Economy) u.
Carbonados
Bei den Profilen sind es die Formen: W, BY, S, P, M, D, E und BN.

Ein weiteres Unterscheidungsmerkmal stellen folgende Matrixhärten dar: 57, GO, CO, OR, RED, GR und BL.

Ferner wird unterschieden nach:

Imprägnierungsstärken, Steingrößen und verschiedenen Formen der Wasserwege.

Wenn man noch die sehr schwierig einzuschätzenden Gesteinshärten (s. Tab. 4.5 und 4.6) berücksichtigt, so wird die Problematik bei der Kronenauswahl ersichtlich. Im Durchmesserbereich von 36 bis 146 mm stehen bis zu 500 Bohrkronensysteme (oberflächenbesetzt, Synset, Stratacut und imprägnierte Kronen zusammengefasst) zur Auswahl. Der Praktiker tut gut daran, sich auf wenige Durchmesser und Kronentypen festzulegen. Auch auf die Gefahr hin, dass nicht immer die optimalen Bohrleistungen erzielt werden. Im Allgemeinen genügen 4 Durchmesser, z. B. 86, 101, 131 und 146 mm.

Soweit möglich, empfiehlt es sich, Hartmetallkronen zu verwenden. Für sehr harte Formationen sollte man eine oberflächenbesetzte Diamantkrone mittlerer Qualität mit einem Diamantgehalt von 30 bis 40 spc (Karat) vorhalten und für alle übrigen Aufgaben imprägnierte Kronen mit einer Standardimprägnierungshöhe von 6 mm oder alternativ Synset- oder Stratacutkronen. Damit werden auch die Vorgaben für das Bohrregime (Drehzahl, Drehmoment, Umfangsgeschwindigkeit, Andruck, Spülung) wesentlich erleichtert. Die Werte der Tab. 4.7 stellen grobe Anhaltswerte dar, die mit den anstehenden Formationen und Parametern der Bohrkronen zu vergleichen und mit den sachverständigen Lieferanten abzustimmen sind.

4.2.8.2 Parameter für das Bohren mit Diamantbohrkronen

Die wesentlichen Parameter (Tab. 4.7) für die Verwendung von Diamantbohrkronen sind:

- Umfangsgeschwindigkeit
- Drehzahl
- Vorschubkraft
- Drehmoment
- Spülwassermenge

Tab. 4.7 Bohrparameter für das Bohren mit oberflächenbesetzten Diamant- und imprägnierten Bohrkronen

Außen-⌀ der Bohrkrone	D_a	86	101	131	146	mm
Innen-⌀ der Bohrkrone	d_i	67	79	108	123	mm
max. Drehzahl	n	320	310	300	280	min^{-1}
Umfangsgeschwindigkeit[1]	s	1,2	1,4	1,8	1,9	m/s
max. Vorschubkraft[2]	f_a	23	35	43	48	kN
max. Drehmoment	M	200	300	400	500	Nm
Spülwassermenge[3]	q	70	90	180	300	1/min

1) Im Allgemeinen sind Umfangsgeschwindigkeiten von 1,0 bis 5,0 m/s üblich
2) Ermittelt mit 1 kN/cm^2 Schneidfläche der Krone (üblich sind 0,8 bis 1,5 kN/cm^2)
3) Bei einer Strömungsgeschwindigkeit von 0,3 m/s (Empfohlen werden 0,2 bis 0,6 m/s)

Bei sehr guter Diamantqualität (z. B. Natural Drilling ND1) beträgt die mögliche Belastung bis zu 1,5 kN/cm² Schneidfläche. Aufgrund der sehr unterschiedlichen Kronenmaße (Durchmesser und Lippenbreite) muss im Bedarfsfall der maximal mögliche Andruck ermittelt werden (s. Formel A). Den genauen spezifischen Andruck sollte man sich aber aus Garantiegründen vom Lieferanten bestätigen lassen.

4.2.8.3 Ermittlung der erforderlichen Vorschubkraft

Die zulässige Vorschubkraft kann nach folgender Formel ermittelt werden:

$$\text{Formel A:} \quad f_a = 0,65 \cdot \frac{\pi \left(D_a^2 - d_i^2 \right) p}{4} \left(kN \right)$$

Darin bedeuten:

f_a = Vorschubkraft in kN (Kraft auf die Bohrlochsohle)
π = 3,14
D_a = Außendurchmesser der Bohrkrone in cm
d_i = Innendurchmesser der Bohrkrone in cm
p = zulässige spezifische Druckbelastung der Bohrkrone in kN/cm²

Da nur etwa 65 % aller Diamanten an der Gesteinszerstörung beteiligt sind (der Rest wird als Kaliberschutz verwendet), ist mit dem Faktor 0,65 zu multiplizieren.

Die von den Herstellern empfohlene Vorschubkraft p beträgt 4 bis 6 kN je Karat.

Beispiel: Krone 101 × 76, D_a = 101 mm, d_i = 76 mm, p = 1,0 kN/cm²

f_a = 0,65 · 3,14 (10,12 − 7,62)/4 · 1,0

f$_a$ = **22,58 gew. 23 kN**

Ausgehend vom Diamantgewicht und der Diamantgröße kann die Vorschubkraft auch mit fol-gender Formel berechnet werden:

$$\text{Formel B:} \quad f_a = 0,65 \cdot c \cdot n \cdot p \left(kN \right)$$

f_a = Vorschubkraft in kN (Kraft auf die Bohrlochsohle)
c = Gesamtgewicht der Diamanten in Karat
n = Diamantgröße in Steinen je Karat in spi
p = Vorschubkraft je Diamant in N
0,65 = Anteil der Diamanten an der Gesteinszerstörung

Beispiel: Krone oberflächenbesetzt, n = 30 spi, c = 20 Karat, p = 50 kN

f_a = 0,65 · 20 · 30 · 50

f$_a$ = **19.500 N = gew. 19,5 kN**

Bei imprägnierten Kronen können folgende Formeln angewendet werden:

$$\text{Formel C:} \quad f_a = 0,007854 \cdot \left(D_a^2 - d_i^2 \right) \cdot s \left(kN \right)$$

Formel D: $f_a = \left[0,007854 \cdot \left(D_a^2 - d_i^2 \right) - a \cdot b \cdot \left(D_a - d_i \right) / 200 \right) \cdot s \left(kN \right)$

f_a = Vorschubkraft in kN (Kraft auf die Bohrlochsohle)
D_a = Außendurchmesser der Bohrkrone in mm
d_i = Innendurchmesser der Bohrkrone in mm
s = Vorschubkraft je cm² der Schneidfläche in N/mm²
a = Anzahl der Wasserwege
b = Breite der Wasserwege in mm

Die zulässige Vorschubkraft wird empfohlen mit s = 800–1000 N/cm². Wenn man vernachlässigt, dass die Wasserwege die Schneidfläche reduzieren (bei dünnlippigen Kronen üblich) wird mit Formel C gerechnet, im anderen Fall ist Formel D anzuwenden.

Beispiel für Formel C: Krone 101 × 76, D_a = 101 mm, d_i = 76 mm, s = 1000 N/cm²
$f_a = 0,007854 \cdot (1012 - 762) \cdot 1000$
fa = **34.754 N gew. 35 kN**
Beispiel für Formel D: Krone wie Formel C, s = 1000 N/cm², a = 9, b = 3 mm
$f_a = (0,007854 \cdot (1012 - 762) - 9 \cdot 3 \cdot (101 - 76)/200) \cdot 1000$
fa = **31.370 N gew. 31 kN**
Bei Stratacut-Bohrkronen liegt der Andruck bei 2500–3000 N je Schneidelement, während er bei Synset-Bohrkronen 400–600 N betragen sollte.

4.2.8.4 Ermittlung der Umfangsgeschwindigkeit

Die Umfangsgeschwindigkeit kann wie folgt ermittelt werden:

$$\textbf{Formel E:} \quad v_c = D_m \cdot \pi \cdot \frac{\frac{n}{60}}{100} \left(m/s \right)$$

Darin bedeuten:

v_c = Umfangsgeschwindigkeit in m/s
π = 3,14
D_m = mittlerer Kronendurchmesser = $(D_a + d_i)/2$ in cm
n = Drehzahl in U/min

Beispiel: D_a = 101 mm, d_i = 76 mm, D_m = (10,1 + 7,6)/2 = 8,85 cm, n = 310 m/min
$v_c = 8,85 \; 3,14 \; 310/60/100$
vc = **1,44 m/s gew. 1,4 m/s**
Folgende Umfangsgeschwindigkeiten werden von den Herstellern empfohlen:

v_c = 1,0–3,0 m/s für oberflächenbesetzte Bohrwerkzeuge
v_c = 2,0–5,0 m/s für imprägnierte Bohrwerkzeuge
v_c = 0,5–1,5 m/s für Stratacut-Bohrwerkzeuge
v_c = 1,0–3,0 m/s für Synset-Bohrwerkzeuge

4.2.8.5 Ermittlung der Drehzahl

Die Ermittlung der erforderlichen Drehzahl erfolgt nach folgender Formel:

$$\textbf{Formel F:}\quad n = \frac{38197 \cdot v_c}{D_a + d_i}\left(min^{-1}\right)$$

v_c = Umfangsgeschwindigkeit in m/s
D_a = Außendurchmesser der Bohrkrone in mm
d_i = Innendurchmesser der Bohrkrone in mm
n = Drehzahl in min^{-1}

Beispiel: Krone 101 × 76, vc = 1,4 m/s; Da = 101 mm, di = 76 mm
n = (38.197 · 1,4)/(101 + 76)
n = 302 min^{-1}

4.2.8.6 Ermittlung der Spülungsmenge

Neben Drehzahl und Andruck ist für die Bohrarbeit eine ausreichende Bespülung der Diamantbohrkronen von ausschlaggebender Bedeutung. Die Spülung hat dabei die Aufgabe, das Bohrklein von der Bohrlochsohle zu entfernen und es durch den Ringraum zwischen Bohrlochwand und Gestänge nach über Tage auszutragen, sowie eine ausreichende Kühlung der Diamanten zu gewährleisten. Die Spülungsmenge oder Pumprate, die für eine Kühlung der Diamanten ausreicht, ist immer kleiner als die, die benötigt wird, um das Bohrklein auszutragen.

Als Ringraumgeschwindigkeit bei Spülung auf Wasserbasis wird im Allgemeinen

v_r = 0,3–0,6 m/s in Ansatz gebracht.

Als Ringraumgeschwindigkeit bei Spülung auf Luftbasis wird

v_r = 10–20 m/s empfohlen.
v_r = Ringraumgeschwindigkeit der Spülung in m/s

Die erforderliche Pumprate errechnet sich nach folgender Formel:

$$\textbf{Formel G:}\quad q = \left(D_a^2 - g_d^2\right) \cdot r_v \cdot 0,047124\left(min^{-1}\right)$$

Es bedeuten:

q = Pumprate in min^{-1}
D_a = Außendurchmesser der Bohrkrone in mm
g_d = Außendurchmesser des Gestänges in mm
v_r = Ringraumgeschwindigkeit in m/s

Bei der Beispielkrone 101 × 76 mm, D_a = 101 mm, g_d = 50 mm ergibt sich folgende Spülungsmenge:

bei Wasserspülung und v_r = 0,5 m/s

$q = (1012 - 762) \cdot 0,5 \cdot 0,047124$

q = 104 min^{-1}

bei Luftspülung und v_r = 15 m/s

$q = (1012 - 762) \cdot 15 \cdot 0,047124$

$q = 3128$ min^{-1} (entspricht etwa der Leistung eines Kompressors mit Q = 3,5 m^3/min)

Als einfache Faustregel bei Wasserspülung kann gelten, dass es ausreicht sicherzustellen, dass ein steter Spülungsfluss aus dem Standrohr tritt, wobei man versuchen sollte, die Pumprate auf ein Minimum zu begrenzen. Hier gilt „Viel hilft nicht viel". Die Anwendung einer Triplexpumpe oder eines Druckausgleichsgefäßes ist sinnvoll, denn die Druckspitzen einer Duplexpumpe wirken beim Aufschlussbohren, wo üblicherweise keine Schwerstangen zum Einsatz kommen, wie ein Imlochhammer und können die Diamanten zerstören.

Der Spülungsfluss ist während des Bohrens unter ständiger Beobachtung zu halten. Auch kürzeste Unterbrechungen können zur Zerstörung des Diamantwerkzeuges führen, wenn z. B. aufgrund undichter Gestängeverbinder oder eines Loches im Gestänge die Spülungszufuhr zum Bohrwerkzeug aussetzt. Ein Zeichen für das Aussetzen der Spülung oder eine unzureichende Kühlung ist die blaue Anlauffarbe, die man immer wieder an beschädigten Bohrwerkzeugen beobachten kann.

4.2.8.7 Allgemeiner Hinweis zur Ermittlung der Bohrparameter

Alle Tabellenwerte und die anhand von Rechenbeispielen ermittelten Werte können natürlich nur Richtzahlen sein bzw. ergeben. Der erfahrene Geräteführer wird beim Einsatz von Diamantwerkzeugen immer versuchen, die besten Bohrleistungen zu erreichen. Hier gilt noch immer „Probieren geht über Studieren". So sollte man durch Veränderung der Drehzahl, des Andruckes und der Pumprate selbst die optimalen Einsatzwerte herauszufinden versuchen.

4.2.8.8 Vorgehensweise beim Einsatz von Diamantbohrwerkzeugen

Maßnahmen vor dem Einsatz

Es ist üblich und sinnvoll, das zu verwendende Werkzeug auf sein Verschleißbild und seine Maßhaltigkeit hin zu überprüfen. Ein vorzeitiges Gestängeziehen, zum Wechsel des Werkzeuges wegen Verschleiß, sollte schon im Vorfeld, durch rechtzeitigen Austausch des Werkzeuges vermieden werden. Auch werden die Rückgewinnungsergebnisse durch einen zu langen Einsatz des Werkzeuges überproportional verschlechtert. Der Einsatz einer untermaßigen Krone vergrößert außerordentlich die Gefahr, dass beim Nachsetzen mit einer neuen Krone, diese schon beim Einbau beschädigt wird.

Für jede Bohrkrone sollte eine Kennkarte angelegt werden, auf der folgendes zu vermerken ist:

- Seriennummer und Hersteller des Werkzeuges
- Größe (Außen- und Innendurchmesser)
- Karatgewicht
- Diamantqualität
- Diamantgröße
- Lippenform
- Matrix (bei imprägnierten Diamantbohrwerkzeugen)
- besondere Eigenschaften (z. B. Spülungsbohrungen)
- gebohrte Bohrmeter nach jedem Einsatz

Einbau der Diamantbohrkrone

Beim Einlassen des Gestänges sollten die letzten Meter vor Erreichen der Bohrlochsohle behutsam eingefahren werden. Ein hartes Aufsetzen der Diamantbohrkrone auf der Bohrlochsohle kann zu Schäden an den Diamanten fuhren. Falls die Krone beim Einlassen klemmt, muss vorsichtig aufgefahren werden, um dann drehend mit möglichst geringer Vorschubkraft nachzubohren.

Ist nach dem Einlassen die Sohle erreicht, so sollte diese zunächst freigespült werden. Dazu ist das Gestänge wieder etwa 10 cm hochzufahren.

Während des Bohrens

Es ist darauf zu achten, dass die Krone erst mit vollem Andruck beaufschlagt wird, wenn sie ein Bett gebildet hat und alle Diamanten im Kontakt sind. Dies geschieht in der Regel bereits nach wenigen Bohrzentimetern. Diese Vorsichtsmaßnahme ist besonders wichtig, wenn Diamantwerkzeuge nach Hartmetallwerkzeugen eingesetzt werden. Wird beim Bohren eine deutliche Abnahme der Vorschubgeschwindigkeit beim Eintritt in härteres Gestein festgestellt, müssen die Drehzahl reduziert und der Andruck erhöht werden. Andernfalls besteht die Gefahr, dass die Diamanten nicht mehr zerspanen, sondern nur noch polieren.

Ziehen des Bohrgestänges

Das Ziehen des Bohrgestänges und das Kernbrechen sollten vorsichtig gehandhabt werden. Der Kernfangring darf nicht schlagartig zum Eingriff kommen, da ansonsten die Gefahr besteht, dass die Kernfanghülse und die Bohrkrone beschädigt werden.

Schadensursachen

Ein beträchtlicher Prozentsatz aller dünnwandigen Bohrkronen wird durch falsche Behandlung vorzeitig zerstört. Typisch sind Matrixausbrüche an der Kronenlippe aufgrund harten Aufsetzens, Matrixausbrüche, bzw. unrund gedrückte Kronenkörper durch un-

geeignete Verschraubungswerkzeuge, sowie verbrannte Diamanten wegen Spülungs-
mangel. Häufig ist die Beschädigung der Diamanten, die durch Polieren angeflacht werden und ihre Schneidfähigkeit verlieren, weil die Bohrkrone mit ungeeigneten Bohrparametern eingesetzt wurde. Oft ist die Zerstörung der Diamanten aufgrund von
Schlagbeanspruchungen festzustellen, die aus Unwucht im Gestänge resultieren, wofür
wiederum Wanddickenschwankungen im Gestänge oder verbogene Gestängeverbinder
bzw. Gestänge verantwortlich sind. Zu den typischen Versagensursachen zählt auch der
vorzeitige Kaliberverschleiß durch unsachgemäßes Einfahren des Bohrstranges in ein
untermaßiges Bohrloch. Der vielfach festzustellende einseitige Verschleiß auf der Kronenlippe resultiert oft aus einer mangelhaften Stabilisierung des Bohrstranges. Eher selten ist
der vorzeitige Matrizenverschleiß aufgrund zu hoher Strömungsgeschwindigkeit der Spülung an der Kronenlippe bzw. eines zu hohen Feststoffanteiles in der Spülung durch
mangelhafte Entsandung.

Abb. 4.42 zeigt eine vollkommen abgefahrene Diamantbohrkrone. Es bedarf keiner besonderen Erklärungen, dass mit einer solchen Bohrkrone keine Leistungen mehr erzielt
werden können. Zusätzlich besteht hier noch die Gefahr einer Havarie.

Abb. 4.42 Sehr stark
abgefahrene
Diamantbohrkrone

Bei der Bohrarbeit können weitere schädliche Einflüsse die Bohrleistung und Standzeit der Diamant- und Hartmetallbohrkronen sowie die Qualität der Ergebnisse (Bohrkerne) erheblich beeinflussen.

Hierzu gehört insbesondere die starke Vibration. Die Ursachen der Vibration können u. a. sein:

Geologische Faktoren

- Wechsellagerungen harter und weicher Gesteine
- zum Nachfall neigende Gesteine
- Gesteine mit ungleichmäßiger Körnung und Struktur

Mechanische und technische Faktoren

- Zentrifugalkräfte durch Unwuchten in den Bohrstangen und den Bohrstangenverbindungen
- Ausbuckeln des Bohrstranges durch zu hohe Druckbelastung
- ungenügende Stabilität des Bohrstranges
- Unregelmäßigkeiten in der Spülflüssigkeit
- schlechter Zustand der Bohrausrüstung
- ungleichmäßiger (einseitiger) Verschleiß des Bohrstranges
- Größe des Drehmomentes
- exzentrisch befestigte oder krumme Bohrstange
- zu großer Ringraum zwischen Bohrgestänge und Bohrlochwand
- keine Übereinstimmung von Bohrspindel und Bohrlochachse
- Verwendung von Bohrkronen, deren Typ nicht dem zu durchbohrenden Gestein entspricht

Tonspülungen sollten nur beim Durchteufen nicht standfester Gesteine oder in Spülungsverlusthorizonten Verwendung finden. Immer rechtzeitig dann, wenn die Gefahr des Spülungsverlustes besteht. Die Zugabe von Spülungsmitteln verringert den Leistungsbedarf für das Bohren, wodurch auch mit höheren Drehzahlen gebohrt werden kann. Ferner werden der Verschleiß der Bohrausrüstung und die Vibration des Bohrstranges vermindert, die mechanische Bohrgeschwindigkeit erhöht und der spezifische Diamantverbrauch verringert. Die Verwendung von Spülungszusätzen muss bei Baugrundaufschluss- und Wasserbohrungen vom Auftraggeber ausdrücklich genehmigt werden.

Die Parameter des Bohrregimes stehen miteinander in Wechselbeziehungen. Eine Steigerung der Bohrleistung ist sowohl durch eine Erhöhung der Bohrwerkzeugbelastung als auch der Drehzahl in bestimmten zulässigen Grenzen möglich. Maßgebend sind dabei die Gesteinseigenschaften und der Typ der eingesetzten Krone. Neben den rein theoretischen

Vorgaben und Ermittlungen bleiben die Erfahrungen des Bohrmeisters, gepaart mit der Aufmerksamkeit und dem Gefühl des Maschinisten, die entscheidenden Faktoren für ein optimales Bohrergebnis.

4.2.9   Hartmetallbohrkronen

Hartmetallbohrkronen sind geeignet für Formationen mit einer Druckfestigkeit bis etwa 12 kN/cm^2, also mittelharte Gesteine bis harte Gesteine im unteren Druckfestigkeitsbereich. Hier stellen sie eine kostengünstige Alternative zu den Diamantwerkzeugen dar und sollten daher auch so weit wie möglich eingesetzt werden. Die möglichen Drehzahlen müssen gegenüber den Diamantbohrkronen um etwa 50 % reduziert werden, so dass zwangsläufig die erreichbaren Bohrleistungen geringer sind. Hartmetallbohrkronen sind jedoch unempfindlicher bei geologischen (Wechsellagerungen) und mechanischen (z. B. Vibration, Unregelmäßigkeiten bei der Spülung) Einflüssen (s. Kap. 5).

Bei Verwendung von Hartmetallbohrkronen guter Qualität liegen die Drehzahlen je nach Durchmesser bei 120 bis 160 min^{-1}. Hartmetallbohrkronen vertragen in der Regel einen höheren Andruck als Diamantbohrkronen. Im Übrigen sollten die Angaben der Lieferanten beachtet werden.

4.2.10   Bohrkronen für das Vollbohrverfahren mit Spülung

4.2.10.1 Drehend-schlagendes Verfahren (Tieflochhammersystem)

Das Prinzip der Imlochhammerbohrung wird vor allem bei Kleinlochbohrungen angewendet. Bei diesem Verfahren schlägt ein druckluftbetriebener Kolben in kurzen Abständen auf eine Bohrkrone, die über die gesamte Fläche mit Hartmetallstiften besetzt ist (Abb. 4.43). Die Stifte dringen in den Fels ein und sprengen den Fels in Splittern ab. Man spricht daher bei diesem Lösungsverfahren von „Explosion", da bei jedem Schlag der Hartmetallstifte auf die Bohrlochsohle die gelösten Gesteinsteilchen explosionsartig abplatzen.

Da die Tiefe je Schlag nur im Millimeterbereich liegt, kann durch die hohe Schlagzahl eine gute Bohrleistung erzielt werden.

Die Stifte der Bohrkronen können nachgeschliffen werden. Sofern dieses Bohrsystem sehr oft eingesetzt wird, lohnt die Anschaffung einer speziellen Schleifmaschine. Für einzelne Einsätze genügt ein Handschleifer (Abb. 4.44). Es ist zwar möglich, den Meißel mit einem oder mehreren gebrochenen Stiften weiter einzusetzen, jedoch mit reduzierter Fortschrittsgeschwindigkeit. Gebrochene Stifte sollten bis zum Grund abgeschliffen werden, um zu vermeiden, dass später abbrechende Stiftpartikel andere Stifte beschädigen (Abb. 4.45).

Abb. 4.43 Details der Imlochhammerbohrkrone. (Quelle: SPIBO Spielhoff-Bohrwerkzeuge GmbH)

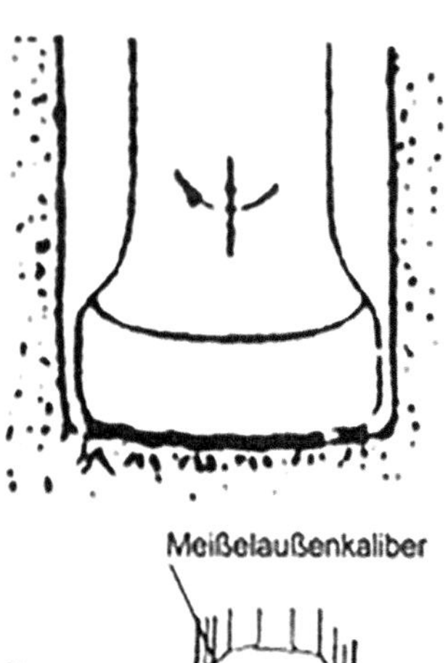
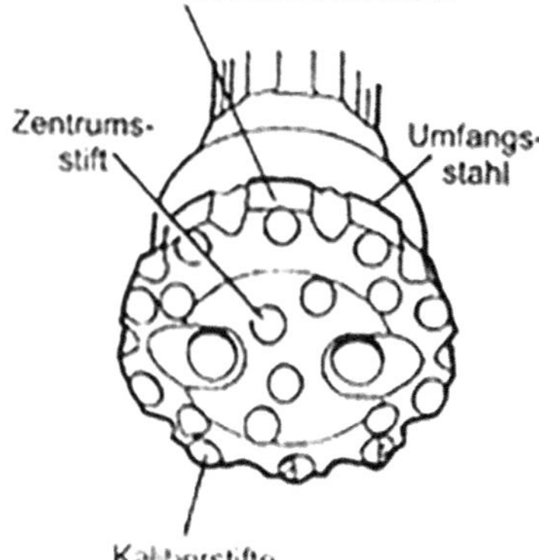

Abb. 4.44 Abschleifen gebrochener Stifte. (Quelle: SPIBO Spielhoff-Bohrwerkzeuge GmbH)

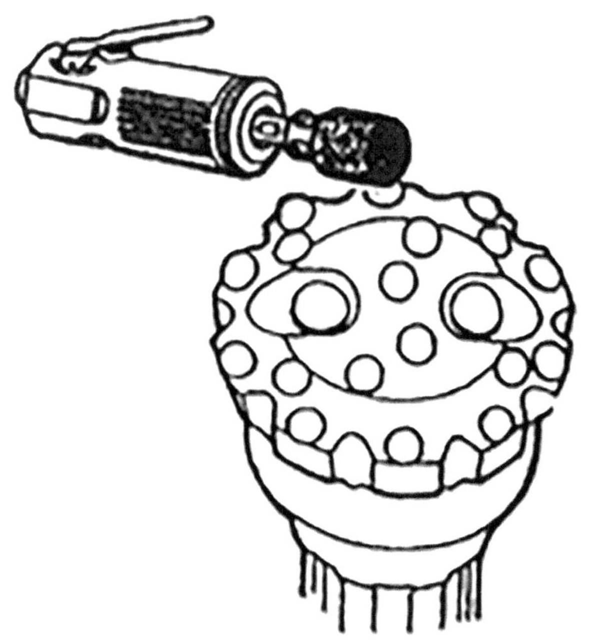

Abb. 4.45 Nachschleifen mit einem speziellen Handstiftschleifer. (Quelle: SPIBO Spielhoff-Bohrwerkzeuge GmbH)

4.2.11 Bohrmeißel für das Spülbohrverfahren

4.2.11.1 Rollenmeißel

Das Lösen des Gesteins beim Rollenmeißel beruht auf Einwirkung hoher Drücke auf die Bohrlochsohle. Das System wird in Kap. 5 ausführlich beschrieben. Die folgenden Ausführungen befassen sich mit der Klassifizierung und Anwendungstechnik (Bohrregimeparameter) dieser Meißel.

Allgemeines

Die Rollenmeißel erreichen bei extrem harten abrasiven Gesteinen zwar nicht den Bohrfortschritt wie Diamantbohrwerkzeuge, sind aber vor allem bei gestörten Formationen ein sehr wirtschaftliches Bohrwerkzeug. Unter den genannten Bedingungen kann mit den wesentlich teureren Diamantwerkzeugen weder eine höhere Bohrleistung noch eine längere Lebensdauer erzielt werden. In harten bis sehr harten und wechselnden Schichten können durchaus Standlängen bis zu 15 m erreicht werden (in weichen bis mittelharten Formationen 50 bis 80 m). Allerdings muss bei der Anwendung von Rollenmeißeln mit weitaus geringeren Drehzahlen gebohrt werden als mit Diamantwerkzeugen.

Klassifizierung

Die Klassifizierung der Rollenmeißel erfolgt nach den wichtigsten Konstruktionsmerkmalen der Meißel. Diese sind wiederum bedingt durch die Eigenschaften der Gesteine (s. Tab. 4.8).

Tab. 4.8 Empfehlungen für Meißeltyp, Meißelbelastung und Drehzahl bei Einsatz von Rollenmeißeln

| | | | Zahnmeißel | | | Warzenmeißel | | |
| | | | Zahnmeißel API | Meißelbelastung[b] | Drehzahl | WarzenmeißelAPI | Meißelbelastung | Drehzahl |
Kennziffer	Gesteinshärte	Abrasivität[a]	RP7G	(kN/mm)	U/min	RP7G	(kN/mm^2)	U/min
1	weich	1–4	111; 114; 121; 123; 124; 126	3,5–10,5	250–80	437; 519; 525; 527; 515; 517	3,5–8,0	100–50
2	mittelhart	5–8	131; 136; 214; 215; 211; 216; 315; 317	5–14	120–40	535; 537; 617; 637; 647	5–10	80–35
3	hart	9–12	234; 235; 311; 313	8–14	100–40	627; 727	6–10,5	65–35
4	sehr hart	13–16	313; 315; 321	8–14	80–40	637; 727; 432; 737; 747; 818	6–11,5	60–35
5	extrem hart	17–20	313; 314; 346; 347	4–11	70–40	835; 837	8–13	50–35

[a]Abrasivität nach Štêrba/Sievers
[b]Meißelbelastung bezogen je mm Meißeldurchmesser

Dabei haben die Herstellerländer von Rollenmeißeln Klassifizierungssysteme entwickelt. Heute wird überwiegend das vom Amerikanischen-Petroleum-Institut entwickelte System (API-System) angewendet. Es hat sich inzwischen weltweit durchgesetzt.

Nach dem API-System wird ein Rollenmeißel durch drei Ziffern gekennzeichnet, in denen die wichtigsten Kriterien des Meißels erfasst sind. Dabei wird aus der ersten Zahl die Anordnung der Meißelrollen und die Art der Meißelzähne erkannt.

Hierbei bedeuten die festgelegten Zahlen von 1 bis 8:

1: Zahnmeißel mit langen spitzwinkligen Meißelzähnen und mit großem Offset
2: Zahnmeißel mit mittleren Meißelzähnen, mittlerem Zahnwinkel und mit mittlerem Offset
3: Zahnmeißel mit breitwinkligen Meißelzähnen, geringer Höhe und ohne Offset
4: Insertmeißel mit langen Inserts und spitzwinkliger Oberfläche
5: Insertmeißel mit etwas kürzeren Inserts und etwas breitwinkligerer Oberfläche
6: Insertmeißel mit mittellangen Inserts und breitwinkliger Oberfläche
7: Insertmeißel mit kurzen Inserts und halbkugelförmiger Oberfläche
8: Insertmeißel mit sehr kurzen Inserts und abgeplatteter Oberfläche

Hieraus geht hervor, dass die Zahntypen 1 bis 3 und 4 bis 8 für jeweils zunehmend härter werdende Gesteine auszuwählen sind. Innerhalb der acht Gruppen gibt es, gekennzeichnet durch die zweite Zahl, jeweils vier Einzeltypen, die auf die spezifischen Gesteinseigenschaften abgestimmt sind. Konstruktiv kennzeichnen sie den Zahnreihenabstand, ihren Hartmetallbesatz auf den nachlaufenden Flanken der inneren Zahnreihen, an den Außenseiten der Zähne und an den Kaliberseiten der Kaliberzähne sowie an der Konusoberfläche der Meißelrollen. Die dritte Zahl 1 bis 9 bezieht sich auf die Kaliberausführung, Lagerabdichtung, Lagerart, sowie auf Spezialausführungen.

Hierbei bedeuten:

1: Standardausführung
2: Ausführung der Kaliberzähne
3: Kaliber mit abgeflachten Inserts
4: gekapselte Lager
5: gekapselte Lager und Hartmetallinserts am Außenkaliber
6: gekapselte Gleitlager
7: gekapselte Gleitlager und Hartmetallinserts am Außenkaliber
8: Sonderausführung für Richtbohrungen
9: Sonderausführung für weitere Spezialaufgaben

Unabhängig von den Typenbezeichnungen verschiedener Rollenmeißelhersteller bedeutet der Buchstabe J am Ende einer Bezeichnung, dass es sich um einen Düsenmeißel handelt.

Einzelne Rollenmeißelhersteller charakterisieren ihre Erzeugnisse noch als 4. Stelle durch einen Buchstaben.

Hierbei bedeuten:

A: Gleitlager für Luftzirkulation
B: Zentraldüse
C: abgedichtete Rollen oder Gleitlager
D: Abweichungssteuerung
E: verlängerte Düsen
F: extra Kaliberschutz
G: Düsenbestückung
H: verstärkt geschweißt
I: Standardstahlzahnmeißel
J: meißelförmige Inserts
K: onisch geformte Inserts
L: andere Insertformen

Auswahl und Einsatz von Rollenmeißeln

Der Rollenmeißel ist für viele bohrtechnische Aufgaben das am häufigsten gewählte Bohrwerkzeug. Bei der Entscheidung, welcher Rollenmeißeltyp eingesetzt werden soll, können die Tab. 4.8, 4.9 und 4.10 eine große Hilfe sein. Dabei muss u. a. entschieden werden, ob ein moderner Insertmeißel oder ein konventioneller Zahnmeißel zum Einsatz kommen soll. Dabei muss beachtet werden, dass die Anschaffungskosten eines Insertmeißel etwa

Tab. 4.9 Gesteinsgruppen nach Abrasivitätsgrad

Abrasivitätsgrad	Gesteinsgruppe
1–4	sehr schwach abrasiv
5–8	schwach abrasiv
9–12	mittelmäßig abrasiv
13–16	stark abrasiv
17–20	extrem stark abrasiv

Tab. 4.10 Abrasivität von Gesteinen nach Sheperd

Gesteinsart	Abrieb am Metallkörper mg/min
Quarzit	69
Sandstein	63
Kalkstein (sehr hart)	52
Kieselschiefer	46
Synit	38
Kalkstein (mittelhart)	29
Tonschiefer	19
Kalkstein (weich)	14

acht- bis zehnmal höher sind als bei einem normalen Rollenmeißel. Bei den Überlegungen kann die Beantwortung folgender Fragen hilfreich sein:

- Welche Bohrmeterleistung je Stunde bringt der eine und welche der andere Typ?
- Welche Lebensdauer (Standzeit) ist von einem und welche vom anderen Typ zu erwarten?
- In welchen Teufen soll der Meißel eingesetzt werden?
- Wie groß ist der Zeitbedarf für einen Bohrwerkzeugwechsel?
- Preis der einzelnen Typen?

Für tiefe Bohrungen empfiehlt sich der Einsatz eines Insertmeißels, da der Zeitaufwand für den Meißelwechsel erheblich reduziert wird.

Bei kurzen Bohrungen in weichen bis mittelharten Formationen können überholte oder gebrauchte Meißel eine sinnvolle Alternative sein. Gebrauchte Meißel stammen häufig aus Tiefbohrungen, in denen sie oft nur kurz eingesetzt wurden. Insbesondere im Offshore-Bereich gilt die Regel: „Keinen Meißel zweimal einfahren."

Während die Abnutzung der Rollenzähne und der Kaliberverschleiß durch Sichtprüfung oder Messungen leicht zu beurteilen sind, erfordert die Einschätzung des Lagerverschleißes eine gründlichere Prüfung. Hier ist besondere Vorsicht geboten, da durch das Einpressen von sehr steifen Fetten unter Hochdruck möglicherweise ein guter Lagerzustand vorgetäuscht wird. Daher sollten solche Meißel ausschließlich bei seriösen Lieferanten erworben werden.

4.2.12 Richtungsorientiertes Bohren

4.2.12.1 Allgemeines

Wird beim Niederbringen einer Bohrung deren Verlauf kontrolliert und gegebenenfalls das Profil beeinflusst, so spricht man von einer orientierten Bohrung. In der Praxis wurde dafür der Ausdruck Richtbohren geprägt.

Im Allgemeinen leitet man beim Richtbohren den Verlauf einer standardmäßigen senkrechten Bohrung mit Hilfe technischer Mittel vom Verlauf ab. Allerdings können auch ungewollte Einflüsse durch geologische Einflüsse (Gesteinsschichtung, Klüftung, Schichtneigung usw.) und mechanische Gründe (Vibrationen, verbogene Gestänge, starkes Spiel in den Verbindungen, schlechte Geräteaufstellung usw.) zu ungewollten Ablenkungen von der vorgegebenen Bohrachse fuhren.

Als Schrägbohrung gilt eine Richtbohrung, deren Bohrlochachse bereits beim Ansetzen in einer bestimmten Neigung zur Senkrechten verläuft.

4.2.12.2 Anwendung des Richtbohrens

Das Richtbohren wurde ursprünglich bei Havarien (Festwerden des Bohrstrangs, Gestängebrüchen usw.) angewendet, wenn die üblichen Verfahren nicht zum Ziele führten.

Durch planmäßiges Ablenken des Bohrlochs wird hierbei die Havariestelle überbohrt und dann wieder in der ursprünglichen Richtung weitergebohrt. Obwohl derartige Vorkommnisse auch heute kaum auszuschließen sind, stellen sie nicht mehr die vorherrschende Anwendung des Richtbohrens dar.

Folgende Aufgaben können die Anwendung einer Richtbohrung erforderlich machen:

- Ein bestimmter Bohrendpunkt kann durch eine vertikale Bohrung nicht erreicht werden (z. B., weil der Ansatzpunkt für eine senkrechte Bohrung nicht angefahren werden kann).
- Richtungskorrekturen des Bohrlochverlaufs werden erforderlich, um exakt einen Bohrendpunkt zu erreichen (z. B. bei der Herstellung von Such- und Versorgungsbohrungen, für das sichere Antreffen von unter Druck stehendem Wasser oder Gas).
- Die Bohrung soll abgelenkt werden, um in bestimmten Bohrlochabschnitten eine intensive Entwässerung, Entgasung usw. durchzuführen (Anwendungsbereich z. B. Mülldeponien).

Für eine gezielte Ablenkung sind zum Teil umfangreiche Berechnungen nötig, auf die aber hier nicht weiter eingegangen werden kann (Abb. 4.46).

Ungewollte und gezielte Abweichungen können durch die Art der eingesetzten Werkzeuge (Rollenmeißel, Diamantkrone, Hartmetallkrone), durch spezifische Drehzahlen sowie durch die Werkzeugbelastung entstehen oder gezielt beeinflusst werden. Allgemeingültige Angaben hierzu existieren jedoch nicht.

Es ist jedoch nachgewiesen, dass eine Diamantkrone bei guter Stabilisierung der Bohrgarnitur unter allen Bohrwerkzeugen die höchste Richtungshaltigkeit aufweist – insbesondere bei höheren Drehzahlen ($\geq$ 400 U/min). Größere Abweichungen treten hingegen verstärkt bei Drehzahlen von $\leq$ 180 U/min auf.

4.2.12.3 Schrägbohrausrüstungen

Bei Schrägbohrungen, die bereits ab Bohransatzpunkt mit einer bestimmten Abweichung gegenüber der Vertikalen angesetzt werden, benötigt man spezielle Ausrüstungen, wenn sehr präzise Neigungen und Ablenkungen benötigt werden. Diese bestehen aus einem Bohrgerät, das den Antrieb unter dem geforderten Neigungswinkel gestattet, sowie aus einem Bohrgerüst, das den Ein- und Ausbau des Bohrstranges unter dem gegebenen Neigungswinkel erlaubt. Günstig ist auch eine Spülkopfführung, die die Spülstange während des Bohrens in der geneigten Richtung entlastet (Abb. 4.47).

In der Praxis der allgemeinen Baugrunderkundung ist eine derartige Genauigkeit nicht üblich, so dass die überwiegend vorkommenden Schrägbohrungen mit den konventionellen Bohrgeräten problemlos ausgeführt werden können. Auf die Beschreibung besonderer Schrägbohrausrüstungen und Ablenkgeräte wurde daher verzichtet.

Abb. 4.46 Schrägbohrung

4.2.12.4 Messtechnik

Die Lagebestimmung von Bohrlochpunkten und -abschnitten erfolgt mithilfe von Inklinometern. Dabei werden der Zenitwinkel (Winkel zwischen der Senkrechten und der Bohrlochachse) sowie das Azimut (Winkel zwischen der horizontalen Projektion der Bohrlochachse und dem geografischen Nordpol) gemessen.

Um die Bohrlochrichtung während des Abteufprozesses kontinuierlich zu überwachen, sind in regelmäßigen Abständen Kontrollmessungen erforderlich. Die Messfrequenz hängt vom jeweiligen Anwendungsfall ab. Als Messinstrumente dienen Inklinometer, die von verschiedenen Herstellern angeboten werden. Diese bestehen in der Regel aus folgenden Komponenten:

- Führungsrohr
- Bohrlochsonde mit integriertem Messteil

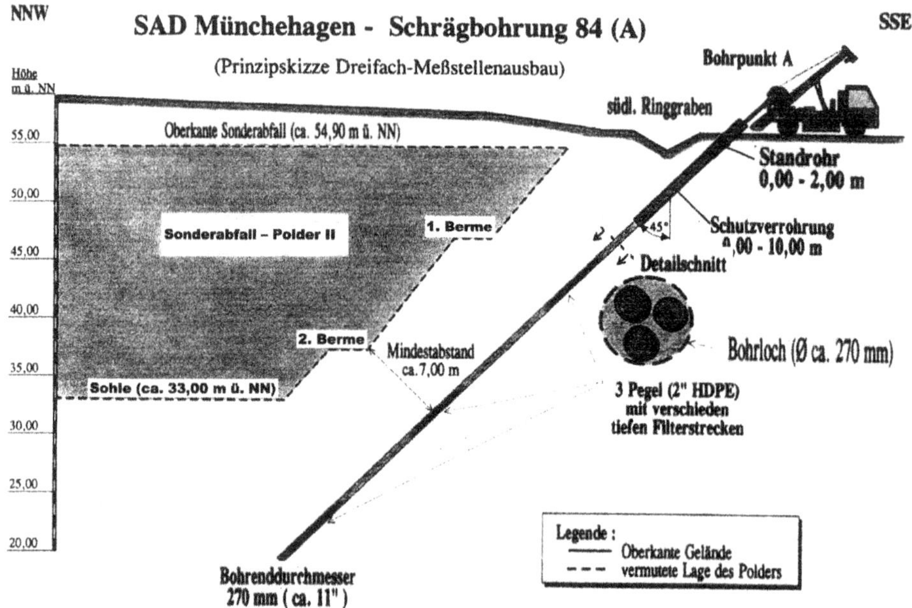

Abb. 4.47 Anwendungsbeispiel für eine 45°-Schrägbohrung im Bereich einer Mülldeponie. (Qulle: Celler Brunnenbau GmbH)

- Überirdisches Schaltpult mit Anzeige- und Aufzeichnungsgerät
- Mess- und Haltekabel mit Winde sowie Teufenanzeiger

Die Messergebnisse können auf Datenträger (z. B. Laptop) übertragen und per Drucker oder Plotter ausgegeben werden. Neigungsmesser lassen sich zudem mit einem Extensometer kombinieren, sodass sowohl parallele als auch quer verlaufende Verschiebungen zur Bohrlochachse erfasst werden können.

Funktion einer Inklinometersonde

Die Sonde des Inklinometers ist hermetisch abgedichtet und wird schrittweise (in der Regel in 0,5- bis 1,0-Meter-Intervallen) von unten nach oben durch das Führungsrohr im entsprechenden Bohrlochabschnitt bewegt. Dabei wird die Abweichung von der Senkrechten in einer oder zwei Messebenen (A-Richtung bzw. A + B-Richtung) in mm/m erfasst.

Die Messergebnisse werden:

- Angezeigt,
- Tabellarisch dokumentiert,
- Graphisch als Kurve dargestellt (auf dem Bildschirm oder als Plotterausgabe),
- Gespeichert (Abb. 4.48).

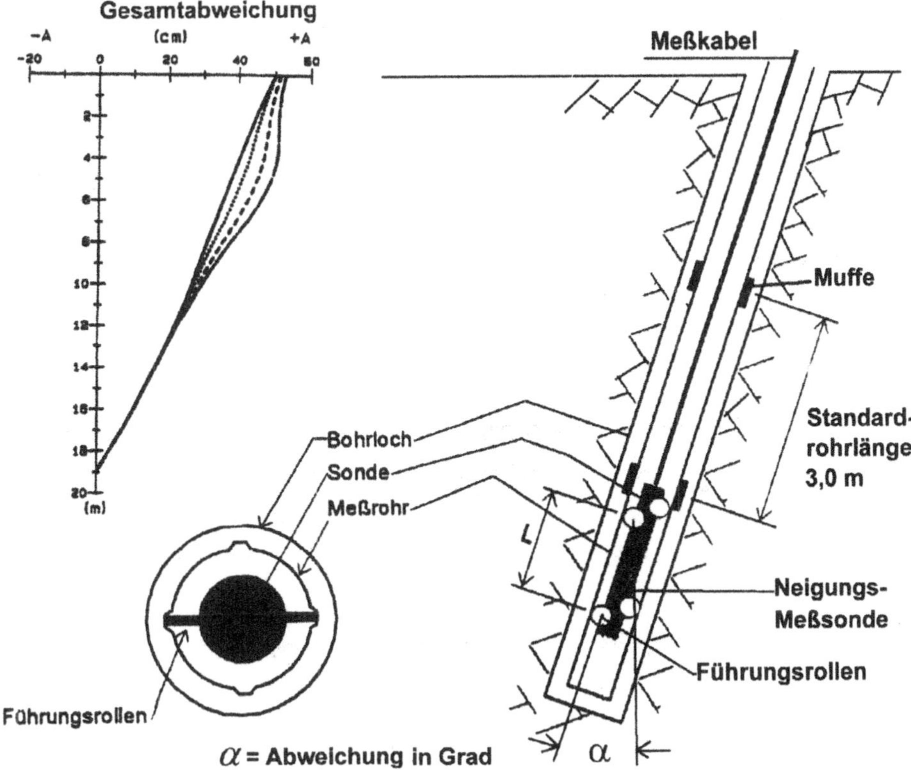

Abb. 4.48 Systemdarstellung der Neigungsmessung mit dem Inklinometer System Glötzel

Geräte und Werkzeuge 5

5.1 Allgemein

Abgesehen von kleineren Baumaßnahmen und den in Kap. 1 beschriebenen Voruntersuchungen, werden Baugrunduntersuchungsarbeiten heute vorwiegend mit technisch ausgereiften Bohrgeräten und Bohrwerkzeugen ausgeführt. In den letzten Jahrzehnten hat hier eine enorme Entwicklung stattgefunden. Die Geräte ermöglichen nicht nur einen schnellen Transport und ein einfaches Umsetzen, sondern erlauben hohe Bohrleistungen mit einem geringen Personalaufwand. Die übliche Bohrkolonnengröße beträgt heute zwei Mann. Besonders die deutsche Bohrgeräteindustrie hat sich auf dem Bereich der leichten und mittelschweren Bohrgeräte spezialisiert. Es werden daher im Weiteren nur Geräte und Werkzeuge aus deutscher Produktion vorgestellt und besprochen.

Die hohe technische Ausstattung macht es daher erforderlich, den maschinentechnischen Bereich in einem besonderen Kapitel ausführlich in folgenden Abschnitten zu behandeln:

- Sondiergeräte
- Bohrgeräte
- Misch- und Verpressgeräte
- Werkzeuge

© Der/die Autor(en), exklusiv lizenziert an Springer Fachmedien Wiesbaden GmbH, ein Teil von Springer Nature 2025
J. Lehn, M.Sc., M. Willikens, *Handbuch der Baugrunderkundung*,
https://doi.org/10.1007/978-3-658-45052-6_5

5.2   Rammsondiergeräte

Nach DIN EN ISO 22476-2 werden folgende Rammsonden (Abb. 5.1) unterschieden:

- Leichte Rammsonde (DPL) – frühere Bezeichnungen: LRS 10
- Mittelschwere Rammsonde (DPM) – frühere Bezeichnungen: MRS B
- Schwere Rammsonde (DPH) – frühere Bezeichnungen: SRS 15

Die Bezeichnungen DPL-5 (LRS 5) und DPM-A (MRS A) sind in der aktuellen Norm nicht mehr enthalten.

Die DPL-5 mit einem Spitzenquerschnitt von 5 cm² wurde durch die DPL mit 10 cm² ersetzt.

Die mittelschwere Rammsonde DPM-A wurde in der neuen Norm nicht übernommen.

5.2.1   Leichte Rammsonde (DPL)

Die leichte Rammsonde (Abb. 5.2) ist ein leichtes Handsondiergerät und geeignet für Sondiertiefen bis etwa 10 m. Sie wird daher überwiegend zur Nachprüfung der Verdichtung von Damm- und Straßenschüttungen eingesetzt. Sie besteht aus:

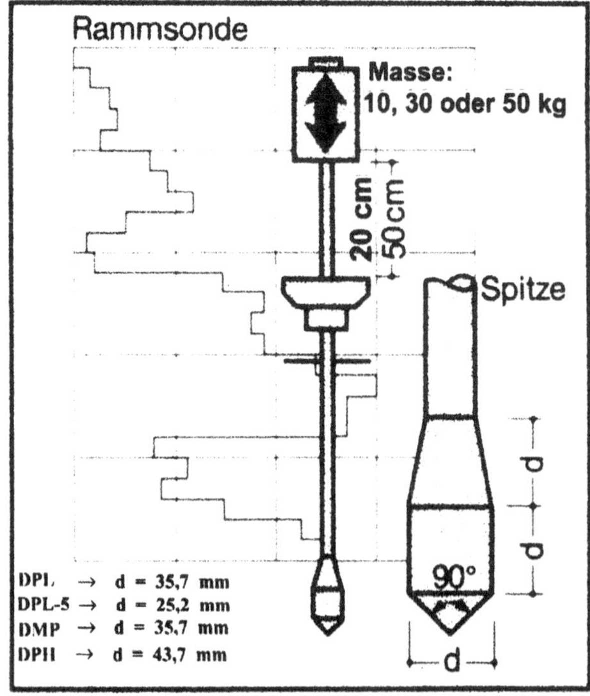

Abb. 5.1 Rammsondensystem

Abb. 5.2 Leichte
Rammsonde (DPL)

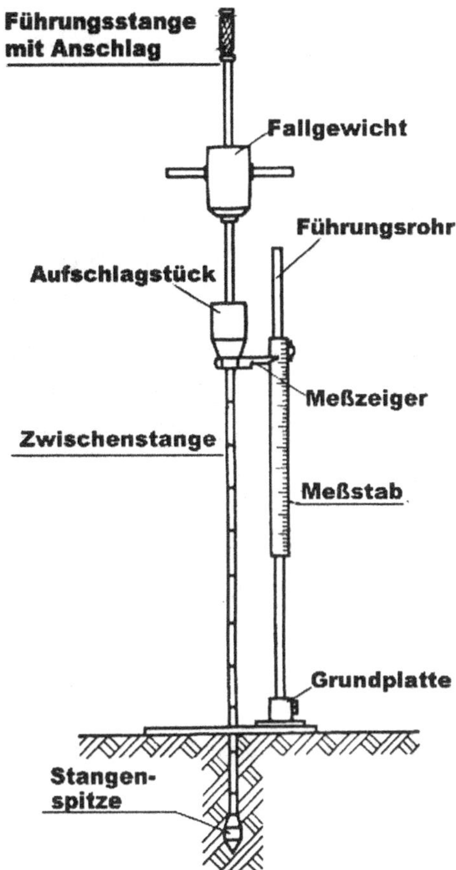

Grundplatte, Messstab, Messzeiger, Führungsrohr, Sondierstange, Sondierspitze, Führungsstange mit Anschlag und Aufschlagstück (Fallgewicht).

Das Gerät lässt sich in einer speziellen Transportkiste (Abb. 5.3) in einem Pkw-Kombi leicht transportieren und von einer Person bedienen.

5.2.2 Mittelschwere und schwere Rammsondiergeräte (DPM/DPH)

Bei größeren Bauvorhaben lassen sich, dem derzeitigen Preisdruck angepasst, bei Sondierarbeiten nur vertretbare Leistungen erzielen, wenn mobile und voll- oder teilautomatische Rammgeräte (Abb. 5.4 und 5.5) eingesetzt werden. Sie sollen mit leichten Transportgeräten (z. B. Pritschenwagen bzw. Pkw mit Anhänger) transportiert, schnell aufgebaut (klappbar) und mit geringem Personalaufwand bedient werden können. Dieser Gerätetyp erlaubt eine Einmannbedienung.

Abb. 5.3 Transportkiste für leichte Rammsonde (Nordmeyer)

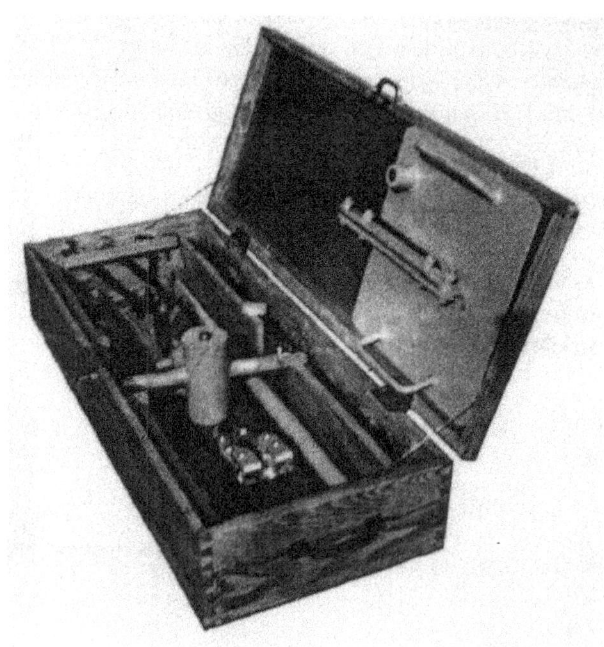

Abb. 5.4 Automatisch arbeitende mittelschwere Rammsonde mit Elektroantrieb System Nordmeyer

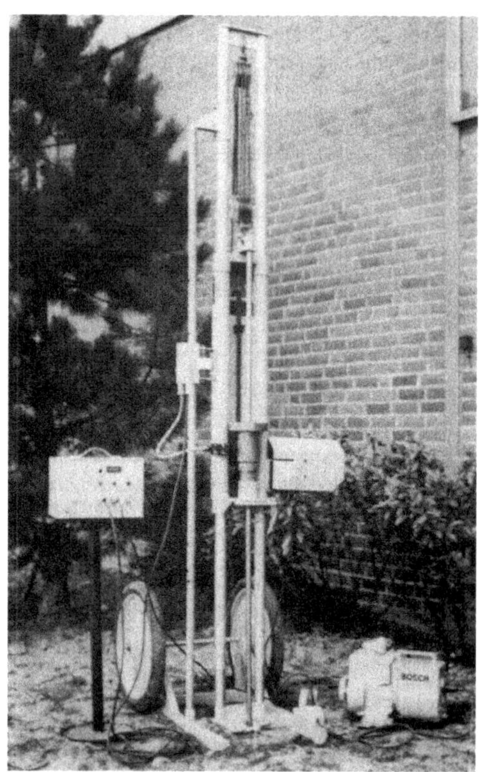

Abb. 5.5 Hydraulische
Gestängehebevorrichtung

Folgende Antriebe sind möglich:

- Elektroantrieb, wobei der E-Motor in der Regel eine Hydraulikpumpe antreibt
- Verbrennungsmotor, auch hier dient der Motor vorwiegend dem Antrieb einer
  Hydraulikpumpe
- Hydraulikmotor

Die erforderlichen Motorleistungen sind sehr gering und betragen 1 bis 2 kW bei einer
Fördermenge der Hydraulikpumpe von etwa 5 bis 10 1/min. Der Hub des Schlaggewichtes
kann über Seilzug mit Extender, einer Kette oder mit einem Hydraulikzylinder gesteuert
werden. Die Schlaggewichte (10, 30 und 50 kg) können problemlos und schnell ge-
wechselt werden.

Die Aufzeichnung der Schlagzahlen und Eindringtiefen und eine Aufzeichnung des
DIN-gerechten Protokolls ist elektronisch möglich.

Das Ziehen der Gestänge kann durch mechanische Gestängehebevorrichtungen oder
hydraulische Ziehvorrichtungen erfolgen. Die nachfolgende Tabelle zeigt die technischen
Daten der Rammsonden (Tab. 5.1).

Tab. 5.1 Technische Daten der Rammsonden nach DIN EN ISO 22476-2

Gerät		Spitze	Rammbär	Rammbär	Gestänge		Tiefe	
				Fallhöhe h	Sondierstange	Ramm-		
	Kurzname	Ac cm²	Masse m kg	cm	Ø mm	spitzen-Ø mm	Abschnitt m	ab Ansatzpunkt m
leichte	DP-5 DPL	5	10	50	22	25,2	1	bis 8
Rammsonde		10	10	50	22	35,7	oder	bis 10
mittelschwere	DPM-A	10	30	20	22	35,7	2	bis 15
Rammsonde	DPM	10	30	50	32	35,7	oder	bis 20
schwere	DPH	15	50	50	32	43,7	3	bis 25
Rammsonde								

5.2.3　Schwere Rammsondiergeräte auf Mobil- bzw. Raupenfahrwerk

Diese Geräte eignen sich sowohl für Sondierungen mit der schweren Rammsonde als auch mit der Rammkernsonde. Durch das Raupenfahrwerk (Abb. 5.7) werden keine besonderen Anforderungen an die Arbeitsebene gestellt. Das Gerät kann auch mit einem Einachsfahrgestell (Abb. 5.6) ausgestattet werden. Allerdings muss dann der Arbeitsbereich gut zugänglich sein.

Bei der Durchführung von Rammsondierungen nach DIN EN ISO 22476-2 arbeitet das automatische Rammsondiergerät mit einem Fallgewicht (Rammbär) von 30 oder 50 kg und der Fallhöhe von 50 cm. Die jeweils gewünschten Fallgewichte lassen sich mit wenigen Handgriffen schnell variieren. Schlagfolge und Fallhöhe werden elektronisch gesteuert (Abb. 5.7).

Eine mechanische Koppel am Amboss hält den Fallhub von 50 cm konstant ein. Die Schläge können elektromechanisch erfasst und dekadisch gespeichert. Über eine einstellbare Zeigereinrichtung werden die Eindringtiefe angezeigt und die zugeordneten Speicher manuell zugeschaltet. Hierdurch werden Summenfehler minimiert. Nach einer Eindringtiefe von 10 Dekaden = 100 cm wird die Rammeinrichtung mit der Abschaltung des 10. Speichers gestoppt.

Zur Entnahme von Bodenproben können Rammkernsonden (RKS) mit hoher Einzelschlagenergie mittels mechanischen oder hydraulischen Hydraulikhämmern eingerammt werden. Bei einer Breite des Gerätes von 1 m ist ein Einsatz in sehr beengten Baustellen möglich.

Das Ziehen der Sondier- und Rammgestänge erfolgt über den am Mast montierten hydraulischen Schlittenvorschub. Für die bei Beginn des Ziehens zumeist auftretenden höheren Reibungskräfte steht eine hydraulische Zieheinrichtung (Hohlzylinder) zur Verfügung (Tab. 5.2).

Abb. 5.6　Rammsondiergerät RS 0/2,3 System Nordmeyer auf Einachsfahrgestell

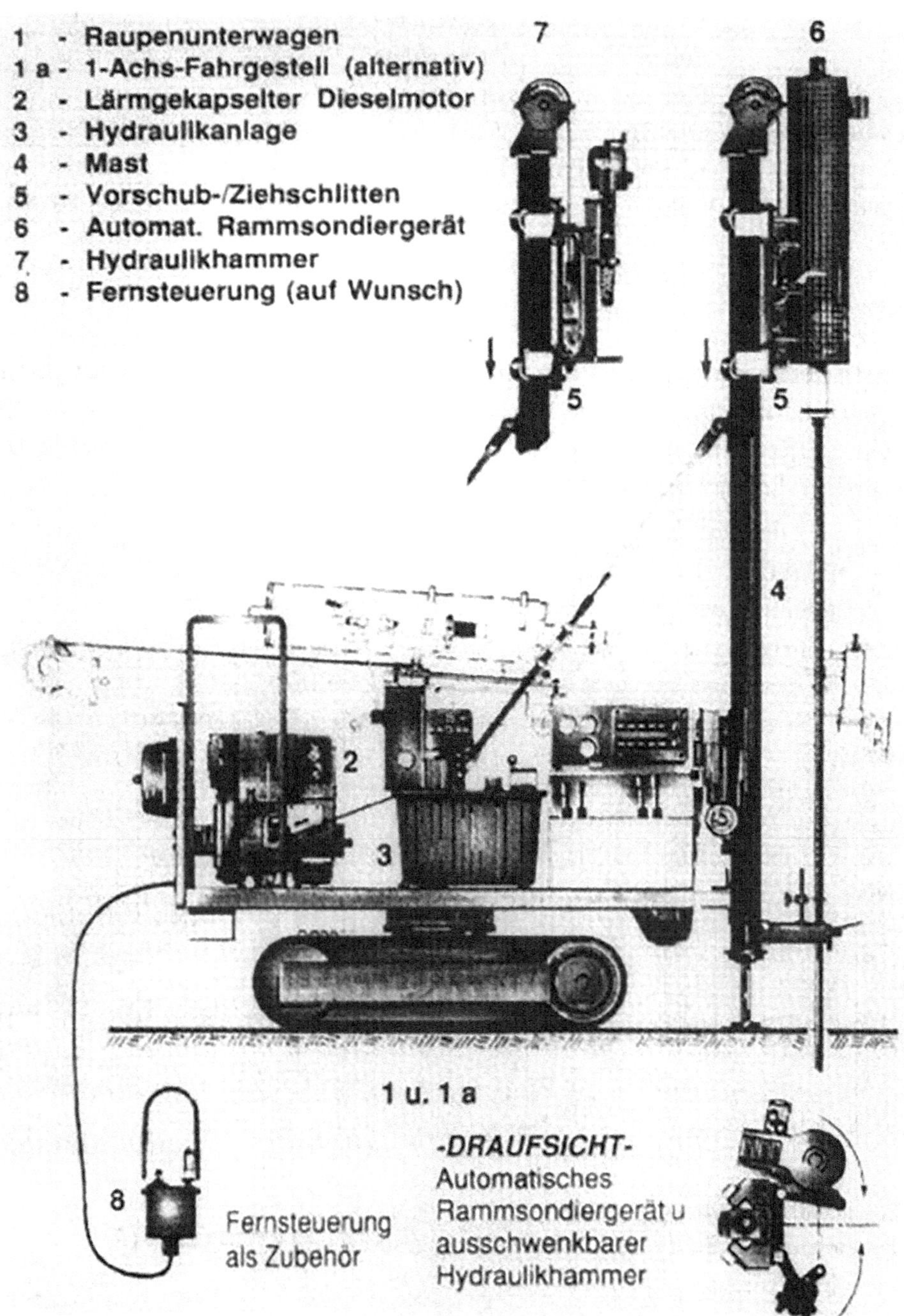

Abb. 5.7 Systemdarstellung Rammsondiergerät Nordmeyer RS 0/2,3 auf Raupenfahrwerk

Tab. 5.2 Technischen Daten des Rammsondiergerätes System Nordmeyer Typ RS 0/2,3

Transportlänge	3,42 m	Arbeitslänge	3,42 m
Transportbreite	1,60 m	Arbeitshöhe	3,73 m
Transportgewicht mit Raupenunterwagen	1350 kg	Hublänge	1,40 m
Transportgewicht mit Einachsfahrgestell	1300 kg	Zugkraft (Mast)	23 kN
Antriebsleistung (Hatz-Diesel Silent)	7,2 kW/9,8 PS	Zugkraft (Zieheinrichtung)	170 kN
Hydraulik-Hochdruck-Zahnradpumpen	3 St.	möglicher Gestänge-$\varnothing$	32–80 mm

5.3 Drucksondiergeräte

Für Drucksondierungen kommen heute überwiegend nur noch geländegängige Spezialfahrzeuge zum Einsatz, die durch ihr Eigengewicht die auftretenden Reaktionskräfte aufnehmen (Abb. 5.8). Die Sondierfahrzeuge haben ein Gesamtgewicht von 15 bis 20 t. Bei einer Fläche der Sondenspitze von 10 cm^2 ergibt sich somit ein möglicher Gesamtwiderstand von 15 bis 30 kN/cm^2. Die Ergebnisprotokolle der Drucksonde (Tiefe, Gesamtwiderstand, Mantelreibung und Spitzendruck) werden für die spätere Auswertung aufgezeichnet.

Die Sondierstangen, bestehend aus Außen- und Innengestänge, haben eine Einzellänge von 100 cm bei einem Außendurchmesser von 32 mm. Für schlecht zugängliche Baustellen stehen auch Leichtgeräte auf Einachsfahrgestell zur Verfügung. Das Gewicht beträgt 1,5 bis 2 t. Die Reaktionskräfte werden über vier Telleranker aufgenommen, die am jeweiligen Standort eingeschraubt werden müssen. Dafür steht ein hydraulisches Handbohrgetriebe zur Verfügung, das über das Hydraulikaggregat des Gerätes gespeist wird. Die mögliche Sondiertiefe beträgt je nach Baugrund etwa 10 bis 12 m.

Die Sonde besitzt eine Maihak-Messspitze zur Messung des Spitzenwiderstands. Bei ihr wird das Messelement (Stahlzylinder) mehr oder weniger stark zusammengedrückt. Dieser Druck wird auf elektrischem Wege über eine Messsaite auf dem Empfangsgerät sichtbar gemacht.

Ältere, aber sehr robuste Ausführungen von Drucksonden, die immer noch häufig im Einsatz sind, arbeiten mit getrenntem Gestänge für Spitze und Mantel. Bei diesen Geräten wird zunächst die Spitze eingedrückt, dabei der Spitzendruck gemessen, dann das Mantelrohr nachgedrückt und die Mantelreibung gemessen (Abb. 5.9).

Abb. 5.8 Drucksondiergerät

Abb. 5.9 Mechanische
Drucksondierspitze

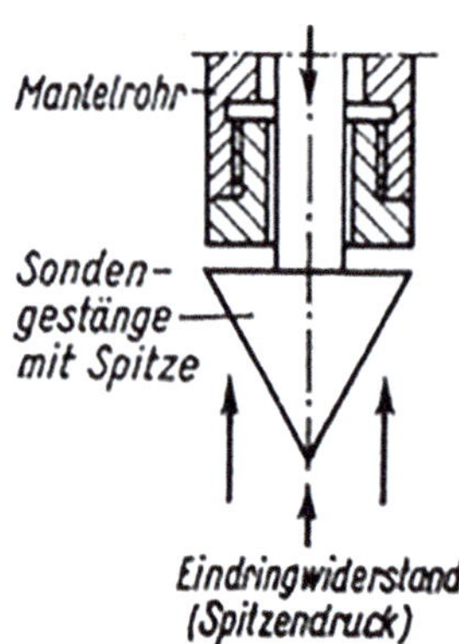

5.4   Standardsonde (SPT-Rammsondierung)

Der Standardpenetrationstest (SPT) wird mit einer nach DIN EN ISO 22476-3 genormten
Standardsonde (Abb. 5.10) durchgeführt. Sie besteht aus den Hauptkonstruktionsteilen

1:	Seil
2:	Stopfbuchse
3:	automatische Ausklinkvorrichtung
4:	Rammbär
5:	Mantel
6:	Amboss
7:	Sonde
X:	Sondierspitze, $d_{mm} = 49$ mm

Im Gegensatz zu den Ramm- und Drucksondierungen wird der SPT im Bohrloch
durchgeführt.

Abb. 5.10 Schnittdarstellung
der Standardsonde

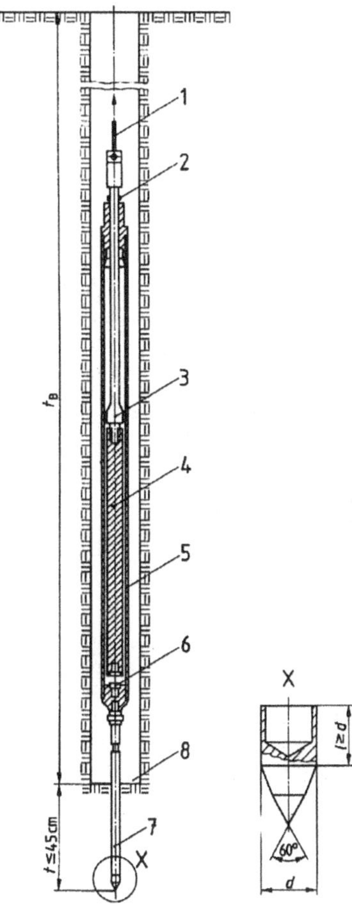

5.5 Bodenprobenentnahmegerät

Das Bodenprobenentnahmegerät System Nordmeyer BPE (Abb. 5.11 und 5.12) ist zwar kein Sondiergerät, jedoch ähnlich aufgebaut wie die Standardsonde (SPT), die je nach Ausführung auch zur Entnahme von Bodenproben geeignet ist. Ferner wird das Gerät ebenfalls von der Bohrlochsohle aus eingesetzt und im Rammverfahren eingetrieben. Auch bei dem BPE kann die Lagerungsdichte bzw. Festigkeit durch die aufzuwendende Rammenergie beurteilt werden. Allerdings gibt es hierfür keine genormten Werte.

Das Entnahmegerät wird auf die gesäuberte Bohrlochsohle abgesetzt und über ein Freifallseilschlagwerk oder notfalls mittels Freifallseilwinde eingerammt. Dabei schlägt das Fallgewicht, das über eine Kolbenstange geführt wird, während des Rammvorganges auf die Kopfplatte des Schlammfanges auf. Zur Erzielung einer höheren Schlagenergie können bei Bedarf ein oder mehrere Zusatzgewichte auf- bzw. zwischengeschraubt werden. Am Schlammfang befindet sich ein außenliegendes Schlauchventil, das vor jedem Einsatz

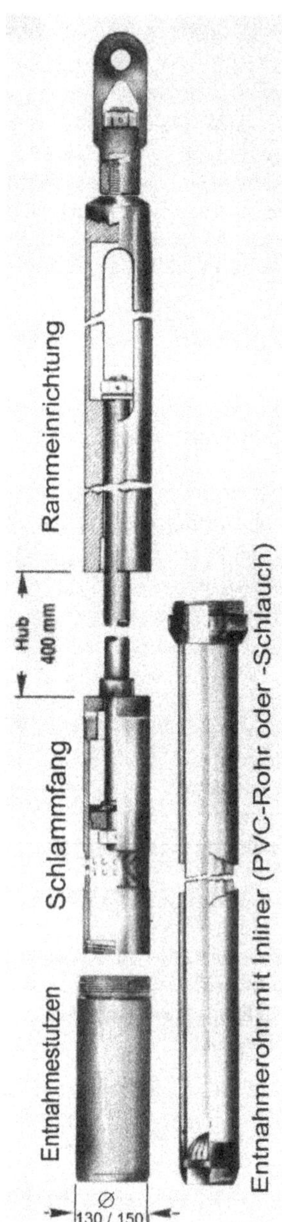

Abb. 5.11 Bodenprobenentnahmegerät System Nordmeyer BPE

auf seine Funktion zu prüfen ist. Beim Ziehen des Entnahmegerätes wird durch den im Schlammfang eingebauten Kolben ein zusätzliches Vakuum erzeugt, wodurch die Bodenprobe zumindest im oberen Bereich zusätzlich gehalten wird.

Abb. 5.12 Entnahme der
Bodenprobe (Inliner)

Es stehen zwei Gerätetypen (BPE 130 und BPE 150) mit Außendurchmessern von 130 und 150 mm zur Verfügung. Die Innendurchmesser sind abhängig vom jeweiligen Entnahmesystem und betragen 73 bis 115 mm. Die kleineren Durchmesser (BPE 130) sind vorwiegend für alluviale Böden vorzusehen.

Für den Einsatz des Gerätes findet vornehmlich das Hohlbohrschneckenverfahren Anwendung.

5.6 Bohrgeräte

5.6.1 Allgemeines

Je nach Anforderungen und Baugrundverhältnisse kommen sowohl Geräte zum Einsatz, wie sie im Spezialtiefbau und Brunnenbau üblich sind, als auch Spezialgeräte oder für die besonderen Anforderungen angepasste bzw. weiterentwickelte Maschinen. So werden insbesondere im Deponiebereich vielfach Greiferbohranlagen mit hydraulischen Verrohrungsmaschinen verwendet. Dagegen erfordern Kernbohrungen spezielle Ausstattungen, die bei den Großdrehbohrgeräten des Spezialtiefbaus nicht vorhanden sind. Hinzu kommen andere Anforderungen bezüglich der Mobilität. Insbesondere die deutsche Bohrgeräteindustrie hat in Zusammenarbeit mit den Anwendern eine Vielzahl moderner Geräte für die Baugrunderkundung entwickelt. Aber auch namhafte ausführende Bohrunternehmen entwickeln und fertigen Spezialgeräte, die oft ihren eigenen Sonderverfahren entsprechen. Die Geräte der einzelnen Hersteller unterscheiden sich in bestimmten Details. Das Grundkonzept entspricht schon einem gewissen Standard. Alle Geräte sind sowohl für den Baugrundaufschluss als auch für den Brunnenbau einsetzbar. Die straßenzulässigen Typen haben, abhängig vom zulässigen Gesamtgewicht des Trägerfahrzeuges, Einsatzgewichte bis etwa 30 t. Großgeräte, die nicht Gegenstand dieser Betrachtungen sind, benötigen Transportausnahmegenehmigungen oder werden für den Transport teildemontiert. Diese Gerätetypen sind jedoch für den Baugrundaufschluss nicht geeignet.

Die überwiegend vollhydraulisch arbeitenden Geräte stellen hohe Anforderungen an das Bedienungspersonal hinsichtlich Bedienung und Wartung.

Die Hauptgruppen der Bohrgeräte sind:

- Drehbohrgeräte für den Baugrundaufschluss
- Großdrehbohrgerate
- Spühlbohrgeräte
- Seilschlagbohrgeräte

5.6.2 Drehbohrgeräte für den Baugrundaufschluss

5.6.2.1 Baugruppen der Drehbohrgeräte

Die wesentlichen Baugruppen sind:

- Fahrwerk oder Trägerfahrzeug
- Mast mit Abstützvorrichtung und Ausleger
- Vorschubeinrichtung
- Kraftdrehkopf bzw. Kraftspülkopf
- Seilwinden
- Schlagwerk
- Gestängeabfangvorrichtung
- Verrohrungsdrehtisch
- Antriebsaggregat
- Hydraulikaggregat
- Pumpen
- Kompressoren
- Sonstige Ausstattung

5.6.2.2 Fahrwerke

Bei den Drehbohrgeräten für den Baugrundaufschluss sind folgende Fahrwerke üblich:

- Raupenunterwagen
- Anhängerfahrgestell (ein- und zweiachsig)
- Unimog oder Lkw
- Wechselpritsche
- Kufen

Raupenunterwagen

Die Raupenunterwagen (Abb. 5.13) haben sich sehr stark durchgesetzt, da sie bei allen Baustellenverhältnissen ein-gesetzt werden können. Sie erfordern keine besonderen Baustraßen oder befestigte Bohrebenen und können auch größere Steigungen bzw. Gefalle be-

Abb. 5.13 Nordmeyer Bohrgerät mit Raupenfahrwerk kann im abschüssigen Gelände voll aufgerüstet (Mast abgelegt) verfahren werden

Abb. 5.14 Nordmeyer-Bohrgerät auf Tieflader

wältigen. Für den Straßenbereich sind Raupenbänder mit Kunststoffplatten möglich, anderenfalls sind Gummibänder, Reifen oder Bohlen auszulegen. Die Erfahrung hat gezeigt, dass Raupengeräte bei richtiger Einsatzweise weniger Flurschaden verursachen als Mobilgeräte.

Ein wesentlicher Nachteil besteht darin, dass für den Transport eine Zugmaschine (Lkw oder Unimog) mit Tieflader benötigt wird. Bei weit auseinanderliegenden Bohrpunkten muss der Tiefladerzug (Abb. 5.14) auch für das Umsetzen vorgehalten werden oder jeweils neu anfahren. Ein gewisser Ausgleich entsteht dadurch, dass das ziehende Fahrzeug die Bohrrohre, Werkzeuge und sonstiges Zubehör transportiert. Wegen der größeren Ladekapazität wird überwiegend ein Lkw zum Einsatz kommen.

Die zulässige Belastung der Raupenunterwagen beträgt für diese Verwendung maximal 20 t bei einer Fahrkettenlänge von etwa 3,80 m (Mitte Achse bis Mitte Achse) und einer Raupenbreite von maximal 2,40 m. Möglich, aber nicht üblich, sind teleskopierbare Fahrwerke.

Die Fahrwerke müssen ausreichend bemessen sein. Die Länge und Breite der Raupenbänder sollten entsprechend dem Geräteaufbau so ausgelegt sein, dass die Bodenpressung möglichst gering gehalten wird und eine große Reserve für die Standsicherheit vorhanden ist.

Die Raupenfahrwerke für Baugrundaufschlussbohrgeräte sind in der Regel starr, d. h. ohne Drehkranz. Es erübrigen sich die sonst notwendigen Drehdurchführungen. Die Fahrwerksketten haben getrennte Hydraulikantriebe. Die Steuerung erfolgt über einseitigen oder gegenläufigen Antrieb.

Anhängerfahrgestell

Nur für leichte Bohrgeräte bis etwa 6,5 t Gesamtgewicht eignen sich Einachsfahrgestelle (Abb. 5.15) bei einer Tandemachse etwa 8,5 t. Diese Geräte sind im Gelände jedoch schlecht manövrierbar und daher nur für gut zugängliche Einsatzorte zu empfehlen. Neben den geringen Beschaffungs- und Vorhaltekosten sind auch die Transportkosten sehr günstig, da nur ein mittel schweres Zugfahrzeug benötigt wird, das gleichzeitig auch die Rohre und Werkzeuge befördert. Die Stückzahl dieser dürfte allerdings sehr gering sein.

Unimog oder Lkw – Die richtige Wahl für Bohrgeräte

Diese Aufbauart ist weit verbreitet. Die Entscheidung zwischen einem Unimog (Abb. 5.16) oder einem Lkw (Abb. 5.17) hängt primär vom Gewicht des Bohrgeräts und den Einsatzbedingungen ab. Der Unimog U 2450 L bietet eine hohe Geländegängigkeit und eine Vielzahl an Antriebsoptionen für Zusatzaggregate, wie beispielsweise Hydrauliksysteme. Seine Nutzlast liegt je nach Modell und Ausstattung bei etwa 9 t, was für leichte bis mittelschwere Bohrgeräte ausreicht. Für größere Bohrgeräte sind oft Lkw mit zwei oder drei Achsen erforderlich.

Ein besonders großer Radstand ist bei Bohrfahrzeugen in der Regel notwendig, um eine optimale Gewichtsverteilung zu gewährleisten. Der Unimog bietet hierfür verschiedene Varianten und wird, wenn möglich, aufgrund seiner hohen Geländetauglichkeit bevorzugt. Eine Reifendruckregelanlage ermöglicht die flexible Anpassung des Reifendrucks während der Fahrt an wechselnde Bodenverhältnisse. Das 16-Gang-Getriebe erlaubt eine präzise Anpassung an Geländeanforderungen, wobei einige Modelle sogar bis zu 32 Gänge bieten. Auf Allradantrieb kann keinesfalls verzichtet werden, da die Fahrzeuge selten ausschließlich auf befestigten Straßen eingesetzt werden.

Abb. 5.15 Bohrgerät auf Einachsfahrgestell

Abb. 5.16 Bohrgerät Wirth
B1 auf Unimog U 2450 L

Abb. 5.17 Bohrgerät auf Lkw
IVECO. (Quelle. PRAKLA)

Für schwere, straßenzulässige Bohrgeräte sind in der Regel geländegängige Zwei-, Drei- oder Vierachsfahrzeuge (Abb. 5.18, 5.19 und 5.20) erforderlich. Der Bohrgeräteantrieb erfolgt meist über den Fahrzeugmotor, was das Gesamtgewicht reduziert. Zudem wird häufig auf Zwillingsbereifung verzichtet und stattdessen Breitreifen eingesetzt. Dies verbessert die Geländegängigkeit und reduziert die Verschmutzung der Straßen.

Abb. 5.18 Bohrgerät Nordmeyer Typ DSB 1–5 auf MAN 2-Achs-Lkw

Abb. 5.19 Bohrgerät Wirth Typ B 2A auf DB 3-Achs-Lkw

Abb. 5.20 Bohrgerät E + M Typ SB 4auf DB 4-Achs-Spezial-Lkw mit tiefgelegtem Führerhaus

Viele Betriebe setzen aus Kostengründen auf gebrauchte Fahrzeuge, häufig aus Bundeswehrbeständen. Diese Entscheidung sollte jedoch gut überlegt sein, da die Fahrzeuge dauerhaft mit hoher Gewichtsbelastung betrieben werden und der Motor als Antrieb für das Bohrgerät oft unter Vollast läuft. Dies kann langfristig zu erhöhtem Wartungsaufwand und höheren Reparaturkosten führen.

Selbstfahrende Bohrgeräte bieten logistische Vorteile gegenüber Raupengeräten, insbesondere wenn die Gesamtlast und das Fahrzeugkonzept das Mitführen eines Anhängers für Zubehör erlauben. Falls dies nicht möglich ist, muss ein zweites Transportfahrzeug eingesetzt werden, was zusätzliche Betriebs- und Vorhaltekosten verursacht. Je nach Einsatzgebiet, Entfernung und Anzahl der Bohrpunkte kann es sinnvoll sein, ein Multifunktionsfahrzeug anstelle eines Lkw mit Tieflader zu nutzen. Eine sorgfältige Planung kann Betriebskosten erheblich senken.

Zusammenfassend ist der Unimog dank seiner Geländetauglichkeit und Flexibilität oft die erste Wahl für mittelschwere Bohrgeräte. Für größere Anlagen sind spezielle Lkw erforderlich. Gebrauchtfahrzeuge können kosteneffizient sein, bergen jedoch Risiken hinsichtlich Zuverlässigkeit und Wartungsaufwand.

Wechselpritsche

In den wenigsten Betrieben steht eine Geräteauswahl für die unterschiedlichsten Einsätze zur Verfügung. Andererseits können auch nicht nur die Anfragen bearbeitet werden, für die der Gerätepark „maßgeschneidert" ist. Der Geräteaufwand soll aber auch betriebswirtschaftlich vertretbar sein. Eine Ausrüstung, die nicht den Baustellenverhältnissen angepasst ist, kann zur erheblichen Leistungsminderung führen, die das Baustellenergebnis unter Umständen negativ beeinflusst. Es muss also eine Möglichkeit gefunden werden, sich der jeweiligen Situation mit dem geringsten Aufwand anzupassen. Hier bietet sich ein Wechselpritschensystem (Abb. 5.21) an.

Ein solches System könnte aus nachfolgenden Komponenten bestehen:

- Bohrgerät (kompaktbauweise) komplett mit Antriebsmotor auf Wechselrahmen
- Raupenfahrwerk mit Wechselrahmen (evtl. mit Elektrohydraulikpumpe und Batterie für Bewegungen auf kurze Distanzen, z. B. beim Verladen)
- Unimog Typ U 2450 L mit Wechselrahmen
- Ladepritsche für Unimog
- Tieflader
- 2-Achs-Anhänger

Abb. 5.21 Systemdarstellung für den Geräteeinsatz beim Wechselpritschensystem

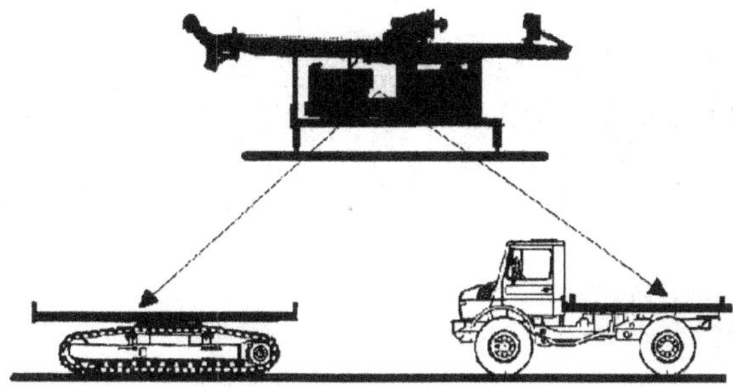

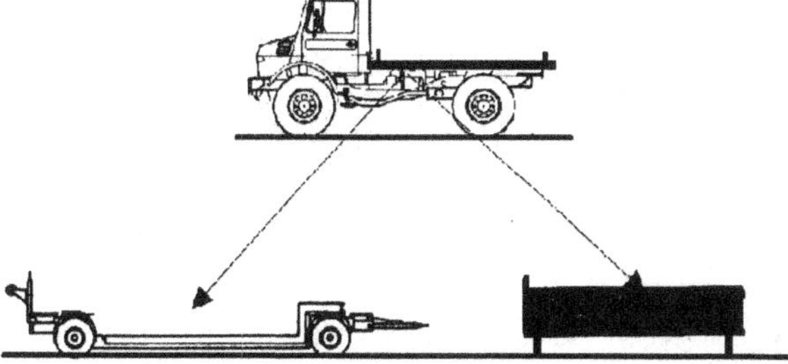

Mit dieser Ausstattung wären folgende Transport- und Einsatzkombinationen möglich:

- Bohrgerät auf Raupenfahrwerk, Transport mit Unimog auf Tieflader (evtl. Zusatzfahrt mit Unimog und Anhänger; der Unimog steht für die Versorgung der Baustelle zur Verfügung).
- Bohrgerät auf Unimog und Anhänger für Bohrgeräte (falls das Mitführen eines Anhängers aus Zulassungsgründen nicht möglich ist, zusätzliche Zugmaschine erforderlich).
- Ohne Auslastung der Bohrgeräte kann der Unimog mit Anhänger oder Tieflader für andere Einsätze verwendet werden.

5.6.2.3 Bohrgerätemast

Der Bohrmast (Abb. 5.22), ein selbsttragendes Kasten- oder Rohrprofil, besteht aus folgenden Untergruppen:

- Rollenkopf
- Werkzeugausschwenkarm
- Abstützung

   Er dient ferner zu Aufnahme

- der Verschubeinrichtung
- des Seilschlagwerkes
- der Gestängeabfangvorrichtung
- der Verrohrungseinrichtung
- der Führung des Kraftdrehkopfes

Der Mast wird über Hydraulikzylinder mit Verlängerung abgestützt sowie auf- und abgelegt. Durch die hydraulische Absetzung sind auch Schrägbohrungen möglich.

Die Standardlänge ist so bemessen, dass die Transportmaße bzw. -vorschriften eingehalten werden. Falls größere Mastlängen nötig sind, lassen sich diese mit Hilfe einer absteckbaren Scharniereinrichtung einknicken.

Der Rollenkopf ist in der Regel für zwei Seilführungen (Haupt- und Hilfswinde) vorgesehen. Die Rollen müssen mit zuverlässigen Führungen versehen sein, damit ein Abspringen der Seile verhindert wird.

Unabhängig vom Gerätefabrikat ist der Mast heute standardmäßig mit einem sogenannte „Werkzeugausschwenkarm" ausgerüstet, der das Aufnehmen und Ablegen von Gestängen und Bohrrohren mittels der Zusatzwinde erheblich erleichtert.

Die Mastabstützung besteht aus einem Hydraulikzylinder. Sie dient der Stabilisierung des Bohrmastes, insbesondere bei der Aufnahme von Zugkräften.

Abb. 5.22 Bohrgerätemast
mit Anbaugruppen

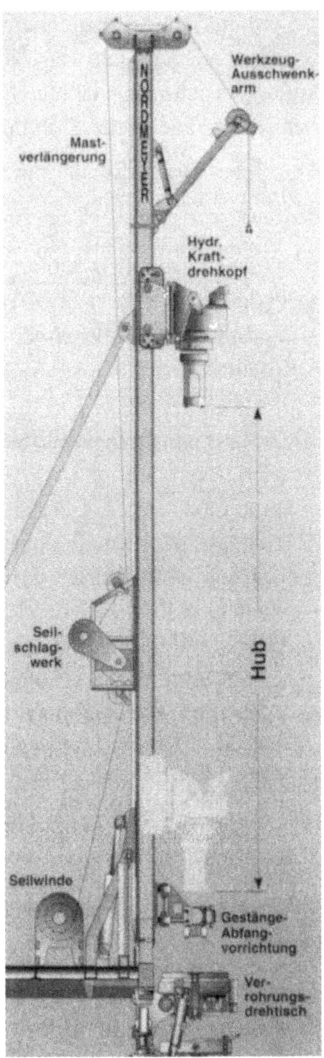

5.6.2.4 Vorschub- bzw. Nachlasseinrichtungen

Aufgabe der Vorschub- bzw. Nachlasseinrichtung ist es, die Bohrwerkzeugbelastung bzw. -entlastung während des Bohrens in einem vorgegebenen Umfang zu ermöglichen. Dazu ist es erforderlich, eine Vorschubkraft auf das Bohrwerkzeug auszuüben (Bohren mit Belastung) oder der Belastung des Bohrwerkzeuges entgegenzuwirken (Bohren mit Entlastung). Dies kann z. B. nötig werden, wenn sich eine Bohrschnecke so stark in den Boden zieht, dass der Bohrantrieb (Kraftdrehkopf) überlastet wird. Einrichtungen, die das Bohren mit Belastung ermöglichen, werden als Vorschubeinrichtungen, und Vorrichtungen, die nur das Bohren mit Entlastung erlauben, werden als Nachlassseinrichtungen bezeichnet.

Um die Bohrwerkzeugbelastung im vorgegebenen Größenbereich während des Bohrens aufrechterhalten zu können, müssen Vorschub- bzw. Nachlassvorrichtungen kontinuierlich und unabhängig vom Antrieb des Bohrwerkzeuges regelbar sein, um sich den ständig ändernden Bohrbedingungen anzupassen.

Die kennzeichnenden technischen Parameter von Vorschubeinrichtungen sind:
Ihren Antrieb erhalten Vorschubeinrichtungen entweder über

- Kolbenvorschubeinrichtungen
- hydraulisch angetriebene Seil- oder Kettenzugeinrichtungen
- Kombinationen von Winden und Hydraulikzylindern
- Zahnradantrieb

Kolbenvorschubeinrichtungen

Reine Kolbenvorschubeinrichtungen sind überwiegend bei Trockenbohrgeräten mit Kraftdrehkopf anzutreffen. Der Kraftdrehkopf ist dabei mit der Kolbenstange verbunden, während das geschlossene Ende des Zylinders am Mastkopf bzw. Mast befestigt ist. Um einen möglichst großen Hub bei vertretbaren Kolbenlängen zu erhalten, verwenden verschiedene Hersteller ein Zweizylindersystem.

Die Anordnung der Vorschubzylinder richtet sich nach dem Einsatzgebiet des Bohrgerätes. Sind hohe Vorschubkräfte erforderlich, zeigt die Kolbenstange in Bohrrichtung, so dass die Vorschubkraft von der vollen Kolbenfläche erzeugt werden kann. Bei vorwiegendem Bohren mit Entlastung werden die Vorschubzylinder entgegengesetzt angeordnet. Dabei kann die Vorschubeinrichtung außen oder im Mast liegen. Der Nachteil dieses Systems liegt in der eingeschränkten freien Arbeitslänge von 4 bis 8 m (gemessen von Unterkante Bohrwerkzeug bis zum Gelände).

Ketten- oder Seilvorschubeinrichtungen

Vorschubeinrichtungen mit Seilen oder Ketten als Funktionselemente werden ebenfalls vorwiegend an Bohrgeräten mit Kraftdrehköpfen verwendet (Abb. 5.23). Der Kraftdrehkopf ist hier an einem Schlitten oder Wagen befestigt, der am Bohrgerüst geführt wird. Mit Hilfe von Seil- oder Kettensträngen kann der Schlitten in Vorschubrichtung bewegt werden. Angetrieben wird dieser Mechanismus von einer hydraulisch angetriebenen Seilwinde oder einem Zahnradgetriebe.

Der Antrieb des Antriebsrades oder der Winde erfolgt über ein Getriebe mit Hydraulikmotor. Die Geschwindigkeit lässt sich stufenlos regeln.

Als Antriebsrad bei Seilvorschubeinrichtungen dient eine Trommel, um die der Seilstrang mit einigen Windungen gelegt wird. Beim Kettenvorschub wird ein entsprechendes Kettenrad verwendet.

Bei dem Antrieb durch Ketten ist mit hohem Verschleiß und Störanfälligkeit durch Schmutz (insbesondere bei Arbeiten in Verbindung mit Beton und Zementschlempe) zu rechnen, was als nachteilig angeführt werden kann.

Abb. 5.23 Kettenvorschubsystem

Dabei stehen die Bezeichnungen in Abb. 5.24 für

1:	Antriebssystem
2:	Umkehrrolle
3:	Seil- oder Kettenzug
4:	Kraftdrehkopf
5:	Schlitten oder Wagen

Dagegen hat der Seilvorschub, der sich immer stärker durchsetzt, folgende Vorteile:

- verhältnismäßig unempfindlich gegen Schmutz
- geringe Störanfälligkeit
- als Nutzlänge für Gestänge, Werkzeuge und Rohre steht nahezu die volle Mastlänge zur Ver-fügung
- kein Umbauaufwand beim Wechsel von Kellystange auf Endlosschneckensystem

Abb. 5.24 System des
Ketten- bzw. Seilvorschubs

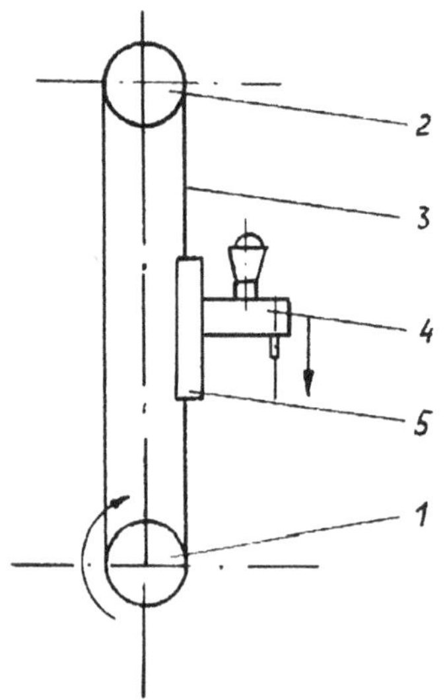

Grundsätzlich werden unterschieden:

- geschlossene Systeme und
- offene Systeme

Beim geschlossenen System (Abb. 5.24) bestehen die Seil- oder Kettenstränge, wie oben gezeigt, aus einem Stück bzw. Strang.

Kombination von Kolben- und Seilvorschub

Dieses System gehört zu den offenen Seilvorschubeinrichtungen (ein Strang für den Vorschub, ein Strang für den Rückhub). Sie werden meist durch Hydraulikzylinder unterschiedlicher Anordnung angetrieben (Abb. 5.25). Häufig werden in Richtung der größeren Kraftwirkung zwei Teilstränge verwendet. Durch Aufwickeln der freien Seilenden auf Seiltrommeln kann dabei je nach Seilvorrat die Vorschublänge wesentlich vergrößert werden. Mit derartigen Vorschubeinrichtungen können Vorschublängen über 20 m bei Vorschubkräften bis 400 kN erreicht werden.

Dabei stehen die Bezeichnungen in Abb. 5.25 für

1:	Hydraulikzylinder
2:	Kraftdrehkopf
3:	oberer Teilstrang
4:	unterer Teilstrang
5:	freies Seilende

a) verschiebbarer Kolben mit einer Kolbenstange
b) verschiebbarer Zylinder
c) verschiebbarer Kolben mit zwei Kolbenstangen

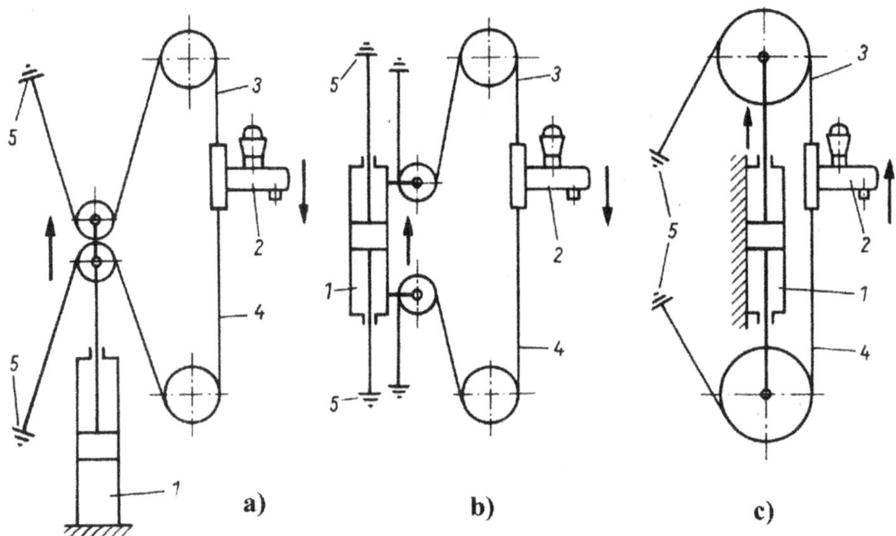

Abb. 5.25 Verschiedene offene Seilvorschubsysteme

Die Systeme sind in der Regel, von außen nicht erkennbar, im Mast oder Gerät angebracht. Hierdurch sind sie auch vor Beschädigung und Verschmutzung weitgehend geschützt. Die Systeme erlauben einen feinfühligen Vorschub- bzw. Rückzugvorgang.

Zahnradvorschub

Dieses Vorschubsystem (Abb. 5.26) besteht aus einem angetriebenen Schlitten mit zwei Zahnrädern und zwei Mitnehmerleisten am Mast. Der Kraftdrehkopf lässt sich mit stufenloser Geschwindigkeit auf volle Mastlänge verschieben. Nachteilig ist die mögliche Verschmutzung der Führungsleiste, insbesondere im unteren Bereich beim Abschleudern der Bohrschnecken und Arbeiten mit Beton und Zementschlämmen. Eine ständige Säuberung ist unerlässlich. Obwohl diese Vorschubeinrichtung ansonsten sehr zuverlässig arbeitet, hat es sich nicht grundsätzlich durchgesetzt.

Weitere Vorschubeinrichtungen wie Gelenkhebel, Zahnstangen, Gewindespindeln usw. sind bei den heute gebräuchlichen Bohrgeräten nicht mehr anzutreffen, so dass sich eine Be-schreibung und Darstellung dieser Systeme erübrigt.

Abstützung

Zur Aufnahme der Zugkräfte muss das Gerät oder mindestens der Mast stabil abgestützt werden. Dies erfolgt in der Regel über Hydraulikstempel, die für eine gleichmäßige Kraftverteilung sorgen. Eine zuverlässige Abstützung (Abb. 5.27) ist essenziell, da sonst die entstehenden Kräfte unkontrolliert in den Rahmen übertragen werden, was zu Schäden an der Konstruktion führen kann. Zudem trägt die Abstützung wesentlich zur Standsicherheit bei, insbesondere bei einem hohen Mastaufbau, wo erhöhte Kippmomente auftreten.

Abb. 5.26 Zahnradvorschubsystem

Abb. 5.27 Bohrgerät Prakla RB 50 auf Magirus LKW mit 4-Punkt-Abstützung

Bei Mobilgeräten ist eine Vierpunktabstützung der Standard, da sie eine stabile Basis schafft und das Gerät vor unkontrollierten Bewegungen schützt. Eine Mastabstützung bleibt auch dann gewährleistet, wenn ein Drehtisch angebaut ist, da dieser die auftretenden Kräfte gezielt ableitet.

Moderne, gut ausgestattete Geräte verfügen über eingebaute Wasserwaagen bzw. Libellen, mit denen der Geräteführer die Abstützung direkt vom Führerstand aus präzise einstellen und kontinuierlich überwachen kann. Fortschrittliche Systeme nutzen bereits automatisch arbeitende Abstützeinrichtungen, die die Nivellierung eigenständig anpassen und so eine optimale Arbeitsstabilität gewährleisten.

5.6.2.5 Antrieb der Bohrwerkzeuge

Kraftdrehköpfe

Bei den Drehbohrgeräten für den Baugrundaufschluss sind die Kraftdrehköpfe (abgekürzt KDK) das am meisten anzutreffende Antriebssystem. Dabei wird der KDK mit einem Schlitten am Mast geführt. Dadurch wird ein ruhiger Lauf erreicht und das Gegenmoment der Drehbewegung auf den Mast übertragen. In Verbindung mit der Vorschubeinrichtung kann die Hublänge des Kraftdrehkopfes größer als die Länge eines Gestängezuges sein. Damit ist es möglich, eine gesamte Gestängezuglänge innerhalb eines Bohrmarsches abzubohren.

Abb. 5.28 KDK für das Kellysystem

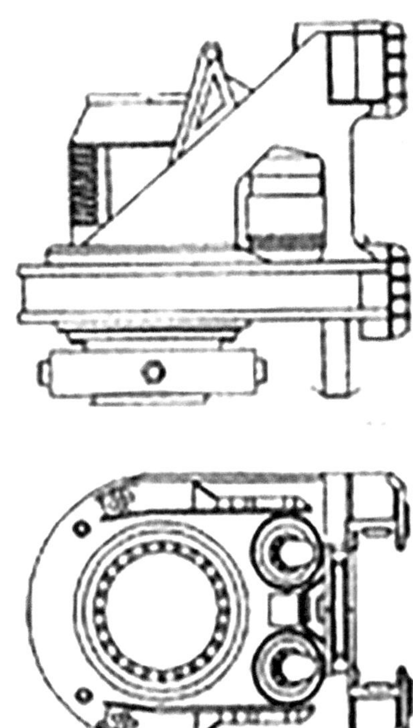

Die Kraftübertragung auf den Bohrstrang bzw. das Bohrwerkzeug erfolgt unmittelbar an seinem oberen Ende oder am Umfang des Bohrgestänges oder Kellystange. Während des Bohrens macht der Kraftdrehkopf die Vorschubbewegung des Bohrstranges bzw. der Kellystange mit. Kraftdrehköpfe werden sowohl mit freier Durchgangsöffnung als auch in geschlossener Ausführung gefertigt (Abb. 5.28).

Die Verbindung zum Bohrstrang bei Kraftdrehköpfen mit einer Durchgangsöffnung erfolgt mit einem Spannfutter oder Mitnehmer und bei Kraftdrehköpfen ohne Durchgangsöffnung über eine Gewindeverbindung. Bei geschlossenen Kraftdrehköpfen besteht in vielen Fällen die Möglichkeit des Auswechselns von Kraftdrehkopfeinsätzen.

Derartige Einsätze können sein:

- Einbauspindel zum Trockenbohren
- Einbauspindel zum Normalspülbohren
- Einbauspindel zum Lufthebeverfahren
- Einbauspindel zum Strahlsaugbohren

Kraftdrehköpfe mit eingebauter Spindel zum Spülbohren werden auch als Kraftspülköpfe (Abb. 5.29) bezeichnet.

Abb. 5.29 Spülkopfsystem E + M Typ UH2

Großdrehbohrgeräte mit Kellystangen benötigen zwangsläufig Kraftdrehköpfe mit Durchgang (Abb. 5.28). Dabei sind die Kellystangen mit unterschiedlich konstruierten Mitnehmerleisten versehen, für die im (Mitnehmertaschen) erlauben es, einen Bohrandruck auszuüben.

Während die erreichbaren Drehmomente für Großdrehbohrgeräte bis zu 500 kNm bei Drehzahlen bis etwa 80 U/min betragen, kommen die Aufschlussbohrgeräte mit max. 50 kNm bei Drehzahlen bis max. 600 U/min aus. Als Antrieb von Kraftdrehköpfen werden bis zu vier Hydraulikmotore, vorzugsweise hochtourige Axial-kolbenmotore, verwendet. Die Drehzahl der Hydraulikmotoren ist durch den Volumenstrom des Hydrauliköles stufenlos regelbar. Teilweise werden dafür auch Schaltgetriebe verwendet. Mit Hilfe dieser Getriebe erhält man mehrere Drehzahlbereiche, innerhalb derer die Drehzahl stufenlos verändert werden kann (Abb. 5.30).

Ein Mangel dieser Schaltgetriebe sind ihre relativ großen Abmessungen und die Tatsache, dass eine Änderung des Drehzahlbereiches während des Bohrvorganges nur möglich ist, wenn sich der unmittelbar mit dem Getriebe verbundene Kraftdrehkopf in seiner untersten Stellung befindet. Da Großdrehbohrgeräte nur mit verhältnismäßig geringen

Abb. 5.30 KSP System Wirth
Typ 1.2 an Drehbohrgerät
Typ ECO 1

Drehzahlen arbeiten, sind Schaltgetriebe hier wegen ihrer Reparaturanfälligkeit wenig sinnvoll. Deshalb werden meist Kraftdrehköpfe verwendet, die durch mehrere Hydraulikmotoren angetrieben werden und als Getriebe nur ein Zahnradpaar mit einem bestimmten Untersetzungsverhältnis aufweisen. Als optimal hat sich die Verwendung von Hydraulikmotoren unterschiedlicher Charakteristik erwiesen. Dadurch erhält man verschiedene Drehzahl- und Drehmomentbereiche.

Kraftspülköpfe

Im Gegensatz zu den Kraftdrehköpfen für das reine Trockenbohren erfordern Kraftspülköpfe (abgekürzt KSP) eine aufwendige Kinematik, verbunden mit einem hydraulisch betätigten Spannkopf. Der Spülkopf ersetzt dabei Drehtisch oder Bohrspindel. Das Bohrgestänge wird kopfseitig angetrieben. Je nach Modell steht eine Auswahl von verschiedenen Hydraulikmotoren und schaltbaren Reduktionsgetrieben zur Verfügung, so dass im Einzelfall bis zu acht Drehzahlbereiche möglich sind.

Zum Freimachen des Bohrlochmundes für Bohrhilfsarbeiten (Ausbau mit der Seilwinde) oder für das Umstellen auf ein anderes Bohrverfahren (Seilschlagbohren) kann der Kraftdrehkopf am Schlitten seitlich aus der Bohrlochsohle herausgeschwenkt werden (Abb. 5.31).

In vielen Fällen erfolgen Bohrstrangeinbau und Bohrstrangausbau und auch Verrohrungsarbeiten mit Hilfe des Kraftdrehkopfes und der Vorschubeinrichtung. Der Kraftdrehkopf übernimmt dabei im Zusammenwirken mit speziellen Gestängeabfang und Klemmvorrichtungen sowohl die Schraubarbeiten als auch Hub- und Senkbewegungen. Zur Erleichterung dieser Arbeiten bei der horizontalen Gestängeablage kann der Kraftdrehkopf hier eben-falls bis zu 90° aus der Bohrlochachse herausgeschwenkt werden (Abb. 5.31).

Abb. 5.31 Seitlich ausgeschwenkter Kraftspülkopf

Hydraulisch angetriebene Kraftdrehköpfe lassen sich auch unabhängig von speziellen Bohrgeräten, wie z. B. an Hydraulikbaggern, als Zusatzaggregat zum Niederbringen von Bohrungen geringer Teufe einsetzen (Abb. 5.32).

Spülkopfspindeln gibt es mit zugehörigen Spülköpfen für direkte und indirekte Spülung. Kombi-nationsspindeln Floatingspindeln, Hohlspindeln für das Durchfahren von Gestänge und Spindeln mit Steckverbindung sind ebenfalls lieferbar. Alle Spindeln können schnell und einfach ausgewechselt werden.

Drehtische

Obwohl die Drehtische für den Bereich Baugrundaufschluss kaum eine Bedeutung haben, soll vollständigkeitshalber das System kurz dargestellt werden. Der Antrieb des Drehtisches (mechanisch oder hydraulisch) erfolgt über das Bohrgeräteaggregat auf den Drehkranz des Bohrtisches. Dieser ist fest mit der Drehtischplatte verbunden. Über unterschiedliche Mitnehmereinsätze wird das Drehmoment auf die Mitnehmer- oder Kellystange übertragen (Abb. 5.33). Die Mitnehmerstange ist die oberste Bohrstange des Bohrstranges und hat einen quadratischen oder sechseckigen Querschnitt. Infolge der formschlüssigen Verbindung kann sich die Mitnehmerstange in den Mitnehmereinsätzen in axialer Richtung bewegen.

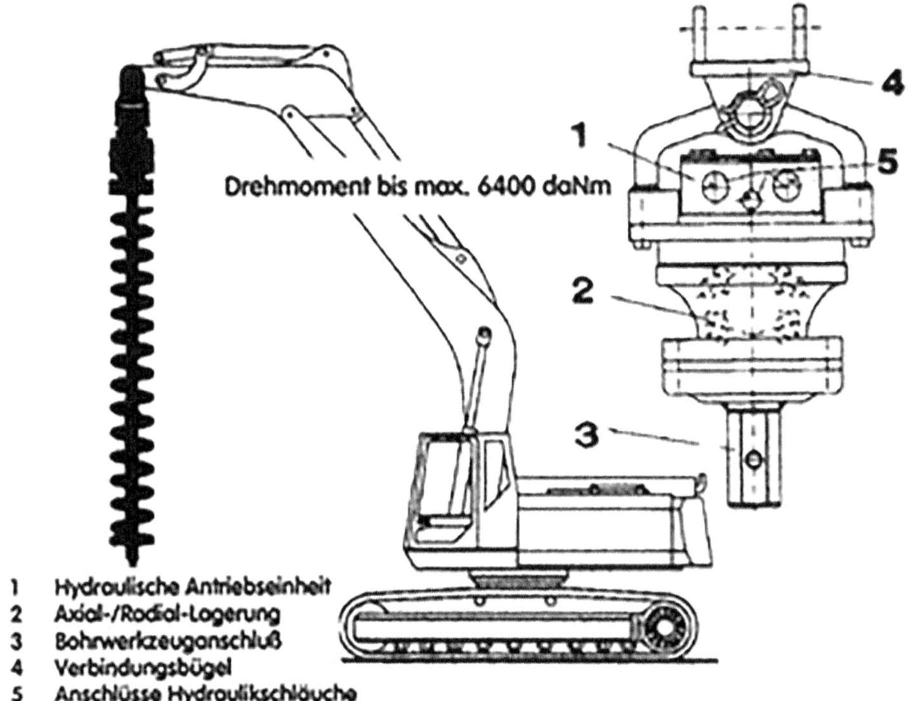

Abb. 5.32   Freihängendes Anbaubohrgetriebe für einfache Arbeiten mit der Bohrschnecke

Abb. 5.33   Drehtischsystem

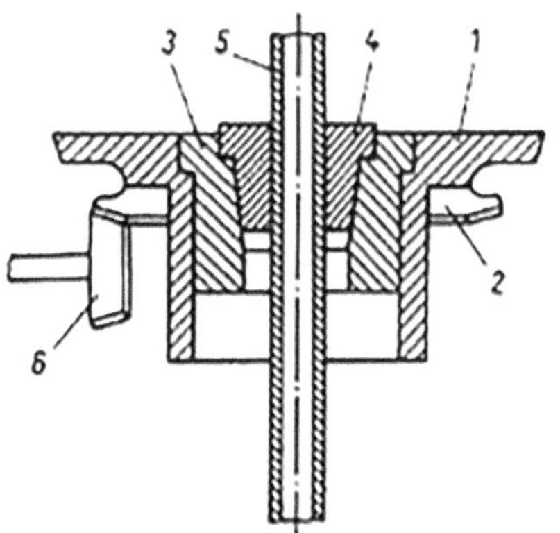

Dabei stehen die Bezeichnungen in Abb. 5.33 für

1:	Drehtischplatte
2:	Kegelkranz
3:	Drehtischeinsatz
4:	Mitnehmereinsatz
5:	Mitnehmerstange
6:	Antriebskegelrad oder Hydraulikmotor

Der Durchmesser der Öffnung in der Drehtischplatte wird als Durchgang des Drehtisches bezeichnet. Vom Drehtischdurchgang hängt im Wesentlichen der maximale Anfangsdurchmesser des Bohrloches ab. Die Drehtische von Erkundungsbohrgeräten haben Durchgänge im Bereich von 150 bis 250 mm, teilweise bis 400 mm. Die Ein- und Ausbauarbeiten des Bohr- und Futterrohrstranges erfolgen meist durch den Drehtisch. Der Drehtisch oder auch nur die Mitnehmereinsätze werden dabei herausgenommen.

Der Drehtisch dient bei Ein- und Ausbauarbeiten gleichzeitig zum Abfangen oder Absetzen des Bohrstranges bzw. der Futterrohrtour. Bei einigen Bohrgeräten kann der Drehtisch vom Bohrlochmund weggeklappt oder weggeschoben werden. Damit wird eine größere Bewegungsfreiheit bei Arbeiten am Bohrlochmund ermöglicht (Abb. 5.34).

Die maximalen Drehzahlen von Drehtischen liegen bei 200 bis 300 Umdrehungen je Minute. Bei höheren Drehzahlen kann ein ruhiges Laufen der Mitnehmerstange nur durch aufwendige Führungseinrichtungen erreicht werden. Der Drehtisch wird vom Hauptgetriebe des Bohrgerätes über eine Kardan- oder Kettenübertragung angetrieben. Verbreitet sind auch Drehtische mit einem Antrieb über einen Hydraulikmotor. Die Drehtische sind überwiegend fest angeordnet. Im Trockenbohrverfahren sind bei einem Drehmoment bis 200 kNm Bohrdurchmesser bis zu 2,50 m und Bohrtiefen bis zu 20 m möglich. Im Spülbohr- und Lufthebeverfahren sind vergleichbare Bohrdurchmesser und Teufen bis zu mehreren hundert Metern ausführbar.

Abb. 5.34 Drehtisch für
Tiefbohrgerät

Tab. 5.3 Drehzahlbereiche in Abhängigkeit vom Bohrwerkzeug und dem Bohrverfahren

Bohrverfahren	Höchste Drehzahl U/min			Niedrigste Drehzahl U/min		
Diamantbohren	1000	bis	2500	100	bis	150
Hartmetallbohren	500	bis	800	80	bis	100
Hydroschlagbohren	80	bis	150	20	bis	30
Schneckenbohren (Vollbohrschnecke)	300	bis	600	30	bis	40
Schneckenbohren (Hohlbohrschnecke)	50	bis	200	5	bis	10
Rotarybohren	300	bis	400	50	bis	75
langsamdrehendes Trockenbohren	25	bis	35	3	bis	6

Drehzahlbereiche

Der Drehzahlbereich eines Bohrantriebes hängt ab vom Bohrverfahren, dem Bohrdurchmesser, den Gesteins- und Bodeneigenschaften, dem verwendeten Bohrwerkzeug und der zur Verfügung stehenden Antriebsleistung (Tab. 5.3).

Eine optimale Anpassung der Drehzahl an die zu durchbohrenden Bodenformationen und damit Erreichen einer maximalen Bohrleistung kann erzielt werden durch

- *eine stufenlose Drehzahlregelung*
- *eine hohe Anzahl von Schaltstufen des Getriebes*
- *die Schaffung mehrerer Drehzahlbereiche (z. B. durch Vorschaltgetriebe, auswechselbare Zahnradpaare, unterschiedliche Hydraulikmotore u. a.)*

Für Baugrundaufschlussbohrarbeiten sind maximal drei Drehzahlstufen im Allgemeinen ausreichend. Durch die zum Teil stark wechselnden Boden- bzw. Felsschichten in diesem Aufgabenbereich ist eine ständige Anpassung ohnehin schwierig. Man sollte aus der Drehzahl auch keinesfalls eine Philosophie machen, wenn daraus Leistungssteigerungen in Prozenten hinter dem Komma resultieren. Diese Betrachtungen können allenfalls für Tiefbohrungen interessant sein.

5.6.2.6 Spannkopf und Abfangvorrichtung

Bohrgeräte mit Kraftdrehkopf, bei denen der Bohrstrangeinbau und Bohrstrangausbau durch den Kraftdrehkopf erfolgt, realisieren diesen Arbeitsgang mit einer Kombination zwischen feder-hydraulisch betätigten Halte- und Spannfutter (Spannkopf) und der hydraulisch zu betätigenden Abfangvorrichtung. Eine derartige Ausrüstung ist besonders für glattwandiges Gestänge geeignet. Sie sind ein wesentlicher Bestandteil für die Mechanisierung des Bohrvorganges (Abb. 5.35).

Bei den vorwiegend für die Lockergesteinserkundung verwendeten Kraftspülköpfen wird das Brechen und Verschrauben der Gestängeverbindungen mit Hilfe einer Arretiervorrichtung zwischen Kraftdrehkopf und Bohrgestänge ermöglicht. Diese Vorrichtung gewährleistet die Übertragung der Drehbewegung von der Spindel des Kraftspülkopfes auf den Gestängestrang ohne Belastung der zwischen beiden Ausrüstungen möglichen Gewindeverbindung. Die Übertragung der Drehmomente erfolgt dabei entweder über die

Abb. 5.35 Schnitt durch
einen hydraulischen Spannkopf

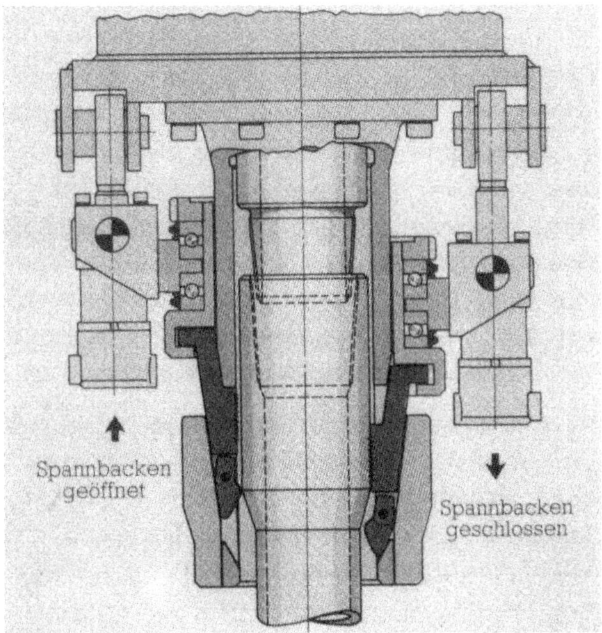

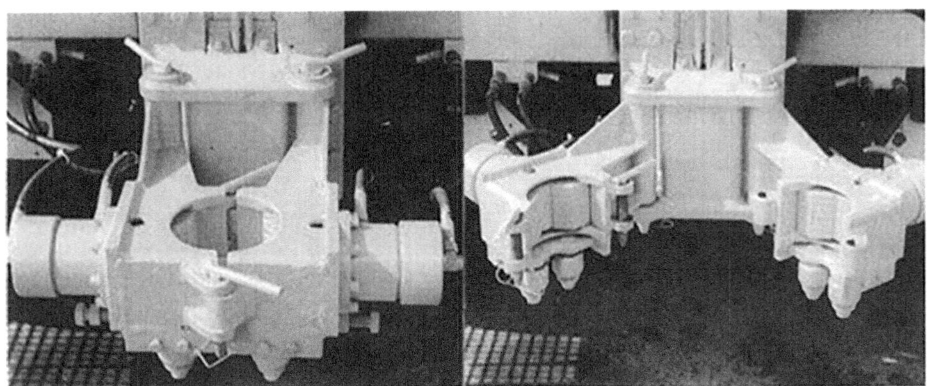

Abb. 5.36 Hydraulisch zu betätigende Gestängeabfangvorrichtung links: im geschlossenen Zustand – rechts: im geöffneten Zustand

Schlüsselflächen oder auf das Bohrgestänge aufgeschweißte Nocken. Durch die Verwendung eines hydraulisch betätigten Keiltopfes am Kraftspülkopf wurde eine weitere Mechanisierung dieses Arbeitsganges erreicht.

Die heute fast ausschließlich hydraulisch betätigte Gestängehaltevorrichtung dient zum Abfangen und Festklemmen des Bohrstranges vorwiegend bei Ein- und Ausbauarbeiten sowie Schraubarbeiten in Verbindung mit dem Spannkopf (Abb. 5.36). Sie ist meist für glattwandiges Gestänge, teilweise aber auch für Gestänge mit Schlüsselflächen vorgesehen. Gestängehaltevorrichtungen lassen sich hydraulisch öffnen und schließen und sind am unteren Teil des Bohrmastes befestigt (Abb. 5.37).

Abb. 5.37 2-fach bzw. 3-fach
Gestänge-Abfangvorrichtungen
sind erforderlich beim
Doppelkopf-Bohrverfahren mit
Futterrohr und Innengestänge –
Beispiel: 3-fach
Abfangvorrichtung
System Klemm

5.6.2.7 Verrohrungseinrichtungen

Allgemeines

Verrohrungseinrichtungen ermöglichen das mechanisierte Niederbringen der Futterrohre (vorwiegend beim Trockenbohren). Merkmal dieser Verrohrungsarbeiten ist, dass die Rohrtour beim Niederbringen der Bohrung unmittelbar dem Bohrwerkzeug folgt und diesem auch vorauseilen kann. Dabei wird das Bohrrohr in horizontaler Richtung und mit einer axialen Vorschubkraft beaufschlagt. Die Reaktionskräfte des Drehmomentes müssen dabei vom Bohrgerät übernommen werden.

An Bohrgeräten seltener sind Einrichtungen, die mit reiner axialer Vorschubkraft (Presseinrichtungen) arbeiten. Vorwiegend werden sie zu reiner Futterrohrrückgewinnung verwendet. Ebenso sind Rohrbewegungseinrichtungen anzutreffen, die lediglich das Bohrrohr in horizontaler Richtung durch Drehen oder Oszillieren bewegen. Hierzu gehört das sogenannte HW-System (Nach den Erfindern, Ingenieurbüro Hochstrasser und Weise, 66123 Saabrücken).

Bei den Verrohrungseinrichtungen können folgende Systeme unterschieden werden:

- Vertikalkraft ohne Drehbewegung
- durchdrehende Horizontalbewegung ohne Axialkraft (außer Eigengewicht)
- oszillierende Horizontalbewegung ohne Axialkraft (außer Eigengewicht)
- durchdrehende Bewegung mit Axialkraft
- oszillierende Bewegung mit Axialkraft
- Vibrationsverfahren

Vertikalkraft ohne Drehbewegung

Im Prinzip sind dies ein oder mehrere Hydraulikstempel, die mit einer hydraulisch zu betätigenden Rohrschelle verbunden sind. Als Antrieb dient ein Elektro- oder Dieselaggregat. Für kleinere Durchmesser finden auch sogenannte Hohlkolben Verwendung. Sie sind ausschließlich für reine Rohrzieheinrichtungen gedacht. Kompakte Großanlagen erreichen Rohrdurchmesser bis zu 1200 mm bei Eigengewichten bis zu 12 t und Hubkräften bis zu 3500 kN (beim Baugrundaufschluss selten im Einsatz).

Durchdrehende Horizontalbewegung ohne Axialkraft

Hierzu gehören z. B. Drehtische, wie sie bei Spülbohrgeräten und in der Explorationstechnik üblich sind. Die Belastung erfolgt über das Eigengewicht des Bohrgestänges, das im Bedarfsfall durch Schwerstangen ergänzt wird. Für die Baugrunderkundung ist dieses System ohne wesentliche Bedeutung.

Oszillierende Horizontalbewegung ohne Axialkraft

Hierzu dienen leichte, hydraulisch spannbare Rohrschellen mit zwei Hydraulikzylindern, die radial auf die Rohrschelle wirken. Als Vertikalbelastung dient hierbei ebenfalls lediglich das Eigengewicht der Rohrtour, das gegebenenfalls durch angehängte Belastungsgewichte erhöht wird. Dieses System wurde bei älteren Geräten im Aufschlussbohr- und Brunnenbohrbereich eingesetzt.

Das HW-Verfahren arbeitet nach dem gleichen Prinzip. Die hydraulisch oder pneumatisch angetriebene Schwungmasse der Drehschwinge, die unmittelbar auf das obere Ende des Futterrohrstranges aufgesetzt wird, überträgt hierbei ihre Bewegungsenergie über Anschläge auf das Futterrohr und versetzt dieses in eine oszillierende Drehbewegung. Der im Rohr befindliche Boden wird dabei mit Greifern entfernt.

Durchdrehende Horizontalbewegung mit Axialkraft

Für dieses System hat sich die Bezeichnung Verrohrungsdrehtisch (Abb. 5.38) durchgesetzt. Es erlaubt ein gleichmäßiges Drehen des Futterrohrstranges bei gleichzeitigem Vorschub oder Rückhub. Das Drehmoment wird über hydraulisch spannbare Mitnehmerschellen auf den Rohrstrang übertragen. Der Vorschub oder Rückhub erfolgt ebenfalls durch Hydraulikzylinder, die den gesamten Drehtisch in einem bestimmten Hubbereich in axialer Richtung bewegen können.

Durch eine Kombination zwischen Dreh- und Vorschubeinrichtung mit hydraulisch spannbaren Mitnehmerelementen kann das Umsetzen des Drehtisches nach Erreichen seiner untersten Endstellung ohne Unterbrechung der Drehbewegung erfolgen. Das Lösen und Anlegen der Klemmelemente wird dabei selbstständig gesteuert, so dass der gesamte Futterrohrvorschub bei laufender Bohrarbeit automatisch ablaufen kann (Tab. 5.4).

Drehtische gehören schon fast zur Grundausstattung der leichten und mittleren Bohrgeräte und finden Einsatz bei allen üblichen Bohrsystemen, insbesondere bei den Trockenbohrverfahren. Sie werden am Mastfußunterteil angeschraubt und sind zum Transport abklappbar.

Abb. 5.38 Verrohungsdrehtisch bis zu einem Rohr-Durchmesser von 419 mm (System Wirth) für den Transport abgeklappt

Tab. 5.4 Technische Daten von Drehtischen Systeme Wirth *und* Nordmeyer

System	Wirth	Wirth	Nordmeyer	Nordmeyer	
max. Rohr-⌀	324	419	324	419	mm
Drehmoment	22	45	22	45	kNm
Drehzahl	0–11	0–14	0–9	0–	min^1
hydraul. Zugkraft	180	200	200	240	kN
hydraul. Andruckkraft	120	150	110	140	kN
Hub	400	400	400	400	mm
Ölbedarfbei180bar	120	120	120	120	1
Gewicht	950	2130	950	2130	kg

5.6.2.8 Seilschlagwerk

Für folgende Werkzeuge bzw. Arbeiten wird ein Schlagwerk benötigt:

- Kiespumpe
- Schlagbüchse
- Meißel
- Bohren nach dem Rammkernsystem
- Entnahme von ungestörten Bodenproben auf der Bohrlochsohle

Zur optimalen Wirkung des Bohrwerkzeuges auf der Bohrlochsohle muss der Schlagmechanismus beim Seilschlagbohren einen freien Fall des Bohrwerkzeuges garantieren. Gleichzeitig ist ein weiches Anheben des Bohrwerkzeuges zu ermöglichen. Bei Nutzung der Schlagschwinge (Abb. 5.39) wird der Schlagmechanismus diesen Anforderungen durch eine Versetzung der Bewegungsebene der Schlagrolle zur Ebene der Kurbelwelle gerecht. Diese Versetzung und zusätzliche Federelemente in der Schlagschwinge ergeben eine langsame, weich einsetzende Abwärtsbewegung der Schlagrolle und damit ein entsprechendes Anheben des Bohrwerkzeuges. Nach Überschreiten des unteren Totpunktes bewegt sich die Schlagrolle sehr schnell nach oben und ermöglicht damit den freien Fall des Bohrwerkzeuges. Die Hubhöhe wird durch die Befestigung der Pleuelstange am Kurbelzapfen bestimmt. Meist sind drei bis vier unterschiedliche Hubgrößen möglich.

Bei der Nutzung einer Schlagkurbel mit Freilaufeinrichtung (Abb. 5.39) wird die Kurbelwelle mit der Schlagrolle durch eine weich einsetzende kraftschlüssige Verbindung des Rollenfreilaufes vom Antriebsrad mitgenommen. Nach Überschreiten des unteren Totpunktes lässt der Freilauf die Schlagkurbel, bei gleichbleibender Drehzahl des Antriebsrades, voreilen. Dadurch wird das Bohrwerkzeug zum freien Fall auf die Bohrlochsohle freigegeben.

Dabei stehen die Bezeichnungen in Abb. 5.39 für

a)	Schlagschwingensystem
b)	Schlagkurbelsystem
1:	Schlagtrommel
2:	Führungsrolle
3:	Schlagseil
4:	Schlagrolle
5:	Antriebsrad
6:	Kurbelzapfen
7:	Bohrwerkzeug
8:	Schlagschwinge
9:	Pleuel
10:	Rollenfreilauf
e:	kinetische Versetzung

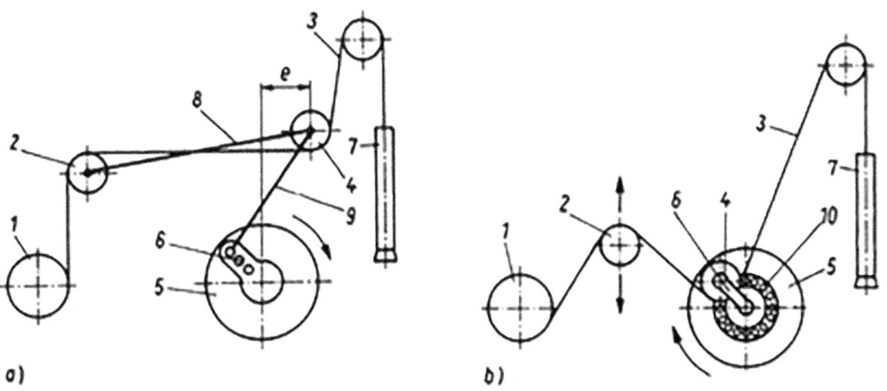

Abb. 5.39 Schematische Darstellung der Schlagwerke

Abb. 5.40 Schlagwerkanordnung am Bohrgerätemast

Nach Beendigung des Schlagvorganges kommt es wieder zur kraftschlüssigen Verbindung zwischen Kurbelwelle und Antriebsrad und damit zum Anheben des Bohrwerkzeuges. Die Hubhöhe wird durch die Seilführung und die Länge des Kurbelzapfens bestimmt. Eine Veränderung der Schlagzahl ist bei beiden Schlagmechanismen durch eine stufenlose Drehzahländerung des hydraulischen Antriebsmotors möglich.

Schlageinrichtungen mit Schlagkurbel und Freilaufeinrichtung werden häufig als Zusatzelemente für Seilwinden angeboten. Damit kann das Einsatzgebiet von Drehbohrgeräten auch für das Seilschlagbohren erweitert werden. Die üblichen leichten und mittelschweren Bohrgeräte verfügen über ein leichtes Schlagwerk für Bohrzeuglast bis maximal 500 kg, das zum Teil am Mast angebracht ist (Abb. 5.40). Schlageinrichtungen finden insbesondere beim Rammkernbohrverfahren Anwendung.

5.6.2.9 Winden

Es ist allgemein üblich geworden, die Bohrgeräte mit mindestens zwei, teilweise auch mit drei Winden auszurüsten, und zwar mit Hauptwinde, Hilfswinde und Seilkernwinde. Haupt- und Hilfswinde sollten dabei die gleiche Ausstattung (kraftschlüssige Auf- und Abfahrt sowie Freifalleinrichtung) aufweisen, da dann ein Wechsel der Winden bei Bedarf möglich ist. Alle Winden verfügen über einen separaten hydraulischen Antrieb, der stufenlos regelbar ist. Auch Kurbelschlagwerke, die ebenfalls mit stufenlosem hydraulischem Antrieb versehen sind, zählen größtenteils zur Standardausrüstung.

Die Zollern-Freifallwinden (Abb. 5.41) werden in vielen Bohrgeräten verwendet. Sie ermöglichen Hubkräfte bis 300 kN. Die Systemskizze stellt den prinzipiellen Aufbau dar. Am Getriebeeingang ist der Hydromotor befestigt. Die federkraftgeschlossene Haltebremse hält die Last in Parkstellung in ihrer jeweiligen Lage. Das hier dargestellte zweistufige Planetengetriebe erhöht entsprechend der Getriebeübersetzung das Motormoment. Die gekoppelten Innenräder übertragen das Abtriebsmoment auf die Seiltrommel. Das Reaktionsmoment wird über die federkraftgeschlossene Freifallbremse in den Stahlbau eingeleitet.

Wird die Freifallbremse hydraulisch geöffnet, fällt die Last mit Fallgeschwindigkeit bei stehendem Antriebsmotor. Wird die Freifallbremse (Abb. 5.42) nur teilweise geöffnet, kann die Senkgeschwindigkeit entsprechend gesteuert und falls gewünscht, wieder abgebremst werden. Die großzügig bemessene, ölgekühlte Freifallbremse kann die entstehende Wärme aufnehmen und an das Hydrauliksystem über den Kühlkreislauf abgeben.

Die beim Bremsen entstehenden Reaktionskräfte werden von den gehärteten und geschliffenen Verzahnungen sicher übertragen.

Abb. 5.41 Hydraulikwinde mit Freifalleinrichtung (ohne Antrieb) System Zollern

Abb. 5.42 Schnitt durch eine Freifallwinde

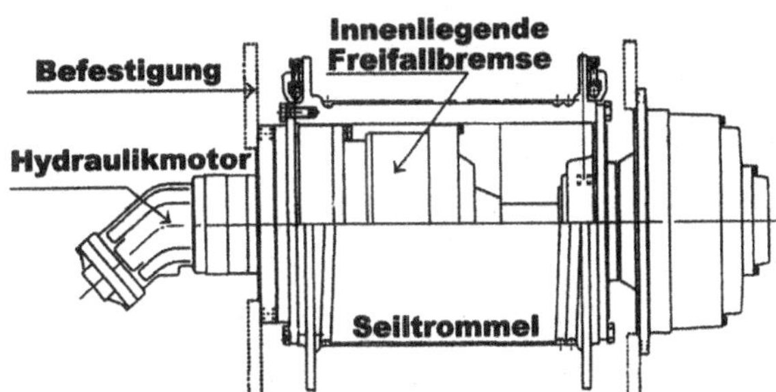

Abb. 5.43 Normalrillung und
Sonderrillung

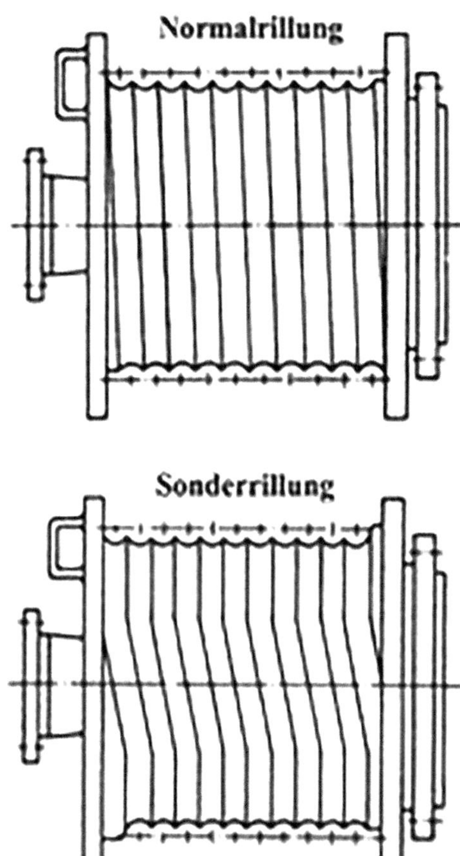

Von besonderer Wichtigkeit ist die Art der Rillung. Während bei ein bis zwei Seillagen eine gerade Rillung (Abb. 5.43 oben) ausreicht, ist bei drei und mehr Lagen eine Sonderrillung (Abb. 5.43 unten) zu empfehlen. Mit dieser Rillung werden die Schwierigkeiten bei mehrlagiger Bewicklung in üblicher Rillung vermieden, da die Kreuzungspunkte des Seiles in jeder Seillage immer im gleichen Trommelabschnitt liegen und das Aufsteigen des Seiles in die nächste Seillage genau definiert ist. Es können problemlos acht und mehr Lagen gewickelt werden.

Winden mit Konus- oder Mehrscheibentrockenkupplungen (Lamellenkupplungen) sowie Bandbremsen sind wegen des hohen Verschleißes nur noch selten anzutreffen. Seilwinden neuerer Bauart verfügen über Kupplungselemente, die im Ölbad laufen. Reine kraftschlüssige Winden (Auf- und Abwinden) benötigen keine Kupplung bzw. Bremse, da der Ölmotor diese Aufgabe übernimmt.

Abb. 5.44 Hauptwinde mit Freifalleinrichtung und Antrieb durch Hydraulikmotor

Verschiedene Hebewerke, besonders bei älteren Geräten, sind mit zwei Seiltrommeln ausgerüstet, die auf einer gemeinsamen Hebewerkswelle sitzen, sich aber unabhängig voneinander kuppeln lassen. An Bohrgeräten für das Seilschlagbohren ist die Arbeitstrommel meist durch eine Scheibe in zwei Bereiche unterteilt. Auf dem größeren Seiltrommelabschnitt wird der überwiegende Teil des Arbeitsseiles aufgewickelt, während auf dem kleineren Seiltrommelabschnitt nur einige Windungen verbleiben. Dadurch wird verhindert, dass sich die durch den Schlagmechanismus hervorgerufenen stoßartigen Belastungen auf alle Seillagen auswirken. Der Antrieb des Hebewerkes erfolgt in der Regel vom Hauptgetriebe des Bohrgerätes aus. Zunehmend werden aber auch Hydraulikmotore (Abb. 5.44) verwendet.

5.6.2.10 Pumpen

Für die Erzeugung des Spülungsstromes müssen Pumpen eingesetzt werden, die den Druck zur Überwindung der Reibung im Gestänge, im Ringraum sowie am Bohrwerkzeug erzeugen.

Die Pumpen sind meist in die Bohranlage integriert. In Sonderfallen sind auch separate Aggregate üblich. Die Regelbarkeit des Spülungsstroms ist notwendig, da das Bohrklein sicher und schnell von der Bohrlochsohle entfernt werden muss, andererseits aber die Kerngewinnung in stark wechselnden, stark einfallenden oder weichen Formationen keine zu hohe Spülungsrate verträgt, die zu Kernverlusten fuhren kann.

Außerdem wird eine zu hohe Ringraumgeschwindigkeit unter Umständen zu Auskesselungen führen. Andererseits ist eine stärkere Erhöhung der Spülungsrate beim Klarspülen der Bohrlochsohle wegen Nachfalls oder zum Vollbohren beim abschnittsweisen Kernen notwendig.

Eine Anpassung der Pumpendrehzahl und damit der Spülungsrate kann entweder durch Änderung der Motordrehzahl erfolgen, was aber meistens wegen der Koppelung der Pumpen an den Hauptantriebsmotor nicht möglich ist. Die Änderung der Spülungsrate ist aber auch durch Zwischenschalten eines Getriebes oder Antrieb durch einen Hydraulikmotor regelbar, der direkt ansteuerbar ist. Als Getriebe kann ein Schaltgetriebe mit Kupplung verwendet werden, oder bei Anlagen mit hydraulischem Antrieb ein hydrostatisches Getriebe.

Mit Ausnahme von Geräten, die lediglich für reine Trockenbohrungen ausgestattet sind, verfügen Baugrundbohrgeräte über unterschiedliche, fest installierte Spülpumpen, die überwiegend durch Hydraulikmotore angetrieben werden.

Im Einzelnen können folgende Pumpensystem zum Einsatz kommen:

- Kreiselpumpen (Abb. 5.46)
- Duplexkolbenpumpen (Abb. 5.45)
- Triplexkolbenpumpen
- Monopumpen
- Saugpumpen
- Kolbendosierpumpen

Je nach Gerätegröße und Bohrsystem sind sehr unterschiedliche Ausstattungsvarianten möglich.

Kreiselpumpen (Abb. 5.46) sind besonders für große Leistungen (bis etwa 200 m³/h) bei niedrigen Drücken (bis etwa 8 bar) geeignet (z. B. große Bohrdurchmesser bei geringen Tiefen) und Anmischen der Bohrspülung. Bei Kreiselpumpen ist zu beachten, dass die Pumpe nur dann zum Ansaugen gebracht werden kann, wenn das Laufrad vollständig mit Wasser umgeben ist. Dies wird durch ein Rückschlagventil im Ansaugrohr gewährleistet.

Abb. 5.45 Duplexpumpe mit Antrieb über Hydraulikmotor System Wirth

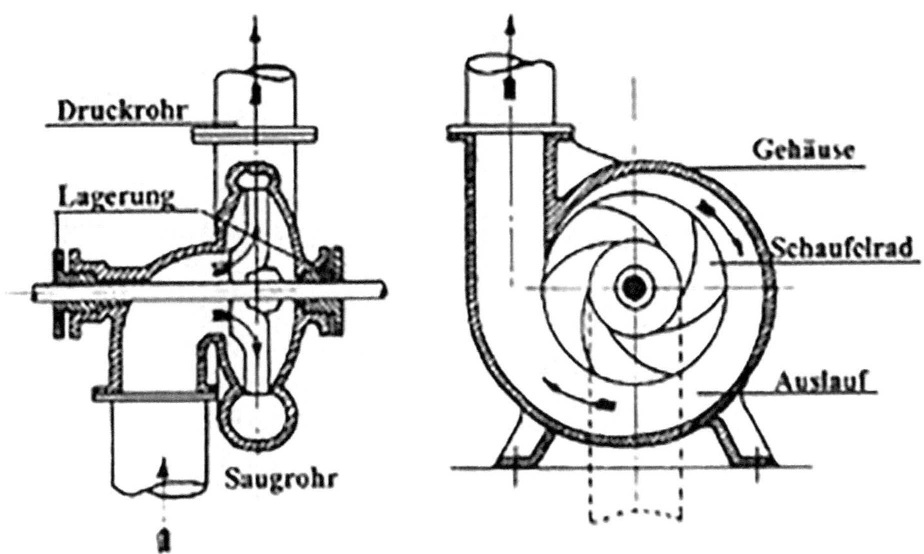

Abb. 5.46 Systemdarstellung der Kreiselpumpe

Bei Frostgefahr muss die Pumpe stets entleert werden, da das Pumpengehäuse sehr leicht Risse bekommen kann.

Für Förderleistungen von bis zu 800 1/min und Drücken bis etwa 40 bar kommen in der Regel **Duplexkolbenpumpen** (einfach oder doppelt wirkende Doppelkolbenpumpen) in Frage (Abb. 5.47).

Der Einsatz erfolgt insbesondere beim direkten Spülbohrverfahren.

Dabei stehen die Bezeichnungen in Abb. 5.47 für

1:	Zylinderbuchsen
2:	Kolbenstangen
3:	Stopfbuchsenpackungen
4:	Kolbenkörper
5:	Kolbendichtungen
6:	Ventilkegel
7:	Ventilsitze
8:	Ventilplatten

Die **Triplexkolbenpumpen** (Dreifachkolbenpumpen) erreichen eine Förderleistung bis zu 300 1/min bei einem Druck bis etwa 40 bar (Abb. 5.48).

Für das Saugbohrverfahren eignen sich besonders die Saugpumpen. Sie erreichen Leistungen bis etwa 300 m^3/h. dabei können die Korndurchmesser im Förder-strom bis zu 100 mm betragen.

Monopumpen sind Schraubenpumpen mit einer sehr geringen Bauhöhe, die sich leicht unterbringen lassen. Dieser Pumpentyp ist insbesondere für Verfüll- und Verpressarbeiten gedacht. Bei Drücken bis maximal 25 bar sind Pumpleistungen bis zu 500 1/min möglich.

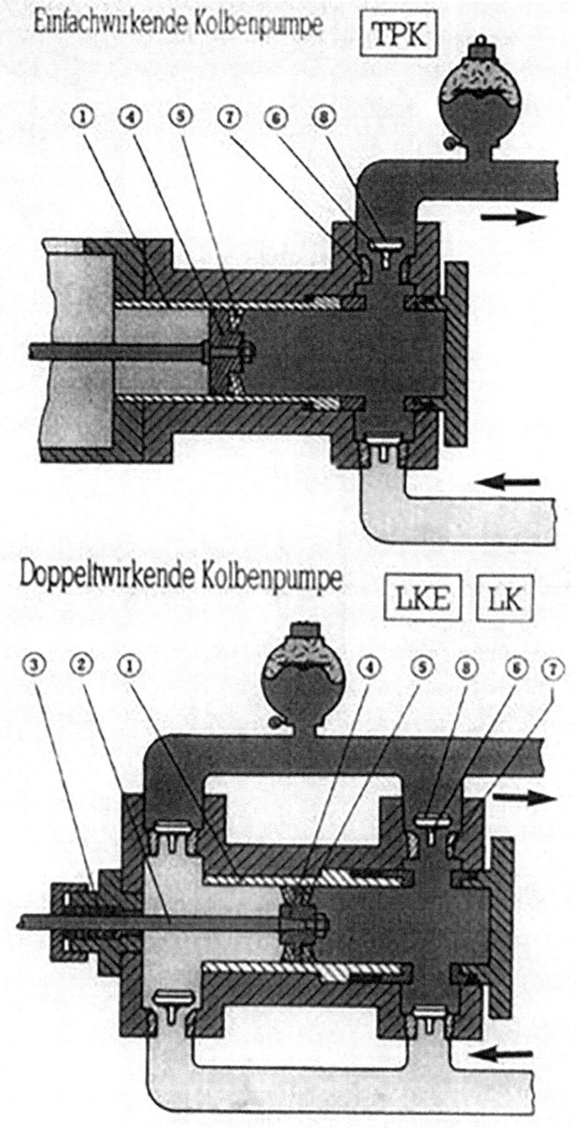

Abb. 5.47 Schematische Darstellung einer einfach- und doppelwirkenden Kolbenpumpe

Bei Bohrungen mit dem Senkhammer werden zur besseren Austragung des Bohrkleins Wasser-/Schaum-Dosiereinrichtungen eingesetzt. Eine solche Einheit besteht aus einer **Wasserkolbenpumpe** und einer **Kolbendosierpumpe**. Beide Pumpen sind stufenlos verstellbar angetrieben; außerdem ist die Dosiermenge des Schaummittels drehzahlunabhängig regulierbar, d. h. das Mischungsverhältnis kann während des Bohrvorganges verändert und den Bohrbedingungen angepasst werden; damit entfällt das vorherige Anrühren der Mischung. Dieser Pumpentyp hat allerdings für den Bohrprozess bei Aufschlussbohrarbeiten kaum eine Bedeutung.

Abb. 5.48 Einfachwirkende
3-Zylinder-Pumpe
(Triplexpumpe)

Der Leistungsbedarf der Pumpen mit großen Förderleistungen ist sehr hoch. So benötigt eine Duplexkolbenpumpe ($7'' \times 8''/125$) mit einer Leistung von maximal 120 m^3/h eine Antriebsleistung von 90 kW/121 PS, die vom Bohrantrieb während des Bohrvorganges nicht zusätzlich abgegeben werden kann. Die Pumpen erfordern daher einen eigenen Antriebsmotor. Da diese Pumpen sehr oft als Beistellgeräte zum Einsatz kommen, ist der Antrieb auch mittels E-Motor möglich, falls elektrische Energie herangeführt werden kann.

5.6.2.11 Antriebsmotor

Bei mobilen Bohrgeräten erfolgt der Antrieb im Allgemeinen durch den Fahrzeugmotor. Eine Kardanwelle treibt dabei die Ölpumpe an. Da der Leistungsbedarf eines leichten bis mittleren Bohrgerätes 70 bis 120 PS beträgt, hat der Fahrzeugmotor gewöhnlich ausreichende Reserven (z. B. Unimog Typ U 2150 mit 214 PS), so dass beim Bohrbetrieb nicht ständig auf Volllast gefahren werden muss. Wichtig ist, dass sich die Motordrehzahl automatisch dem Leistungsbedarf anpasst. Ein Nachteil des Antriebes über den Fahrzeugmotor ist, dass die Lärmentwicklung wesentlich stärker ist als bei den meistens gekapselten Sonderantrieben. Leider hat die Fahrzeugindustrie hier noch erheblichen Nachholbedarf.

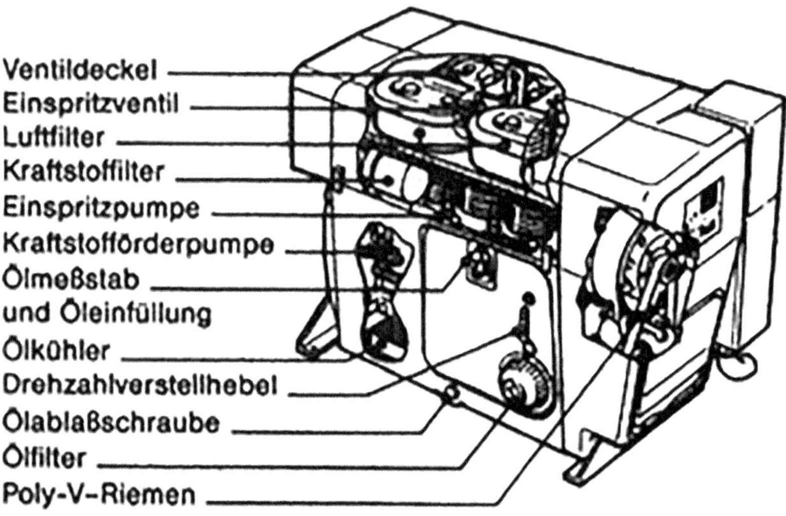

Abb. 5.49 Schematische Darstellung eines Antriebmotors

In Wohngebieten, in Badeorten und in der Nähe von Schulen und Krankenhäusern sind Probleme durch Überschreitung des Lärmpegels nicht selten. Die schematische Darstellung des Antriebsmotors sowie verschiedene Motorausführungen werden in den Abb. 5.49 und 5.50 gezeigt.

Bohrgeräte auf Anhängerfahrgestell oder Raupenfahrwerk benötigen einen eigenen Antrieb. Aufgrund von Gewichtsbeschränkungen muss die Antriebsleistung jedoch effizient genutzt werden. Durch ein ausgeklügeltes Hydrauliksystem sowie die gezielte Auswahl von Hydraulikpumpen und -motoren lassen sich (ohne zusätzliche Sonderantriebe, große Pumpen oder leistungsstarke Kompressoren) Motorleistungen von 60 bis 100 PS in der Regel als ausreichend erweisen. Die Motoren können optimal gekapselt werden, wobei lärmintensive Bauteile wie Kupplung und Hydraulikpumpe in die Lärmschutzhaube integriert werden. Hochwertige Lärmschutzeinrichtungen ermöglichen eine Geräuschreduktion, die den geltenden Vorschriften vollständig entspricht. Für Antriebsleistungen bis 70 PS hat sich insbesondere der Hatz-Motor bewährt. Dieses kompakte, voll gekapselte Aggregat ist in 1- bis 4-Zylinder-Versionen erhältlich, wobei für den Bohrgeräteantrieb ausschließlich die 4-Zylinder-Variante genutzt wird. Die spezielle Bauweise der Kapselung ermöglicht äußerst geringe Einbaumaße im Vergleich zu anderen Dieselmotoren. Darüber hinaus zeichnet sich der Hatz-Motor durch einen niedrigen Kraftstoffverbrauch und günstige Abgaswerte aus. Lärmintensive Nebenaggregate wie Schwungscheibe und Hydraulikkomponenten können ebenfalls in die Verkleidung integriert werden, um die Geräuschentwicklung weiter zu minimieren und eine kompakte Bauweise zu gewährleisten (Tab. 5.5).

Abb. 5.50 Motor ohne
Kapselung (oben) und Motor
mit Kapselung (unten)

Tab. 5.5 Technische Daten des Hatz-Dieselmotors

Motortyp	4 L 40 C	
Anzahl der Zylinder	4	St
Leistung (bei 3000 min^{-1})	51,4/70	kW/PS
Drehzahl (max)	3000	min1
Hubraum	3,43	1
Bohrung × Hub	102 × 105	mm
Kraftstoffverbrauch	12 bis 13 (Vollast)	1/h
Gewicht	396	kg
Einbaumaße: Länge	984	mm
Breite	591	mm
Höhe	748	mm

5.6.2.12 Hydraulikaggregat

Das Hydraulikaggregat eines Bohrgeräts besteht aus dem Pumpensatz mit Verteilergetriebe, der zugehörigen Verrohrung, einem Hydrauliköltank, einem Kühler und entsprechenden Filtern. Die Hauptpumpen versorgen die Antriebe für den Drehantrieb, den Verrohrungsdrehtisch, den Vorschub und Rückhub, die Winden sowie die Spülpumpe und/oder den Kompressor mit Energie. Dabei kommen stufenlos regelbare Axialkolbenpumpen zum Einsatz, da sie eine variable Förderleistung ermöglichen.

Für Funktionen mit konstantem Bedarf, wie den Bohrvorschub, die Abstützung und andere Nebenfunktionen, werden hingegen Konstantmengenpumpen, beispielsweise Zahnradpumpen, verwendet.

Der erforderliche Hydraulikdruck liegt je nach Bauart zwischen 150 und 300 bar (selten darüber) und wird durch 1 bis 4 Hydraulikpumpen erzeugt, die sich alle im Hydraulikpumpenblock befinden. Typische Konfigurationen umfassen 3 bis 4 Pumpen, beispielsweise zwei Hauptpumpen mit je 120 l/min sowie Nebenpumpen mit 35 l/min und 20 l/min. Jede Pumpe ist dabei für bestimmte Bewegungsabläufe zuständig.

Die Pumpen sind selbstregelnd, das heißt, sie passen sich automatisch an die Leistungsanforderungen der Abnehmer an. Bei steigendem Druck wird die Fördermenge reduziert, während sie bei sinkendem Druck wieder ansteigt. Um die vorhandene Motorleistung bestmöglich auszunutzen, entlasten sich die nicht belasteten Pumpen und speisen Energie in das System der stärker beanspruchten Pumpe ein. Dadurch werden die jeweiligen Bewegungen beschleunigt und die geforderten Leistungswerte erreicht.

Moderne hydraulische Antriebe sind technisch ausgereift und ermöglichen einen effizienten und optimalen Einsatz. Da die hydraulische Leistung mit steigender Öltemperatur abnimmt, ist eine leistungsfähige Kühlung des Aggregats unerlässlich. Ebenso muss der Ölbehälter ausreichend dimensioniert sein. Eine bewährte Faustregel besagt, dass für jede kW Motorleistung 3 bis 4 L Hydrauliköl vorgesehen werden sollten. Bei leichten bis mittelschweren Bohrgeräten mit 50 bis 100 kW Motorleistung ergibt sich somit ein Tankvolumen von etwa 180 bis 350 Litern.

Da das Hydraulikaggregat zu den lärmintensiven Nebenaggregaten gehört, sollte es idealerweise in die Lärmschutzeinrichtung des Antriebsmotors integriert werden, um die gesetzlichen Vorschriften zur Geräuschreduzierung zu erfüllen.

5.6.2.13 Kompressoren

Im Bedarfsfall werden die Bohrgeräte auch mit festinstallierten Kompressoren (Abb. 5.51) ausgerüstet. Sie werden benötigt für das Rammkernverfahren, Lufthebebohrsystem, Senkhammerbohrungen mit kleinen Durchmessern und zur Bohrlochsäuberung. Für Senkhammerbohrungen mit größeren Durchmessern sind Beistellkompressoren erforderlich. Es werden fast ausschließlich Schraubenkompressoren (Abb. 5.52) eingesetzt. Sie haben einen wesentlich ruhigeren Lauf und sind weniger lärmintensiv als Kolbenkompressoren. Die Kompressoren sind heute sehr gut gekapselt, so dass Lärmpegelprobleme kaum auftreten dürften.

Abb. 5.51 Kompressor innerhalb der Motorkapselung

Abb. 5.52 Offene Verdichterkammer eines Schraubenkompressors

Je nach Bohrgerät und der Möglichkeit der Unterbringung sind z. B. folgende fest installierte Größen üblich:

Volumen: 3,5 bis 5,5 m³/min	Druckbereich: 4,0 bis 12 bar
Volumen: 5,6 bis 7,5 m³/min	Druckbereich: 4,0 bis 12 bar
Volumen: 7,6 bis 9,5 m³/min	Druckbereich: 4,0 bis 10 bar

Der Leistungsbedarf dieser Kompressoren beträgt mindestens 7 kW/m³ Luft. Das bedeutet, dass ein großer Teil der vorhandenen Motorleitung für den Betrieb des Kompressors benötigt wird. Es können daher keine weiteren Funktionen ausgeführt werden, die einen größeren Leistungsbedarf haben. Die Probleme treten im Allgemeinen bei mobilen Geräten nicht auf, da hier in der Regel ausreichende Leistungsreserven über den Fahrzeugmotor vorhanden sind.

5.6.2.14 Steuerstand

Der Steuerstand (Abb. 5.53) sollte so angeordnet sein, dass der Bohrvorgang vom Geräteführer gut zu überwachen ist, alle Bedienungshebel sich in greifbarer Nähe befinden und die Armaturen im Blickfeld liegen. Folgende Anzeigen sollen mindestens vorhanden sein:

- Motordrehzahl
- Motortemperatur
- Öldruck
- Tankinhalt Hydrauliköl

Abb. 5.53 Bedienungsstand einer Wirth-Drehbohranlage

- Öltemperatur
- Tankinhalt Treibstoff (Diesel)
- Drehmoment am Drehkopf und ggf. am Verrohungsdrehtisch
- Vorschubkraft
- Rückzugkraft
- Seilzugkraftmesser
- Förderleistungen und Drücke der Spülpumpen
- Druckanzeige Kompressor
- Überwachung und Einstellung der Horizontalstellung
- ggf. sonstige Einrichtungen wie Tiefenmesser, Bohrdatenerfassungsgerät usw.

Außerdem muss der Fahrerstand trittsicher und bei einer Höhe über 1 m auch absturzsicher sein. Eine leichte, aus zusammensteckbaren Elementen zu montierende Kabine, schützt den Geräteführer bei Bedarf vor Kälte, Wind und Regen und gewährleistet ein Arbeiten auch bei schlechter Witterung.

5.6.2.15 Sonstige Ausstattungen
Schlauchtrommel

Bei Aufschlussbohrarbeiten nach dem Rammkernverfahren ist besonders bei tiefen Bohrungen das Nachführen und Zurückziehen der Zuluft- und Abluftschläuche sehr aufwendig. Hierfür hat die Fa. Wirth, Erkelenz, eine Schlauchtrommel (Abb. 5.54) entwickelt, die auf der Rückfront des Bohrgerätes angebracht ist. Es handelt sich um eine Doppeltrommel für den Zuluft- und Abluftschlauch. Diese werden über Rollen am Mast geführt und laufen entsprechend dem Bohrfortschritt nach.

Abb. 5.54 Schlauchwickeltrommel System Wirth

Die Trommel wird beim Rückholen des Druckluftrammhammers durch einen Hydraulikmotor angetrieben und ist ohne großen Aufwand zu montieren und zu demontieren.

Schlauchführung

Für die Versorgung und Ansteuerung des Kraftdrehkopfes mit seinen vielen Funktionen sind bis zu zehn und mehr Hydraulikzuführungen erforderlich. Diese müssen in einem Schlauchpaket so zusammengehalten und geführt werden, dass die Schläuche nirgendwo hängen bleiben oder schleifen können. Hierzu haben sich inzwischen sogenannte Schlauchgelenkbrücken, die mit einem Führungsschlitten verbunden sind, durchgesetzt (Abb. 5.55).

Abb. 5.55 rechts: Drehbohrgerät System Hütte Typ HBR 201 D mit optimaler Schlauchführung; links: nicht zu empfehlendes System der Schlauchführung

Mastausleger

Der Mastausleger ist ein sehr wichtiges Hilfsmittel und sollte an keinem Bohrgerät fehlen (Abb. 5.56). Über einen Hydraulikzylinder kann der Ausleger so verschwenkt werden, dass Gestänge, Futterrohre, Rammhammer usw. im richtigen Abstand zum Bohrlochmund gehalten werden können.

Beleuchtung

Bei notwendigen Arbeiten während der Dunkelheit muss eine gute Ausleuchtung des Bohrgerätes und der übrigen Arbeitsbereiche vorhanden sein, die ein sicheres Arbeiten gewährleistet. Dazu werden sinnvollerweise im Mastkopf zwei starke Scheinwerfer angebracht (Abb. 5.57). Eine zusätzliche Beleuchtung des Steuerstandes und des Bohrlochmundes ist ratsam. Das Umfeld des Bohrpunktes kann eventuell noch ergänzend mit Halogenlampen ausgeleuchtet werden, sofern entsprechende elektrische Energie zur Verfügung steht. Eine gute Beleuchtung fördert bei Dunkelheit die Bohrleistung und mindert die Unfallgefahr.

Abb. 5.56 Arbeiten mit dem Mastausleger links: Mastausleger abgeklappt

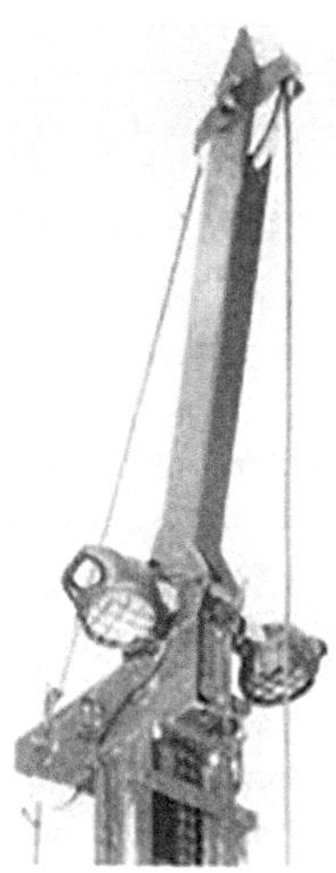

Abb. 5.57 Beleuchtungseinrichtung am Mastkopf

Tiefenmesseinrichtung

Für die automatische Tiefenmessung gibt es inzwischen zahlreiche zuverlässige Systeme. Während Tiefen- und Mastneigungsmesser bei den Großdrehbohrgeräten des Spezialtiefbaus schon zum Standard gehören, können sich diese Einrichtungen im Baugrundbereich noch nicht durchsetzen.

Zur Tiefenmessung wird überwiegend das Elektrowasserpegellot mit Grundtaster eingesetzt, das mit einem Vorlaufgewicht ausgestattet ist. Erreicht die eingebaute Elektrode den Wasserspiegel, wird der Stromkreis geschlossen und es ertönt ein akustisches Signal, das verstummt, sobald das Vorlaufgewicht auf der Sohle aufsteht. Die Messgenauigkeit liegt im Zentimeterbereich. Bei der automatischen Tiefenmessung kann nur eine Genauigkeit im Dezimeterbereich gewährleistet werden. Allerdings erfordert die Messung mit dem Tiefenpegellot eine Unterbrechung der Bohrarbeit. Das in Abb. 5.58 dargestellte Gerät kann über den Ständer in einer günstigen Position am Bohrgerät befestigt werden.

Spülungstanks bzw. -behälter

Soweit Spülbohrungen zum Einsatz kommen, sind zur Speicherung der Spülung und zu ihrer Konditionierung Spülungstanks erforderlich, in denen sich auch der Bohrschlamm absetzen kann. Im offenen Gelände ist es zum Teil möglich, auf Spülungstanks zu verzichten, wenn Spülungsbecken bzw. -gruben angelegt werden können. Überwiegend kommen Stahl- oder Kunststoffbehälter in Formaten zur Anwendung, die für einen Transport auf Fahrzeugen geeignet sind. Zunehmend setzen sich aber zusammenfaltbare Behälter aus PVC-beschichteten Kunstfasergeweben durch, die in einem zerlegbaren Stahlgestell aufgehangen werden (Abb. 5.59). Derartige Behälter haben ein Fassungsvermögen bis etwa 3 m^3 und gehören schon seit längerer Zeit zur Ausrüstung der Feuerwehr sowie der Technischen Hilfsdienste. Mit dieser Einrichtung kann viel Laderaum und Transportgewicht eingespart werden.

Abb. 5.58 Elektro-
Wasserpegellot mit Grundtaster

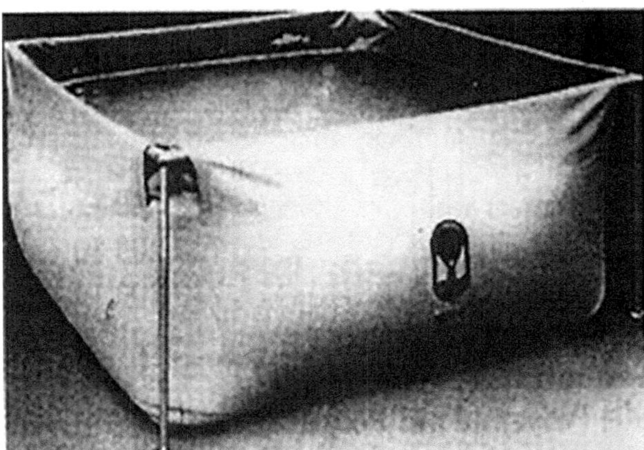

Abb. 5.59 Zusammenfaltbarer Spülungsbehälter aus PVC

In diesen Bereich gehören auch die Siebe und Desander. Wenn nicht genügend Absetz-
flächen vorhanden sind, um die Spülung vom Bohrklein befreien zu können, werden
Schüttelsiebe eingesetzt. Der Desander verhindert die Anhäufung von abrasiven Teilchen
in der Spülung. Es handelt sich hierbei um Geräte, die nach dem Prinzip des Hydrozyklons
arbeiten. Durch die Zentrifugalwirkung werden die kleinen Teilchen aus der Spülung
herausgeschleudert. Dem Hydrozyklon muss eine Pumpe, meist eine Kreiselpumpe, vorgeschaltet werden, um der Spülung die notwendige Strömungsgeschwindigkeit zu geben.

Zur weiteren Ausstattung beim Spülbohrverfahren gehören ferner Einrichtungen zum Ansetzen der Spülung. Das Ansetzen von Dickspülung oder das Konditionieren der Spülung erfolgt über einen Anmischtrichter, unter dem die Spülung durch eine Kreiselpumpe beschleunigt, in einem Rohr entlangfließt. Durch die Formgebung im Rohr entsteht unter dem Trichter durch den Saugstrahlpumpeneffekt ein Unterdruck, der eine Vermischung der Feststoffe mit der Spülung begünstigt. Bei der Verwendung von Dickspülungen müssen außerdem in den Spülungstanks Rührwerke eingesetzt werden, um eine Entmischung zu verhindern.

Stromaggregate

Für den Betrieb von Tauchpumpen und externen Pumpen mit Elektroantrieb, für Rührwerke, Beleuchtung und Personalunterkünfte ist vor allem bei länger andauernden Bohrprojekten ein Stromaggregat vorzuhalten.

Bohrdatenerfassung

Die computergestützte Bohrdatenerfassung wird in Baugrundaufschlussarbeiten nur selten eingesetzt und meist nur auf besondere Anforderung. Die Erfassung der Bohrparameter wie Drehzahl, Teufe, Drehmoment, Andruck, Spülungsdruck, Durchflussmenge und Spülteichniveau erfolgt über entsprechende Bohrdatenerfassungsanlage (Abb. 5.60). Ein zuverlässiges System für unterschiedliche Bohrmethoden zu entwickeln, das auch unter

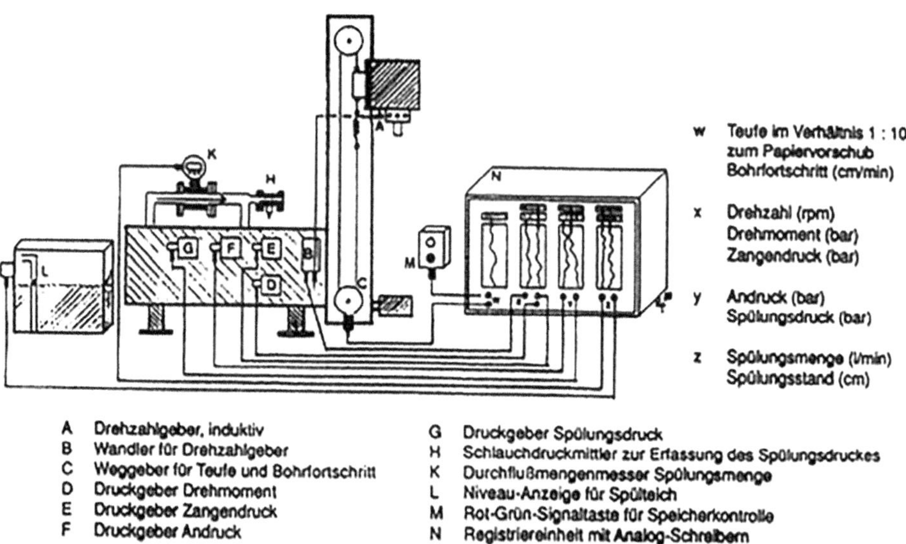

Abb. 5.60 Schematische Darstellung einer Bohrdatenerfassungsanlage für die Erfassung von Drehzahl, Teufe, Drehmoment, Andruck, Spülungsdruck, Durchflussmenge und Spülteichniveau. (Quelle: M. Happel (Comdrill GmbH) – Datenerfassung und Messverfahren in der Bohrtechnik (Sonder-druck aus der bbr 5/92))

rauen Baustellenbedingungen einwandfrei funktioniert, bleibt eine Herausforderung. Zudem sind Auftraggeber oft nicht bereit, die hohen Kosten für diese Technik durch Zuschläge auf den Bohrmeterpreis zu tragen.

Im Spezialtiefbau hingegen sind solche Systeme inzwischen Standard. Sie werden beispielsweise bei der Herstellung von Rüttelstopfpfählen, Schnecken- und Verdrängungsbohrpfählen, bei Injektionsarbeiten sowie bei Schlitz- und Schmalwänden eingesetzt und haben sich dort bewährt. Die erfassten Daten – etwa Tiefe, Drehmoment, Rüttelenergie und Materialverbrauch – werden direkt auf der Baustelle in Herstellungsprotokolle überführt. So kann beispielsweise der Pfahldurchmesser oder die Schlitzwandstärke aus dem Materialverbrauch pro Tiefenabschnitt berechnet und dem Geräteführer auf einem Monitor angezeigt werden. Dieser kann daraufhin die Vorschub- oder Sinkgeschwindigkeit entsprechend anpassen.

Auch in der Explorationstechnik und beim Spülbohrverfahren mit großen Teufen findet die Bohrdatenerfassung Anwendung.

Darüber hinaus ist die elektronische Messung und Aufzeichnung ein fester Bestandteil bei Bohrlochuntersuchungen und Grundwassermessstellen, etwa in folgenden Bereichen:

- Überwachung von Grundwassermessstellen
- Porenwasserdruckmessung
- Setzungsmessungen
- Verschiebungsmessungen
- Seitendruckmessungen
- Pumpversuche
- Bohrlochvermessung und -kontrolle

5.6.3 Großbohrgeräte

5.6.3.1 Allgemeines

Unter diesem Begriff sind Bohrgeräte gemeint, die im Allgemeinen im Spezialtiefbau für die Pfahlherstellung und sonstige Bohrungen mit Durchmessern von 600 bis 1500 mm und geringen Teufen eingesetzt werden. Bei extremen Bodenverhältnissen und insbesondere auf Deponien finden diese Geräte jedoch auch in der Baugrunderkundung Anwendung.
Da nicht selten maschinell unüberwindbare Bohrhindernisse auftreten, muss die Bohrung befahrbar sein, um solche Hindernisse von Hand zu beseitigen. Gemäß UVV (Unfallverhütungsvorschrift) sind hierfür Bohrdurchmesser von mindestens 800 mm erforderlich.

Ein wesentlicher Vorteil dieser Geräte ist, dass bei geringen Teufen die Verrohrung primär mittels Kraftdrehkopf eingebracht werden kann. Bei größeren Durchmessern und Teufen kann eine externe Verrohrungsmaschine eingesetzt werden, die hydraulisch über das Bohrgerät versorgt wird. Alle üblichen Trocken-Drehbohrverfahren sind möglich, einschließlich des Bohrens mit Verdrängerbohrschnecken, wodurch der Einbau von GW-Messpegeln über das Seelenrohr ermöglicht wird.

Im Vergleich zu Baugrundaufschlussbohrgeräten ist der Aufbau wesentlich einfacher, da weitaus weniger Bohrverfahren zur Anwendung kommen. Besonders der Kraftdrehkopf verfügt nur über eine geringe Anzahl von Funktionen. Zudem fehlen Schlagwerk, Pumpen, Abfang- und Brechvorrichtungen sowie Kompressoren.

Im Folgenden soll nur auf die Hauptmerkmale dieser Geräte eingegangen werden, da der Einsatz im Rahmen der Baugrunduntersuchungen zu den Ausnahmen gehört.

Die Hauptbaugruppen (Abb. 5.61) sind:

- Grundgerät
- Mast- mit Vorschubeinrichtung
- Aufrichte- und Abstützzylinder
- Winden
- Kraftdrehkopf mit Rohrmitnehmer
- Kellystange
- Verrohrungsmaschine

Abb. 5.61 Hauptbaugruppen der Drehbohrgeräte System „Bauer"

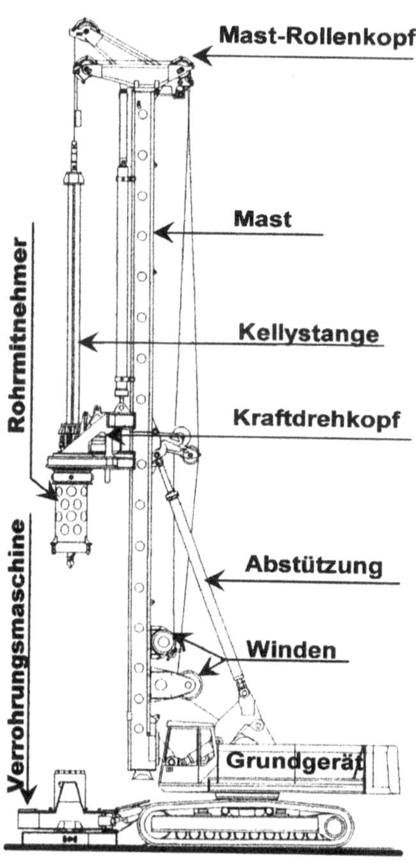

5.6.3.2 Grundgeräte

Als Grundgeräte werden für leichte Bohrgeräte bis zu einem Drehmoment von etwa 150 kNm Hydraulikbagger verwendet, während für mittlere und schwere Geräte ausschließlich Seilbagger zum Einsatz kommen. Es handelt sich dabei allerdings nicht um Seriengeräte, sondern um Bagger, die für den Aufbau der Bohrgerüste modifiziert sind (z. B. stärkere Antriebsmotore und Hydraulikaggregate, Drehdurchführungen für den hydraulischen Anschluss von Anbaugeräten usw.).

Bei mittelschweren und schweren Großbohrgeräten hat sich das teleskopierbare Fahrwerk (Abb. 5.62) durchgesetzt, da es die erforderliche Standsicherheit bietet. Ferner sind alle Hersteller bemüht, die Geräte so zu konstruieren, dass sie für den Transport nicht zerlegt werden müssen, was besonders bei kleineren Bauvorhaben einen großen Vorteil hat. Auch bei Umsetzungen im Baustellenbereich bringt eine solche Möglichkeit große Vorteile. Diese Geräte lassen sich in wenigen Minuten nach dem Abladen vom Tieflader in Arbeitsstellung bringen. Für den Transport sind allerdings Tiefbett-Tieflader mit einer Ladebetthöhe von maximal 60 cm erforderlich (Abb. 5.63). Bei sehr schweren Geräten lässt sich jedoch eine Teilmontage aufgrund der Mastlängen und der Transportgewichte nicht vermeiden.

Abb. 5.62 Teleskopierbares Spezial-Fahrwerk System Sennebogen für den Bohrgeräteaufbau

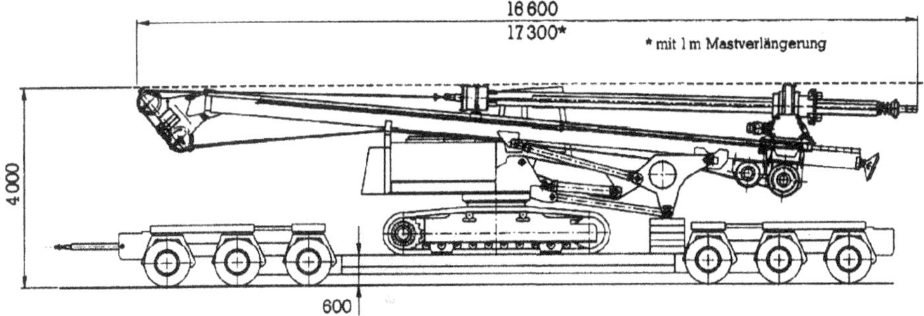

Abb. 5.63 Großbohrgerät Wirth ECOdrill 11 in kompletter Arbeitsausrüstung (ohne Bohrwerkzeug) mit einem Transportgewicht von 45 t auf Tieflader

5.6.3.3 Mast mit Vorschubeinrichtung und Rollenkopf

Die Tendenz in der Konstruktion geht dahin, dass der Mast für den Transport nach hinten abgelegt wird. Der Rollenkopf hat ein arretierbares Gelenk und kann somit abgekippt werden. Bei einer Ablage nach vorne ist eine Teilmontage des Mastes vorzunehmen. Dies trifft auch bei allen Geräten mit einer Mastlänge über 18 m zu.

Bei einigen Geräten ist der Rollenkopf um 10 bis 15° schwenkbar. Beim Aufnehmen von Bohrrohren, Werkzeugen und Bewehrungskörben, die nicht genau in der Geräteachse stehen, schont dies die Seilrollen und Seile. Bei mehr als zwei Seilen wird zum Teil ein zusätzlicher Rollenausleger angeordnet.

Beim Vorschubsystem kennt man drei Verfahren, und zwar:

- Vorschubzylinder
- Seilvorschub
- Zahnradvorschub

Dabei ist festzustellen, dass sich das Seilvorschubsystem immer stärker durchsetzt.

5.6.3.4 Aufrichte- und Stützzylinder

Bohrgeräte auf Hydraulikbaggergrundgerät, die nach vorne abgelegt werden, haben keine besonderen Abstützzylinder, sondern verwenden den Hauptausleger des Baggers. Zusätzlich ist noch ein kurzer Hydraulikzylinder in der Gerätemitte angebracht und mit dem Mastfuß verbunden (Abb. 5.64).

Dagegen verfügen alle Geräte, die nach hinten abgelegt werden, mindestens zwei Abstützzylinder, ebenso alle Ausführungen mit Mastlängen über etwa 20 m.

5.6.3.5 Winden

Mit Ausnahme einer reinen Auf-Ab-Winde für einen eventuellen Seilvorschub sind die Hauptwinden (Kellywinde und Hilfswinde) in der Regel kraftschlüssig und mit Freifall ausgestattet. Der Antrieb erfolgt grundsätzlich über Hydraulikmotoren, die eine präzise Steuerung und eine hohe Zugkraft ermöglichen.

Bei Geräten auf Seilbaggerunterwagen werden die bereits vorhandenen Winden genutzt, wobei häufig die Auslegerwinde als dritte Winde eingesetzt wird. Diese ist kraftschlüssig, jedoch ohne Freifallfunktion. Die Anordnung der Winden variiert je nach Gerätetyp: Auf Hydraulikbagger-Unterwagen befinden sie sich überwiegend am Unterteil oder im unteren Drittel des Mastes, teilweise auch auf dem Hauptausleger (Abb. 5.65).

Moderne Winden verfügen über elektronische Steuerungen, die eine exakte Positionierung der Last ermöglichen und die Bedienung erleichtern. Sicherheitsmechanismen wie Überlastschutz, automatische Bremssysteme und Not-Aus-Funktionen sind häufig integriert, um Unfälle zu vermeiden. Insbesondere bei schweren Lasten oder hohen Seilgeschwindigkeiten sind zusätzliche Dämpfungssysteme erforderlich, um Lastschwankungen zu minimieren und die Belastung auf die Bauteile zu reduzieren.

Abb. 5.64 Mastabstützung über Hauptausleger und Fußzylinder am Beispiel des Bohrgerätes Bauer BG14 auf Hydraulikbaggergrundgerät

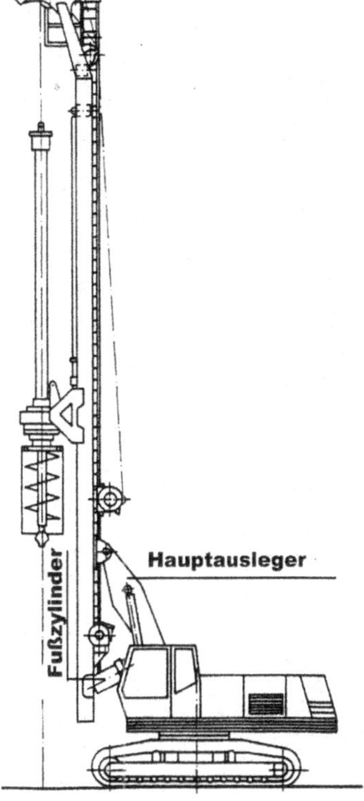

Abb. 5.65 Anordnung von 3 Winden bei einem Bohrgerät auf Raupenfahrwerk mit Seilvorschub und Endlosbohrschnecke Typ Bauer BG 9

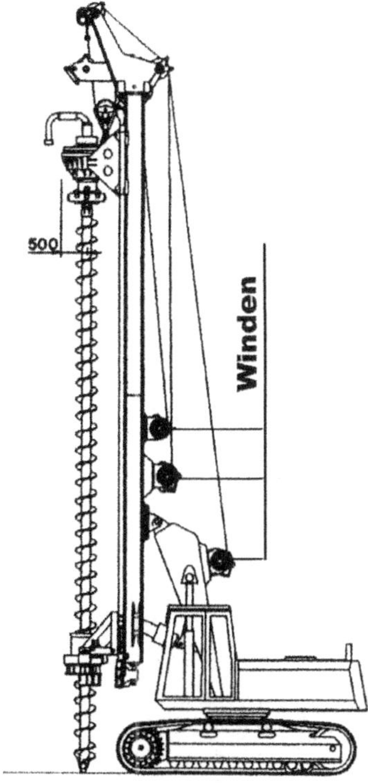

Für spezielle Anwendungen, wie das Abteufen von tiefen Bohrungen oder das Arbeiten unter beengten Platzverhältnissen, kommen oft individuell angepasste Windenkonstruktionen zum Einsatz. Diese können beispielsweise eine höhere Seilkapazität oder besondere Halte- und Bremsmechanismen aufweisen, um den Anforderungen des jeweiligen Bohrverfahrens gerecht zu werden.

5.6.3.6 Kraftdrehköpfe und Rohrmitnehmer

Bei den Kraftdrehköpfen (KDK) wird unterschieden zwischen

- KDK mit offenem Durchgang für den Betrieb mit der Kellystange und
- KDK mit geschlossenem Durchgang mit Betonierkopf für das Endlosschneckenbohr-System.

Das übliche Drehmoment liegt zwischen 150 und 300 kNm. Möglich sind jedoch Kraftdrehköpfe bis 500 kNm. Zur Aufnahme derartig hoher Drehmomente sind sehr aufwendige Mastkonstruktionen erforderlich.

Der besondere Vorteil der Drehbohrgeräte mit geführten Kraftdrehköpfen (Abb. 5.66) liegt in der Möglichkeit der Primärverrohrung. Hierbei wird über einen Rohrmitnehmer

Abb. 5.66 Kraftdrehkopf mit 300 kNm Drehmoment und Rohrmitnehmer für Rohrdurchmesser 1200 mm (Bauer)

(Drehteller), der mit dem KDK verbunden ist, das Rohr beim Verrohren gedreht und vertikal beaufschlagt. Dies ergibt eine wesentlich höhere Bohrleistung und erfordert einen wesentlich geringeren Aufwand beim Umsetzen des Gerätes.

Die heute mit sehr hohen Drehmomenten ausgestatteten Kraftdrehköpfe erlauben das Verrohren bis zu einem Durchmesser von 250 cm. Die möglichen Verrohrungslängen sind stark vom Boden abhängig, so dass verbindliche Werte nicht angegeben werden können. Erfahrungen zeigen jedoch, dass Bohrungen bis zu einem Durchmesser von 90 cm in mitteldicht gelagerten oder steifen Böden bei einem Drehmoment von 200 kNm primär bis zu einer Tiefe von etwa 20 m verrohrt werden können, bei günstigen Bodenverhält-nissen durchaus bis 30 m.

5.6.3.7 Kellystangen

Die Kellystange (Abb. 5.67 und 5.68) ist eines der wesentlichen Bauelemente bei Drehbohrgeräten mit feststehenden und beweglichen Drehantrieben. Sie überträgt das Drehmoment des Drehantriebes auf das Bohrwerkzeug. Durch die Teleskopierbarkeit sind große Bohrtiefen bei verhältnismäßig geringen Masthöhen ohne Bohrgestängeverlängerung möglich. Nach heutigem Stand stehen Kellystangen mit fünffacher Teleskopierbarkeit und Nutzlängen bis etwa 80 m ab Flur zur Verfügung. Maximal kann ein Drehmoment von 500 kNm übertragen werden.

Abb. 5.67 Schematische
Darstellung der Kellystange

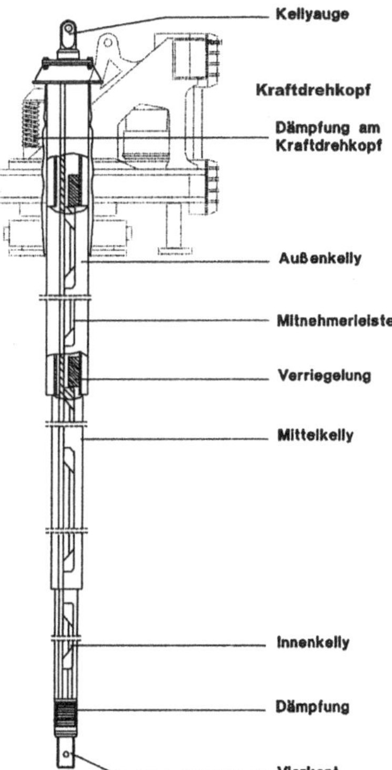

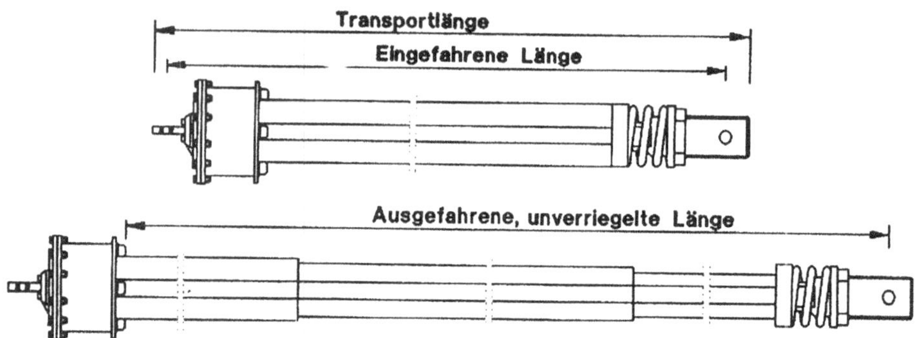

Abb. 5.68 Definitionen der Transportlänge und eingefahrenen Länge

Tab. 5.6 Hauptdaten der Kellystangen

Teleskopierbarkeit	2–5-fach	
Durchmesser	240 bis 470	mm
Mitnehmerleisten	2 bis 3	St
zul. Drehmoment	65 bis 500	kNm
Transportlänge	6,5 bis 20	m
erreichbare Bohrtiefe	10 bis 80	m
Transportgewicht	1,5 bis 12	t
Werkzeuganschluss Vierkant (für andere Maße und Formen von Werk-zeuganschlüssen werden entsprechende Adapter benötigt)	110 × 110 130 × 130 15 × 150 200 × 200	mm

Über Mitnehmerleisten und Verriegelungstaschen kann die volle zur Verfügung stehende Andruckkraft auf das Werkzeug übertragen werden. Die Abfederung bei einem Durchfallen der Kellystange erfolgt über ein Federpaket am Kellystangenkopf oder im Drehgetriebe.

Wegen der aufwendigen Reparaturkosten sollten für ein Bohrgerät mehrere Kellystangen zur Verfügung stehen, um nur die maximal notwendige Kellystangenlänge einsetzen zu können (Tab. 5.6).

5.6.3.8 Verrohrungsmaschinen

Bei sehr tiefen Bohrungen und großen Durchmessern sowie bei Böden, die besonders hohe Anforderungen an die Verrohrung stellen, ist eine externe Verrohrung mit hierfür speziell konstruierten Verrohrungsmaschinen (Abb. 5.69) erforderlich.

Die Drehbohrgeräte verfügen über die nötigen mechanischen und hydraulischen Anschluss Vorrichtungen. Die VRM wird über die Bordhydraulik versorgt. Die Bedienung führt der Baggerfahrer in der Fahrerkabine durch.

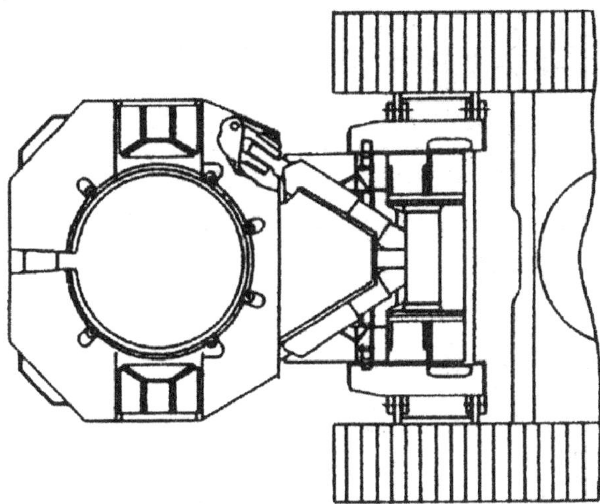

Abb. 5.69 Verrohrungsmaschine für Drehbohrgerät

Es kommen überwiegend oszillierende Maschinen zum Einsatz, wobei inzwischen auch durchdrehende Geräte entwickelt wurden. Die üblichen Durchmesser betragen 700 bis 1650 mm bei Drehmomenten bis etwa 2000 kNm und einem Einsatzgewicht bis zu 11.000 kg. Geräte bis zu einem Durchmesser von 2500 mm sind überwiegend Prototypen, erfordern sehr schwere Trägergeräte oder ein eigenes Fahrwerk und sind allenfalls für besondere Einsätze sinnvoll einzusetzen.

5.6.3.9 Zusammenfassung

Von einigen Besonderheiten abgesehen, hat sich auch bei den Großbohrgeräten bis zu einem Drehmoment bis 350 kNm ein gewisser Standard herausgebildet, was die Leistung und Ausstattung der Geräte anbetrifft. Bei Anlagen von 350 bis 500 kNm ist ein großer Aufwand für den Transport sowie Montage und Demontage erforderlich, so dass ein Einsatz derartiger Geräte nur bei Großbaustellen wirtschaftlich sein dürfte. Mit Ausnahme der Fa. Bauer, Schrobenhausen, werden daher derartige Großgeräte in Deutschland nicht hergestellt (Tab. 5.7).

5.6.4 Hinweise für die Wahl eines Bohrgerätes

Der Kauf eines Bohrgeräts ist eine wesentliche Investition, die sorgfältig geplant werden sollte. Eine individuell erstellte Checkliste kann dabei eine wertvolle Unterstützung bieten. Sie hilft, technische Anforderungen, Einsatzbedingungen und spezifische Wünsche des Anwenders frühzeitig zu definieren.

Tab. 5.7 Kenndatenübersicht für Großdrehbohrgeräte

Klasse bis zu einem Drehmoment	von	1	2	3	4	5
		100	200	300	400	500
Motorleistung	bis	130	180	270	320	450
Vorschubkraft	bis	150	250	250	250	300
Windenkraft		75	150	200	250	300
übliche Grundgeräte	H = Hydraulikbagger	H	H	S	S	S
	S = Seilbagger	S	S			
Arbeitshöhe	bis	17	20	23	25	30
Dienstgewicht	bis	45	85	95	115	150
Transportgewicht	bis	33	52	70	80	80
Transportlänge	bis	18	19	15	18	18
Transportbreite	bis	3	3	3,4	3,4	3,4
Bohrdurchmesser	bis	1200	1500	1800	2700	3000

Anmerkungen: Die Tabellendaten sind sämtlich Anhaltswerte, da durch die Vielfalt der Ausstattungsmöglichkeiten verbindliche Werte erst ermittelt werden können, wenn die genaue Ausstattung festliegt (siehe hierzu auch die nächsten Seiten)

Bei der Auftragsverhandlung mit dem Hersteller oder Lieferanten dient die Checkliste als Arbeitsgrundlage, um eine maßgeschneiderte Lösung zu finden und Missverständnisse zu vermeiden. Aspekte wie Leistung, Antriebsart, Bohrdurchmesser, Transportmaße, Steuerungssysteme und Sicherheitsausstattungen sollten dabei klar festgelegt werden. Auch Wartungsaufwand, Ersatzteilverfügbarkeit und zukünftige Erweiterungsmöglichkeiten sind wichtige Kriterien.

Nachträgliche Änderungen oder Aufrüstungen sind oft mit erheblichen Mehrkosten verbunden und lassen sich durch eine gründliche Planung weitgehend vermeiden. Eine gut durchdachte Checkliste trägt somit dazu bei, Fehlinvestitionen zu verhindern und die langfristige Effizienz des Geräts zu sichern.

Eine solche Checkliste könnte beispielsweise folgendermaßen aussehen:

Welche maximalen Bohrdurchmesser und Bohrtiefen sollen ausgeführt werden?
Beachte: Auf keinen Fall hier ganz seltene Anforderungen berücksichtigen. Es ist sicherlich vernünftiger auf diese wenigen Aufträge zu verzichten oder gegebenenfalls bei Bedarf ein entsprechendes Gerät anzumieten. Hohe Gerätemieten und teure Transporte belasten sonst die übrigen Projekte.

Welches Trägergerät soll verwendet werden bzw. ist ein solches vorhanden?
Beachte: Großbohrgeräten wird ständig eine hohe Leistung abverlangt. Von gebrauchten Geräten ist daher abzuraten. Eine volle Leistung ist nur zu erzielen, wenn Motor und Hydraulikaggregat in einem guten Zustand sind. Gebrauchte Geräte mit mehr als 2000 Betriebsstunden sollten nicht verwendet werden. Dabei ist zu prüfen, ob die hydraulische Versorgung mit entsprechender Sicherheit gewährleistet ist.

Welcher Grundgerätetyp (Seil- oder Hydraulikbagger) soll gewählt werden?
Beachte: Ab Geräteklasse 3 (über 300 kNm Drehmoment) ist dem Seilbagger der Vorzug
zu geben. Da z. B. die Winden etwa über der Schwerpunktachse liegen, wird das Gerät weniger kopflastig, als bei Hydraulikbaggern mit der üblichen Windenanordnung am Mast.

Soll das Fahrwerk starr oder teleskopierbar sein?
Beachte: Ab Geräteklasse 2 (über 200 kNm Drehmoment) sollte auf ein teleskopierbares
Fahrwerk nicht verzichtet werden. Es führt zu einer größeren Standsicherheit auch bei
nicht optimalem Zustand der Bohrebene.

**Soll der Transport mit einem vorhandenen Tieflader ausgeführt werden oder ist
grundsätzlich Fremdauftrag vorgesehen?**
Beachte: Wenn für den vorhandenen Tieflader keine Sonderzulassung vorliegt, sind folgende Höchstwerte zu beachten: Höhe maximal 4 m, Breite maximal 3 m, Länge maximal
20 m, Gesamtgewicht maximal 40 t. Ausnahmen hiervon müssen über ein besonderes Zu-
lassungsverfahren genehmigt werden. Im regionalen Bereich kann z. B. eine Erhöhung
des Gesamtgewichtes erreicht werden. Das bedeutet aber, dass bei einem Tiefladereigen-
gewicht von etwa 15 t das Gewicht des Bohrgerätes unter 30 t liegen muss. Die Transport-
höhe wird bei Großdrehbohrgeräten nur mit einem Tiefbett-Tieflader eingehalten. Dies
trifft lediglich bei der Klasse 1 (bis 100 kNm Drehmoment) zu. Für alle Schwertransporte,
welche die obengenannten Höchstwerte überschreiten, ist jeweils eine Transporteinzel-
genehmigung zu beantragen. Für leichte und mittelschwere Baugrundbohrgeräte treten in
dieser Hinsicht kaum Probleme auf.

Soll Zylinder-, Ketten- oder Windenvorschub vorgesehen werden?
Beachte: Der Windenvorschub setzt sich immer stärker durch. Er ermöglicht eine große
freie Arbeitshöhe zwischen OK-Flur und Werkzeugspitze. Ferner erübrigt sich der Umbau
bei einem Wechsel vom Kellybohren auf das Endlosschneckenbohrverfahren. Darüber hinaus ist das Verfahren weniger anfällig.

Welche Bohrverfahren sollen ausgeführt werden?
Beachte: Auch hier gilt, dass ein Allroundgerät auch ein sehr teures Gerät ist. Es sollte
daher auf die am meisten ausgeführten Bohrverfahren abgestimmt werden. Wenn z. B. nur
gelegentlich das Rammkern- oder Senkhammerverfahren angewendet wird, ist es unnötig,
das Bohrgerät mit einem Kompressor auszustatten. Das gilt ebenso für bestimmte Pumpen. Hier können im Bedarfsfall externe Geräte verwendet werden.

Soll die Mastablage nach vorne oder nach hinten erfolgen?
Beachte: Die meisten Hersteller haben inzwischen ihre Systeme auf die Ablage nach hinten umgestellt. Dies hat den Vorteil, dass bei den Geräten der Klassen 1 bis 4 keine Demontage oder nur eine Teildemontage erfolgen muss. Teildemontage bedeutet, dass mindestens Kraftdrehkopf und Kellystange abzulegen sind. Eine komplette, einsatzbereite
Verladung (Gerät + Kellystange + Kraftdrehkopf) hat besondere Vorteile bei Kurz-
baustellen.

Welche Sonderausstattungen sollen vorgesehen werden?

Beachte: Tiefenmesser und Maststellungsüberwachung gehören mittlerweile schon zur Grundausstattung. Viele Geräte verfügen ebenfalls über eine automatische Aufrichtefunktion. Die Maststellungsüberwachung kann auf Automatik gestellt werden, so dass die einmal ausgeführte Einrichtung beibehalten wird. Durch diese Funktionen wird dem Geräteführer sehr viel Arbeit abgenommen, die er auf das Bohren, die Bedienung der Verrohrungsmaschine usw. verwenden kann.

Abstimmung von Windenanzahl, Windenkraft und Windentyp

Beachte: Grundsätzlich sollten zwei Winden mit derselben Ausstattung (einschließlich Freifall- bzw. Freilaufeinrichtung) vorhanden sein. Ein dritte einfache kraftschlüssige Auf- und Abwinde ist von Vorteil für die Mastbefahrung oder die Bohrlochabnahme bei befahrbaren Bohrungen und sonstige Hilfsarbeiten.

Des Weiteren sind folgende Details abzustimmen

- Drehmoment
- Motorleistung
- Hydraulische Leistung
- Teleskopierbarkeit und Transportlänge der Kellystange
- Mechanische und hydraulische Anschlüsse für Hilfsgeräte (Verrohrungsmaschine, hydraulische Rüttler und Greifer usw.)
- Zweiter Kraftdrehkopf mit Spül- bzw. Betoniereinrichtung für das Endlosschneckenbohrverfahren oder Spülbohrverfahren
- Vorschub- und Rückzugkraft
- Schwenkbarer Rollenkopf und Anzahl der Seilrollen

Grundsätzlich gilt bei allen Geräte- und Werkzeuganschaffungen

Nicht unter Zeitdruck verhandeln bzw. diesen nicht erkennen lassen. Keine Ladenhüter oder Prototypen erwerben; wenn dies in Sonderfällen nicht zu umgehen ist oder interessant sein sollte, mit dem Hersteller oder Lieferanten einen Mietkauf mit Rückgaberecht vereinbaren. Wenn geschickt verhandelt wird, lässt sich vielleicht auch eine Mietfreiheit für einen bestimmten Zeitraum erzielen. Bei Prototypen kann zusätzlich noch über eine Gebühr für einen Probe- bzw. Testbetrieb verhandelt werden.

5.6.5 Spülbohrgeräte

5.6.5.1 Allgemeines

Grundsätzlich lassen sich alle Drehbohrgeräte auf das Spülbohrsystem umstellen. Dabei sind ohnehin die Baugrundaufschlussgeräte hierfür stets ausgerüstet oder lassen sich mit geringem Aufwand hierzu nachrüsten.

Aber auch bei Großdrehbohrgeräten besteht grundsätzlich die Möglichkeit, auf das Spülbohrverfahren umzustellen. Allerdings wird hiervon nur in seltenen Fällen Gebrauch gemacht.

Im Bereich des Brunnenbaus stellt das Spülbohrverfahren das am häufigsten angewendete Bohrsystem dar.

Sieht man einmal von Sonderfällen ab, so kann gesagt werden, dass das Spülbohrverfahren im Baugrundaufschluss keine Bedeutung hat. Soll allerdings bei einer Bohrung ohne Rücksicht auf die zu durchfahrenden Bodenschichten (z. B. bei Messstellenbohrungen) sehr schnell und wirtschaftlich eine bestimmte Bohrtiefe erreicht werden, so bietet dieses Verfahren sicherlich wesentliche Vorteile. Allerdings kommen hierfür in der Regel nur leichte bis mittelschwere Geräte zum Einsatz.

Die erreichbaren Bohrtiefen betragen etwa 1000 m bei einem Durchmesser bis zu 300 mm.

5.6.5.2 Schwere Spülbohrgeräte

5.6.5.2.1 Allgemeines
Grundsätzlich sind zwei Gerätetypen zu unterscheiden, und zwar:

- Drehbohrgeräte mit Mast und Kraftspülkopf
- Kombinierte Drehschlaggeräte ohne Mast mit Drehtisch

5.6.5.2.2 Drehbohrgeräte mit Mast und Kraftspülkopf
Die Hauptbaugruppen sind:

- Trägergerät
- Mast mit Abstützung und Rollenkopf
- Kraftspülkopf
- Windwerk
- Spülpumpen
- Kompressor
- Zubehör und sonstige Ausstattung

Trägergeräte
Als Trägergeräte kommen vorwiegend schwere Lkws zur Anwendung (Abb. 5.70), die auch über entsprechend hohe Leistungen (150 bis 300 kW) für die vorhandenen Aggregate (Windwerke, Spülpumpen, Kompressor) verfügen. Die Standsicherheit wird durch eine Vierpunktabstützung gewährleistet.

Maße und Gewichte liegen im Rahmen der Straßenverkehrszulassung. Diese betragen ohne Ausnahmegenehmigung: Höhe bis zu 4 m, Breite bis zu 3 m, Länge bis zu 20 m.

Abb. 5.70 Drehbohrgerät
Wirt/t B3A auf Daimler-
Benz-3-Achs-Lkw mit einer
Motorleistung von 282 kW im
Transportzustand

Mast mit Abstützung und Rollenkopf

Der sehr massive Mast besteht aus einer Rohrkonstruktion (Nordmeyer) oder aus Kasten-
profil. Das Aufrichten erfolgt hydraulisch, während die Abstützung mechanisch mittels
Rohrstützen und Spindeln vorgenommen wird. Die zum Teil sehr hohen Hakenlasten (bis
etwa 80 t) müssen vom Mastrollenkopf mit entsprechender Sicherheit aufgenommen werden können.

Kraftspülkopf

Die meistens mit einem Schaltgetriebe (2 bis 3 Gänge) ausgestatteten Spezialkraftspül-
köpfe können bei der untersten Schaltstufe ein Drehmoment bis zu etwa 30 kNm abgeben.
Dabei betragen die Drehzahlen bis zu 400 U/min. Der Vorschub ist je nach Fabrikat über
Vorschubzylinder oder Seilvorschub möglich.

Windwerke

Die hohen Hakenlasten erfordern starke Windwerke mit Zugkräften bis zu 600 kN. Hierzu
sind zum größten Teil Winden mit entsprechenden Getrieben vorgesehen. Auch hier sind
Hilfswinden mit direktem Antrieb über Hydraulikmotore möglich.

Spülpumpen

Bedingt durch das Bohrsystem, das auf Spülbohrungen abgestellt ist, sind diese Bohrgeräte mit zahlreichen, leistungsfähigen Pumpen ausgestattet. Dies können sein: Einfach-
kolbenpumpen, Duplexkolbenpumpen, Triplexkolbenpumpen und Saugpumpen mit unterschiedlichen Leistungen. Bei Großbohranlagen erreichen diese Pumpen z. B. im Offshore-
betrieb bei ca. 3400 1/m einen Druck bis 250 bar. Die erforderliche Leistung beträgt dabei
etwa 1000 kW.

Kompressoren

Zur Grundausstattung gehört ein Kompressor mit einer Fördermenge von mindestens
4,5 m³/min bei etwa 12 bar. Kompressoren für das Hammerbohrverfahren benötigen bei
einer Förderleistung von bis zu 35 m³/min und 24 bar eine Antriebsleistung von etwa
385 kW. Hierfür kommen ausschließlich Beistellaggregate zur Anwendung.

Zubehör und sonstige Ausstattung

Zur weiteren Ausstattung dieses Gerätetyps können gehören: Freifallseilschlagwerk, Spill, Schlämmseilwinde, Abfangvorrichtung, Gestängebrecheinrichtung, Drehtisch usw. (Abb. 5.71).

5.6.5.3 Kombinierte Drehschlaggeräte ohne Mast mit Drehtisch

Allgemeines

Hierbei handelt es sich um ausgesprochene Großlochbohrgeräte (Abb. 5.72) für das Lufthebe- und Rotary-Spülbohrverfahren in Locker- und Hartgesteinsformationen. Die möglichen Bohrdurchmesser betragen 216 bis 3000 mm bei erreichbaren Tiefen bis zu 1500 m bzw. 150 m. Die Antriebsleistung liegt bei 150 bis 200 kW.

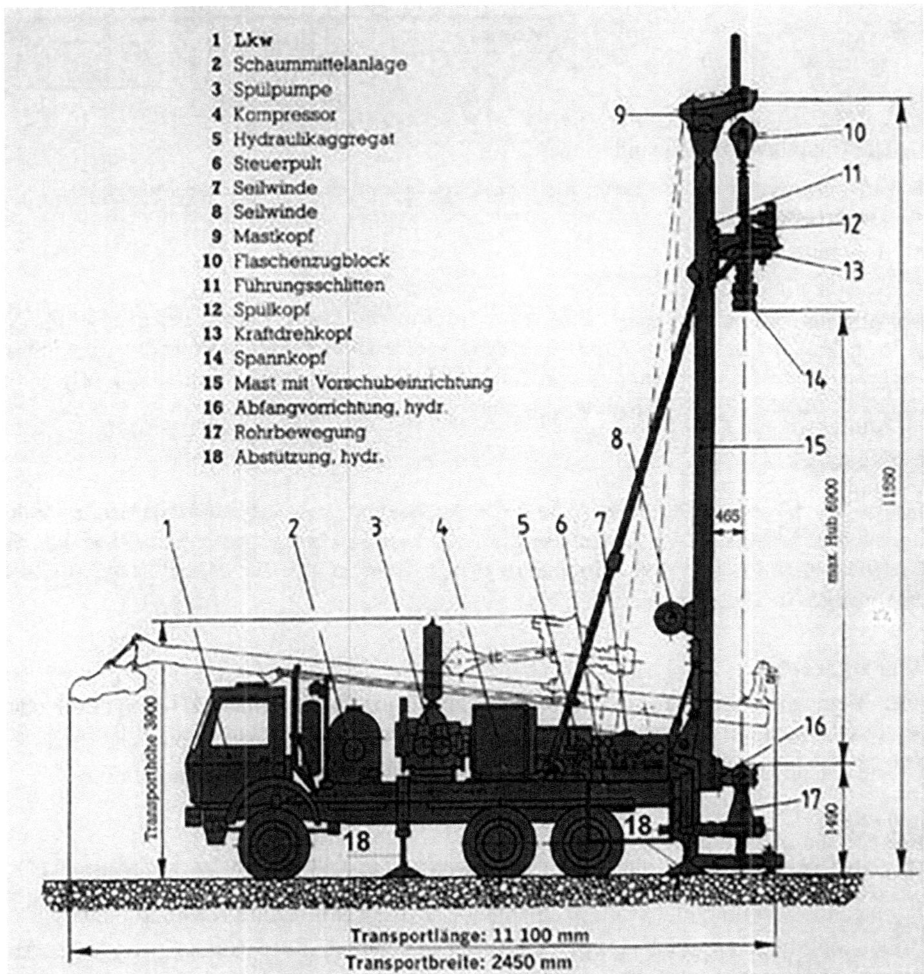

Abb. 5.71 Drehbohrgerät Wirth B2A in Arbeitsstellung und Hauptkomponenten

Abb. 5.72 Schematische
Darstellung eines
Großlochbohrgerätes System
Nordmeyer DSB 6/75D auf
einem Aufliegerfahrgestell

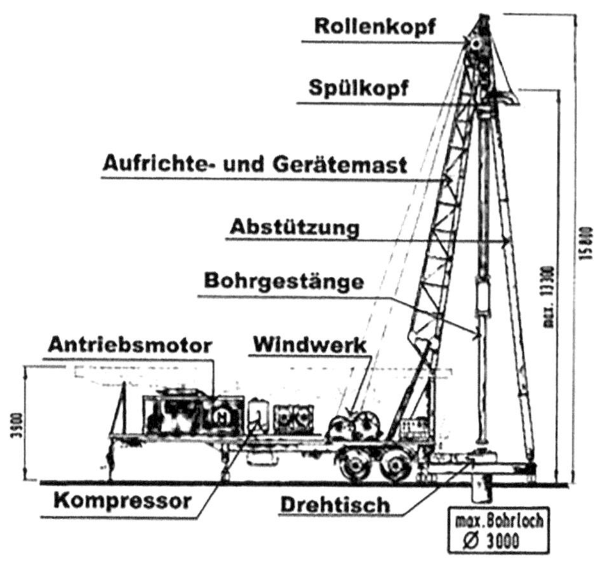

Die Hauptbaugruppen sind:

- Trägergerät
- Bohrgerüst
- Abstützung
- Aufrichte- und Gerätemast
- Rollenkopf
- Drehtisch
- Antriebsmotor
- Windwerk
- Spülpumpen
- Kompressor
- Zubehör
- sonstige Ausstattung

Trägergeräte

Die Trägergeräte bestehen in der Regel aus einem 3-Achs-Anhänger-Fahrgestell oder
einem 2-Achs-Auflieger-Fahrgestell mit Vierpunktabstützung. Die Transportmaße und -ge-
wichte entsprechen der Straßenverkehrszulassung (ggf. Ausnahmegenehmigung).

Bohrgerüst mit Rollenkopf

Das Bohrgerüst besteht aus einem hydraulisch kippbaren Rollenbock (Gitter- bzw.
Rahmenkonstruktion) und zwei Abstützungen aus Rohrprofilen mit Gewindespindeln. Der
Rollenkopf liegt unmittelbar über dem Bohrlochmund. Zum Gerüst gehört ein Ab-
stützrahmen.

Drehtisch

Der Drehtisch ist fest mit dem Gerüst verbunden, wird hydraulisch angetrieben, ist in der Drehzahl stufenlos regelbar oder mit einem Schaltgetriebe (bis zu 4 Gänge) versehen. Das maximale Drehmoment kann bei einer Drehzahl von 18 U/min bis zu 50 kNm betragen.

- Kompressor, Spülpumpen, Windwerk
- Zubehör und sonstige Ausstattung

Zur weiteren Ausstattung gehören: Freifallschlagwerk, Flaschenzug, Spill, Spülkopf usw.

5.6.6 Seilschlagbohrgeräte

5.6.6.1 Allgemeines

Als solche werden hier Seilbaggerkombinationen überwiegend in Verbindung mit Verrohrungsmaschinen behandelt, wie sie im Allgemeinen für die Pfahlherstellung, in der Grundwasserabsenkung und für Versorgungsbrunnen mit großem Durchmesser (bis max. 1500 mm Enddurchmesser und Tiefen bis zu max. 100 m) zum Einsatz kommen.

Ein Schwerpunkt des Einsatzes liegt im Deponiebereich. Beim Einsatz von Drehbohrgeräten kommt es immer wieder zu erheblichen Schwierigkeiten, da sich PVC-Folien, Müllsäcke und sonstige Einlagerungen um die Werkzeuge wickeln und so den Bohrfortschritt erschweren und sehr oft auch unmöglich machen. Wenn eine Verrohrung vorhanden war, wurden die Werkzeuge teilweise so festgefahren, dass ein Rückzug nicht mehr möglich war und nur gemeinsam mit der Rohrtour wieder gewonnen werden konnten. Darüber hinaus gibt es Deponien, auf denen sehr viel Bauschutt (Beton, Stahlbeton, Träger usw.) gelagert ist. Hier fuhren nur Bohrungen im Greiferbohrverfahren mit großen Durchmessern zum Ziel, in denen im Schutze der Verrohrung und entsprechenden Sicherheitsvorkehrungen eine Beseitigung von Hand möglich ist. Als Bohrwerkzeuge werden Bohrgreifer und Meißel eingesetzt.

Die Hauptkomponenten sind

- Seilbagger
- Verrohrungsmaschine

5.6.6.2 Seilbagger

Seilbagger mit einer Tragkraft bis 32 t sind sowohl mit Mobil- als auch mit Raupenfahrwerk (Abb. 5.73) erhältlich.

Bei Auslegerlängen bis 15 m ermöglicht ein hydraulisches Abkappen den Transport ohne Zerlegung. Auch bei längeren Auslegern kann eine Zerlegung durch ein arretierbares Gelenk vermieden werden. Die Auslegerspitze wird unter den Grundausleger geklappt und dort fixiert.

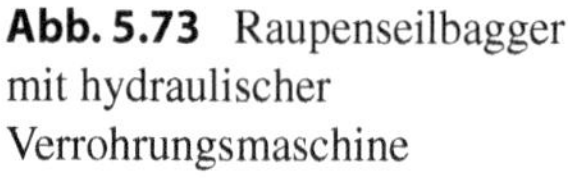

Abb. 5.73 Raupenseilbagger
mit hydraulischer
Verrohrungsmaschine

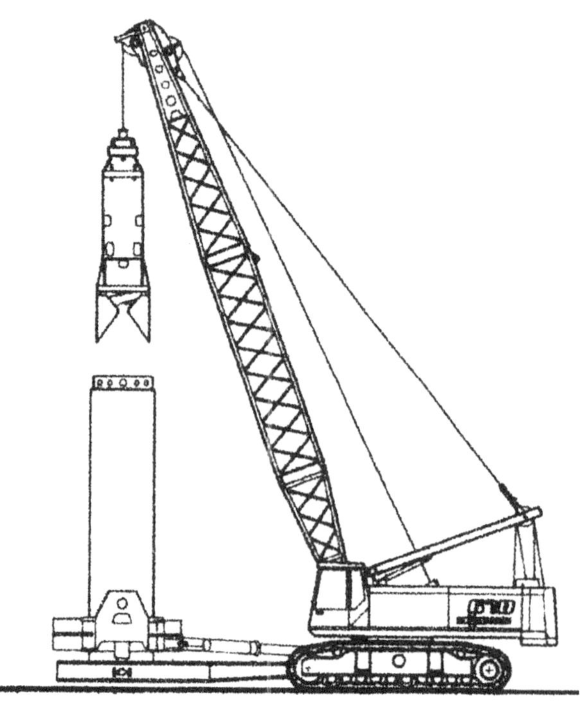

Da bei den hier zu behandelnden Bohrungen keine überlangen Ausleger nötig sind, kann überwiegend auf eine Auslegerteilung für den Transport verzichtet werden.

Neuere Geräte sind durchweg hydrostatisch angetrieben. Die im Spezialtiefbau eingesetzten Geräte verfügen heute je nach Ausrüstung über Dienstgewichte bis 170 t. Soweit eine Auslegerzerlegung für den Transport erforderlich wird, besitzen diese Geräte für den Auf- und Abbau über einen Aufrichtemast, mit dem das Verladen des Auslegers erfolgen kann, so dass ein Hilfsgerät hierzu nicht benötigt wird (Abb. 5.74).

Die hydraulische Leistung der Seilbagger kann so stark ausgelegt werden, dass Verrohrungsmaschinen und sonstige Geräte mit der Bordhydraulik versorgt werden können, wobei durch die 3-Kreis-Regelhydraulik gleichzeitiges Bohren und Verrohren möglich ist.

Ausfahrbare Fahrwerke sind möglich und bei den schweren Klassen schon üblicher Standard. Zur Regelausstattung gehören ebenfalls schallgedämmte Fahrerkabinen und elastisch gelagerte Fahrersitze.

5.6.6.3 Verrohrungsmaschinen

5.6.6.3.1 Oszillierende Verrohrungsmaschinen mit Axialkraft

Für größere Rohrdurchmesser werden die als Verrohrungsmaschinen (Abb. 5.75) bezeichneten Anbaugeräte für Seil- und Hydraulikbagger auf entsprechenden Grundrahmen als selbstständige Baugruppe eingesetzt. Der Antrieb erfolgt entweder über ein separates

Abb. 5.74 Seilbagger System
Sennebogen S 612 – oben: mit
Mobilfahrwerk unten: mit
Raupenfahrwerk jeweils im
Transportzustand mit
hydraulisch
abgeklapptem Mast

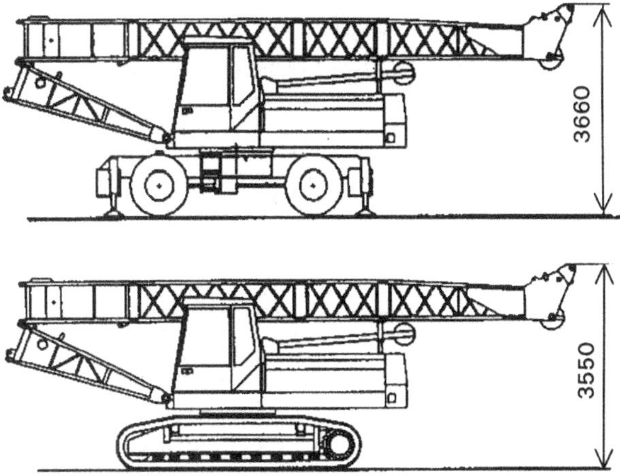

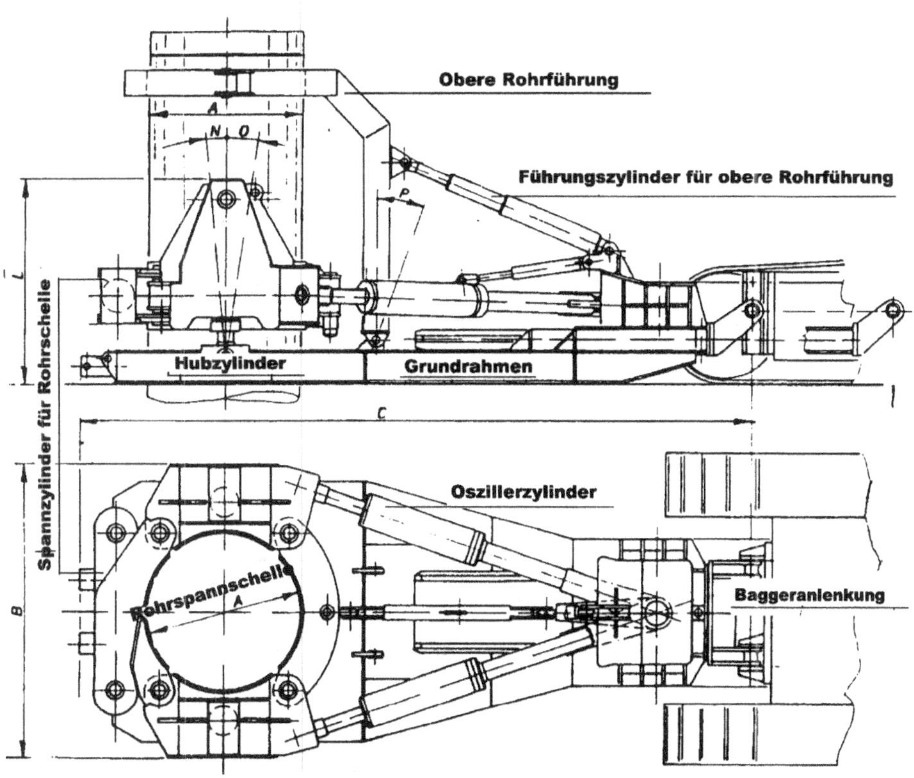

Abb. 5.75 Längsschnitt und Draufsicht einer hydraulischen Verrohrungsmaschine System Leffer

Hydraulikaggregat oder überwiegend durch die Bordhydraulik des Baggers. Die Hubzylinder sind im Grundrahmen schwenkbar verankert. Während des „Schockierens" kann daher die Rohrtour auf- und ab bewegt werden. Der Ein- und Ausbau der Rohre wird dadurch erheblich erleichtert. Die Bedienung kann über ein Bedienungspult am Gerät oder eine Fernbedienung (z. B. durch den Baggerfahrer) erfolgen.

Bei Drehmomenten von bis zu 8350 kNm sind Verrohrungsmaschinen für Rohrdurchmesser von 3000 mm und einem Dienstgewicht von 50 t im Einsatz. Die erforderliche Ölmenge von bis zu 550 min^{-1} erfordert eine Motorleistung von mindestens 350 PS. Spezialseilbagger moderner Bauart können diesen Ansprüchen gerecht werden. Eine Arbeitseinheit (Bagger + Verrohrungsmaschine) wiegt dabei etwa 120 t. Derartige Geräte waren schon für die Herstellung von Baugrunderschließungs- und Beobachtungsbrunnen auf Mülldeponien im Einsatz.

Die Verrohrungsmaschinen bestehen aus einer hydraulischen Rohrschelle mit Spannzylinder, zwei Hydraulikzylindern für die Auf- und Abwärtsbewegung sowie zwei Hydraulikzylindern für die Oszillation. Die Vertikalzylinder sind beweglich gelagert, so dass bei der Oszillation auch eine Vertikalbewegung der Rohre möglich ist.

Im Normalfall sind die Geräte am Bagger zur Aufnahme der Reaktionskräfte befestigt. Durch Einrammen von Stahlträgern oder vergleichbare Maßnahmen ist ausnahmsweise auch eine vom Seilbagger getrennte Aufstellung möglich. Bei kurzen Bohrungen genügt schon das Eigengewicht zur Aufnahme der Reaktionskräfte. Nach Hochfahren und Verspannen der Rohrschelle kann der gesamte Rahmen nachgezogen und als Auflast benutzt werden. Durch den Antrieb über die Bordhydraulik wird die Umsetzung und die Handhabung der gesamten Bohreinrichtung sehr vereinfacht. Vielfach werden aber für große Durchmesser auch externe Hydraulikaggregate eingesetzt. Insbesondere bei Neigungspfählen ist eine zusätzliche obere Führung möglich.

Hydraulische Verrohrungsmaschinen System Leffer sind ausgelegt für Bohrrohr-Durchmesser von 750 bis 3000 mm bei Einsatzgewichten von 12 bis 50 t.

Ferner sind Geräte im Einsatz, die mit einem Dieselhydraulikaggregat auf dem Grundrahmen ausgestattet sind (Abb. 5.76). Diese Gerätetypen sind besonders gedacht in Verbindung mit Seilbaggern ohne entsprechende hydraulische Leistung. Verwendung finden diese Geräte im Bereich der Pfahlgründungen und bei Baugrundaufschlussbohrungen im Deponiebereich. Hier sind zum Teil wegen der vorhandenen Bohrhindernisse die üblichen Verfahren der Baugrunderkundungsbohrungen nicht anwendbar (Tab. 5.8).

5.6.6.3.2 Durchdrehende Verrohrungsmaschinen mit Axialkraft

Diese Geräte haben sich trotz vieler Vorteile aufgrund der hohen Dienstgewichte nicht sehr stark durchgesetzt. Sie können an Hydraulik- oder Seilbagger angeflanscht werden, sind aber auch wegen des oben erwähnten hohen Gewichtes auch mit eigenem Fahrwerk im Einsatz (Abb. 5.77). Sie werden überwiegend in der Pfahlherstellung und für Sonderzwecke eingesetzt und haben folgende Kenndaten:

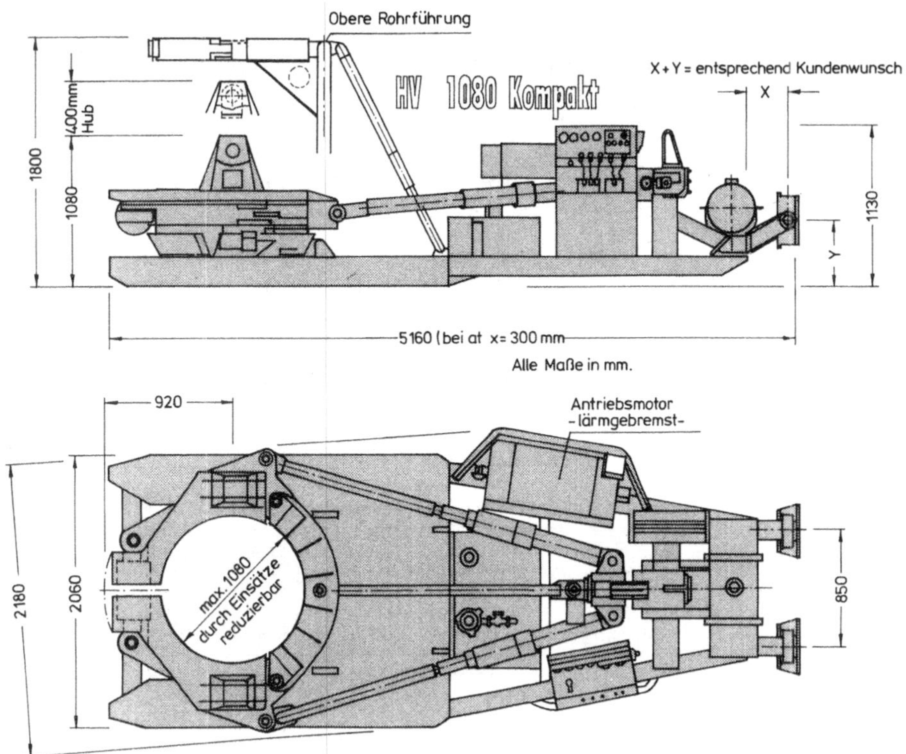

Abb. 5.76 Verrohrungsmaschine in Kompaktbauweise mit Antriebseinheit System Nordmeyer, (oben) Längsschnitt und Grundriss (unten)

Tab. 5.8 Technische Daten der Nordmeyerverrohrungsmaschine Typ HV 1080-Kompakt

max. Rohr-⌀	1080	mm	erforderliche Ölmenge	150	min^{-1}
reduzierbar auf	600	mm	Motorleistung	45	kW
Drehmoment	39	kNm	Gesamtgewicht ca.	5000	kg
Hubkraft	54	kN			

Technische Daten:

Rohrdurchmesser:	800 bis 3000	mm
Hubkraft:	1200 bis 3750	kN
Drehmoment:	1850 bis 4200	kNm
Drehzahl:	0 bis 1,1	min^{-1}
erf. Ölmenge bei 300 bar:	400 bis 1100	l
Gewicht:	32 bis 68	t

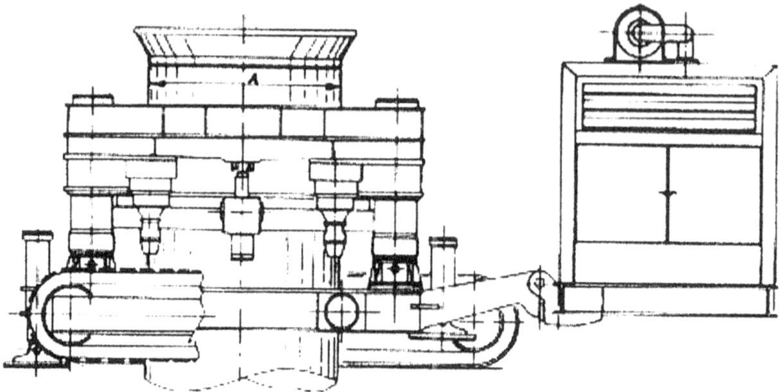

Abb. 5.77 Durchdrehende Verrohrungsmaschine System Leffer als selbstfahrende Anlage

Abb. 5.78 Rohrzieheinrichtung System Leffer

5.6.6.3.3 Rohrzieheinrichtungen mit reiner Axialkraft

Diese Ziehvorrichtungen (Abb. 5.78) werden dort eingesetzt, wo keine Möglichkeit zur Aufnahme der Reaktionskräfte vorhanden ist (z. B. Ziehen der Abschalrohre im Schlitz-wandbau, Standrohre mit großen Durchmessern, tiefstehende Schutzrohre, für Sonder-zwecke eingerammte Rohre und mit Spezialeinsätzen für das Ziehen schwerer und langer

Verbauträger usw.). Das eingebaute Hydraulikaggregat wird elektrisch angetrieben. Der Leistungsbedarf ist sehr gering. Dies muss allerdings mit einer sehr langsamen Hubgeschwindigkeit in Kauf genommen werden.

Die wesentlichen technischen Daten sind:

Rohr-∅ von mm	Rohr-∅ bis mm	Hub mm	Hubkraft von – bis kN	Antriebsleistung von – bis kW	Betriebsdruck bar	Gewicht von – bis t
340	1200	800	1300–3500	11–30	350	4,5–10,3

5.6.6.3.4 Vibrationsverfahren

Obwohl diese Art des Ein- und Ausbaus im Baugrundbereich kaum eine Rolle spielen, sei auf das System der Gürtelrüttler hingewiesen. Hierbei umschließt eine hydraulisch spannbare Schelle das Bohrrohr. Elektrische oder hydraulische Rüttler setzen das Rohr in Schwingungen, welche die Reibung zwischen Boden und Bohrrohr so stark abmindern, dass das Rohr ohne weitere Auflast eingebracht werden kann. Während des Einrüttelns kann der Boden mit Greifern, Bohrschnecken oder im Spülbohrverfahren entfernt werden. Zum Rohrausbau wird die erforderliche Zugkraft mit Winden (Abb. 5.79) oder Baggerseil bei laufenden Vibratoren aufgebracht. Bei dem gezeigten Gerät sind Rohrdurchmesser von 300 bis 800 mm üblich. Möglich ist ein Durchmesser bis 1500 mm.

5.6.6.3.5 Pneumatisches HW-Verfahren

Ein besonderes Verfahren für das Einbringen der Verrohrung stellt das HW-Verfahren dar, welches auf einer Erfindung des Ingenieurs R. Hochstrasser beruht.

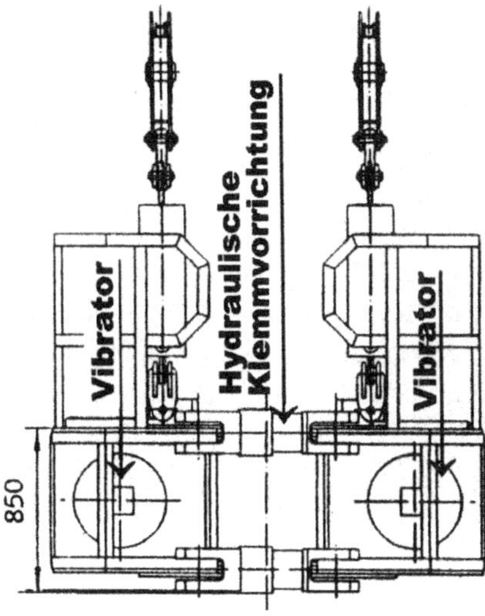

Abb. 5.79 Gürtelvibrationsrüttler für Rohrdurchmesser bis 800 mm; die Zugkraft wird über Windenkraft aufgebracht

Abb. 5.80 HW-
Druckluftschwinge.
(Schematische
Systemdarstellung)

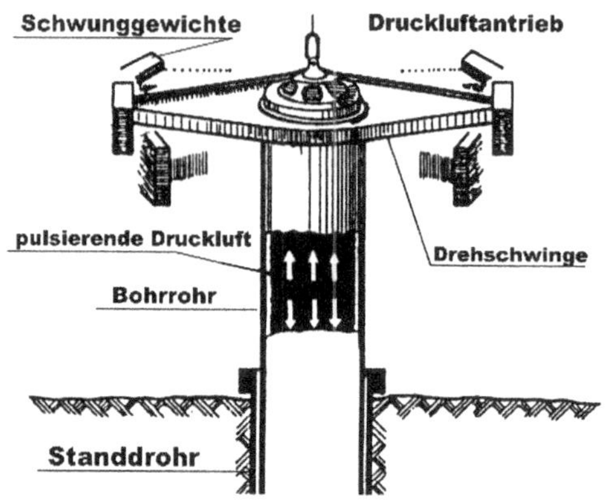

Abb. 5.81 HW-Schwinge.
(Quelle: Stahl- und
Apparatebau Hans
Leffer GmbH)

Eine auf das Bohrrohr aufgesetzte Schwinge (Abb. 5.80 und 5.81) wird mit Druckluft
angetrieben und in Hin- und Herbewegungen versetzt. Über Anschlagnocken werden die
Drehimpulse der Schwinge auf das Rohr übertragen. Die Auflast besteht aus dem Gewicht
der Schwinge und dem dickwandigen Rohr, das nach Möglichkeit in voller Länge eingebaut wird. Bohrdurchmesser bis 250 cm sind möglich und auch schon ausgeführt worden.

Durch die oszillierende Bewegung wird die Mantelreibung erheblich herabgesetzt. Die
Reibung der Ruhe geht in eine geringere Gleitreibung über. Ferner sind keine Festpunkte
zur Aufnahme von Reaktionskräften nötig.

5.6.7   Bohreinrichtungen für das Überlagerungsbohren

5.6.7.1 Allgemeines

In der Anker- und Injektionstechnik hat sich die Überlagerungsbohrtechnik erfolgreich
durchgesetzt und kommt in besonderen Fällen auch bei der Herstellung von Bohrungen
für Versuche und GW-Messstellen zunehmend zum Einsatz, wenn auf eine Probeentnahme verzichtet werden kann (z. B. beim Durchfahren nicht relevanter Schichten).

Es ist ein System, dass sich insbesondere, wie der Name schon sagt, für Überlagerungs-
böden eignet, also stark wechselnde Bodenschichten mit Einlagerungen und Bohrhindernissen aller Art. Das sind insbesondere auch Formationen, die sich für eine durchgehende
Probeentnahme nicht eignen und das Spülbohr- bzw. Greiferbohrverfahren ausgeschlossen
werden muss.

5.6.7.2 Systembeschreibung

Bei dem Verfahren finden folgende Bohrantriebe Verwendung:

- Kraftdrehköpfe (KDK bzw. HDK) – nur drehende Funktion (Abb. 5.82, 5.83 und 5.85)
- Hydraulikhämmer (SHG) – drehende mit zuschaltbarer schlagender Funktion
  (Abb. 5.82 und 5.85)
- Doppelkopfbohranlagen (DKB) – Kombination von KDK und SHG (Abb. 5.82)

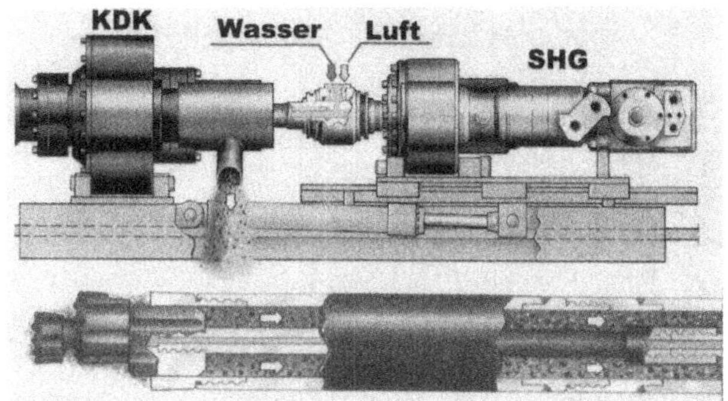

Abb. 5.82 Doppelkopfbohranlage mit KDK + SHG, System Klemm Bohrtechnik GmbH

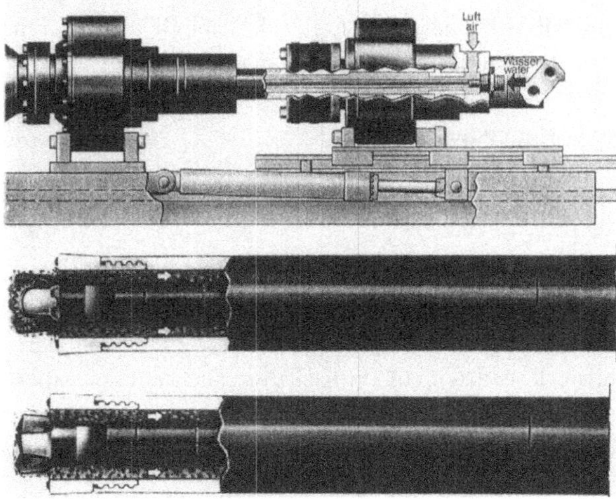

Abb. 5.83 Doppelkopfbohranlage mit 2 KDK bzw. HDK (oben) Rollenmeißel und Futterrohr mit
Ringbohrkrone (Mitte) Hartmetallvollbohrkrone und Futterrohr mit Ringbohrkrone (unten)

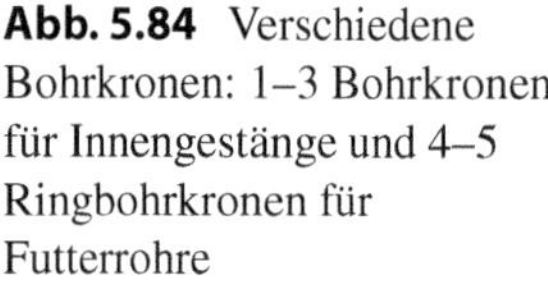

Abb. 5.84 Verschiedene Bohrkronen: 1–3 Bohrkronen für Innengestänge und 4–5 Ringbohrkronen für Futterrohre

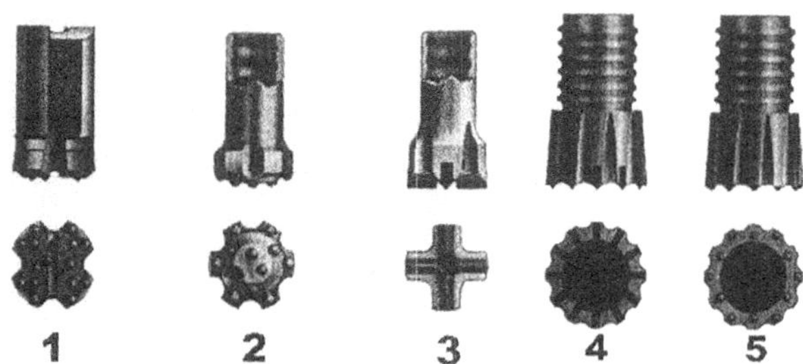

Abb. 5.85 Doppelkopfkombinationen hydraulischer Dreh- und Schlaghammer (SHG) hydraulischer Kraftdrehkopf (HDK) System Klemm

Beim Überlagerungsbohren mit Doppelkopfbohranlagen ist der untere Antrieb stets ein *KDK*. Er dient zum kontinuierlichen Einbringen bzw. Mitführen der Futterrohre, die je nach Bohrverfahren mit unterschiedlichen Ringbohrkronen (Abb. 5.84) aus Hartmetall bestückt sind.

Der obere Bohrantrieb ist für das eigentliche Bohrwerkzeug erforderlich. Er kann je nach Bohrverfahren ein *KDK* oder *SHG* sein.

Bei diesem Verfahren muss das Futterrohr nicht schneidend wirken; daher ist auch keine besondere Futterrohrkrone nötig. Es ist jedoch ebenso eine normale Imlochhammerkrone oder Hartmetall-Vollbohrkrone (Abb. 5.83) möglich. Dabei müsste jedoch das Futterrohr mit einer Ringbohrkrone versehen sein (Abb. 5.84).

Hauptkenndaten System Klemm

System	Drehmoment kNm	Drehzahl min^{-1}	Schlagzahl min^{-1}	Länge mm	Gewicht kg
KDK	bis 16	bis 193		515–1063	220–850
SHG	bis 16	bis 348	0–2800	1150–1420	400–800

Die Tabelle stellt nur eine grobe Übersicht für das System Klemm dar. Andere Fabrikate weisen vergleichbare Kenndaten auf. Je nach Aufgabenstellung stehen die unterschiedlichsten Systeme zur Verfügung, die nach Bedarf zusammengestellt werden können. Hersteller bzw. Lieferanten stellen auf Anfrage umfangreiche Produktkataloge zur Verfügung.

Die Spülung kann wahlweise und in Anpassung an das jeweilige Bohrsystem mit

- Luft
- Wasser oder
- Wasser + Luft

erfolgen.

Die Spülung kann über einen Spülkopf (Abb. 5.82) oder über den oberen Antrieb (Abb. 5.83) eingebracht werden.

Die üblichen Bohraußendurchmesser betragen 108 bis 244 mm. Abweichungen sind je nach Fabrikat möglich, so bietet die Fa. Hütte Systeme bis zu einem Durchmesser von 394 mm an.

Die Doppelbohrkopfanlagen lassen sich grundsätzlich an allen Drehbohranlagen betreiben. Die Abb. 5.86 zeigt eine Anwendung an einem typischen Drehbohrgerät für die Ankerherstellung. Diese Geräte lassen sich grundsätzlich auch mit verlängertem Mast für Baugrundaufschlussarbeiten ausrüsten.

Abb. 5.86 Drehbohrgerät
Hütte HBR 605 TURBO mit
Doppelkopfbohrausrüstung

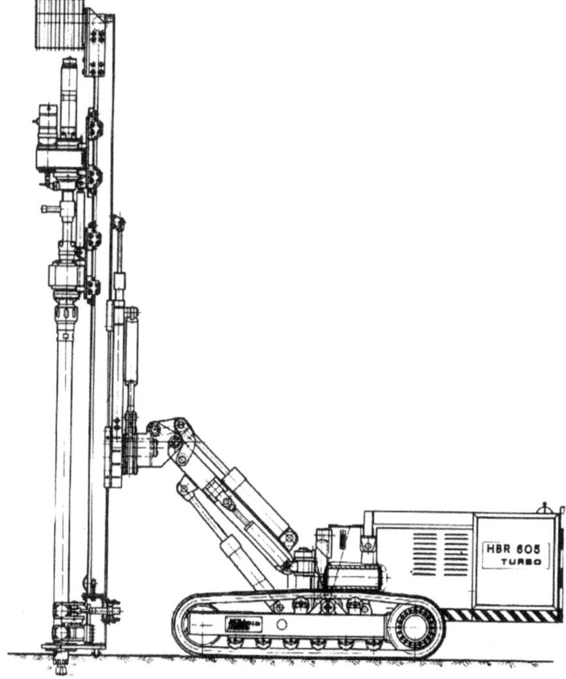

5.7   Werkzeuge

5.7.1   Allgemeines

Unter den Begriff Werkzeuge fallen alle Einrichtungen (außer denen, die unter Bohrgeräte aufgeführt sind), die für den Bohrprozess benötigt bzw. eingesetzt werden, und zwar:

- Trockenbohrwerkzeuge
- Spülbohrwerkzeuge
- Fangwerkzeuge
- Bohrgestänge und Zubehör
- Bohrlochverrohrung
- Imlochhämmer
- Rammbohrwerkzeuge
- Testgeräte
- Misch- und Verpressgeräte

5.7.2   Werkzeuge für das Trockenbohrverfahren

5.7.2.1 Allgemeines

Die Bezeichnung Trockenbohrwerkzeug ist ein wenig irreführend. Gemeint ist dabei, dass für den Bohrprozess kein Wasser in Form von Spülungen zugeführt wird wie z. B. beim Rotarybohrverfahren. Es kann also durchaus Wasser im Bohrloch anstehen.

Für die Einteilung der Bohrwerkzeuge werden die unterschiedlichsten Einteilungen und Tabellen verwendet. Für den Bereich der Trockenbohrwerkzeuge wollen wir hier lediglich zwei Hauptgruppen unterscheiden, und zwar

- Bohrwerkzeuge für das schlagende Bohren
- Bohrwerkzeuge für das drehende Bohren

Es handelt sich hierbei jeweils um Werkzeuge, die lösen und fördern, und um solche, die nur lösen (zum Fördern wird ein zusätzliches Werkzeug benötigt).

5.7.2.2 Bohrwerkzeuge für das schlagende Bohren

Hierzu gehören:

- Seilbohrgreifer
- Ventilschlagbüchsen
- Kiespumpen
- Meißel

Diese Gruppe gehört zu den Werkzeugen, die gemäß DIN 2247-1, Tab. 2 nur eine unvollständige Probeentnahme ermöglichen. Die Proben entsprechen der Güteklasse 4 bis 5.

5.7.2.2.1 Seilbohrgreifer

Der zunächst als sogenanntes Hammergrab beim Benoto-Pfahlsystem (etwa Mitte des 20. Jahrhunderts) eingesetzte Seilbohrgreifer (Abb. 5.87) entwickelte sich zum wichtigsten Bohrwerkzeug bei der Trockenbohrung. Er wurde von der ehemaligen Fa. Bade in Lehrte weiterentwickelt und ist heute noch zum Teil ohne wesentliche Änderungen bei mehreren Unternehmen im Einsatz.

Bei den Seilbohrgreifern sind im Wesentlichen drei Grundsysteme (Abb. 5.88) zu unterscheiden, und zwar das

- Scherensystem (SG)
- Rollensystem (RG)
- Hydrauliksystem (HG)

Für Greifer mit großen Durchmessern verwendet man überwiegend das Rollensystem. Die Mehrzahl der Greifer sind mechanisch und werden für Bohrdurchmesser bis zu 3000 mm hergestellt. Hydraulikbohrgreifer konnten sich, im Gegensatz zum hydraulischen Schlitzwandgreifen, noch nicht in großen Stückzahlen durchsetzen.

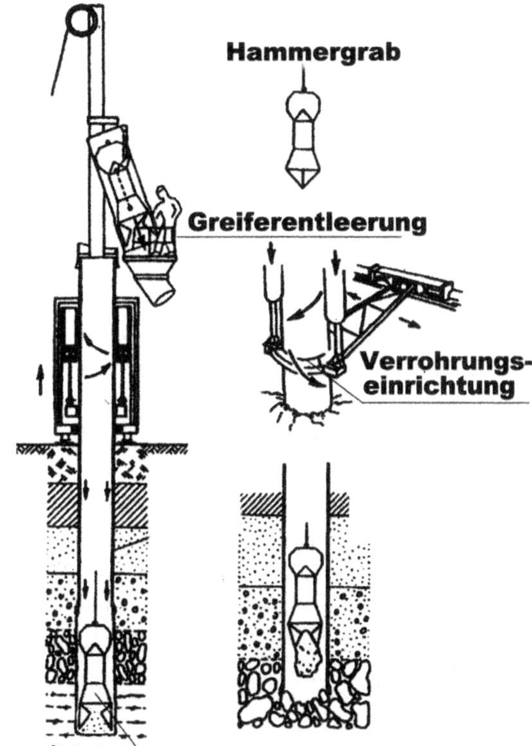

Abb. 5.87 Benoto-System mit Seilbohrgreifer (Hammergrab)

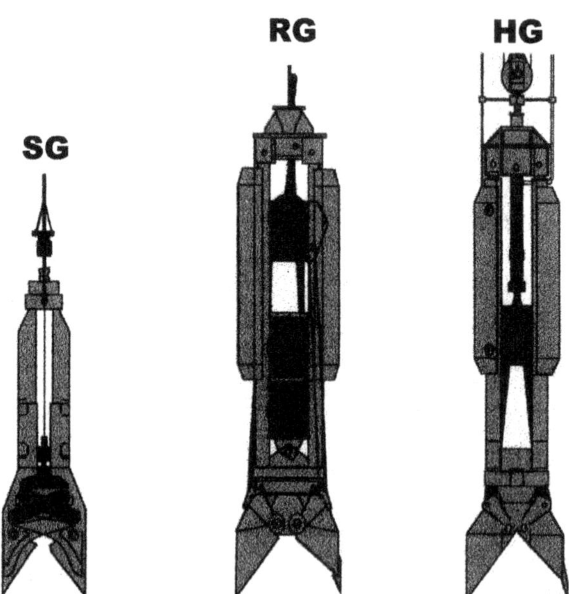

Abb. 5.88 Bohrgreifersysteme. (Quelle:Bauer)

In der Anwendung der mechanischen Greifer unterscheidet man Einseil- oder Zweiseilbetrieb.

Einseilbetrieb

Im Einseilbetrieb ist eine Auslösekrone erforderlich. Der Bohrgreifer wird am Schließmechanismus angehängt und mit geöffneten Greiferschalen ins Bohrloch eingefahren. An der gewünschten Stelle lässt man ihn frei fallen. Beim Aufschlagen auf der Bohrlochsohle fallen die Klinken im Gehäusedeckel nach außen und die Schaufeln schließen sich, wenn das am Schließmechanismus befestigte Seil angezogen wird. Nach dem Herausziehen aus dem Bohrloch wird der Bohrgreifer in eine Fangglocke (Auslösekrone) gefahren und langsam abgesenkt. Die Fanghaken greifen unter den Haltering am Bohrgreiferhals und die Greiferschalen öffnen sich. Bei sehr bindigen Böden muss der Öffnungsvorgang mehrfach wiederholt werden. Um den Bohrgreifer aus der Fangglocke zu lösen, wird er hochgezogen, bis sich die Fangglocke leicht anhebt und dann mit geöffneten Schaufeln abgesenkt wird.

Zweiseilbetrieb

Im Zweiseilbetrieb, dem der Vorzug gegeben werden sollte, wird das Seil einer Seilbaggerwinde am Schließmechanismus und das Seil der zweiten Seilbaggerwinde am Kettengehänge des Bohrgreiferkörpers befestigt. Zum Absenken des Bohrgreifers ins Bohrloch wird das erste Seil angezogen und damit die Greiferschalen geschlossen. An der gewünschten Stelle wird das zweite Seil angezogen und die Greiferschalen öffnen sich. Die Bremsen bei der Seilbaggerwinde werden geöffnet. Der Bohrgreifer kann nun im freien Fall mit offenen Greiferschalen in die Bohrlochsohle eindringen. Um einen maximalen Füllungsgrad der Greiferschalen zu erreichen, kann der Bohrgreifer (bei Bedarf) am zweiten Seil mehrmals hochgezogen werden, um mit geöffneten Greiferschalen (Meißelwirkung) immer tiefer einzudringen. Am ersten Seil hängend schließt sich der Bohrgreifer, wird zutage gefördert und durch Anziehen des zweiten Seiles geöffnet.

Der Zweiseilbetrieb erfordert wesentlich mehr Erfahrung und Geschicklichkeit des Baggerfahrers, daher wird überwiegend das Einseilverfahren angewendet.

Seilbohrgreifer System Leffer
Aus der Vielzahl von Greifertypen sollen hier beispielhaft die Bohrgreifer der Fa. Leffer (Abb. 5.89) näher beschrieben werden, da sie auch einige Besonderheiten aufweisen. Zu diesen Besonderheiten zählen:

- Bei allen Greifern ist ohne wesentliche Umbauten der Einseil- und Zweiseilbetrieb möglich.
- Zu jedem Greifergrundkörper sind bis zu zehn Greiferschalen lieferbar. Dabei muss teilweise nur der Schaufelsatz ausgetauscht werden. Für andere Typen ist jeweils ein Greiferunterteil auszutauschen, zu dem dann wieder mehrere Schaufelgrößen passen.

Dies stellt ein sehr wirtschaftliches System dar, da mit einem Grundkörper eine Vielzahl von Bohrdurchmessern ausgeführt werden kann. Dies ist besonders für kleine Betriebe interessant.

In der Tab. 5.9 sind die wesentlichen Greifer System Leffer unter Angabe der möglichen Greiferschaufelgrößen zusammengefasst. Auch andere Hersteller fertigen Greifer, bei denen mit einem Grundkörper verschiedene Schaufelgrößen einsatzbar sind, jedoch beschränkt sich dies auf einige wenige Schaufelgrößen je Grundkörper.

Alle Greifer sind im Einseil- und Zweiseilbetrieb einsetzbar.

Für die Greifertypen L 490–L 1460 sind Verbreiterungen am Greiferkörper zur besseren Führung im Rohr möglich.

Hydraulikgreifer
Der Hydraulikgreifer System Bauer (GHG) wird als Schereneinseilgreifer ausgelegt. Im Greiferkörper ist das hydraulische System untergebracht. Die Energiezufuhr erfolgt über zwei Hydraulikleitungen, die auf beiden Seiten des Greiferseiles befestigt sind und am Trägergerät über entsprechende Trommeln geführt werden. Da sich der Greifer beliebig oft schließen und öffnen lässt, ist auch bei festgelagerten Böden, insbesondere Ton und Fels, eine gute Grableistung gewährleistet. Die Bedienung ist dabei wesentlich einfacher als bei Seilgreifern. Es stehen Greifergrößen für Bohrdurchmesser von 800 bis 3000 mm zur Verfügung. Bei einer Greiferlänge von 3,7 bis 6,5 m betragen die Einsatzgewichte 3,7 bis 26 t.

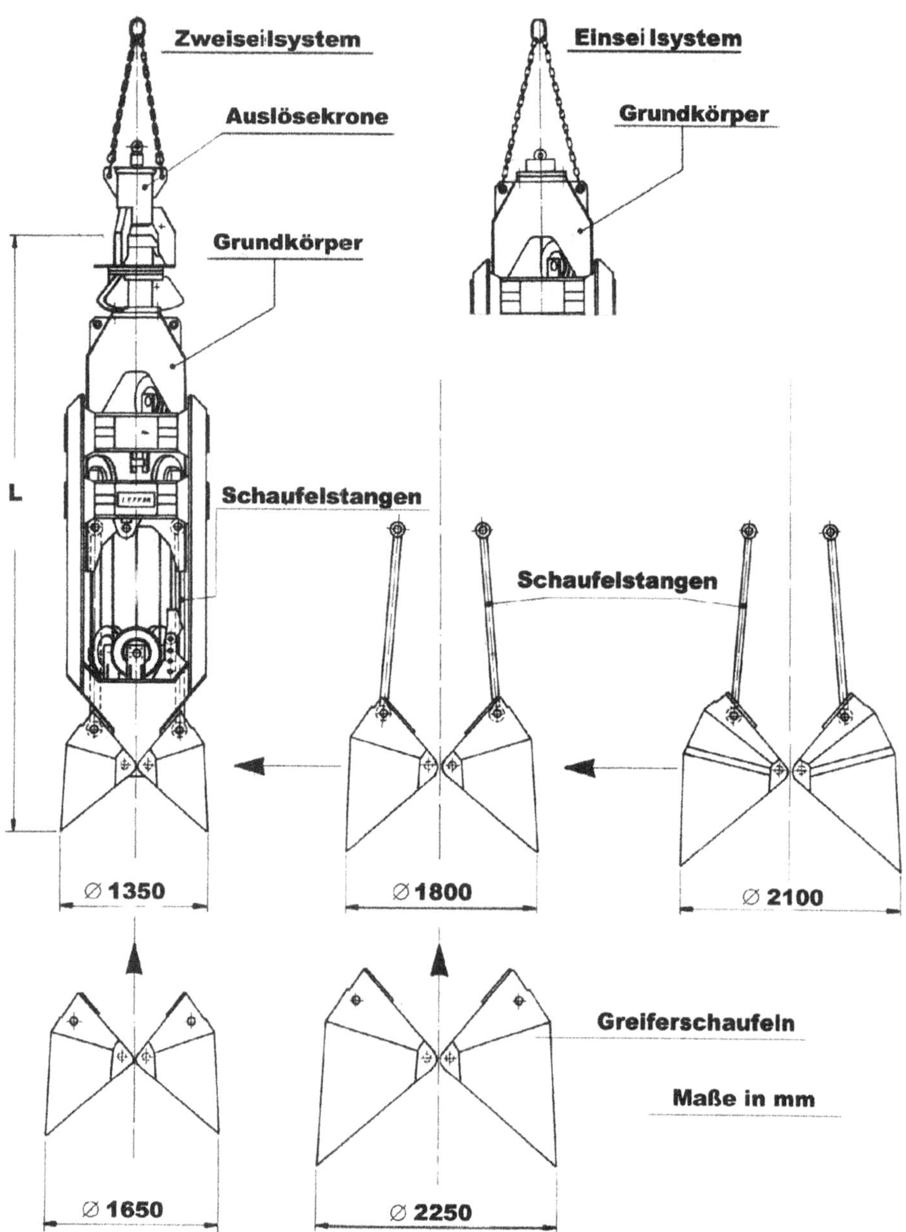

Abb. 5.89 Greifersystem Leffer L 1350–2250

Tab. 5.9 Hauptdaten der Seilbohrgreifern System Leffer

Greifertyp	Anzahl der möglichen GreiferunterteileSt	mögliche Schaufelsatzgrößen mm	Geeignet für Rohr-Ø von – bis m	Greiferlänge max mm	Schaufelinhalt von – bis ltr.	Greifergewicht von – bis kg
L 490–890 SK/SZ	3	8	600–1000	3080	45–210	1300–2175
L 770–1460 SK/SZ	5	10	880–1600	4295	140–1060	2740–4900
L 1350–2250 SK/SZ	1	5	1500–2500	5880	800–1800	8425–10810
L 2305–L 2750 Sk/SZ	1	3	2500–3000	7140	2500–4500	17700–18540

Hinweise zur Tab. 5.9: Greifertyp mit Zähnen, dabei wird unterschieden zwischen SK: lange Version und SZ: kurze Version

5.7.2.2.2 Ventilschlagbüchsen

In wasserführenden sandigen Böden bewähren sich immer noch sogenannte Schlamm-
oder Schlagbüchsen (Abb. 5.90). Diese bestehen aus einem dickwandigen Stahlrohr mit
entsprechender Aufhängung und einem Ventilunterteil, das mit einer Klappe oder auch mit
Doppelklappe versehen ist. Die Büchse wird in kurzen Hüben von 30 bis 50 cm auf-
gestoßen. Beim Auftreffen öffnet sich das Ventil und der Boden kann eindringen. Durch
jeweiliges Hochziehen wird die Klappe geschlossen. Beim Seilbaggereinsatz beschränkt
sie sich im Wesentlichen auf das Säubern der Bohrlochsohle. Bei Aufschlussbohrarbeiten
sind die Ventilbüchsen allerdings noch sehr oft im Einsatz. Die Entleerung kann durch
Boden- oder Seitenklappen erfolgen. Kleinere Büchsen werden lediglich umgekippt.

5.7.2.2.3 *Kiespumpen*

Bei Bohrungen in Kiesböden unter Wasser ist bei kleineren Bohrdurchmessern die Fördermenge der Greifer oft sehr unbefriedigend. Hier lassen sich mit Kiespumpen (Abb. 5.91)
teilweise wesentlich höhere Leistungen erzielen.

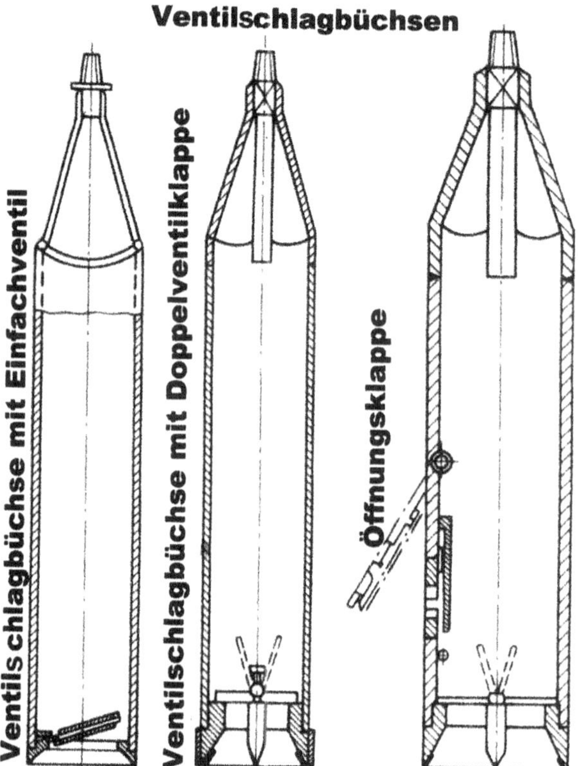

Abb. 5.90 Ventilschlagbüchsen

Abb. 5.91 Kiespumpe

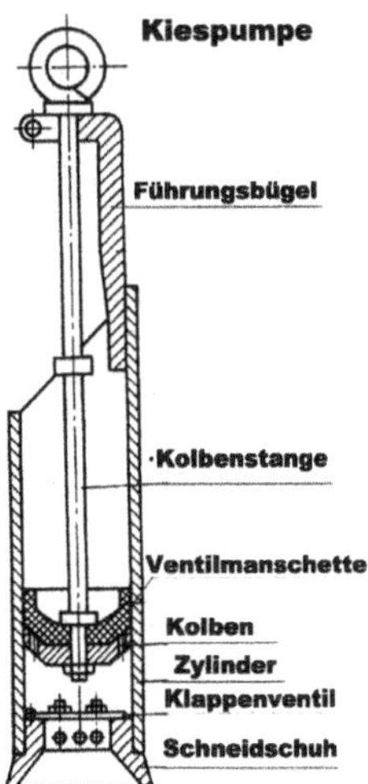

Der Aufbau der Kiespumpe ist vergleichbar mit der Ventilschlagbüchse. Im Körper befindet sich jedoch ein Kolben mit Kolbengestänge. Während des Bohrens steht die Kiespumpe auf der Bohrlochsohle und nur der Kolben wird auf- und ab bewegt, wobei das Bohrgut in den Pumpenkörper hineingezogen wird. Beim Hochfahren schließt sich die Ventilklappe. Zum Entleeren kann das gesamte Unterteil geöffnet werden oder die Kiespumpe wird einfach ausgekippt.

5.7.2.2.4 Bohrmeißel

Neben Kiespumpen und Schlammbüchsen gehörten Meißel schon bei Bohrungen in der vorchristlichen Zeit zu den wichtigsten Bohrwerkzeugen. Dabei wurden immer wieder neue Konstruktionen entwickelt. Bedingt durch die zur Verfügung stehenden geringen Windenkräfte waren die Gewichte jedoch verhältnismäßig gering.

Die heute typischen Bohrmeißel stellt Abb. 5.94 dar. Zum Schutze des Bohrrohres und gleichzeitiger Führung ist die obere Hälfte als Mantel ausgebildet bzw. sind Führungsringe angebracht. Die kreuzförmige Schneide hat zusätzliche Tangentialschneiden.

Die Meißelkonstruktion ist mit einer aufwendigen Schweißung verbunden. Folglich müssen die davon herrührenden Eigenspannungen durch ein Spannungsarmglühen beseitigt werden, da sonst ständige Reparaturen wegen Rissbildung nicht zu vermeiden sind.

Möglich sind auch Meißel mit kronenartiger Schneidenanordnung (Abb. 5.92). Auch doppelseitige Konstruktionen mit unterschiedlichen Schneidenformen, spiralförmige Meißel sowie Rundschneidmeißel (Abb. 5.93) sind im Einsatz.

Die Schneiden erhalten eine Hartmetallauftragsschweißung, die rechtzeitig nachgearbeitet werden muss, damit der Grundkörper nicht beschädigt wird. Hierbei sind Verfahren anzuwenden, die nicht zusätzliche Spannungen erzeugen (z. B. Pulverschmelzschweißung). Da diese Schweißbearbeitung sehr aufwendig ist, laufen verschiedene Experimente mit schweren, auswechselbaren Baggermeißeln aus der Felstechnik. Ausreichende Erfahrungswerte liegen allerdings noch nicht vor.

Abb. 5.92 Kreuzmeißel mit
Tangentialschneiden (rechts)
Rundschaftmeißel mit
Kreuzschneiden (links)

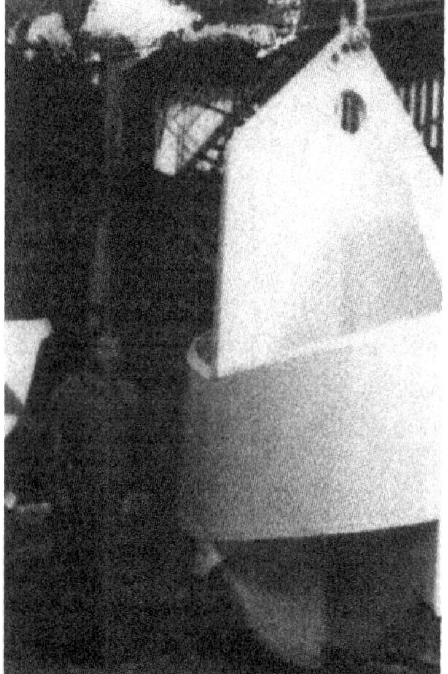

Abb. 5.93 Rundschneidmeißel (links) Spiralmeißel (rechts)

Die Meißelarbeit wird insbesondere zur Zerkleinerung von Hindernissen in Form von
Gesteinsbänken, von großen Geröllen, verfestigten Kiesbänke usw. erforderlich, die mit
den üblichen Bohrwerkzeugen nicht durchfahren werden können. Zwangsläufig ist dies
zum Teil mit großen Erschütterungen verbunden. Größere Felsdurchörterungen sind daher
bei Bedarf im Drehbohrverfahren durchzuführen (Abb. 5.94).

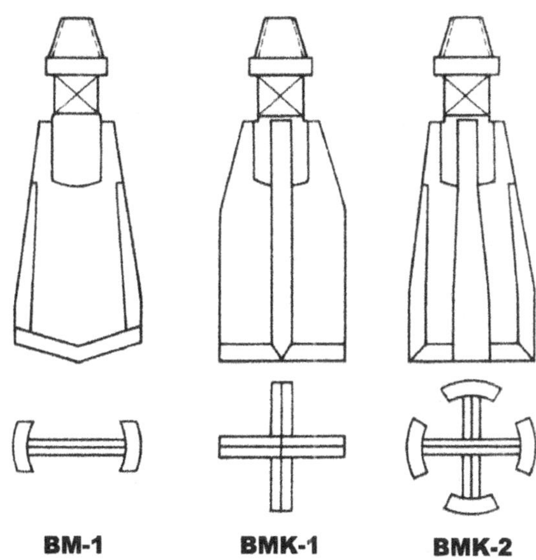

Abb. 5.94 Verschiedene Meißelformen: BM-1: angeschrägter Blattmeißel mit Tangentialschneiden, BMK-1: Kreuzmeißel, BMK-2: Kreuzmeißel mit Tangentialschneiden

Für die Förderung des Bohrkleins müssen dann andere Werkzeuge eingesetzt werden. Unter Wasser kann dies mit Ventilbüchsen oder Kiespumpen erfolgen, über dem GW-Spiegel mit Greifern. Großstückiges Material kann auch unter Wasser mit Greifern gewonnen werden.

Die Meißel werden als Einfachmeißel, als Kreuzmeißel oder Rundmeißel jeweils mit hartmetall-vergüteten Schneiden hergestellt. Teilweise wird bei Einfachmeißeln die Schneide beidseitig schräg nach innen gerichtet ausgeführt. Meißel werden bis zu einem Bohrdurchmesser von 3000 mm und Einsatzgewichten bis 18 t eingesetzt.

5.7.3 Werkzeuge für das Trockendrehbohrverfahren

Für die Trockendrehbohrwerkzeuge sind zwei Hauptgruppen zu unterscheiden:

- Drehbohrwerkzeuge für das Vollbohrverfahren (lösen und fördern)
- Drehbohrwerkzeuge für das Kernbohrverfahren (nur lösen)

5.7.3.1 Drehbohrwerkzeuge für das Vollbohrverfahren

Vollbohrschnecken

Die Bohrschnecke besteht aus einem Mittelrohr, auf dem mehrere Schneckengänge angebracht sind. Am Fußende befindet sich ein ein- bzw. zweifacher Schneidkopf mit einem Vorschneider. Schneide und Vorschneider können sehr unterschiedlich ausgebildet sein (Abb. 5.97), so dass nicht nur rollige und bindige Böden gelöst und gefordert werden können, sondern auch verwitterter bis halbfester Fels.

Die gewonnenen Bodenproben entsprechen gemäß DIN EN ISO 22475-1, Tab. 2 (Durchgehende Gewinnung von Proben in Böden mittels Bohrverfahren) der Güteklasse 3–4 bei allen Böden über dem Wasserspiegel und bei allen bindigen Böden unterhalb des Wasserspiegels.

Die Bohrschnecken sind üblich als Kurzschnecke (Abb. 5.95, 5.96 und 5.97) in Längen von 1 bis 3 m und als sogenannte Endlosschnecken. Im Gegensatz zur Kurzschnecke, bei der ein ständiges Ziehen und Entleeren der Schnecke erforderlich ist, kann bei der Endlosschnecke kontinuierlich bis zur Endtiefe gebohrt werden.

Bei Kurzschnecken müssen bei Normalgestänge (nicht durchgehende Kraftdrehköpfe, in der Regel Kraftspülköpfe) die Verlängerungsgestänge jeweils aufgesetzt bzw. abgenommen werden. Das Verfahren wird daher vorzugsweise im Kellyverfahren eingesetzt. Es sind Durchmesser bis 3000 mm bei entsprechenden Kraftdrehköpfen und Böden möglich.

Beim Bohren kann mittels KDK, Verrohrungsmaschinen oder Verrohungsdrehtisch eine Rohrtour mitgenommen werden. Dies erfordert allerdings eine entsprechende Motor- und Hydraulikleistung.

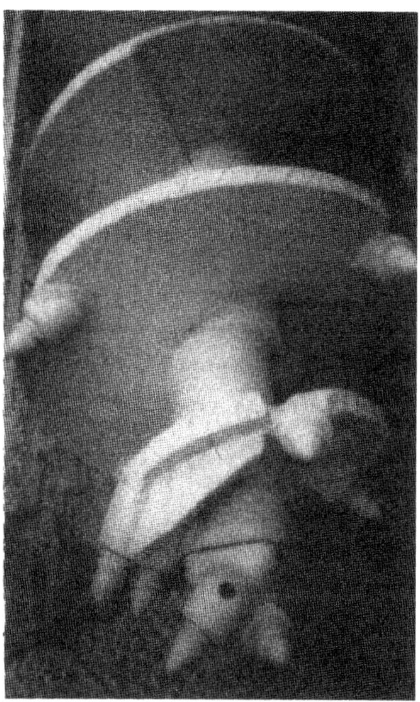

Abb. 5.95 (links) Spezialschnecke, einschnittig mit Rundschaftmeißel, Vorschneider mit Rundschaftmeißel besetzt und am Bohrschneckenumfang; (rechts) Progressivschnecke mit Rundschaftmeißel (Bauer)

Abb. 5.96 Bohrschnecke,
einschnittig, Schneide besetzt
mit Flachbohrzähnen und
Fischschwanzvorschneider

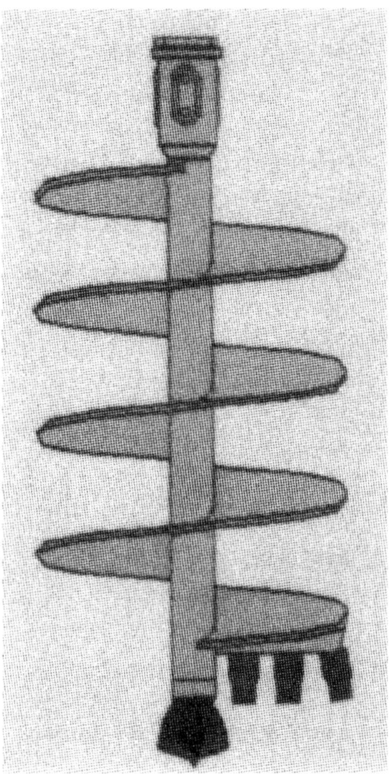

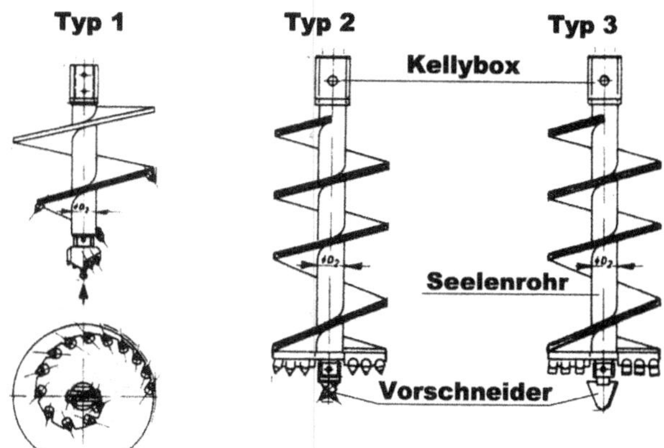

Abb. 5.97 Kurze
Bohrschnecken

Bei den Kurzschnecken sind inzwischen folgende Schneidköpfe üblich:

- einschnittig mit Flachzähnen und Fischschwanzvorschneider für leichte Böden
- zweischnittig mit Flachzähnen und Fischschwanzvorschneider für leichte bis mittelschwere Böden

- einschnittig mit Rundschaftmeißel und Vorschneider besetzt mit Rundschaftmeißel für schwere Böden
- zweischnittig mit Rundschaftmeißel und Vorschneider besetzt mit Rundschaftmeißel für sehr schwere Böden und leichten (verwitterten) Fels – zweischnittig, eine Schneide mit Rundschaftmeißel, eine Schneide mit Flachmeißel für schwere Böden und leichten Fels
- Progressivschnecken mit Rundschaftmeißel und Vorschneider besetzt mit Rundschaftmeißel für sehr schwere Böden und mittlere Felsfestigkeit mit Klüften
- Spezialanfertigungen für Sondereinsätze

Hinweise zur Abb. 5.97:

- Schnecke Typ 1
  Progressivschnecke mit Rundschaftmeißel, Vorschneider besetzt mit Rundschaftmeißel, für besonders harte gelagerte Böden und mittlere Felsfestigkeit.
- Schnecke Typ 2
  Zweischnittige Bohrschnecke mit Rundschaftmeißel, Vorschneider besetzt mit Rundschaftmeißel, für sehr schwere Böden und leichten bzw. verwitterten Fels.
- Schnecke Typ 3
  Zweischnittige Bohrschnecke mit Flachmeißel und Fischschwanzvorschneider für leichte bis mittelschwere Böden.

Von besonderer Bedeutung sind Steigung und Abstand der Schneckenwendel sowie die Form des Vorschneiders und des Piloten. Bei feinsandigen Böden sollte der Schneckenabstand eng und flach sein, während sich bei bindigen Böden eine steilere Form bewährt hat, da es die Entleerung der Schnecke erleichtert. Gerölle und Steine erfordern weite Abstände, um ein Verklemmen zwischen den Wendelblättern zu vermeiden.

Sowohl Rundschaft- als auch Flachmeißel sind in Meißelhaltern befestigt und lassen sich schnell und mühelos austauschen. Ein rechtzeitiger Wechsel der Meißel ist entscheidend, um Schäden an den Meißelhaltern zu vermeiden und hohe Kosten für deren Erneuerung zu sparen.

Sehr oft lassen sich bessere Bohrleistungen durch einen größeren oder kleineren Vorschneider erzielen. Da in der Regel kein einheitlicher Baugrund ansteht, sind jeweils mehrere Schneckenformen vorzuhalten. Es gibt leider keine Patentrezepte für die Wahl der richtigen Bohrschnecke, hier ist nicht zuletzt die Erfahrung des Bohrmeisters gefragt.

Hohlbohrschnecken

Die Hohlbohrschnecken (Abb. 5.98 und 5.99) sind als Endlosbohrschnecken ausgebildet und Einzellängen können bis zu 10 m betragen. Gegenüber Vollbohrschnecken haben sie ein Seelenrohr, dass einen Durchmesser von mindestens 80 mm hat. Die am Umfang aufgeschweißte Wendel hat eine Breite von mindestens 50 mm. Damit ergibt sich z. B. bei einem Seelenrohrdurchmesser von 80 mm ein Schneckendurchmesser von etwa 180 mm.

Abb. 5.98 Hohlbohrschnecke
System Nordmeyer

Die Verbindung besteht aus einem rechtsdrehenden Konusgewinde, das selbstdichtend ist.
Eine eingeschlagene Sicherung verhindert das Lösen bei Linksdrehung.

Verwendung finden diese Bohrschnecken für folgende Arbeiten:

- *Bodenuntersuchungsbohrungen mit durchgehender Probeentnahme*
- *Überlagerungsbohrungen für anschließende Kern- und Rotarybohrungen*
- *Pegel- und Brunnenbohrungen*
- *Injektions- oder Verpressbohrungen*
- *Ankerlochbohrungen*
- *Wurzelpfahlbohrungen*
- *Pfahlbohrungen mit anschließendem Einrütteln der Bewehrung*
- *Bohrungen zum Einbau von Wärmepumpen, Sonden u. a. m.*

Abb. 5.99 Anwendung der
Hohlbohrschnecke bei
Baugrundaufschlussarbeiten
System Nordmeyer

Tab. 5.10 Hohlbohrschnecken System Nordmeyer

HBS-Typ	79/185	111/205	165/280	224/350	
Schneid- und Wendel-$\varnothing$	185	205	280	350	mm
Seelenrohr-Innenrohr-$\varnothing$	79	111	165	224	mm
Schneidkopf-Innen-$\varnothing$	75	100	147	208	mm

Die Fa. *Nordmeyer, Peine*, hat ein besonderes HBS-System für das Rammkernverfahren mit dieser Schnecke entwickelt, das im Kap. 4 – beschrieben wird. Hierzu stehen folgenden Schneckendurchmesser zur Verfügung (Tab. 5.10):

Zu diesen Bohrschnecken sind zahlreiche Schneidköpfe für die unterschiedlichsten Bodenformationen verfügbar. Die Bohrspitze bzw. der Schneidkopf kann mittels einer Fangvorrichtung gezogen werden. Für bestimmte Verfahren (z. B. Anker, Pegel, Sonden usw.) kann bei entsprechender Bodenformation auch eine einfache Bohrspitze verwendet werden, die im Boden verbleibt.

Das System ist maßgeblich auf die verschiedenen Untersuchungsgeräte (Rammkernrohr, Seilkernrohr, Einfachkernrohr, Doppelkernrohr usw.) abgestimmt.

Bei den kleineren Durchmessern und bei lockeren Böden reicht das Drehmoment starker KDK aus, um die Hohlbohrschnecke einzubringen. Dies gelingt bei den Durchmessern ab 280 mm in der Regel nicht mehr. Das Eindrehen erfolgt hier mit den Verrohungsdreh-

Abb. 5.100 Verdränger-
Hohlbohrschnecke mit
wiedergewinnbarer Bohrspitze
System Wirth

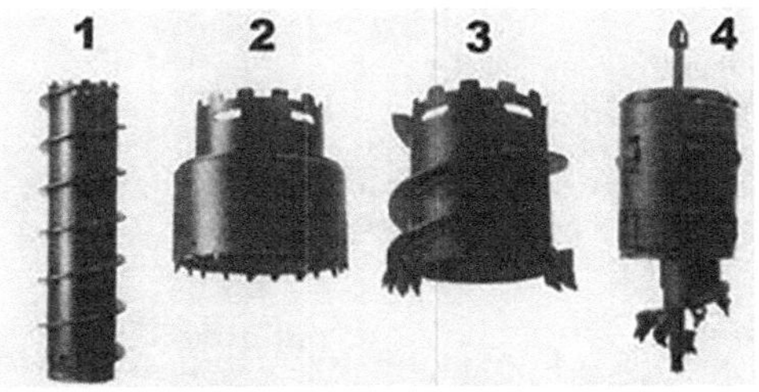

tischen, die über entsprechende Drehmomente verfügen. Dabei werden mehrere
Schneckenwendel von zwei Halbschaleneinsätzen überbrückt.

Die Hohlbohrschnecke ist kein eigentliches Gerät zur Probeentnahme, sondern ein
Hilfsmittel beim Einsatz von Probeentnahmegeräten (z. B. Rammkernrohr). Soweit mit
geschlossener Spitze (vor dem Ziehen des Piloten) gebohrt wird, kommt es zur Verdrängung eines Teils des Bodens, während der andere Teil kontinuierlich gefordert wird.

Hinweise zu Abb. 5.100:

1:	Hohlbohrschnecke
2:	Schneidschuh mit Rundschaftmeißel
3:	Fußstück mit Rundschaftmeißel für Zentrumsbohrer
4:	Zentrumsbohrer (wiedergewinnbar) Bohrspitze besetzt mit Rundschaftmeißel

Hohlbohrschnecken mit größeren Durchmessern

Hohlbohrschnecken für den Spezialtiefbau und Sonderzwecke werden gefertigt (Systeme
Wirth, Leffer, Bauer u. a.) für Außendurchmesser von 200 bis 800 mm (Abb. 5.100). Der
Innendurchmesser des Seelenrohres beträgt dabei 153 bis 665 mm. Es werden unterschiedliche Steckpatentverbindungen eingesetzt, die einen glatten Durchgang des Seelenrohres gewährleisten. Für das Einbringen dieser Durchmesser sind Drehmomente bis
500 kNm erforderlich. Für den Baugrundaufschluss sind diese Bohrschnecken weniger relevant, da die Aufschlussbohrgeräte die benötigten Drehmomente nicht aufbringen.

Verdrängerbohrschnecken

Diese Endlosbohrschnecken sind wie die Hohlbohrschnecken aufgebaut, haben jedoch ein
wesentlich größeres Seelenrohr (Abb. 5.101). Vorrangig kommen diese Bohrschnecken
für die Pfahlherstellung mit verlorener oder wiedergewinnbarer Fußspitze zum Einsatz.
Die Schnecken bestehen aus einem Stahlrohr, das außen mit einer 6 bis 12 cm breiten
Wendel versehen ist. Die Schnecken können wie ein Bohrrohr gekoppelt bzw. verlängert
werden. Hierfür werden je nach Hersteller unterschiedliche Kupplungen verwendet, die
gewährleisten, dass das Rohr innen absolut glatt und wasserdicht ist. Die üblichen Einzellängen betragen 4 bis 10 m bei einem Durchmesser von 30 bis 90 cm.

Der Boden wird etwa zu 80 % verdrängt, während der Rest kontinuierlich gefördert
wird. Aufgrund der starken Bodenverdrängung erhalten die Verdrängungspfähle eine hohe
Tragfähigkeit. Versuche, dieses System auch für Absenkbrunnen zu verwenden, haben un-

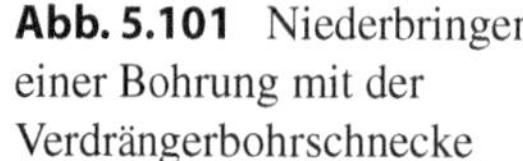

Abb. 5.101 Niederbringen einer Bohrung mit der Verdrängerbohrschnecke

befriedigende Ergebnisse gezeigt. Im Vergleich zu konventionell hergestellten Brunnen ergaben sich bis zu 50 % geringere Förderleistungen infolge der hohen Verdichtung im unmittelbaren Bereich des Brunnens. Der Einsatz für GW-Messstellen, Entgasungsbohrungen und Bohrungen im Deponiebereich ist jedoch möglich und teilweise sogar von Vorteil, da hier die Ergiebigkeit nicht relevant ist. Außerdem stellt sich die Durchlässigkeit nach einer gewissen Zeit wieder ein (Tab. 5.11).

Bohreimer

Für dieses Bohrwerkzeug sind die unterschiedlichsten Bezeichnungen im Umlauf (Kastenbohrer, Drehschappe mit Bodenentleerung, Kübelbohrer usw.). Der Bohreimer (Abb. 5.102) ist eine spezielle Bauform der Bohrschappe. Sie kommen beim Drehbohren mit Durchmessern ≥ 400 mm zum Einsatz. Im Gegensatz zu den meisten Schappen hat der Bohreimer eine Drehbodenklappe, die gleichzeitig zur Aufnahme der Schneidwerkzeuge dient. Die Bodenplatte ist so konstruiert, dass sie beim Rechtsdrehen eine schlitzförmige Öffnung freigibt, durch die das von der Schneide gelöste Bohrgut in den Behälter geschoben werden kann. Geschlossen wird der Bohreimer durch einige Linksdrehungen.

Tab. 5.11 Standard-Daten der Verdrängerbohrschnecken

Schnecken-Ø	200	250	300	400	500	600	700	800	mm
Schneiden-Ø	220	270	320	420	520	620	720	820	mm
Zentralrohr-Ø	153	191	245	324	419	521	572	665	mm
lichte Weite	125	150	200	250	340	445	500	585	mm
Wendelsteigung	100	130	180	250	300	350	380	400	mm
Wendelstärke	10	12	12	15	15	15	15	15	mm
erforderlichesMindestdrehmoment	30	60	80	100	150	200	300	400	kNm

Abb. 5.102 (links) Details des Bohreimers, (rechts) Bohreimer in schwerer Ausführung für Fels

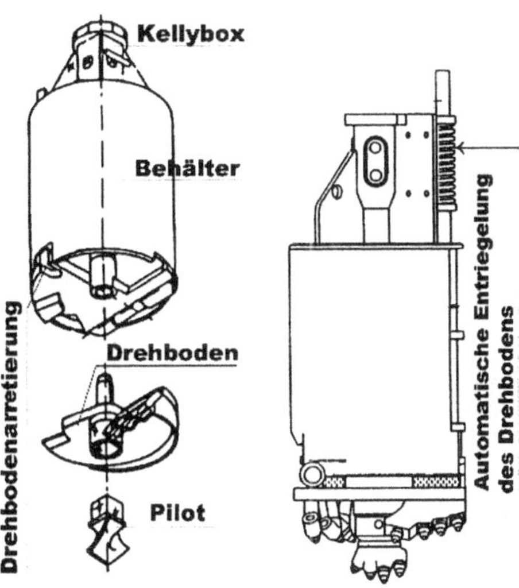

Geöffnet wird er über eine Federstange, die gegen den Kraftdrehkopf gestoßen wird (gilt nur beim Kellystangenbetrieb, beim verschraubbaren Normalgestänge muss ein Entriegelungshebel von Hand betätigt werden). Dadurch wird der Riegel freigegeben und die Klappe öffnet sich. Durch ein kurzes Aufstoßen kann die Klappe wieder geschlossen werden. Der Bohreimer eignet sich für alle Bodenarten über und unter dem GW-Spiegel sowie für alle Teufen. Bei entsprechender Bestückung der Schneide kann auch verwitterter bzw. leichter Fels gebohrt werden. Zum Säubern der Bohrlochsohle wird eine glatte Räumleiste verwendet. Es wird ein sehr guter Füllungsgrad ohne Materialverlust beim Herausziehen des Werkzeugs erreicht. Die Probengüte für durchgehende Gewinnung nicht gekernter Proben, entspricht der Güteklasse 3 (über dem GW-Spiegel) bzw. der Güteklasse 4 (unterhalb des GW-Spiegels).

Hinweise zu Abb. 5.103:

SB-1:	Bohreimer mit Einfachbodenklappe, Flachbohrzähne, Fischschwanzpilot
SB-2:	Bohreimer mit Doppelbodenklappe, Rund- und Flachmeißel, Pilot mit Rundschaftmeißel
SB-3:	Leichter Bohreimer mit Räumleiste für die Säuberung der Bohrlochsohle

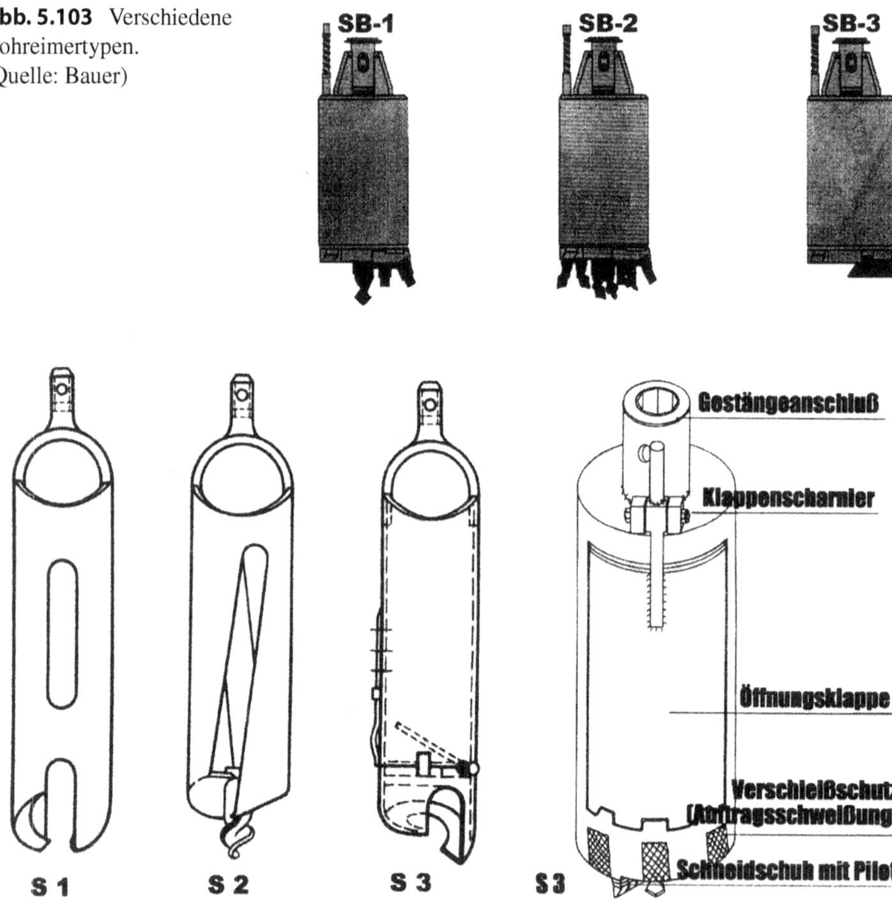

Abb. 5.103 Verschiedene Bohreimertypen. (Quelle: Bauer)

Abb. 5.104 Drehschappen

Bohrschappen

Bohrschappen bestehen aus Stahlrohren, die am unteren Ende entweder als löffelförmige Schneide, oder auch mit einer kurzen Spirale und Pilot, ausgebildet sind. Schappen können auch zum Auseinanderklappen ausgebildet sein, wodurch die Entleerung begünstigt wird. Ferner gibt es Bauarten mit einer seitlichen Entleerungsklappe. Das Herausfallen wird durch innere Fangbleche oder Ähnliches verhindert. Für Bohrarbeiten in wasserführenden Böden können auch Bohrschappen mit einer Ventilklappe (entsprechend den Ventilschlagbüchsen) eingesetzt werden.

Hinweise zu Abb. 5.104:

S 1:	einfache Drehschappe
S 2:	Drehschappe mit einem schneckenförmigen Pilot
S 3:	Drehschappe mit Ventilklappe
S 4:	Drehschappe mit Schneidschuh, Pilot und Seitenentleerung

5.7.3.2 Drehbohrwerkzeuge für das Trockenkernbohrverfahren

Kernrohre

Kernrohre sind starkwandige Stahlrohre, die oben einen Gestängeanschluss bzw. eine Kellybox besitzen und unten mit einem Schneidring versehen sind. Die Schneidringe sind besetzt mit Hartmetallstiften oder Rundschaftmeißeln. Sie werden beim Trockenbohren zur Beseitigung von Bohrhindernissen aus Beton und Fels mittlerer Festigkeit eingesetzt. Die Hartmetallschneidringe müssen so angeordnet sein, dass Links- oder Rechtsdrehung möglich ist. Sie eignen sich speziell zur Bearbeitung von Beton. Kernrohre, besetzt mit Rundschaftmeißeln, sind nur rechts- oder linksdrehend zu verwenden und haben sich durch den aggressiven Besatz zum Losreißen von klüftigem Fels besonders bewährt. Da nur ein schmaler Ring zu lösen ist, kann mit entsprechend hohem Andruck gearbeitet werden.

Hinweise zu Abb. 5.105:

KB-1:	Kernrohr mit Rundschaftmeißel und eingebautem Fangring für Rechtsdrehung
KB-2:	Kernrohr mit doppelt angeordneten Rundschaftmeißeln für Links- und Rechtsdrehung
KB-3:	Kernrohr mit Hartmetallstiften für Rechtsdrehung besetzt
rechts:	Schneidenausbildungsmöglichkeit bei Hartmetallbesetzung

Spiralförmige Schweißraupen oder aufgeschweißte Rippen dienen zur Förderung des Bohrkleins (Abb. 5.105 links). Trotzdem neigen Kernrohre zum Verklemmen, da das Bohrklein besonders bei größerer Tiefe nicht völlig abgefördert werden kann. Es empfiehlt sich daher, beim Bohren das Rohr des Öfteren anzuheben, damit es sich ohne Schwierigkeiten freiarbeiten kann. Steigt das Drehmoment stark an, so sollte das Rohr umgehend herausgezogen werden.

Wenn sich ein Kern bildet, kann dieser mit Hilfe von Fängerklappen gefördert und durch Abklappen des Fangringes entfernt werden. Bei Kernrohren ohne Fangvorrichtung bleibt der Kern stehen und muss gegebenenfalls mit einem Meißel zertrümmert und mit Schnecke, Bohreimer oder Greifer gefördert werden. Die Standardnutzhöhe beträgt im Allgemeinen 80 cm. Die Durchmesser betragen 600 bis 1000 mm.

Der Kerngewinn entspricht bei einem ungestörten Kern der GKL 2, bei gebrochenen oder zerstörten Kernen der GKL 3 bis 4.

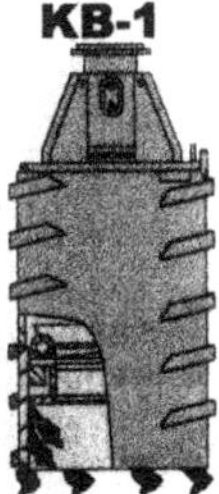

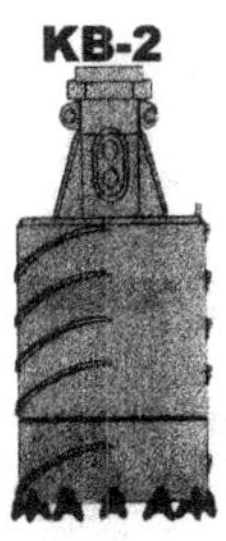

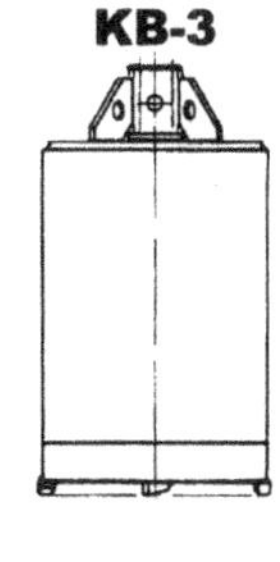

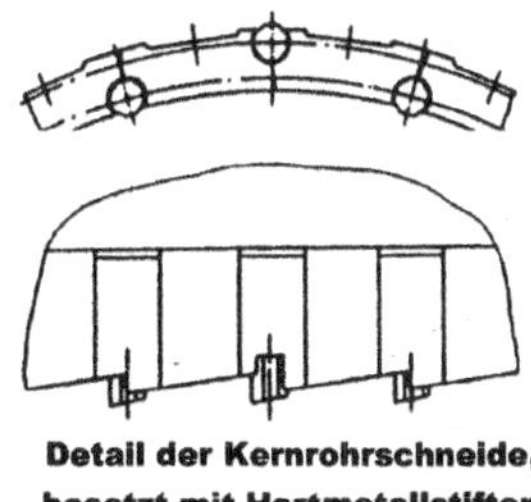

Abb. 5.105 Kernrohre

Rollenmeißelkernrohre

Das Problem der Bohrkleinentfernung bei den vorher beschriebenen Kernrohren hat zur Entwicklung des Rollenmeißelkernrohres (Abb. 5.106 und 5.107) geführt. Durch eine ständige Absaugung des Bohrkleins im Injektorverfahren lassen sich mit verhältnismäßig geringem Druckluftbedarf auch unter Wasser gute Bohrleistungen erzielen.

Das Gerät besteht aus einem Stahlzylinder mit Rollenmeißelschneidenring, den Absaugrohren, einem Auffangbehälter und der Kellybox für den Anschluss an die Kellystange. Die Druckluftzuführung erfolgt über einen Spülkopf, der mit einer Verdrehsicherung ausgerüstet ist.

Da Bohrdurchmesser bis 620 mm noch im vollen Querschnitt beherrscht werden können, beginnt die Anwendung des Rollenmeißelkernrohres bei ca. 700 mm Durchmesser. Der gebohrte Ringraum beträgt je nach Bohrdurchmesser 150 bis 300 mm. Der Druckluftbedarf ändert sich nicht mit der Bohrtiefe, da das Bohrklein nur in den Auffangbehälter befördert werden muss und nicht wie beim Imlochhammerverfahren bis zur Oberkante des Geländes.

Arbeitsweise: Das von Warzenrollenmeißeln gelöste Bohrklein wird über mehrere Absaugrohre im Injektorverfahren kontinuierlich abgenommen, prallt gegen eine Platte über dem Auffangbehälter und fällt in diesen hinunter. Bei monolithischen Gesteinen bildet sich ein Kern bis zu ca. 0,80 m Länge, der sich in der Regel verklemmt, was durch vorzeitiges Abschalten der Absaugung unterstützt werden kann.

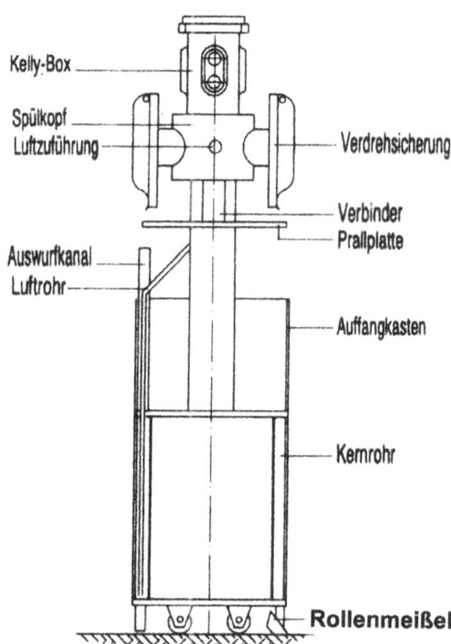

Abb. 5.106 Rollenmeißelkernrohr (Schema)

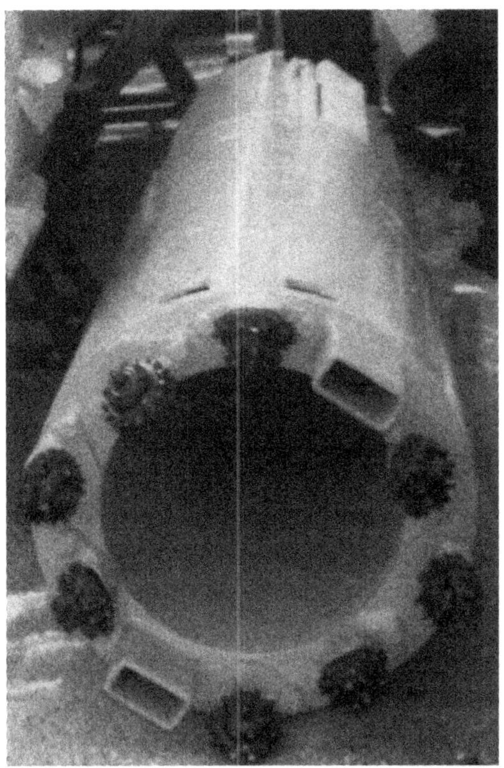

Abb. 5.107 Rollenmeißelkernrohr

Bei stark klüftigen und plattigen Felsformationen rutschen die Platten zum Teil in den Bohrringraum und werden dort fortlaufend zerkleinert. Es kommt vor, dass so der gesamte Querschnitt zerkleinert werden muss. Dies hat natürlich einen wesentlichen Einfluss auf die Bohrleistung, da das Bohrrohr auch des Öfteren gezogen und entleert werden muss. Für die Entleerung, die mit Druckluft oder mit einem Hochdruckwassergerät unterstützt werden kann, sind Klappen am Auffangbehälter vorhanden.

Die Bohrleistung hängt sehr stark von der Gesteinshärte und -eigenschaft sowie vom Bohrdurchmesser ab. Bei einem vom Verfasser betreuten Projekt (H. O. Buja: Herstellung einer tangierenden Bohrpfahlwand, „Tiefbau 12/92") konnte bei einem Pfahldurchmesser von 120 cm und einer sehr hohen Gesteinsfestigkeit von 300 bis 500 kN/cm^2 eine mittlere Leistung von 0,50 m/Std. erzielt werden, wobei streckenweise der volle Querschnitt zerkleinert werden musste, da sich durch viele Trennflächen kein Bohrkern bildete. Die Bohrleistungen konnten unter Wasser erhöht werden. Der Kern wurde überwiegend mit einem Dreischalengreifer gefordert. Der Kerngewinn entspricht je nach Kernzustand der GKL 2 bis 4.

Abb. 5.108 Bestückung für
Trockendrehbohrwerkzeuge

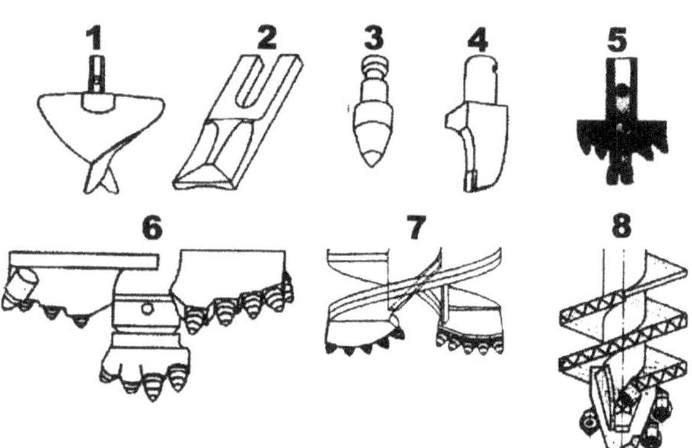

Hinweise zu Abb. 5.108:

1:	Fischschwanzpilot
2:	Hartmetallflachzahn
3:	Rundschaftmeißel
4:	Hartmetallprofilflachzahn
5:	Vorschneider mit Rundschaftmeißel
6:	doppelschnittige Felsschneide mit Vorschneider, besetzt mit Rundschaftmeißel
7:	doppelschnittige Felsschneide ohne Vorschneider
8:	Schneidkopf einer Endlosschnecke

5.7.4 Spülbohrwerkzeuge

5.7.4.1 Allgemeines

Bei der Verwendung von Spülbohrwerkzeugen kommt stets das Drehbohrverfahren zum
Einsatz. Sie benötigen zur Förderung des gelösten Bohrgutes ein Medium (Wasser oder
Luft). Dabei erfolgt der Bohrprozess im Vollschnitt- (z. B. Rollenmeißel) oder im Teilschnittverfahren (Kernrohre). Beim Teilschnittverfahren wird ein Ringraum freigeschnitten, so dass ein Kern stehenbleibt.

Wir unterscheiden folgende Drehbohrwerkzeuge:

- Werkzeuge für das Rotationskernbohrverfahren
- Werkzeuge für das Rotationsvollbohrverfahren
- Bohrkronen und -meißel

5.7.4.2 Werkzeuge für das Rotationskernbohrverfahren

Beim Rotationskernbohrverfahren wird mittels eines Stahlrohres, das mit einer Bohrkrone
versehen ist, ein Ringraum freigeschnitten. Der Austrag des gelösten Materials und die
Kühlung des Bohrwerkzeugs erfolgt durch ein Spülmedium, das über den Kraftspülkopf

zur Bohrkrone geführt wird (direkte Spülung). Das gelöste Material gelangt zwischen Futterrohr und Bohrlochwand zu Tage. Der so entsprechend der Kernrohrlänge (Kernmarsch) freigeschnittene Kern muss abschnittsweise gefördert werden.

Das Verfahren kommt vornehmlich in Fels, Ton, Schluff oder stark bindigen Böden zur Anwendung. Bei bindigen Böden wird jedoch heute überwiegend das Rammkernverfahren bevorzugt.

Aber auch dann, wenn gar kein Kern benötigt wird, setzt man häufig in sehr harten Formationen das Kernrohrsystem ein. Durch das kleinere zu zerspanende Volumen ist ein schnellerer Bohrfortschritt zu erzielen, wobei die Werkzeugkosten gegenüber Bohrungen mit Vollbohrwerkzeugen häufig günstiger sind.

Es existieren zwei Normungssysteme. Das internationale oder zöllige System ist in den USA als DCDMA-System genormt. Es ist dadurch gekennzeichnet, dass die genormten Außendurchmesser der Kronen und der dazu passenden Futterrohre mit Buchstabenschlüsseln versehen sind.

Die genormten Größen sind R, E, A, B, N, H, P, S, U und Z. So bezeichnet die Größe N z. B. einen Kronenaußendurchmesser von $3'' = 76{,}2$ mm. In Deutschland werden im Wesentlichen nur einige Seilkernbohrsysteme entsprechend dem Zollsystem verwendet, so z. B. die Q-Serie. Das andere Normungssystem ist das in Deutschland verbreitete metrische oder ISO-System. Es sieht zehn Bohrkronenaußendurchmesser und dazu passende Futterrohre vor. Die Durchmesser sind 36 mm, 46 mm, 56 mm, 66 mm, 76 mm, 86 mm, 101 mm, 116 mm, 131 mm, 146 mm, 176 mm und 246 mm (die Größen 176 mm und 246 mm liegen außerhalb der Norm). Die am meisten verwendeten Durchmesser sind 101, 146 und 176 mm.

Die dem metrischen System folgenden Kernrohrsysteme halten sich im Außendurchmesser an die Vorgaben der Norm, wenn sie auch meistens nur einen Teil der genormten Durchmesser abdecken, teilweise aber auch darüber hinausgehen. Der Kroneninnendurchmesser ist bei gleichem Außendurchmesser von Kernrohr zu Kernrohr unterschiedlich und im Wesentlichen von der Bauart des Kernrohres bestimmt. Die Hälfte der Differenz zwischen Kronenaußen- und Kroneninnendurchmesser wird Lippenbreite genannt.

Konventionelle Kernrohre zeichnen sich dadurch aus, dass zur Entnahme des Kernes aus dem Kernrohr dieses komplett nach Übertage gebracht werden muss. Dazu ist natürlich der Ausbau und danach der Einbau des gesamten Bohrstranges notwendig, was abhängig von der Teufe und der handhabbaren Länge der Gestängeabschnitte einen beträchtlichen Aufwand darstellt.

Da das Gestänge hier nur die Aufgabe hat, die Kräfte zu übertragen und die Spülung zum Kern-rohr durchzulassen, kommt bei der Verwendung konventioneller Kernrohre in der Regel ein übli-ches Drehbohrgestänge zum Einsatz. Die am meisten verbreiteten Drehbohrgestänge sind die metrischen CR-Gestänge, die Gestänge nach Wirth-Werksnorm, sowie seltener API-Regolar-Gestänge und weitere Gestänge nach den Normen verschiedener Hersteller.

Der Antrieb des Kernrohres erfolgt über den Kraftspülkopf und einem Bohrgestänge mit Gewindeverbindung. Die Durchmesser der Kernrohre sind standardisiert und betragen 56 bis 246 mm.

Die üblichen Kernrohrwerkzeuge sind:

- Einfachkernrohre
- Doppelkernrohre
- Seilkernrohre
- Dreifachkernrohr
- Spezialkernrohre

5.7.4.3 Einfachkernrohre

Einfachkernrohre (Abb. 5.109) sind dadurch gekennzeichnet, dass sie nur ein einziges Rohr besitzen. Durch dieses Rohr wird die Spülung zur Bohrkrone geleitet, während gleichzeitig der Bohrkern darin erbohrt wird. In der Regel bestehen sie aus den folgenden Komponenten.

Abb. 5.109 Schematische Darstellung eines Einfachkernrohres System Nassovia, Typ Z 56–246

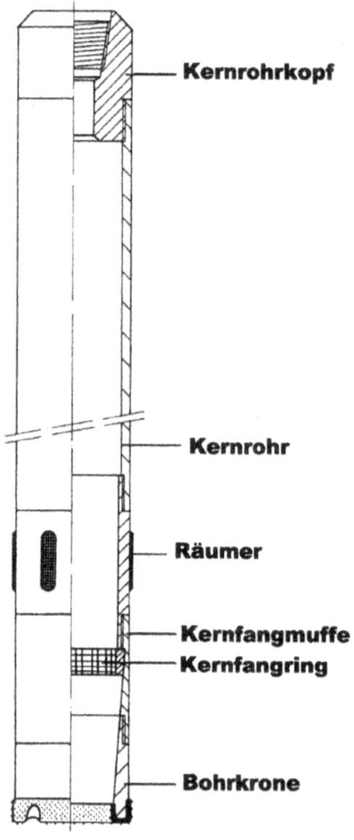

Kernrohrkopf

Der Kernrohrkopf ist das Teil, dass das Gestänge mit dem Rohr verbindet und die Spülung in das Rohr leitet. Er hat also zwei Gewindeanschlüsse, das Gestängegewinde und das Kernrohrgewinde, so wie eine oder mehrere Durchgangsbohrungen für die Spülung. Der Kernrohrkopf ist außen gepanzert, was den Verschleiß reduzieren und eine Stabilisierung des Kernrohres sicherstellen soll.

Kernrohr

Das Kernrohr ist das Rohr zwischen Kernrohrkopf und Räumer in das der Kern erbohrt wird und durch das die Spülung zum Räumer gelangt. Es muss sowohl das Drehmoment beim Bohren als auch die Zugkräfte beim Kernbrechen übertragen. Zwei Gewindeanschlüsse dienen zur Verbindung mit dem Kernrohrkopf und dem Räumer.

Räumer

Der Räumer ist das Teil, das das Kernrohr mit der Krone verbindet und zusammen mit der Krone den Sitz für die Kernfangfeder bietet, sowie die Spülung zur Krone leitet. Auch der Räumer hat zwei Gewindeanschlüsse zur Verbindung mit dem Kernrohr und der Krone. Der Räumer ist außen mit Hartmetall oder Diamanten gepanzert, was die Maßhaltigkeit des Bohrloches im Falle eines Kaliberverschleißes der Krone und eine Stabilisierung des Kernrohres sicherstellen soll, wobei diamantbesetzte Räumer eine wesentlich längere Standzeit aufweisen als solche mit Hartmetallpanzerung.

Der Außendurchmesser ist sowohl nach der zölligen als auch nach der metrischen Norm so festgelegt, da er etwas größer als der Außendurchmesser der Krone sein soll. Dies hat sich jedoch als unpraktikabel erwiesen, da er keine Zerspanungsarbeit leisten, sondern nur den Bohrlochdurchmesser sichern soll. Man ist daher bei den meisten Produkten dazu übergegangen, wenn nicht anders gewünscht, den Außendurchmesser des Räumers gleich dem Außendurchmesser der Krone zu fertigen.

Einfachkernrohre lassen sich auch zum Trockenbohren in weichen Formationen einsetzen.

Die mit dem Einfachkernrohr gewonnenen Bodenproben entsprechen dem Bohrverfahren mit durchgehender Gewinnung gekernter Proben und haben die GKL 2–4 (Tab. 5.12).

5.7.4.4 Doppelkernrohre

Doppelkernrohre zeichnen sich, wie der Name schon sagt, im Wesentlichen dadurch aus, dass sie zwei Rohre haben, die gegeneinander drehbar gelagert sind. Wobei das Äußere mit dem Strang dreht und die Kräfte überträgt, während das Innere über dem Kern stillsteht. Die Spülung gelangt zwischen dem äußeren und dem inneren Rohr zur Krone.

Doppelkernrohre (Abb. 5.110) werden für Kernbohrungen in gestörten, weichen und gebrächen Formationen eingesetzt Die mit den Doppelkernrohren gewonnenen Bodenproben entsprechen dem Bohrverfahren mit durchgehender Gewinnung gekernter Proben und GKL 1–3.

Tab. 5.12 Maßtabelle der Kernrohre Nassovia Typ Z 76–246 und B 76–216

Typ Z	Schneid-Ø mm	Kern-Ø mm	Typ B	Schneid-Ø mm	Kern-Ø mm
76	76	54	76	76	62
86	86	62	86	86	72
101	101	75	101	101	87
116	116	90	116	116	102
131	131	105	131	131	117
146	146	120	146	146	132
161	161	135	161	161	139
176	176	140	176	176	155
198	198	162	196	196	166
246	246	212	216	216	191

Die möglichen Nutzlängen betragen: 500, 1000, 1500 und 3000 mm

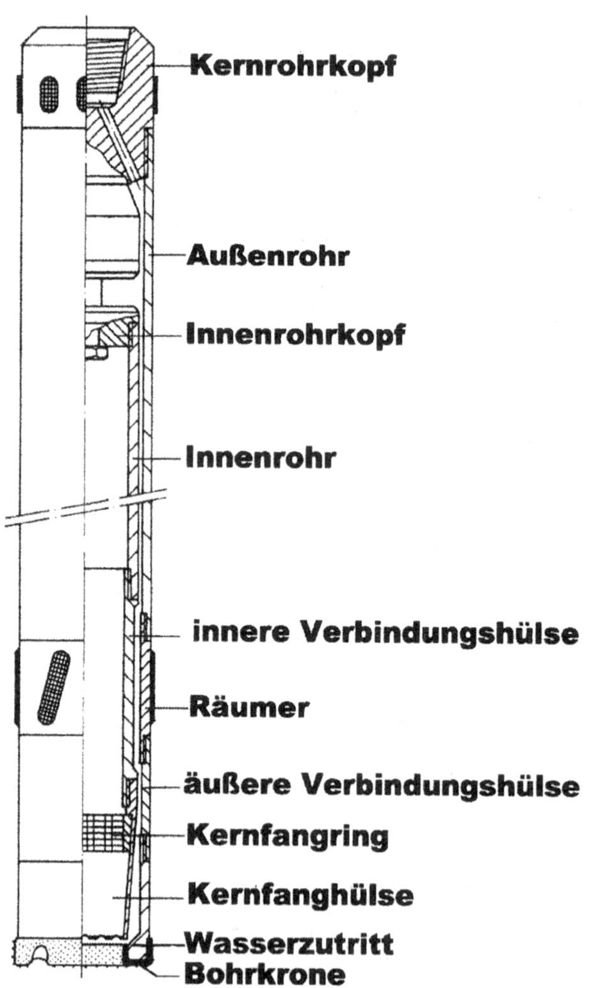

Abb. 5.110 Dopplkernrohr System Nassovia, Typ K3

Doppelkernrohre bestehen in der Regel aus den folgenden Komponenten:

Außenrohrkopf

Der Außenrohrkopf ist das Teil, das das Gestänge mit dem Außenrohr verbindet. Ebenso ist er mit der Innenrohrlagereinheit verbunden und leitet die Spülung in den Ringraum zwischen Außen- und Innenrohr. Er hat also zwei Gewindeanschlüsse, das Gestängegewinde und das Außenrohrgewinde, sowie eine oder mehrere Durchgangsbohrungen für die Spülung.

Der Außenrohrkopf ist außen gepanzert, was den Verschleiß reduzieren und eine Stabilisierung des Kernrohres sicherstellen soll.

Außenrohr, Räumer und Krone

Diese Teile haben die gleichen Aufgaben wie Kernrohr, Räumer und Krone bei Einfachkernrohren, mit dem Unterschied, dass das Außenrohr keinen Kontakt mit dem Kern hat und die Kernfangvorrichtung mit dem Innenrohr verbunden ist.

Innenrohrlagereinheit

Die Innenrohrlagereinheit ist die Baugruppe, die den Außenrohrkopf drehbar mit dem Innenrohrkopf verbindet. Dabei kommen Radialkugellager, Axialrillenkugellager oder Kegelrollenlager zum Einsatz. Der Lagerbereich ist gegen die Spülung abgedichtet, um die Fettfüllung zur Schmierung der Lager nicht auszuwaschen. Häufig bietet er die Möglichkeit, die Lager abzuschmieren, ohne die Lagereinheit demontieren zu müssen. Ebenso ist in dieser Baugruppe die Funktion der Innenrohreinstellung angesiedelt, mit der der axiale Abstand der Kernfanghülse von der Krone justiert wird.

Innenrohrkopf

Der Innenrohrkopf verbindet die Innenrohrlagereinheit mit dem Innenrohr. Ebenso ist er Träger eines Ventils, das die Spülung, die in das Innenrohr gelangt ist, bei Überdruck in den Ringraum zwischen Außen- und Innenrohr entlässt.

Innenrohr

Das Innenrohr ist das über dem Kern stillstehende Rohr, in das der Kern erbohrt wird.

Kernfangvorrichtung

Bis auf die Kernfangfeder unterscheidet sich die Kernfangvorrichtung von Kernrohr zu Kernrohr.

Kernfangfeder

Aufbau und Funktion der Kernfangfeder sind mit denen der Einfachkernrohre identisch, bis auf die Tatsache, dass sie keinen Spülungsdurchgang gewährleisten muss. Trotzdem ist sie in der Regel genutet, um sie weicher zu machen. Zu den bei den Einfachkernrohren betrachteten Varianten kommen bei Doppelkernrohren, aufgrund deren Möglichkeit des

Kerngewinnes bei Lockerformationen, auch sogenannte Korbfedern zum Einsatz. Hierbei sind in den Nuten mehr oder weniger lange Federn angebracht, die in das Zentrum der Kernfangfeder ragen und so auch lockere Kerne sicher fangen.

Doppelkernrohrsystem TT

Diese Doppelkernrohre, die in den Größen 46 und 56 mm erhältlich sind, zeichnen sich insbesondere durch die extrem kleine Lippenbreite ihrer Bohrkronen von nur 5,2 mm aus. Daraus resultiert die Tatsache äußerst geringer Wanddicken der zugehörigen Rohre.

Eine weitere Besonderheit stellt die Befestigung des Innenrohres am Innenrohrkopf dar. Das Innenrohr ist nur gesteckt und nicht geschraubt. Es wird dabei durch Stahlkugeln, die mittels eines Gummiringes in eine Nut im Innenrohr gedrückt werden, fixiert. Der Vorteil dieser Lösung ist die einfache Kernentnahme aus dem Innenrohr, das dazu einfach vom Innenrohrkopf abgezogen werden kann. Der Nachteil ist die Möglichkeit, dass sich das Innenrohr auf dem Innenrohrkopf dreht und dabei verschleißt, wenn der Gummiring eine zu geringe Vorspannung hat. Dieser Kernrohrtyp wird wegen seiner Instabilität und des geringen Kerndurchmessers in der Baugrunderkundung nur selten eingesetzt.

Doppelkernrohrsystem T-2

Diese Doppelkernrohre sind in den genormten metrischen Größen von 36 bis 101 mm sowie in den genormten zölligen Größen A, B, und N erhältlich. Ihre Lippenbreite beträgt 7 mm, mit Ausnahme der Größe 101 mm, deren Lippenbreite 8,5 mm beträgt. Auch diese Lippenbreiten sind klein, was geringe Wandstärken der Rohre zur Folge hat.

Im Gegensatz zum Doppelkernrohrsystem TT sind die Innenrohre hier mit dem Innenrohrkopf verschraubt. Ansonsten ist der Aufbau, bis auf die stärkere Dimensionierung, mit diesen identisch, mit der Ausnahme, dass je nach Hersteller und Ausführung manchmal eine Innenrohreinstellung vorgesehen ist.

Doppelkernrohrsysteme T-6 und D

Das Doppelkernrohrsystem T-6 ist in den genormten metrischen Größen von 76 bis 146 mm sowie in den genormten zölligen Größen N, H und S erhältlich. Die Lippenbreite beträgt 9,5 bis 11,5 mm. Das Doppelkernrohrsystem D ist in den genormten metrischen Größen von 66 bis 146 mm erhältlich. Die Lippenbreite beträgt 10 bis 12 mm.

Beide Systeme, die von unterschiedlichen Herstellern entwickelt wurden, sind prinzipiell gleichzusetzen. Ihr Aufbau entspricht bis auf die stärkere Dimensionierung dem der T-2 Kernrohre.

Doppelkernrohre Typ D sind für Kernbohrungen in gestörten, nicht kompakten und gebrächen Gesteinsformationen sowie für weiche Schichten wie Tone, Schluffe usw. geeignet.

Die Ringräume sind beim Typ D im Vergleich zu der K-3-Serie um etwa 35 % geringer. Der Ringraum zwischen Bohrlochwand und Außenkernrohr von radial 1 mm und der Innenringraum zwischen Innen- und Außenrohr von radial 2 mm lässt den Einsatz von Spülpumpen mittlerer und kleinerer Leistung mit Dickspülung geringerer Viskosität zu.

Da die Berührungsfläche des Bohrkernes durch die Spülflüssigkeit sehr gering ist, wird ein hoher Kerngewinn garantiert. Durch die verhältnismäßig geringe Lippenbreite wird nur ein geringer Andruck benötigt. Das Innenkernrohr ist mit dem Innenkernrohrkopf über Kugellager mit dem Außenrohrkopf verbunden und rotiert deshalb nicht während des Bohrvorganges. Hierdurch kann ein Kernverlust durch Zermahlen vermieden werden.

Doppelkernrohrsystem K-3

Das dickwandige Doppelkernrohrsystem K-3 ist in den genormten Größen von 66 bis 146 mm sowie in den nicht genormten Größen 161 und 176 mm erhältlich. Die Lippenbreite beträgt 14 bis 18 mm, was im Vergleich zu anderen Systemen relativ groß ist.

Eine Besonderheit dieses Kernrohrsystems ist die geschraubte Kernfanghülse, die sowohl Vor- als auch Nachteile mit sich bringt. Anders als bei vielen anderen Systemen dichtet die Kernfanghülse nicht zur Krone hin ab. Stattdessen wird sie über ein inneres Verbindungsrohr mit dem Innenrohr verbunden. Dies erfordert zusätzlich ein äußeres Verbindungsrohr zwischen Räumer und Krone, was die Konstruktion aufwendiger macht.

Die Rohre des K-3-Systems sind besonders massiv ausgeführt, wobei das Innenrohr eine hohe Wandstärke besitzt. Diese Bauweise macht das System äußerst stabil und widerstandsfähig gegenüber mechanischen Belastungen. Gleichzeitig führt sie jedoch zu einem hohen Gesamtgewicht und höheren Kosten.

Da das System aufgrund seiner großen Lippenbreite einen erhöhten Werkzeugverschleiß und einen vergleichsweise geringen Bohrfortschritt aufweist, wird es nur in speziellen Fällen eingesetzt, beispielsweise bei besonders anspruchsvollen Bohrungen in harten oder stark zerklüfteten Gesteinen. Aufgrund modernerer Alternativen wird das K-3-System heute jedoch nur noch selten verwendet (Tab. 5.13).

Einsatzbereiche von Doppelkernrohren

Da der Kern im Innenrohr nicht von der Spülung umflossen wird, ist die Spülungserosion im Vergleich zu Einfachkernrohren stark reduziert. Zudem bleibt der Spülungsdurchgang auch bei gebrochenen Kernen gewährleistet, da Kernteile nicht den Ringraum zwischen Außen- und Innenrohr verstopfen können. Dies verbessert die Kernqualität erheblich, insbesondere in empfindlichen Formationen.

Tab. 5.13 Maßtabelle der Doppelkernrohre System Nassovia, Typ K-3–86–176

Typ K3	Schneid-Ø in mm	Kern-Ø in mm	Nutzlänge in mm
86	86	58	1500/3000
101	101	72	1500/3000
116	116	86	1500/3000
131	131	101	1500/3000
146	146	116	1500/3000
176	176	140	1500/3000

Doppelkernrohre eignen sich besonders für Bohrungen in gestörten, weichen und brüchigen Gesteinsformationen, wo eine hohe Kernrückgewinnung erforderlich ist. Sie ermöglichen eine präzisere geologische Erfassung, da der entnommene Kern weniger beschädigt wird.

Allerdings können mit Doppelkernrohren auch harte, kompakte Gesteine gebohrt werden, sodass sie sich als vielseitige Alternative zu Einfachkernrohren in den meisten Anwendungen bewährt haben. Ihr Einsatzbereich reicht von geologischen Erkundungsbohrungen bis hin zu Ingenieurprojekten wie Tunnel- und Stollenbohrungen. Ein Nachteil ist jedoch der schmale Ringraum zwischen Innenrohr und Kern, der die Gefahr von Kernklemmern erhöht.

TT-Kernrohre eignen sich insbesondere für mittelhartes bis hartes, homogenes Gestein und werden bevorzugt mit Wasserspülung betrieben. Für Luftspülung sind sie nur bedingt geeignet, da der Spülungsfluss durch die Konstruktion begrenzt ist.

Dank ihrer geringen Lippenbreite ermöglichen sie hohe Bohrfortschritte, da weniger Material abgetragen werden muss. Dies führt zu niedrigeren Werkzeugkosten und einer effizienten Energieausnutzung. Zudem sind geringe Bohrandrücke und eine niedrige Maschinenleistung erforderlich, wodurch sie ideal für wirtschaftliche Bohrprojekte sind.

T-2-Kernrohre eignen sich für homogene und brüchige Formationen, in denen Wasserspülung eingesetzt werden kann. Sie bieten eine relativ hohe Kernrückgewinnung und sind für eine Vielzahl geologischer Bedingungen geeignet.

Ihre geringe Lippenbreite führt zu hohen Bohrfortschritten, reduzierten Werkzeugkosten und großen Kernen bei gegebenem Außendurchmesser. Dies macht sie besonders vorteilhaft für geologische Untersuchungen, geotechnische Erkundungen und Baugrunduntersuchungen.

Ein Nachteil besteht in ihrer empfindlicheren Bauweise im Vergleich zu schwereren Kernrohren, was ihre Nutzung in extrem harten oder zerklüfteten Gesteinen einschränkt.

T-6- und D-Kernrohre werden zur Kerngewinnung in allen Formationen mit Wasser- oder Luftspülung eingesetzt. Sie sind robuster als die zuvor genannten Systeme und eignen sich besonders für tiefe Bohrungen und schwierige geologische Bedingungen.

Ihre größere Lippenbreite verbessert die Stabilität der Bohrkrone, kann jedoch zu niedrigeren Bohrfortschritten und höherem Werkzeugverschleiß führen. Zudem erfordert ihr Einsatz höhere Andrücke und leistungsstärkere Maschinen, was die Betriebskosten erhöht.

Durch ihre hohe Widerstandsfähigkeit gegenüber mechanischen Belastungen werden sie häufig für tiefere Explorationsbohrungen, Bergbauprojekte und geothermische Untersuchungen genutzt.

5.7.4.5 Seilkernrohre

Seilkernrohre sind Doppelkernrohre für kontinuierliches Bohren in allen Formationen, speziell auch in der Überlagerung. Es besteht aus dem eigentlichen Kernrohr und der Fangvorrichtung.

Bei einigen Systemen ist die Fangvorrichtung mit einem Fangzapfen (20) und einer entsprechenden Fangklaue im Kernrohr ausgestattet.

Der Vorteil der Seilkernrohrbohrmethode gegenüber dem herkömmlichen Kernbohren liegt darin, dass das innere Kernrohr durch das Bohrgestänge hindurch rasch hochgezogen werden kann, während das Bohrgestänge mit dem äußeren Kernrohr im Bohrloch verbleibt.

Bei der Entnahme des Bohrkernes aus dem Innenrohr (8) wird nicht wie bei Doppelkernrohren der gesamte Bohrstrang ausgebaut, sondern das innere Kernrohr (8) über eine Fangvorrichtung (29), die an einem Stahlseil in das Gestänge eingelassen wird, aus seiner Arretierung im Außenrohr gelöst und mit der Seilwinde durch das Gestänge nach oben gezogen. Der Bohrstrang verbleibt während des Kernzuges in der Bohrung, was bei größeren Tiefen zu erheblicher Zeitersparnis fuhrt. Bei flachen Bohrungen erübrigt sich häufig eine zusätzliche Hilfsverrohrung. Die Bohrung bleibt während des Kernzuges verrohrt. Nach dem Entleeren wird das innere Kernrohr (8) im freien Fall (wenn das Bohrloch mit Wasser gefüllt ist) oder mit Hilfe der Fangvorrichtung (wenn das Bohrloch nicht mit Wasser gefüllt ist) durch das Bohrgestänge hindurch zum äußeren Kernrohr (3) und zur Bohrkrone (1) abgesenkt. Wenn das innere Bohrrohr (8) wieder an seinem Platz ist, wird das Bohren fortgesetzt. Das innere Kernrohr (8) dreht sich nicht während des Bohrens.

Das Seilkernrohr eignet sich nur für Bohrarbeiten, bei denen das Bohrloch nicht mehr als 45° von der Senkrechten aus geneigt ist. Es ist für die Spülung mit Wasser, Wasser mit Spülungszusätzen oder Luft vorgesehen und vom Bohrgerätetyp unabhängig.

Da der Kernausbau unter Umständen längere Zeit in Anspruch nimmt, werden vielfach zwei Kernrohre vorgehalten.

Es gibt unterschiedliche Systeme und Durchmesser. Der Typ 146/176 hat sich jedoch als vorteilhaft erwiesen. Kleine und mittlere Unternehmen werden kaum mehrere Typen vorhalten. Alle Systeme haben einen der Abb. 5.111 vergleichbaren Aufbau.

Die mit dem Seilkernrohr gewonnenen Bodenproben entsprechen gem. DIN EN ISO 22475-1, Tab. 2, Bohrverfahren mit durchgehender Gewinnung gekernter Proben, der GKL 1–3 (Tab. 5.14).

5.7.4.6 Dreifachkernrohre

Allgemeines

Das Dreifachkernrohr System Craelius-GEOBOR-S (Abb. 5.112), ein Seilkernrohr mit dem Standarddurchmesser 146 mm, ist zum Kernen für Bodenprobenentnahmen in harten, sehr brüchigen bis extrem weichen Formationen geeignet. Es besteht aus einem Doppelkernrohr mit einem Plastikliner und erfüllt die meisten Aufgaben der Kerngewinnung. Als Spülmedium können Wasser, Dickspülung oder Luft verwendet werden. Die Anpassung an die verschiedenen Boden- und Felsformationen erfolgt mit unterschiedlichen Bohrkronenarten und Bohrkronenformen. Die Kerngewinnung wird durch Wechsel der Kernfangringe (mit oder ohne Fangfedern), Kernfanghülsen, Stechhülsen, Kronen mit unterschiedlicher Voreilung oder federbeweglicher Voreilung, unterstützt durch Sandklappen, Dichtkörbe und Folienschließer usw. optimiert. Der mit dem Kern gefüllte Plastikliner kann, beiderseits mit Verschlussklappen versehen, zum Transport oder Aufbewahren verwendet werden.

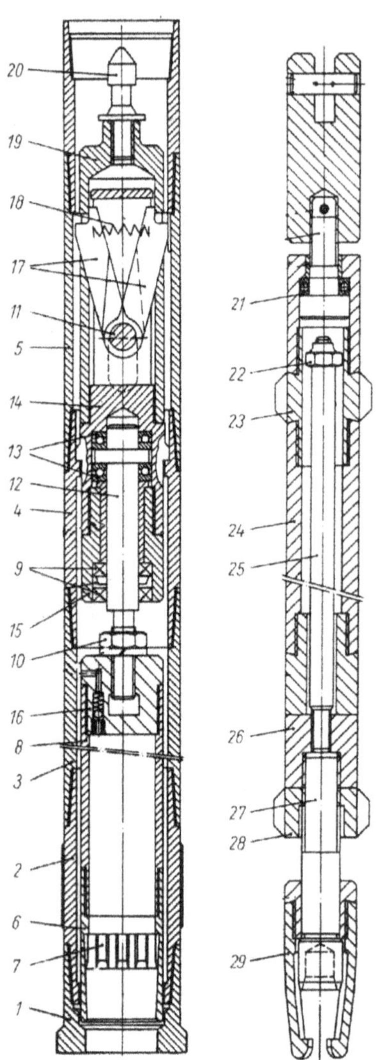

Teile des Seilkernrohres (links):

1	Bohrkrone
2	Führungsnippel
3	Außenrohr
4	Landering
5	Verbindungsmuffe
6	Kernfanghülse
7	Kernfangring
8	Innenrohr
9	Wellendichtungen
10	Mutter
11	Mitnahmebohrer
12	Spindel
13	Rillenkugellager
14	Sperrklauengehäuse
15	Lagergehäuse
16	Innenkernrohrkopf
17	Sperrklauen
18	Druckfeder
19	Rückzugsgehäuse
20	Fangzapfen

Teile der Fangvorrichtung (rechts):

21	Axialrillenkugellager
22	Mutter
23	oberes Führungsteil
24	Zwischenhülse
25	Fanggestänge
26	Zwischenstück
27	Verbindungsnippel
28	unteres Führungsteil
29	Fangklaue

Abb. 5.111   Schematische Darstellung eines Seilkernrohrs

Tab. 5.14   Technische Daten des Seilkernrohres Typ 146/176

	Außen-∅ in mm	Innen-∅ in mm
äußeres Rohr	140	127
inneres Rohr	117	111
Auskleidung	110	
	Loch-∅ in mm	**Kern-∅ in mm**
bei Luftspülung	150	102
bei Wasserspülung	146	102
Luftverbrauch bei Luftspülung	17 m³/min	
maximale Kernlänge	1500 mm	

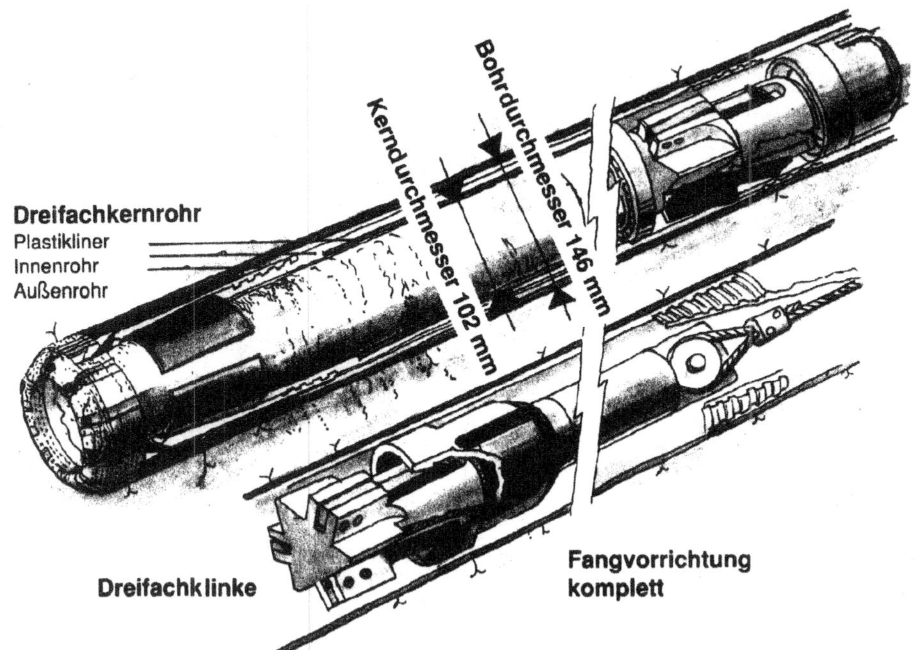

Abb. 5.112 Dreifachkernrohr Fabrikat Atlas Copco System GEOBOR-S

Anwendungsmethoden

Das Seilkernrohr GEOBOR-S lässt sich u. a. für folgende Bohrmethoden einsetzen:

- Methode I: Kernen in harten bis mittelharten Formationen
  Hierbei ist die einteilige Bohrkrone mit Diamanten (oberflächenbesetzt oder imprägniert), Corborit, Hartmetallstiften oder Hartmetallplatten bestückt. Der Schneiddurchmesser von mindestens 146 mm ergibt einen Kerndurchmesser von 102 mm. Die Bohrkronen haben normalerweise Spüllöcher durch die Kronenlippe, können aber auch die Wasserwege über die Kronenlippe haben.
- Methode II: Kernen in weichen bis sehr weichen Formationen
  Hierbei ist die Hartmetallkrone zweiteilig und besteht aus Räumkrone und Pilotkrone. Die Pilotkrone eilt der Räumkrone voraus. Die Spülung tritt zwischen den beiden Bohrkronen aus und vermeidet dadurch das Ausspülen des Kerns. Die Krone hat einen Schneiddurchmesser von mindestens 150 mm. Der Kerndurchmesser beträgt 102 mm.
- Methode III: Kernen in sehr weichen bis losen Formationen mit extremer Empfindlichkeit gegen Spülung. Hierfür ist die Hartmetallkrone ebenfalls zweiteilig. Zusätzlich eilt die Kernfanghülse als Stechhülse der Krone voraus, um jegliche Spülung vom Kern fernzuhalten. Die Bohrkrone hat einen Schneiddurchmesser von mindestens 150 mm, der Kerndurchmesser beträgt 102 mm.

- Methode IV: Kernen in weichen bis wechselhaften Formationen
  Hierfür wird eine Hartmetallkrone 146 × 102 mm Durchmesser im Zusammenspiel mit einer federdruckabhängigen Stechhülse verwendet. Das Innenrohr mit der Stechhülse eilt 60 mm vor und wird bei 600 kg Andruck total bis auf 0 mm Voreilung eingeschoben. So ist die Spülung ständig der Härte des Gebirges angepasst. Der Kerndurchmesser beträgt 102 mm.

Technische Daten

Außen-kernrohr-⌀in mm	Innenrohr-⌀in mm	Kern-⌀ mm	Kernrohr-länge mm	Kern-länge mm	PVC-Liner-⌀ innen/außen mm	Gestänge-⌀ innen/außen mm	Gestänge-längemm
140/128	117/111	102	1500 3000	1500 3000	110/105,6	139,8/125,5	500 1500 3000

Empfohlene Bohrkronen

Für das GEOBOR-S-Kernrohr können in Abhängigkeit von der Boden- bzw. Felsformation verschiedene Typen und Ausführungen von Bohrkronen eingesetzt werden, z. B.:

Hartmetallstiftkronen (d_A = 146 mm, d_I = 102 mm); mit Spüllöchern; für weiche Formationen mit kurzer Voreilung.

DIAPAX-Kronen mit 10 runden PKD-Einsätzen (d_A = 146 mm, d_I = 102 mm); mit Spüllöchern. TRIPAX-Kronen mit PKD-Einsätzen (d_A = 146 mm, d_I = 102 mm); für weiche bis mittelharte Formationen mit Spüllöchern.

DIAMY oberflächenbesetzte Diamantbohrkronen (d_A = 146 mm, d_I = 102 mm); Diamantqualität S; für mittelharte bis harte Formationen; E- oder Stufenform; mit oder ohne Spüllöchern; 20/25 spc. DIABORIT imprägnierte Diamantbohrkronen (dA = 146 mm, dI = 102 mm); mit Spüllöchern; für harte Formationen; 20/25 spc.

5.7.4.7 Schalenkernrohre

Das Schalenkernrohr gehört zum Kernrohrsystem Typ T6 (Abb. 5.113), ein dünnwandiger Doppelkernrohrtyp von Atlas Copco, das besonders für Kernbohrarbeiten in sedimentären und verwitterten Formationen vorgesehen ist. Im Unterschied zur herkömmlichen Bauart T6 hat das Schalenkernrohr Typ T6-S ein geteiltes Kernrohr, mit dem auch in sehr lockeren Formationen ein völlig unversehrter Kern gewonnen werden kann. Die üblichen Durchmesser sind 131 mm und 146 mm.

Die Bohrkronen des T6-S haben eine etwas größere Wandstärke als die Normalausführung T6 und sind mit Spülkanälen durch die Kronenlippe versehen.

Das zweiteilige Innenrohr des T6-S gestattet die Gewinnung von hochwertigen Kernen auch aus sehr lockeren oder verwitterten Formationen. In dem geteilten Innenrohr ist so viel Raum vorhanden, dass der Kern etwas anschwellen kann. Auf diese Weise sind auch in entsprechend beschaffenen Formationen auch Ergebnisse gewährleistet.

Abb. 5.113 Schalenkernrohr
T6-S (Systemschnitt)

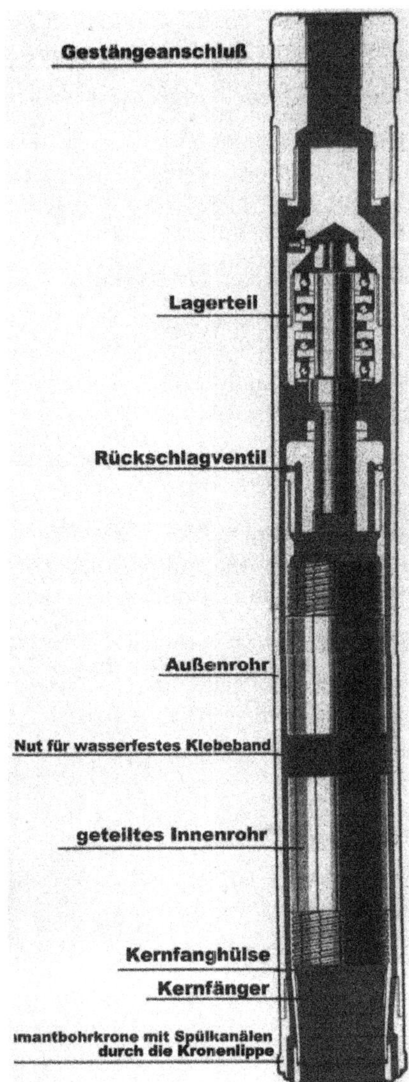

Die Kernfanghülse ist so mit dem Innenrohr verbunden, dass sie nach unten gleiten kann und auf der Bohrkrone ruht, wenn der Kern abgebrochen werden muss. Die ganze Belastung wird somit auf das Außenrohr übertragen. Das ist besonders bei großen Bohrlochdurchmessern wichtig.

Das Lagerteil der Kernrohre T6 und T6-S ist so ausgelegt, dass es für mehrere Kernrohrgrößen passt. Die Kernrohrgrößen 116 mm, 131 mm und 146 mm haben beispielsweise das gleiche Lagerteil.

Abb. 5.114 Geöffnetes T6-S-Schalenkernrohr

Der besondere Vorteil des T6-S ist Boden- bzw. Felsansprache bei geöffnetem Kernrohr (Abb. 5.114). Der Kern kann anschließend in einen PVC-Liner geschoben oder in Kernkisten gefüllt werden, indem man die Schale über dem Kistenfach umstülpt.

Kenndaten des Doppelkernrohrs T6-S (Schalenkernrohr)

Kernrohrtyp	Loch-∅ mm	Kern-∅ mm
T6-S 76	76,6	47,7
T6-S 86	86,3	57,7
T6-S 101	101,3	71,7
T6-S 116	116,3	85,7
T6-S 131	131,3	100,7
T6-S 146	146,5	115,7

5.7.4.8 Kernrohrtyp MD 131

Dieses Kernrohr mit einem Kronenschneidmaß von 131 mm × 102 mm verfügt über einen Umlenkspülkopf (Abb. 5.115), eine geschraubte Kernfanghülse, ein federnd gelagertes Innenrohr (ermöglicht das Abstützen des Innenrohres auf der Krone beim Abreißen des Kernes) und über einen Innenrohrstabilisator in der Krone. Diese Ausstattung ermöglicht ruhigen Lauf des Innenrohres für optimale Spülungsführung und Kerngewinn. Der Kerngewinn aus dem Kernrohr ist einfacher als beim T6-S 131. Für die Kronen gilt das Gleiche wie für das T6-S 131.

Durch den Umlenkspülkopf wird das Entfernen des Bohrkerns insbesondere bei bindigen Böden erheblich erleichtert. Hierzu wird lediglich die Spülung in das Oberteil des Kernrohres umgeleitet und der Kern herausgepresst, was durch die Dosierung der Spülung gesteuert werden kann.

Abb. 5.115 Kernrohr System T6, Typ MD 131 schematische Darstellung. (Comdrill Bohrausrüstungen GmbH)

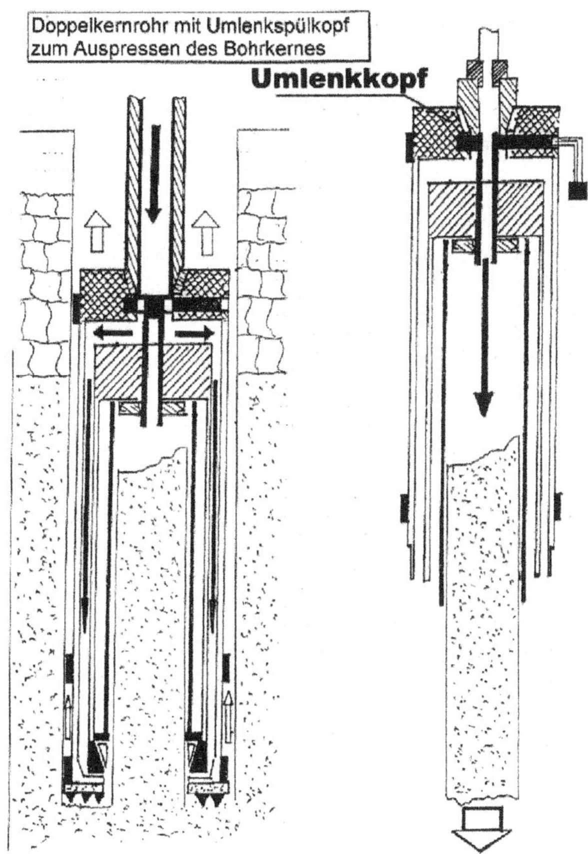

5.7.5 Werkzeuge für das Rotationsvollbohrverfahren

5.7.5.1 Allgemeines

Das Rotationsvollbohrverfahren ist kein traditionelles Bohrverfahren für Baugrundaufschlussbohrungen, da die Bohrproben lediglich der Güteklasse 5 (bei direkter Spülung) und 4–5 (bei indirekter Spülung) entsprechen.

Im Wesentlichen unterscheidet man zwei Verfahren:

- Rotarybohrungen mit direkter Spülung (Rechtsspülung)
- Rotarybohrungen mit Umkehrspülung (Linksspülung)

Beschreibung der Bohrverfahren siehe Kap. 4.

5.7.5.2 Rotarybohrwerkzeuge für das Bohren mit direkter Spülung

Zu dieser Kategorie gehören folgende am Gestänge geführte Werkzeuge:

- Rollenmeißel
- Düsenmeißel
- Stufenmeißel

5.7.5.3 Rotarybohrwerkzeuge für das Bohren mit indirekter Spülung

Hierzu gehören folgende am Gestänge geführte Werkzeuge:

- Flügelmeißel
- Exenterrollenmeißel
- Großlochrollenmeißel

5.7.5.4 Bohrkronen und Bohrmeißel

5.7.5.4.1 Bohrkronen

Die Bohrkrone ist im Prinzip ein dickwandiges Stahlrohrstück, das am oberen Ende ein Gewinde zum Anschluss an das Bohrrohr und am unteren Ende eine Schneide besitzt, die unterschiedlich geformt und besetzt ist. Bohrkronen werden überwiegend für das Kernbohrverfahren eingesetzt.

Nach dem Besatz der Schneiden kann man unterscheiden:

- Diamantbohrkronen, natürliche Diamanten, oberflächenbesetzt
- Diamantbohrkronen, synthetische Diamanten, oberflächenbesetzt
- Imprägnierte Diamantbohrkronen
- Diamantfutterrohrkronen/Futterrohrschuhe
- Diamanträumer
- Hartmetallbohrkronen

Diamantbohrkronen mit natürlichen Diamanten, oberflächenbesetzt

Abb. 5.116 zeigt den grundsätzlichen Aufbau einer oberflächenbesetzten Diamantbohrkrone.

Herstellbeschreibung: Bei oberflächenbesetzten Diamantbohrkronen werden einzelne natürliche oder synthetische Diamanten in eine hochverschleißfeste Metallmatrix eingebettet. Die Fertigung dieser Kronen ist aufwendig und erfordert mehrere präzise Arbeitsschritte.

Zunächst wird für den besetzten Bereich der Krone eine Negativform aus Graphit hergestellt, die alle späteren Merkmale der Kronenlippe aufweist, einschließlich Wasserwege und Spülungsbohrungen. Anschließend werden Vertiefungen eingefräst, in die einzeln ausgerichtete Diamanten eingesetzt werden.

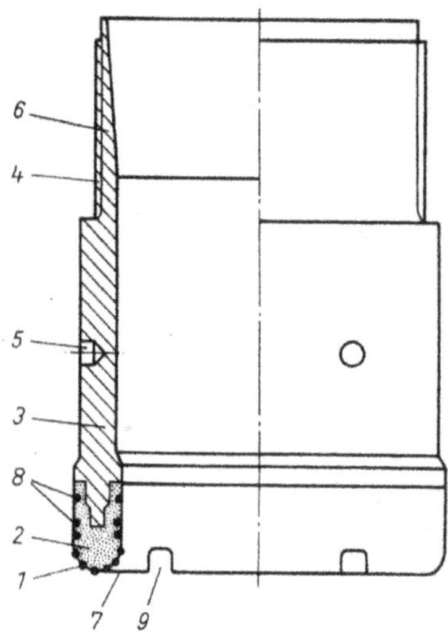

1   Diamanten (i.d.R. Schneidlippe 10 – 40 spc)
2   Matrix (Grundkörper)
3   Kronenkörper
4   Gewindeanschluss
5   Bohrungen als Ansatz für Schraubarbeiten
6   Konus für die Aufnahme des Kernfangringes
7   Kronensegmente
8   Diamanten (i.d.R. Kaliber 40 – 60spc)
9   Spülungskanäle

Abb. 5.116 Schematische Darstellung einer oberflächenbesetzten Bohrkrone hier: Typ B-Einfachkernrohr

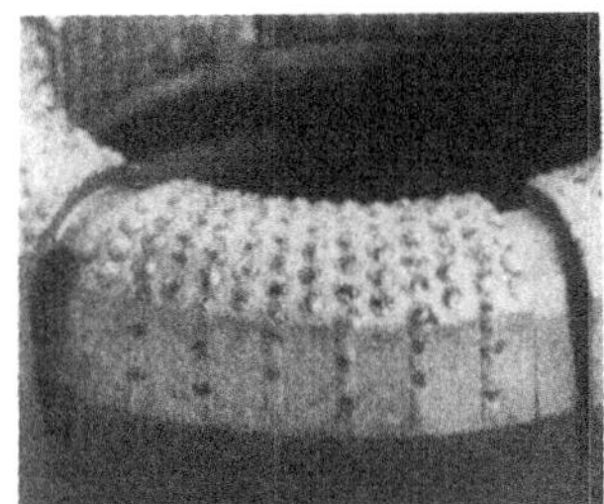 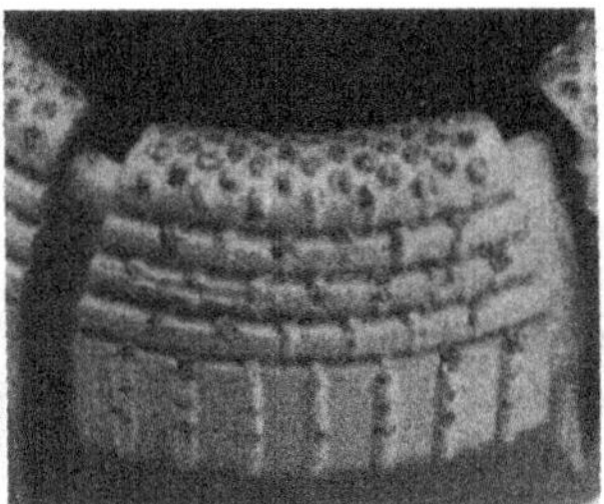 

Abb. 5.117 Verschiedene Diamantbohrkronen

Bei großkalibrigen, kleinsteinig besetzten Kronen können bis zu 800 oder mehr einzelne Diamanten verbaut werden (siehe Abb. 5.117). Der vorgefertigte Kronenkörper wird in die Form eingesetzt, und die Zwischenräume werden mit Matrixpulver aus Metalllegierungen (z. B. Kobalt, Wolframkarbid) aufgefüllt.

Anschließend folgt ein mehrstufiger Press- und Sinterprozess, bei dem die Krone unter hohem Druck und Temperatur behandelt wird. Dadurch verbindet sich die Matrix fest mit den Diamanten und dem Kronenkörper. Abschließend erfolgt die Nachbearbeitung, bei der die Krone geschliffen, gereinigt und einer Qualitätskontrolle unterzogen wird.

Hinweise zu Abb. 5.117:

links:	Kronenlippenform W für harte und homogene Formationen
Mitte:	Kronenlippenform M für mittelharte bis harte Formationen
rechts:	Kronenlippenform P für weiche bis mittelharte Formationen

Bestückungsbeispiel für ein Seilkernrohr SK-6L:

Krone 146 × 102, 15 spc 65 et, entspricht 975 Steine, davon 70 % (680 St) in der Kronenlippe.

Qualität der Diamanten: Entscheidende Kriterien für die Bohrleistung (Bohrfortschritt und Standzeit) einer Diamantbohrkrone sind die Auswahl der der Formation entsprechenden Diamantqualität und Steingröße (spc), sowie der Kronenform und die Ausbildung der Wasserwege.

Die Größe der Diamanten wird in Steinen pro Karat (spc) angegeben. Ein Karat (oder Carat) entspricht einer Masse von 0,2 g.

Als Faustregel kann gelten, dass in weicheren Formationen größere Steine (10–15 spc) und in harten Formationen kleinere Steine (30–40 spc) zu günstigeren Ergebnissen fuhren. Zu beachten ist, dass bei größeren Steinen eine größere Diamantmasse erforderlich ist als bei kleinen Steinen (bei gleicher Kronenabmessung), um die notwendige Überdeckung zu erreichen.

Beispiele (Abb. 5.118) für Besetzung und Steingrößen (spc = Steine pro Karat):

Besetzung in spc	3–5	6–9	15–25	25–30	50–75	80–110
Beispiel für Gesteinsart	Salzgestein	Gips	Kalkstein	Sandstein	Granit	Diabas

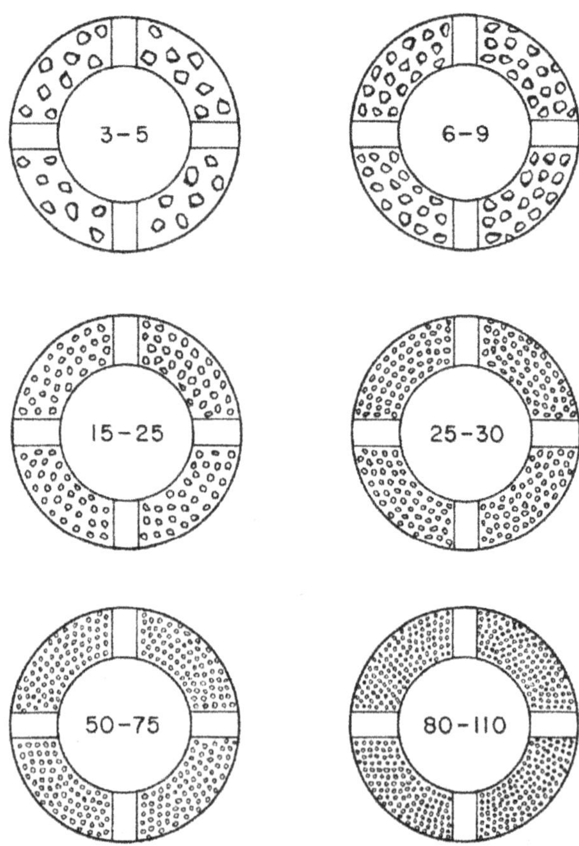

Abb. 5.118 Schematische Darstellung der Besetzung und Steingrößen

Jede andere Besetzung ist im Prinzip möglich. Hinweis: Der Besatz mit 80–110 spc (Beispiel Dabas) wird nur selten angewendet; heute üblich: imprägnierte Bohrkronen, da wesentlich kostengünstiger bei vergleichbarer Leistung.

Die Qualität der zum Bohren eingesetzten Diamanten richtet sich nach deren Kristallstruktur, der Form der einzelnen Steine und deren Oberflächenbeschaffenheit.

Folgende Qualitäten finden Verwendung:

- Natural Drilling ND 1
  Ausgesuchte Steine höchster Qualität, die für anspruchsvolle Bohraufgaben in sehr hartem und sehr abrasivem Gebirge eingesetzt werden.
- Premium
  Premium ist eine Bezeichnung für Diamanten, die nicht ganz der ND1-Qualität entsprechen, aber dennoch gut für hartes, abrasives Gestein geeignet sind.
- Select
  Bohrdiamanten, die hinsichtlich Ihrer Form und Struktur gut geeignet sind für das Bohren in mittelharten, weniger abrasiven Gesteinen.
- Westafrika WA 1 (Standard)
  Standardqualität für Diamantbohrkronen, die in weniger harten, nicht bis wenig abrasiven Ge-steinen eingesetzt werden.
- Westafrika WA 2 (Economy)
  Diese Qualität wird meist für den Besatz von Räumern verwendet, wo sie nicht schneiden, son-dern das Kaliber halten sollen. Für Kronen sind sie weniger geeignet.
- Carbonados
  Carbonados oder Carbondiamanten stellen eine Besonderheit dar, da es sich im Gegensatz zu den vorhergenannten, monokristallinen Diamantmodifikationen um einen polykristallinen Naturdiamanten handelt. Carbonados sind sehr selten und werden daher nur dort eingesetzt, wo hinsichtlich der mechanischen und thermischen Belastung hohe Anforderungen gestellt werden, z. B. beim Trockenbohren (Luftspülung). Die üblichen Profile von Bohrkronenlippen, die auf Versuchsständen und in der Praxis erprobt wurden, zeigt die Tab. 5.15.

Synthetische Diamantbohrkronen (Synset- und Stratacut-Bohrkronen)

Bei Synset- und Stratacut-Bohrkronen (Abb. 5.119 und 5.120) handelt es sich im Prinzip ebenfalls um oberflächengesetzte Diamantbohrkronen, nur werden hierbei anstelle von natürlichen Steinen synthetische, polykristalline Diamantschneidkörper verwendet. Bei

Tab. 5.15 Übliche Formen der Kronenlippen bei Diamantbohrkronen

Typ	Profil	Gesteinseigenschaften	Typ	Profil	Gesteinseigenschaften
W		sehr hart und homogen	M		mittelhart bis hart
B		hart bis sehr hart und abrasiv	D		weich bis mittelhart
S		weich, mittelhart bis hart	E		weich bis mittelhart, brüchig
P		weich bis mittelhart	A		weich bis mittelhart, brüchig

Abb. 5.119 Synset-
Bohrkrone

Abb. 5.120 Z-Bohrkrone

Synset-Bohrkronen verwendet man würfel- und prismenförmige Schneidkörper, die dach-
artig aus der Matrix herausragen. Diese synthetischen Diamanten nennt man häufig TSD
(Thermostabile Diamanten). Synset-Kronen lassen sich sehr vielseitig einsetzen und finden ihren Haupteinsatz vorwiegend in nicht zu harten Gesteinen wie Kalkstein, Schiefer,
Tonstein und Mergel. Aufgrund ihrer thermischen Stabilität können Sie auch zum Bohren
mit Luftspülung verwendet werden.

Bei Stratacut-Bohrkronen bestehen die Schneidkörper aus Wolframkarbidscheiben, die
mit einer Schicht polykristallinen Diamanten belegt sind und quer zur Kronenlippe eingesetzt werden. Häufig wird auch die Bezeichnung PCD oder PKD (p)olyc(k)ristalline (D)
iamanten verwendet. Diese Kronen kommen überwiegend in nicht zu harten, wenig abrasiven Formationen zum Einsatz, wo sie aufgrund ihrer relativ großen verschleißfesten
Schneidkörper hohen Bohrfortschritt bei geringem Verschleiß erzielen. Das Innen- und
Außenkaliber von Synset- und Stratacut-Kronen ist, wie bei normalen oberflächengesetzten
Diamantbohrkronen, mit natürlichen Steinen besetzt oder besteht aus Hartmetalleinsätzen.

Imprägnierte Diamantbohrkronen
Bei imprägnierten Diamantbohrkronen sind in einer hochverschleißfesten Matrix un-
zählige kleine synthetische oder natürliche Diamantsplitter gleichmäßig verteilt. Während
des Bohrvorgangs nutzt sich die Matrix allmählich ab, wodurch immer wieder neue Dia-

manten freigelegt werden. Dies sorgt für eine kontinuierlich scharfe Krone und einen konstanten Bohrfortschritt.

Da die Matrix eine entscheidende Rolle für die Leistung der Bohrkrone spielt, ist es wichtig, ihre Härte an das zu bohrende Gestein anzupassen.

- Eine zu harte Matrix verlängert zwar die Standzeit der Krone, kann aber den Bohrfortschritt verringern, da zu wenig Diamanten freigelegt werden.
- Eine zu weiche Matrix ermöglicht eine hohe Bohrgeschwindigkeit, führt jedoch dazu, dass sich die Krone schneller abnutzt.

Die Wahl der richtigen Matrixhärte (s. Tab. 5.16) hängt von der Gesteinshärte ab:

- Harte Gesteine (z. B. Granit, Quarzit) → Weiche Matrix, damit sich die Krone gleichmäßig abnutzt und stets neue Schneidkanten freisetzt.
- Weiche Gesteine (z. B. Sandstein, Kalkstein) → Harte Matrix, um eine zu schnelle Abnutzung zu vermeiden.

Tab. 5.16 Matrixhärten

Buchstabenreihe	HL-1 Reihe	Farbreihe (alte Bezeichnung)	Härte der Matrix	geeignet für	Beispiele
SI	HL 11–12	schwarz(s)	sehr weich	sehr harte bis extrem harte, nicht abrasive, kompakte, feinstkörnige Formationen	Quarzite (glasartig), Eisenstein, Gangquarz, Hornstein
GO	HL8	grün (sh)	weich	harte bis sehr harte, nicht abrasive Formationen	Quarzite (glasartig), Gangquarz, Hornstein
CO	HL7	gold (mh) (b)	mittelhart	harte, fein- bis mittelkörnige, kompakte, nicht abrasive Formationen	kompakter Kalkstein und Dolomit, (bewehrter) Beton, mit wenig abrasiven Zuschlägen, Basalt
OR	HL7	gold (mh) (b)	mittelhart	mittelharte bis harte, feinkörnige und wenig abrasive Formationen	kompakter Gneis, Schiefer, Andesit, Diabas, kristalline Schiefer
RED	HL6	Silber (mh-eh)	mittelhart bis hart	mittelharte, fein- bis grobkörnige, schwach abrasive Formationen	kompakter Granit und Gabbro, Bruchsteinmauerwerk
GR	HL5	blau (eh)	hart	mittelharte, leicht abrasive Formationen	(verwitterter) Granit, Konglomerate, Sandsteine, Kalksandsteine, Grauwacken, Ziegelmauerwerk, Bruchsteinmauerwerk
BL		rot (eh)	extrahart	mittel- bis grobkörnige, kompakte oder brüchige, abrasive bis stark abrasive Formationen	Sandsteine, Grauwacken, Konglomerate

Der Bohrfortschritt ist auch abhängig von der Ausbildung der Kronenlippe. Bei der Normalform (F-Form) ist die Schneidfläche flach ausgebildet, bei der V-Form ist die Kronenlippe ringförmig eingekerbt. In harten kompakten Formationen hat sich der Einsatz von Bohrkronen mit V-Form bewährt.

Die Imprägnationshöhe bestimmt die Standzeit einer Krone, da der Diamantbesatz in der Regel vollständig abgebohrt wird. In harten, stark zerbrochenen und abrasiven Formationen, bei denen ein starker Verschleiß am Außen- und Innenkaliber zu erwarten ist, erweist sich eine niedrigere Imprägnation meist als kostengünstiger.

Folgende Imprägnationshöhen sind üblich:

- 4,0 mm (für harte, gebrochene, sehr abrasive Formationen)
- 6,0 mm (Standard)
- 7,5 mm (für kompakte, nicht abrasive Formationen)

Wahl der Diamantbohrkronen

Auch bei der Wahl der optimalen Diamantbohrkrone können verbindliche Angaben nicht gemacht werden. Bei den sehr geringen Bohrtiefen im allgemeinen Baugrundaufschluss und den sehr häufig wechselnden Schichten (Auffüllungen, rollige Schichten, verwitterter Fels, Toneinlagen, Fels unterschiedlicher Härte) in einer Bohrung, wird eine Krone Typ S (weiche, mittelharte bis harte Formationen) die richtige Wahl sein. Zurzeit werden überwiegend synthetische und imprägnierte Kronen eingesetzt (mehr dazu in Kap. 4).

Hartmetallbohrkronen

Hartmetallbohrwerkzeuge sind gegenüber Diamantbohrwerkzeugen wesentlich billiger, erreichen jedoch nicht die hohe Lebensdauer und ebenso nicht die gleiche Bohrgeschwindigkeit. Auch kennt man hierbei nicht die zahlreichen Bauformen. Der Einsatzbereich liegt im Bereich der oberflächennahen Erkundung von Lockergesteinen, verwitterten und leichtem Fels, bindigen und mittelharten gestörten Gesteinen. Sie können bei den genannten Formationen sowohl in Verbindung mit Einfach- als auch mit Doppelkernrohren eingesetzt werden. Die schematische Darstellung einer Hartmetallbohrkrone zeigt Abb. 5.121. Die wesentlichen Bauelemente sind: der Kronenkörper aus Stahl (1), Bohrungen als Ansatz für die Ver-schraubwerkzeuge (2), Hartmetallstifte, Formstücke oder Hartmetallauftragungen (3). Die Hartmetallformstücke sind eingelötet (Weichlot, Hartlot) oder thermisch eingepresst.

Für die Hartmetallschneiden werden Gemische von Carbiden, hitzebeständigen Metallen und einem Bindemittel verwendet. Wolframcarbid und Cobalt ist dabei die häufigste Kombination. Wird der Anteil an Cobalt verringert, erhöht sich Härte und Verschleißfestigkeit, andererseits nimmt jedoch die Sprödigkeit zu. Entsprechend den Einsatzbedingungen werden unterschiedliche Hartmetallzusammensetzungen angewendet (Abb. 5.122 und 5.123). Durch Sintern wird das Material zu unterschiedlichen Formstücken verarbeitet.

Abb. 5.121 Schematische
Darstellung einer
Hartmetallbohrkrone

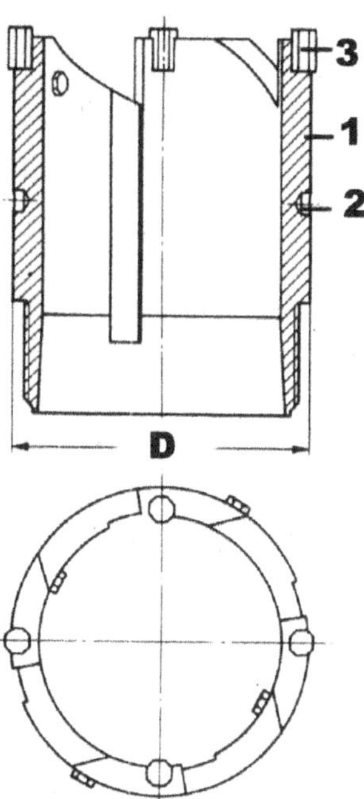

Abb. 5.122 Hartmetallkrone
mit achteckigen
Hartmetalleinsätzen

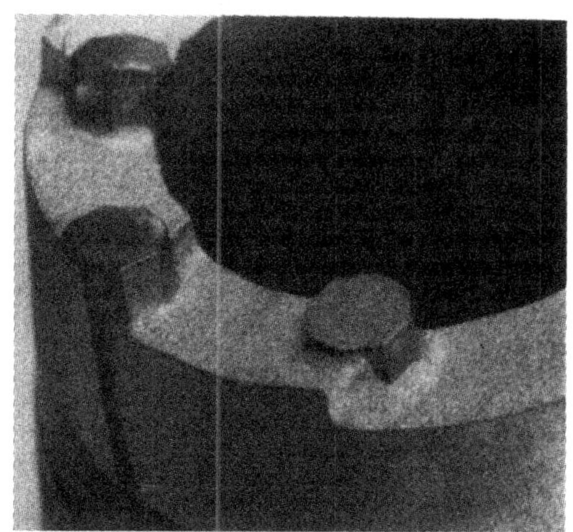

Die Gesteinszerstörung erfolgt durch in den Kronenkörper eingesetztes Hartmetall. Bei Verwendung von Hartmetallstiften hat sich weitgehend ein achteckiger Querschnitt durchgesetzt. Dabei ist es zweckmäßig, die Hartmetallstifte mit 10° Neigung in den Kronenkörper einzulöten oder einzukleben. Hierdurch wird das Selbstschärfen dieser Bohrelemente begünstigt, die Bohrgeschwindigkeit ist weitgehend gleichbleibend und die Lebensdauer des Bohrwerkzeugs kann optimal ausgenutzt werden.

Abb. 5.123   Hartmetallbohrkrone mit scheibenförmigen Hartmetalleinsätzen

Abb. 5.124   Corboritbohrkrone

Bei einer anderen Variante, die auch mehrstufig ausgebildet sein kann, werden scheibenförmige Hartmetallkörper am Kronenkörper angebracht, die eine weitgehend schneidende Wirkung haben.

Ein besonderer Typ von Hartmetallbohrkronen sind die Corboritkronen (Abb. 5.124). Hierbei besteht das Schneidelement aus gestoßenen, splitterförmigen und scharfkantigen Hartmetallstücken mit der Korngröße von 2 bis 5 mm. Diese Werkzeuge haben bedeutend mehr Schneidkanten als konventionelle Hartmetallbohrkronen. Die Schneidlippe besteht aus einer Hartmetallkörnung, die in eine spezielle Metalllegierung eingebettet ist. Für Sondereinsätze können auch Diamantbohrkronen mit 8 bis 15 Steinen je Karat durch diesen Kronentyp ersetzt werden. Sie finden auch Verwendung bei Luftspülung und für das Bohren mit hohen Drehzahlen. In entsprechende Formationen sind bei ihrem Einsatz höhere Bohrleistungen und in gestörten Schichten auch ein besserer Kerngewinn zu erzielen.

Diamant- und hartmetallbesetzte Räumer

Der Einsatz von Diamanträumern dient in erster Linie der Konstanthaltung des Bohrlochdurchmessers. Gleichzeitig vermindern sie den Verschleiß an Bohrkronen und am Kernrohr. Sie stabilisieren das Bohrwerkzeug und zwingen die Krone zu einem zentrischen Lauf, wodurch die Bohrwerkzeugbelastung gleichmäßig auf alle Schneiddiamanten verteilt wird. Ohne Räumer bewirkt bereits ein geringer Ausknickwinkel (etwa 0,5°) eine einseitige Belastung der Diamanten auf der tiefer gelegenen Werkzeugseite, während auf der höher gelegenen Werkzeugseite die Spülung wirkungslos ausströmt. Dieser Spülungsstrom fehlt den mit dem Gestein im Eingriff stehenden Diamanten, die unter diesen Bedingungen durch unzureichende Kühlung zerstört werden können.

Diamanträumer gewährleisten schließlich auch, dass beim Bohrwerkzeugwechsel das neu eingebaute Bohrwerkzeug ungehindert auf die Bohrlochsohle gelangt. Die Räumer werden als stählerne Rohrhülsen mit Diamant- oder Hartmetallbesatz ausgeführt. Beide Enden sind mit Gewindeanschluss zum Verschrauben mit dem Kernrohr versehen. Räumer werden in verschiedenen Ausführungen gefertigt. Bei Diamanträumern sind die Räumersegmente als Sintermetallkörper mit eingebetteten Diamanten ausgebildet. Die Räumersegmente werden entweder vertikal oder schräg auf dem Räumer angebracht. Je nach Durchmesser des Räumers kann die Anzahl der anzubringenden Räumersegmente (Abb. 5.125) 4 bis 10 betragen. Zwischen den aufgebrachten Segmenten werden teilweise auch Nuten eingefräst, um einen günstigen Spülungsdurchgang zu gewährleisten. Der Durchmesser des Räumers ist nach Anbringen der Räumersegmente etwa 0,4 mm größer als der Durchmesser des Bohrwerkzeugs. Spezialräumer werden eingesetzt beim Bohren in porösen Sedimentgesteinen mittlerer Härte, um bei Verwendung von Bohrspülungen die

Abb. 5.125 Unterschiedliche Räumersegmente

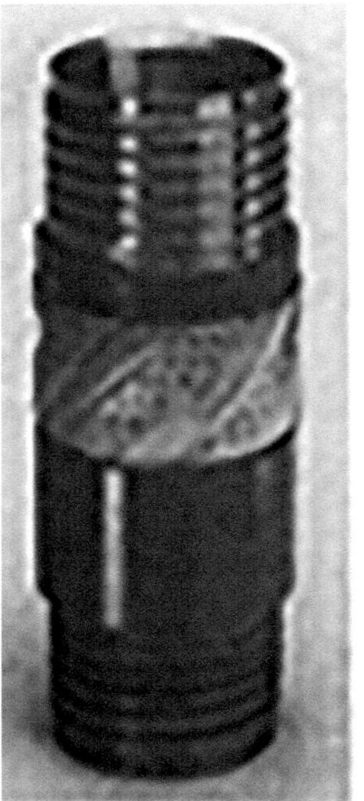

hydraulischen Verhältnisse im Bereich der Kernrohrgarnitur zu verbessern. Räumersegmente aus Hartmetall werden in Verbindung mit Hartmetallbohrwerkzeugen eingesetzt, oder wenn dieser Räumertyp sich als wirtschaftlicher erweist als diamantbesetzte Räumer.

Futterrohrschuhe und Futterrohrkronen

Futterrohre, die ohne Rotation eingebaut werden, benötigen nur einen einfachen Rohrschuh aus Stahl. Müssen Futterrohre beim Einbau gedreht werden, benötigen sie entweder eine Futterrohrkrone oder eine Futterrohrschuhkrone (Abb. 5.126 und 5.127). Beide Typen haben den gleichen Außenrohrdurchmesser; sie unterscheiden sich jedoch im Innendurchmesser.

Die Futterrohrkrone ist für solche Formationen gedacht, in denen die Futterrohre nach Erreichen der vorgesehenen Teufe gezogen und nach dem Austausch der Futterrohrkrone gegen eine Futterrohrschuhkrone wieder eingebaut werden können. Die Futterrohrkrone ist vorn, außen und innen mit Schneidelementen besetzt. Ihr Innendurchmesser ist so klein, dass die nächste Kronen- und Kernrohrdimension nicht mehr hindurchpasst.

Im Gegensatz hierzu hat die Futterrohrschuhkrone einen so großen Innenrohrdurchmesser, dass man mit der folgenden Kronen- und Kernrohrdimension durchfahren und weiterbohren kann. Futterrohrschuhkronen sind deshalb nur vorn und außen mit Schneidelementen besetzt und innen glatt. Daher sind Futterrohrschuhkronen für solche Formationen vorzusehen, in denen der Futterrohrstrang im Bohrloch verbleiben muss, um Nachfall aus den Bohrlochwänden zu vermeiden.

Abb. 5.126 Futterrohrschuhe, oben: oberflächenbesetzt (Diamant), unten: imprägniert (Diamant)

Abb. 5.127 Herstellung eines
Futterrohrschuhes durch
Anlöten von Hartmetallstollen

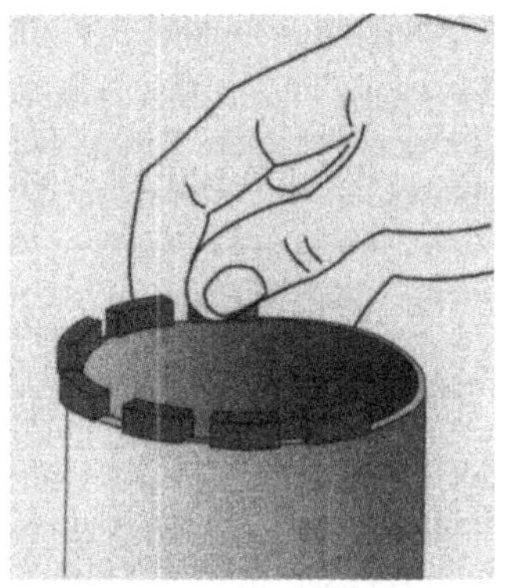

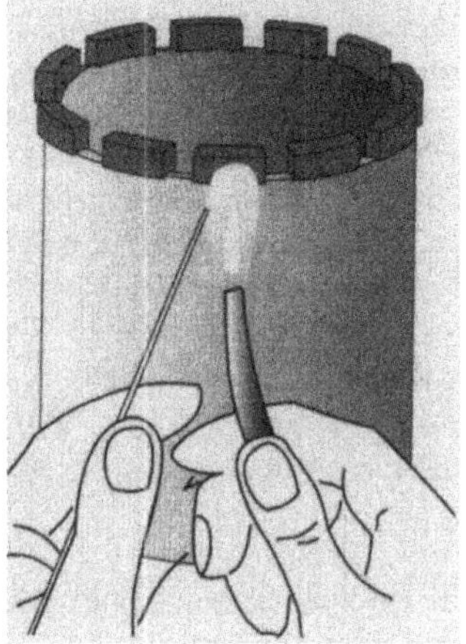

Die Schneidelemente können je nach den Gesteinseigenschaften bei beiden Typen aus hartmetall- oder als oberflächenbesetzte Diamantsegmente bzw. als diamantimprägnierte Segmente gewählt werden. Sie entsprechen damit weitgehend den Lippen normaler Bohrkronen.

5.7.5.4.2 Rotarybohrwerkzeuge für das Bohren mit direkter Spülung
Rollenmeißel

Der im Jahre 1908 durch R. Hughes entwickelte Rollenmeißel hat sich inzwischen zu einem Bohrwerkzeug entwickelt, das insbesondere für die Tiefbohrtechnik unentbehrlich geworden ist. Aber auch bei Aufschluss- und Messstellenbohrarbeiten findet der Rollenmeißel Anwendung, wenn es darum geht, wirtschaftlich und schnell auf eine bestimmte Tiefe zu kommen, wobei der durchfahrene Bereich für die gestellte Aufgabe nicht relevant ist.

Der Rollenmeißel unterscheidet sich von den anderen Bohrwerkzeugen im Wesentlichen dadurch, dass bei der Rotation des Bohrstranges konisch gelagerte Meißelrollen auf der Bohrlochsohle abrollen. Sie sind mit hartmetallvergüteten Stahlzähnen oder auch mit zahnartigen bzw. halbkugelförmigen Hartmetallstiften (Inserts) bestückt (Warzenmeißel).

Durch das ständige Abrollen haben die einzelnen Meißelzähne bzw. Inserts immer nur kurzzeitig mit dem Gestein Kontakt. Dabei werden kraterartige Vertiefungen auf der Bohrlochsohle erzeugt. Die Anordnung der Meißelzähne auf den Meißelrollen ist so gewählt, dass bei einer Umdrehung des Bohrstranges alle Flächenelemente der Bohrlochsohle einmal von einem Meißelzahn bzw. Hartmetallstift beaufschlagt worden sind.

Die schematische Darstellung eines einfachen Rollenmeißels zeigt Abb. 5.128. Die Meißelschultern bzw. -pratzen (1) sind am Meißelkörper (5), der am oberen Ende mit dem Anschlussaußengewinde versehen ist, angeschweißt. Der Meißelkörper besitzt bei einfachen Rollenmeißeln einen Durchgang für die Bohrspülung, welche die Bohrlochsohle und die Verzahnung der Meißelrollen reinigt. Die Rollenlagerzapfen sind je nach Lagerungsart der Meißelrollen (2) für die Aufnahme von ein oder zwei Kugellagern (3) und eines Rollenlagers (4) ausgebildet.

Man kann folgende Formen unterscheiden

- Dreirollenmeißel
- Vierrollenmeißel
- Zweirollenmeißel
- Einrollenmeißel

Der Dreirollenmeißel (Abb. 5.129) zeichnet sich gegenüber anderen Rollenmeißeltypen unter vergleichbaren geologischen Bedingungen durch einen ruhigeren Lauf, eine höhere erreichbare Bohrgeschwindigkeit und kleinere Bohrlochabweichungen aus. Da der Dreirollenmeißel von allen Rollenmeißeltypen am häufigsten eingesetzt wird, wurden

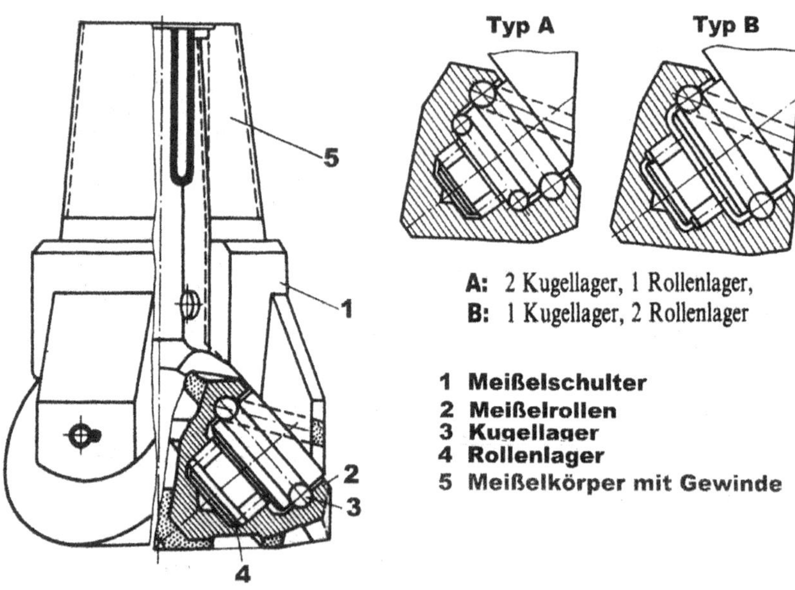

Abb. 5.128 Schematische Darstellung eines Rollenmeißels mit verschiedenen Lagerungen

Abb. 5.129 Dreirollenmeißel
mit Stahlzähnen

hierfür auch die vielfältigsten Bauformen entwickelt. Dies ist mitentscheidend dafür, dass in vielen Fällen, in denen ein Rollenmeißel erforderlich wird, der Dreirollenmeißel bevorzugt wird.

Der Vierrollenmeißel ist für relativ große Bohrdurchmesser bestimmt. Ein Sondertyp ist der Vierrollenkernmeißel, der eine zentrale Öffnung besitzt, in der sich ein Bohrkern bildet und von einer Kerngarnitur aufgenommen wird. Wegen der geringen Verwendung wird auf eine nähere Beschreibung verzichtet.

Der Zweirollenmeißel (Abb. 5.130) besitzt gegenüber dem Drei- und Vierrollenmeißel den Vorteil, dass speziell bei kleineren Meißeldurchmessern die Meißelrollenlager stabiler ausgebildet sind und die Einzelrollen höher belastet werden können. Die Herstellungskosten sind niedriger als bei Dreirollenmeißeln. Zweirollenmeißel eignen sich besonders gut für das Anbringen von verlängerten Düsen, die eine Bohrlochsohlenreinigung begünstigen.

Der Einrollenmeißel besteht aus dem Meißelkörper mit einer Meißelpratze, an deren Lagerzapfen sich eine mit Schneidelementen besetzte Kugel oder kegelstumpfförmige Rolle befindet. Die Vorzüge des Einrollenmeißels sind ein stoßfreies Arbeiten auf der Bohrlochsohle und eine hohe Festigkeit des Meißellagers. Die gesamte Bohrlochsohle wird gleichmäßig von den Schneidelementen bearbeitet.

Abb. 5.130 Zweirollenmeißel
mit Insertsbesetzung und
verlängerten Düsen sowie
Meißelstabilisator mit
Hartmetallstiften als
Kaliberschutz

Der Einrollenmeißel wird seit Jahren nicht mehr industriell hergestellt. Von den verschiedenen Rollenmeißeltypen ist der Einrollenmeißel relativ gut für das Turbinenbohren geeignet. Nachteilig wirkt sich die geringe Richtungsstabilität sowie die unzureichende Reinigung der Bohrlochsohle von Bohrklein aus.

Die bei den üblichen Rollenmeißeln benutzten Lagerungsarten sind ebenfalls in der Abb. 5.128 dargestellt. Im Unterschied zu anderen Wälzlagern sind die Kugeln bzw. die zylindrischen Rollen hier nicht in Käfigen gehalten, sondern lose zwischen Meißelrolle und Rollenlagerzapfen eingesetzt.

Verschleißbeurteilung für Rollenmeißel
Die Einsatzdauer von Rollenmeißeln wird durch folgende Hauptkriterien bestimmt:

- Abnutzung der Rollenzähne
- Lagerverschleiß
- Kaliberverschleiß

Ab wann ein Rollenmeißel wegen Abnutzung der Rollenzähne oder Inserts ausgetauscht werden muss, hängt maßgebend von der Gesteinsfestigkeit und dem Bohrfortschritt ab. Soll der Meißel regeneriert werden, so ist ein rechtzeitiger Austausch wichtig, damit Meißelkörper und -schulter nicht beschädigt werden.

Hoher Lagerverschleiß liegt bei starkem Radial- bzw. Axialspiel vor und sehr hoher Verschleiß bei Blockierungen der Lager (sofortiger Austausch erforderlich).

Der Kaliberverschleiß ist eine Folge zu starker Abnutzung der Rollenzähne und kann daher bei rechtzeitigem Austausch vermieden werden. Hoher Kaliberverschleiß kann zu Havarien führen. Dem vorzeitigen Kaliberverschleiß kann z. B. durch rechtzeitige Erneuerung des Kaliberschutzes durch Auftragschweißung vorgebeugt werden.

Von der Fa. COMDRILL wurde als Alternative zu den herkömmlichen Dreirollenzahnmeißeln, der sogenannten Kombimeißel (Abb. 5.131) entwickelt. Er ist speziell für einen Einsatz in weichen bis mittelharten oder mürben Formationen sowie in nicht oder wenig verfestigten Lockergesteinen gedacht. Der COMDRILL-Kombimeißel besteht aus einem Stahlkörper, der mit Rundschaftmeißeln in den zugehörigen Haltern besetzt ist und der ein Anschlussgewinde für einen Rollenmeißel besitzt. Er verfügt über eine ausreichende Anzahl an Spülungsbohrungen und kann mit den üblichen Spülmedien wie Wasser (mit und ohne Spülungszusatz), Luft oder Schaum betrieben werden. Da sich die Rundschaftmeißel in ihrer Aufnahme drehen können, ergibt sich neben einer Drehmomentreduzierung, z. B. gegenüber vergleichbaren Flügelmeißeln, zusätzlich ein selbstschärfender Effekt und verschleißanfällige Kugel- bzw. Rollenlager können entfallen.

Abb. 5.131 Kombimeißel
System COMDRILL

Da die eingesetzten Rundschaftmeißel auf der Baustelle leicht zu wechseln und außerdem sehr preiswert sind, stellt dieser Meißel eine Alternative zu den Rollen- und Flügelmeißeln dar. Die Rundschaftmeißel sind in unterschiedlichen Härten verfügbar, um eine optimale Anpassung von Bohrfortschritt und Standzeit zu erzielen. Der Richtwert für den erforderlichen Andruck beträgt etwa 1,25 kN pro Zoll Meißeldurchmesser. Die Drehzahl sollte etwa 40 U/min bei $9^5/_8''$-Meißeldurchmesser und 20 U/min bei $17^1/_2''$-Meißeldurchmesser betragen (Tab. 5.17).

Schon die sehr kleine Auswahl der vorgestellten Rollenmeißel zeigt, dass die Frage nach dem optimalsten Rollenmeißel trotz umfangreicher Tabellen und Richtwerte bei der Vielzahl der vorhandenen Rollenmeißelformen kaum zu beantworten ist. Da der Einsatz von Rollenmeißeln im Baugrundaufschluss nicht sehr verbreitet ist, wäre eine umfangreiche Erörterung in dieser Sache wenig sinnvoll. Nachfolgend nur einige Hilfestellungen (Tab. 5.18 und 5.19):

Rollenmeißel für den Einsatz im Baugrundaufschluss
Bei der Baugrunderkundung können dann Rollenmeißel eingesetzt werden, wenn kein Kerngewinn gefordert wird und das Bohren mit Rollenmeißeln weniger Kosten verursacht als bei Verwendung von Diamantmeißeln. Die im Baugrundaufschluss eingesetzten

Tab. 5.17 Maßtabelle der COMDRILL-Kombimeißel

Durchmesser in Zoll	Anzahl der Rundschaftmeißel	Anschlussgewindezapfen in Zoll
$9^5/_8$	8	$4^1/_2$ API Reg. Muffe
$9^7/_8$	8	$4^1/_2$ API Reg. Muffe
$10^5/_8$	10	$6^5/_8$ API Reg. Muffe
$12^1/_4$	14	$6^5/_8$ API Reg. Muffe
$14^3/_4 17^1/_4$	20	$6^5/_8$ API Reg. Muffe
	28	$6^5/_8$ API Reg. Muffe

Tab. 5.18 Richtwerte für die Wahl der Rollenmeißel

Gesteinshärte Rollenmeißeltyp	weich	mittelhart	hart
Rollenmeißel mit Stahlzähnen	weit auseinander angeordnete Zähne für tiefes Eindringen in die Bohrlochsohle.	mittellange Zähne, kürzerer Zahnabstand für kombinierte Zerstörungswirkung des Gesteins	kurze, stubbenartige Zähne, enge Zahnabstände für zermahlende Gesteinszerstörung.
Rollenmeißel mit Hartmetallinserts	minimale Länge der konisch geformten, in dichten Reihen angeordneten Inserts zur Minimierung der nicht beaufschlagten Flächen	mittlere Länge der Zähne und Belassung von Zwischenraum für gute Reinigungswirkung durch die Bohrspülung.	minimale Länge der konisch geformten, in dichten Reihen angeordneten Inserts zur Minimierung der nicht beaufschlagten Flächen

Tab. 5.19 RoIlenwarzen-(Insert-)Meißel

∅ Zoll	∅ mm	Gewicht ca. kg.	Anschlussgewinde Zoll
$2\,^{15}/_{16}$	74,6	1,9	N-Rod
$3\,^{1}/_{8}$	79,4	1,9	N-Rod
$3\,^{1}/_{2}$	88,9	3,2	$2\,^{3}/_{8}$ API-Reg
$3^{7}/_{8}$	98,4	3,4	$2\,^{3}/_{8}$ API-Reg
4	101,6	3,5	$2\,^{3}/_{8}$ API-Reg
$4\,^{1}/_{8}$	104,8	4,2	$2\,^{3}/_{8}$ API-Reg
$4\,^{1}/_{2}$	114,3	5,0	$2\,^{3}/_{8}$ API-Reg
$4\,^{3}/_{4}$	120,7	5,9	$2\,^{7}/_{8}$ API-Reg
$4\,^{7}/_{8}$	123,8	7,3	$2\,^{7}/_{8}$ API-Reg
$5\,^{1}/_{8}$	130,2	8,6	$2\,^{7}/_{8}$ API-Reg
$5\,^{1}/_{4}$	133,3	9,0	$2\,^{7}/_{8}$ API-Reg
$5\,^{3}/_{8}$	136,7	9,5	$3\,^{1}/_{2}$ API-Reg
$5\,^{5}/_{8}$	142,9	10,0	$3\,^{1}/_{2}$ API-Reg
$5\,^{7}/_{8}$	149,2	12,2	$3\,^{1}/_{2}$ API-Reg
6	152,4	12,2	$3\,^{1}/_{2}$ API-Reg
$6\,^{1}/_{8}$	155,5	13,0	$3\,^{1}/_{2}$ API-Reg
$6\,^{1}/_{4}$	158,8	13,6	$3\,^{1}/_{2}$ API-Reg

Rollenmeißel entsprechen teilweise nicht der API-Norm. Sie werden meistens in geringerer Qualität hergestellt, haben eine geringere Lebensdauer und sind demzufolge auch wesentlich billiger. Es handelt sich um Rollenmeißeltypen, die in Abmessungen von 74,6 bis 158,8 mm Durchmesser als Zwei- oder Dreirollenmeißel hergestellt werden. Sie können sowohl mit Stahlzähnen als auch mit Hartmetallstiften versehen sein.

5.7.5.4.3 Bohrmeißel für das indirekte Spülbohrverfahren

Das indirekte Spülbohrverfahren (Umkehr- bzw. Linksspülung) wird am häufigsten bei Brunnenbohrungen angewendet. Dabei beträgt der Mindestdurchmesser in der Regel 300 mm. Die hierfür eingesetzten Bohrwerkzeuge sind ebenso für das Saugbohren (Lufthebebohren) gleichermaßen einsetzbar.

Drei Bauformen (Abb. 5.132) haben sich als besonders geeignet erwiesen:

- Exzenterrollenmeißel (WM)
- Flügelmeißel (FM)
- Großlochrollenmeißel (GR)

Der Exzenterrollenmeißel, auch als Züblin- oder Wühlmeißel (WM) bezeichnet, besteht aus einem leicht gekrümmten Schaft, an dem durch Kugellager drehbar ein nahezu kugelförmiger Bohrkopf angebracht ist. Dieser hat streifenartig angeordnete, hartmetallvergütete Schneidmesser, die den Boden aufwühlen, ohne dass dabei eine Zerstörung im eigentlichen erfolgt. Der Meißel kann in gewissem Umfang ausweichen bzw. das Hindernis an die Peripherie des Bohrloches transportieren. Der Züblinmeißel ist besonders geeignet für das

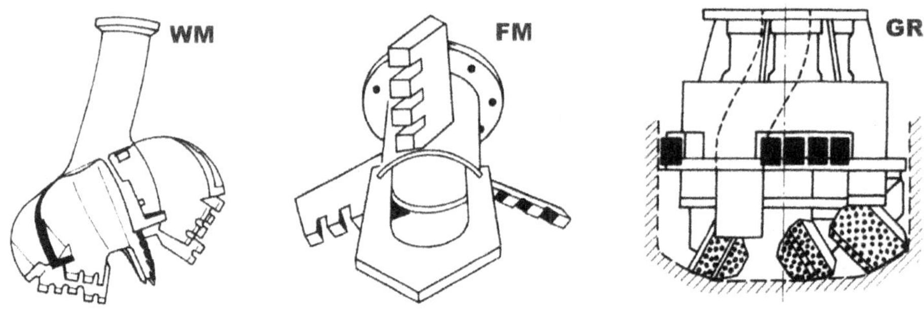

Abb. 5.132 Bohrmeißel für das indirekte Spülbohrverfahren (Linksspülung)

Abb. 5.133 Dreiflügelmeißel
mit Rundschaftmeißel besetzt

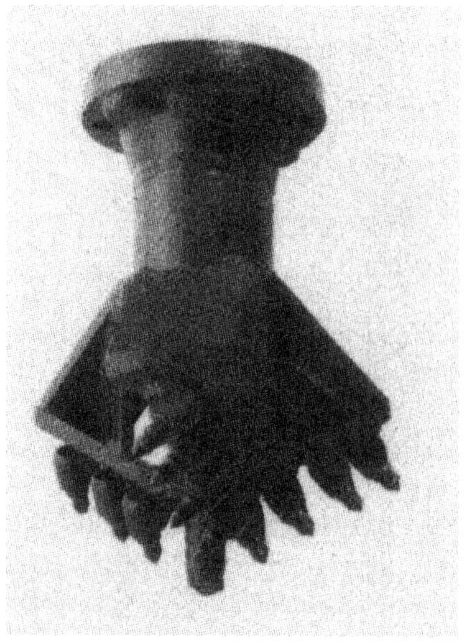

Durchbohren kohäsionsloser Schichten. Beim Durchbohren bindiger Schichten können
sehr leicht die Felder zwischen den Schneidmesserreihen verschmieren und den Bohrfortschritt erheblich beeinträchtigen. Im Zentrum hat der Bohrkopf eine kreisförmige Öffnung
für den Eintritt der Bohrspülung und des Bohrkleins. Der Durchmesser der Öffnung ist abgestimmt auf den Gestängedurchmesser, so dass Bohrklein, welches durch diese Öffnung
eingetreten ist, mit Sicherheit auch im Bohrgestänge aufwärts transportiert werden kann.
Züblinmeißel sind bisher mit einem maximalen Durchmesser von 1250 mm gebaut worden. In der Mehrzahl liegt ihr Durchmesser jedoch zwischen 300 und 600 mm.

Besonders bewährt haben sich Dreiflügelmeißel (FM) (Abb. 5.133). Sie besitzen an den
drei Flügeln hartmetallvergütete Schneidmesser. Der Flügelmeißel ist in seinem unteren
Teil mit einer Spitze versehen, die das Eindringen des Bohrwerkzeugs in zähe, bindige
Schichten begünstigt. Die Eintrittsöffnung für Spülung und Bohrklein ist ebenfalls auf den
Innendurchmesser des Bohrgestänges abgestimmt. Der Einsatz ist sowohl in kohäsions-
losen als auch in bindigen Schichten möglich. Liegt im zu durchbohrenden Profil eine

Wechsellagerung von kohäsionslosen und bindigen Schichten vor, wird der Flügelmeißel bevorzugt eingesetzt. Flügelbohrer werden vorwiegend mit Bohrungen in Durchmessern von 300 bis 900 mm eingesetzt.

Großlochrollenmeißel (GR) werden besonders dann eingesetzt, wenn die zu durchbohrenden Schichten z. B. aus Mergel, Kalkstein- und Quarzitbänken bestehen oder Lockergesteine durch Überlagerungsdruck einen hohen Verfestigungsgrad besitzen. Allerdings ist es insbesondere bei tieferen Bohrungen notwendig, Schwerstangen oder Beschwerungskörper über dem Bohrwerkzeug anzuordnen, um beim Durchbohren fester Gesteinsbänke die notwendige Meißelbelastung erzeugen zu können. Die üblichen Durchmesser betragen 600 bis 1200 mm, allerdings wurden bereits Großlochrollenmeißel bis zu einem Durchmesser von 5000 mm eingesetzt.

Allgemeiner Hinweis:

Für alle Bohrverfahren mit direkter und indirekter Spülung gilt, dass sie wegen der geringen Güteklasse (GKL) der Proben (in Ausnahmefallen GKL 4, sonst GKL 5) für Baugrunderkundungsbohrungen nur eine untergeordnete Rolle spielen.

5.7.6 Fangwerkzeuge

Schwerwiegende Havarien, die teilweise den Einsatz von Spezialisten erfordern, kommen bei den Baugrundaufschlussbohrungen nur äußerst seltener vor als bei Tiefbohrungen. Da die Bohrungen in der Regel verrohrt sind, ist ein Gestängebruch oder ähnliches im Allgemeinen schnell zu beheben. Für dieses Thema reicht daher eine kurze Übersicht zu den möglichen Havarien und der zur Behebung üblichen Werkzeuge (Abb. 5.134).

Mögliche Havarien sind:

- Festwerdehavarien
- Bruch des Bohrgestänges
- Bruch in der Kernbohrgarnitur
- Bohrwerkzeugbruch
- Schwerstangenbruch
- Bruch der Übergänge
- Spülstangenbruch
- Futterrohrhavarie
- Absturz von Gegenständen in das Bohrloch

Zur Behebung der genannten Vorfälle werden u. a. folgende Werkzeuge eingesetzt:

- Fangdorne
- Fangglocken
- Ringhaken
- Fanghaken
- Klemmfangwerkzeuge (Rohrkrebs, Klemmfänger, Fangbirne)

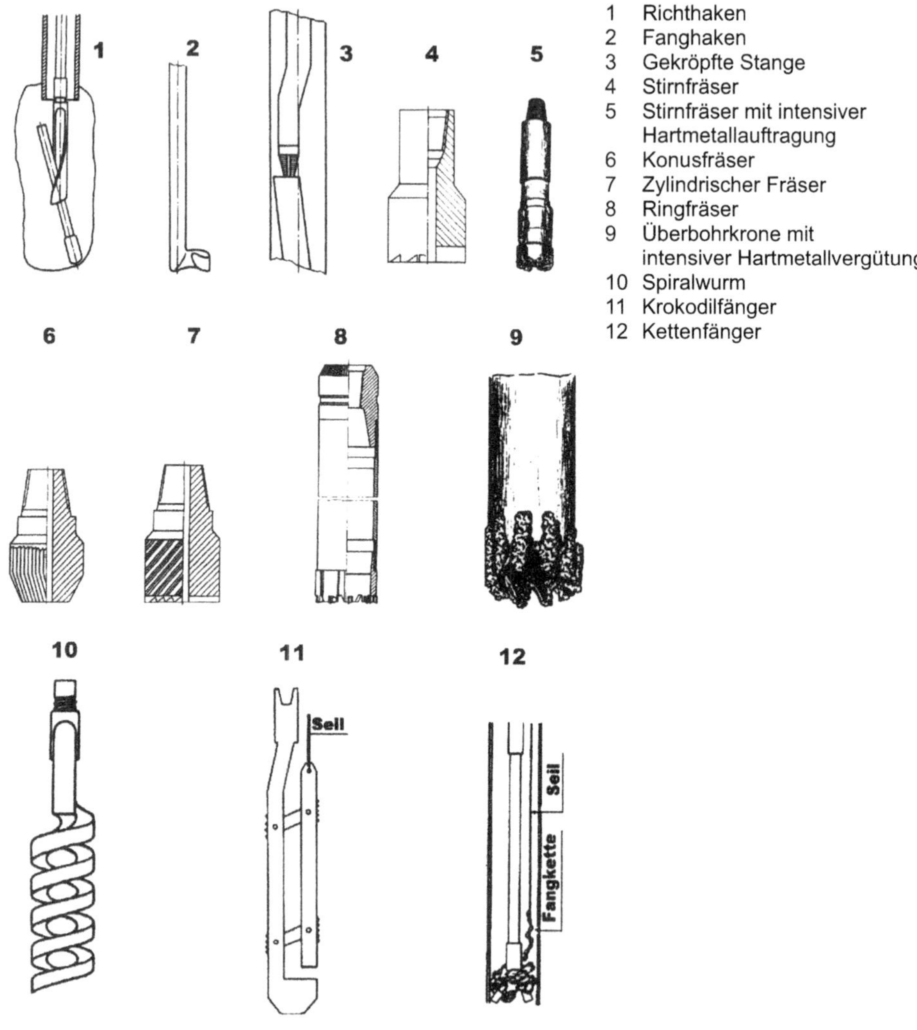

Abb. 5.134 Eine Auswahl verschiedener Fangwerkzeuge zur Havariebeseitigung

- Fangwerkzeuge für Seile und Kabel (Seilfangspeer, Seilfangspirale, Seilmesser)
- Magnetfänger
- Fangspinne
- Fräser und Gewindeschneider (Stirnfräser, Konusfräser, Ringfräser, Pilotfräser)
- Gestänge- und Rohrschneider
- Überbohrwerkzeuge

u. v. a. m.

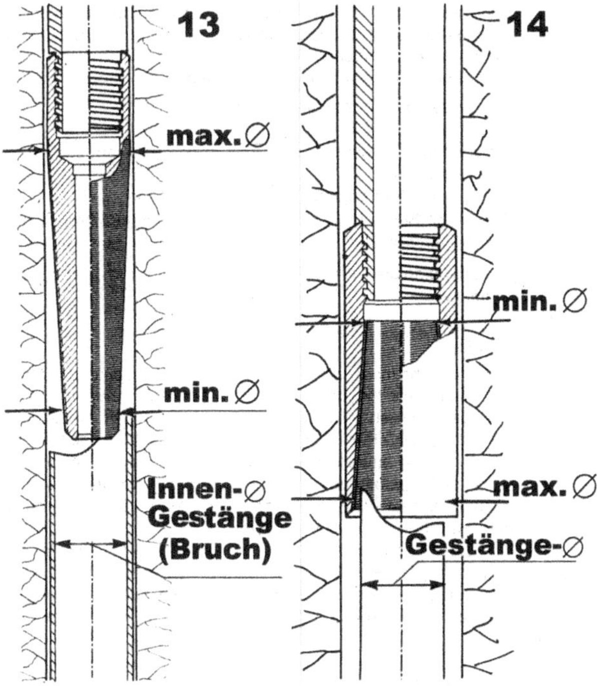

Abb. 5.135 Gestängefangeinrichtungen

Beim Kernbohren mit Einfach-, Doppel- und Seilkernrohren vielfach zur Anwendung kommende Methoden sind das Fangen mit Gewindedorn (Abb. 5.135 links) und Gewindeglocke (Abb. 5.135 rechts). Sie führen bei Gestängen und Futterrohren mit kleinen Durchmessern sehr oft zum Erfolg.

Die noch sehr unvollständige Zusammenstellung zeigt, dass das Thema innerhalb dieses Buches nicht erschöpfend behandelt werden kann. Es ist so umfangreich, dass es in einem besonderen „Handbuch der Havariebeseitigung" beschrieben werden müsste bzw. könnte.

5.7.7 Bohrgestänge und Zubehör

5.7.7.1 Allgemeines

Das Bohrgestänge stellt als Verbindungsglied zwischen dem Antrieb (Drehtisch, Kraftdrehkopf, Spülkopf) und dem Bohrwerkzeug eine wesentliche Komponente im Bohrprozess dar.

Gestaltung und die erforderlichen Werkstoffqualitäten des Bohrstranges sind von den zu erwartenden Belastungen (Bohrverfahren, Bohrwiderstand, Bohrtiefe, chemische, thermische Belastungen und mechanische Belastungen usw.) abhängig. Dies gilt auch insbesondere für die zusätzlichen Ausrüstungen (Stabilisatoren, Schwerstangen, Stoßdämpfer usw.).

Auf die Bohrstrangberechnung wird in diesem Zusammenhang nicht eingegangen, da sich für Baugrundaufschlussarbeiten hierzu kaum eine Notwendigkeit ergibt.

Das Bohrgestänge hat folgende Aufgaben zu erfüllen:

- die Übertragung des Drehmomentes aus dem Drehtisch oder Kraftspülkopf auf das Bohr-werkzeug
- die Übernahme der Belastung aus dem Vorschub, den Schwerstangen und den Stabilisatoren
- die Förderung des Druckwassers bzw. der Bohrspülung von über Tage zur Bohrlochsohle beim Direktspülverfahren
- die Förderung der mit Bohrklein aufgeladenen Spülung von der Bohrlochsohle nach über Tage
- spezielle Belastungen aus Verpressmaßnahmen, Fangarbeiten usw.

Zur Gestängeausstattung gehören:

- Bohrgestänge mit Steckverbindung
- Bohrgestänge mit Schraubverbindung
- Bohrgestänge mit Flanschverbindung
- Kellybohrgestänge
- Schwerstangen
- Stabilisatoren
- Stoßdämpfer

5.7.7.2 Bohrgestänge mit Steckverbindung

Dieses Gestängesystem wird ausschließlich für das Trockenbohrverfahren verwendet. Es besteht in der Regel aus einem Stahlrohr nach DIN EN 10220, St-52, mit vorgeschweißter Sechskantsteckverbindung und Sicherheitsstift (Abb. 5.136). Das Gestänge ist innen nicht durchgängig, das heißt, es ist nicht für Spülungen, Verpressarbeiten o. ä. geeignet.

Neben der unten abgebildeten Steckverbindung wurden im Laufe der Zeit noch andere Systeme entwickelt, die aber keine wesentliche Bedeutung haben, da sie in der Fertigung oft sehr aufwendig sind (Tab. 5.20).

Abb. 5.136 Bohrgestänge mit Steckverbindung

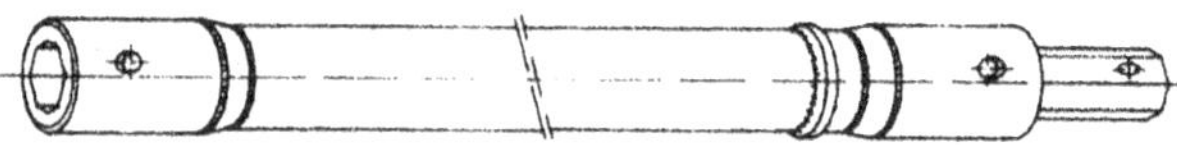

Tab. 5.20 Maße der Bohrgestänge mit Steckverbindung

Verbindung 6kt.	Außen-⌀ mm	Nutzlängen mm
SW50	76	3000/1500/1000
SW70	95	3000/1500/1000

5.7.7.3 Bohrgestänge mit Schraubverbindung

Zu den Gestängen mit Schraubverbindung zählen:

- Schraubgestänge für das Trockenbohrverfahren
- Schraubgestänge für das Nassspülverfahren (Rotarysystem)
- Schraubgestänge für das Luftspülverfahren (Imlochhammersystem)
- Doppelwandiges Schraubgestänge für das Lufthebeverfahren

5.7.7.4 Schraubgestänge für das Trockenbohrverfahren

Hier sind zwei Systeme möglich:

a) Bohrgestänge nach metrischem System, bestehend aus Rohren mit eingeschnittenen Muffengewinden und Doppelgewindenippel. Material: Präzisionsstahlrohr nach DIN EN 10305-1, Doppelnippel aus Vergütungsstahl 42 CrMo4V. Es ist für einfache Bohrarbeiten in bindigen Böden und Lockergestein gedacht.

b) Bohrgestänge Typ WW mit vorgeschweißten Gewindeverbindern und konischem Trapezgewinde 4-Gg-1″ rechts, hergestellt aus Vergütungsstahl 42 CrMo4V, Schaftrohr hergestellt aus Siederohr nach DIN EN 10220 in St-52. Die Wandstärke beträgt 7,1 mm. Dieses Gestänge kann wesentlich stärker belastet werden als Typ (a).

Beide Gestängetypen sind außen und innen glatt und haben somit einen freien Durchgang, so dass sie auch als Spülbohrgestänge für geringe Teufen Verwendung finden können.

5.7.7.5 Schraubgestänge für das Nassspülverfahren (Rotarysystem mit Direktspülung)

Es handelt sich hierbei um ein Bohrgestänge nach API-Norm, bestehend aus dem Schaftrohr, dem Siederohr nach DIN EN 10220 in St-52 und den Vorschweiß Schraubverbindern, hergestellt aus Vergütungsstahl 42 CrMo4V, Gewinde API Reg (Abb. 5.138).

Die vorgenannten Gestänge (Abb. 5.137) sind Fertigungen der Fa. EMDE nach dem System Nassovia. Bei anderen Fabrikaten sind abweichende Materialgüten und Systeme möglich. Das Gestänge nach Abb. 5.138 entspricht in Maß und Form der API-Norm.

Die Tab. 5.21 stellt nur eine sehr kleine Auswahl dar. Da dieser Gestängetyp überwiegend im Offshorebereich und in Explorationstechnik eingesetzt wird, dürften es mehrere hundert Gestängetypen mit unterschiedlichen Maßen und Stahlguten sein, die zur Auswahl stehen. Im Bedarfsfall müssten die Tabellen der Anbieter eingesehen werden, um für den allgemeinen Bedarf ein Gestänge zu wählen, das vielseitig einsetzbar ist. Anwender, die nur selten das Rotaryverfahren einsetzen, sollten sich eingehend beraten lassen. Für einen Einzelauftrag kann gegebenenfalls auch eine Anmietung in Frage kommen.

Für den Baugrundaufschluss und den Brunnenbau werden überwiegend Gestänge eingesetzt, die außerhalb der API-Norm liegen, da hier auch andere Anforderungen zu berücksichtigen sind. Zu nennen wären hier die Systeme Nordmeyer, Wirth, Atlas Copco u. a. m.

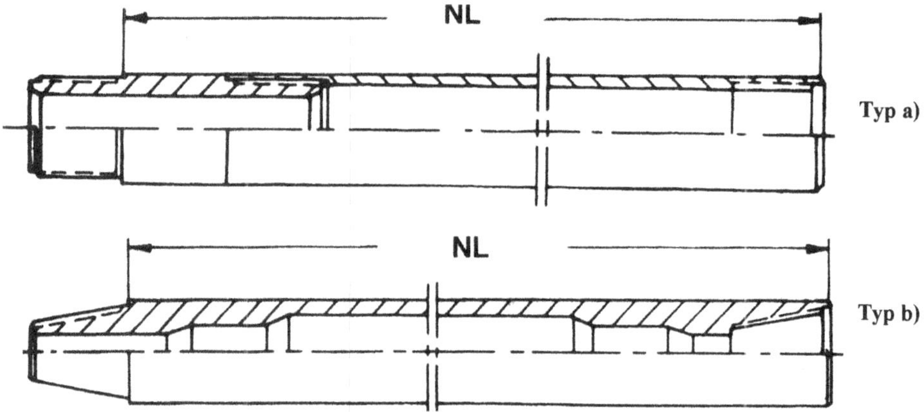

Abb. 5.137 Trockenbohrgestänge mit Gewindeverbindung

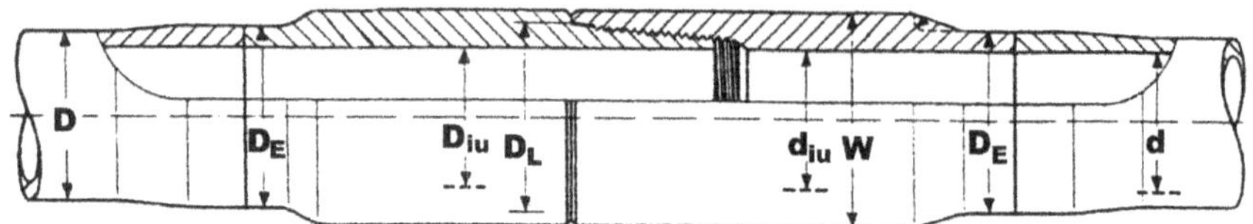

Abb. 5.138 Spülbohrgestänge mit Schraubverbindung für das Direktspülbohrverfahren in API-Norm

Tab. 5.21 Maßtabelle Spülbohrgestänge System Nassovia nach API-Norm (Stahlgüte D)

Gestänge-∅ D in Zoll nach API-Norm	$2\,^3/_8$	$2\,^7/_8$	$3\,^1/_2$	4	$4\,^1/_2$	$5\,^1/_2$	$6\,^5/_8$
∅ D in mm	60,3	73	88,9	101,6	114,3	139,7	168,3
Wandstärke t in mm	6,65	7,82	9,35	8,38	8,56	9,17	8,38
Verbinderaußen-∅ W in mm	85,7	85,7	120,6	127,0	158,8	177,8	203,2
Gestängeinnen-∅ d in mm	46,1	57,4	70,2	84,8	97,2	121,4	151,5
Nutzlängen in NL mm	1000 bis 9000						

5.7.7.6 Schraubgestänge für das Luftspülverfahren (Imlochhammersystem)

Für dieses Bohrsystem können sowohl normale Bohrgestänge als auch spezielle Tieflochhammergestänge verwendet werden. Letztere sind für das Imlochhammersystem optimiert und verfügen in der Regel über innenliegende Luftkanäle, die eine effizientere Druckluftzufuhr ermöglichen. Die Wahl des Gestänges hängt von Faktoren wie Bohrtiefe, Druckluftversorgung und Gesteinsbeschaffenheit ab.

Abb. 5.139 Gestänge mit Gewindeverbindung System Atlas Copco, (A) mit Schlüsselansatz und (B) ohne Schlüsselansatz

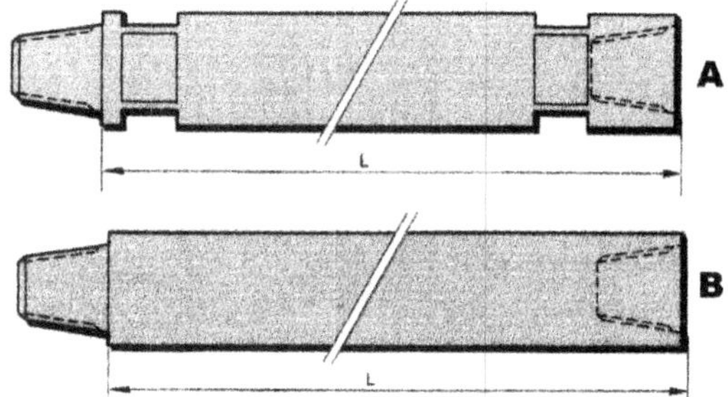

Tab. 5.22 Maße der Gestänge mit Gewindeverbindung System Atlas Copco

System mit Schlüsselansatz	Wandstärke mm	Schlüsselweite mm	Nutzlänge mm	Durchmesser mm
2 $^3/_8$″APIIFCL	6,3	65	1000–6000	89
2 $^7/_8$″APIRegCL	6,3	65; 75; 95	1000–6000	89; 102; 114
3 $^1/_2$″API Reg CL	6,3; 8,8	95	1000–6000	114
System ohne Schlüsselansatz				
2 $^3/_8$″API Reg	6,3		4000–5000	76; 89; 102
2 $^7/_8$″API Reg	6,3		4000–5000	102
3 $^1/_2$″ API Reg CL	6,3		6000	114

So werden die Gestänge nach dem System Atlas Copco mit einer besonderen Stahlgüte (untere Streckgrenze = 550 N/mm², Zugfestigkeit = 650 N/mm²) gefertigt.

Dabei sind Ausführungen mit und ohne Schlüsselansatz (zwei- und vierkant) möglich (Abb. 5.139). Neben einigen Spezialgewinden entsprechen die Verbindungen der API-Norm.

Auch für dieses Gestängesystem sind zahlreiche Varianten und Zubehörteile vorhanden, so dass im Bedarfsfall die umfangreichen Gestänge und Zubehörkataloge eingesehen werden müssen (Tab. 5.22).

5.7.7.7 Schraubgestänge für das Lufthebeverfahren

Das Lufthebeschraubgestänge wird als Schweißkonstruktion hergestellt und besteht aus einem Schaftrohr (Siederohr DIN EN 10220 in St 52) mit vorgeschweißten und nitrierten Gewindeverbindern, Zapfen/Muffe mit zylindrischem Trapezgewinde (Abb. 5.140). Die Luftführung erfolgt durch zwei seitlich um 180° versetzte angeschweißte Luftrohre in der Abmessung 1″. Wandstärke im Luftrohr 4,05 mm.

Außerdem werden Lufthebebohrgestänge als doppelwandige Rohre hergestellt, wobei die Luft durch den Spalt zwischen Außen- und Innenrohr geführt wird (Abb. 5.141). Sie sind zwar erheblich teurer, aber in der Handhabung wesentlich praktikabler.

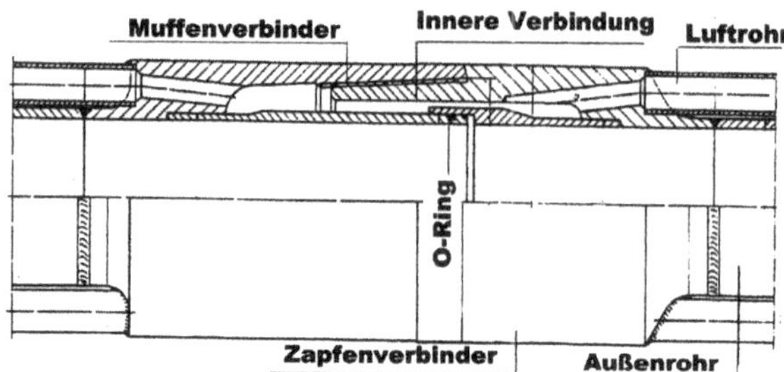

Abb. 5.140 Lufthebeschraubgestänge System Nassovia

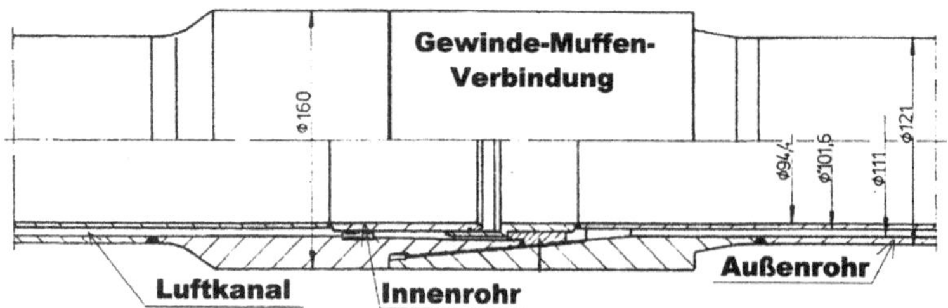

Abb. 5.141 Doppelwandgestänge für das Lufthebeverfahren

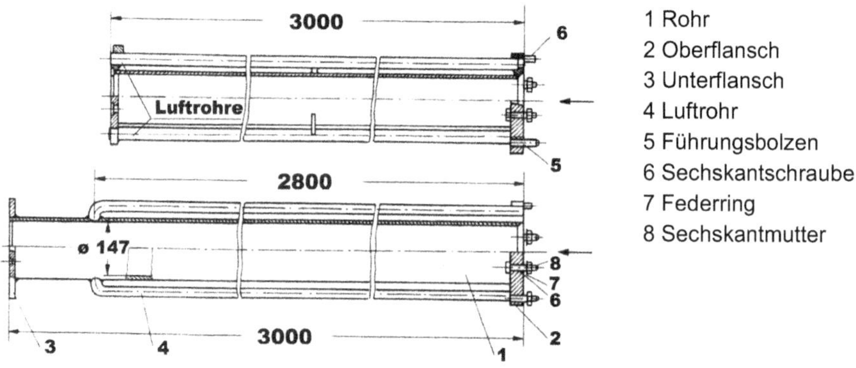

Abb. 5.142 Bohrgestänge mit Flanschverbindung für das Lufthebeverfahren

5.7.7.8 Gestänge mit Flanschverbindung

Beim Lufthebeflanschbohrgestänge (Abb. 5.142) sind die Luftröhre (4) außen angeordnet. Die Flanschverbindungen (2 und 3) ist so ausgelegt, dass die Zugbelastung und das Drehmoment durch die Schrauben (6) übertragen wird. Die Führungsbolzen (5) erleichtern die Montage der Flanschverbindung. Für das Lufthebeverfahren werden außerdem Doppelwandgestänge mit Schraubverbindung eingesetzt. Bei Schraub- oder Flanschbohrgestänge mit größerem Durchmesser kann die Luftzuführung auch über eine zentrisch in das Bohrgestänge eingehängte Leitung erfolgen. Beim Saug-bohrverfahren entfallen die Luftleitungen bzw. die anderen Maßnahmen für die Luftzuführung. Flanschbohrgestänge ist in beiden Drehrichtungen gleichermaßen belastbar. Wesentlich ist eine gute Abdichtung an den Flanschen.

Der Einsatz von Flanschbohrgestängen beschränkt sich auf Bohrungen mit relativ großem Durchmesser, die im Umkehrspülverfahren (indirektes Bohrsystem) niedergebracht werden. Unter diesen Verhältnissen muss sichergestellt werden, dass der gesamte Gestängestrang durch entspre-chende Schwerstangen immer auf Zug beansprucht wird, um sein Ausknicken, das zu Gestänge-brüchen fuhren würde, auszuschließen.

5.7.7.9 Kellybohrgestänge für das Trockenbohrverfahren

Das Kellybohrgestänge (Kellystange) ist ein mehrteiliges Bohrgestänge, das im Trockenbohrverfahren (Kellybohren) verwendet wird. Es besteht aus mehreren ineinandergreifenden Profilrohren, die das Drehmoment und die Vorschubkraft des Bohrgeräts auf das Bohrwerkzeug übertragen. Durch diese Konstruktion können mittlere bis große Bohrtiefen erreicht werden, ohne dass das Gestänge zu sperrig wird.

Ein großer Vorteil des Kellybohrgestänges ist seine Vielseitigkeit, da es mit verschiedenen Bohrwerkzeugen wie Bohrschnecken, Bohrkübeln oder Meißeln kombiniert werden kann, um sich an unterschiedliche Bodenverhältnisse anzupassen. Allerdings hat das System auch Nachteile: Die mechanische Beanspruchung ist hoch, was zu erhöhtem Verschleiß führt, sodass regelmäßige Wartung notwendig ist. Zudem ist das Verfahren in sehr weichen oder instabilen Böden eingeschränkt, da hier oft zusätzliche Stützmaßnahmen wie Verrohrung oder Stützflüssigkeiten erforderlich sind.

5.7.7.10 Schwerstangen

Um bei tiefen Bohrungen ein Ausknicken des Gestänges mittels Andruck über Vorschubeinrichtungen zu vermeiden, muss der Andruck durch Schwerstangen ausgeübt werden. Hierzu setzt man in Aufschlussbohrtechnik dickwandige Rohre ein, um den erforderlichen Andruck auf das Bohrwerkzeug zu erzielen. Bei tiefen Großbrunnenbohrungen sowie bei vergleichbaren Bohrungen werden spezielle Schwerstangenkonstruktionen, die zum Teil wegen ihrer großen Massen zerlegbar sind, verwendet.

Bei Schwerstangen (Abb. 5.143) aus dickwandigen Rohren stellt die Verbindung zwischen den einzelnen Schwerstangen an die Konstruktion, Fertigung und Handhabung hohe Anforderungen, da sich beiderseits der Gewindeverbindung Bereiche mit sehr großen Materialquerschnitten und damit hohen Widerstandsmomenten anschließen, die zu großen Verformungen und damit hohen Spannungen in den wesentlich schwächeren Gewindever-

Abb. 5.143 Schwerstange für Lufthebegestänge mit Flanschverbindung

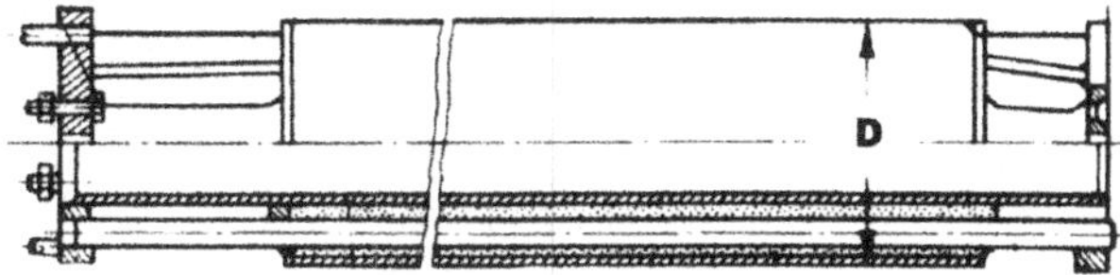

bindungen fuhren. Die hohen wechselnden Biegespannungen führen oft zu Zapfen-brüchen. Die in der Aufschlussbohrtechnik zum Einsatz kommenden Schwerstangen sind zum Teil mit Schwerstangenverbindern, die mit dem Schwerstangenkörper verschraubt werden, ausgerüstet.

5.7.7.11 Stabilisatoren

Stabilisatoren (Abb. 5.144) werden im unteren Teil des Bohrstranges, d. h. im Bereich der Schwerstangen, der Kernrohre und der Bohrwerkzeuge angeordnet und sind in der Lage, den sich drehenden Bohrstrang am Einsatzpunkt im Bohrloch zentrisch zu führen bzw. zu stabilisieren. Stabilisatoren sind demnach geeignet, im Bohrstrang auftretende Quer-schwingungen abzufangen bzw. zu verhindern und einen ruhigen Lauf des unteren Bohr-strangbereiches zu gewährleisten. Hieraus ergeben sich wesentliche Vorteile im Hinblick auf den Verschleiß aller Teile des betreffenden Bohrstrangbereiches und auf das Bohr-ergebnis (z. B. Kerngewinn).

Bei den verschiedenen Bohrverfahren bzw. Bohrdurchmessern kommen Stabilisatoren unterschiedlichster Konstruktionen zum Einsatz. Teilweise übernehmen auch andere im Bohrstrang vorhandene Elemente, so z. B. stabilisierende Kernrohrkopfstücke, quadrati-sche Schwerstangen und Nachräumer, die Funktionen von Stabilisatoren.

5.7.7.12 Stoßdämpfer

Stoßdämpfer (Abb. 5.145) werden zur Minderung der Längsschwingungen unmittelbar über dem Bohrwerkzeug in den Bohrstrang eingebaut. Die Stärke dieser Schwingungen ist unter anderem von der Gesteinshärte und dem Werkzeugtyp abhängig. Sie treten be-

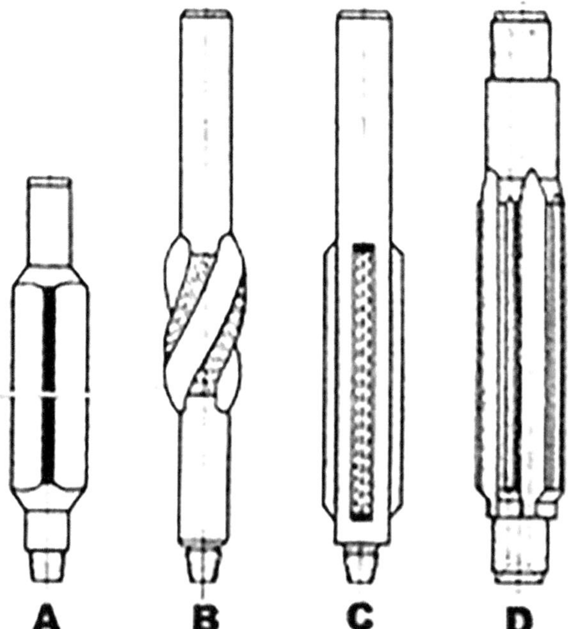

Abb. 5.144 Stabilisatoren

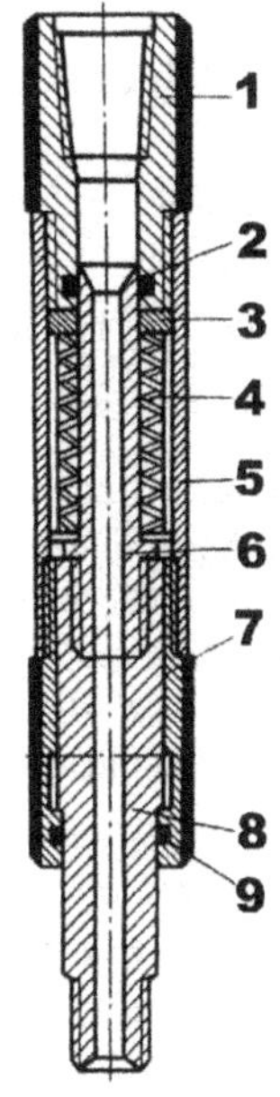

1	Kopfstück
2	Dichtungsring
3	Scheibe
4	Tellerfeder
5	Gehäuse
6	Rohr
7	Muffe
8	Welle
9	Dichtungsring

Abb. 5.145 Stoßdämpfer

sonders dann auf, wenn mit Rollenbohrwerkzeugen in harten Gesteinen gebohrt wird. Der Einsatz von Stoßdämpfern bringt sowohl für den Bohrstrang als auch für den Bohrprozess bedeutende Vorteile. Da durch den Stoßdämpfer ein Springen des Bohrwerkzeuges mit dem Bohrstrang vermindert wird, kann die Schwankung des Kontaktdruckes zwischen Rollenmeißelzähnen und Gestein verringert werden. Durch den relativ gleichmäßigen Kontaktdruck lassen sich größere Bohrgeschwindigkeiten erreichen sowie vor allem die Lebensdauer des Bohrwerkzeuges durch die Schonung der Lagerung und Meißelzähne erhöht. Auch auf die Belastung und damit auf die Lebensdauer des Bohrstranges wirkt sich dessen Funktion positiv aus.

5.7.7.13 Weitere Zusatzausrüstungen

Auf die Beschreibung weiterer Ausrüstungen im Gestängebereich (Gestängeprotektoren, Sicherungsverbinder usw.) wird nicht eingegangen, da hierdurch der Rahmen des Buches überschritten würde. Hinzu kommt, dass diese Ausrüstungen im Wesentlichen nur für Tiefbrunnen- und Explorationsbohrungen relevant sind.

5.7.8 Bohrlochverrohrung

5.7.8.1 Allgemeines

Umfang und Aufgaben der Bohrlochverrohrung sind vom Zweck, von der Nutzung und von den geologischen Bedingungen bei der Niederbringung der Bohrung abhängig. Beim Einbau werden die einzelnen Futterrohrlängen zusammengesteckt, miteinander verschraubt oder in speziellen Fällen auch verschweißt. Sie haben eine Reihe wichtiger Aufgaben zu erfüllen, aus denen sich die Belastungen und Anforderungen ergeben.

Im Bereich der Baugrundaufschlussbohrungen verbleibt die Verrohrung gewöhnlich nur kurzfristig im Boden. Bei der Verrohrung von Bohrungen im Lockergestein ist die Hauptaufgabe einer Verrohrung die Sicherung der Bohrlochwand. Die Rohre werden bei diesen Bohrungen hauptsächlich auf Außendruck und Zug belastet. Bei Einsatz von hydraulischen Verrohrungseinrichtungen sind zusätzlich zum Teil erhebliche Drehmomente aufzunehmen, für die insbesondere die Verbindungen ausgelegt werden müssen. In diesen Fällen werden die Verbindungen in beiden Richtungen beansprucht.

Ein kompletter Futterrohrstrang beinhaltet neben den Rohren noch einige wichtige Zusatzausrüstungen, die für den reibungslosen Einbau erforderlich sind. Hierzu gehören insbesondere die Rohrschuhe, die in unterschiedlichsten Ausführungen zum Einsatz kommen. Besonders in der Trockenbohrtechnik sind die Schneidschuhkronen von großer Bedeutung. Besondere Konstruktionen ermöglichen auch das Einschneiden bzw. Nachschneiden in Fels oder stark verfestigten Böden.

Bezüglich der Rohrdurchmesser werden im Normalfall Futterrohre mit gleichem Außendurchmesser zu einem Futterrohrstrang komplettiert. Ein kombinierter Futterrohrstrang enthält Futterrohre mit unterschiedlichen Außendurchmessern (teleskopierte Verrohrung).

In einigen Fällen ist auch eine absolute Wasser- und Gasdichtigkeit wichtig. Von wenigen Ausnahmen abgesehen werden heute nur noch Verrohrungen verwendet, die innen für den reibungslosen Werkzeugdurchgang und außen zur Vermeidung erhöhter Reibungswiderstände glatt sind. Dies erfordert entsprechend dickwandige Rohre.

Abgesehen von der Tiefbohrtechnik, die in diesem Zusammenhang keine Rolle spielt, entsprechen die Rohre nicht immer den geltenden Normen, da sich diese zum Teil als sehr unpraktisch herausgestellt haben. Es hat sich aber ein gewisser Standard herausgebildet; insbesondere, was die jeweiligen Durchmesser anbelangt. Auf diese Durchmesser sind inzwischen auch die Trockenbohrwerkzeuge abgestimmt. Die wichtigsten Rohrdurchmesser werden in den folgenden Tabellen genannt. Ausführliche Angaben über die üblichen Durchmesserreihen von Verrohrungen und Bohrwerkzeugen können dem Tabellenmaterial im Anhang entnommen werden.

Zentriereinrichtungen haben bei Baugrundbohrungen kaum eine Bedeutung, es sei denn, dass bei mehrfach teleskopierten Bohrungen für die Pegelherstellung mehrere Kiesschüttungen auszuführen sind. Dies dürfte zu den absoluten Ausnahmen gehören und gewöhnlich in Verbindung mit Brunnenbohrungen üblich sein.

Folgende Verrohungssysteme kommen zur Anwendung:

Stahlrohre mit

- Schweißverbindung
- Steckverbindung
- Schraubverbindung
- Schnellverschlussverbindung

5.7.8.2 Stahlrohre mit Schweißverbindung

Für im Boden verbleibenden Verrohrungen oder Standrohre werden teilweise noch einfache, dünnwandige Stahlrohre (nahtlos oder längsgeschweißt) verwendet. Für die Anwendung bei Bohrarbeiten mit Verrohrungsmaschinen sind diese Rohre ungeeignet. Beim Einsatz rein statischer Auflast oder Vibratorverwendung sind sie jedoch durchaus üblich. Die Rohre werden nach Möglichkeit in der benötigten Länge angesetzt oder durch Anschweißen verlängert und sind innen und außen glatt.

Nahtlose Stahlrohre sind genormt nach DIN EN 10220 (Tab. 5.23).

5.7.8.3 Stahlrohre mit Steckverbindung

Diese Rohre bestehen aus nahtlosen Stahlrohren mit vorgeschweißten oder aufgeschweißten Muffenverbindungen (Abb. 5.146). Sie haben teilweise innen unterschiedliche Durchmesser an den Übergängen und sind außen überwiegend glatt.

Rohre mit Durchmessern bis 419 mm sind mit sogenannten Patentverbindungen lieferbar. Dabei werden Systeme mit Nocken (zur Übertragung der Drehmomente) und Einlegekeile zur Sicherung der Verbindung sowie Bajonettverbindungen gewählt; Material: St-52 (Tab. 5.24).

Bei Durchmessern über 600 mm sind schon seit langer Zeit – vorwiegend im Brunnenbau – Nietbohrrohre üblich. Dies sind Stahlrohre mit innenliegenden Muffen. Die Verbindung erfolgt durch sehr dicht angeordnete Rundkopfschrauben (Nietkopfschrauben).

Sie sind bei Brunnenbauunternehmen noch in größeren Mengen vorrätig und für Wassergewinnungsbrunnen mit großen Enddurchmessern noch vielfach im Einsatz. Eine Verwendung in Verrohrungsmaschinen ist nicht möglich. Durch die sehr arbeitsaufwendigen Rohrverbindungen nimmt der Einsatz stark ab. Verdrängt wurden sie inzwischen von den starkwandigen Schnellverschlussrohren in Verbindung mit Verrohrungsmaschinen.

Tab. 5.23 Standardrohrmaße für nahtlose oder längsgeschweißte Stahlrohre

Außen-∅	508	610	711	813	1016	1220	1420	1620	1820	2020	mm
Wandstärke	6	6	7	8	9	10	> 10	> 10	> 10	> 10	mm

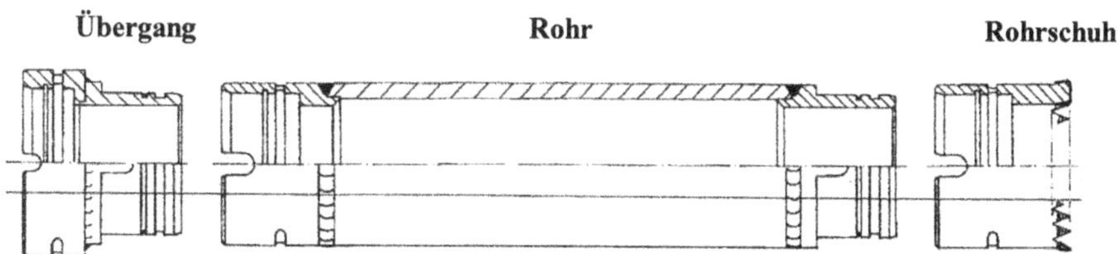

Abb. 5.146 Bohrrohr mit Steckverbindung

Tab. 5.24 Maßtabelle für Futterrohre mit Steckverbindung

Außen-∅ in mm	lichte Weite in mm	Schaftrohr-∅ in mm	Nutzlänge in mm
194	158	193,7 × 7,1	1000, 1500
219	185	219,1 × 7,1	1000, 1500
245	217	244,5 × 8,0	1000, 1500
324	285	323,9 × 10,0	1000, 1500
419	376	419,0 × 12,5	1000, 1500

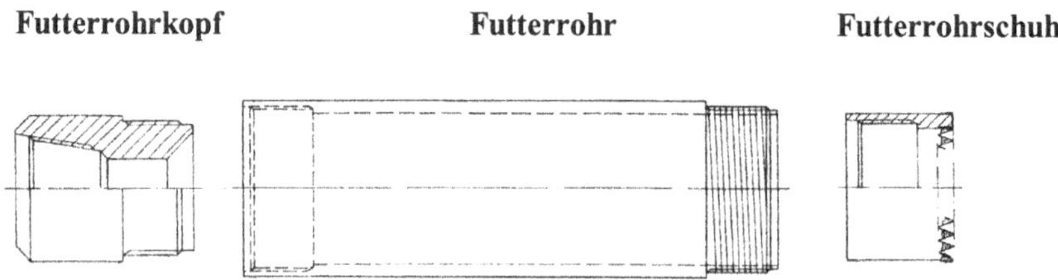

Abb. 5.147 Bohrrohr mit eingeschnittener Gewindeverbindung

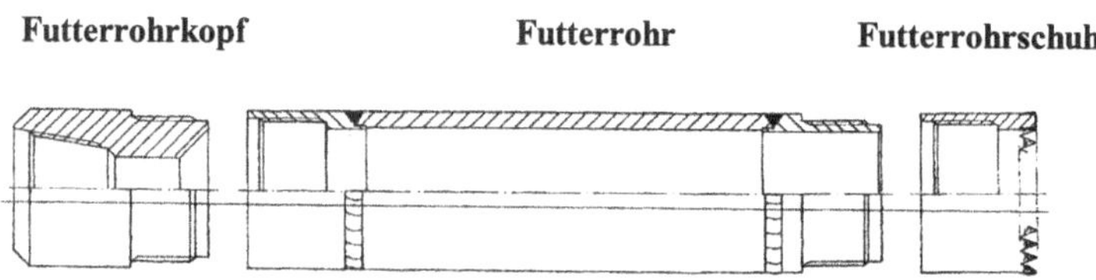

Abb. 5.148 Bohrrohr mit Gewindverbindung, schwere Ausführung mit vorgeschweißten Verbindern

5.7.8.4 Stahlrohre mit Schraubverbindung

Stahlrohre mit Schraubverbindung werden als Futterrohre bis zu einem Durchmesser von 419 mm eingesetzt. Diese Rohre haben insbesondere für den Baugrundaufschluss Bedeutung. Für den Einsatz in Verrohrungseinrichtungen (Drehtische) und einem ungehinderten Durchgang für die Bohrwerkzeuge sind sie innen und außen glatt gefertigt.

Hergestellt sind sie aus Präzisionsstahlrohr nach DIN EN 10305 in St-52 mit Muffen- und Zapfengewinde (4 Gg-1″ links oder rechts).

Zu unterscheiden sind

- Ausführung mit direkt eingeschnittenem Außen- und Innengewinde (Abb. 5.147)
- Ausführungen mit vorgeschweißten Gewindeverbindern (Abb. 5.148 und Tab. 5.25)

Futterrohre in schwerer Ausführung mit vorgeschweißten und nitrierten Gewindeverbindern Zapfen/Muffe mit zylindrischem Trapezgewinde 2-Gg-1″ links oder rechts, Schaftrohr aus St-52 (Tab. 5.26).

Tab. 5.25 Futterrohre mit Gewindeverbindung, leichte und schwere Ausführung

Außen-∅ in mm	lichte Weite in mm	Schaftrohr-∅ in mm	Nutzlängen in mm
Leichte Ausführung			
84	77,0	84,0 × 3,5	1500, 3000
98	89,0	98,0 × 4,5	1500, 3000
113	104,0	113,0 × 4,5	1500, 3000
128	119,0	128,0 × 4,5	1500,3000
143	134,0	143,0 × 4,5	1500, 3000
159	144,8	159,0 × 7,1	1500, 3000
168	153,8	168,0 × 7,1	1500, 3000
178	163,8	178,0 × 7,1	1500,3000
Schwere Ausführung			
168	150,4	168,0 × 8,8	500, 1000, 1500, 3000
178	160,4	178,0 × 8,8	500, 1000, 1500, 3000
219	199,0	219,0 × 10,0	500,1000, 1500, 3000
245	225,0	244,5 × 10,0	500, 1000, 1500, 3000
273	253,0	273,0 × 10,0	500, 1000, 1500, 3000
324	302,0	324,0 × 11,0	500, 1000, 1500, 3000
419	394,0	419,0 × 12,5	500, 1000, 1500, 3000

Tab. 5.26 Futterrohre mit vorgeschweißter Gewindeverbindung, schwere Ausführung

Außen-∅ in mm	lichte Weite in mm	Schaftrohr-∅ in mm	Nutzlänge in mm
159	139	159 × 8,0	500, 1000, 1500, 3000
168	148	168 × 8,0	500, 1000, 1500,3000
178	158	178 × 8,0	500, 1000, 1500, 3000
219	199	219 × 8,0	500, 1000, 1500, 3000
229	209	229 × 8,0	500, 1000, 1500, 3000
245	224	245 × 8,0	500, 1000, 1500, 3000
254	234	254 × 8,0	500, 1000, 1500, 3000
273	253	273 × 8,8	500,1000, 1500, 3000
324	304	324 × 8,8	500, 1000, 1500, 3000
419	394	419 × 10,0	500, 1000, 1500, 3000

5.7.8.5 Stahlrohre mit Schnellverbindungen (Nippelbohrrohre)

Das wichtigste Bauelement sind die luftdichten Rohrverbindungen, die aus hochfestem Vergütungsstahl hergestellt werden. Die Rohrverbindungen müssen in der Lage sein, die hohen Zug- und Druckkräfte sowie die Drehmomente ohne Verformungen aus den Verrohrungsmaschinen aufzunehmen.

Entsprechend dem Durchmesser besteht die Verbindung aus 8 bis 24 Schrauben. Führungen aus Schlitzen und Nippeln erleichtern das Aufsetzen. Bei Bedarf werden auch absolut wasserdichte Rohre geliefert. Die Nippel erhalten eine Nut, in die ein Dichtungsring eingelegt wird (Abb. 5.151).

Die Rohrverbindungen werden aus hochfestem Vergütungsstahl hergestellt. Die austauschbaren Gewinde und Konusringe sowie die Schraubkupplungen, die bei der Krafteinleitung am meisten beansprucht werden, sind ebenfalls vergütet. Aufgrund der genauen Bearbeitung der Bohrungen auf Spezialdrehtischen mit einer optisch einstellbaren Teilungsgenauigkeit von $\leq 0{,}01$ mm ist es möglich, dass die Rohre in jeder Anordnung stets zusammenpassen und austauschbar sind. Zwischen dem oberen und unteren Ring der Rohrverbindung sind Führungen angebracht, die bewirken, dass die Bohrungen des oberen und unteren Ringes genau fluchten.

Neben der Verwendung bei hydraulischen Verrohrungsmaschinen eignen sich diese Bohrrohre besonders auch zur Kombination mit Drehbohranlagen. Die Rohrverbindung ist vollkommen luftdicht. Wasserführende Schichten können trocken durchbohrt werden.

Je nach Bodenformation können Rohrschneidschuhe mit unterschiedlichen hartmetallbesetzten Schneidezähnen versehen werden. Bewährt haben sich inzwischen auswechselbare Schneideinsätze, die auf der Baustelle angeschweißt oder wie Baggerschaufelzähne eingesteckt werden können.

Damit wird die aufwendige Auftragsschweißung vermieden. Wichtig ist das rechtzeitige Auswechseln abgenutzter Einsätze, um eine Beschädigung der Rohre zu vermeiden.

Es sind doppelwandige (Abb. 5.149) und einwandige Ausführungen möglich. Für den Betrieb in Verrohrungsmaschinen sollten die Rohre ab einem Durchmesser von 1200 mm doppelwandig sein, um Beschädigungen an den Rohren zu vermeiden.

Hinweise zur Handhabung

Bei der Anwendung der Nippelbohrrohre ist auf ihre ständige Reinigung zu achten, insbesondere die Entfernung von restlichen Betonschlämmen an den Verbindungen. Ein späteres Säubern ist sehr aufwendig. Bewährt hat sich der Einsatz von Hochdruckpumpen, die

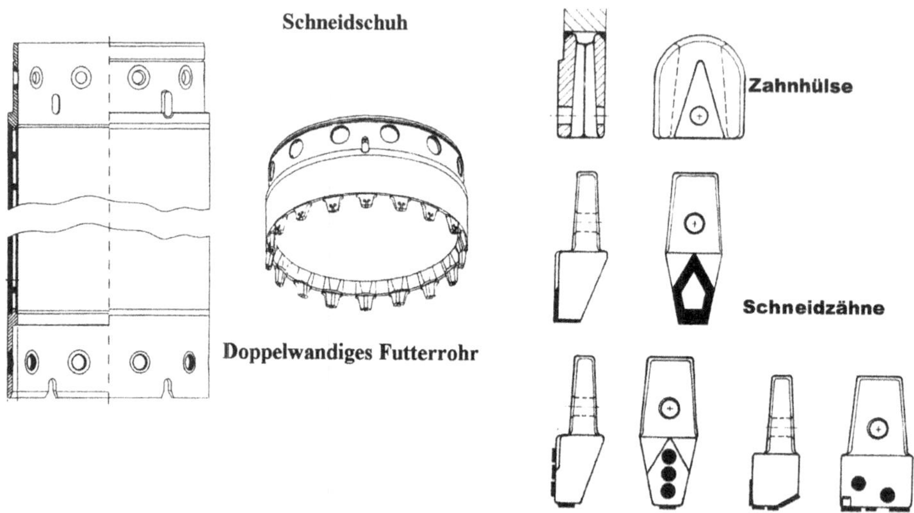

Abb. 5.149 Doppelwandiges Futterrohr mit Schneidschuh und auswechselbaren Schneidzähnen

Tab. 5.27 Doppelwandige Bohrrohre mit Nippelverbindung – Schwere Baureihe System „Leffer"

Rohr-Ø außen mm	Rohr-Ø innen mm	Anzahl der Bolzen St	Wandstärke doppelwandig mm	Stückelung m	mittleres Gewicht kg/m
600–900	520–820	8	40	1–2–3–4–5–6	433–653
1000–1500	920–1400	10–16	40–50	"	724–1485
1800–2500	1700–2380	20	50–60	"	1910–3105
2800–3200	2650–3040	24	60–80	"	3730–5240

Abb. 5.150 Aufsatztrichter

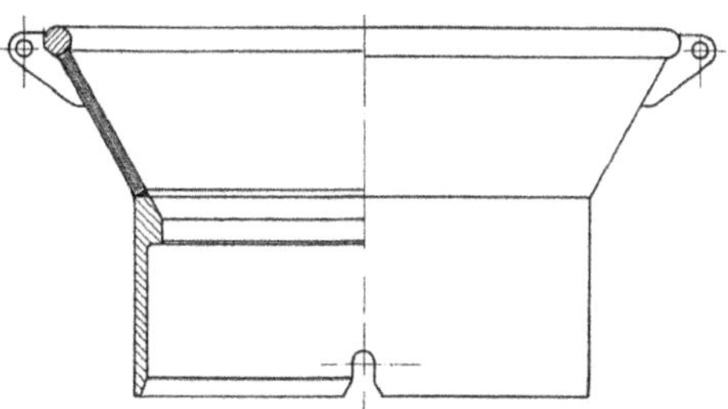

bei geringer Wassermenge eine sehr gute Wirkung erzielen. Die früher empfohlene Einfettung der Verbindungen sowie der Schrauben hat sich in der Praxis nicht bewährt. Durch Fett oder Öl in Verbindung mit Feinstbodenteilchen wird das Lösen der Schrauben und Verbindungsstücke erheblich erschwert. Ein gründliches Reinigen der Verbindungen und Schrauben mit Wasser und entsprechendes Lagern der Rohre ist Voraussetzung für eine leichte und schnelle Handhabung. Für das Verschrauben werden heute vielfach Druckluft- oder Hydraulikschlagschrauber eingesetzt (Tab. 5.27).

Beim Einsatz der Bohrrohre ist unbedingt ein Führungstrichter (Abb. 5.150) zu verwenden. Er erleichtert das Einführen der Bohr- und Meißelwerkzeuge und schützt die sehr empfindlichen und teureren Rohrverbindungen.

Für Bohrrohre mit der beschriebenen Schnellverbindung hat sich ein vergleichbares System entwickelt. Jedoch ist vor einem Vermischen von Rohren verschiedener Hersteller zu warnen, da schon sehr geringe Maßtoleranzen zu großen Problemen führen können (Abb. 5.151).

5.7.9 Imlochhämmer

5.7.9.1 Allgemeines

Das Arbeitsprinzip pneumatischer Imlochhämmer (Abb. 5.152) entspricht dem von Gesteinsbohrhämmern. Allerdings ist eine Umsetzvorrichtung erforderlich, da die Drehbewegung vom Kraftdrehkopf über den Bohrstrang auf das Bohrwerkzeug übertragen wird.

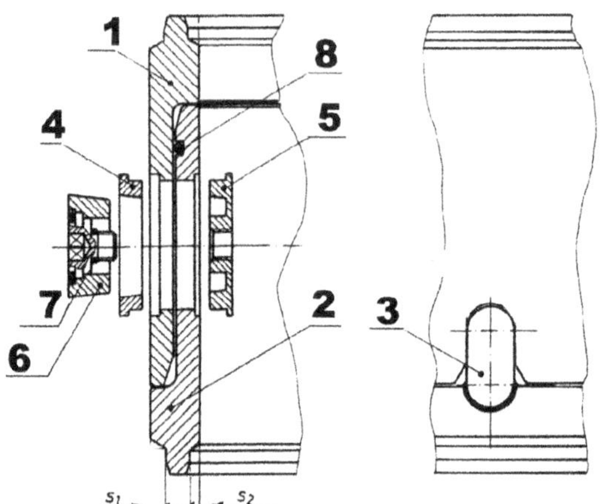

Abb. 5.151 Rohrverbindungselement für Nippelbohrrohr System Leffer

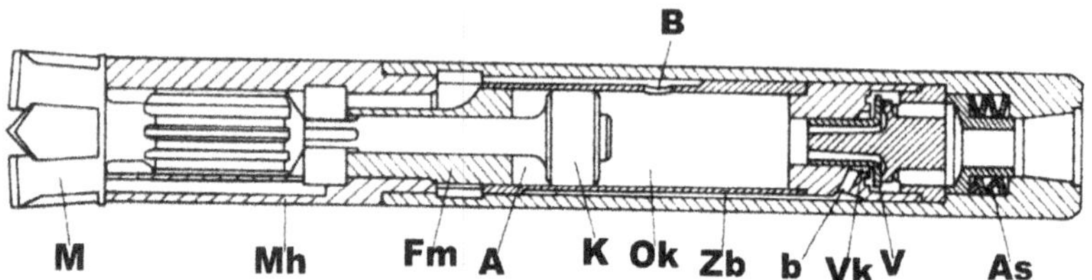

Abb. 5.152 Schematische Darstellung eines Imlochhammers. M: Meißel; Mh: Meißelhülse; Fm: Führungsmuffe; A: untere Kammer; K: Kolben; Ok: obere Kammer; Zb: Zylinderlaufbuchse; b: Bohrung; Vk: Ventilkammer; V: Ventil; As: Amortisator; B: Bohrung

In seiner untersten Lage schlägt der Kolben (K) auf den Schaft des Bohrmeißels (M). Die in der unteren Kammer befindliche verdichtete Luft strömt durch die Bohrung (B) und einen axialen Kanal auf der äußeren Mantelfläche der Zylinderlaufbuchse (Zb) sowie die Bohrung (b) in die untere Ventilkammer (A). Das Ventil (V) wird dadurch nach oben geschoben, so dass die Druckluft über denselben Weg in die untere Kammer des Imlochhammers gelangt. Der Kolben wird durch die einströmende Druckluft nach oben geschleudert. Dabei drückt er die in der oberen Kammer (Ok) befindliche Luft durch die Bohrung (B) sowie durch einen zweiten axialen Kanal auf der äußeren Mantelfläche der Zylinderlaufbuchse und der Führungsmuffe (Fm) und durch Bohrungen der Meißelhülse (Mh) zur Bohrlochsohle oberhalb des Bohrwerkzeuges. Nach Überdecken der Bohrung (B) durch den aufwärts geschleuderten Kolben wird die noch in der oberen Kammer befindliche Luft verdichtet. Die obere Ventilkammer steht mit der oberen Kammer in Verbindung. Erreicht der Kolben seinen oberen Totpunkt, wird unter dem Druck der in der oberen Kammer komprimierten Luft das Ventil wieder nach unten geschoben, so dass der Weg für die Druckluft in die obere Kammer freigegeben wird. Nun beginnt der Arbeitshub des Kolbens (K). Der nach unten geschleuderte Kolben (K) drückt zunächst die in der unteren Kammer (A) befindliche Luft durch die Bohrung (B) zur Bohrlochsohle. Nach Überdecken der Bohrung (B) durch den Kolben wird die Luft durch die Bohrung (a) in die untere Ventilkammer (A) geleitet. Im Moment des Aufschlagens des Kolbens (K) auf das Einsteckende des Meißels (M) hat die verdichtete Luft in der unteren Ventilkammer (A) den Druck erreicht, der zum Verschieben des Ventils erforderlich ist. Damit ist der Arbeitshub beendet und ein neuer Zyklus beginnt. Die Kolbenbewegung ruft eine axiale Vibration aller am Schlagvorgang beteiligten Bauelemente hervor. Damit diese Vibration nicht auf den Bohrstrang übertragen wird, sind viele Imlochhämmer mit Stoßdämpfern (As) ausgerüstet. Zunehmend setzt sich jedoch die konstruktiv sehr einfache und gegen Spülluftzusätze unempfindlichere Rohrschieber- und Selbststeuerung durch.

Um eine wirksamere Bohrlochreinigung zu erreichen sowie die Möglichkeit zum Einblasen einer größeren Luftmenge, als zum Betreiben des Imlochhammers erforderlich ist, zu ermöglichen, werden pneumatische Imlochhämmer mit Zentralspülung eingesetzt. Die Spülluft wird dabei bis unmittelbar an die Schneidelemente des Bohrwerkzeuges herangeführt. Außerdem kann der Antriebsluft unter besonderen Einsatzbedingungen auch Wasser oder ein Gemisch von Wasser und Schäummittel zugesetzt werden.

Vor Verunreinigung des pneumatischen Tauchhammers durch eindringenden Bohrschlamm beim Nachsetzen des Bohrstranges schützt ein Rückschlagventil, das sich bei Unterbrechung der Druckluftzufuhr sofort schließt.

Eine Erhöhung der Einzelschlagenergie der pneumatischen Imlochhämmer wurde durch eine Vergrößerung der wirksamen Kolbenfläche (Tandemkolben), eine Steigerung der Kolbenmasse bzw. durch eine Verlängerung des Kolbenhubes erreicht.

Wurde zunächst der Arbeitsprozess des Hammers über Ventile gesteuert und mit relativ niedrigem Druck gearbeitet, verwendet man heute überwiegend schlitzgesteuerte Imlochhämmer, die Betriebsdrücke bis zu 35 bar zulassen. Die Schlitzsteuerung hat den Vorteil, dass die Hämmer unempfindlicher gegen Verschmutzung sind und der höhere Luftdruck größere Bohrlochtiefen und -durchmesser ermöglicht. Abb. 5.154 zeigt verschiedene Bohrkronenausführungen für Imlochhämmer

5.7.9.2 Bohrverfahren für gleichzeitiges Verrohren

Ist bei einer Bohrung eine Verrohrung mitzunehmen, wird es erforderlich, einen Freischnitt für diese Verrohrung zu erzeugen. Beim sogenannten Sim-Cas-Verfahren wird der Freischnitt durch einen Exzentermeißel erzeugt, der unterhalb der Verrohrung durch Reibung an der Bohrlochwand herausdreht. Durch entgegengesetztes Drehen des Bohrstranges nach links dreht der Exzenter nach innen, so dass der Bohrstrang unabhängig von der Verrohrung gezogen werden kann (Abb. 5.153).

Die Bohrung kann anschließend mit einem kleineren Meißel durch die Verrohrung fortgesetzt werden, wenn z. B. Fels erreicht ist. Exzentermeißel, Pilot und Exzenter sind ein Stück. Der Pilot ist zentrisch in der Bohrlochachse angeordnet und stellt die Richtungsstabilität der Bohrung her. Durch einen Bolzen wird Exzentermeißel im Einsteckende gehalten.

Es wird zwischen zwei unterschiedlichen Verfahren unterschieden, die im Kap. 4 – näher beschrieben werden (Abb. 5.154 und Tab. 5.28).

Abb. 5.153 Imlochhämmer
System HALCO mit
Exzentermeißel. (Quelle:
SPIBO Spielhoff-
Bohrwerkzeuge GmbH)

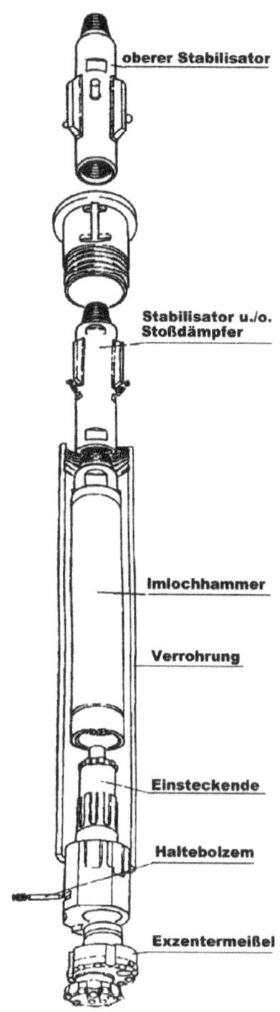

5.7.10 Werkzeuge für das Rammkernverfahren

5.7.10.1 Allgemeines

Der Grundgedanke des Rammkernverfahrens entstammt dem System der Stechzylinder, die schon 1931 von Burkhardt zur Entnahme ungestörter Bodenproben beschrieben wurden und seitdem vornehmlich in bindigen Böden angewendet werden. Es sind die einfachsten Probenentnahmegeräte, die entweder mechanisch oder hydraulisch in den Untergrund eingetrieben oder eingeschlagen werden. Es sind einfache verzinkte Rohrstücke mit standardisierten Längen und Durchmessern, die am vorderen Ende einen Schneidschuh besitzen.

Aus diesem Verfahren wurde von Kjellmann ein Gerät entwickelt, bei dessen Verwendung die Wandreibung und die damit verbundene Verfälschung der Probeneigenschaften weitgehend vermieden werden kann. Sowohl die Stechzylinder als auch das Kjellmann-Gerät besitzen keine Vorrichtung, wie z. B. einen der noch zu besprechenden Kernfänger, die einen Verlust von Probensubstanz beim Ausbau aus dem Bohrloch verhindert. Daher können diese Geräte nur für die Probenentnahme in Böden eingesetzt wer-

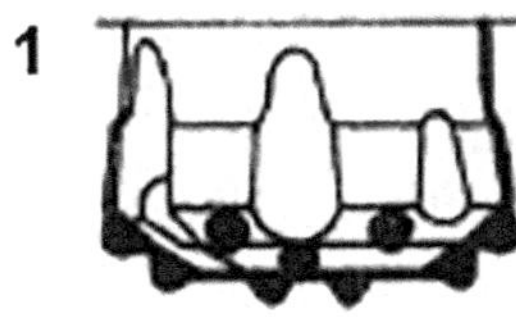

Konvexe Form (1)

Ballistisch (F1)

Diese Ausführung hat eine konvexe Front mit tiefen Spülrillen für wirkungsvolle Bohrkleinaustragung. Alle Einsätze haben ballistische Form. Dies ist eine Bohrkrone für hohe Bohrfortschritte in weichen bis mittelharten, nicht abrasiven Formationen.

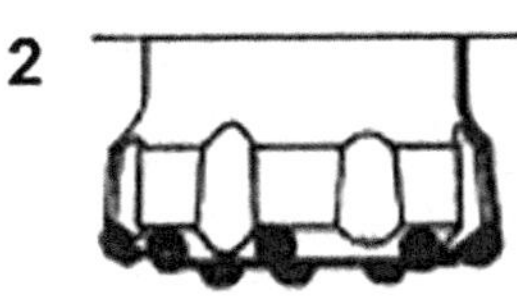

Flache Front (2)

Robust (F2)

Für das Bohren in sehr harten und abrasiven Formationen. Normalerweise mit sehr großen Kaliberstiften.

Normal (F3)

Für mittelharte bis harte, mäßig abrasive Gesteinsformationen. Kleinere Bohrstifte als bei den Robust-Bohrkrönen.

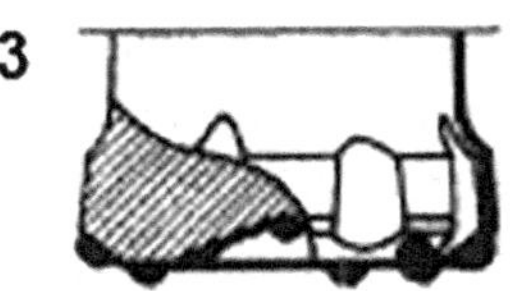

Konkave Front (3)

Normal (F4)

Die Allround-Bohrkrone für das Bohren in mittelharten bis harten Formationen. Die konkave Front sorgt für gerade Bohrlöcher bei geringer Lochabweichung. Ersetzt die alte Drop-Centre-Bohrkrone.

Robust (FS)

Mit großen Kaliberstiften für extrem harte, abrasive und brüchige Formationen.

Konkave DGR-Front (4)

DGR(F6)

Konkave Front mit doppelreihig angeordneten Kaliberstiften für mittelharte bis harte Formationen. Lieferbar für große Bohrkronen, ≥ 203 mm (8").

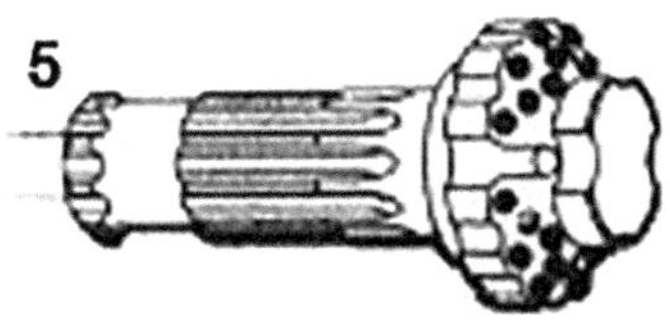

Räumerkrone (5)

Dient der Erweiterung eines kleinkalibrigen Führungsloches durch Aufbohren. Nützlich, wenn der verfügbare Senkbohrhammer zu klein ist, um großkalibrigere Durchmesser in einem Arbeitsgang abzubohren.

Abb. 5.154 Verschiedene Bohrkronenausführungen für Imlochhämmer

Tab. 5.28 Technische Daten einiger Imlochhämmer System HALCO

Typen bezeichnung	Luftverbrauch in m³/min bei					Maße und Gewichte			
	7 bar	10,5 bar	14 bar	17 bar	24 bar	∅ mm	Länge mm	Gewicht kg	Meißel-∅ mm
Dart 350	4,0	6,1	8,5	10,5	14,2	81	832	23,0	90–104
MACH 303	3,1	5,4	7,7	9,9	14,7	77	830	18	85–100
MACH 44	4,8	7,0	9,5	12,0	17,2	95	1000	35	105–150
MACH 50	5,7	7,2	10,4	14,9	23,4	114	1012	54	127–165
MACH 60	7,1	9,5	12,5	16,4	25,5	139	1095	89	150–300
MACH 80	7,4	11,3	14,7	19,5	33,9	182	1180	180	203–444
MACH 120	15,3	21,5	28,3	35,4	48,1	273	1667	563	300–610

den, die eine hinreichende Konsistenz besitzen und eine solche Wandreibung mit der Innenwand des Stutzens entwickeln, dass ein Ausfließen von Probensubstanz aus dem Probeentnahmegerät nicht oder nur in unbedeutendem Maße eintreten kann.

Weitere Entwicklungen waren Entnahmegeräte von Begeman, Ollsen und Bishop.

Zur Entnahme repräsentativer Proben aus oberflächennahen Schichten wurden die obengenannten Geräte weiterentwickelt. Zu diesen Weiterentwicklungen gehört das Probenentnahmegerät der Fa. ITAG, genannt Schlauchkernverfahren (Abb. 5.155), das als Vorläufer des heutigen Verfahrens gelten kann. Hauptteile des Gerätes sind ein Kernrohr mit einschraubbarer Hülse, ein durchsichtiger Kunststoffschlauch und eine mit Hartmetall vergütete Kernschneide, welche die Funktion einer Bohrkrone übernimmt. Der Kunststoffschlauch ist an seinem oberen Ende verschlossen. Nachdem der Kunststoffschlauch auf die Hülse aufgestreift ist, erfolgt der Einbau in das Kernrohr. Nun wird das Kernrohr entweder mit einem Imlochhammer oder mit einer langsam schlagenden Rammeinrichtung in die Bohrlochsohle eingetrieben. Das durch die Hülse in das Kernrohr eindringende Probematerial streift den Kunststoffschlauch von der Hülse und wird so von diesem aufgenommen, bis der Schlauch völlig angefüllt ist.

5.7.10.2 Neuzeitliche Verfahren

Das Verfahren und die dafür entwickelte Ausrüstung haben sich trotz ihrer Einfachheit vielfach bewährt. Mit geringen konstruktiven Änderungen kann dieses Verfahren auch in Verbindung mit dem Hohlbohrschneckenverfahren angewandt werden. Besonders vorteilhaft ist die Möglichkeit, Kerne verlustlos zu gewinnen.

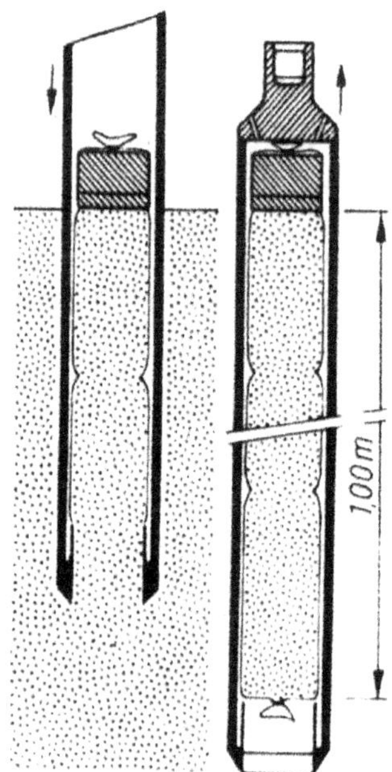

Abb. 5.155 Schlauchkernverfahren nach ITAG

Unter anderen haben sich die Spezialunternehmen Celler Brunnenbau GmbH, Geomechanik Bohrgesellschaft mbH und der Bohrgerätehersteller Nordmeyer um die Verbesserung dieses Verfahrens zum heutigen Rammkernverfahren bemüht. 1981 wurden in Norddeutschland mit diesem Verfahren bereits Teufen von 300 m erreicht. Die Entwicklung wurde auch begünstigt durch die rasante Modernisierung in der Bohrgerätetechnik. Das Verfahren gehört heute zum Arbeitsprogramm aller Firmen, die sich mit dem Baugrundaufschluss befassen. Allerdings gibt es zum Teil wesentliche Unterschiede zwischen Nord- und Süddeutschland.

Heute kann man folgende Verfahren, deren Anwendung im Kap. 4 – ausführlich beschrieben werden, unterscheiden:

System A

Verwendet wird hierbei ein Kernrohr von 1 m Länge, das am unteren Ende mit einem Schneidschuh und Fangfederkorb ausgestattet ist und in dem sich eine PVC-Hülse befindet (Abb. 5.156 und 5.157). Es wird über das Schlagwerk mit einem Rammgewicht in den Boden geschlagen. Hat sich das Kernrohr gefüllt, wird es mit einer Rohrtour um einige Zentimeter überbohrt und mittels Fänger (vergleichbar mit dem Seilkernrohr) über Seilzug geborgen und der gewonnene Kern ausgebaut. Zum Überbohren reicht ein starker Kraftdrehkopf oder ein Verrohrungsdrehtisch aus. Das Rammgewicht ist max. 500 kg schwer.

System B

Der Durchmesser des Kernrohres ist hierbei zum Teil wesentlich größer als beim System A (bis 282 mm). Die Ausstattung entspricht ansonsten dem System A. Allerdings reicht hier zum Überbohren der KDK nicht mehr aus. Sofern kein starker Verrohrungsdrehtisch zur Verfügung steht, muss das Überbohren mit Spülhilfe erfolgen.

Abb. 5.156 System A nach Celler Brunnenbau Kernrohr mit Rammgewicht (links) und Rohrkopf mit Amboss und Fangvorrichtung (rechts)

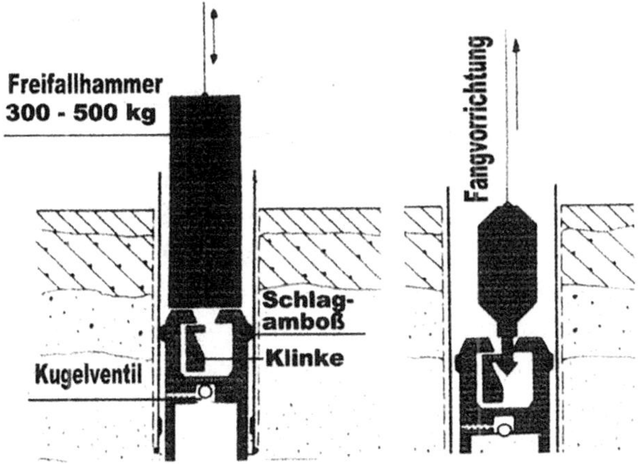

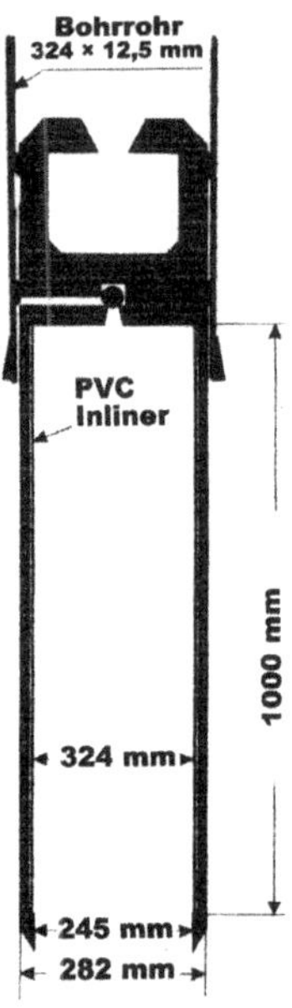

Abb. 5.157 Rammkernrohr
System Celler Brunnenbau

System C

Im Unterschied zu den Systemen A und B wird hier kein PVC-Inliner verwendet. Der Durchmesser entspricht dem System B. Das Kernrohr wird mit einem Rammgewicht oder einem Druckluftrammhammer (Düsterlohhammer) eingebracht. Die Mitnahme der Verrohrung erfolgt mit Verrohungsdrehtischen (soweit erforderlich, mit Spülhilfe). Bei größeren Teufen wird die Verrohrung teleskopiert. Der gewonnene Kern wird lose gewonnen und in Kernkisten höhengerecht eingefüllt. Diese Methode wird überwiegend in Süddeutschland angewendet. Die Futterrohre sind innen und außen glatt. Die Durchmesser der Rohre werden so abgestimmt, dass eine Teleskopierung möglich ist.

Der Rammhammer (Abb. 5.158) ist ein Nachbau bzw. eine Weiterentwicklung des von Dr. Herbold 1950 entwickelten und von der Fa. Düsterloh, Sprockhöfel (NRW), hergestellten Rammhammers, dem sogenannten Düsterlohhammer und ein bewährtes Gerät zur Durchführung des Rammkernverfahrens. Sein Einsatz erfolgt in diluvialen und tertiären Schichten zur Herstellung von Untersuchungsbohrungen und Pegelbohrungen sowie zur Entnahme ungestörter Bodenproben. Der am Seil hängende Druckluftthammer treibt eine mit ihm an seinem unteren Ende verbundene Rammschappe in den Boden. Die erreichbaren Bohrtiefen betragen je nach Gebirge und Bohrdurchmesser bis etwa 80 m, bei Schappendurchmessern von 120 bis etwa 280 mm.

Das Gerät ist sehr robust gebaut und ventillos nach dem Selbststeuerungsprinzip, und zwar so, dass der Schlagkolben ununterbrochen in Schlagrichtung gedrückt und der Rückhub durch ein bestimmtes Volumen expandierender Luft ausgeführt wird. Für den Auspuff steht dabei ein großer Zeitanteil des Arbeitsspieles zur Verfügung, wodurch die Steuerung sich auch besonders für Gegendruck unter Wasser eignet. Bei einer Wassersäule über dem

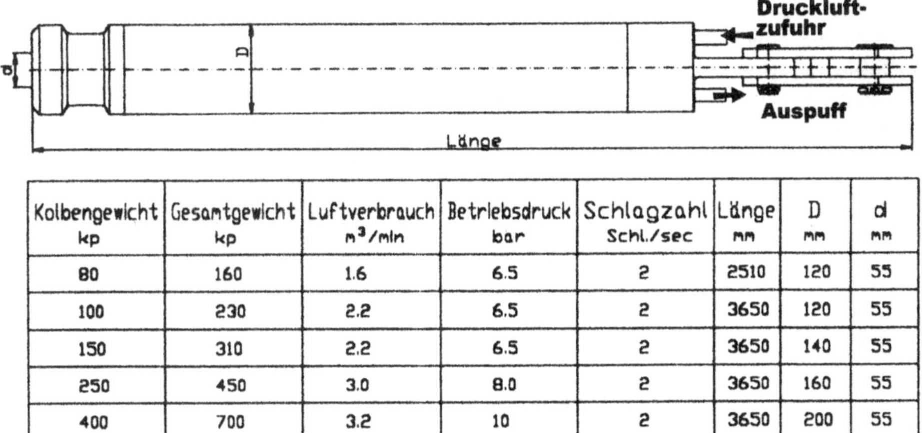

Kolbengewicht kp	Gesamtgewicht kp	Luftverbrauch m³/min	Betriebsdruck bar	Schlagzahl Schl./sec	Länge mm	D mm	d mm
80	160	1.6	6.5	2	2510	120	55
100	230	2.2	6.5	2	3650	120	55
150	310	2.2	6.5	2	3650	140	55
250	450	3.0	8.0	2	3650	160	55
400	700	3.2	10	2	3650	200	55

Abb. 5.158 Rammhammer System BOTEC-SCHEITZA mit Tabelle der Gerätedaten

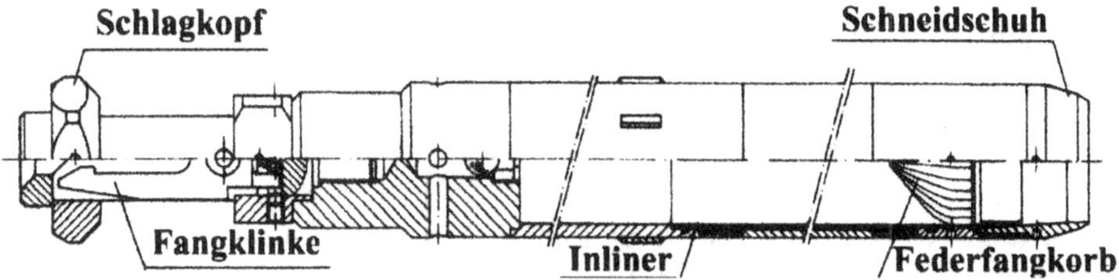

Abb. 5.159 Rammkernrohr

Hammer ist ein Auspuffschlauch zu verwenden. Da der Kolben lediglich an seinem oberen Ende eine kurze Kunststoffdichtung gegen die Zylinderbohrung besitzt, ist der Hammer unempfindlich gegen elastische Verbiegung, innere Verschmutzung und einfrieren.

Dieses Rammkernrohr Typ RKR 140/116 hat einen PVC-Inliner 125 × 2,5 × 1000 mm und kann sowohl mit dem oben erwähnten Rammhammer als auch mit einem Rammgewicht eingesetzt werden (Abb. 5.159). Die Bergung erfolgt über eine Fangvorrichtung, die im Klinkenkopf einrastet (vergleichbar mit dem Seilkernrohr).

Rammkernen mit Imlochhammer

Bei einem vergleichbaren Verfahren wird ein Imlochhammer eingesetzt. Das Verfahren besteht aus dem HALCO MACH 44 und einem Trockenkernrohr mit PVC-Liner. Der Kerndurchmesser beträgt 100 mm und die Kernlänge 1000 mm (Abb. 5.160).

Durch die Ausbildung des Einsteckendes in Verbindung mit dem auf die speziellen Belange des Trockenkernbohrens abgestimmten Übergang zwischen Einsteckende und Kernrohr wird ein störungsfreies Rammen mit hoher Fortschrittgeschwindigkeit erreicht. Durch die Auswahl von unterschiedlichen Kernfangringen, Kernfedern und Rammkernschneidschuhen kann das Rammkernrohr den Bodenverhältnissen angepasst werden.

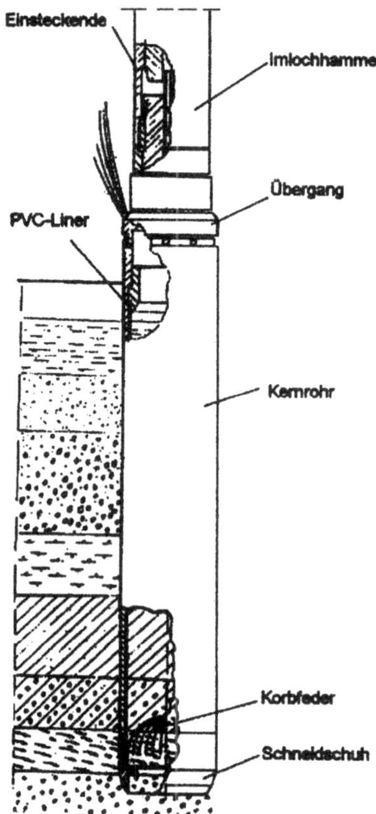

Abb. 5.160 Rammkernrohrsystem mit Imlochhammer

Technische Beschreibung

Der Anschluss zum Imlochhammer erfolgt über ein Einsteckende mit Gewindezapfen und einem Übergang, der gleichzeitig die Bohrungen für die Abluft enthält. Der Luftaustritt aus dem Kernrohr erfolgt über ein Kugel-rückschlagventil. Die Hammerabluft wird so geführt, dass sie möglichst parallel zum Hammer austritt und die Bohrwandungen schont.

Das Kernrohr kann auch mit einem steckbaren Trockenbohrgestänge betrieben werden, wobei die Druckluft durch einen separaten Schlauch zum Hammer geführt wird. In vielen Fällen ist es nicht notwendig, dass sich der Imlochhammer mit dem Kernrohr dreht, so dass eine einfache Konstruktion des Luftanschlusses möglich ist. Mit diesen Maßnahmen ergeben sich recht kurze Ein- und Ausbauzeiten.

Der Luftbedarf für das Rammkernrohr kann sehr niedrig gehalten werden, da keinerlei Luft für das Abfordern von Bohrklein erforderlich ist. Je nach Bodenverhältnissen beträgt die Rammzeit für den 1000 mm langen Kern 20 bis 90 s.

System D

Dieses von der Fa. Nordmeyer entwickelte System unterscheidet sich von den übrigen Rammkernverfahren dadurch, dass hier eine Hohlbohrschnecke zum Überbohren eingesetzt wird. Grundsätzlich ist es allerdings auch möglich, wie bei den anderen Verfahren, mit einer Rohrtour zu überbohren. Je nach Hohlbohrschneckendurchmesser und anstehender Formation reicht der KDK für das Überbohren nicht mehr aus. In diesen Fällen kann unter Verwendung besonderer Einsätze der Verrohrungsdrehtisch verwendet werden. Bei diesem System wird ein PVC-Inliner verwendet.

Je nach Bodenverhältnissen und Kernrohrdurchmesser werden Rammgewichte mit 100, 200 oder 300 kg verwendet. Sie werden am Seil geführt und über die Seilschlageinrichtung betätigt.

Der Ein- und Ausbau des Rammkernrohres erfolgt auch bei diesem System mittels Fangvorrichtung und Klinkenkopf. Zu diesem System ist auch eine spezielle Entnahmevorrichtung für den Ein- und Ausbau des Rammkernrohres und Bearbeitung der Proben lieferbar (Abb. 5.161).

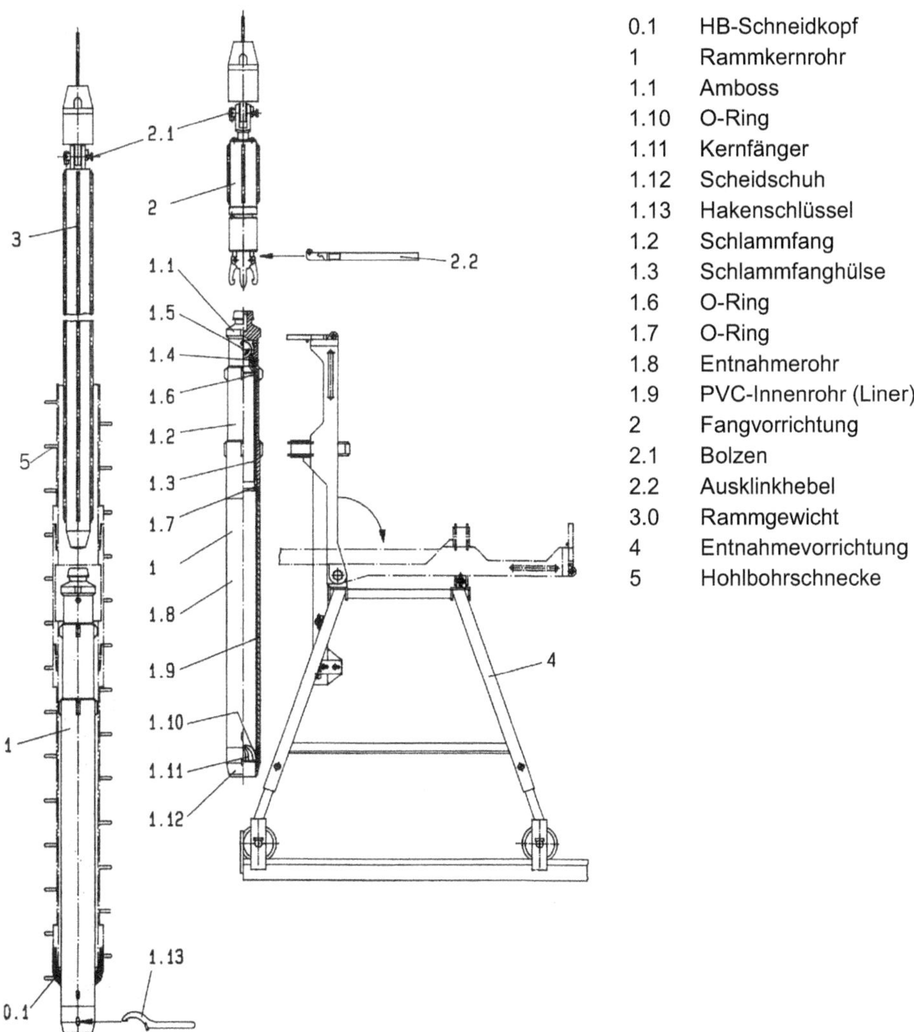

Abb. 5.161 Rammkernbohrsystem Nordmeyer für das Überbohrverfahren

5.7.11 Kernfangeinrichtungen

Maßgebend für eine einwandfreie Funktion der Kerngewinnung, sowohl für das Kernbohrverfahren als auch für das Rammkernverfahren, ist die Vermeidung von Kernverlust. Im praktischen Bohrbetrieb werden für das Verklemmen des Bohrkerns Kernfanghülsen, -ringe und -federkörbe eingesetzt. Entsprechende Vorrichtungen gehören heute zu jeder hochwertigen Kernrohrgarnitur. Sie sind so konstruiert, dass normalerweise auf weitere Hilfsmittel verzichtet werden kann.

In bindigen und zähplastischen Schichten ist die Erzielung eines guten Kerngewinns nicht übermäßig problematisch. Schwierigkeiten hingegen bestehen in unverfestigten, kohäsionslosen und rolligen Böden sowie in verwitterten Felsformationen und wasserführenden Böden. Hierfür wurden verschiedenartige Kernfangvorrichtungen entwickelt.

Kernfänger sind so ausgebildet, dass sie beim Anheben der Bohrgarnitur wie ein Federkorb den Kern nach unten abschließen, was jedoch in der Regel nicht immer gelingt, so dass feineres Material teilweise immer noch ausfließt. An der Verbesserung der Kernfangsysteme wird immer noch gearbeitet.

In der Abb. 5.162 werden einige Kernfangringsysteme dargestellt. Die Eigenschaften und ihre Anwendungsbereiche werden nachfolgend beschrieben.

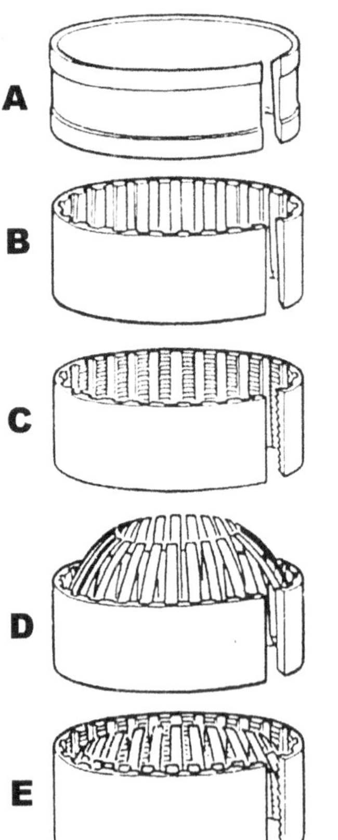

Typ A
Glattes System, geeignet für hartes, homogenes und kompaktes Gestein (Granit, Basalt, Gneis u.ä.)

Typ B
System mit Nuten, geeignet für weniger feste Gesteine und für bindige Formationen mit homogener Struktur (Ton, Gips, Kalkstein, Sandstein, Salz, Kreide, Tonstein, Mergel u.ä.)

Typ C
Ausführung mit Nuten, gerillt oder gezahnt für lockere, jedoch auch feste, gebräche Gesteine mit Klüften (weicher Sandstein, Sandschiefer, Ton, Geschiebemergel u.ä.)

Typ D
Korbförmiger Typ mit Nuten und kurzen oder langen Federn (kurze Federn bei lockeren Gesteinen, sehr gebräch, klüftigen Schichten, schweren bindigen Böden, sehr mürbem Kalkstein, losem, plattigem Schieferton. Lange Federn bei geringbindigen Böden, trockenen Sanden, Feinkies mit Zwischenlagen)

Typ E
Korbförmiger Typ mit Nuten, gerillt und mit kurzen oder langen Federn (Anwendungsbereiche der kurzen oder langen Federn in analoger Weise wie bei Korbtyp D)

Abb. 5.162 Verschiedene Formen von Kernfangsystemen

5.7.12 Misch- und Verpressgeräte

5.7.12.1 Mischgeräte

Werden nur geringere Spülungsmengen auf Bentonit- bzw. Tonbasis benötigt, so werden für die Aufbereitung Behälter und einfache Mixer verwendet. Bei größeren Mengen ist der Einsatz von speziellen Bentonitmischeinheiten zu empfehlen.

Eine solche Anlage zeigt Abb. 5.163. Das Gerät mit der Typenbezeichnung BEMIX 6 ist eine kontinuierlich laufende Einheit zur Herstellung einer Wasser- und Bentonitmischung. Der Mischer erzeugt eine durch und durch gleichmäßige Mischung, die frei von Klumpen und Anhäufungen ist. Jedes Bentonitpartikel ist individuell getrennt und benetzt (maximal 10 % Bentonit). Das Mischungsverhältnis aus Wasser und Bentonit wird durch eine mit variabler Drehzahl laufenden Förderschnecke und einem Nadelventil am Wassereinlass eingestellt. Die Kapazität beträgt 6 m³/h. Der Mischertank fasst etwa 50 l. Wenn das Volumen erreicht ist, läuft die Mischung automatisch durch ein Überlaufrohr in einen Vorratstank. Dadurch ist es möglich, ständig Bentonit und frisches Wasser zuzuführen. Die Mischkapazität hängt von der Ein- Stellung des Nadelventils und der Drehgeschwindigkeit der Förderschnecke ab.

Abb. 5.163 Turbomischer für Feinstbindemittel und Bentonit, System HÄNY Typ HSM 300

Abb. 5.164 Kompakt-
Injektionsanlage System
HÄNY IC 325

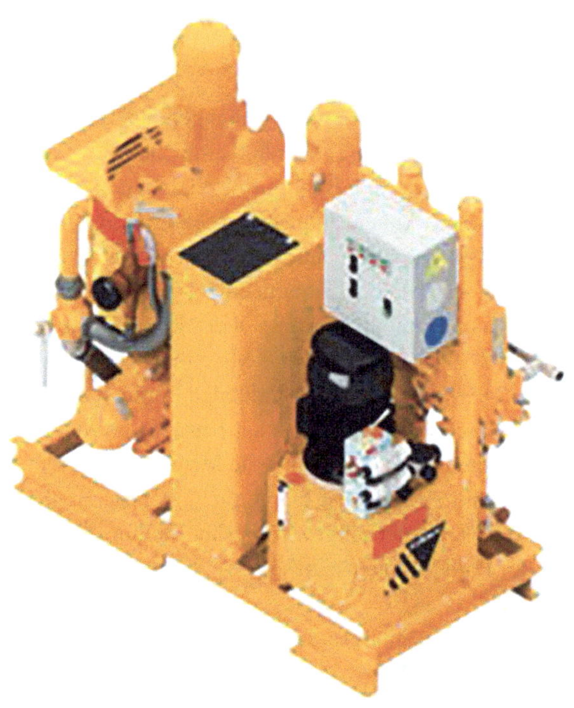

5.7.12.2 Verpressgeräte

Für Verpressarbeiten stehen heute Kompaktgeräte in den unterschiedlichsten Größen zur
Verfügung, die auf einem gemeinsamen Rahmen mit einer Mischeinheit, einem Vorratsbehälter und der Verpresspumpe ausgestattet sind (Abb. 5.164). Ein derartiges Kompakt-
gerät mit der Typenbezeichnung Injecto-Compact IC 325 der Fa. Häny hat eine Kapazität
von 2 m³/h bei einem Druck von max. 100 bar. Es wird über einen E-Motor mit einer Leistung von 9,1/10,5 kW angetrieben.

5.8   Schmierung und Wartung

5.8.1   Schmierung

Schmieren dient der Verminderung der Reibung zwischen bewegten Teilen und bedeutet
damit Verringerung der aufzubringenden Leistung. Weniger Verschleiß und geringerer
Energiebedarf bedingen Kostensenkung. Darüber hinaus hat das Schmiermittel die entstandene Reibungswärme abzuführen und in manchen Maschinen als Dichtungsmittel
zu wirken.

Für das Bewegen zweier aufeinanderliegender Körper ist ein bestimmter Kraftaufwand erforderlich. Dieser Kraftaufwand wird durch die Reibung zwischen den Körpern hervorgerufen. Er ist trotz bester Oberflächenbeschaffenheit nicht zu vermeiden. Die Größe der Reibung hängt von der Materialpaarung, dem spezifischen Druck zwischen den Körpern, der Rauigkeit der Berührungsflächen und der Relativgeschwindigkeit zwischen den bewegten Körpern ab. Die zur Überwindung der Reibung aufgewandte Energie wird in Wärme umgesetzt.

Bei den Bremsen ist die Reibung erwünscht und wird durch entsprechende Konstruktionen möglichst groß gehalten; bei den Lagerungen soll sie dagegen so klein wie möglich bleiben.

Die Grenzzustände bei der Schmierung eines Lagers sind „flüssige" und „trockene", dazwischen liegen „halbflüssige" und „halbtrockene" Reibung. Diese Bezeichnungen stammen aus dem früheren Sprachgebrauch, als ausschließlich Öle oder Fette zur Schmierung verwendet wurden.

Beim Einsatz von Trockenschmierstoffen sind diese Bezeichnungen jedoch sinngemäß anwendbar. Kennzeichnend für einen der Zustände ist das Vorhandensein von Schmierstoff in reichlicher, ausreichender, mangelhafter oder ungenügender Menge und die damit verbundene Ausbildung des Schmierkeils. Den Idealfall bildet die flüssige Reibung. Man spricht davon, wenn zwischen zwei Körpern ein geschlossener Flüssigkeits- oder Schmierfilm liegt, und eine Berührung der beiden Körper absolut unmöglich ist. In der Praxis herrscht die halbflüssige Reibung vor. Hier wird zwar ausreichend geschmiert, aber durch Konstruktion, Betriebsbedingungen und Art des Schmierstoffes kann der Schmierfilm nicht vollkommen geschlossen bleiben.

Beim Betriebszustand halbtrockene Reibung kommt man bereits gefährlich in die Nähe der trockenen Reibung. Es fehlt an Schmiermittel oder die Lagerkonstruktion ist falsch. Beim völligen Ausbleiben des Schmiermittels kommt es zu der sogenannten trockenen Reibung, die zur schnellen Zerstörung der Lagerflächen führen kann. Die Betriebsbedingungen sind stark wechselnd, die Schmierung muss daher an die verschiedenen Einsatzverhältnisse und Temperaturen angepasst werden. Gute Schmiermittel haben über einen weiten Bereich ausreichend gute bis sehr gute Schmiereigenschaften.

5.8.2 Eigenschaften der Schmiermittel

Die Schmiermittel werden heute überwiegend aus Mineralölen hergestellt. Als Ausgangsprodukt werden besonders hochwertige Erdöle verwendet. Daneben wurden Festschmierstoffe entwickelt, die für besonders extreme Belastungsfalle geeignet sind und sich schon hervorragend bewährt haben. Die sogenannten Notlaufeigenschaften dieser Schmiermittel haben, sinnvoll eingesetzt, zu erstaunlichen Ergebnissen geführt.

Die Viskosität ist ein Maß für die innere Reibung einer Flüssigkeit. Sie ist abhängig von der jeweiligen Temperatur. Vergleiche zwischen verschiedenen Flüssigkeiten können daher nur bei gleichen Temperaturen vorgenommen werden. Die Kennzeichnung der

Viskositätsgrade wird für Motoren- und Schmieröle nach den SAE-Normen vorgenommen (früher nach Grad Engler). Industrieöle sind in Viskositätsstufen nach DIN eingeteilt.

Der Flammpunkt ist die Temperatur, bei der sich die Öldämpfe an einer Flamme entzünden, aber noch nicht weiterbrennen. Der Flammpunkt ist für Zylinderöle von Wichtigkeit.

Der Stockpunkt ist die Temperatur, bei der ein Öl unter bestimmten Bedingungen nicht mehr fließt. Dieser Punkt ist für Geräte von Wichtigkeit, die im Freien arbeiten.

Die Schmierfähigkeit von Ölen und Fetten ist von der Eignung des Grundöles abhängig. Das Schmieröl altert aus verschiedenen Gründen und verliert dadurch nach und nach seine Schmierfähigkeit.

Durch die steigenden Anforderungen an die modernen Maschinen, und damit auch an die Schmierstoffe, musste man mit verschiedenen chemischen Zusätzen die natürlichen Eigenschaften der Öle so verbessern und aufeinander abstimmen, dass die Öle in einem größeren Einsatzbereich verwendbar sind.

Die Additive lösen Rückstände beim Verbrennungsmotor und halten sie in Schwebe, neutralisieren Säuren, steigern die Schmierwirkung, verändern die Viskosität, verzögern die Alterung, um nur einige mögliche Eigenschaften zu nennen. Die Additive erschweren jedoch die rein optische Prüfung des Schmiermittels und machen die genaue Einhaltung der vorgeschriebenen Ölwechselintervalle besonders notwendig. Nicht zu den Additiven gehören die Trockenschmierstoffe, auch wenn sie den Ölen oder Fetten zugegeben werden.

Die erforderlichen Schmiermittel schreibt der Maschinenhersteller nach Art und Menge vor. Dies kann zu einer unnötigen Sortenanzahl von Schmierstoffen fuhren, wodurch vermeidbare Kosten entstehen. Die Verwendung hochwertiger Schmiermittel bringt wirtschaftliche Vorteile, da die Lagerhaltung vereinfacht und Verwechslungen eingeschränkt werden. Die Auswahl der Schmierstoffe wird vom Schmierstopffachmann in Abstimmung mit Maschinenhersteller und Betreiber vorgenommen, sie darf nicht vom anscheinend günstigeren Preis bestimmt werden.

Als Motorenöle werden heute ausschließlich legierte (HD = Heavy Duty) Öle eingesetzt. In Sonderfällen oder in Ländern, in denen der Dieselkraftstoff höheren Schwefelgehalt hat, verwendet man nach Anweisung des Maschinenherstellers hochlegierte Öle, die sogenannten Serie-3-Öle.

5.8.3 Handhabung der Öle und Fette

Die Öle werden meistens in Fässern geliefert; sie sind sorgfältig zu behandeln. Beim Umfüllen ist auf größte Sauberkeit zu achten. Die Beschriftung der Behälter muss dem Inhalt entsprechen. Die behördlichen Vorschriften über Sammlung, Lagerung und Vernichtung von Altöl sind streng zu beachten, daneben kann Altöl regeneriert werden. Die Regeneration beschränkt sich jedoch nur auf das Entfernen von Rückständen, die Alterung des Grundöls wird dadurch nicht aufgehoben. Bei Fetten sollte nur noch lithiumverseiftes Hochdruckfett eingesetzt werden.

Fast alle Fettsorten sind heute in Patronen abgefüllt zu erhalten. Auf diese Weise ist die Einheitsmenge des Schmierstoffes zwar teurer als in großen Gebinden; bei der Betrachtung des Verbrauches zeigt sich jedoch, dass die Fettpatronen vorteilhafter sind. Fett sollte nur mit Hochdruckpressen an die Lagerstellen gebracht werden. Die Schmiernippel sind zu kennzeichnen und vor dem Ansetzen der Fettpresse zu reinigen.

Für die Schmierung von offenen Zahnrädern und Drahtseilen sind Schmiermittel in Sprühdosen von großem Vorteil, da das Schmiermittel nur sehr dünn aufgetragen wird und die Zahnräder und Seile nicht verkleben. Auf FCKW-freie Treibmittel ist zu achten.

In den letzten Jahrzehnten haben Festschmierstoffe für extreme Einsatzbedingungen wie hohe Temperaturen, höchste Drücke oder mangelhafte Schmiermöglichkeiten Anwendung gefunden. Die Festschmierstoffe müssen in besonders reiner Form vorliegen und feinst vermahlen sein. Die Größe der einzelnen Teile muss nahe an die Molekülgröße heranreichen. Sie sind trocken anwendbar. Wegen der leichteren Verarbeitbarkeit werden sie hochwertigen Ölen und Fetten beige-geben. Die Mahltechnik und die Aufbereitung in den Trägerstoffen wie Ölen, Fetten, flüchtigen Flüssigkeiten gestatten es heute sogar, Wälzlager mit Festschmierstoffen zu versorgen. Molybdändisulfid hat ein etwas höheres spezifisches Gewicht als Graphit und ist deshalb schwerer in Öl oder Fett einzubetten. Die Moleküle haben plattigen Aufbau und haften an sauberen Metallflächen, haben untereinander jedoch kein Haftvermögen.

Graphit wird schon wesentlich länger verwendet. Früher hat man Flockengraphit mit minderwertigen Ölen verwendet. Heute wird Graphit feinst gemahlen. Der Molekülaufbau ist kristallin. Graphit haftet auch an Metallflächen. Die Moleküle haben aber auch Neigung, untereinander zu haften und sich aufzubauen.

Nicht zu den Schmierstoffen gehören die Sonderöle, die in der Technik benötigt werden. Hydrauliköle sind sehr dünnflüssig und haben in der Regel geringe Schmiereigenschaften. Sie dürfen nicht schäumen und müssen neutral und druckfest sein sowie die Wärme gut abfuhren. Darüber hinaus bieten sie Korrosionsschutz.

Für hydraulische Bremsen müssen Spezialbremsöle verwendet werden. Mit anderen Ölen würden die Bremssysteme sofort funktionsunfähig.

5.8.4 Biologisch abbaubare Öle und Fette

Alle verwendeten Öle (Hydrauliköl, Motoröl, sonstige Schmieröle und Fette) sollten nach Möglichkeit biologisch abbaubar sein. Viele Hersteller bieten bereits bei der Erstauslieferung die Befüllung mit entsprechenden Ölen an. Für zahlreiche Motoren, Hydraulikanlagen und sonstige Aggregate sind biologisch abbaubare Öle zugelassen, in einigen Anwendungen wird ihre Verwendung sogar empfohlen. Es ist jedoch erforderlich, die jeweiligen Herstellervorgaben und Materialverträglichkeiten zu beachten.

Die Umstellung auf biologisch abbaubare Öle erfordert eine sorgfältige Prüfung der Kompatibilität mit vorhandenen Komponenten, da nicht alle synthetischen Ester oder pflanzlichen Öle mit mineralischen Ölen problemlos mischbar sind. Besonders Polyglykolöle sind mit Mineralölen nicht kompatibel.

Unterscheidung der biologisch abbaubaren Öle:

- Pflanzliche Öle und Fette (natürliche Ester)
- Synthetische Esteröle
- Polyglykolöle (synthetische Produkte, geeignet für hohe Betriebstemperaturen und spezielle Anwendungen, jedoch nicht mischbar mit anderen Öltypen)

Obwohl biologisch abbaubare Öle als umweltschonender gelten, bedeutet dies nicht, dass sie bedenkenlos verwendet oder entsorgt werden können. Diese Öle müssen gemäß OECD 301 innerhalb von 28 Tagen zu 70 bis 80 % biologisch abgebaut werden. Bei Leckagen oder Havarien (z. B. Schlauchplatzer) sind dennoch die gleichen Umweltschutzmaßnahmen wie bei Mineralölen erforderlich. Die zuständigen Behörden sind in solchen Fällen unverzüglich zu informieren, damit geeignete Maßnahmen eingeleitet werden können.

Entsorgung
- Umweltfreundliche Schmieröle dürfen nicht in die Natur oder Kanalisation gelangen.
- Gebrauchte biologisch abbaubare Hydrauliköle sind getrennt zu sammeln und zu lagern.
- Esterbasierte Produkte unterliegen dem Altölgesetz und können entweder wieder aufgearbeitet oder in zugelassenen Anlagen verbrannt werden.

Rapsölbasierte Schmierstoffe können thermisch verwertet werden und gelten nicht als Sondermüll.

Polyglykolöle sind als Sondermüll zu entsorgen, da sie mit Mineralölen nicht mischbar sind und ihr Heizwert unter dem in der TA Luft geforderten Wert von 30 MJ/kg liegt.

Biologisch abbaubare Schmierstoffe sind von verschiedenen Herstellern erhältlich. Es wird empfohlen, sich direkt bei den Herstellern oder Lieferanten über aktuelle Produktangebote und spezifische technische Daten zu informieren.

5.8.5 Allgemeine Hinweise

Besonders beim Ersteinsatz von Neugeräten ist auf die Dichtigkeit des Ölsystems zu achten, da beim Hersteller ein praktischer Einsatz nicht oder nur unvollkommen simuliert werden kann. Undichtigkeiten im Ölsystem treten oft erst bei hohen Öltemperaturen und Drücken auf.

Die Undichtigkeiten sind sofort zu beseitigen, bevor durch weitere Verschmutzung eine genaue Lokalisierung nicht mehr möglich ist. Die jeweiligen Monteure der Hersteller sind bei der Erstinspektion auch gehalten, besonders auf Undichtigkeiten zu achten; sie sind dabei aber auch auf entsprechende Informationen des Geräteführes angewiesen.

5.8.6 Wartung

Wartung umfasst alle Maßnahmen zur Erhaltung der Funktionsfähigkeit und Verlängerung der Lebensdauer von Maschinen oder Geräten. Dazu gehören regelmäßige Pflege, Reinigung und Kontrolle aller Bauteile, insbesondere der verschleißanfälligen Komponenten. Die Wartung ist ein Bestandteil der Instandhaltung und dient dazu, den Abbau des Abnutzungsvorrats einer Maschine zu verlangsamen.

Gemäß DIN 31051 wird Wartung wie folgt definiert:

„Kombination aller technischen und administrativen Maßnahmen sowie Maßnahmen des Managements während des Lebenszyklus einer Betrachtungseinheit zur Erhaltung des funktionsfähigen Zustands oder der Rückführung in diesen Zustand, sodass sie die geforderte Funktion erfüllen kann.“

Die DIN-Norm unterscheidet vier grundlegende Maßnahmen der Instandhaltung:

- Wartung – Maßnahmen zur Verzögerung des Abbaus eines vorhandenen Abnutzungsvorrats.
- Inspektion – Maßnahmen zur Feststellung und Beurteilung des Ist-Zustands.
- Instandsetzung – Maßnahmen zur Wiederherstellung der Funktionsfähigkeit.
- Verbesserung – Maßnahmen zur Erhöhung der Funktionssicherheit über den ursprünglichen Zustand hinaus.

Beim Einsatz von Bohrgeräten in Verbindung mit Beton, Mörtel, Bentonit und Zement ist eine sofortige Reinigung essenziell, da ausgehärtete Rückstände die Maschinenfunktion erheblich beeinträchtigen können. Der Einsatz von Hochdruckspritzgeräten wird empfohlen, wobei bei empfindlichen Komponenten alternative Reinigungsmethoden in Betracht gezogen werden sollten. Hochdruckreiniger sind heute kostengünstig erhältlich und sollten zur Standardausrüstung bei Bohrarbeiten gehören.

Voraussetzungen für eine einwandfreie Wartung:

- Abstimmung des Geräts auf die zu leistende Arbeit
- Schulung und Anleitung des Bedienpersonals
- Bereitstellung von Bedienungsanleitungen und Ersatzteillisten
- Erstellung und Einhaltung von Schmier- und Pflegeplänen
- Einrichtung fester oder mobiler Wartungswerkstätten
- Regelmäßige Kontrolle der Wartungsvorgaben
- Vorbeugende Inspektionen und Instandhaltungsmaßnahmen
- Rechtzeitige Reparaturen zur Vermeidung größerer Schäden
- Dokumentation und Analyse von Wartungsarbeiten zur kontinuierlichen Verbesserung
- Zahlung von Prämien an die Geräteführer für einen guten Gerätezustand

Diese Maßnahmen stellen sicher, dass Maschinen und Geräte eine hohe Betriebssicherheit und eine lange Lebensdauer erreichen. Durch vorbeugende Wartung können teure Reparaturen und Ausfallzeiten minimiert werden.

Reparaturen und geringe Reparaturkosten
Diese Maßnahmen mögen zunächst von den Personalkosten und dem Materialwert aus gesehen eventuell teuer erscheinen. Bei Berücksichtigung von hohen Folgekosten durch größere Reparaturen und durch Maschinenausfall sind die vorbeugenden Maßnahmen jedoch sehr wirtschaftlich einzustufen. Außerdem wird der Wiederverkaufswert einer Maschine dadurch erheblich verbessert.

Eine nicht unwesentliche Nebenerscheinung einer gut gepflegten Baumaschine ist der Eindruck, der damit beim Auftraggeber erzielt wird.

Baugrunderkundungsbohrungen 6

6.1 Allgemeines

Dieses Kapitel soll neben der allgemein gültigen Information den Ausführenden (Auftragnehmer) unterstützen, die Arbeiten unter Ausnutzung der ihm zur Verfügung stehenden technischen Möglichkeiten und Beachtung der geltenden technischen und vertraglichen Vorschriften auszuführen.

Es wird grundsätzlich auf die derzeit gültigen Normen und Regeln Bezug genommen. Die Kenntnis bzw. Beachtung dieser Ausführungsrichtlinien muss vorausgesetzt werden.

Auf das jeweilig einzusetzende Bohrverfahren hat der Auftragnehmer allerdings nur dann Einfluss, wenn es bauseits nicht vorgeschrieben ist. Die geforderte Probenqualität lässt zwangsläufig nur bestimmte Verfahren zu. Der hohe technische Stand der Bohrgeräte und -werkzeuge ermöglicht trotzdem ausreichende Eigeninitiativen. Insbesondere kann durch eine sachkundige Arbeitsvorbereitung auf den optimalen Ablauf Einfluss genommen werden.

6.2 Vertragsgrundlagen

6.2.1 Allgemeines

Für den Auftragnehmer (den Ausführenden) stehen bei der Durchführung von Baugrunderkundungsbohrungen zwei Anforderungen im Vordergrund:

- Die fachgerechte Ausführung der Arbeiten gemäß den geltenden Regeln und Vertragsvereinbarungen sowie
- Die wirtschaftliche Durchführung der Maßnahmen.

J. Lehn, M.Sc., M. Willikens, *Handbuch der Baugrunderkundung*, https://doi.org/10.1007/978-3-658-45052-6_6

Der Auftraggeber bzw. sein Vertreter hat die Aufgabe, die vertragsgerechte Ausführung unter Berücksichtigung sicherheitstechnischer Aspekte zu überwachen. Dabei wird eine zweckmäßige Zusammenarbeit zwischen den Vertragsparteien vorausgesetzt.

Die geltenden Regeln umfassen insbesondere die DIN-Vorschriften und verschiedene Regelwerke wie die des DVGW. Diese sind Teil der anerkannten Regeln der Technik, die als Maßstab für eine fachgerechte Ausführung gelten.

Die vertraglichen Bedingungen basieren in der Regel auf der Vergabe- und Vertragsordnung für Bauleistungen (VOB). Zusätzlich können ergänzende Vorschriften einzelner Behörden (z. B. Straßen- und Brückenbauämter, Bundesbahn, Wasserbehörden) Anwendung finden. Sollte die VOB im Einzelfall nicht Vertragsgrundlage sein, gelten stattdessen die Allgemeinen Geschäftsbedingungen (AGB) des Auftragnehmers oder das Bürgerliche Gesetzbuch (BGB).

Ein Vertrag setzt die Aufforderung zur Abgabe eines Angebots (Ausschreibung) und das Angebot selbst voraus.

Bei einem VOB-Vertrag sind folgende Regelungen zu beachten:

- VOB Teil A bestimmt die Anforderungen an die Ausschreibung durch den Auftraggeber (insbesondere die Leistungsbeschreibung). Diese Regelungen sind nur für öffentliche Auftraggeber verbindlich.
- VOB Teil B regelt wesentliche Vertragsinhalte wie den Leistungsumfang, die Ausführungsfristen, die Abnahme sowie die Vergütung der vereinbarten Leistungen.
- Die VOB Teil C enthält die Allgemeinen Technischen Vertragsbedingungen für Bauleistungen (ATV), die die vertraglich auszuführenden Leistungen nach spezifischen Gewerken (Sparten) regeln.

Auch wenn die Anwendung der VOB im privaten Bereich nicht zwingend vorgeschrieben ist (da sie weder ein Gesetz noch eine Rechtsverordnung ist), wird sie insbesondere in den Bereichen Brunnenbau, Bohrarbeiten und Grundbau häufig Vertragsbestandteil. Die jeweiligen ATV erleichtern dabei die Vertragsgestaltung erheblich, indem sie technische Vorgaben und Leistungsbeschreibungen standardisieren.

Ergänzende Vorschriften und Vertragsbedingungen definieren unter anderem:

- Die Baumaßnahme und den Bauablauf,
- Besondere Maßnahmen (z. B. Arbeiten in kontaminierten Bereichen),
- Ausführungsfristen,
- Aufmaß- und Abrechnungsgrundlagen.

Für Baugrunduntersuchungsbohrungen sind unter anderem die folgenden DIN-Normen und DVGW-Regelwerke maßgeblich:

- DIN EN ISO 22475-1 – Probenentnahmeverfahren und Bohrverfahren,
- DIN 4020 – Geotechnische Untersuchungen für bautechnische Zwecke,

#GEMEINSAM STARK

Planen Sie heute die Zukunft von morgen – mit **GTU**.

Stark in der Zusammenarbeit. Alles aus einer Hand.

Wir beraten, planen, steuern, überwachen. Die **GTU Gruppe** bietet Ihnen alle Ingenieurdienstleistungen, von der Baugrund- und Kampfmittelerkundung bis zur Planung und Überwachung von Ingenieurbauwerken – alles aus einer Hand.

Unsere Ingenieure schaffen die Werte von morgen.

www.gtu-gruppe.de

- DIN 4023 – Baugrund, Begriffe,
- DIN EN ISO 22476 – Felduntersuchungsmethoden,
- DVGW W 110, W 112, W 115, W 119, W 120 – Regelwerke für Wassergewinnung und Bohrtechnik.

Für die vertragliche Seite gelten die VOB Teil B und VOB Teil C in Verbindung mit den relevanten ATV-Normen:

DIN 18299 – ATV Allgemeine Regelungen für Bauarbeiten jeder Art,
DIN 18300 – ATV Erdarbeiten,
DIN 18301 – ATV Bohrarbeiten,
DIN 18302 – ATV Brunnenbauarbeiten.

Einige der genannten Normen sind nicht ausschließlich den Baugrundaufschlussarbeiten zugeordnet, sondern gelten als mitgeltende Normen. Zwischen DIN-Normen, technischen Regeln und besonderen Vertragsbedingungen bestehen fließende Übergänge.

6.2.2 DIN 18301 – ATV Bohrarbeiten

Die Allgemeinen Technischen Vertragsbedingungen für Bauleistungen (ATV) Bohrarbeiten regeln die wesentlichen Anforderungen für die Durchführung von Bohrarbeiten. Die aktuell gültige Fassung ist in der VOB Gesamtausgabe 2019 mit Ergänzungsband 2023 enthalten.

Die ATV DIN 18301 ist in folgende Abschnitte gegliedert:

0 – Hinweise zur Leistungsbeschreibung
Die Leistungsbeschreibung sollte enthalten:

- Angaben zu den Baustellenverhältnissen,
- eine Beschreibung der auszuführenden Arbeiten,
- Einzelangaben zu Abweichungen von der ATV,
- spezielle Vorgaben zu Nebenleistungen und Besonderen Leistungen,
- Angaben zu Abrechnungseinheiten.

1 – Geltungsbereich
Die ATV DIN 18301 gilt insbesondere für:

- Bohrungen zur Erkundung und Untersuchung des Untergrundes,
- Bohrungen in kontaminierten Bereichen.

2 – Stoffe und Bauteile

Regelt unter anderem:

- die Bohrgutabfuhr,
- die Beschreibung von Boden und Fels,
- die Einstufung der Boden- und Felsklassen.

Hinweis: Das Bohrgut geht nicht automatisch in das Eigentum des Auftragnehmers über.

3 – Ausführung

Beinhaltet Vorgaben zu:

- der Lage der Bohrungen,
- den Bohrverfahren und Bohrgeräten,
- der Feststellung der Bohrergebnisse,
- der Beseitigung von Hindernissen,
- dem Verfüllen von Bohrlöchern.

Hinweis zu Hindernissen:

Falls Hindernisse wie Leitungen, Kanäle oder Bauwerksreste zu erwarten sind, muss der Auftragnehmer (AN) diese durch geeignete Erkundungen lokalisieren und ggf. beseitigen.

Die erforderlichen Maßnahmen (z. B. Schürfungen) gelten als Besondere Leistungen und sind dem AN besonders zu vergüten.

Falls unvermutete Hindernisse angetroffen werden, entscheidet der Auftraggeber (AG), ob die Bohrung aufgegeben oder das Hindernis beseitigt werden soll. Auch diese Maßnahmen gelten als Besondere Leistungen und sind entsprechend zu vergüten.

4 – Nebenleistungen und Besondere Leistungen

Nebenleistungen

Leistungen, die ohne besondere Erwähnung im Vertrag zur vertraglichen Leistung gehören und nicht gesondert vergütet werden. Dazu zählen unter anderem:

- Beseitigung von Sträuchern und kleineren Steinen ($< 0{,}03$ m³),
- Entnahme von Boden- und Wasserproben,
- Umstellen der Bohreinrichtung, sofern dies nicht durch den AG veranlasst wurde.

Besondere Leistungen

Leistungen, die nur dann Vertragsbestandteil sind, wenn sie ausdrücklich in der Leistungsbeschreibung genannt werden. Diese sind gesondert zu vergüten. Dazu gehören z. B.:

- Umstellen der Bohreinrichtung, wenn dies durch den AG veranlasst wurde,
- Entnahme von schadstoffbelasteten Boden- und Wasserproben,
- Verpackung und Transport von Proben,
- Abfuhr überflüssigen Bohrguts,
- Spezielle Maßnahmen am offenen Bohrloch zur Durchführung von Messungen oder Untersuchungen.

5 – Abrechnung
Regelt unter anderem:

- die Abrechnung nach Leistungsverzeichnis (LV) und Aufmaß,
- die Vergütung von außervertraglichen Leistungen (Besondere Leistungen),
- die Behandlung von aufgegebenen Bohrungen auf Anordnung des Auftraggebers.

Hinweis:
Die Bohrlänge wird vom planmäßigen Ansatzpunkt bis zur vereinbarten Endteufe ermittelt.

6.2.3 DIN 18302 – ATV Arbeiten zum Ausbau von Bohrungen

Die ATV DIN 18302 regelt die Anforderungen für den Ausbau von Bohrungen. Wesentliche Änderungen und Neuerungen:

- Namensänderung der ATV:
  Die bisherige Bezeichnung „Brunnenbauarbeiten" wurde in „Arbeiten zum Ausbau von Bohrungen" geändert, um dem erweiterten Geltungsbereich der Norm gerecht zu werden.
- Erweiterter Geltungsbereich:
  Neben dem traditionellen Brunnenbau umfasst die Norm nun auch den Ausbau von Bohrungen für Geotechnische Messungen, Nutzung geothermischer Energie und den Einbau von Anoden.
  Zudem deckt sie die Erhaltung, Instandsetzung und den Rückbau aller Arten von ausgebauten Bohrungen ab.
- Hinweise für die Leistungsbeschreibung:
  Es wurden neue Kriterien aufgenommen, die den Zweck der ausgebauten Bohrung näher beschreiben. Wichtige Angaben umfassen die Bauweise und Art des Ausbaus (z. B. für Brunnen, Grundwassermessstellen, Deponieentgasungsbrunnen), die Verwendung von Materialien wie Sumpf-, Filter- und Vollwandrohren, Sperrrohren, Filtergewebe oder Filterkies.

- Anforderungen an Dichtstoffe:
  Dichtstoffe, die Boden oder Wasser gefährden oder sich nachteilig auf Brunnenbauwerke auswirken können, dürfen nicht mehr verwendet werden. Der Auftragnehmer muss sicherstellen und auf Verlangen nachweisen, dass die verwendeten Dichtstoffe diesen Anforderungen entsprechen.
- Verwendung von Bohrgut:
  Die Wiederverwendung von Bohrgut für die Verfüllung ist in der Regelausführung nicht mehr zulässig. Ausnahmen sind nur nach besonderer Prüfung möglich.
- Abrechnungseinheiten:
  Aufgrund des erweiterten Geltungsbereichs wurden neue Abrechnungseinheiten definiert, insbesondere für Geotechnische Messeinrichtungen, Geophysikalische Messungen und Erdwärmesonden.
- Nebenleistungen und Besondere Leistungen:
  Nebenleistungen (ohne besondere Vergütung) umfassen z. B. das Säubern der Bohrlochsohle (sofern keine schadstoffbelasteten Stoffe anfallen). Besondere Leistungen (mit besonderer Vergütung) umfassen z. B. die Durchführung von Siebanalysen, die Durchführung von Messungen und Untersuchungen in ausgebauten Bohrungen sowie das Einmessen der ausgebauten Bohrungen nach Lage und Höhe.

6.2.4 Angebotsbearbeitung

6.2.4.1 Allgemeines

Um einen Auftrag zur Durchführung von Baugrundaufschlussarbeiten zu erhalten, bedarf es eines Angebotes des AN an den AG aufgrund einer Ausschreibung (Preisanfrage). Der Auftragnehmer muss über die entsprechende Fachkenntnis und technische Ausrüstung verfügen.

Ein Angebot ist ein Ausführungsversprechen. Entscheidet sich der AG für einen Anbieter, so muss er den Auftrag annehmen und termingerecht ausführen. Abweichungen hiervon sind nur möglich, wenn der AN bei der Angebotsabgabe schriftlich darauf hingewiesen hat. Auch auf einen Kalkulationsirrtum kann er sich nur in wenigen Ausnahmen berufen.

Grundlage eines Angebotes muss daher eine schriftliche Preisermittlung (Kalkulation) sein, die den allgemeinen Regeln entspricht. Der AG kann bei Angebotsabgabe die Hinterlegung der Urkalkulation verlangen. Sie wird bei Vertragsstreitigkeiten als Grundlage einer Preiskontrolle benutzt.

6.2.4.2 Ermittlung der Angebotspreise

Die Angebots- bzw. Einsatzpreise für Baugrundaufschlussarbeiten setzen sich nach den gängigen Kalkulationsregeln aus folgenden Komponenten zusammen:

- Lohn- und Lohnnebenkosten (LK)
- Gerätekosten (GK)
- Stoffkosten (StK)

- Sonderkosten (SoKo)
- Baustellengemeinkosten (BGK) (optional, falls nicht in AG enthalten)
- Zuschläge für Allgemeine Geschäftskosten (AG), Wagnis und Gewinn (W + G)

Angebote für Baugrundaufschlussarbeiten umfassen meist nur wenige, klar definierte Positionen und stellen in der Kalkulation keine besondere Herausforderung dar. Daher wird an dieser Stelle nicht weiter auf die allgemeine Kalkulationsmethode eingegangen.

Besonderheiten bei Streckenbaustellen

Im Gegensatz zu stationären Baustellen handelt es sich bei Baugrunderkundungen oft um Streckenbaustellen. Dabei liegen die einzelnen Bohrpunkte über größere Entfernungen verteilt, teils im unwegsamen Gelände.

Das Umsetzen des Bohrgeräts kann nicht einfach durch „Querfeldeinfahrt" erfolgen, da Verkehrsanlagen, Wohngebiete, Straßen, Wasserläufe oder andere Hindernisse den direkten Zugang blockieren. Flurschäden sind zu vermeiden, was eine sorgfältige Planung der Transportwege erfordert. Für eine präzise Kalkulation der Einrichtungs-, Räumungs- und Umsetzungspositionen ist eine Baustellenbesichtigung unerlässlich.

Baustellenbegehung und Planung

Vor der Baustellenbegehung sollten folgende Punkte vorbereitet und geprüft werden:

- Beschaffung eines örtlichen Lageplans, auf dem alle Fahrwege zu den Bohrpunkten verzeichnet werden.
- Klärung der Wasser- und Energieversorgung sowie möglicher Stell- und Lagerplätze für Bauwagen und Material
- Identifikation von Einschränkungen wie z. B. Straßen mit begrenzten Brückenklassen, Zufahrten mit Gewichts- oder Höhenbeschränkungen, mögliche Genehmigungspflichten für Sondertransporte und falls private Grundstücke genutzt oder überfahren werden müssen, sind erforderliche Genehmigungen rechtzeitig einzuholen.

Alle während der Begehung gewonnenen Erkenntnisse sollten schriftlich dokumentiert und bei Auftragserteilung aktenkundig gemacht werden.

6.2.4.3 Kalkulationsrisiken

6.2.4.3.1 Risiken bei der Baustelleneinrichtung und Mengenabweichungen

Die Kalkulation von Baugrunderkundungen birgt spezifische Risiken, insbesondere wenn die Kosten für die Baustelleneinrichtung in die Einheitspreise der Leistungspositionen eingerechnet werden. In der Praxis tendieren öffentliche Auftraggeber dazu, die Massen der Leistungspositionen hoch anzusetzen, um eine formale Bausummenüberschreitung zu vermeiden. Da die tatsächlichen Mengen oft nicht erreicht werden, entstehen Unterdeckungen, die schwer nachzuvollziehen und nachzufordern sind. Beispiel: Werden die

Kosten für die Baustelleneinrichtung, -räumung und Umsetzung mit 9000 € ermittelt und auf eine Leistungsposition von 300 m Bohrungen verteilt, erhöht sich der Einheitspreis um 30 €/m. Werden jedoch nur 200 m ausgeführt, ergibt sich eine Unterdeckung von 3000 €. Grundsätzlich ist eine Nachforderung durch ein Nachtragsangebot möglich, doch der Nachweis ist aufwendig und nur unter bestimmten Bedingungen umsetzbar.

6.2.4.3.2 Vermeidung von Kalkulationsrisiken

Zur Risikominimierung empfiehlt es sich, die Baustelleneinrichtung als separate Position zu führen. Sollte eine Pauschalierung unvermeidbar sein, ist es sinnvoll, die Kosten auf eine fixe Position umzulegen oder auf mehrere Positionen zu verteilen, um das Risiko zu streuen. Die VOB/B regelt in § 2 Abs. 3, dass Mengenänderungen über ± 10 % eine Neuberechnung des Einheitspreises ermöglichen. Daher sollten Bieter bereits bei der Angebotsprüfung auf mögliche Massenrisiken achten.

6.2.4.3.3 Vorbehalte in der Angebotsabgabe

Bieter können Vorbehalte zur Ausschreibung und den Mengenangaben machen. Dies birgt jedoch das Risiko, dass ihr Angebot ausgeschlossen wird, falls Mitbewerber ein gleichwertiges oder günstigeres Angebot ohne Einschränkungen vorlegen. Eine alternative Strategie besteht darin, vor der Angebotsabgabe durch Bieterfragen unklare Massenangaben zu klären.

6.2.4.3.4 Unzulässige Vertragsklauseln

Nach VOB/B und BGB sind bestimmte Vertragsklauseln unwirksam. Dazu gehören u. a.:

- „Massenüber- und -unterschreitungen bleiben unberücksichtigt." (Verstoß gegen VOB/B § 2 Abs. 3)
- „Der Auftragnehmer muss eine Ausführungsbürgschaft von 25 % des Auftragswerts stellen." (Unverhältnismäßig hoch, Verstoß gegen VOB/B § 17 und BGB § 650 f.)
- „Der Bauherr kann Positionen streichen, ohne dass der Auftragnehmer eine Entschädigung erhält." (Verstoß gegen VOB/B § 8 Abs. 1)
- „Kostenlose Bereitstellung von Hilfskräften für Prüfungen und Vermessungen." (Unzulässig, da zusätzliche unvergütete Leistungspflicht)
- „Einheitspreise bleiben bei Mengenänderungen über 10 % unverändert." (Verstoß gegen VOB/B § 2 Abs. 3.2)

Bieter müssen unzulässige Klauseln nicht vor Angebotsabgabe rügen. Diese sind auch dann unwirksam, wenn der Vertrag unterschrieben wurde.

6.2.4.3.5 Zusammenfassung

- Mengenabweichungen und Pauschalierungen bergen erhebliche Kalkulationsrisiken.
- Baustelleneinrichtungskosten sollten nach Möglichkeit als eigene Position geführt werden.

- Bieterfragen vor Angebotsabgabe sind ein wichtiges Instrument zur Klärung unklarer Massenangaben.
- Unzulässige Vertragsklauseln sind nicht bindend und können auch nach Vertragsabschluss nicht durchgesetzt werden.

6.2.4.4 Hinweise zum vertraglichen Schriftverkehr

Nach dem Grundsatz „Was du schwarz auf weiß besitzt, kannst du getrost nach Hause tragen" sollten alle Vereinbarungen, Unregelmäßigkeiten und Mitteilungen an den Auftraggeber stets schriftlich bestätigt werden.

Die VOB/B enthält zahlreiche Anzeige- und Hinweispflichten, die der Auftragnehmer einhalten muss. Versäumnisse dieser Pflichten können – insbesondere in Streitfällen – zu erheblichen finanziellen Nachteilen führen. Auch wenn eine „kollegiale" Zusammenarbeit mit dem Auftraggeber oder dem Architekten gewünscht ist, kann auf die Schriftform nicht verzichtet werden. Korrekte und frühzeitige schriftliche Mitteilungen helfen dabei, Streitfälle zu vermeiden. Zudem ist es auch die Pflicht des Auftragnehmers auf Behinderungen hinzuweisen oder Bedenken anzumelden, um sich aber auch um den Bauherrn zu schützen.

Damit der Schriftverkehr auch rechtlich den erforderlichen Anforderungen entspricht, empfiehlt sich die Verwendung von Formularen und Musterbriefen. Vorgefertigte Formulare und Standardbriefe können dabei eine große Hilfe sein. Für den Bau- und Ingenieurbereich sind zahlreiche VOB-Musterbriefe und Formulare erhältlich, z. B. über Fachverlage für Baurecht.

Digitale Vorlagen oder Software für den VOB-Schriftverkehr sind ebenfalls eine sinnvolle Lösung.

Ein standardisiertes Schreiben an den Auftraggeber oder Architekten in Form eines Formulars hat zudem einen professionellen, offiziellen Charakter und wird kaum als übermäßige Bürokratie empfunden. Die Verwendung solcher Musterbriefe spart Zeit und reduziert das Risiko juristischer Fehler.

Typische Anlässe für offiziellen Schriftverkehr:

Zu den wesentlichen schriftlichen Mitteilungen gehören:

- Ankündigung zusätzlich erforderlicher Leistungen
- Anzeige von Mängeln in den Ausführungsunterlagen
- Anmelden von Bedenken
- Anzeige über Beginn der Ausführung
- Anzeige wegen Arbeitsbehinderung und -unterbrechung
- Abnahme von Leistungen
- Fertigstellungsmitteilung
- Anzeige über Beginn von Stundenlohnarbeiten
- Einsprüche gegen Entscheidungen des Auftraggebers
- Bestätigung einer Anweisung auf der Baustelle

Ein weiterer Vorteil von Musterbriefen und Formularen besteht darin, dass der Bauleiter oder Bohrmeister durch einen einfachen Telefonanruf im Unternehmen veranlassen kann, dass Vereinbarungen oder Anweisungen, die auf der Baustelle getroffen wurden, noch am selben Tag schriftlich bestätigt werden.

Grundsätzlich empfiehlt es sich, von Beginn an eine möglichst lückenlose Dokumentation aufzubauen. Dies sollte durch den erforderlichen Schriftverkehr, eine nachvollziehbare Bilddokumentation und gegebenenfalls auch durch den Einsatz von Drohnenbildern erfolgen. Nur so kann der Auftragnehmer sicherstellen, dass bei möglichen Rechtsstreitigkeiten alle relevanten Informationen nachvollziehbar vorliegen. Eine detaillierte Dokumentation erleichtert nicht nur die Durchsetzung von berechtigten Forderungen, sondern dient auch als Schutz vor unberechtigten Ansprüchen durch Dritte. Die Erfahrungen zeigen, dass mündliche Vereinbarungen und Abstimmungen häufig nicht eingehalten oder später anders interpretiert werden. Ohne schriftliche oder bildliche Nachweise kann es schwierig sein, den ursprünglichen Sachverhalt zu rekonstruieren. Besonders bei sehr großen und komplexen Bauprojekten mit mehreren Beteiligten (z. B. Subunternehmer, Bauherren, Behörden, etc.) sind präzise Tagesberichte, Baustellenprotokolle und Fotodokumentationen von entscheidender Bedeutung. Drohnenaufnahmen können zusätzlich dabei helfen, großflächige Arbeiten oder schwer zugängliche Bereiche zu erfassen.

Im Streitfall kann derjenige, der keine ausreichenden Nachweise vorlegen kann, seine Ansprüche nicht oder nur schwer durchsetzen. Eine strukturierte und fortlaufend gepflegte Dokumentation stellt daher eine wichtige Grundlage für eine erfolgreiche Projektabwicklung und die Wahrung der eigenen Rechte dar.

6.2.5 Aufmaß und Abrechnung

Einer Rechnung (auch Abschlags- oder Teilrechnungen) sollte stets ein Aufmaß zugrunde liegen, auch wenn dies nicht immer zwingend vorgeschrieben ist. Die AG neigen zunehmend dazu, Rechnungsprüfungen aufgrund mangelnder Prüffähigkeit abzulehnen bzw. zu verzögern.

Ist ein Arbeitsabschnitt abgeschlossen (z. B. eine Bohrung), so ist unverzüglich ein Aufmaß zu erstellen und vom Auftraggeber bzw. dessen Bauleiter bestätigen zu lassen. Dies gilt insbesondere für besondere Leistungen und Leistungen auf Nachweis, z. B. Stundenlohnarbeiten, die sofort nach der Ausführung dem Bauleiter vorzulegen sind.

Das Aufmaß muss gut prüfbar sein und soweit möglich oder nötig durch Aufmaßskizzen ergänzt werden. Dies gilt z. B. für einen Suchgraben oder eine Handschachtung, die nach Masse abgerechnet wird. Eine kleine Skizze neben der Massenermittlung erleichtert die Prüfung.

Falsch wäre es zu schreiben: „Suchgraben hergestellt: 2,50 m^3.“

Besser wäre eine nachvollziehbarere Angabe. „Suchgraben hergestellt: 5,0 × 1,0 × 0,5 = 2,5 m^3" und dazu eine Skizze.

Abschlagsrechnungen werden bisweilen auch folgendermaßen aufgestellt:

„Für die bisher erbrachte Leistung berechnen wir pauschal …“

Wenn eine entsprechende Absprache mit dem Prüfenden besteht, ist eine solche verein-fachte Teilrechnung zwar möglich, in der Regel führt aber eine solche Rechnung zu Nach-fragen und Verzögerungen in der Zahlung. Man hat auch zu bedenken, dass ein Aufmaß spätestens bei der Schlussrechnung vorzulegen ist. Es dürfte dann wesentlich einfacher sein, nur die bereits erstellten und bereits geprüften Einzelaufmaße zusammenzustellen.

Bei Baugrundaufschlussbohrungen oder Bohrungen für GW-Messstellen kann das Schichtenverzeichnis als Abrechnungsgrundlage dienen. Das setzt aber voraus, dass dort alle Einzelleistungen aufgeführt sind, die laut Leistungsverzeichnis (LV) abrechenbar sind (z. B. WD-Test, Sonderproben usw.). Das Bohrprotokoll ist daher vor Unterschriftsvor-lage gründlich auf Vollständigkeit zu prüfen.

Auf vertraglich vereinbarte Zahlungsfristen kann man sich bei Zahlungsverzögerungen nur berufen, wenn die Rechnung prüffähig eingereicht wurde.

Leider muss aus Erfahrung gesagt werden, dass mehr als 50 % aller Terminprobleme bzw. Schwierigkeiten bei der Abrechnung und Zahlung durch fehlerhafte und nicht prüf-bare Aufmaße entstehen.

6.3 Arbeitsvorbereitung

6.3.1 Allgemeines

Zur Arbeitsvorbereitung gehören alle Arbeiten und Vorkehrungen, die für den reibungs-losen Ablauf der vertraglich vereinbarten Leistung erforderlich sind. Insbesondere solche, die, wie der Name schon sagt, vor Beginn der eigentlichen Arbeiten veranlasst werden können bzw. müssen. Jede Ausfall- bzw. Wartestunde, die durch eine gewissenhafte Arbeitsvorbereitung (AV) vermieden werden kann, verbessert das Baustellenergebnis.

Gerade bei routinemäßig ablaufenden Arbeiten (wie den Baugrundaufschluss-bohrungen) mit gleichem Gerät und gleicher Mannschaft wird immer wieder festgestellt, dass hier nicht selten gravierende Mängel bei der Vorbereitung auftreten. Es empfiehlt sich daher, nach einer Checkliste vorzugehen. Es ist bekannt, dass Praktiker nicht für Formu-lare und Bürokratie zu begeistern sind und die Zweckmäßigkeit anzweifeln. Aber nicht von ungefähr gehört die Checkliste zur Selbstverständlichkeit bei der Luftfahrt. Auch hier läuft beim Start stets das gleiche Ritual ab.

Die erwähnte Checkliste kann man unterteilen in organisatorische Maßnahme, die in der Regel vom Bauleiter zu erledigen sind, und in eine gerätetechnische Checkliste, die in Form einer Versandanzeige vorliegt und sämtliche für den jeweiligen Arbeitsbereich er-forderlichen Geräte und Werkzeuge enthält, die vom Bohrmeister nur noch anzukreuzen sind. Soweit er selbst die Verladearbeiten nicht übernimmt, erhält z. B. der Bauhofmeister diese Geräte und Werkzeugliste.

Im Einzelnen gehört zur Arbeitsvorbereitung:

- die Besichtigung der Baustelle
- die Erstellung einer Anfahrtsbeschreibung
- Erstellen einer Baustellenanweisung, u. a. mit folgenden Angaben: Baustellenbezeichnung (gegebenenfalls Baustellennummer), Auftraggeber, Bauleitung, geologische Betreuung (jeweils mit Rufnummer), Angaben zu den auszuführenden Arbeiten, Telefonnummer wichtiger Behörden (Polizei, Wasser- und Gaswerk, Post, Tiefbauamt, Gewerbeaufsichtsamt, Berufsgenossenschaft), Notrufnummern, Adresse und Rufnummer des nächsten Krankenhauses usw.
- das Anmieten von Stell und Lagerplätzen
- soweit erforderlich, erkundigen nach Möglichkeiten der Energie- und Wasserbeistellung
- Erkundigungen nach vorhandenen Versorgungs- und Entsorgungsleitungen, Telefon, Wasser-und Gasleitungen (besonders problematisch sind sogenannte Natoleitungen)
- rechtzeitige Veranlassung der Absteckung
- Erkundigungen nach gesicherten Höhenpunkten einholen
- feststellen, ob eventuell Klärgruben angelegt werden können
- prüfen, ob gegebenenfalls ein besonderer Lärmschutz (z. B. in der Nähe von Krankenhäusern) vorzusehen ist
- Bestellung der benötigten Materialien und Stoffe
- Veranlassung der Geräte-, Material- und Personalzusammenstellung
- Organisation der logistischen Maßnahmen: Einholung von Ausnahmegenehmigungen für Straßen und Brücken mit Gewichtseinschränkungen, Ausnahmegenehmigungen für Transporte mit Überbreite, -länge und -gewicht, Transportzusammenstellung und Transporttermine
- Erkundigungen nach der nächsten Mülldeponie (auch für Sonderabfälle)

Diese Aufzählung, die weitaus umfangreicher wird, wenn z. B. unter besonderen Bedingungen im Deponiebereich gearbeitet werden muss, lässt erkennen, dass diese oder ähnliche Checklisten hier sehr hilfreich sein können.

6.3.2　Baustellenbesichtigung und Anfahrtsbeschreibung

Soweit dies möglich ist, sollte der vorgesehene Bohrmeister oder Bauleiter an der unbedingt erforderlichen Baustellenbesichtigung teilnehmen. Er kann sich dabei schon auf die Baustelle einstellen und wird auch mit in die Verantwortung gezogen.

Für die Baustellenbegehung ist es sehr hilfreich, wenn man sich einen Ortsplan oder eine regionale Karte mit großem Maßstab besorgt. Hier kann man die Anfahrtswege vermerken und markante Punkte zur späteren Orientierung eintragen. Er dient als Grundlage für den späteren Anfahrtsplan bzw. man kann danach diesen Plan erstellen.

Bei der Besichtigung gilt festzustellen, ob die Bohrpunkte mit einem mobilen Gerät oder einem Raupenfahrzeug zu erreichen sind. Sofern der Bauherr für eine eventuelle Befestigung der Anfahrtswege zuständig ist, muss dies umgehend veranlasst werden. Gehört diese Maßnahme zu den Aufgaben des AN, so ist zu bedenken, dass die Befestigungen in der Regel auch zurückgebaut werden müssen. Ferner ist darauf zu achten, ob bei einer stromführenden Überspannung ein ausreichender Sicherheitsabstand vorhanden ist. Der Sicherheitsabstand richtet sich nach der anliegenden Spannung und beträgt bei 1 kV = 1,0 m, bei 1 bis 110 kV = 3,0 m, bei 110 bis 220 kV = 4,0 m und bei 220 bis 380 kV = 5 m. Die Spannungen sind in der Regel auf den Typenschildern der Masten angegeben.

Die Heranführung von Wasser und Strom ist meistens sehr aufwendig; daher ist es sinnvoller, hier Wasserwagen und Stromaggregate einzusetzen.

Falls in Ausnahmefallen Lager- und Materialflächen zu beschaffen sind, so eignen sich hierfür Gehöfte, Bauhöfe usw. Auf freiem Gelände ist es wegen Diebstahl und Vandalismus nicht ratsam, Geräte oder Material ohne zwingenden Grund zu deponieren. Das gilt insbesondere an Wochenenden. Durch Vandalismus wurden bereits Geräte so erheblich beschädigt, dass die Arbeiten mehrere Tage unterbrochen werden mussten. Auf die Absicherung wird später noch eingegangen.

Sofern bei der Ortsbegehung Unstimmigkeiten mit den Angaben der Ausschreibungsunterlagen festgestellt werden, so ist umgehend der AG darüber zu informieren. Das kann z. B. der Fall sein, wenn zwischen der Angebotsabgabe und der Begehung Baumaßnahmen begonnen wurden, die das Anfahren des Bohrpunktes erschweren oder sogar unmöglich machen.

6.3.3 Gerätezusammenstellung

Anhand der Erkenntnisse der Baustellenbegehung werden nun die erforderlichen Geräte und Werkzeuge zusammengestellt. Es ist allgemein üblich, dass die Bohrkolonnen über eine Grundausstattung mit Kleingeräten und Werkzeugen verfügen. Es gehören dazu u. a. Kleinschweißgeräte, Notstromaggregate bzw. Kombigeräte (teilweise schon auf den Bohrgeräten festmontiert), Bohrmaschinen, Winkelschleifer, Wasserschläuche, Stromkabel usw.

Aufgrund der zum Teil hohen Gewichte sollte man aber auch kein unnötiges Material ständig mitführen. Andererseits können zusätzliche Fahrten wegen Fehlens derartiger Hilfsgeräte unnötige Kosten verursachen. Die Bohrkolonne sollte fachlich und technisch in der Lage sein, kleine Reparaturen vor Ort ohne Anforderung z. B. eines Werkstattwagens auszuführen.

Bei größeren Baumaßnahmen wird auch ein Kraftstofftank benötigt. Das Mitführen von Fässern sollte nach Möglichkeit vermieden werden. Heute sind Sicherheitstanks mit Inhalten von 400 bis 1000 L üblich, die den geltenden Vorschriften entsprechen. Sollten Dieselfässer verwendet werden, so müssen diese in einer Wanne liegen oder stehen, die mindestens den 1,2-fachen Inhalt des Fasses auffangen können.

Die Organisation der Gerätezusammenstellung und Transportvorbereitungen wird in den einzelnen Unternehmen sehr unterschiedlich gehandhabt. In manchen Betrieben stellen die Kolonnen die benötigten Geräte und Werkzeuge in eigener Verantwortung zusammen, was teilweise zur Hortung von Ausrüstungen führt. Andererseits stehen sie dann auch in der Verantwortung, was Vollständigkeit und Einsatzfähigkeit anbelangt. In größeren Betrieben wird für jeden Einsatz das Gerät anhand einer Geräteanforderung neu zusammengestellt. In beiden Fällen sollte nicht darauf verzichtet werden, die Funktionsfähigkeit der Geräte zu prüfen.

6.3.4 Transporte

Bei Baugrundaufschlussbohrarbeiten wird ein Schwertransport kaum nötig sein, da die Bohrgeräte und das Zubehör in der Regel im normalen Güterverkehr transportiert werden können (keine Überbreiten, -gewichte und -längen) und die Transporte zum größten Teil auch in eigener Regie (Fahrzeuge und Tieflader sind im Unternehmen vorhanden) ablaufen.

Vielfach werden die Transporte zu früh vorgenommen, da die Vorarbeiten (Anfahrtswege, Absteckung, Betretungserlaubnis privater Grundstücke usw.) noch nicht abgeschlossen sind. Wie allgemein bekannt, ist es äußerst schwierig, zu erreichen, dass die anfallenden Wartestunden zur Vergütung anerkannt werden. Es kann daher nur dringend empfohlen werden, sich vorher entsprechend zu informieren, bevor der „Startschuss" gegeben wird.

Das eventuell benötigte Ausbaumaterial (Vollrohre, Filterrohre, Filterkies, Abdichtungsmaterial) sollte nach Möglichkeit beim Lieferanten zur Auslieferung an der Baustelle bestellt werden, da die Ladekapazität üblicherweise ohnehin knapp bemessen ist, was ebenso für Spülungszusätze (Bentonit, CMC-Polymere usw.) gilt.

6.3.5 Maßnahmen vor Ansatz der Bohrung

Bevor die Bohrung angesetzt wird, müssen folgende Maßnahmen abgeschlossen sein:

- Es muss sichergestellt sein, dass im Bereich des Bohransatzpunktes keine Ver- und Entsorgungsleitungen, Gas-, Wasser- und Telefonleitungen liegen. Hierzu müssen die entsprechen-den Planunterlagen bei den zuständigen Stellen beschafft werden. Der Sicherheitsabstand sollte mindestens eingehalten werden. Im Zweifelsfall sind stets Suchgräben anzulegen.
- Für Arbeiten im Bereich von Kampfmittelverdachtsflächen muss eine behördliche Freigabe vorliegen. Falls erforderlich, ist eine Kampfmittelsondierung vor Beginn der Bohrung abzuschließen.
- Die vom AG einzumessenden Bohrpunkte sind durch Festpunkte zu sichern (Gebäude, Brücken, Gleisanlagen, Bordsteine usw.). Dazu keine Pflöcke oder veränderliche Punkte (z. B. Bäume) verwenden.
- Der Auftraggeber ist über die Aufnahme der Arbeiten zu verständigen.
- Das erforderliche Ausbaumaterial und Spülungsmittel muss bereitliegen und gegebenenfalls die Wasserversorgung gesichert sein.

6.4 Grundlagen der Baugrunderkundungsbohrungen

6.4.1 Allgemeines

In Übereinstimmung mit der DIN EN ISO 22475 sollen durch die Baugrundaufschluss-bohrungen Folge, Mächtigkeit, räumliche Lage, Art, Wasserverhältnisse, Zusammen-setzung und Zustand der einzelnen Schichten festgestellt sowie Boden- und Felsproben gewonnen werden, die eine boden- und felsmechanische Beurteilung z. B. durch Baugrundsachverständige möglich machen.

Die Aufschlussbohrverfahren unterliegen im Gebrauch den Regelungen der VOB nach DIN 18301.

6.4.2 Begriffe und Definitionen

Im Folgenden werden wiederholt Begriffe verwendet, die wie folgt definiert sind:

- Die **Bohrungen** sind Aufschlüsse, um Boden, Fels oder Wasserproben aus erreichbarer Tiefe zu entnehmen und um Untersuchungen im Bohrloch durchführen zu können, bzw. sie zur Grundwassermessstelle auszubauen.
- Die **Kleinbohrung** (früher Sondierbohrung genannt) ist ein Aufschluss im Boden, der mit Durch-messern größer als 30 mm und kleiner 80 mm durchgeführt werden kann.
- Das **Bohrverfahren** ist ein Verfahren zum Lösen und Fördern des Bohrguts.
- Das **Bohrwerkzeug** ist ein Gerät zum Lösen von Boden und Fels und gegebenenfalls zum Fördern des Bohrguts.
- Die **Spülhilfe** ist eine Zugabe von Wasser oder Luft zum Kühlen des Bohrwerkzeuges und zum Beseitigen des Abriebs in der Schnittfläche.
- Die **Spülung** ist eine Zugabe von Wasser oder Luft zur Förderung des Bohrguts.
- Der **Spülungszusatz** ist ein Hilfsmittel zur Stabilisierung des Bohrlochs bzw. zur besseren Förderung des Bohrguts.
- Die **Probe** ist ein aus einer bestimmten Tiefe zutage geförderter Teil des Baugrunds.
- Die **Bohrprobe** ist das beim Bohrvorgang mit dem Bohrwerkzeug gewonnene Bohrgut.
- Die **Sonderprobe** ist eine Probe, die mit einem besonderen Gerät entnommen wird, um eine möglichst hohe Güteklasse zu erhalten.
- Die **Wasserprobe** ist eine Probe, die dem Grundwasser entnommen wird.
- Der **Bohrkern** ist eine Bohrprobe, die aus Boden oder Fels als Säule gewonnen wird.
- Das **Bohrklein** ist ein beim Bohren gelöstes kleinstückiges Gestein, das mit der Spülung aus dem Bohrloch zutage gefördert wird.
- Das **Schweb** ist ein feines, beim Bohren entstehendes Gesteinszerreibsel, in dem die Korngröße der Einzelteilchen mit dem Auge nicht mehr festgestellt werden kann und als Trübe im Spülstrom enthalten ist.
- Der **Kernmarsch** ist die abgebohrte Bohrstreckenlänge zwischen Ein- und Ausbau des Kernrohres.

- Der **Kernverlust** ist die Differenz zwischen Kernmarsch und Bohrkernlänge.
- Das **Grundwasser** ist das unterirdische Wasser, das die Hohlräume des Baugrunds zusammen-hängend ausfüllt. Im Sinne dieser Norm sind auch Stau- und Schichtenwasser Grundwasser.
- Der **Grundwasserleiter** ist ein Boden- oder Felskörper, der geeignet ist, Grundwasser weiterzuleiten.
- Der **Grundwassernichtleiter** ist ein Boden- oder Felskörper, der praktisch wasserundurchlässig ist.
- Der **Grundwasserhemmer** ist ein Boden- oder Felskörper, der im Vergleich zu den benachbarten Gesteinskörpern gering wasserdurchlässig ist.
- Der **Grundwasserspiegel** ist die ausgeglichene Grenzfläche des Grundwassers gegen die Atmosphäre, z. B. in Brunnen, Grundwassermessstellen, Höhlen oder Gewässern.
- Die **Grundwasserdruckfläche** ist der geometrische Ort der Endpunkte aller Standrohrspiegelhöhen an einer Grundwasseroberfläche.
- Die **Grundwasseroberfläche** ist die obere Grenzfläche eines Grundwasserkörpers.
- Als freie **Grundwasseroberfläche** wird eine Grundwasserdruckfläche bezeichnet, wenn sie mit der Grundwasseroberfläche identisch ist.
- Die **Grundwassersohle** ist die untere Grenzfläche eines Grundwasserleiters.
- Der **Grundwasserkörper** ist Grundwasservorkommen oder Teil eines solchen, das eindeutig abgegrenzt oder abgrenzbar ist.
- Bei **gespanntem Grundwasser** liegt die Grundwasserdruckfläche über der Grundwasseroberfläche.
- Bei **artesisch gespanntem Grundwasser** liegt die Grundwasserdruckfläche über der Grundwasseroberfläche und über der Erdoberfläche.
- Das **Sickerwasser** ist unterirdisches Wasser, das sich durch Überwiegen der Schwerkraft abwärts bewegt, soweit es kein Grundwasser ist.
- Ein **Grundwasserstockwerk** ist ein Grundwasserleiter einschließlich seiner oberen und unteren Begrenzung als Betrachtungseinheit innerhalb der senkrechten Gliederung der Erdrinde. Die Grundwasserstockwerke werden von oben nach unten gezählt.
- Die **Quelle** ist ein Ort eines engbegrenzten Grundwasseraustritts.

Für Bohrungen und Proben werden folgende Kurzbezeichnungen verwendet:
Bei den Bohrkernen unterscheidet man

- Kernstücke mit vollständig erhaltener Mantelfläche beliebiger Länge und Zerteilung
- Kernstücke mit nur teilweise erhaltener Mantelfläche
- Kernstücke, die nicht mehr zu einem Zylinder zusammengefügt werden können
- Bohrklein, Siebrückstände (abgesprengte Gesteinsstücke) und Schweb

6.4.3   Güteklassen der Bodenproben (Tab. 6.1, 6.2 und 6.3)

Tab. 6.1 Güteklassen der Bodenproben

Güteklasse	1[2]	2	3	4	5
Bodenproben unverändert [1]	$Z, \omega, \gamma, k, E_s, \tau_f$	Z, γ, k	Z, γ	Z	–
Feststellbar sind im Wesentlichen	Feinschichtgrenzen, Kornzusammensetzung, Konsistenzgrenzen, Konsistenzzahl, Grenze der Lagerungsdichte, Korndichte, organische Bestandteile, Wassergehalt, Wichte des feuchten Bodens, Porengehalt, Wasserdurchlässigkeit, Steifemodul, Scherfestigkeit	Feinschichtgrenzen, Kornzusammensetzung, Konsistenzgrenzen, Konsistenzzahl, Grenze der Lagerungsdichte, Korndichte, organische Bestandteile, Wassergehalt, Wichte des feuchten Bodens, Porengehalt, Wasserdurchlässigkeit	Schichtgrenzen, Kornzusammensetzung, Konsistenzzahl, Grenze der Lagerungsdichte, Korndichte, organische Bestandteile, Wassergehalt, Wichte des feuchten Bodens	Schichtgrenzen, Kornzusammensetzung, Konsistenzgrenzen, Konsistenzzahl, Grenze der Lagerungsdichte, Korndichte, organische Bestandteile,	Schichtenfolge

[1] Es bedeuten: Z = Kornzusammensetzung, ω = Wassergehalt, γ = Wichte des Bodens, E_s = Steifemodul, τ_f = Scherfestigkeit, k = Wasserdurchlässigkeitsbeiwert

[2] Die GLK 1 zeichnet sich gegenüber GKL 2 dadurch aus, dass auch das Korngefüge unverändert bleibt

Tab. 6.2 Bohrverfahren und Werkzeuge, die erforderlich sind, um bestimmte Proben-GKL zu erzielen

GKL bei sehr günstigen Bodenverhältnissen	Bohrverfahren	Bodenart (Beispiele)
1 (2,3) GKL 2 oder 3 bei ungünstigen Bodenverhältnissen	Rotationstrockenkernbohrung mit Hohlbohrschnecke Rotationskernbohrung mit Doppelkernrohr (mit Spülung) Rammkernbohrung (ohne Spülung) Rammrotationskernbohrung mit Einfach oder Doppelkernrohr (mit Spülung) Druckkernbohrungen mit Schnittkante innen (ohne Spülung)	Ton, Schluff, Sand, organische Böden Ton, tonige, auch verkittete gemischtkörnige Böden, Blöcke bindige Böden bindige Böden bindige Böden
2 (3,4) GKL 3 oder 4 bei ungünstigen Bodenverhältnissen	Rotations-Trockenkernbohrung mit Einfachkernrohr Rotationskernbohrung mit Einfachkernrohr (mit Spülung) Rammkernbohrung (ohne Spülung) Druckkernbohrungen mit Schnittkante innen (ohne Spülung)	Ton, Schluff, Feinsand schluffig Ton, tonige, auch verkittete gemischt körnige Böden, Blöcke nicht bindige Böden (außer $\varnothing \geq D_e/5$) nicht bindige Böden
3 (4) GKL 4 bei ungünstigen Bodenverhältnissen	Rammrotationskernbohrung mit Einfachoder Doppelkernrohr (mit Spülung) Drehbohrung mit Schnecke oder Schappe Greiferbohrung	nicht bindige Böden über GW alle Böden, unter GW alle bindige Böden über GW alle Böden (außer Blöcke und sehr feste bindige Böden)
4 (5) GKL 5 bei ungünstigen Bodenverhältnissen	Rammkernbohrung mit Schnittkante außen Greiferbohrung Rotationsspülbohrung mit Umkehrspülung Schlagbohrung mit Ventilbüchse oder Kiespumpe	alle Böden (außer Steine und Blöcke $\varnothing \geq D_e/3$) alle Böden unter GW (außer Blöcke $\varnothing \geq D_e/2$) alle Böden Kies und Sand im Wasser
5	Spülbohrungen mit direkter Spülung (Rotationsbohrung) Meißelbohrung (schlagend)	alle Böden in allen Bodenarten zur Hindernisbeseitigung

Hinweise:

Beim Rammen wird das Bohrwerkzeug mit einer besonderen Schlagvorrichtung eingetrieben (z. B. Schlagwerk, Rammhammer)

Beim Schlagen wird das Bohrwerkzeug selbst angehoben und fallengelassen (z. B. Ventilbüchse) D_e bedeutet Innen-ø des Bohrwerkzeuges

Tab. 6.3 Bohrverfahren im Fels

Spalte	Fels-lösung [1]	Spül-hilfe	Förder-ung [2]	Ver-fahren [3]	Werk-zeug [4]	übl. Bohr-$\varnothing$	wenig geeignet für	Kerne	Bohrklein [5]
1	d	ja	BW	RKB	EK HK	100 bis 200	mittelharten bis sehr harten Fels	bei geklüftetem, weichem Fels	SR + S
2	d	nein	BW	RTB	EK HK	100 bis 200	mittelharten bis sehr harten Fels	bei weichem, erosivem, wasserempfindlichen Fels in kurzen Kernmärschen	kein
3	d	ja	BW	RKB	DK	50 bis 200	erosiven, wasserempfindlichen Fels	bei allen Felsarten	SR + S
4	d	ja	BW	RKB	DK DFK	50 bis 200		bei allen Felsarten	SR + S
5	d	ja	BW	SKB	SK DK	50 bis 180	erosiven, wasserempfindlichen Fels	bei allen Felsarten	SR + S
6	rd	ja	BW	RRKB	RRK	100 bis 200	mittelharten bis harten Fels	bei mittelhartem bis hartem Fels	SR + S
7	d	ja	BW	RVKB	VBK RM	50 bis 200		keine	SR + S

Erklärungen:

Spalte 1 bis 6: Bohrverfahren mit durchgehender Gewinnung von gekernten Proben

Spalte 7: Bohrverfahren mit Gewinnung unvollständiger Proben

[1] d: drehendes Lösen; rd: rammend-drehendes Lösen

[2] BW: Förderung des gelösten Felsens durch das Bohrwerkzeug

[3] RKB: Rotationskernbohrung; RTB: Rotationstrockenbohrung; SKB: Seilkernbohrung; RRKB: Rammrotationskernbohrung; RVKB: Rotationsvoll-kronenbohrung

[4] EK: Einfachkernrohr; HK: Hohlkrone; DK: Doppelkernrohr; DFK: Dreifachkernrohr; SK: Seilernrohr; RRK: Ramm-Rotationskernrohr; VBK: Voll-bohrkrone; RM: Rollenmeißel

[5] SR: Siebrückstand; S: Schweb

6.4.4 Entnahme von Proben

6.4.4.1 Allgemeines

Art und Umfang der Entnahme wird vom Auftraggeber bestimmt. Zum Erkennen der Bodenart und für die Durchführung von Laborversuchen genügt im Allgemeinen eine Menge von einem Liter. Bei Kies und Geröllen ist allerdings das Vielfache notwendig. Bohrkerne liefern eine hinreichende Menge (Kerndurchmesser von etwa 60 mm oder mehr).

Zur Untersuchung der Festigkeit und des Steifemoduls sind im allgemeinen Sonderproben mit einem Durchmesser $\geq$ 114 mm oder Bohrkerne mit einem Durchmesser $\geq$ 80 mm erforderlich.

Alle Proben sind sofort nach der Entnahme auf dem Behälter (nicht auf dem Deckel) deutlich und dauerhaft mit einem wasserfesten Stiften wie folgt zu kennzeichnen:

- Bauwerk oder Ort der Entnahme
- Nummer der Bohrung
- Nummer der Probe
- Tiefe der Unterkante der Sonderprobe bzw. Tiefenbereich der Bohrprobe auf 5 cm gerundet
- Kennzeichnung der Ober- und Unterseite von Kern- und Sonderproben durch einen zum Bohrfortschritt gerichteten Pfeil
- Bodenart (entfällt bei Probenentnahme in Hülsen oder Schläuchen)
- Datum der Entnahme
- Name des Bohrmeisters bzw. Geräteführers

Art und Häufigkeit der Probennahme sowie die Probenbehandlung sind im Ausschreibungstext anzugeben und bei Auftragsverhandlungen zu vereinbaren. Vor Bohrbeginn müssen die technischen Details abgestimmt sein.

Die Probengüte ist abhängig von

- der Probengewinnung
- der Probenentnahme

Die Probengewinnung ist abhängig von

- dem Bohrverfahren
- dem Bohrwerkzeug
- dem Bohrdurchmesser
- der Ringraumweite
- dem Bohrgutförderverfahren
- der Spülung
- der Teufe

6.4.4.2 Verfahren mit durchgehender Gewinnung nicht gekernter Bodenproben

Im Folgenden wird nur auf die wesentlichen Details der DIN hingewiesen.

Bei jedem Wechsel der Bodenschichten, mindestens aber für jeden Meter, ist wenigstens eine Bohrprobe zu entnehmen. Um Nachfall zu vermeiden, ist das Bohrloch durch ausreichenden hydrostatischen Druck (Verrohrung bzw. Spülung) zu sichern.

Bei Trockenbohrverfahren sollte die Verrohrung immer

- in standfesten, bindigen Schichten abgesetzt werden.
- in Lockergesteinen der Bohrlochsohle vorauseilen.
- ausreichend mit Wasser aufgefüllt sein, um Auftrieb zu vermeiden.

Die einzelnen Bohrproben sind so zu entnehmen, dass sie nach Zusammensetzung und Zustand die wirklichen Verhältnisse des Bodens in einer Tiefe möglichst genau widerspiegeln.

Bei Bohrungen in nichtbindigen Böden ist darauf zu achten, dass auch die Feinanteile nicht verlorengehen. Dazu ist das jeweilige Bohrgut in einem Behälter (Abb. 6.1) aufzufangen.

Die Bohrproben sind sofort nach der Entnahme in luftdicht abschließbare Behälter (Deckelgläser mit Gummidichtung, Büchsen, Plastikbehälter) zu füllen. Die Bohrprobe soll den Behälter möglichst prall ausfüllen.

6.4.4.3 Verfahren mit durchgehender Gewinnung gekernter Bodenproben

Die Kerne sind nach der Entnahme (Abb. 6.2) lagerichtig in Kernkisten (Abb. 6.3) einzuordnen, deren Fächer dem Durchmesser der Kerne angepasst sind, so dass der Kern fest gelagert, aber nicht gedrückt wird.

Abb. 6.1 Eingefüllte Bohrproben in PVC Behältern. (Quelle: GTU Unternehmensgruppe)

Abb. 6.2 Entnahme des
Bohrkerns. (Quelle: Celler
Brunnenbau GmbH)

Abb. 6.3 Gefüllte Kernkiste.
(Quelle: GTU
Unternehmensgruppe)

Sofern die Kerne aus Böden nicht in Entnahmezylindern, Hülsen oder Schläuchen vor
dem Austrocknen geschützt werden, sind aus ihnen Einzelproben auszuwählen und in luftdicht abschließbare Behälter zu füllen. Der entstehende Leerraum ist in den Kernkisten
freizuhalten und ebenso wie die Einzelprobe zu kennzeichnen.

Bei der Gewinnung von kleinstückig zerbrochenen Bohrproben und bei Kernverlusten
ist der betreffende Tiefenabschnitt in der Kernkiste unter Anbringen eines entsprechenden
Vermerks freizulassen und durch Einsetzen von Holz oder Kunststoffplatten nach oben
und unten abzugrenzen.

Die Tiefenangaben sind auf den Rand der Fächer oder Behälter mindestens in Meter-
abständen und am Ende eines Kernmarsches zu schreiben. Der Kernverlust ist gesondert
für jeden Kernmarsch ebenfalls auf dem Rand in cm anzugeben. Außerdem muss jede
Kiste am Kopf die Be-zeichnung der Bohrung und des in ihr enthaltenen Tiefen-
abschnitts tragen.

Bei Kernverlusten in Fels sind das anfallende Bohrklein und/oder der je nach dem
durchfahrenen Gestein aus der Spülflüssigkeit gewonnene Siebrückstand aufzufangen.

6.4.4.4 Probeentnahme bei Spülbohrungen

Bei Spülbohrungen ist besonderes Augenmerk auf eine richtig eingesetzte Spülung und den Einsatz eines geeigneten Bohrwerkzeuges zu legen.

Ferner ist insbesondere zu beachten, dass

- eine zu lange Spüldauer oder ein zu starker Spülstrom zu Auskesselungen führen kann.
- eine zu kurze Spüldauer vor dem Nachsetzen einer Bohrstange zu Probenverfälschungen durch Absetzen bereits erbohrten Bohrgutes fuhren kann.
- eine zu geringe Aufstiegsgeschwindigkeit der Spülung bzw. eine zu geringe Tragfähigkeit dazu führen kann, dass gröberes Bohrgut (z. B. Kies) kaum oder gar nicht ausgetragen wird, zumindest das Bohrgut stark vermischt wird.
- ein zu geringer Spülungsüberdruck (= Differenz zwischen Spülungsspiegel und GW-Spiegel) zu Nachfall oder gar Zusammenbruch fuhren kann.
- ein zu großer Spülungsüberdruck zu unerwünschter Infiltration in durchlässige Schichten bzw. übermäßiger Filterkuchenbildung an der Bohrlochwand fuhren kann und den Bohrfortschritt erschwert.

Die Probennahme, die bei Spülbohrungen besonders schwierig ist, sollte jeden Bohrmeter und bei Schichtwechsel erfolgen.

Anzeichen für ein Schichtwechsel können hier sein:

- Änderungen des Spülungs- oder Bohrandruckes
- Änderungen beim Bohrfortschritt
- Veränderungen des Spülungsspiegels, der Spülungsfarbe und der Konsistenz
- Veränderungen beim Lauf des Bohrgestänges (Schlagen, Geräusche)

Das geförderte Probenmaterial wird aus Absatzmulden oder Behältern entnommen, die den Spülgruben vorgeschaltet sein sollen. Bei einem großen Volumenstrom ist ein Teilstrom über eine Absetzvorrichtung zu leiten. Während Lockergesteinsproben nicht gewaschen werden dürfen, sollen Festgesteinsproben von anhaftenden Spülungs- oder Schwebstoffteilen gesäubert werden.

6.4.4.5 Sonderproben

Zur Entnahme von Sonderproben aus Bohrungen wird der Bohrvorgang unterbrochen. Die erreichbare Güteklasse ist von dem Entnahmegerät und dem Entnahmevorgang, von der Art und Beschaffenheit des Bodens abhängig.

Sonderproben werden in der Regel aus jeder bindigen oder organischen Schicht entnommen. Bei größerer Schichtmächtigkeit ist alle 2 m eine Entnahme angebracht. Zur Entnahme von Sonderproben aus Bohrungen in bindigen und organischen Böden sind dünnwandige Entnahmegefäße (Abb. 6.4) zu verwenden.

Neben den Standardprobenentnahmezylindern (Außendurchmesser 120 mm, Innendurchmesser 114 mm, Länge 250 mm) sind hierbei auch andere Durchmesser und Längen möglich. Der Schlammzylinder dient zur Aufnahme des aufgeweichten Bodens in der Bohrlochsohle (Abb. 6.5).

Abb. 6.4 Entnahmestutzen
für Sonderproben

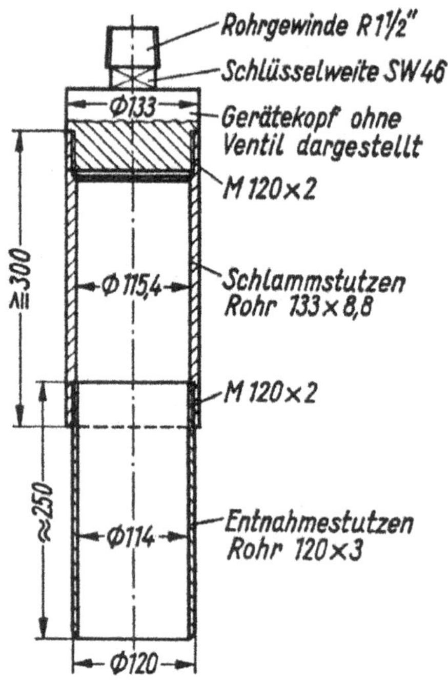

Bei festen Böden und Böden mit gröberen Einschlüssen sind dickwandige Entnahmegeräte am besten geeignet. Das gilt auch, wenn Proben in speziellen Einsatzhülsen gewonnen werden sollen und wenn bei schwierig zu entnehmenden Bodenarten Fang- oder Schließvorrichtungen benötigt werden.

Beim Eindrücken ist mit gleichmäßiger hoher Vorschubgeschwindigkeit zu arbeiten. Zum Einrammen ist ein Fallgewicht zu verwenden, welches unmittelbar auf den Kopf des Entnahmegerätes aufschlägt und den Entnahmezylinder (Abb. 6.6) bei geringer Fallhöhe mit wenigen Schlägen eintreibt.

Nach dem Eindrücken oder Einrammen ist die Probe durch Drehen des Gestänges abzuscheren oder durch Heben des Entnahmegerätes abzureißen. Die Sonderprobe ist sofort nach der Entnahme an den Endflächen daraufhin zu untersuchen, ob einzelne Teile gestört oder aufgeweicht sind. Diese Teile sind zu entfernen und die Probe gegen Austrocknen sowie gegen ein Auflockern oder Rutschen im Entnahmestutzen zu schützen.

Diese Maßnahmen können erreicht werden durch

- Kunststoff- oder Gummikappen (Abb. 6.5)
- zweimaliges Vergießen mit Ceresin
- die Einspannung mit geklemmtem Abschlussdeckel

Abb. 6.5 Ausbau des Probezylinders

Abb. 6.6 Mit Kunststoffkappen verschlossener Probezylinder. (Quelle: GTU Unternehmensgruppe)

6.4.4.6 Bohrkerne höherer Güteklasse

Wenn Bohrkerne mit dem Ziel entnommen werden, eine möglichst hohe Güteklasse zu erreichen, dann muss der Bohrkern einen Mindestdurchmesser von 80 mm haben und in ein festes Rohr gezogen werden. Die Länge des Kerns sollte nicht größer als 1 m sein.

Bei Bohrkernen mit breiiger bis weicher Konsistenz sollte nur ein sehr weicher oder gar kein Kernfänger verwendet werden. Der Gerätekopf muss mit einem Ventil und einem Schneidschuh mit innenliegender Schneide ausgestattet sein. Hinsichtlich des Eintreibens des Kernrohrs gelten die gleichen Anforderungen wie bei der Stutzenentnahme.

Um das Ziehen des Kerns zu erleichtern, kann das Kernrohr mit der äußeren Verrohrung unter Spülhilfe überbohrt werden, wenn sichergestellt ist, dass der Kern mit der Spülhilfe nicht in Berührung kommt (Überbohrtechnik). Hinsichtlich der Verpackung gelten die gleichen Anforderungen wie für Sonderproben.

6.4.4.7 Wasserproben

6.4.4.7.1 Allgemeines

Die Wasserprobenentnahme sind u. a. durchzuführen für:

- Untersuchung auf betonangreifende Bestandteile
- Eignungsprüfung als Anmachwasser für Beton
- Untersuchung auf Korrosionsgefahr von Stahl
- Untersuchung auf eine Gefährdung von Dränagen, Filtern oder Versickerungsanlagen usw.
- Untersuchung hinsichtlich Grundwasserveränderungen infolge bautechnischer Maßnahmen
- Untersuchung auf Schadstoffe im Bereich von Mülldeponien usw.

6.4.4.7.2 Durchführung

Die Wasserprobe muss aus frisch zugeflossenem Grundwasser entnommen werden. Für eine einwandfreie Entnahme aus Bohrlöchern müssen darüber hinaus folgende Bedingungen erfüllt sein:

- kein Zufluss von Wasser von der Oberfläche oder aus anderen Grundwasserstockwerken
- kein Zutritt von Luft durch Einfahren von Bohrwerkzeugen

Die Entnahme kann erfolgen

- mittels Tauchpumpe
- mittels Wasserprobenentnahmegerät

Die Abfüllung erfolgt in mit Marmorpulver (5 g) und Zinkacetat (3 g) versehene saubere 1-Liter-Probeflaschen, die randvoll zu füllen und luftdicht zu verschließen sind. Die Probe muss anschließend kräftig geschüttelt werden (Flaschen ohne Zusatz dürfen nicht geschüttelt werden).

Hinweis
Die Vorschriften zur Entnahme von Wasserproben sind sehr umfangreich. Wer nicht ständig damit befasst ist, sollte sich nicht scheuen, die DIN zur Hand zu nehmen und danach vorzugehen. Fehler bei der Probeentnahme können vollkommen falsche Analysen ergeben und schwerwiegende Folgen haben.

6.4.4.7.3 Entnahmeregeln bei Bohrarbeiten zur Wassererschließung

Wenn eine Probebohrung Aufschlüsse über die Trinkwasserbeschaffenheit und Wassererschließung erbringen soll, sind ergänzend die betreffenden DVGW-Regeln ebenso zu beachten. Die Anforderungen gehen zum Teil über die vorgenannten Regeln hinaus. Eine besondere Beachtung ist daher unerlässlich. Bei der Probenentnahme stehen dabei neben den rein geologischen Anforderungen die geohydrologischen und brunnenbautechnischen Fragen im Vordergrund. Ein Schwerpunkt sind die geophysikalischen Untersuchungen.

Es handelt sich u. a. um die Merkblätter

- W 114 – Gewinnung und Entnahme von Gesteinsproben bei Bohrarbeiten zur Grundwasser-gewinnung
- W 112 – Entnahme von Wasserproben bei der Wassererschließung

6.4.4.7.4 Anforderungen an die Probengüte

Die Probengüte ist abhängig von bohrtechnischen Maßnahmen, von der eigentlichen Gewinnung und der Probennahme. Dienlich sind Aufzeichnungen von Spüldruck und bohrtechnischen Daten.

Für die Bearbeitung genügen in der Regel gestörte, vollständige Proben. Dies sind Proben, welche die Gesamtheit der Bestandteile enthalten, allerdings nicht mehr im ursprünglichen Gefüge. Wenn eine Verrohrung notwendig ist, muss die Probengewinnung durch Kernen vorauseilend erfolgen.

Für besondere Untersuchungszwecke können durchgehend oder abschnittsweise gewonnene Sonderproben, z. B. Kernproben, erforderlich sein, die sämtlichen Bestandteile in einem weitgehend ungestörten Gefüge teufengerecht enthalten.

Aus sandig-kiesigem Lockergestein wird Probengut vornehmlich für Korngrößenuntersuchungen entnommen. Hierfür sind alle nicht zerkleinerten Bestandteile bis zu einem Korndurchmesser von 20 mm erforderlich.

Das Bohrgut aus tonig-schluffigem Lockergestein und aus Festgestein soll möglichst grobstückig sein, um außer allgemein geologischen Erkenntnissen auch Aufschluss z. B. über Schichtung, Klüftigkeit, Verkarstung und Porosität zu geben.

Teilweise werden hier (unnötigerweise) auch andere Begriffsbestimmungen verwendet. Bei der Probegewinnung spricht man von unmittelbarer und mittelbarer Probegewinnung.

Beim unmittelbaren Verfahren werden Proben z. B. mit Greifer, Schappe, Schlagbüchse, Schlammbüchse, Kiespumpe, Schneckenbohrer oder Kernrohr entnommen. Es kann jedoch nicht ausgeschlossen werden, dass Feinanteile durch Auslaufen aus dem Bohrwerkzeug verlorengehen und sich in der Regel entmischen. Das Drehbohren mit Spülung hat die Anwendung der Verfahren zur unmittelbaren Probengewinnung mit Ausnahme des Kernbohrens zurückgedrängt. Beim Einfachkernrohr kann es zur mechanischen Beanspruchung des Kerns kommen; daher ist das Doppelkernrohr vorzuziehen, bei dem der Kern weitgehend geschützt wird. Für die Kerngewinnung aus Lockergesteinen stehen besondere Kernrohrarten, z. B. das Schlauchkernrohr, zur Verfügung. Bei der Probengewinnung ist Wasser vor der Entleerung des Bohrwerkzeuges behutsam abzugießen. Das gesamte Bohrgut ist anschließend auf Platten, Planen oder in Behälter zu schütten.

Beim mittelbaren Verfahren wird das Bohrgut zunächst durch Bohrwerkzeuge aus dem Gestein gelöst. Der Lösevorgang kann durch die Spülung unterstützt werden, die im Übrigen als Transportmittel beim Austragen des Probenmaterials wirkt. Dabei ist eine durchgehende, sorgfältige Überwachung der Bohrgutförderung für eine sachgerechte Probennahme unerlässlich. Dies setzt die ständige Abstimmung zwischen dem Geräteführer und einem erfahrenen Probennehmer voraus.

Es wird unterschieden zwischen der direkten (Rechts-) und der indirekten (Links-)Spülung (Beschreibung der Verfahren s. Kap. 4).

Bei der Entnahme von Wasserproben gelten weitergehende Anforderungen. Auf der Baustelle soll bereits die äußere Beschaffenheit (Trübung, Farbe, Geruch, austretende Gase usw.) festgestellt werden. Ferner sollten wegen der Veränderlichkeit folgende Parameter gemessen werden: Lufttemperatur, Wassertemperatur, pH-Wert, elektrische Leitfähigkeit, Redoxspannung, Basekapazität und Sauerstoff.

Zur weiteren Orientierung können auch Schnellbestimmungen angewendet werden, z. B. Chloridbestimmung (durch ionenselektive Elektronen), Hinweise auf Eisen (durch Teststreifen), Abschätzung der Härte (durch Tabletten).

Für chemische Untersuchungen sind 2 Kunststoff-Flaschen zu je 1 L Inhalt zu verwenden. Für weitere Proben sind Glasflaschen (0,25 und 0,5 L, teilweise mit Zusätzen) erforderlich. Der Transport zum Labor hat zum Teil unter Kühlung zu erfolgen.

Proben für mikrobiologische Untersuchungen sind besondere Vorkehrungen (z. B. Chlorung) zu treffen. Die Probenentnahme sollte nur von Fachleuten durchgeführt werden, da hierbei hohe Anforderungen hinsichtlich der Sterilität gestellt werden (Näheres s. Merkblatt W 112).

6.4.4.8 Zusammenfassung

Die Probenentnahme ist der wichtigste Vorgang bei der Baugrunduntersuchung und sollte daher gewissenhaft vorgenommen werden. Wie bei der Wasserprobe können auch bei den Bodenproben – durch falsche Behandlung der Proben, unzureichenden oder fehlende Beschriftungen usw. – unzutreffende Rückschlüsse getroffen werden. Der Auftragnehmer kann in Regress genommen werden, wenn durch nachweislich falsche Probenentnahme Folgekosten oder -schäden eintreten. Je nach Bohraufgabe sind unbedingt die zutreffenden Normen und Regeln zu beachten, die auch auf der Baustelle vorzuhalten sind.

6.5 Anwendung der Bohrverfahren

6.5.1 Allgemeines

Die Geräte- und Werkzeugtechnik ermöglicht den Einsatz optimaler Bohrverfahren für unterschiedlichste Boden- und Felsformationen. Zwar wird die Wahl des Bohrverfahrens teilweise durch die geforderte Probenqualität vorgegeben, dennoch bestehen ausreichende Spielräume bei der Auswahl der technischen Ausrüstung. Unabhängig von der Einteilung der Bohrverfahren nach DIN EN ISO 22475-1 kann man für die Durchführung der Aufschlussbohrungen folgende Hauptanwendungen nennen:

- Bohrverfahren für rollige Böden und Gemischtböden
- Bohrverfahren für bindige Böden bzw. stark bindige rollige Böden
- Bohrverfahren für Fels
- Kleinbohrungen
- Bohrverfahren für den Deponiebereich

6.5.2 Bohrverfahren für rollige Böden und Gemischtböden

6.5.2.1 Verfahren oberhalb des Grundwassers

Hier lassen sich zufriedenstellende Leistungen und relativ gute Probenqualitäten im Schnecken-, Schappen- und Greiferbohrverfahren erzielen, wobei Greifer allerdings erst ab einem Bohrdurchmesser $\geq$ 600 mm einsetzbar sind. Die genannten Verfahren eignen sich insbesondere zum Auffüllen und für Bereiche, in denen mit zahlreichen Hindernissen zu rechnen ist (Abraumhalden, Trümmergrundstücke usw.).

Für rollige Böden mit einem Korndurchmesser $\geq$ D/3 (D = Innendurchmesser des Bohrwerkzeuges) lassen sich unterschiedliche Rammbohrverfahren einsetzen. Hierbei sind bereits Rohraußendurchmesser bis zu 420 mm möglich, so dass der Korndurchmesser bis zu 140 mm betragen kann. Das Material verkeilt sich im Kernrohr so stark, dass sich ohne besondere Kernfangeinrichtung ein vollständiger Kern ziehen lässt. Bei den Verfahren ohne PVC-Inliner (z. B. beim Rammhammersystem) werden die Proben allerdings dadurch verfälscht, dass die Probe nicht als Kern gewonnen wird, sondern als lose Probe, die in Behälter oder speziellen Probekisten eingelagert wird.

Die Verfahren sind durch Verrohrungsmaschinen und Verrohrungstische sehr leistungsfähig geworden, so dass Teufen bis 50 m erreichbar sind. Bei den Drehtischen für Baugrundaufschlussgeräte kann dabei allerdings auf eine Teleskopierung (Abb. 6.7) nicht verzichtet werden.

Über die genannten Verfahren hinaus, sind grundsätzlich alle Spülbohrverfahren anwendbar, jedoch im Bereich der Baugrunderschließung kaum relevant.

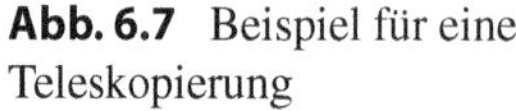

Abb. 6.7 Beispiel für eine Teleskopierung

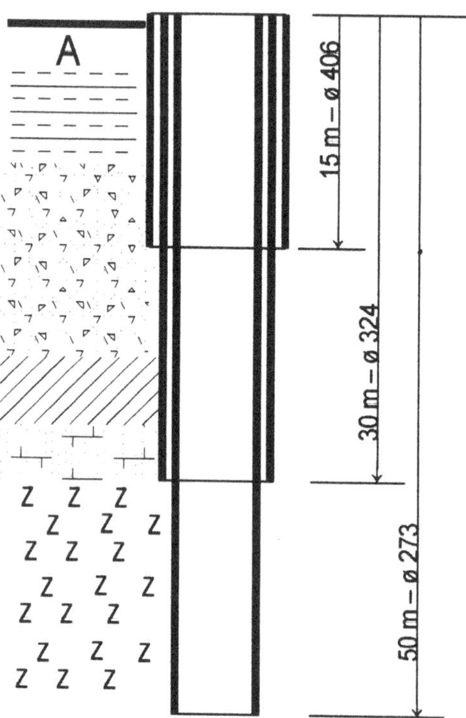

Da die Bohrlochwandungen in rolligen Böden, Auffüllungen usw. im Allgemeinen nicht standfest sind, muss eine Verrohrung mitgenommen werden. Die Verrohrung vermeidet außerdem das Abweichen der Bohrung und dient als Führung der Werkzeuge insbesondere beim Seilschlagverfahren (Greifer, Meißel). Das Gestängefreifallbohren hat inzwischen keine Bedeutung mehr.

Bei den genannten Verfahren mit Schnecke, Greifer und Schappe ist in der Regel stets die Entnahme von ungestörten Bodenproben (gegebenenfalls auch Sonderproben) vorgesehen. Für Bohrungen mit geringer Teufe bietet sich dieses Verfahren immer noch an, da keine aufwendigen Anlagen (Kompressor, Pumpen, Spüleinrichtungen usw.) benötigt werden.

6.5.2.2 Verfahren unterhalb des Grundwasserspiegels

Bohrschnecken scheiden als Werkzeug bei Bohrungen in rolligen Böden unter Wasser aus. Greifer sind bei überwiegend grobem Material möglich, wobei allerdings die Feinteile überwiegend ausgespült werden, so dass die Bodenproben nur bedingt verwertbar sind. Dagegen sind geschlossene Werkzeuge (Drehschappen, Bohreimer, Schlagbüchsen und Kiespumpen) noch immer übliche Werkzeuge bei flachen Bohrungen.

Für Bodenproben höherer Güteklassen haben sich inzwischen die Rammbohrverfahren durchgesetzt. Durch das Verspannen des Materials und unterschiedliche Kernfangvor-

Abb. 6.8 Baugrundaufschlussbohrung im Spülbohrverfahren. (Quelle: Celler Brunnenbau GmbH)

richtungen können heute auch in wasserführenden Böden einwandfrei gekernt werden. Bei feinkörnigen Formationen wird das Schlauchkernverfahren verwendet. Hierbei wird der Boden in einen PVC-Liner gepresst und nach der Gewinnung aus dem Kernrohr sofort versiegelt.

Spülbohrverfahren (Abb. 6.8) sind grundsätzlich möglich, kommen aber nur zur Anwendung, wenn bei tiefen Bohrungen größere Strecken ohne Probenentnahme zu durchfahren sind. Dies kann der Fall sein, wenn nur eine bestimmte Formation zu erschließen ist (z. B. Aufschluss erst ab Sohle einer Deponie).

6.5.3 Verfahren in bindigen Böden

In bindigen Böden lassen sich grundsätzlich alle oben aufgeführten Verfahren anwenden. Auch Schneckenbohrungen ergeben dabei Proben hoher Qualität, wenn die Schnecken gut gefüllt sind. Die Proben zerfallen nicht und lassen so eine einwandfreie Bodenansprache zu. Weniger geeignet sind Greifer und Schappen in festen bindigen Schichten.

Für bindige Böden sind die Rammkernverfahren zum Standardbohrsystem geworden. In Verbindung mit der Überbohrtechnik (Hohlbohrschnecken und Futterrohre) sind Proben der GKL 1 (entspr. DIN EN ISO 22475-1) möglich (s. Abb. 6.9). Es ist dabei keine besonders aufwendige Ausrüstung erforderlich.

Die Verwendung des Verfahrens hat sich in Verbindung mit den modernen Drehtischen noch stärker durchgesetzt.

Abb. 6.9 Kerne aus bindigen Böden, gewonnen durch das Rammkernverfahren. (Quelle: GTU Unternehmensgruppe)

6.5.4   Verfahren in Fels und felsähnlichen Böden

Die Durchörterung von Felsformationen erfolgt überwiegend im Kernbohrverfahren. Bei Verwendung von Kernrohren konventioneller Bauweise muss zum Kernrohrentladen der gesamte Bohrstrang ausgebaut werden. Der zeitraubende Gestängeausbau entfällt bei der Seilkernmethode. Hierbei wird nur das gefüllte Kernrohr mittels einer Fangvorrichtung mit der Seilwinde zutage gefördert. Das Gestänge muss lediglich zum Bohrkronenwechsel ausgebaut werden. Zur Kühlung des Bohrwerkzeugs und zum Austragen des Bohrkleins ist Spülung notwendig. Bei starkem Spülverlust müssen Spülzusätze verwendet werden (weitere Einzelheiten zu Kernrohrsystemen s. Kap. 4). Bei Einsatz von Dreifachkernrohren (Doppelkernrohr mit Inliner) sind Kerne der Güteklasse 1 auch in brüchigen Formationen möglich.

Vollbohrungen nach dem Spülbohrverfahren und dem Imlochhammersystem dienen lediglich zur Durchfahrung nicht relevanter Bodenschichten bei größeren Teufen. Eingesetzt werden diese Verfahren bei Bohrungen, die ausschließlich der Erstellung von Grundwassermessstellen dienen. Das DVGW-Merkblatt W 115 lässt diese Verfahren auch unter Einsatz von Spülzusätzen ausdrücklich zu. Bohrungen mit großen Teufen werden dabei auch vielfach unverrohrt hergestellt.

6.5.5   Kleinbohrungen

Der Einsatz von Kleinbohrungen in Böden ist durch das Größtkorn begrenzt. Bei ihrem Einsatz ist zu beachten, dass die kleinen Maße der Proben und die geforderten geringen Probenmengen die Durchführung von mitunter wichtigen Laborversuchen nicht zulassen und dass je nach Bohrverfahren und Bohrwiderstand des Bodens die Erkundungstiefe stark eingeschränkt sein kann. In geeigneten Böden lassen sie aber bis zur jeweils möglichen Erkundungstiefe die Schichtenfolge, unter Umständen auch die Feinschichtung, gut erkennen und sind bis zu diesen Tiefen zur Ergänzung von aufwendigeren Aufschlüssen und für reine Voruntersuchungen geeignet.

Die Länge des Entnahmerohres soll 1 m nicht überschreiten.

Abb. 6.10 Schlitzsonde

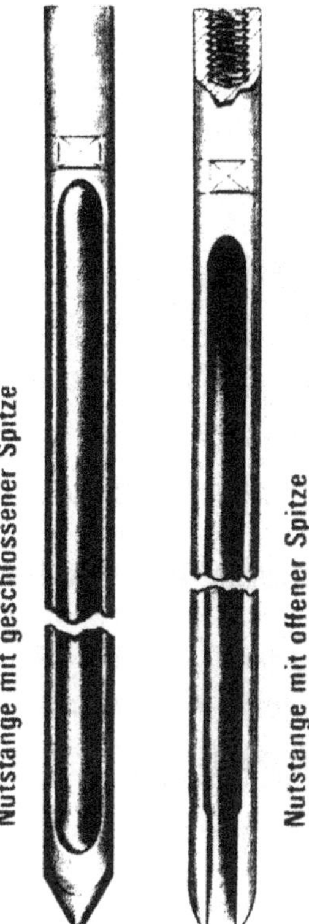

Zu den Kleinbohrsystemen gehören neben Kleinbohrgeräten auch die Nut- und Schlitzsonden (Abb. 6.10), die maschinell über Brennkraftmotore oder Elektroschlaghämmer eingetrieben werden können. Die gewonnenen Bodenproben werden jeweils aus den Schlitzen gekratzt (Abb. 6.11) und in Probebehälter eingelullt. Die Schlitzbreite sollte mindestens 20 mm und die Tiefe 18 mm betragen. Für das Ziehen der Gestänge sind mechanische und hydraulische Gestängeheber verfügbar.

Anmerkung: Bei Entnahmerohrlängen über 1 m wird die höhenmäßige Feststellung der Schichtgrenzen unsicher und es besteht die Gefahr, dass weiche Schichten durch Pfropfenbildung überlagernder fester Schichten verdrängt werden.

6.5.6 Bohrungen im Deponiebereich

6.5.6.1 Allgemeines

Ein besonderer Bereich ist das Abteufen von Bohrungen für die Erkundung von Altlasten, Industriestandorten und Deponien. Dabei müssen in den meisten Fällen unterschiedliche geologische Formationen, aber auch unterschiedlich zusammengesetzte Müllkörper durchteuft werden.

Abb. 6.11 Auskratzen der Bodenprobe aus der Schlitzsonde. (Quelle: GTU Unternehmensgruppe)

Dies ist im Besonderen der Fall, wenn Bohrungen im Müllkörper angesetzt werden und unterlagernde Gebirgsformationen durchteuft werden sollen. Daraus resultiert, dass bei solchen Bohrungen häufig verschiedene Bohrverfahren in einer Bohrung angewandt werden müssen. Das zur Anwendung kommende Bohrverfahren hängt auch davon ab, ob in den Bohrungen weitere Untersuchungen durchgeführt werden sollen und ob ungestörte Proben entnommen werden müssen.

Die Durchführung von Erkundungsbohrungen bedarf daher einer besonderen Betrachtung. Für die folgenden Ausführungen ist eine Firmenschrift der Celler Brunnenbau GmbH verwertet worden.

6.5.6.2 Anwendbare Bohrverfahren

Für die Abteufung von Bohrungen in kontaminierten Bereichen kommen zur Ausführung

- großkalibrige Trockenbohrungen
- Verdrängungsbohrverfahren
- Kernbohrverfahren
- Rammkernverfahren
- Spülbohrverfahren
- Spezialverfahren

Außerdem wird vielfach eine Kombination der vorgenannten Verfahren angewendet.

Für alle Bohrverfahren sind zum Teil umfangreiche technische und persönliche Schutzmaßnahmen zu beachten, die zwangsläufig besondere Anforderungen an die Bohrunternehmen stellen (Kap. 15).

Wegen der unterschiedlichen Zusammensetzung derartiger Standorte und Art der geforderten Untersuchungen und Ergebnisse kann zwangsläufig kein Einheitskonzept bzw. Standardbohrverfahren vorgegeben werden. Das Bohrverfahren ist immer auf die speziellen geologischen Verhältnisse des Untergrundes und den jeweiligen Schadensfall abzustimmen.

6.5.6.2.1 Großkalibrige Bohrungen

Die Bohrungen werden in der Regel als Trockenbohrungen mit Greifer (Schlagbohrverfahren), Schnecke oder Schappe (Drehbohrverfahren) mit Verrohrung unter Einsatz von Verrohrungsmaschinen ausgeführt. Das Bohrverfahren richtet sich nach dem zu erwartenden Deponieinhalt. Zu berücksichtigen ist ferner, ob der Deponiekörper wassergesättigt oder -ungesättigt vorliegt und ob mit dem Austritt von Deponiegasen zu rechnen ist.

Die Erfahrung zeigt, dass das Bohren mit Schnecke an einer Kellystange oder der Einsatz von Seilbohrgeräten, obwohl es zwangsläufig mit schwerem Gerät ausgeführt werden muss, dennoch das wirtschaftlichere Bohrverfahren darstellt. Dies ist deshalb der Fall, weil zum Beispiel Müllkomponenten wie Autoreifen, Schaumgummireste, Plastikplanen oder andere Einlagerungen ein anderes Verfahren nicht zulassen. Sehr oft scheitert auch sogar das Drehbohrverfahren mit Großdrehbohrgeräten, da sich Plastikmaterial um das Werkzeug wickeln, die den Bohrvorgang zum Stillstand bringen. Teilweise konnte die Kellystange nur unter Einsatz von Hilfsmaßnahmen (z. B. Druckspülungen) zurückgezogen werden.

Hier hilft nur das Greiferverfahren mit schweren Seilbaggern (Abb. 6.12) unter Einsatz von Verrohrungsmaschinen weiter.

Ein weiterer Vorteil der Großlochbohrungen besteht darin, dass die Bohrung gut bewettert werden kann und eine manuelle Beseitigung von Hindernissen möglich ist. Dazu sollten diese Bohrungen einen Durchmesser von mindestens 1000 mm haben. Bei Schneckenbohrverfahren betragen die üblichen Bohrdurchmesser 600 mm bis 800 mm.

Abb. 6.12 Abteufen einer Bohrung Durchmesser 1200 mm, auf einer Mülldeponie im Greiferbohrverfahren mit Seilbagger und hydraulischer Verrohrungsmaschine

Solche verrohrten Trockenbohrungen werden im Bereich des Deponiekörpers zu Methangas- bzw. Deponiesickerwasserbrunnen, und je nach Temperatur des Abfalls, mit HDPE-Filter oder Polypropylenfilterrohren in geschützter oder gelochter Art ausgebaut.

6.5.6.2.2 Verdrängungsbohrverfahren

Das Verdrängungsbohrverfahren stellt eine Besonderheit unter den möglichen Bohrsystemen im Deponiebereich dar, besonders dann, wenn es auf die Entnahme von gestörten oder ungestörten Bodenproben nicht ankommt. Hier sind drei Anwendungen möglich.

Das erste Verfahren dient zum Einbau von Beobachtungspegeln. Dabei wird eine Endlosverdrängungsbohrschnecke (Abb. 6.13) mit zurückgewinnbarer oder verlorener Bohrspitze und einem Außendurchmesser von mindestens 250 mm niedergebracht. Nach dem Ausbau oder Abstoßen der Bohrspitze kann in das Seelenrohr mit einem Innendurchmesser $\geq$ 150 mm das Pegelrohr eingebaut, der Zwischenringraum verfällt und die Schnecke zurückgebaut werden. Tonsperren und gezielte Verfüllungen können allerdings nicht vorgenommen werden. Der Vorteil dieser Verdrängungsbohrschnecken ist, dass nur ganz geringfügig Bohrgut gefordert wird. Das Verfahren benötigt einen sehr geringen Aufwand und stellt so eine wirtschaftliche Alternative dar.

Abb. 6.13 Abteufen einer Aufschlussbohrung. (Quelle: Celler Brunnenbau GmbH)

Beim zweiten Verfahren wird die Verdrängungsschnecke (hier kann der Durchmesser wesentlich kleiner sein) in der Regel bis auf die Deponiesohle niedergebracht und dann die Bohrspitze ausgebaut. Im Schutze des Seelenrohres kann dann die Bohrung in Abhängigkeit von der anstehenden Formation im Kernbohr- bzw. Rammkernverfahren weiter vertieft werden. Beide Verfahren setzen zum Niederbringen der Hohlbohrschnecke Kraftdrehköpfe mit hohen Drehmomenten voraus.

Die Verfahren nach Abb. 6.14 und 6.15 werden ebenso außerhalb von Deponien ausgeführt.

Ein drittes Verfahren, das eigentlich nicht in den Bereich der Baugrunderkundung fallt, zeigt die Abb. 6.16. Hierzu wird ein schwerer Seilbagger mit einer durchdrehenden Verrohrungsmaschine benötigt. Ein schweres doppelwandiges Schnellkupplungsrohr mit einem Durchmesser bis 1500 mm wird mit einer schneckenförmigen Spitze verschlossen und bei Verdrängung des anstehenden Deponiematerials in den Boden gedreht. Nach Erreichen der erforderlichen Tiefe oder Geräteleistungskapazität wird das Rohr samt Spitze gezogen. Die Bohrlochwandungen sind durch die Verdrängung verfestigt und daher im Allgemeinen standfest. In den geschaffenen Hohlraum wird Deponiematerial eingefüllt und eingestampft. Im vorliegenden Fall konnte die Kapazität der Deponie um etwa 30 % erhöht werden.

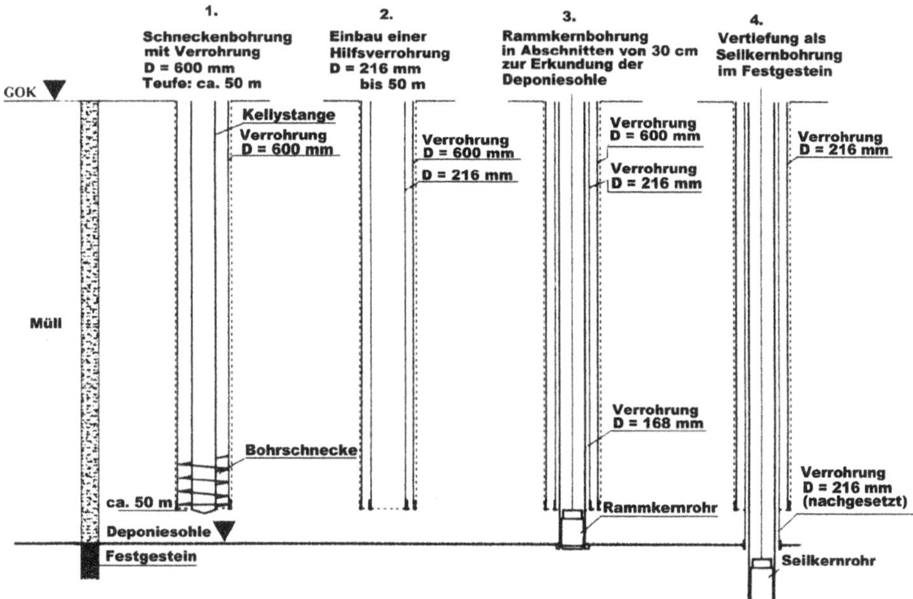

Abb. 6.14 Schematische Darstellung von kombinierten Bohrverfahren mit großkalibrigen Trockenbohrungen und Rammkern- bzw. Seilkernbohrungen auf einer Mülldeponie

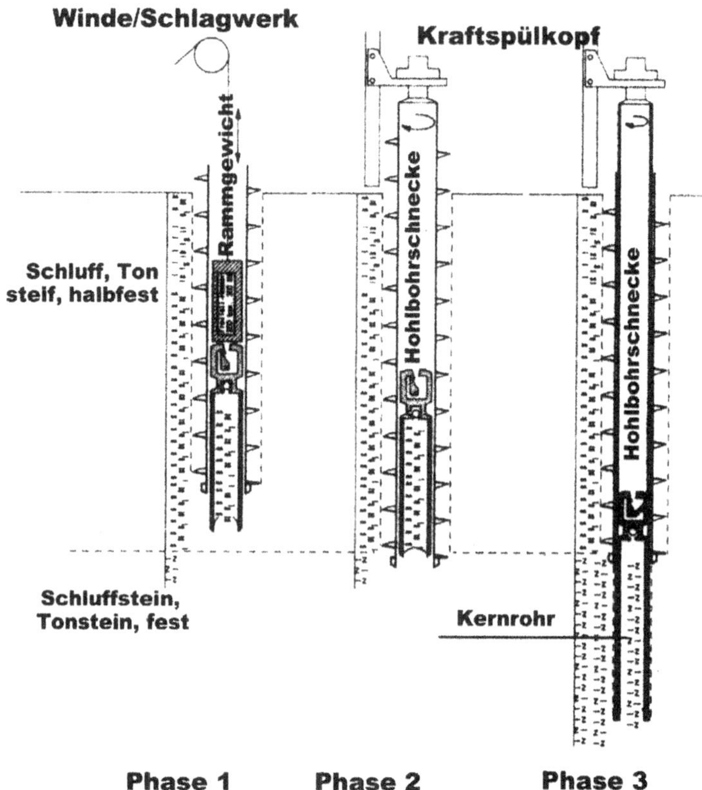

Abb. 6.15 Baugrundaufschlussbohrung im kombinierten Bohrverfahren (Rammkernbohrung/Seil-kernbohrung). (Quelle: Nordmeyer)

Das System lässt sich folgendermaßen für Aufschlussarbeiten verwenden. Da das Deponiematerial selten von Interesse ist, wird zunächst wie zuvor beschrieben verfahren. Nach dem Ziehen des Bohrrohres wird ein leichtes Schutzrohr eingebaut. Das Bohrloch kann gut bewettert und befahren werden. Im Schutze der Hilfsverrohrung lassen sich eingehende Untersuchungen an der Sohle vornehmen (Sondierungen, Entnahme von ungestörten Bodenproben) und auch Vertiefungen durch andere Bohrverfahren durchführen. Darüber hinaus können großdimensionierte Betonfilterrohre als Entgasungs- oder Sicker-wassermaßnahme eingebaut werden.

Herstellphasen:

a) Niederbringen des geschlossenen Bohrrohres, Durchmesser 1500 mm, mit einer selbst-fahrenden, durchdrehenden Verrohrungsmaschine System Leffer
b) Zurückziehen des Bohrrohres einschließlich der Bohrspitze
c) Einfüllen und Einstampfen von Deponiematerial
d) Bohrung kurz vor der vollständigen Verfüllung

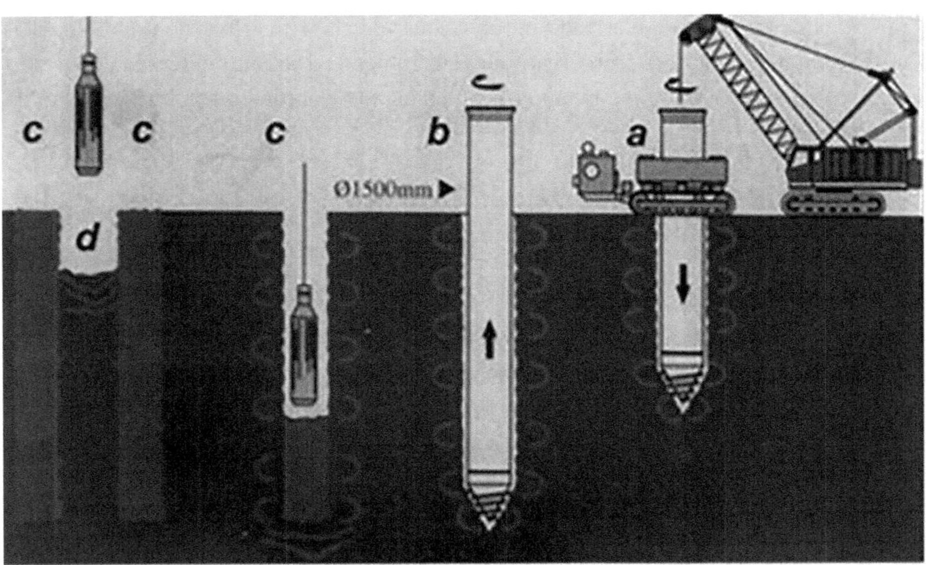

Abb. 6.16 Verdrängungsbohrungen mit einem Durchmesser von 1500 mm im Deponiebereich. (Quelle: Leffer)

6.5.6.2.3 Kleinkalibrige Bohrungen

Ist zu erwarten, dass der Müllkörper aus mittel- bis feinkörnigem Material besteht, stellt eine schlankere, verrohrte Schnecken- oder Schappenbohrung eine technisch geeignete Lösung dar. Derartige Bohrungen können mit selbstfahrenden Rotary-Bohranlagen abgeteuft werden. Die Verrohrung wird dabei mittels eines Verrohrungsdrehtischs eingebracht.

Gängige Bohrdurchmesser sind 419 mm, 323 mm, 268 mm und 216 mm. Die Verrohrung kann gegebenenfalls teleskopisch ausgeführt werden.

Es ist jedoch zu beachten, dass Trockenbohrungen im Falle des Antreffens stark kontaminierten Materials nur unzureichend bewettert werden können. Zudem sind die gewonnenen Proben in der Regel stark gestört.

Sobald bei der Bohrung der Grundwasserspiegel erreicht wird, ist eine Stabilisierung mit Wasser erforderlich, um hydraulische Grundbrüche in der Bohrung zu vermeiden.

6.5.6.2.4 Kernbohrverfahren

Handelt es sich bei der Unterlagerung einer Deponie um Festgesteine der Bodenklasse 6 und 7, kann insbesondere bei tieferen Bohrungen aus den zuvor beschriebenen Bohrdurchmessern heraus auch eine Rotarybohrung als Seilkernbohrung mit einem Doppel- oder Dreifachkernrohr abgeteuft werden (s. Abb. 6.14). Seilkernbohrverfahren können auch geneigt ausgeführt werden (bis etwa 45° aus der Vertikalen).

Besteht der zu erkundende Untergrund aus geologischen Formationen der Bodenklassen 1 bis 5, wird mit gutem Erfolg das Rammkernbohrverfahren eingesetzt (ausführliche Beschreibung des Verfahrens: s. Kap. 5). Da das Rammbohrverfahren auf 20 bis

30 m beschränkt ist, kann die Bohrung im Schutz des Überbohrfutterrohrdurchmessers von 168 mm mit einer Seilkernrohrgarnitur (Durchmesser 146 mm) tiefer abgeteuft werden (Abb. 6.14). In dieser Kombination konnten bereits Bohrtiefen von bis zu 200 m erreicht werden.

6.6 Vorbereitende Maßnahmen

6.6.1 Allgemeines

Damit die Bohrarbeiten reibungslos verlaufen, sind neben den technischen und organisatorischen Vorbereitungen (z. B. Geräte, Werkzeuge, Personal) auch verschiedene vorbereitende Maßnahmen auf der Baustelle erforderlich. Sie leisten einen wesentlichen Beitrag zur qualitativ hochwertigen und termingerechten Durchführung der Bohrmaßnahme. Der dafür erforderliche Aufwand steht in keinem Verhältnis zu den möglichen Folgen, die durch Störungen oder Unterbrechungen infolge unzureichender Vorbereitung entstehen können.

6.6.2 Einmessungen

Damit die Bohrlöcher zuverlässig wieder aufgefunden werden können, sind sie in Lage und Höhe einzumessen und dauerhaft zu sichern. Diese Informationen sind für spätere Auswertungen und Dokumentationen – etwa Schichtenprofile oder Wasserstandsmessungen – unerlässlich. Auch wenn die Bohrpunkte in der Regel vom Auftraggeber (AG) vorgegeben werden, ist der Auftragnehmer (AN) dafür verantwortlich, diese dauerhaft durch stabile und unveränderliche Bezugspunkte zu kennzeichnen und zu sichern.

6.6.3 Lageplan

Wenn möglich, sollte die Lage des Bohrpunkts anhand des Rasters einer topografischen Karte im Maßstab 1:25.000 durch Rechts- und Hochwert bestimmt werden. Die auf diese Weise fixierten Punkte – in der Regel durch den Auftraggeber (AG) eingemessen – können vermessungstechnisch jederzeit zuverlässig rekonstruiert werden. Da diese Markierungen beim Ansetzen der Bohrung verloren gehen, sind sie vor Beginn zu sichern und in einer Einmessskizze festzuhalten.

Als Bezugspunkte eignen sich ausschließlich unverschiebbare und leicht wiederauffindbare Objekte, z. B. Gebäude, Strommasten, Grenzsteine oder Verkehrswege. Nicht geeignet sind temporäre oder veränderliche Objekte wie Bäume oder Zäune, da sie entfernt werden können und somit als Festpunkte entfallen. Die Lageangaben müssen stets präzise und eindeutig formuliert sein.

Beispiele für eindeutige Festpunktbeschreibungen:

- Mitte Grenzstein Flurstück-Nr. 142/5
- Innenkante Bordstein Hauptstraße
- Haus-Nr. 14, vordere rechte Ecke

Unverzichtbar sind die Angabe eines Nordpfeils (bei fehlender Karteninformation durch Kompass oder Sonnenstand zu bestimmen) sowie die Nummerierung des Bohrpunkts.

Für die Benennung von Bohrungen existiert derzeit keine Norm. In der Praxis haben sich jedoch folgende Kürzel etabliert:

- Br – Wasserentnahmebrunnen
- P – Grundwassermessstelle (Pegel)
- BK – Bohrung mit durchgehender Gewinnung gekernter Proben
- BP – Bohrung mit durchgehender Gewinnung ungekernter Proben
- BuP – Bohrung mit unvollständiger Probennahme
- BS – Sondierbohrung

Die Kennzeichnung der Bohrpunkte erfolgt in der Skizze durch einen Punkt (•) oder einen Kreis (O).

Zur Einmessung werden in der Regel Bandmaß, Theodolit oder Winkelspiegel sowie Fluchtstangen benötigt (Abb. 6.17). Der Umgang mit diesen Vermessungsgeräten wird als bekannt vorausgesetzt. Alternativ kann auch der einfache Bogenschlag angewendet werden, bei dem lediglich ein Bandmaß erforderlich ist (Abb. 6.17).

6.6.3.1 Einmessen und sichern der Höhe

Ist am Bohrpunkt kein Höhenbezugspunkt durch den Auftraggeber (AG) vorgegeben oder geht ein vorhandener Punkt verloren, sollte beim zuständigen Tiefbau- oder Vermessungsamt der nächstgelegene amtliche Höhenpunkt erfragt werden. Dieser wird mithilfe eines Nivelliergeräts und einer Messlatte auf einen Höhenpflock in unmittelbarer Nähe des Bohrpunktes übertragen.

Der Pflock ist so zu setzen, dass er dauerhaft fixiert bleibt – idealerweise tief genug eingeschlagen, um unbeabsichtigte oder vorsätzliche Beeinträchtigungen durch Dritte zu vermeiden. Der Höhenbezug muss auf Normalhöhennull (NHN, vormals mNN) erfolgen.

Die Handhabung eines Nivelliergeräts wird als bekannt vorausgesetzt und daher an dieser Stelle nicht näher erläutert.

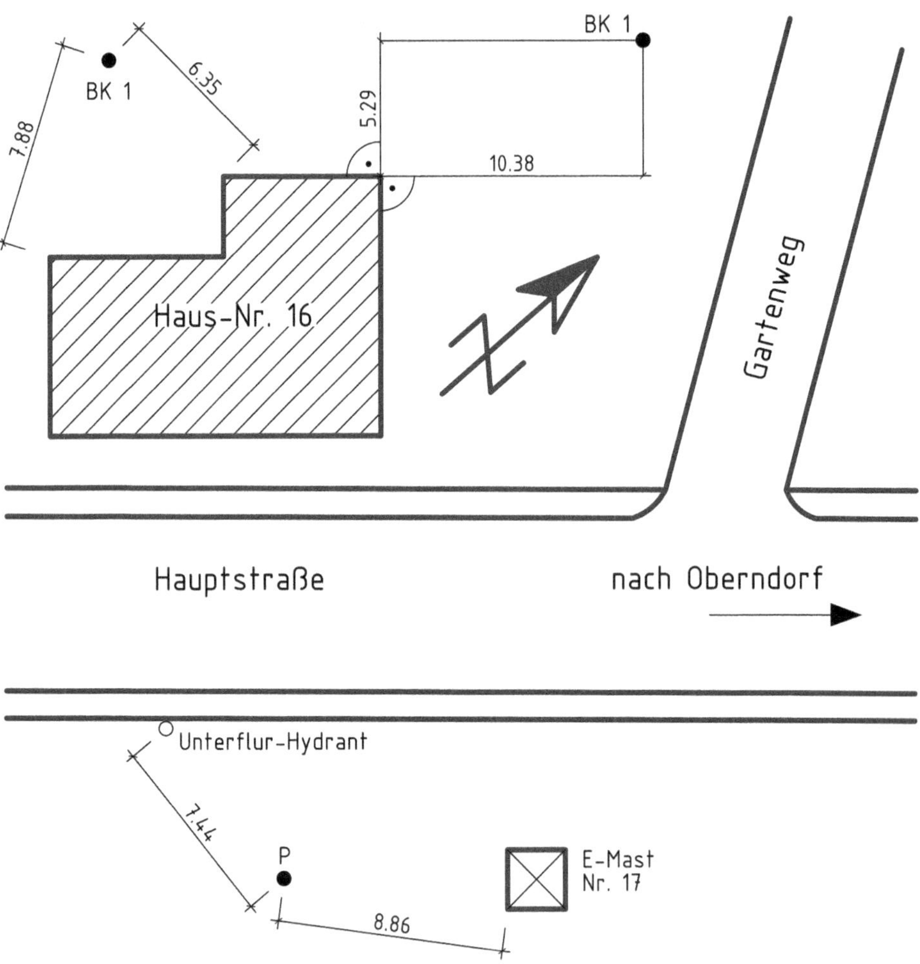

Abb. 6.17 Beispiel für eine Lageskizze. (Quelle: GTU-Unternehmensgruppe)

6.6.4 Bereitstellen von Ausbaumaterial

6.6.4.1 Allgemeines

Ist vorgesehen, eine Aufschlussbohrung als Mess- und Beobachtungspegel auszubauen, so ist das erforderliche Ausbaumaterial gemäß Ausbauplan rechtzeitig zu disponieren und fachgerecht am Bohrpunkt bereitzustellen.

Die heute üblichen schnellen Bohrverfahren erfordern einen zügigen und nahtlosen Ausbau des Bohrlochs. Insbesondere bei Spülbohrungen führt ein unnötig langes Offenhalten des Bohrlochs nicht nur zu einem erhöhten Risiko von Nachfall oder Einsturz, sondern auch zu einer vermeidbaren zusätzlichen Infiltration der Spülung in den Grundwasserleiter. Verzögerungen durch verspätete oder unvollständige Lieferung bzw. unzureichende Vorbereitung des Ausbaumaterials verursachen darüber hinaus unnötige Wartezeiten und zusätzliche Kosten. Aus Sicherheitsgründen (z. B. Diebstahlrisiko) sollte das Material jedoch auch nicht zu früh angeliefert werden.

Das Ausbaumaterial eines Grundwassermesspegels umfasst in der Regel:

- die Ausbauverrohrung,
- das zugehörige Ausbauzubehör,
- geeignete Schüttgüter (z. B. Filterkies, Abdichtungsmaterial),
- sowie die Pumpengarnitur für einen ggf. vorgesehenen Pumpversuch.

Sämtliche Komponenten sind bis zum Einbau ordnungsgemäß zu lagern und vor Witterungseinflüssen und Verunreinigungen zu schützen. Vor dem Einsatz sind sie auf Vollständigkeit, Maßhaltigkeit sowie auf Unversehrtheit zu prüfen und bei Bedarf zu reinigen. Eine sorgfältige Reinigung bzw. Vermeidung von Verschmutzungen bereits vor dem Einbau kann spätere aufwendige Desinfektionsmaßnahmen – insbesondere bei Grundwassergütemessstellen – überflüssig machen.

6.6.4.2 Ausbauverrohrung

Zum Ausbaumaterial gehören im Einzelnen:

- Sumpfrohre (Hinweis: Bei Grundwassermessstellen werden keine Sumpfrohre verwendet)
- Filterrohre
- Aufsatzrohre
- Widerstands- bzw. Kontrollfilter
- Sperr- oder Mantelrohre

Das Rohrmaterial wird in der Regel werkseitig vorkonfektioniert und direkt zur Baustelle geliefert. Dort ist es in unmittelbarer Nähe zur Bohrstelle so zu lagern, dass es weder beschädigt noch verschmutzt wird und die laufenden Bohrarbeiten nicht behindert.

Vor dem Einbau ist das gesamte Rohrmaterial sorgfältig zu prüfen auf:

- Vollständigkeit,
- Beschädigungen,
- Verschmutzungen,
- korrekte Dimensionierung (Länge, Außendurchmesser, Schlitzweite, Wanddicke).

Diese Prüfung ist unverzichtbar, um Funktionsstörungen oder Qualitätsmängel des Ausbaus – insbesondere bei Messstellen – von vornherein auszuschließen.

6.6.4.3 Ausbauzubehör

In der Praxis wird das erforderliche Zubehör für den Pegelausbau häufig unvollständig bestellt oder nicht rechtzeitig auf Vollständigkeit überprüft – obwohl es für einen reibungslosen Ablauf ebenso wichtig ist wie die Hauptkomponenten des Ausbaus. Bereits das Fehlen einer einzelnen Abfangschelle oder einer Hebekappe kann zu unnötigen Verzögerungen oder sogar zum Stillstand der Arbeiten führen.

Zum notwendigen Ausbauzubehör gehören insbesondere:

- Zentrierungen
- Dichtungen
- Verbindungsteile
- Filterböden
- Einbauwerkzeuge
- Hebekappen
- Einbaugestänge
- Abfangschellen

Eine sorgfältige Disposition, Prüfung und Bereitstellung aller Zubehörteile ist daher unverzichtbar und sollte frühzeitig im Rahmen der Baustellenlogistik berücksichtigt werden.

6.6.4.4 Schüttgüter

Schüttgüter sind, was Transport und Lagerung betrifft, die am stärksten gefährdeten Bauteile. Zu den Schüttgütern zählen:

- Filterkies
- Sand
- Füllkies
- Abdichtungsmaterialien
- Spülungszusätze

Im Vergleich zum Brunnenausbau werden bei Pegeln meist nur relativ geringe Mengen Schüttgüter benötigt. Abdichtungsmaterialien werden in der Regel in handlichen Säcken geliefert, was die Lagerung und Dosierung auf der Baustelle erleichtert. Auch für andere Materialien empfiehlt sich bei kleineren Durchmessern und Teufen die Anlieferung in Sackware.

Bei größeren Mengen – etwa bei tiefen oder großdimensionierten Pegeln – können sogenannte Big Bags (Schüttgutbehälter aus robustem Gewebe, meist PVC-beschichtet) eine zweckmäßige Alternative darstellen. Die Lagerung sollte stets witterungsgeschützt, erhöht über dem Boden und möglichst in unmittelbarer Nähe zur Einbaustelle erfolgen.

6.6.4.5 Pumpengarnitur

Pumpen und Pumpenzubehör sind nicht Gegenstand dieses Buches.

6.6.5 Sonstige Vorbereitungen

Ist die Heranführung von Wasser aus dem öffentlichen Netz nicht möglich, so ist für eine ausreichende Wasserversorgung mittels Wasserwagen zu sorgen.

Soll mit Spülung gebohrt werden, müssen die entsprechenden Spülungs- und Absetzbecken zur Verfügung stehen, falls Gruben nicht angelegt werden können.

Für die Probenentnahme und Probenlagerung sind die üblichen Behältnisse und Kernkisten bereitzustellen.

6.7 Herstellung und Kontrolle der Bohrung

6.7.1 Allgemeines

Nach Abschluss der Vorarbeiten beginnt das Niederbringen der Bohrung unter Anwendung der in Kap. 6 beschriebenen Bohrtechniken im geforderten Durchmesser und unter Beachtung der Ausschreibung. Die eingesetzten Geräte müssen den Anforderungen in vollem Umfang entsprechen und in der Lage sein, gegebenenfalls im zumutbaren Rahmen größere Durchmesser und Teufen auszuführen.

6.7.2 Kontrolle des Bohrloches

Ein Bohrloch ist selten exakt kreisrund, kalibergerecht, gerade und vertikal. Die Geometrie hängt im Wesentlichen vom eingesetzten Bohrverfahren, der fachgerechten Ausführung sowie den geologischen Rahmenbedingungen ab. Besonders ist zu unterscheiden, ob die Bohrung im Trockenbohrverfahren (Trb) oder im Spülbohrverfahren (Spb) abgeteuft wurde.

Frühzeitiges Erkennen von Abweichungen oder Mängeln ist entscheidend, um Problemen beim weiteren Abteufen und späterem Ausbau vorzubeugen. Jede Unzulänglichkeit in Gerätetechnik oder Bohrführung kann die Qualität des Bohrlochs maßgeblich beeinträchtigen.

Stillstände oder Havarien schädigen das Bohrloch typischerweise durch Infiltration von Spülung oder Bohrflüssigkeit in den Grundwasserleiter. Insbesondere beim Trb kann „Bohren auf der Stelle" zum Verklemmen der Rohrtouren führen. Beim Spb führen unzureichende Spülungsaufstiegsgeschwindigkeiten regelmäßig zu Bohrlocherweiterungen durch Ablagerung von Bohrgut (Cuttings).

6.7.3 Kalibergerechtes Herstellen der Bohrlöcher

Bei Bohrlöchern sind Bohrlochverengungen und Bohrlocherweiterungen (Auskesselungen und Auskolkungen) möglich.

Bohrlochverengungen entstehen beim Spb durch quellende Tonschichten, die sich durch starke Wasseraufnahme so verengen können, dass ein Ausfahren des Werkzeuges erschwert wird oder unter Umständen nicht mehr möglich ist oder bei Trb die Rohrtouren fest werden. Vorbeugende Maßnahme kann beim Spb die dosierte Verwendung eines CMC-Spülungszusatzes sein, der einen dünnen Filterkuchen an der Bohrlochwand aufbaut, aber auch das Austragen der erbohrten Bohrcuttings begünstigt und ein Aufladen der Spülung durch Tonpartikel verhindert.

Die Auskesselungen entstehen beim Trb durch Auftrieb an der Bohrlochsohle, weil der Wasserspiegel im Bohrloch (Wasserauflast) nicht hoch genug war oder der Geräteführer versucht hat, schwergängige oder verklemmte Rohrtouren weiterzubewegen. Ferner kann beim Hochziehen zu großer Werkzeuge ein Sog eintreten, der zum Auftrieb fuhrt. Dies tritt besonders bei bindigen Böden und prallgefüllter Bohrschnecke auf. Bohreimer (Drehschappen) müssen mit einem Entlüftungsrohr ausgestattet sein, um diese Sogwirkung zu vermeiden. Der Durchmesser von Ventilschappen und Kiespumpen soll maximal 90 % vom Innendurchmesser der Futterrohre betragen. Die Werkzeuge dürfen außerdem nicht ruckartig angehoben werden, da hierdurch die Sogwirkung verstärkt wird.

Beim Spb kann die Ursache für Bohrlocherweiterungen ein mangelnder Spülungsüberdruck sein. Aber auch ein Spülen auf der Stelle, wie es beim Austragen des Bohrgutes vor dem Gestängewechsel oder bei Arbeitsunterbrechungen notwendig ist, führt zu Bohrlocherweiterungen. Bei einer Auskesselung ergibt sich durch die Vergrößerung des Bohrlochdurchmessers eine Reduzierung der Aufstiegsgeschwindigkeit und damit ein Stau in der Austragung des Bohrgutes, der zu einer Havarie führen kann.

6.7.4 Abweichungen von der Bohrlochachse

Eine Bohrung kann aus folgenden Gründen von der Vertikalen abweichen:
    schief angesetztes Bohr- oder Standrohr

- unzureichend ausgerichteter Bohrmast
- zu schwach ausgelegte Bohrgestänge
- Spiel in den Rohr- und Gestängeverbindungen
- krumme Rohre oder Gestänge
- fehlender Nachräumer
- stumpfe Bohrwerkzeuge
- zu hoher Bohrandruck
- einfallende Schichten
- feste Formationen
- Bohrhindernisse

Ein schief angesetztes Bohrrohr ist reine Nachlässigkeit und kann daher leicht vermieden und durch einfache Kontrollen überwacht werden. Ein krummer und schiefer Verlauf bei einer unverrohrten Spülbohrung lässt sich nur durch eine Neigungsmessung nachweisen. Eine Abweichung kann so stark sein, dass eine Vergrößerung der Bohrung oder sogar eine neue Bohrung erforderlich wird.

Von einem schiefen Bohrloch spricht man, wenn eine ungewollte Abweichung von der Lotrechten vorliegt (Gründe s. o.). Je nach Tiefe der Bohrung kann schon eine geringe Neigungsabweichung erhebliche Folgen haben. Eine Abweichung von $3°$ führt z. B. bei einer Teufe von 20 m zu einem Versatz von etwa 1 m. Bei einem derartigen Verlauf der Bohrung ist der vorgesehene Pegel- oder Brunnenausbau kaum noch bzw. nur noch mit großen Schwierigkeiten möglich. Bei verrohrten Bohrungen ist teilweise unter Umständen mit Hilfe von entsprechenden Aufstandshaltern noch ein Einbau möglich.

Krumme Bohrlöcher entstehen hauptsächlich bei Spülbohrungen. Neben den oben genannten Gründen entstehen im Zusammenwirken von zu schlanken Bohrgestängen, hohem Andruck und stumpfen Werkzeugen schraubenförmige Bohrungen, die einen Ausbau zum größten Teil unmöglich machen.

Die wichtigste Voraussetzung für einen nach den Regeln der Technik ausgebauten Pegel oder Brunnen ist somit eine weitgehend gerade und vertikal abgeteufte Bohrung.

6.8 Säuberung des Bohrloches

6.8.1 Allgemeines

Vor dem Ausbau eines Bohrloches ist eine gründliche Reinigung der Bohrlochsohle von Nachfall vorzunehmen, um sicherzustellen, dass der Ausbaustrang auf die erforderliche Tiefe eingebaut werden kann. Dabei ist zu unterscheiden, ob eine Bohrung als Trb, also verrohrt, oder als Spb, also unverrohrt, niedergebracht wurde.

6.8.2 Säubern einer Trockenbohrung

Als Trockenbohrung abgeteufte Bohrlöcher werden in der Regel mit Ventilschlagbüchsen oder Dreh-schappen (Bohreimer) gesäubert, nachdem man den Schwebeteilchen im Bohrloch ausreichend Zeit gelassen hat, auf die Bohrlochsohle abzusinken. Eventuell muss dieser Vorgang einige Male wiederholt werden, da die Feinteile ständig wieder aufgewirbelt werden. Bei der Anwendung von Bohreimern (also beim Trockendrehbohrverfahren) muss ein Schneidschuh mit Räumleiste verwendet werden.

Entscheidend ist, dass durch eine ausreichende Wasserauflast im Bohrloch ein Auftreiben der Bohrlochsohle verhindert wird, da man andernfalls das Bohrloch niemals bis zur Endteufe säubern kann. Dieses sorgfältige Säubern unter Wasserüberdruck ist auch vor jedem Nachsetzen einer weiteren Rohrtour (z. B. beim Teleskopieren) erforderlich, da es durch Auftrieb zwischen den Bohrrohren zum Verklemmen (Verheiraten) der Rohrtouren kommen kann (Abb. 6.18).

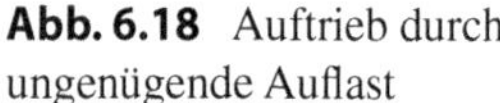

Abb. 6.18 Auftrieb durch
ungenügende Auflast

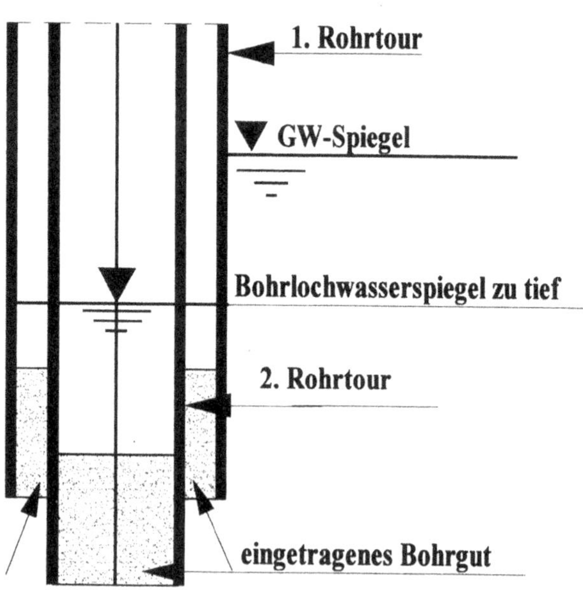

Vor dem Nachsetzen einer weiteren Rohrtour ist also bei ausreichendem Wasserüberdruck die Bohrlochsohle genau bis zur Tiefe der 1. abgesetzten Rohrtour zu reinigen, eventuell bei Wasserzugabe in den Ringspalt zwischen 1. und 2. Rohrtour, bevor weiter gebohrt werden kann. Darum sollen einzelne Rohrtouren auch möglichst in bindigen Schichten abgesetzt werden.

Derartige Verklemmungen können schon während des Niederbringens der Bohrung zu unerwünschten Auskesselungen führen, unter Umständen den Bohrvorgang sogar vorzeitig beenden. Spätestens beim Ausbau der Bohrung und beim Ziehen der Rohrtouren wird es große Probleme geben. Der ausreichende Wasserüberdruck ist also während der ganzen Bohr- und Säuberungsarbeiten zu gewährleisten.

6.8.3 Säubern einer Spülbohrung

Das Säuberungsverfahren bei Spülbohrungen weicht von einer Trockenbohrung erheblich ab. Im Verlauf der Bohrung hat sich die Spülung durch das Bohrklein aufgeladen. Dies geschieht durch Feinteile, die sich nicht in der Spülgrube absetzen. Bei Klarwasserspülungen kann das Aufladen mit Tonpartikeln erheblich sein. Dies führt zu einer erhöhten Viskosität der Spülung und Behinderung der Sedimentation. Durch rechtzeitige Zugabe von CMC-Produkten kann diese Erscheinung vermieden werden. Sie bilden einen dünnen Filterkuchen zur Schonung der GW-Leiter und verhindern ein Aufquellen durchbohrter Tonschichten. Gleichzeitig wird aber auch ein Aufquellen der erbohrten Tonteilchen (Cuttings) unterbunden, werden schneller im Spülteich ausgetragen und sedimentieren besser.

Tonschichten sollten daher nicht ohne CMC-Zusätze durchbohrt werden. Die Zugabe muss aber gut dosiert erfolgen und ständig mit Marsh-Trichter, Ringapparat und Spülungswaage überprüft werden.

Der Spülkreislauf ist so lange aufrechtzuerhalten, bis nach Erreichen der Endteufe das gesamte Bohrklein ausgetragen wurde. Ein weiteres Spülen erzeugt dagegen unter Umständen Auskolkungen am Bohrungsende. Der Spülungsstand muss allerdings erhalten bleiben. Das Verdünnen oder der Austausch der Spülung ist zweckmäßig, darf aber die Standsicherheit des Bohrloches nicht gefährden. Durch abschließendes gründliches Säubern kann erst nach dem Ausbau des Bohrloches durch intensives Entsanden erfolgen.

6.9 Verfüllen der Bohrlöcher

Auch Bohrungen, die nicht zu einem Brunnen ausgebaut wurden (z. B. Aufschlussbohrungen), sind ordnungsgemäß zu verfallen. Dabei gilt es

- vertikale Wasserbewegungen (Einsickern von Oberflächenwasser) zu verhindern
- mögliche Setzungen zu vermeiden (Unfallquellen durch Setzungstrichter)
- durch eine ordnungsgemäße Abdichtung zu garantieren, dass keine Wasserumläufigkeit zu einem anderen Grundwasserstockwerk erfolgen kann
- durch Einbau von wasserdurchlässigem Material zu gewährleisten, dass die bisherige Grundwasserbewegung nicht beeinträchtigt wird

Es muss nicht nur schichtengerecht, sondern auch setzungsfrei verfüllt werden. Daher dürfen als Schüttgüter nur verdichtungsfähige und saubere Materialien verwendet werden. Ferner müssen die Abdichtungsstoffe aus quellfähigen, gut absinkenden Abdichtungstonen sowie verpressbaren und plastischen Zementationen bestehen.

Die Anordnung und Mengen der eingebrachten Materialien sind vollständig in einem Verfüllplan (siehe Abb. 6.19) zu dokumentieren. Abweichungen von den berechneten Füllmengen können auf geometrische Unregelmäßigkeiten des Bohrlochs oder Fehler beim Einbau hinweisen und müssen geprüft werden.

Füllkiese

Im Bereich durchteufter Grundwasserleiter dürfen ausschließlich geeignete Filterkiese verwendet werden. Diese müssen:

- schnell absinkend sein,
- eine saubere, gewaschene Kornstruktur aufweisen,
- und in Korngröße und Korngrößenverteilung dem Bohrlochdurchmesser angepasst sein.

Je enger gestuft und je gröber die Kieskörnung, desto rascher, gleichmäßiger und setzungsärmer erfolgt die Ablagerung im Bohrloch.

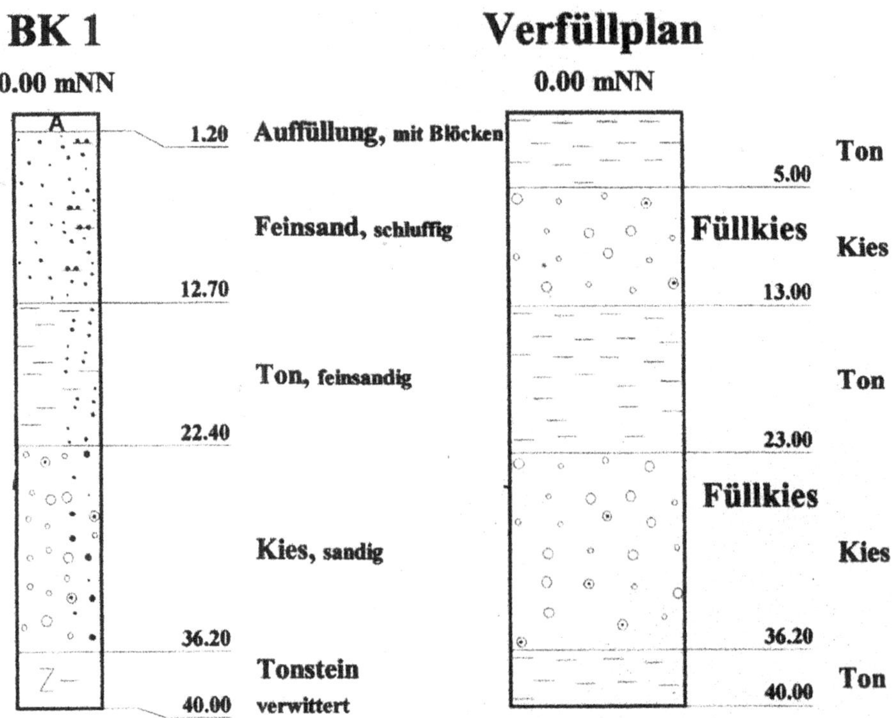

Abb. 6.19 Beispiel für einen Verfüllplan

Sande mit Korndurchmessern < 2 mm sind für den Einbau ungeeignet, da ihre geringe Sinkgeschwindigkeit dazu führt, dass sie durch nachrutschende, schwerere Materialien (z. B. Tone) überlagert werden können. Dies kann zu unerwünschter Vermischung und funktionellen Störungen führen.

Die Verfüllung mit Bohrgut – wie sie früher teilweise praktiziert wurde – ist unzulässig.

Die Entsorgung des Bohrgutes ist gemäß DIN 18301 als „Besondere Leistung" zu klassifizieren und obliegt in der Regel dem Auftraggeber (AG). Bei Pegel- und Aufschlussbohrungen sind die anfallenden Mengen meist so gering, dass sie – sofern vereinbart – direkt an der Bohrstelle verteilt werden können.

Bohrgut aus Spülbohrungen ist aufgrund der feinen Korngrößen, Spülmittelrückstände und organischen Anteile nicht verwendbar.

Bohrgut aus Trockenbohrungen kann ausnahmsweise als Füllmaterial eingesetzt werden, wenn:

- es sich ausschließlich um sauberen Kies handelt,
- dieser getrennt vom übrigen Bohrgut gelagert wurde,
- und die Zustimmung des AG schriftlich vorliegt.

Abdichtungstone sind in allen Bereichen einzubauen, in denen undurchlässige geologische Schichten (z. B. Tone, Mergel) durchbohrt wurden. Die exakte Einbaulage ist durch Bohrlochlotung zu kontrollieren.

Zur Vermeidung von Umläufigkeiten zwischen Abdichtungston und Bohrlochwand muss eine Mindestmächtigkeit von 5 m gewährleistet sein (gemäß DVGW-Merkblatt W 121).

Bei schlechter Bohrlochgeometrie oder kleinen Durchmessern empfiehlt es sich, das gesamte Bohrloch mit Abdichtungston oder Zementsuspension zu verfüllen. Der dadurch entstehende Mehrpreis ist in der Regel gering und technisch gerechtfertigt.

Unabhängig von Bohrtiefe und Verwendungszweck ist an der Geländeoberfläche eine Tonsperre anzuordnen – analog zur Oberflächenabdichtung bei Grundwassermessstellen. Diese verhindert, dass die Bohrlochverfüllung als Drainageweg für Oberflächenwasser dient.

Plastische Zementationen stellen bei der Ringraumabdichtung zweifellos die sicherste Lösung dar. Sie gewährleisten aber auch in Bohrlöchern eine absolute Dichtigkeit und Setzungsfreiheit.

6.10 Sicherung der Baustelle

6.10.1 Allgemeines

Der Auftragnehmer (AN) ist verpflichtet, die Baustelle so abzusichern, dass weder unbeteiligte Dritte noch das eigene Personal gefährdet werden. Diese Absicherung hat den geltenden gesetzlichen und berufsgenossenschaftlichen Vorschriften zu entsprechen.

Hinweis: Schilder mit Aufschriften wie „Eltern haften für ihre Kinder" oder einfache „Flatterbänder" erfüllen weder rechtliche noch sicherheitstechnische Anforderungen.

Neben der gesetzlichen Verpflichtung dient die Sicherung auch dem unternehmerischen Eigeninteresse: Schutz vor Diebstahl, Vandalismus, Sabotage und daraus resultierenden Kosten durch Ausfallzeiten, Schäden an Geräten oder Materialverlust.

6.10.2 Verkehrstechnische Absicherung

Befindet sich der Bohrstandort im öffentlichen Verkehrsraum oder beeinträchtigt die Bohrtätigkeit den Straßenverkehr, so sind geeignete verkehrssichernde Maßnahmen durchzuführen. Diese richten sich nach den Richtlinien für die Sicherung von Arbeitsstellen an Straßen (RSA 21) sowie den Vorgaben der StVO und müssen rechtzeitig beantragt und genehmigt werden.

Die Einholung der verkehrsrechtlichen Anordnung liegt in der Verantwortung des Auftragnehmers (AN) – nicht des Auftraggebers.

Die Beantragung darf ausschließlich durch geschultes Personal erfolgen, das über eine entsprechende Fachkunde nach MVAS 99 oder vergleichbare Qualifikation verfügt.

Für die Sicherung ist eine fachkundige Person als Verantwortlicher zu benennen, der die Maßnahmen auf der Baustelle kontrolliert und ggf. anpasst.

Der Antrag ist schriftlich bei der zuständigen Straßenverkehrsbehörde einzureichen – bei Bedarf in Abstimmung mit örtlicher Polizei und Straßenbaulastträger. Die Bearbeitungszeiten der Behörden sowie ggf. notwendige Pressemitteilungen zur Verkehrsinformation sind bei der Terminplanung zu berücksichtigen.

Abhängig von der Straßenkategorie gelten folgende Zuständigkeiten:

- Autobahnen und Bundesstraßen: Genehmigung durch die zuständigen Bundesbehörden; zusätzliche Verkehrsführungspläne erforderlich
- Landes- und Kreisstraßen: Antragstellung bei den Landes- oder Kreisbehörden
- Gemeindestraßen oder Wirtschaftswege: Genehmigung durch die kommunale Verkehrsbehörde

Die Einrichtung, Durchführung und Kontrolle der Verkehrsabsicherung obliegt dem AN. Er hat das erforderliche Sicherungsmaterial bereitzustellen, darunter:

- Verkehrszeichen und Hinweisschilder gemäß RSA (z. B. Baustelle, Einengung, Geschwindigkeitsbeschränkung)
- Beleuchtungseinrichtungen bei Nacht- oder Dämmerungseinsatz
- ggf. mobile Absperreinrichtungen, Schutzwände oder Ampelanlagen

Die Absicherung dient nicht nur dem Schutz der Verkehrsteilnehmenden, sondern insbesondere auch dem Bohrpersonal. In der Praxis kommt es immer wieder vor, dass Fahrzeuge trotz klarer Absperrung in den Arbeitsbereich einfahren.

Daher ist es entscheidend, die Maßnahmen nicht nur formal, sondern praktisch wirksam umzusetzen.

Hinweis zur Haftung:

Fehlerhafte oder unterlassene Verkehrssicherungsmaßnahmen können bei Unfällen zu einer vollumfänglichen Haftung des Auftragnehmers führen – unabhängig von einem Verschulden Dritter. Die Einhaltung aller geltenden Vorschriften ist daher sowohl arbeitsschutzrechtlich als auch haftungsrechtlich unerlässlich.

6.10.3 Allgemeine sicherheitstechnische Maßnahmen

Auch bei Bohrpunkten außerhalb des öffentlichen Verkehrsraums, z. B. im freien Gelände, sind geeignete Absperrmaßnahmen vorzusehen. Hinweise wie „Betreten verboten" oder „Eltern haften für ihre Kinder" sind juristisch nicht ausreichend, um die Verkehrssicherungspflicht zu erfüllen.

Typische Gefährdungen (z. B. offene Spülgruben, freiliegende Bohrlöcher oder Rohrstapel) machen es erforderlich, den Bohrplatz so zu sichern, dass keine Unfälle durch unbefugtes Betreten entstehen.

Zu den grundlegenden Maßnahmen gehören:

- Abdeckung oder Einzäunung von Bohrlöchern und Spülgruben/-behältern
- Sicheres Lagern von Rohren und anderen Materialien (Umsturz- und Abrollsicherung)
- Windenseile stets am Gerät befestigen (nicht frei hängend)
- Dieselfässer in zugelassenen Auffangwannen lagern und gegen Zugriff sichern
- Baustellenflächen frei von Stoffen wie Bentonit halten
- Elektrische Anlagen (außer Beleuchtung) abschalten und Schaltkästen verschließen

Ziel dieser Maßnahmen ist der umfassende Personen- und Umweltschutz sowie die Reduzierung des Haftungsrisikos für den Unternehmer.

6.10.4 Schutz vor Vandalismus und Diebstahl

Vandalismus und Diebstahl auf Baustellen sind ein weit verbreitetes Problem. Die Schäden reichen von Graffitischmierereien bis hin zu massiven Sabotageakten an Geräten oder Bohrlochinstallationen. Neben Sachschäden entstehen häufig erhebliche Folgekosten durch Betriebsunterbrechungen.

Typische Vorfälle:

- Zerstörung von Kabinen, Armaturen, Steuerpulten
- Durchtrennen von Kabeln, Seilen, Schläuchen
- Einwurf von Werkzeugen in Bohrlöcher
- Beschädigung oder Entwendung von Messpunkten und Absteckungen
- Diebstahl von Material, Werkzeugen, Mess- oder Steuertechnik

Präventive Maßnahmen umfassen:

- Disposition des Einbaumaterials zeitnah zum Einbau
- Abdeckhauben mit stabilem Verschluss für Gerätesteuerungen
- Verschlusskappen für Bohrlöcher, nicht nur Einhängen eines Werkzeugs
- Kabel und Schläuche aufrollen und sichern oder mitnehmen
- Arbeitsorganisation so gestalten, dass das Gerät nicht über längere Zeit unbeaufsichtigt bleibt (ggf. gesicherten Stellplatz nutzen)
- Wertgegenstände nicht auf der Baustelle belassen
- Einsatz von professionellen Alarmanlagen (z. B. Videoüberwachungsturm) oder beauftragten Wachdiensten bei gefährdeten Standorten

Jeder Diebstahl oder Vandalismusschaden ist der Polizei anzuzeigen. Auch wenn die Aufklärungsquote niedrig ist, ist eine Anzeige aus versicherungstechnischen Gründen zwingend erforderlich.

Für besonders exponierte Baustellen empfiehlt sich:

* die Erhöhung des Versicherungsschutzes,
* oder der Einsatz einer ständigen Bewachung.

Hinweis: Viele der hier genannten Schutzmaßnahmen werden leider oft erst nach Eintritt eines Schadensfalls umgesetzt – präventives Handeln ist daher ausdrücklich zu empfehlen.

Bohrergebnisse erkennen und dokumentieren 7

7.1   Allgemeines

Zur Auswertung der Bohrergebnisse gehört

- den Boden bzw. Fels richtig erkennen
- den Boden bzw. Fels zutreffend beschreiben
- die Ergebnisse dokumentieren

Diese Aufgaben sind durch sehr ausführliche DIN-Vorschiften einheitlich geregelt. Die folgenden Ausführungen beziehen sich auf diese Normen. Die wesentlichen Details werden erläutert und ergänzt.

Die Beachtung der betreffenden DIN-Normen muss als selbstverständlich vorausgesetzt werden. Sie sind auch ein wesentlicher Bestandteil der Ausbildung von Bohrmeistern und Geräteführrern entsprechend DVGW-Bescheinigung gem. Merkblatt W 120.

Ein nicht unwesentlicher Teil dieser Normen gehört in der Regel nicht zum Aufgabenbereich des Bohrunternehmens (z. B. Auswaschen von organischen Bestandteilen und Bestimmung des Zer-setzungsgrades usw.).

7.2   Geltende DIN-Vorschriften

Für die Benennung und Dokumentation der Bohrergebnisse sind folgende DIN-Normen zu beachten:

DIN EN ISO 22475-1 Anhang B	**Feldprotokolle** – Kopfblatt, Bohrprotokoll Protokoll der Probeentnahme, Schichtenverzeichnis, Verfüllprotokoll, Protokoll der Piazometerinstallation, Protokoll der Grundwassermessungen, Protokoll der Kalibrierung eines Grundwassermesssystems
DIN 4023 2023-02	Geotechnische Erkundung und Untersuchung Zeichnerische Darstellung der Ergebnisse
DIN 4943 2013-09	Zeichnerische Darstellung und Dokumentation von Brunnen und Grundwassermessstellen

Für das Benennen von Böden (Lockergesteinen) gelten die o. g. DIN-Normen. Sie ersetzen die bisherigen DIN-Normen: DIN 4021, 4022-1, DIN 4022-2, 4022-3.

Das Kopfblatt enthält die allgemeinen Angaben, Zweck der Bohrung, die Lageskizze, und die technischen Daten zur Ausführung der Bohrungen (Bohrmeister, Geräteführer, Bohrgerät, Werkzeuge, Bohrtechnik, Anzahl Boden- und Wasserproben, eventuell Ausbau der Bohrung, Verfüllung usw.).

Das Schichtenverzeichnis enthält neben den wichtigsten Angaben aus dem Bohrvorgang (Drehzahl, Vorschub, Spülung usw.) die Angaben über die Schichtenfolge, Boden- oder Felsarten, Wasserverhältnisse usw.

Die Dokumentation, also das Ausfüllen der Kopfblätter und Schichtenverzeichnisse sowie das Zeichnen der Bohrprofile werden heute überwiegend mit Fachsoftware erledigt. Die entsprechen-den Grundlagen müssen jedoch von der Baustelle (Bohrmeister oder Geräteführer) kommen.

Die DIN 4023 gilt sowohl für Böden (Lockergestein) als auch für Fels (Festgestein) und beschreibt, wie die Schichtenverzeichnisse in zu erstellen sind. Sie enthält insbesondere die Kürzel, Zeichen und Farbkennzeichnungen der einzelnen Bodenarten. In den oben erwähnten Computerprogrammen sind alle Grundlagen (Symbole, Bezeichnungen, Kurzzeichen usw.) gemäß den geltenden DIN-Vorschriften gespeichert und können nach Bedarf abgerufen werden.

7.3   Grundlagen der Boden- und Felserkennung

7.3.1   Allgemeines

Die Boden- bzw. Felsansprache, also das richtige Erkennen, setzt grundlegende Kenntnisse voraus. Besonders bei nicht gekernten Proben ist eine spätere bodenmechanische Auswertung im Labor von der Beurteilung vor Ort sehr wichtig, da sich der Boden im „frischen" Zustand oft wesentlich anders darstellt als in der späteren Probe, die ja nur ein kleiner Ausschnitt ist. So geht z. B. der Geruch oft ganz verloren und die Plastizität verändert sich teilweise durch entsprechende Lagerungszeit. Ebenfalls verändert sich bei rolligen Böden das Korngefüge durch Lagerung und Transport.

7.3.2 Erkennungsmerkmale rolliger und bindiger Böden

7.3.2.1 Korngröße und Kornform

Ein wesentliches Erkennungsmerkmal ist die Korngröße. Neben der Anwendung einer Kornstufen lehre wird deren Abschätzung durch Vergleichsgrößen erleichtert (Abb. 7.1)

Die Form ist bei Körnern der Bereiche Kies und Sand noch mit dem Auge zu bestimmen, z. B. kugelig, münzenförmig, bohnenförmig, stengelig, scharfkantig, kantengerundet. Beim Schluffkorn und Tonkorn ist dies nicht möglich.

Die Rauigkeit ist innerhalb des Kieskornbereiches durch Fühlen mit den Fingerspitzen in

- hohe Rauigkeit (vergleichbar einer groben Holzfeile)
- mittlere Rauigkeit (vergleichbar eines groben Schleifpapiers)
- geringe Rauigkeit (vergleichbar eines feinen Schleifpapiers)
- keine Rauigkeit (vergleichbar mit einer Eierschale)

einzuteilen.

7.3.2.2 Bestimmung der Farbe

Da die wirkliche Farbe eines Bodens sich nur an frischen Bruchflächen bei vollem Tageslicht erkennen lässt, sollte diese Bestimmung auch vor Ort vorgenommen werden. Besonders sind Farbveränderungen des frischen Bodens unter dem Einfluss der Luft zu beachten und zu beschreiben.

Durch eine dunkle Färbung können organische Beimengungen angezeigt werden. Je dunkler eine Bodenart ist, desto höher ist meist ihr organischer Anteil. Allerdings ist zu beachten, dass sich grobkörnige Böden unter dem Einfluss organischer Bestandteile leichter verfärben als feinkörnige Böden.

Graue und schwarze Farbtönungen können durch Mangan- oder Eisenverbindungen entstehen.

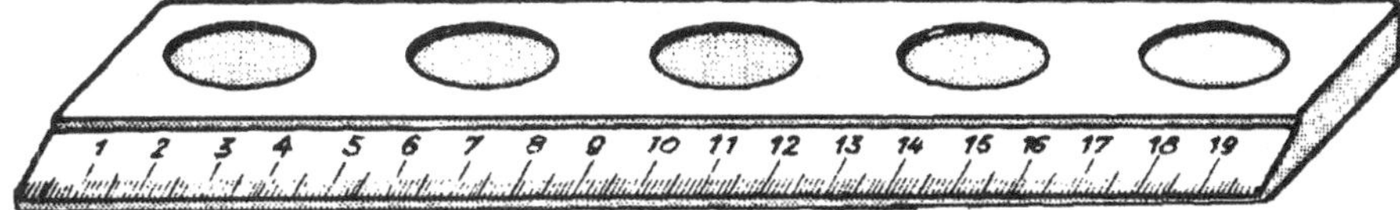

Abb. 7.1 Kornstufenlehre

Eine grünliche Färbung wird durch Eisenoxidverbindungen verursacht, die sich aber nur im Wasser hält. Durch Oxidation ist die Grünfärbung häufig von Rostflecken oder Braunfärbung durchsetzt.

Bei Torfen gibt die Farbe einen Hinweis auf ihren Zersetzungsgrad: Je dunkler ein Torf ist und je dunkler er an der Luft wird, desto stärker ist er im Allgemeinen zersetzt.

Am verbreitetsten ist eine gelbe, braune und rote Färbung. Gelbe bis braune Farbtönungen werden durch Eisensalze, braune Farbtönungen durch Eisenoxidhydrat hervorgerufen. Helle Farben zeigen völlig humusfreie Quarz- und Kalksandböden an. Bei Rostfarben ist häufig auch eine Verkittung des Bodens zu beobachten (Ortstein).

7.3.2.3 Trockenfestigkeitsversuch

Der Trockenfestigkeitsversuch ergibt Hinweise auf die Plastizität des Bodens und das Verhalten von Schluff und Ton. Dazu wird eine Bodenprobe getrocknet. Der Widerstand gegen Zerbröckeln und Pulverisieren zwischen den Fingern gibt einen Hinweis auf die Trockenfestigkeit des Bodens.

Es lassen sich dabei nachstehende Festigkeiten unterscheiden:

- Keine Trockenfestigkeit liegt vor, wenn der getrocknete Boden ohne oder bei geringster Berührung in ein Haufwerk von Einzelkörnern zerfällt; (Beispiele G, S, Gs).
- Niedrige Trockenfestigkeit liegt vor, wenn der getrocknete Boden bei leichtem bis mäßigem Fingerdruck zerfällt; (Beispiele U, Ufs, fSu, Gu).
- Mittlere Trockenfestigkeit liegt vor, wenn die getrocknete Probe erst bei Anwendung eines erheblichen Fingerdrucks zerbricht und dabei einzelne, noch zusammenhängende Bruchstücke bildet; (Beispiele GT, ST, Ut).
- Hohe Trockenfestigkeit liegt vor, wenn die getrocknete Probe nicht mehr durch Fingerdruck zerstört werden kann. Sie lässt sich lediglich zwischen den Fingern zerbrechen; (Beispiele T, Tu, Ts, Gts).

7.3.2.4 Schüttelversuch

Beim Schüttelversuch wird eine genügend feuchte, nussgroße Probe (wenn zu trocken, vorher mit Wasser durchkneten) auf der flachen Hand hin- und hergeschüttelt. Tritt Wasser an die Oberfläche aus, so nimmt diese ein glänzendes Aussehen an. Durch Fingerdruck kann man das Wasser wieder zum Verschwinden bringen. Mit zunehmendem Fingerdruck zerkrümelt die Probe; bei erneutem Schütteln fließen die einzelnen Krümel wieder zusammen und der Versuch kann wiederholt werden. Aufgrund der Reaktionsgeschwindigkeit, mit der das Wasser beim Schütteln und Drücken erscheint und verschwindet, lassen sich nachstehende Unterscheidungen treffen:

- schnelle Reaktion, wenn der beschriebene Vorgang sehr rasch abläuft; (Beispiele fS, fSu, Gu)
- langsame Reaktion, wenn sich die Wasserhaut nur langsam bildet und ändert; (Beispiele Ut, U)
- keine Reaktion, wenn der Schüttelversuch nicht anspricht (Beispiele Tu, T)

7.3.2.5 Knetversuch

Die Probe soll aus einer weichen Masse bestehen, die man auf einer glatten Oberfläche oder auf der Handfläche zu dünnen Walzen von etwa 3 mm Durchmesser ausrollt.

Aus den Walzen formt man wiederum einen Klumpen und rollt sie erneut aus. Hierdurch gibt die Probe ständig Wasser ab, wird immer steifer und zerbröckelt schließlich beim Ausrollen.

Es lassen sich nachstehende Unterscheidungen treffen:

- Leichte Plastizität liegt vor, wenn aus den Walzen kein zusammenhängender Klumpen mehr gebildet werden kann (Beispiele Ts, U).
- Mittlere Plastizität liegt vor, wenn sich der gebildete Klumpen nicht mehr kneten lässt, da er bei Anwendung eines Fingerdrucks sofort zerkrümelt (Beispiele Ut, Ts).
- Ausgeprägte Plastizität liegt vor, wenn sich der aus den Walzen gebildete Klumpen auch unter Anwendung eines erhöhten Fingerdrucks kneten lässt, ohne zu zerbröckeln (Beispiel T).

7.3.2.6 Reibeversuch

Den Anteil an Sand, Schluff und Ton kann man durch den Reibeversuch abschätzen. Man zerreibt eine kleine Probemenge zwischen den Fingern (gegebenenfalls unter Wasser). An der Rauigkeit bzw. an dem Knirschen und Kratzen erkennt man den Sandkornanteil eines Bodens. Im Zweifelsfall kann der Versuch zwischen den Zähnen ausgeführt werden, wobei sich Sand durch Knirschen bemerkbar macht.

Ein toniger Boden fühlt sich seifig an und bleibt an den Fingern kleben und lässt sich auch in trockenem Zustand nicht ohne Abwaschen entfernen. Schluffige Böden dagegen fühlen sich weich und mehlig an. Die an den Fingern haftenden Bodenteile lassen sich in trockenem Zustand durch Fortblasen oder durch das Aneinanderklatschen der Handflächen ohne Schwierigkeiten entfernen.

7.3.2.7 Schneideversuch

Schneidet man mit einem Messer eine erdfeuchte Probe durch, so weist eine glänzende Schnittfläche auf Ton hin. Eine stumpfe Oberfläche ist charakteristisch für Schluff bzw. tonig-sandigen Schluff mit geringer Plastizität. Man kann die Oberfläche der Probe auch mit dem Fingernagel einritzen oder glätten, um eine Feststellung zu treffen.

7.3.2.8 Bestimmung des Kalkgehaltes

Ein wichtiger, aber sehr einfacher Versuch ist die Abschätzung des Kalkgehaltes. Hierbei gibt man einige Tropfen verdünnter Salzsäure (Wasser: Salzsäure = 3:1) auf die Probe. Nach der Intensität des Aufbrausens lassen sich folgende Merkmale unterscheiden:

- kalkfrei (0) ergibt kein Aufbrausen
- kalkhaltig (+) ergibt schwaches bis deutliches, aber nicht anhaltendes Aufbrausen
- stark kalkhaltig (+ +) ergibt starkes, langandauerndes Aufbrausen

Bei nassen und feuchten tonigen Böden kann sich das Aufbrausen etwas verzögern. Bei chemisch verunreinigten Böden, z. B. Deponien und Aufschüttungen, können giftige Gase entstehen; daher darf hierbei der Salzsäure versuch nicht ausgeführt werden.

7.3.2.9 Riechversuch

Der Riechversuch gibt einen Hinweis auf anorganische oder organische Böden. Modriger Geruch weist auf organische Böden hin (kann durch Erhitzen verstärkt werden). Am Geruch nach Schwefelwasserstoff erkennt man verwesende faulige organische Bestandteile (wird verstärkt durch Übergießen mit verdünnter Salzsäure). Trockene anorganische Tone haben nach dem Anfeuchten einen erdigen Geruch.

7.3.2.10 Bestimmung der Konsistenz

Die Zustandsform eines bindigen Bodens ist im Feldversuch wie folgt zu ermitteln:

- Breiig ist ein Boden, der beim Pressen in der Faust zwischen den Fingern hindurchquillt.
- Weich ist ein Boden, der sich leicht kneten lässt.
- Steif ist ein Boden, der sich schwer kneten, aber in der Hand zu 3 mm dicken Walzen ausrollen lässt, ohne zu reißen oder zu zerbröckeln.
- Halbfest ist ein Boden, der beim Versuch, ihn zu 3 mm dicken Walzen auszurollen, zwar bröckelt und reißt, aber doch noch feucht genug ist, um ihn erneut zu einem Klumpen formen zu können.
- Fest (hart) ist ein Boden, der ausgetrocknet ist und dann meist hell aussieht. Er lässt sich nicht mehr kneten, sondern nur zerbrechen. Ein nochmaliges Zusammenballen der Einzelteile ist nicht mehr möglich.

7.3.3 Erkennungsmerkmale für Fels

7.3.3.1 Allgemeines

Im Gegensatz zum Boden gibt es für Fels keine einfachen und im Feld feststellbaren Unterscheidungsmerkmale. Für die Bestimmung sind umfangreiche geologische Kenntnisse und zum Teil auch Laborversuche erforderlich, die in der Regel nicht vom Bohrmeister oder Geräteführer vorausgesetzt werden dürfen. In der Praxis sieht es meistens auch so aus, dass durch den zuständigen wissenschaftlichen Betreuer (Geologe, Baugrundgutachter usw.) die Proben besichtigt und gemeinsam zugeordnet werden; Bohrmeister und wissenschaftlicher Betreuer ordnen dann gemeinsam die Proben zu.

Unter Zuhilfenahme der DIN EN ISO 22475-1 lassen sich jedoch die Proben mit den folgenden Verfahren beschreiben.

7.3.3.2 Bestimmung der Körnigkeit

- Vollkörnig ist ein Gestein, das nur aus erkennbaren Einzelkörnern besteht.
- Teilkörnig ist ein Gestein, bei dem eine nicht körnige Grundmasse Einzelkörner enthält.
- Nichtkörnig ist ein Gestein, bei dem keine Körner mehr unterschieden werden können.

7.3.3.3 Bestimmung der Korngröße

Sind in einer Gesteinsprobe Körner mit dem Auge zu unterscheiden, so wird ihre Korngröße nach Tab. 7.1 bestimmt. Sind keine Einzelkörner mehr zu erkennen, so wird der Ritz- oder Schneideversuch angewendet. Bei nichtkörnigem Gestein gibt eine glänzende Ritz- oder Schnittfläche einen Hinweis auf Tonmineralien.

7.3.3.4 Bestimmung der Raumausfüllung

- Dicht ist ein Gestein, an dem man keine Poren feststellen kann.
- Porös ist ein Gestein, dessen Poren allgemein nicht größer als ein Sandkorn und etwa gleichmäßig verteilt sind.
- Löcherig ist ein Gestein, dessen Hohlräume größer als ein Sandkorn und meist unregelmäßig verteilt sind.
- Kavernös ist ein Gestein mit kleinen und großen Hohlräumen von meist unregelmäßiger Querschnittsform.

7.3.3.5 Bestimmung der Kornbindung bzw. Festigkeit

- Bei schlechter Kornbindung lassen sich die Gesteinsteilchen mit den Fingern leicht abreiben.
- Bei mäßiger Kornbindung lässt sich die Probe mit Stahlnagel oder Messerspitze leicht ritzen.
- Bei guter Kornbindung lässt sich die Probe mit Stahlnagel oder Messerspitze nur schwer ritzen.
- Bei sehr guter Kornbindung ist die Probe mit Stahlnagel oder Messerspitze nicht mehr ritzbar.

Tab. 7.1 Korngrößenvergleich

Bodenart	Kurzzeichen	Korngröße in mm	Vergleichsgröße
Blöcke	Y	> 200	größer als ein Fußball
Steine	X	> 63,0 bis 200	kleiner als ein Fußball
Grobkies	Gg	> 20,0 bis 63,0	kleiner als Hühnereier größer als Haselnüsse
Mittelkies	mG	> 6,3 bis 20,0	kleiner als Haselnüsse größer als Erbsen
Feinkies	fG	> 2,0 bis 6,3	kleiner als Erbsen größer als Streichholzköpfe
Grobsand	gs	> 0,6 bis 2,0	kleiner als Streichholzköpfe größer als Grieß
Mittelsand	mS	> 0,2 bis 0,6	gleich Grieß
Feinsand	fS	> 0,06 bis 0,2	kleiner als Grieß, aber das Einzelkorn ist mit dem bloßen Auge noch erkennbar
Schluff	gu	> 0,02 bis 0,06	Einzelkörner mit dem bloßen Auge nicht mehr erkennbar
	mU	> 0,006 bis 0,02	
	fU	> 0,002 bis 0,006	

7.3.3.6 Bestimmung der Mineralkornhärte

Die Härtebestimmung wird bei voll- und teilkörnigem Gestein an möglichst großen Einzelkörnern durchgeführt.

Härtegrad	Härtebestimmung
1 + 2	mit Fingernagel leicht ritzbar
3	mit Messer leicht ritzbar
4	bei starkem Druck des Messers noch gut ritzbar
5	mit Messer nur noch schwer, mit guter Feile ritzbar
≥ 6	gibt beim Anschlagen mit Stahl Funken und ritzt Fensterglas

7.3.3.7 Bestimmung der Veränderlichkeit in Wasser

Ein großes und ungestörtes Probestück wird über etwa 24 h in klares Wasser gelegt. Es lassen sich nachstehende Feststellungen treffen:

- Stark veränderlich ist ein Gestein, wenn die Probe ganz zerfällt und in Brei übergeht.
- Veränderlich ist ein Gestein, wenn die Probe zerfällt, aber Einzelbestandteile noch fest bleiben.
- Mäßig veränderlich ist ein Gestein, wenn die Oberfläche aufweicht oder Teile abbröckeln.
- Nicht veränderlich ist ein Gestein, wenn keine Veränderungen festzustellen sind.

7.3.3.8 Bestimmung des Kalkgehaltes

Der Kalkgehalt wird mit Salzsäure bestimmt.

7.3.3.9 Ausfüllen der Schichtenverzeichnisse

Zur Ausfüllung der Schichtenverzeichnisse s. DIN EN ISO 22475-1.

7.3.4 Beobachtung des Grundwassers

7.3.4.1 Allgemeines

Wird bei einer Baugrundaufschlussbohrung Wasser im Bohrloch angetroffen, ist der Bohrvorgang zu unterbrechen und der Wasserstand nach einer Bohrpause einzumessen und in die Schichtenverzeichnisse einzutragen. Außerdem ist täglich bei Beginn und Ende der Arbeitszeit sowie vor und nach längeren Arbeitsunterbrechungen und schließlich vor dem Verfällen der Bohrung zu messen. Dabei ist ebenfalls zu registrieren, ob es sich um örtlich begrenztes Grundwasser oberhalb der freien Grundwasseroberfläche handelt. Wichtig ist ferner die Erfassung von Nachfall und Sohlaufbruch, der auf das Vorhandensein von Wasser schließen lässt. Das gleiche gilt für eine starke Veränderung des Wasserstandes im Bohrloch.

Die beim Bohren ausgeführten Messungen und Beobachtungen der Wasserstände entsprechen zwar nicht den wirklichen Wasserständen, trotzdem sind sie für die überschlägliche Beurteilung der Wasserverhältnisse verwertbar.

Die Messung der Wasserstände führt in der Regel zu unrichtigen Werten beim Bohren

- mit Spülung oder Dickspülung
- mit Spülhilfe
- mit Wasserüberdruck
- mit Wasserzusatz
- wenn mit zu großem Bohrfortschritt gearbeitet wird
- wenn die notwendige Verrohrung den Wasserausgleich behindert
- wenn die Bohrlochsohle durch sedimentierte Feinbestandteile zugesetzt ist

Je geringer die Durchlässigkeit des Wasserleiters ist, desto länger dauert das Ausspiegeln des Wassers im Bohrloch. In gut durchlässigen Böden reicht im Allgemeinen eine Bohrpause von etwa 5 min für die Messung aus. Mit Rücksicht auf den Bohrfortschritt kann bei weniger durchlässigen Böden der Ausgleich des Wasserspiegels im Bohrloch nicht abgewartet werden. Hier ist die Messung während einer verlängerten Bohrpause zu wiederholen. Alle Wasserstände sind mit einer Messunsicherheit von 1 cm festzustellen und im Schichtenverzeichnis mit Datum und Uhrzeitangabe, ebenso wie alle hinsichtlich des Wassers sonst gemachten Beobachtungen, zu protokollieren und zu vermerken.

7.3.4.2 Grundwasserstockwerke

Wenn beim Bohren nur eine Rohrtour verwendet wird, kann bei mehreren Grundwasserstockwerken nur die Höhe der freien Grundwasseroberfläche des höchsten GW-Stockwerks näherungsweise bestimmt werden. Ist es erforderlich, die Grundwasserdruckfläche eines zweiten GW-Stockwerks festzustellen, muss eine zweite Rohrtour eingesetzt, also teleskopiert werden. Dabei ist die erste Rohrtour im Grundwasserhemmer dicht abzusetzen und mit einer zweiten Rohrtour innerhalb des ersten Rohres tiefer zu bohren.

Ist die Verrohrung nicht dicht abgesetzt, so kann es durch Umläufigkeit zwischen den Grundwasserstockwerken und damit zu Verfälschungen kommen. Eine zu niedrige Lage der Druckfläche wird gemessen, wenn die Grundwasserdruckfläche des unteren Stockwerks oberhalb der freien Grundwasseroberfläche des oberen Stockwerks liegt.

Auch hier sind alle Feststellungen und Vorkommnisse in die Schichtenverzeichnisse (eventuell Beiblatt anlegen) einzutragen.

7.3.5   Ausfüllen der Formblätter

7.3.5.1 Allgemeines

Nach DIN EN ISO 22475-1 ist für jede Bohrung ein Formblatt mit Kopfblatt und Schichtenverzeichnis auszufüllen. Damit wird sichergestellt, dass Bodenarten und Fels nach Art, Farbe und Beschaffenheit sowohl vom Bohrmeister oder Geräteführer im Feld als auch im Labor vom Fachmann einheitlich benannt und beschrieben werden. Dabei müssen die bohrtechnischen Angaben und sonstigen Feststellungen möglichst vollständig sein.

Ebenso sind laut DIN 18 301 ATV „Bohrarbeiten" Abs. 3.3.1, bei Bohrungen zur Untersuchung des Baugrunds (Baugrundbohrungen) Bohrproben und gegebenenfalls Sonderproben nach DIN EN ISO 22475-1 zu entnehmen, zu kennzeichnen, zu behandeln und zu verwahren sowie ein Schichtenverzeichnis zu führen, das aus den folgenden Teilen besteht:

Die Schreibarbeiten sind dabei je nach Bohrverfahren sehr umfangreich. Es gibt kaum einen Zweig im Baugewerbe, bei dem derartig umfangreiche schriftliche Arbeiten auszuführen sind. Dabei ist zu beachten, dass die Schreibarbeit neben der praktischen Tätigkeit als Geräteführer zu bewältigen ist. Es sollte daher alles versucht werden, den Schreibumfang so gering wie möglich zu halten. Die Formblätter könnten z. B. so weit wie möglich vorbereitet werden. So wäre es möglich, den größten Teil der Kopfblätter vorher auszufüllen, soweit diese Daten vorher feststehen. In Verbindung mit der EDV-Auswertung können weitgehend Kürzel Verwendung finden.

7.3.5.2 Das Kopfblatt

Das Kopfblatt (Abb. 7.2), das für alle Teile gleich ist, dient der Kennzeichnung der Bohrungen nach Objekt, Nummer, Zweck (Baugrunderkundung, Messstellenbohrung), Ort, Lage und Höhe des Ansatzpunktes, Auftraggeber, ausführendes Bohrunternehmen usw., sowie zum Aufzeichnen der Lageskizze. Ferner sind Angaben über Bohrverfahren, Bohrwerkzeuge (Kernrohre, Bohrkronen usw.), Spülung, Tiefe und Durchmesser der Verrohrung zu machen.

Für die genaue Lage des Bohrpunktes sind die Rechts- und Hochwerte einzutragen, die aus den topographischen Karten entnommen werden können. Diese Angaben sind nach VOB „ATV Bohrarbeiten" vom Auftraggeber zu machen. Er hat die Bohrungen nach Lage und Höhe eingemessen zu übergeben.

In einer Lageskizze ist der Ansatzpunkt der Bohrung so genau festzulegen, dass er jederzeit wiedergefunden werden kann.

Alle Messungen und Tests im Bohrloch (Lotungen, Wasserdurchlässigkeitstest, optische Befahrungen, Standardpenetrationstests) sind einzutragen.

Bei der Probenübersicht sind Umfang und Art (Kernkisten, Becher, Gläser, Beutel) der Probeentnahmen sowie Sonder- und Wasserproben einzutragen (nach Möglichkeit den endgültigen Aufbewahrungsort nennen).

Beim Ausfüllen der Formblätter sind die in den Tabellen aufgeführten Kurzzeichen zu verwenden.

Angaben über das Grundwasser, die Verfüllung und den Ausbau des Bohrloches sind ebenfalls zu machen, ebenso der Ruhewasserstand nach endgültiger Fertigstellung der Bohrung.

7.3.5.3 Schichtenverzeichnis

Das Schichtenverzeichnis ist nach DIN EN ISO 22475-1 zu führen, Näheres siehe dort.

7.3.5.3.1 Ausfüllen der Schichtenverzeichnisse

Das Ausfüllen der Schichtenverzeichnisse muss DIN EN ISO 22475-1 erfolgen. Näheres siehe dort.

Anlage 1

| **Kopfblatt**
DIN EN ISO 22475-1 | **GTC** |

| Projekt: | HWS Petershagen-Schlüsselburg | Auftraggeber: | Stadt Petershagen |
| Projektnummer: | 323-065 | Auftragnehmer: | GTC Nord GmbH & Co. KG |

Bohrung:	**BK** *GWM 507 K*	Bohrgerät:	**DSB 1.4**
Bohrgeräteführer:	*Wagner / Vassilevskiy*	Datum:	*02.08.23 – 09.08.23*
Tiefe:	*20,0 m u. GOK*	Grundwasser:	*5,17 m u. GOK*
Höhe:		Lage:	

Protokolle:

- ☒ Bohr-/ Verfüllprotokoll
- ☐ Probenentnahmeprotokoll
- ☒ Schichtenverzeichnis
- ☒ Ausbau einer Grundwassermessstelle
- ☐ Grundwasserentnahmeprotokoll
- ☐ Protokoll Bohrlochrammsondierung
- ☐ Andere:

Bemerkung: *Grundwasserstände unter GOK.*

03.08.23	*–*	*5,17 m. angebohrt.*
07.08.23	*–*	*5,4 m. in Ruhe.*
08.08.23	*–*	*2,6 m. aufgefüllt.*
09.08.23	*–*	*5,32 m. Grundwasser nach Bohrende.*

Bohrverfahren

BK	Bohrung mit durchgehender Gewinnung gekernter Proben		BKR	BK mit richtungsorientierter Kernentnahme		
BuP	Verfahren mit Gewinnung unvollständiger Proben		BKF	BK mit fester Kernumhüllung		
BP	Gewinnung nichtgekernter Proben		BKB	BK mit beweglicher Kernumhüllung		
BS	Sondierbohrung					
druck	drückend	greif	greifend	schlag	schlagend	ram	rammend
rot	drehend						

Bohrwerkzeug

EK	Einfachkernrohr	DK	Doppelkernrohr	TK	Dreifachkernrohr	SN	Sonde
S	Seilkernrohr	HK	Hohlkrone	VK	Vollkrone	Mei	Meißel
H	Hartmetallkrone	D	Diamantkrone	Gr	Greifer	Ven	Ventilbohrer
Schap	Schappe	Schn	Schnecke	Spi	Spirale	Kis	Kiespumpe
G	Gestänge	SE	Seil	HA	Hand	F	Freifall
V	Vibro	DR	Druckluft	HY	Hydraulik		
WS	Wasser	LS	Luft	SS	Sole	Sch	Schaum
DS	Dickspülung	d	direkt	id	indirekt		

Abb. 7.2 Beispiel für ein ausgefülltes Kopfblatt

7.3.5.3.2 Schichtenverzeichnis für Bohrungen in Fels

Das Ausfüllen der Schichtenverzeichnisse muss DIN EN ISO 22475-1 erfolgen. Näheres siehe dort.

7.3.5.3.3 Schichtenverzeichnis nach für Bohrungen im Boden

Das Ausfüllen der Schichtenverzeichnisse muss DIN EN ISO 22475-1 erfolgen. Näheres siehe dort.

7.3.5.3.4 Zeichnerische Darstellung der Bohrergebnisse nach DIN 4023

Die zeichnerische Darstellung der Schichtenprofile ist nach DIN 4023 vorzunehmen. Die Norm vereinfacht die Darstellung durch einheitliche Kennzeichnungen, Symbole und Farben. Durch die Profile werden die Aufschlüsse höhengerecht und übersichtlich dargestellt, was lediglich mit einem Schichtenverzeichnis nicht möglich ist.

Da es inzwischen kaum noch Unternehmen geben dürfte, die Profile (mühselig) von Hand zeichnen, erübrigt sich eine weitere Erläuterung dieser DIN. Es steht für die Erstellung der Bohrprofile Fachsoftware zur Verfügung.

7.3.5.4 Schlussbemerkung

Die Anforderungen an das Ausfüllen der Schichtenverzeichnisse sind sehr umfangreich und stellen insbesondere für unerfahrene Geräteführer eine Herausforderung dar. Daher sollten Geräteführer mit den einschlägigen DIN-Normen – insbesondere der DIN EN ISO 22475-1 – vertraut sein, sofern sie noch nicht über die notwendige Erfahrung und Routine verfügen.

Ein Ziel der Bohrunternehmen sollte es sein, die Geräteführer so weit wie möglich zu entlasten, damit sie sich auf ihre zentrale Aufgabe – das Erzielen einer hohen Bohrleistung – konzentrieren können. Dies kann durch den Einsatz moderner Bohrdatenerfassungsgeräte sowie durch den gezielten Einsatz von EDV erreicht werden. Dazu gehören unter anderem vorbereitete Formblätter mit bereits eingetragenen Stammdaten sowie die Einführung zusätzlicher Kurzzeichen zur Vereinfachung der Dokumentation.

Grundwassermessstellen (GWM) 8

Die Überarbeitung dieses Kapitels erfolgte mit freundlicher Unterstützung von Henning Spaar, M. Sc. Geowissenschaften

8.1 Allgemeines

Unter einer Grundwassermessstelle (GWM) wird im Allgemeinen eine temporär oder permanent errichtete Anlage zur Erfassung von hydrogeologischen und hydrologischen Daten verstanden. Prinzipiell steht dabei der die Messung des Wasserstands im Vordergrund, es ist mit entsprechendem Ausbau der Anlage auch möglich, Daten zur Grundwasserbeschaffenheit zu erheben. In der Praxis werden die Grundwassermessstellen für eine Vielzahl von Untersuchungen und Messungen genutzt. Zu diesen gehören Wasserstandsmessungen, hydraulische Tests sowie geophysikalische und geomechanische Messungen. Die Beprobung und Überwachung der Gewässergüte spielt insbesondere im Bereich zur näheren Untersuchung der Trinkwasserqualität eine entscheidende Rolle.

In der Praxis wird in der Regel die Bezeichnung Grundwassermessstelle (GWM) oder nur Messstelle oder Messpegel oder Rammpegel verwendet.

Für den Bau und Betrieb von GW-Messstellen gelten im Wesentlichen folgende Normen und Regeln:

- DIN EN ISO 22475-1 2022-02,
- DVGW-Merkblatt W 121-Bau und Betrieb von Grundwasserbeschaffenheitsmessstellen

Mitgeltende Normen sind u. a.:
DIN 4023; W 111 (Wassererschließung); W 112 (Entnahme von Wasserproben); W 110 (Geophysikalische Untersuchungen).

Die folgenden Ausführungen basieren auf der DIN EN ISO 22475 und dem DVGW-Merkblatt W 121.

J. Lehn, M.Sc., M. Willikens, *Handbuch der Baugrunderkundung*,
https://doi.org/10.1007/978-3-658-45052-6_8

Für die Grundwasserbeschaffenheit sind hierzu insbesondere auch die entsprechenden Publikationen der Bund/Länder-Arbeitsgemeinschaft Wasser – (LAWA) zu berücksichtigen sowie weitere rechtsgebende oder auslegende Veröffentlichungen wie beispielsweise die Trinkwasservorordnung.

8.2 Aufgabenstellung

Zweck und Aufgaben von Grundwassermessstellen können sein:

- Erfassung natürlicher, gebietscharakteristischer Grundwasserverhältnisse
- Erfassung direkter und diffuser Belastungen des Grundwassers
- Überwachung der Trink- und Rohwasserqualität
- Überwachung der für die öffentliche Wasserversorgung genutzten Wasservorkommen
- Erkennung der Qualitätsveränderungen
- Erfassung der GW-Beschaffenheit im Zuflussbereich von GW-Entnahmen
- Überwachung von Schadstoffquellen auf oder in Anlagen
- Erfassung des Ausmaßes von GW-Verunreinigungen durch Baumaßnahmen und Überwachung der Sanierungsmaßnahmen:
  - Feststellung und Überwachung der Auswirkung von großen Grundwasserabsenkungsmaßnahmen auf den allgemeinen und privaten GW-Haushalt. Hier wird von den Wasserwirtschaftsämtern beim Antragsverfahren zur Genehmigung der Absenkung in der Regel zur Auflage gemacht, dass zunächst ein Pumpversuch durchzuführen ist. Hierzu sind Grundwassermessstellen nach Angabe entsprechender Normen sowie den Auflagen der (unteren) Wasserbehörden einzubringen.
  - Gefährdung des Grundwassers kann durch Gründungs- und Verbaumaßnahmen im GW-Bereich durch Bohrpfahlgründungen, Schlitz- und Schmalwandherstellung, selbst bei der Herstellung von Verpressankern auftreten. Auch hier werden in entsprechenden Fällen Messstellen anzuordnen bzw. beauflagt sein.
  - Das gleiche gilt für chemische Injektionen, Einpressarbeiten und Hochdruckinjektionen in GW-Einzugsgebieten. Diese sind ebenso durch Mess- und Beobachtungspegel (temporär) zu überwachen.

Sonstige Messungen:

- Setzungs- und Verschiebungsmessungen usw.
- geophysikalische Messungen
- technische Messungen, die aber überwiegend im offenen Bohrloch oder auch beim Abteufen der Bohrungen durchgeführt werden

Die Beschreibung bzw. Behandlung von Untersuchungen, die nach Fertigstellung der Messstellen (von geophysikalischen Büros, Ingenieurbüros, Hydrogeologen und gutachterlich Beauftragten der Wasserbehörden) vorgenommen oder durchgeführt werden, gehören nicht zum eigentlichen Umfang dieses Buches und werden daher nur zur Abrundung des Themas nachfolgend kurz erwähnt.

8.2.1 Wasserstandsmessungen

Wasserstandsmessungen werden in der Regel in bestimmten zeitlichen Abständen (monatlich, wöchentlich, täglich) durchgeführt, seltener von Hand mit Licht- oder Akustikloten, in der Regel kommen Datenlogger zum Einsatz, entweder mit Fernübertragungsfunktion oder Handauslesung der Daten. Wichtig ist die genaue Definition des Messpunktes (z. B. Oberkante der geöffneten Abschlussklappe, auch Pegeloberkannte (POK oder ROK) oder Messbezugspunkt (MPH)), da es sonst zu Fehlern in der Vergleichbarkeit von Datenreihen kommen kann. Diese sollten idealerweise in einem Stammdatenblatt der Messstelle festgehalten werden.

8.2.2 Grundwasserprobenahme

Im Zusammenhang mit Qualitätsproblemen im Grundwasser (Nitrat, Pestizide, Schadensfälle, Altlasten, Deponiestandorte) werden heute immer mehr Grundwassermessstellen mit dem Hauptziel der Probenahme gebaut.

Grundsätzlich ist bei der Probenahme zwischen Pump- und Schöpfproben zu unterscheiden, wobei einer Schöpfprobe ein Abpumpen der Messstelle vorausgehen kann.

Beim Einsatz von Pumpen ist zwischen Saug- und Tauchpumpen zu differenzieren. Proben, die mittels einer Saugpumpe entnommen wurden, sind für die Bestimmung leicht flüchtiger organischer Verbindungen weniger geeignet, da es zu Ausgasungen vor der Probenahme kommen kann.

Beim Einsatz von Tauchpumpen ist zu berücksichtigen, dass in der Regel kein schichtspezifisches, sondern ein Mischwasser gefördert wird. Üblicherweise werden während der Probeentnahme verschiedene Wasserparameter (pH-Wert, elektrische Leitfähigkeit, Temperatur, Sauerstoffgehalt usw.) festgestellt und dokumentiert.

Die Datenlogger werden komplett in der Messstelle versenkt. Durch die Unterbringung der gesamten Elektronik und der Stromversorgung in der Sonde/Logger sind diese daher vor Umwelteinflüssen geschützt. Mittels einer wasserdicht verschließbaren Steckverbindung können mit einer Datenschnittstelle (Kabel oder kabellos) die Sonde programmiert und Daten ausgelesen werden (Abb. 8.1).

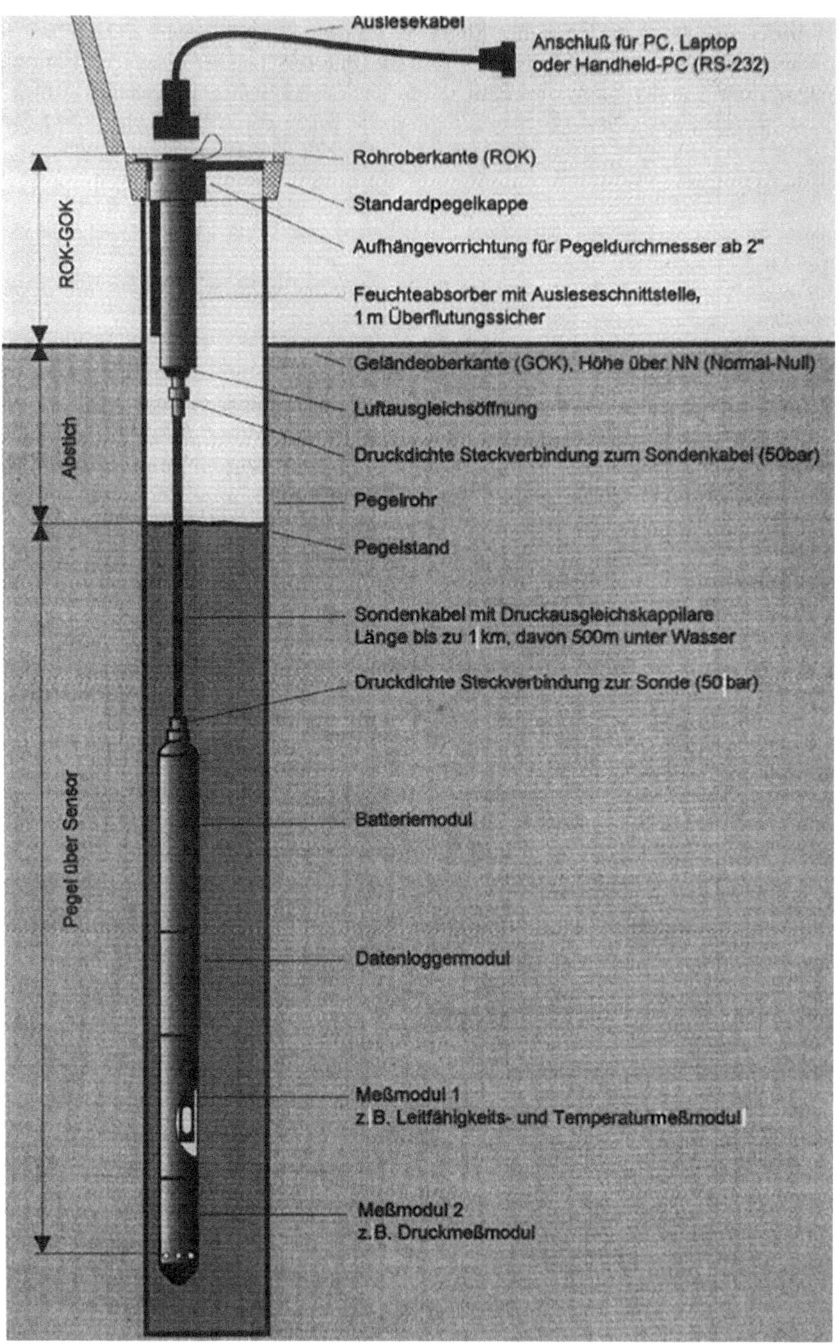

Abb. 8.1 Elektronische Messsonde System AquiLite. (Quelle: AquiTronik Umweltmesstechnik GmbH)

Zu unterscheiden sind bei der Interpretation der Messwerte insbesondere:

- Moderne Datenlogger mit automatischen atmosphärendruckkorrigierten Messwerten und Fernübertragung (häufig auch in Landesmessnetzen mit entsprechender datenbankgestützter Verarbeitung der Daten).
- Moderne Datenlogger mit automatischen atmosphärendruckkorrigierten Messwerten, die per Handauslesung.
- Einfache Datenlogger, welche nur Messwerte bereitstellen und häufig in älteren Anlagen verbaut sind.
- Batteriegespeiste Datenloggersonden zur Aufzeichnung von Messwerten. Sie bestehen aus einem Batteriemodul, einem Datenloggermodul und verschiedenen Messmodulen.

8.2.3 Überwachung von Deponien und Altlasten

Zu wichtigen Aufgaben im Bereich GW-Messstellen gehört die Überwachung von Deponien und Altablagerungen, die in der Vergangenheit nicht so systematisch erfolgt ist, sondern erst bei einem akuten Vorfall. Wünschenswert wäre ein einheitliches Überwachungskonzept, dass schon bei der Anlage einer neuen Deponie aufgestellt werden müsste.

GW-Messstellen sind im ersten Schritt insbesondere dort anzuordnen, wo die höchste Belastung von schädlichen Stoffen besteht, die über das Grundwasser ausgetragen werden. Dies gilt besonders für Grundwasserabflussbereiche, die im Nahbereich von Vorflutern liegen, also Oberflächengewässer belasten könnten. In der Regel ist dieses der oberste Grundwasserleiter, über den es auch am ehesten zu einer Gefährdung von Personen und Biosystemen kommen kann und/oder die anstehenden Böden eine hohe Fließgeschwindigkeit und die relativ höchsten hydraulischen Durchlässigkeiten aufweisen. Bei der Überwachung sollte das Augenmerk zunächst auf die Bereiche mit höchster Gefährdung gelenkt werden und weitere Schritte im Rahmen von Sanierungskonzepten avisiert werden.

8.2.4 Geophysikalische Untersuchungen im Bohrloch

Die geophysikalischen Untersuchungen vor dem Ausbau einer Bohrung zur Grundwassermessstelle umfassen u. a. folgende Messverfahren:

- Messung der Gammastrahlung; Gamma Ray, GR
- Messung der Gesteinsdichte; Density, Dichte, D, FD
- Messung der Gesteinsporosität; Neutron, N
- Messung der spez. elektrischen Gesteinsleitfähigkeit; induction Log, IES, IEL
- Messung des elektrischen Eigenpotentials; Self Potential, SP
- Kontrolle einer Zementierung; Cement Bond Log, CBL
- Messung der Temperatur von Wasser bzw. Spülung; Temperatur, TEMP

- Messung des Bohrlochs bzw. Rohrdurchmessers; Kaliber, CAL
- Messung der vertikalen Flüssigkeitsströmung im Bohrloch oder Brunnen; Flowmeter, FLOW
- Messung der Bohrlochabweichung von der Lotrechten; Abweichung, Deviation, DV
- Messung von Streichen und Fallen der Gesteinsschichten; Dipmeter, DIP
- optische Untersuchungen im Bohrloch, Kamerabefahrung und Zustandskontrollen, OPT
- Qualitätsprüfung von Bohrlochmessungen
- Schematische Log-Darstellungen
- Schichtenverzeichnisse

Die im jeweils vorliegenden Fall anzuwendenden Verfahren richten sich danach, welche hydrogeologischen Informationen ermittelt werden sollen. Von wenigen Ausnahmen abgesehen, werden alle Messungen von wissenschaftlichen Sachbearbeitern oder Spezialbüros ausgeführt und erfordern umfangreiche Messeinrichtungen.

8.3 Herstellungsrichtlinien

Die Durchführung fehlerfreier GW-Messungen bedingt, dass eine einwandfreie Abstimmung

- der Bohr- und Ausbaudurchmesser
- der Bohrverfahren
- des Ausbaumaterials
- des Ausbau- und Abdichtungsverfahrens
- der Ringraumverfüllung/Verpressvorgang
- der Ausführung des GWM-Abschlusses

erfolgt. Hierzu sind ergänzend die entsprechen anerkannten Regeln der Technik sowie die behördlichen Auflagen in Kombination mit zu sichtenden Unterlagen (z. B. im Bereich von Wasserschutzgebieten) einzuhalten.

8.3.1 Bohr- und Ausbaudurchmesser

Der Bohrdurchmesser richtet sich nach dem erforderlichen Ausbaudurchmesser der GW-Messstellen und sollte DN 125 (Nennweite) prinzipiell nicht unterschreiten. Dieser Durchmesser ermöglicht den Einsatz von U-Pumpen, insbesondere beim Entwickeln zu einem Brunnen, aber auch zum Abpumpen der GW-Messstellen. Auch eventuell notwendige Reinigungs- oder Regenerierarbeiten sind bei einem Ausbaudurchmesser von mindestens 125 mm ebenso möglich wie die Durchführung geophysikalischer Messverfahren. Entsprechende Vorgaben zu Bohrdurchmessern, Messverfahren und Ausbauschritten sind den technischen Regeln zu entnehmen (DIN 4021).

8.3.2 Bohrverfahren

Bei der Wahl des Bohrverfahrens sind daher insbesondere zu berücksichtigen:

- die voraussichtliche Bohrtiefe
- der notwendige Bohrenddurchmesser
- die Beschaffenheit des anstehenden Gesteins
- Verwendung von Spülungszusätzen
- die Gundwasserleitergeometrie (Aquifer-Stockwerke)

Für das Abteufen von Bohrungen für den Ausbau von GW-Messstellen oder auch Brunnen werden je nach Dimension des Ausbaues (in der Regel DN 65, DN 115, DN 125 und DN 150) und den geologischen Gegebenheiten unterschiedliche Bohrverfahren eingesetzt, um die Qualität der Untergrunderkundung sowie die technisch einzuhaltenden Bedingungen für die Stabilität des Bohrlochs garantieren zu können.

Für tiefe Messstellen wird vor dem Abteufen der Hauptbohrung in aller Regel eine kleinkalibrige Aufschlussbohrung abgeteuft. Solche Aufschlussbohrungen werden im Direktspülbohrverfahren geteuft. Abhängig von der Geologie und von dem geforderten Ausbaudurchmesser werden nach Durchführung einer geophysikalischen Bohrlochvermessung solche Aufschlussbohrungen entweder ebenfalls im Direktspülbohrverfahren (schlanker Ausbaudurchmesser zwischen DN 65 und DN 115) oder bei großkalibrigen Ausbauten (DN 150 und größer) im Lufthebebohrverfahren aufgeweitet. Hierzu sei beim Lufthebebohrverfahren auf die deutlich bessere Qualität der Probenauslage und die damit verbundene Erstellung des Schichtenverzeichnisses hingewiesen. Im Bereich von Trinkwasserbrunnen oder komplexeren geologischen Untergrundstrukturen findet das Lufthebebohrverfahren häufig Anwendung.

Werden GW-Messstellen in Festgesteinen der Bodenklassen 6 + 7 (Fels) gebaut, kann auch das Imlochhammerbohrverfahren eingesetzt werden.

In kontaminierten Arealen (Altlasten, Deponien, Grundwasserschadens- und Sanierungsfällen) ist ein Abteufen der Bohrungen unter bestimmten geologischen Voraussetzungen als Trockenbohrung möglich. Dies ist allerdings wirtschaftlich nur in geologischen Formationen der Bodenklassen 1–4 (rollige und bindige Böden) durchführbar. Entsprechende schwarz (potentiell kontaminiert) und weiß Bereiche (kontaminationsfrei) müssen in der Regel eingerichtet werden.

Aus diesem Grunde gibt es Fälle, in denen Bohrungen in einer Kombination von Trockenbohrverfahren und Direktspülbohrverfahren abgeteuft werden müssen. Die Verwendung von Spülzusätzen ist in diesen Fällen mit dem Auftraggeber oder dessen Vertreter abzustimmen.

Gerammte Messrohre dürfen nur bei bekanntem Baugrundaufbau in grobkörnigen Böden verwendet werden. Eingespülte Messrohre sind nur bis zu einer Tiefe von 10 m zulässig.

Die genannten Bohrverfahren, einsetzbaren Geräte und Werkzeuge wurden in den vorausgegangenen Kapiteln ausführlich beschrieben.

8.3.3 Ausbaumaterial

8.3.3.1 Filter- und Aufsatzrohre

Die Position von Filter- und Aufsatzrohren hängt von der Lage und Mächtigkeit des zu erfassenden GW-Leiters ab.

GW-Stockwerke müssen jeweils getrennt durch eine Messstelle erfasst werden. Sogenannte Mehrfachmessstellen sollen die Ausnahme bleiben. Der einwandfreie Sitz und die Dichtigkeit der Stockwerksabdichtung ist hier besonders zu beachten.

Das Filterrohrende ist durch eine Bodenkappe zu verschließen und muss schon oberhalb des höchsten zu erwartenden GW-Spiegels beginnen, allerdings nicht in sauerstoffreduzierten Grundwässern. Die abschnittsweise Verfilterung eines GW-Leiters durch Blindrohre oder der Einsatz von Packern zur Entnahme von teufengerechten Proben kann unter gewissen Bedingungen sinnvoll sein, hier eignen sich aber auch Packer-Systeme zur teufengerechten Probenahme.

Die Filterschlitzweite richtet sich, wie bei Entnahmebrunnen, nach dem Filterkieskorn, entsprechende technische Regeln sind anzuwenden.

Die Aufsatzrohre müssen mindestens denselben Durchmesser besitzen wie die Filterrohre. Die wichtigste Anforderung an Aufsatzrohre für GW-Messstellen ist die Wasserdichtigkeit der Verbindungen. Hier bietet u. a. die Fa. STÜWA eine eigens für GWM entwickelte Verbindungen an (Abb. 8.2), die mittels O-Ring diese Forderung erfüllt (System ABDI). Das Material besteht aus PVC-hart nach DIN 4925. Unter bestimmten Gegebenheiten (Kontamination) sind auch PE-Rohre oder Edelstahlausbau zu empfehlen.

Die Fa. Preussag SBF bezeichnet ihre Rohrverbindung (Abb. 8.2) für die GW-Messstellen SBF-NORIP. Sie besteht aus einer Doppelmuffenverbindung (Abb. 8.3). Es kann zwischen starkwandigen (entspricht dem ABDI-System) und normalwandigen (Wandstärken 5 bis 7,5 mm) Rohren gewählt werden. Bei starkwandigen Rohren sind Gesamteinbaulängen von mehreren 100 m und bei normalwandigen Rohren Einbaulängen bis 80 m möglich. Für spezielle Anwendungen bestehen ebenfalls herstellerseitige Lösungen.

Die Systemmaße entsprechen der Tab. 8.1. Es sind Baulängen von 1 bis 6 m möglich. Auch hier sind die üblichen Zubehörteile zum Rohrsystem lieferbar.

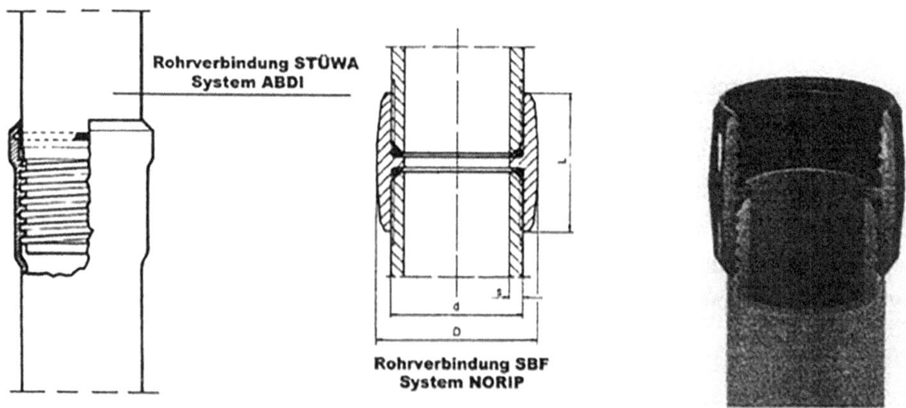

Abb. 8.2 Rohrverbindungen. (Rechts aufgeschnittenes SBF-NORIP-Rohr)

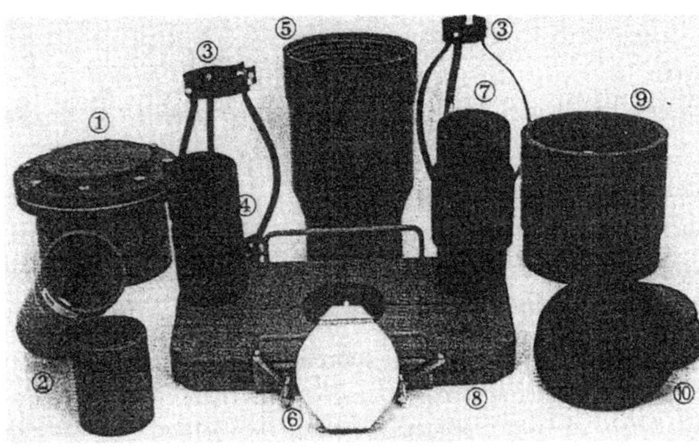

Abb. 8.3 Zubehör für GWM-Verrohrung

Tab. 8.1 Systemmaße der STÜWA-GWM-Vollrohre und Filter System ABDI. (N. DIN 4925)

Filter-DN	50	65	115	125	150	mm
Innen-∅	48	60	110	124	146	mm
Außen-∅	60	75	125	140	165	mm
Wandstärke	6	7,5	7,5	8	9,5	mm
Muffen-∅	72	90	140	156	184	mm
Gewicht	1,5	2,4	4,1	4,9	6,7	kg/m

Die Bsaulängen betragen 1 bis 4 m, die Schlitzweiten betragen 0,2 bis 3 mm

Eine sorgfältige Reinhaltung und Verschraubung solcher Verbindungen müssen beim Einbau selbstverständlich gewährleistet sein. Undichte Verbindungen im Bereich der Aufsatzrohre sind später durch geophysikalische Bohrlochvermessung nachzuweisen und machen eine GWM unter Umständen unbrauchbar.

An das Ausbaumaterial für GWM sind hinsichtlich ihrer Eignung einige Forderungen zu beachten:

- Es dürfen keine Stoffe an das GW abgegeben werden.
- Es muss absolut korrosionsbeständig sein und eine lange Lebensdauer erwarten lassen.
- Gebräuchlich sind daher in erster Linie Kunststoffrohre.
- Bei Verdacht auf Spurenelemente (Schwermetalle) ist PVC nicht geeignet.
- Organische Lösungsmittel (z. B. CKW) erfordern Rohre aus Kunststoff (PE) oder aus Stahl.
- Die Rohre sollen leicht zu montieren und einzubauen sein.
- Es ist eine absolute Druckwasserdichtigkeit (insbesondere in den Verbindungen) gefordert.

Im Zweifelsfall ist der Hersteller zu befragen. Es stehen auch Ausbaumaterialien aus Sonderstahl und anderen Kunststoffen (z. B. Teflon, HDPE, PP) zur Verfügung.

8.3.3.1.1 Transport und Lagerung

Beim Transport und der Lagerung ist zu beachten, dass Rohre und Filter in ihrer ganzen Länge glatt aufliegen, um Durchbiegungen zu vermeiden. Bei der Lagerung ist ferner da-

Abb. 8.4 Lagerungshinweise

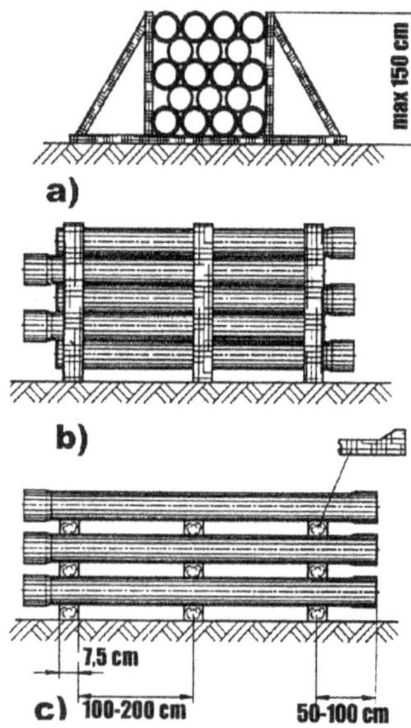

rauf zu achten, dass Verunreinigungen durch Erde, Schlamm und Schmutzwasser, Lösungsmittel, Treibstoffe, Fette und Imprägniermittel verhindert werden.

PVC-Ausbauprodukte sollten nicht höher als 150 cm gestapelt (Abb. 8.4 (a)) sowie sinnvollerweise Vollwand und Filterrohre getrennt gelagert werden. Ist dies nicht möglich, ist die Lagerung der Vollwandrohre im unteren Bereich des Stapels vorzunehmen. Eine annähernd volle Auflage der einzelnen Rohrlagen wird durch eine versetzte Anordnung der Muffen erreicht (b). Bei einer Stapelung mit Zwischenräumen ist eine Breite der Zwischenhölzer von 7,5 cm und ein Abstand von etwa 1 bis 2 m zu empfehlen (c). Bleibende Verformungen oder Beschädigungen durch die Lagerung werden so vermieden.

8.3.3.1.2 Rohrbelastung

Bei tiefen GW-Messstellen mit tiefliegendem GW-Spiegel werden hohe Anforderungen an die aufzunehmenden Zugkräfte, Außendruckfestigkeiten und Wasserdichtigkeit der Verbindungen gestellt. Beanspruchungen, die beim Einbau und Betrieb auftreten können, sind:

- Belastung auf Zug in Richtung der Rohrachse
- Belastung auf Druck durch Eigengewicht und Reibungskräfte der Kiesschüttung
- seitliche Kräfte aus geologischen Gegebenheiten
- Druck der Kiesschüttung in Dickspülungsbohrungen
- Knickbelastungen beim Absetzen des Filterrohrstranges
- Belastungen durch Druckunterschiede im Ringraum und im Vollwandrohr

Die notwendigen Wandstärken sind auf die zu erwartenden Belastungen abzustimmen. Einschränkungen können hier insbesondere im Bereich von PE oder HDPE auftreten.

8.3.3.1.3 Rohreinbau

Allgemein üblich ist heute der hängende Einbau des Filterrohrstranges. Damit kommt der Verbindungstechnik eine besondere Bedeutung zu, wodurch sich Schwachstellen im Ausbau ergeben könnten. Die Geschwindigkeit des Einbaus der Rohrtour hängt im Wesentlichen von der gewählten Rohrverbindung ab. Die Verbindungselemente müssen grundsätzlich so ausgelegt sein, dass sie die Zugkraft durch Eigengewicht des Rohrstranges und die Last aus der Kiesschüttung sicher aufnehmen können. Bei Lastermittlung sollten Gewichtsverluste durch den Auftrieb unberücksichtigt bleiben.

Werden infolge von abgestuften Körnungen bei der Verkiesung Kiesbelagfilter oder Filter mit Schüttkörben verwendet, so sind diese Gewichtsbelastungen in die Berechnung einzubeziehen. Filterrohrstränge sollten vor der Verkiesung und Verfüllung des Ringraumes niemals abgesetzt werden, denn die Belastung auf Knickung kann in den Verbindungselementen zu problematischen Spannungsspitzen fuhren.

Beim Einbau hängend, mit Rohrschelle am Seil (Abb. 8.5), wird das unterste Filterrohr eventuell mit Sumpfrohr und Boden an seinem oberen Ende mit einer Rohrschelle gefasst und am Seil in den Brunnen soweit eingefahren, dass die Filterrohrschelle auf dem Bohrrohr aufsetzt (1). Sodann wird das nächstfolgende Filterrohr auf dem eingehängten Filterrohr befestigt oder verschraubt (2) und es werden beide Filterrohre mit einer Rohrschelle am Seil weiter in die Bohrung hinabgelassen (3 + 4). Wenn auf diese Weise nach und nach alle Filterrohre und Aufsatzrohre eingefahren sind, ist der ganze Filterrohrstrang am obersten Rohrende unter der Rohrverbindung mit der Rohrschelle gefasst und hängt nunmehr frei an der Filterrohrschelle im Bohrloch, bis er beim weiteren Einlassen die Bohrlochtiefe erreicht.

Der Filterrohrstrang ist also einer Zugbelastung ausgesetzt, deren Höhe sich aus dem Eigengewicht des ganzen Rohrstranges ergibt. Die Sicherheit des Einbaus hängt bei diesem Verfahren von der Zuverlässigkeit der Rohrverbindung der Filter und Aufsatzrohre und von deren sorgfältigem Schließen ab.

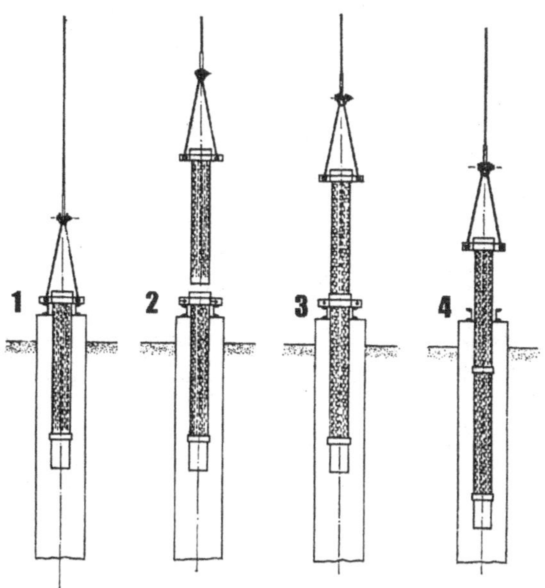

Abb. 8.5 Hängendes Einbauverfahren

Dabei muss die oberste, der Einbauschelle am nächsten sitzende Rohrverbindung, die ganze aus dem Gewicht der Filter und Aufsatzrohre sich ergebende Zugbelastung aufnehmen. Die Belastung ist entsprechend höher, wenn das Filterrohr zusammen mit der inneren Kiesschüttung mit Hilfe von Schüttgewebekörben eingebaut wird.

Alle Einbauhilfsmittel (Hebekappe, Abfangschelle, Gurtzangen usw.) müssen dem Rohrtyp entsprechen und so angewendet werden, dass Beschädigungen beim Einbau vermieden werden (Abb. 8.6).

Eine andere Einbautechnik zeigen die Abb. 8.7 und 8.8. Hier werden die fertig montierten Einbausätze in eine Hohlbohrschnecke eingeschoben bzw. hängend eingefahren.

Abb. 8.6 Einbauzubehör

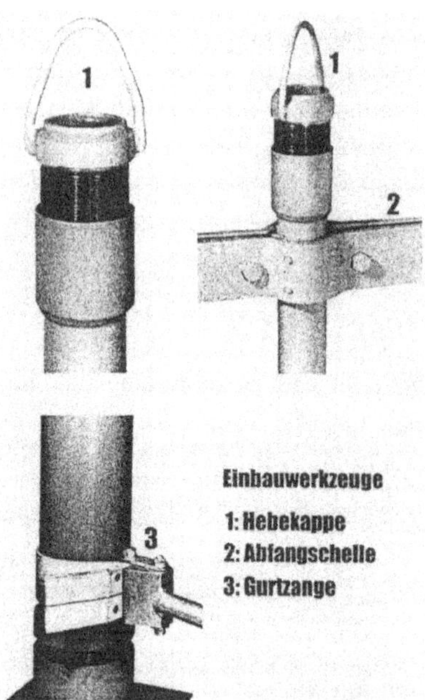

Abb. 8.7 Einbau einer GWM-Verrohrung in eine Hohlbohrschnecke auf einer Abfalldeponie. (Quelle: Keller-Grundbau, Offenbach)

Abb. 8.8 Hängender Einbau einer GWM-Verrohrung in eine Hohlbohrschneckenbohrung. (Quelle: Celler Brunnenbau GmbH)

8.3.3.2 Filterkies

Als Filtersand und Filterkies darf nur natürlicher Sand und Kies, keine gequetschten oder gebrochenen Gesteinstrümmer wie Splitt usw., verwendet werden, wobei die Oberfläche der Körner glatt sein soll.

Filtersand und Filterkies sollen aus reinem Quarz bestehen, wobei der Bestandteil an artfremden Stoffen (Ton, Kalk, Glimmer, Feldspat, Eisen usw.) 4 % und an anorganischen Stoffen 0,5 % nicht übersteigen darf. Der Anteil an Über- und Unterkorn soll 10 % nicht überschreiten. Auf Anforderung sind von den Werken Siebanalysen beizufügen bzw. anzufordern und werden in der Regel durch den Hersteller entsprechender Materialien aufgeführt und bescheinigt.

Filtersand und Filterkies dürfen nur in gut gesäuberten Transportmitteln versandt, auf Unterlagen gelagert und müssen notfalls abgedeckt werden.

Besonders wichtig bei der Korngrößenverteilung ist der Über- bzw. Unterkornanteil. Bei etwa gleichen Korngrößen, wie dies bei enggestuften Filterkiesen und -sanden der Fall ist, gilt der Anteil an Nutzporenräumen von mehr als 30 %. Ein zu hoher Über- bzw. Unterkornanteil oder weitgestufter Filterkies setzt diesen Wert herab und garantiert nicht die möglichst hohe Durchlässigkeit der Filterschüttung.

Ein wichtiger Parameter für die Bestimmung der Kiesschüttung ist der äußere Schüttkorndurchmesser. Es ist dies der Korndurchmesser des an der Bohrlochwand anliegenden Filterkieses.

Der Bohrdurchmesser soll neben dem Einbau der Ausbauverrohrung ein sicheres Einbringen der Schüttgüter gewährleisten. Daher ist der erforderliche Ringraum nach DIN 4924 (in der Fassung von 2014-07) (Filtersande und Filterkiese für Brunnenfilter) auch in Abhängigkeit von der Körnung festgelegt.

Filterkieskörnungen mm	Mindestringraumdicke mm	in Ausnahmefallen mm
0,25 bis 2	≥ 50	≥ 40
über 2 bis 8	≥ 80	≥ 50
über 8 bis 31,5	≥ 100	≥ 70

Diese Mindestmächtigkeiten der Filterkiesschüttung müssen ein gleichmäßiges Einbringen der Schüttgüter sichern. Zu eng bemessene bzw. unregelmäßige Ringräume können zur Folge haben, dass sich Kiesbrücken bilden und der Kies sich aufhängt.

Die in der Regel geringen Durchmesser der GW-Messstellen lassen demnach lediglich Filterkieskörnungen bis maximal 8 mm zu, wobei im Wesentlichen die Korngrößen 1 bis 2 mm und 2 bis 3 mm zur Anwendung kommen, so dass Siebanalysen und Filterkornbestimmung, vergleichbar mit dem Brunnenbau, im Allgemeinen nicht üblich sind. Die in der Praxis gängigste Quarzsandkörnung von 0,7–1,2 mm und ist für viele Anwendungen im Bereich des Lockergesteins geeignet.

Wegen der erforderlichen geringen Mengen, wird überwiegend auf Sackware zurückgegriffen, die in handlichen Gebinden in hoher Qualität und Reinheit angeliefert werden oder bei den Bohrunternehmern lagern.

8.3.3.3 Abdichtungsmaterial

Je nach Einbautiefe und Einbauverfahren sind unterschiedliche Dichtungsmaterialien erforderlich, die auch am Markt angeboten werden. Die Abdichtungen werden entweder geschüttet oder verpresst.

Zu unterscheiden sind:

- Abdichtungsmaterialien auf Tonbasis (Einbringung von „Ton-Pellets" im Schüttverfahren)
- Abdichtungsmaterialien aus Dämmer-Zement-Suspensionen (Einbringung im Verpressverfahren)

8.3.3.3.1 Abdichtungsmaterialien auf Tonbasis

Die Abdichtungsmaterialien auf Tonbasis nutzen die hohe Quellfähigkeit getrockneten Tons durch seinen Porenanteil von mehr als 50 %. Das Quellen setzt natürlich Wasser voraus, das in den Bohrlöchern in der Regel vorhanden ist. Zu beachten ist, dass Spülungszusätze das Quellverhalten negativ beeinflussen können.

Gegenüber bentonithaltigen Tonabdichtungsmitteln haben bentonitarme Abdichtungsmittel ein geringes Quellvermögen. Erstere können aber durch Laugen, Salze oder Säuren ihre abdichtende Wirkung verlieren. Die Zusammensetzung des Bohrlochwassers sollte daher bekannt oder das Quellvermögen in einer Probe festgestellt werden.

Folgende Formen sind möglich:

Getrockneter Stückton oder Tonschnitzel haben für GW-Messstellen keine Bedeutung, da er nur für großräumige, oberflächennahe Abdichtungen zum Einsatz kommt.

Tongranulat (z. B. Claikopak, Compaktonit) hat aufgrund seiner unregelmäßigen Oberfläche ein schnelles Quell- und ein schlechtes Sinkverhalten und ist daher nur für flachere Ringraumabdichtungen geeignet.

Tonpellets (Wetronit, Quellon HD) sind bentonithaltige Tonprodukte von zylindrischer Form in verschiedenen Größen und haben aufgrund ihrer gedrungenen Oberfläche gute Sinkeigenschaften.

Durch ein verzögertes Quellverhalten und hohe Sinkgeschwindigkeit sind Tonpellets für Ringraumabdichtungen bis etwa 100 m Tiefe geeignet.

Tonkugeln (z. B. Duranit, Quellon HD-Kugeln) sind besonders für tiefliegende Ringraumabdichtungen einsetzbar. Sie haben aufgrund ihrer Form ein gutes Sinkvermögen sowie ein verzögertes Quellverhalten.

Weitere Hinweise sind den Produktinformationen der Hersteller zu entnehmen.

8.3.3.3.2 Abdichtungsmaterialien auf Suspensionsbasis

Bei tiefen Bohrungen bieten geschüttete Abdichtungen keine Gewährleistung für eine zielgenaue Platzierung der Abdichtung, daher werden hierfür vermehrt verpresste Abdichtungen eingesetzt. Dieses Verfahren wird im Grundbau u. a. für Abdichtungen, Injektionen, Hohlraumverfüllungen und Verpressanker seit langem verwendet. Es kommen je nach Anwendung unterschiedliche Mischungen zum Einsatz; sie können bestehen aus:

- Dämmer + Wasser
- Zement + Wasser
- Tonmehl + Zement-Suspension

Dämmer ist ein fertiges Zement-Tonmehl-Gemisch, das insbesondere für Verdämmungen verwendet wird. Es bleibt volumenbeständig und entwickelt nur eine geringe Abbindewärme.

Zemente haben zwar ungeeignete Bestandteile, allerdings eine verhältnismäßig hohe Beständigkeit bei aggressiven Wässern (besonders Trasszemente). Zu den negativen Eigenschaften bei der Ringraumabdichtung gehören die Schwindrisse und die große Abbindewärme. Der Einsatz von reinen Zementsuspensionen sollte sich daher auf das Einzementieren von Sperrohren beschränken.

Da reine Tonmehlsuspensionen nicht ausreichend zu einem plastischen Körper verfestigen, ist eine gewisse Zugabe von Zement nicht zu umgehen.

Als ideale Mischung für verpresste Ringraumabdichtungen haben sich Tonmehl-Zement-Suspensionen (z. B. SBF-Troptogel B) erwiesen. Das Verpressen dieser pumpbaren Abdichtungssuspensionen erfordert allerdings einen größeren Aufwand als das Schütten.

8.3.4 Schüttung

8.3.4.1 Filterkiesschüttung

8.3.4.1.1 Allgemeines

Wegen der unterschiedlichen Fallzeiten ist entsprechend die in der DIN 4924 2014-07 geforderte Begrenzung des Anteils von Über- bzw. Unterkorn auf maximal 10 % unbedingt einzuhalten, da es sonst insbesondere bei tiefen Bohrungen zur Entmischung kommt.

Unregelmäßige Ringräume können zur nachteiligen Veränderung des Bauwerks (Fehlstellen) führen. Daher ist stets eine gerade Bohrung und ein mittig angeordneter Filter die Voraussetzung für eine wirkungsvolle Kiesschüttung. Dabei ist zu beachten, dass Abstandshalter (Zentrierungen) nur wirkungsvoll in verrohrten Bohrungen sind und Hindernisse für den Filterkies (Brückenbildung, Aufhängen) und das Loten darstellen.

8.3.4.1.2 Kiesschüttungen in Trockenbohrlöchern

Nachdem der Bohrschlamm ausreichend Zeit hatte sich abzusetzen, erfolgt die Reinigung der Bohrlochsohle ggf. mit einem Ventilbohrer. Dabei ist wegen der Gefahr des Auftreibens darauf zu achten, dass der Wasserspiegel im Bohrloch über dem GW-Spiegel gehalten wird. Das Absinken des Wasserspiegels tritt insbesondere beim Anheben des Ventilbohrers auf.

Es sollten also enge Schüttrohre verwendet werden, durch die der Kies geschüttet, besser noch gespült wird. Hinter der Filterstrecke wird der Ringraum mit Quarzsand oder Quarzkies verfüllt. Seine Wahl und Funktion entspricht der bei Wassergewinnungsbrunnen.

Die höhengerechte Schüttung ist durch ständiges Loten zu kontrollieren. Die abschließende Messung darf erst nach dem Abklingen der Setzungen erfolgen.

8.3.4.1.3 Kiesschüttungen in Spülbohrlöchern

Das Säubern der Bohrlochsohle wurde bereits in Kap. 6 beschrieben.

In den Ringraum wird Klarwasser gepumpt und die aufsteigende Spülung abgeleitet bzw. herausgesaugt und Klarwasser im Ringraum nachgegeben. Auch das Gegenspülen durch Aufsatz- und Filterrohr ist gebräuchlich.

Beim Einspülen über Schüttrohre (Einspülrohre) steigt die verdrängte Spülung nicht im Ausbaustrang, sondern im Ringraum auf. Dies ist sicherlich vorteilhaft, da die Spülung bei Zirkulation durch den Filter vor den Filterschlitzen unbeabsichtigt auch einen Filterkuchen aufbauen könnte, was durch ein Verschließen der Aufsatzrohre während des Schüttvorganges verhindert werden kann. Das Einspülen hat darüber hinaus den Vorteil, dass der Filterkies sehr gut in eine stabile Lage verdichtet wird, die beim Entsanden wenige Setzungen erwarten lässt.

8.3.4.1.4 Gegenfilter

Das Einbringen eines Gegenfilters ist für GW-Messstellen selten erforderlich, da dieser nur bei grobkörnigen Filterkiesen üblich ist. Der Sinn des Gegenfilters (Abb. 8.9) ist, dass bei der anschließenden Abdichtung bzw. der Zementation keine Tonpartikel bzw. kein Zementleim in anliegende Schüttung eindringen kann. Der Gegenfilter besteht aus einem Filtersand, dessen Korndurchmesser etwa 1/4 des Filterkiesdurchmessers beträgt. Er wird in der Regel maximal 1 m dick eingebaut. Gegenfilter sind erst bei einem Filterkiesdurchmesser > 2 mm wirksam. Auf die Verwendung von Füllsand ist zu verzichten. Es sollte nur gewaschener, möglichst gleichförmiger Filterkies oder Filtersand (z. B. 0,7 bis 1,2 oder 2–3 mm) verwendet werden.

8.3.4.1.5 Filterkiesüberschüttung

Damit der Filterkies auch bei Setzungen noch den gesamten Bereich des Filters umgibt, ist eine Überschüttung (Abb. 8.9) vorzunehmen, die von folgenden Faktoren abhängig ist:

- Filterlänge bzw. Höhe der Kiesschüttung
- erreichte Vorverdichtung beim Einbringen der Schüttung
- Intensität des späteren Entsandungsverfahrens

Abb. 8.9 Gegenfilter, Überschüttung, Unterschüttung. (Schematische Darstellung)

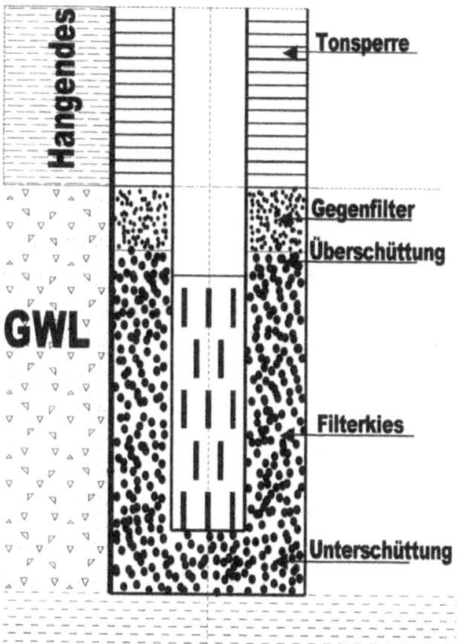

Das Maß der Überschüttung wird im Allgemeinen mit 10 % der Kiesschüttungsstrecke angesetzt. Das Setzungsmaß kann bei schlechter Vorverdichtung oder einer vorhandenen tragfähigen Spülung durchaus überschritten werden. Vor dem Einbau der Abdichtung durch Lotung prüfen. In der Praxis ist bei Lockergesteinsmaterial eine Filterkiesüberschüttung zwischen 1 und 2 m gebräuchlich.

8.3.4.1.6 Filterkiesunterschüttung

Durch Nachfall (bei unverrohrten Bohrungen) und den Säuberungsmaßnahmen ergeben sich immer wieder Differenzen zwischen der Soll-Tiefe und der Ist-Tiefe. Um den Ausbau auf die vorgesehene Endteufe zu bringen, wird in der Praxis tiefer gebohrt. Da der Ausbaustrang beim Einbau stets unter Zug gehalten werden soll, ist die Differenz zwischen der Bohrlochsohle und UK-Rohrstrang zu unterschütten (Abb. 8.9). Die Gefahr, dass dadurch Bohrschlamm in das Sumpfrohr eintreten kann und sich hier bakterielle Verunreinigungen bilden können, besteht bei GW-Messstellen nicht, da hier grundsätzlich keine Sumpfrohre vorgesehen werden sollen. Durch die Unterschüttung ist ausreichend Sumpfraum vorhanden. Entsprechende Dimensionen des hergestellten Bohrlochs sind ggf. durch physikalische Messungen nachzuweisen.

8.3.4.1.7 Schüttechnik

Für das Einbringen der Kiesschüttung (und auch der geschütteten Abdichtung) verwendet man üblicherweise einen kleinen Schütttrichter und deckt dabei den Filterstrang durch eine nach oben spitz zulaufende Haube ab (Abb. 8.10). Bei größeren Zwischenräumen kann die Schüttung auch über eine Schüttrohrtour erfolgen.

Bei verrohrten Bohrungen müssen die Futterrohre abschnittsweise gezogen und gegebenenfalls abgebaut werden. Der Stand der Schüttung ist durch Lotung ständig zu kontrollieren.

Abb. 8.10 Filterkiesschüttung über einen Trichter

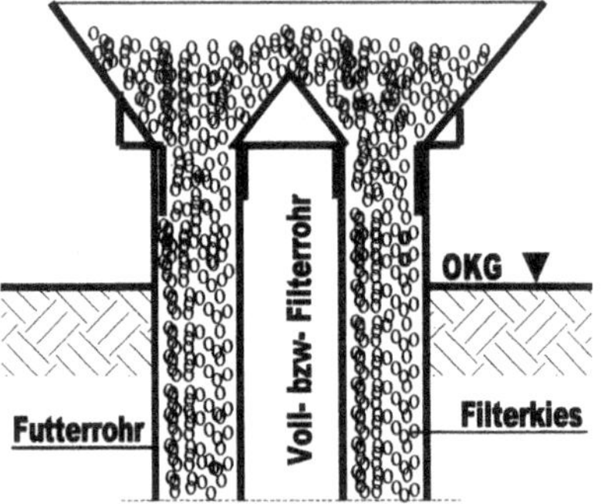

8.3.5 Abdichtung

8.3.5.1 Allgemeines

Der Bereich zwischen den Aufsatzrohren (Vollwandrohren) und der Bohrlochwand wird in der Regel mit dichtenden Materialien verfüllt, insbesondere im Bereich der natürlich vorhandenen Sperrschichten. Wegen der Gefahr von Umläufigkeiten ist die Einbauhöhe von 5 m nicht zu unterschreiten. Um insbesondere die Verbindungen zu gewährleisten, hat es sich bewährt, den gesamten Ringraum im Bereich der Aufsatzrohre abzudichten.

Im Bereich durchlässiger Bodenschichten hinter den Aufsatzrohren darf kein Bohrgut verwendet werden, wenn dieses nicht aus einem sauberen Kies besteht sowie sauber und getrennt gelagert wurde.

Unterhalb der Geländeoberkante ist der Ringraum gegen das Eindringen von Oberflächenwasser mit einer Tonabdichtung zu versehen.

8.3.5.2 Einbringen der Abdichtung

8.3.5.2.1 Einbau durch Schüttung

Ein gleichmäßiger Ringraum ist die erste Voraussetzung für eine sichere Abdichtung. Um dies zu erreichen, sind im Bedarfsfall Zentrierungen vorzusehen. Der Einsatz ist jedoch nicht problemlos möglich. Dreiarmige Bauarten sind ungeeignet, da sich diese bei unverrohrten Bohrungen einseitig in die Bohrlochwand eindrücken. Es sind daher mindestens fünfarmige Systeme mit ausreichend großen Auflagerflächen zu verwenden (Abb. 8.11). Die Anzahl ist auf ein Minimum zu beschränken, da Zentrierungen immer eine Behinderung beim Einbringen und Loten darstellen und zu Brückenbildungen führen können.

Bei eingepressten Abdichtungen bereiten unregelmäßige Ringräume sowie Zentrierungen weniger Schwierigkeiten. Durch zügige und gleichmäßige Einbringung muss verhindert werden, dass der Ton vorzeitig quillt und sich Brücken oder Hohlräume bilden. Bei vorhandenen Spülungen muss eventuell eine Verdünnung vorgenommen werden, wenn die Sinkgeschwindigkeit zu gering ist und damit die Gefahr des vorzeitigen Quellens besteht. Ständiges Loten ist unbedingt vorzunehmen. Die heute erhältlichen Markenprodukte

Abb. 8.11 Zentrierung

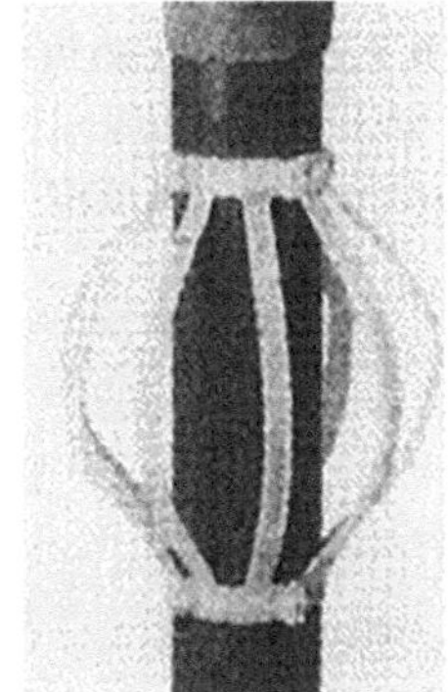

Abb. 8.12 Schüttung der Dichtung (Tonpellets) in schematischer Darstellung

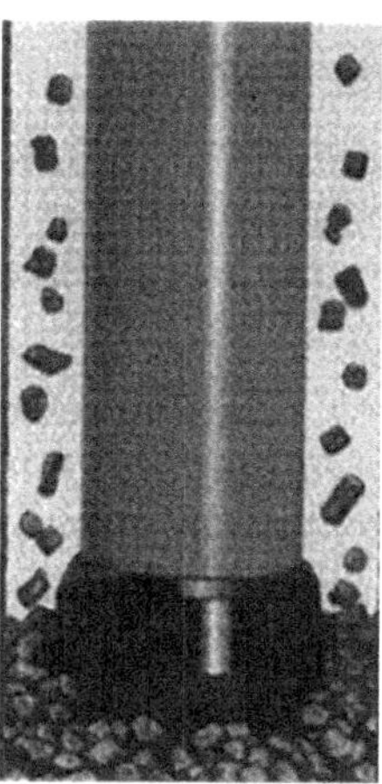

Für die Bedarfsermittlung (kg Dichtungston/lfd.m) ist der für das Ringraumvolumen ermittelte Wert produktindividuell mit dem Schüttgewicht zu multiplizieren:

SBF-Quellon® HD
_____ l/lfd. m x 1,4 kg/l = _____ kg/lfd. m

SBF-Quellon® WP
Compactonit® 12/200
Compactonit® 8/200
Compactonit® 12/50
_____ l/lfd. m x 1,0 kg/l = _____ kg/lfd. m

Compactonit® TT 5/15
_____ l/lfd. m x 1,25 kg/l = _____ kg/lfd. m

Eventuell zu berücksichtigende Reserven sind in diesem Wert nicht enthalten.

Ermittlung des Ringraumvolumens (l/lfd. m)

Ø Bohrung (mm)	Außendurchmesser Brunnenrohre (mm)													
	42	48	50	75	88	113	125	140	165	195	225	280	330	400
100	6	6	5											
150	16	16	15	13	12									
175	22	22	21	20	18	14	12							
200	30	30	29	27	25	21	19	16						
225	38	38	37	35	34	30	27	24	18					
250	47	47	46	45	43	39	37	34	28	19				
275	58	58	57	55	53	49	47	44	38	30	20			
300		69	68	66	64	60	58	55	49	41	31			
350				92	90	86	84	81	75	67	56	35		
400						116	113	110	104	96	86	64	40	
500								181	175	167	157	135	111	71
600											243	221	197	157
700												323	299	259
800													417	377

Abb. 8.13 Ermittlung der Schüttmengen für SBF-Dichtungsprodukte

haben sehr hohe Sinkgeschwindigkeiten, die etwa der des Filterkieses entsprechen. Gleichzeitiges Nachrechnen der zu erzielenden Schütthöhen bzw. des Schüttgutverbrauchs und Kontrolle ist unabdingbar. Hier kann sich in der Regel auf die Herstellerangaben des verwendeten Produktes verlassen werden (Abb. 8.12 sowie Abb. 8.13).

8.3.5.2.2 Einbau durch Einpressen

Für das Einbringen von Suspensionen zur Abdichtung bei GWM kommen im Wesentlichen zwei Verfahren zur Anwendung:

Kontraktorverfahren über den Ringraum
Im Gegensatz zur einfachen Schüttung von Dichtungstonen erfordert das herkömmliche Verpressverfahren eine umfangreiche technische Ausrüstung und das Mitführen eines Verpressschlauches oder -gestänges im Ringraum der Bohrung während des Einbaus der Vollwandrohre.

Über Tage sorgt eine hochtourige Mischanlage – sofern die Anwendung des Herstellers für die verwendeten Produkte keine andere Anwendung vorsieht – Produkte des für das sachgerechte Aufschließen der Suspension aus Dichtungston und Wasser, die zur Verpressung mittels Kolben, Plunger- oder Monopumpe in einem Vorratsbehälter mit Rührwerk bereitgehalten wird. Über druckfeste Leitungen mit Manometer und den Verpressschlauch bzw. das Gestänge wird die Suspension von unten aufsteigend eingebracht. Dabei verdrängt die Suspension mit der wesentlich höheren Dichte das Wasser oder die Spülung aus dem Ringraum und füllt diesen auf. Das Verpressgestänge bzw. der Verpressschlauch muss dabei kontinuierlich gezogen werden. Der Verpressvorgang ist beendet, wenn die Suspension zutage tritt.

Verpressung aus dem Brunneninnern
Dieses Einbauverfahren wurde von der Preussag-SBF (Abb. 8.14) speziell für GW-Messstellen mit großen Teufen entwickelt (Patent-Nr.: DE 3341316 C2). Es sieht die Ringraumverpressung aus dem Innern des Ausbaus der GBM vor. Das speziell auf das SBF-NORIP-Rohrsystem ausgerichtete Verfahren benötigt das gleiche technische Gerät wie für den Einbau nach konventioneller Verpresstechnik. Die Möglichkeit des Verpressens aus dem Brunneninnern macht jedoch erst das ebenfalls patentierte Equipment möglich. Als Verpressmaterial wird eine Tonmehl-Zement-Suspension z. B. mit der Produktbezeichnung Troptogel B verwendet.

Es handelt sich um ein in den SBF-NORIP-Aufsatzrohrstrang integriertes Verpressstück mit Ventilfunktion und dem dazugehörigen Verpresskolben als unteren Abschluss des Verpressrohrstranges. Es hat Löcher, über die eine Gummimanschette gezogen ist und innen Nuten hat, in die der mit dem Verpressgestänge eingebrachte Verpresskolben einrastet und abdichtet. Nach erfolgtem Einbau der Ausbauverrohrung und dem Schütten des Filterkieses wird der Kolben am Verpressgestänge eingebaut und die Suspension über das Verpressstück in den Ringraum gepresst. Ist der Verpressvorgang beendet, verhindert die Gummimanschette das Zurückfließen der Suspension und der Kolben kann wieder gezogen werden. Die erforderliche Verpressmenge kann mit Hilfe der Tabelle in Abb. 8.13 ermittelt werden.

Bei gleicher Dimensionierung der Rohrtour sind durch die Anwendung dieser Technik reduzierte Bohrlochdurchmesser und damit ein verringertes Ringraumvolumen realisierbar.

Abb. 8.14 Verpresssystem Preussag-SBF

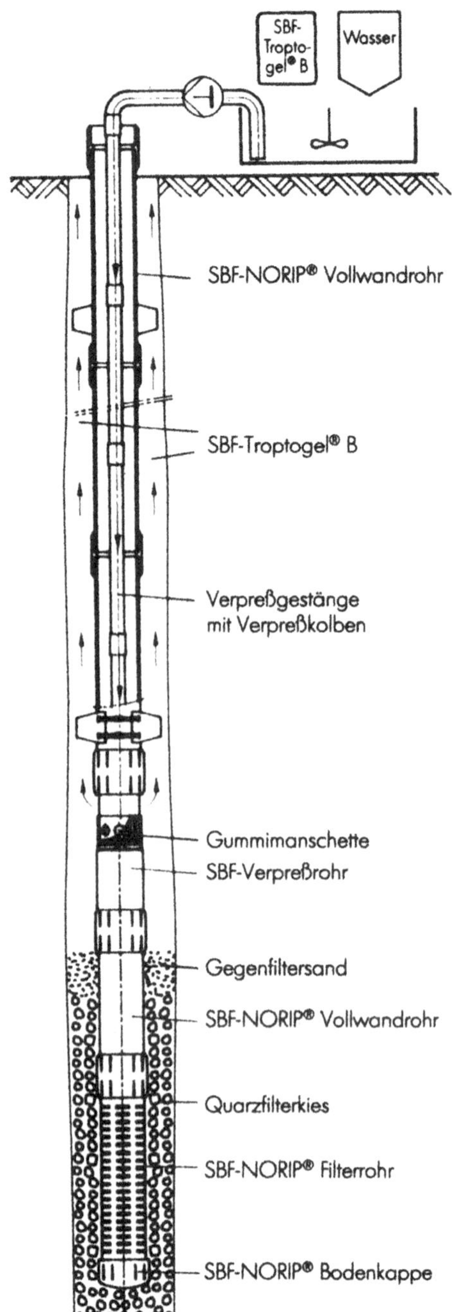

8.3.6 Abschlusskopf

Über GOK müssen die GW-Messstellen durch ein Stahlstandrohr mit Kappe und unter GOK durch eine Hydrantenkappe abgeschlossen sein. Das Stahlstandrohr muss etwa 1 m tief einbetoniert sein und sollte aus korrosionsbeständigem Stahl bestehen. Ein übliches Fabrikat ist die SEBA-Kappe. Das Standrohr ist mit einer Schutzvorrichtung (Pflöcke im Dreiecksverband oder Betonformsteine, Brunnendreieck) gegen Beschädigungen zu sichern.

Brunnen sind im Wege- und Straßenbereich durch eine Straßenkappe mit entsprechender Aufschrift abzudecken. Unter GOK ist das Aufsatzrohr mit einer Muffe abzusetzen, damit ein späterer Abschluss über Gelände möglich ist.

8.3.7 Klarpumpen

Nach Fertigstellung der Verfüllungsarbeiten im Ringraum muss bis zum Klarpumpen der Grundwassermessstelle so lange gewartet werden, bis sich das eingebrachte Füllmaterial gesetzt hat und das Dichtungsmaterial vollkommen gequollen bzw. ausgehärtet ist. Im Allgemeinen ist dieses nach maximal 48 h abgeschlossen.

Danach ist mit dem Klarpumpen jedoch umgehend zu beginnen. Insbesondere dann, wenn Spülungszusätze verwendet wurden, ist ein zügiges und ausreichend langes Klarpumpen erforderlich. Unterbleibt diese Maßnahme, kann es zu Verkeimungen des Grundwassers und zu Verfälschungen von Messwerten der GW-Beschaffenheit kommen.

Die Pumpzeit richtet sich nach den Spülungsabgaben und der Ergiebigkeit der Messstelle. Bei grobporigen Grundwasserleitern ist die Spülungsabgabe im Allgemeinen größer als bei feinporigen. Die notwendige Pumpzeit bei Beseitigung von Spülungszusätzen liegt oft erheblich über der allgemein üblichen Klarpumpzeit. Das Fortschreiten der Spülmittelbeseitigung kann mittels spülmittelspezifischer chemischer Parameter überwacht werden. Bei organischen Spülungszusätzen ist außerdem eine mikrobiologische Überwachung erforderlich. Die beiden letztgenannten Verfahren sollten nur von Unternehmen ausgeführt werden, die über die erforderliche Einrichtung und Fachkenntnis verfugen. Dies gilt auch für Grundwasserprobenahmen, die in größeren zeitlichen Abständen durchgeführt werden. Der Mindestaustausch des Wassers in der Grundwassermessstelle beträgt ca. drei dreifache an Brunnen- bzw. Messstellenvolumen.

8.3.8 Schlussabnahme, Installation und Probeentnahmen

Vor Inbetriebnahme der GW-Messstelle muss die Funktionsfähigkeit überprüft werden. Diese Prüfung umfasst:

- die Feststellung des ausgespiegelten Wasserstandes vor der Prüfung
- die Feststellung des Wasserstandes nach dem Abpumpen

- die Messung des Wasserstandes mit Datum und Uhrzeit beim Wiederanstieg bis zum Erreichen eines ausgespiegelten Wasserstandes
- die Kontrolle und Einmessung der GWM nach Lage und Höhe
- die Anfertigung eines Abnahmeprotokolls

Das DVGW-Merkblatt W 121 sieht darüber hinaus noch folgende Prüfungen vor:

- Auffüllversuch zur Feststellung des hydraulischen Kontaktes der Messstelle mit dem GW-Leiter
- Untersuchungen zur Prüfung der Dichtigkeit von Vollwandrohren
- geophysikalische Messungen (Widerstand, Gammastrahlung, Temperatur, Leit-fähigkeit)
- geohydrochemische Untersuchungen
- Unterwasseraufnahmen

Die Wasserproben sind unmittelbar nach der Entnahme zur Untersuchungsstelle zu schicken. Sie müssen gegen Wärme, Frost, Licht und Druck geschützt werden. Proben, die später als vier Stunden nach der Entnahme bei der Untersuchungsstelle eingehen, sind für eine Untersuchung unbrauchbar.

Die Installation umfasst im Wesentlichen den Einbau der Messeinrichtung (gehört in der Regel nicht zum Auftragsumfang des Bohrunternehmens). Je nach Aufgabe werden die Messstellen heute mit automatischen Band- oder Trommelschreibern versehen. Der GW-Stand wird über einen mechanischen oder digitalen Niveaugeber unterhalb der Ver-schlusskappe angezeigt. Immer stärker setzen sich auch modulare Sonden durch, die über sogenannte Datenlogger mittels Laptops oder Handheld-Geräte ausgelesen werden kön-nen. Bei Sondermaßnahmen werden auch schon mehrere Messpegel (bis zu 200) zu-sammengefasst und fernüberwacht (Funk-Datenerfassung). Die Entwicklung ist hier noch bei weitem nicht abgeschlossen, da bisher nur ein geringer Teil der erforderlichen Mess-daten erfasst werden können.

8.4   Ausbaupläne

8.4.1   Ausbaupläne nach DIN 4021

8.4.1.1 Allgemeines

Die hier dargestellten Abbildungen der Ausbaupläne (Abb. 8.15, 8.16, 8.17, 8.18 und 8.19) stammen aus der 1. Auflage. Die grundlegende Vorgehensweise wird dem Leser hiermit weiterhin vermittelt, maßgeblich für die Anwendung sind die aktuell gültigen Regelwerke.

Die Wiedergabe der Abbildungen erfolgte mit Erlaubnis des DIN (Deutsches Institut für Normung) sowie der DVGW (Deutscher Verein des Gas- und Wasserfaches).

8.4.1.2 Gesamtübersicht

Abb. 8.15 Ausbauplan
nach DIN

1 Kappe
2 Aufsatzrohr
3 Filterrohr
4 Sumpfrohr
5 Betonabdeckung
6 Frostsicherer Boden
7 Bohrgut
8 Abdichtung
9 Filtersand

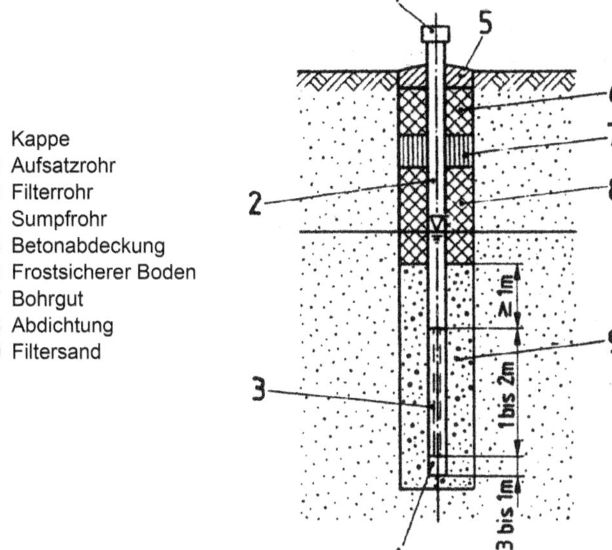

8.4.1.3 Ausbauplan bei Überfluranordnung

Abb. 8.16 Beispiel für eine
Überfluranordnung nach DIN

1 Deckel (verschließbar)
2 Schlupfrohr
3 Aufsatzrohr
4 Betonabdeckung
5 Anker
6 Frostsicherer Boden
7 Frosttiefe
8 Abdichtung
9 Bohrgut

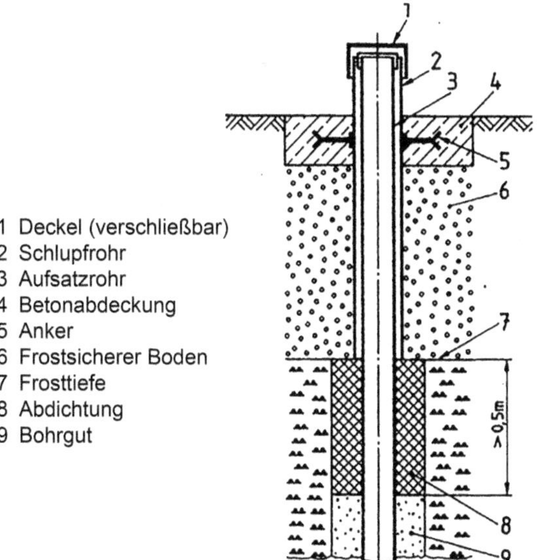

8.4.1.4 Ausbauplan bei Unterfluranordnung mit mehreren GW-Stockwerken

Abb. 8.17 Beispiel für eine
Unterfluranordnung mit
mehreren GW-Stockwerken
nach DIN

1 Kappe
2 Aufsatzrohr
3 Filterrohr
4 Sumpfrohr
5 Deckel
6 Unterflurschacht
7 Schlupfrohr
8 Frostsicherer Boden
9 Abdichtung
10 Bohrgut
11 Filtersand
12 Grundwasserhemmer
13 Grundwasserleiter

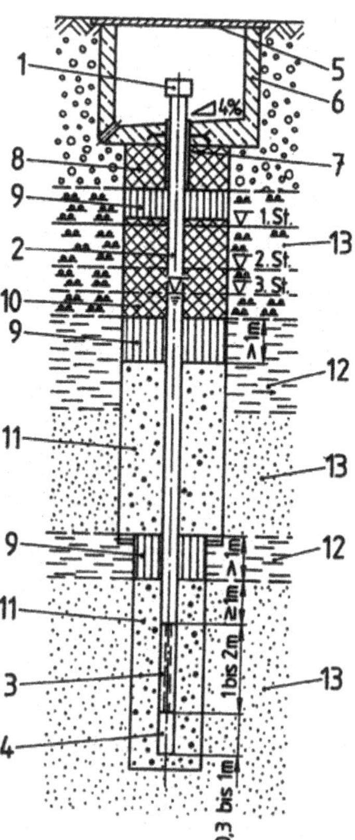

8.4.2 Ausbaupläne nach DVGW-Merkblatt W 121

8.4.2.1 Überfluranordnung

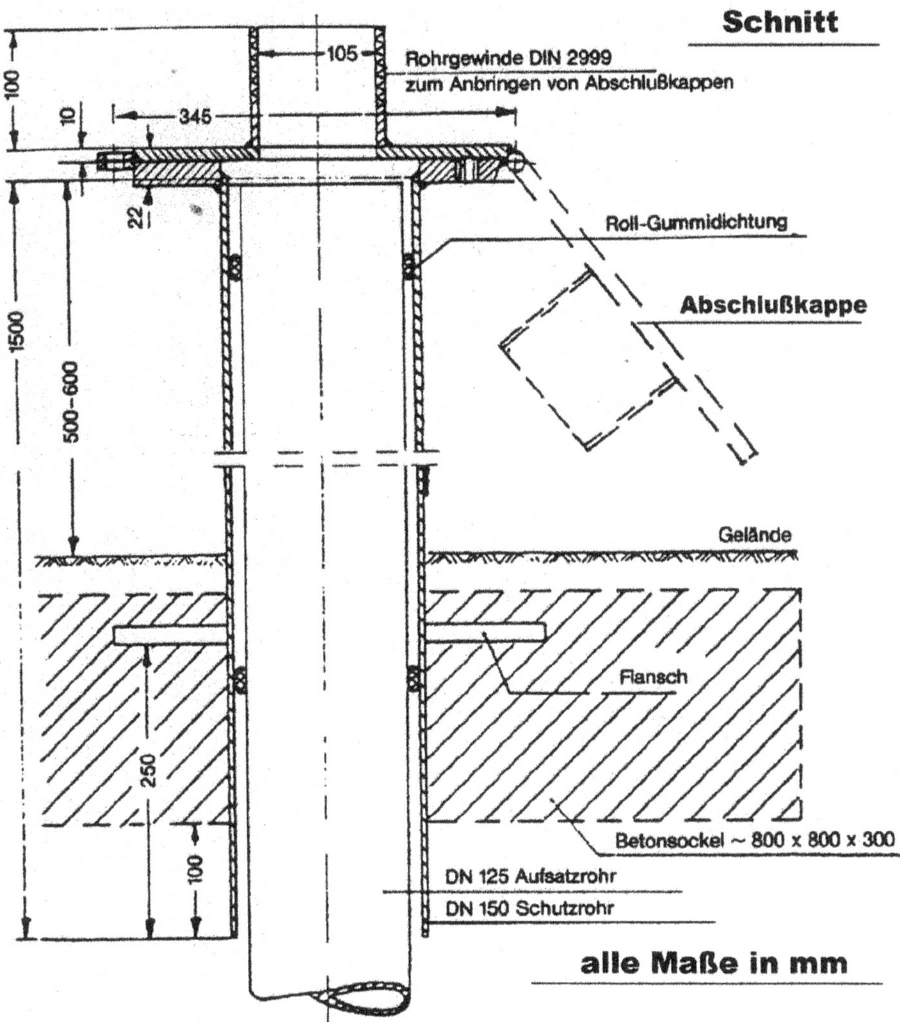

Abb. 8.18 Beispiel für eine Überfluranordnung nach W 121 – 10/88

8.4.2.2 Unterfluranordnung

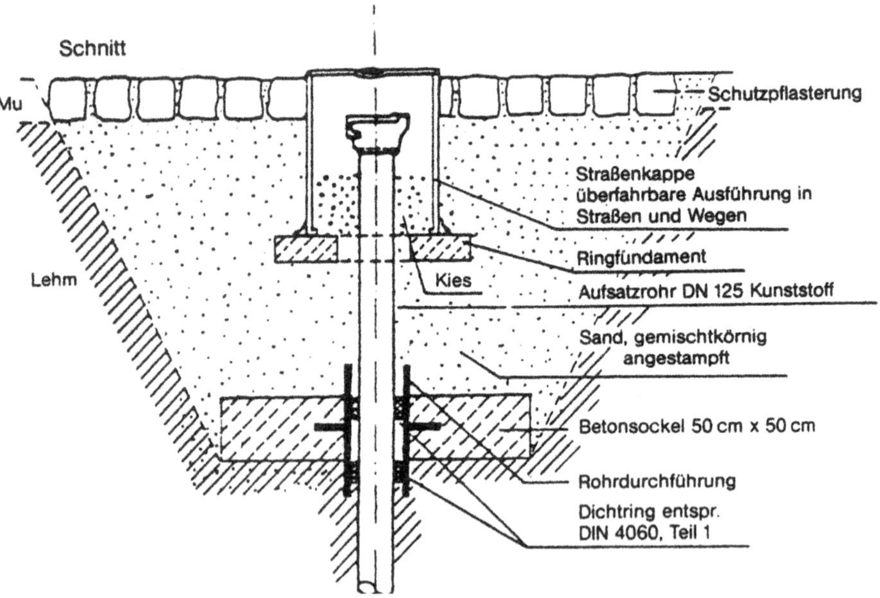

Abb. 8.19 Beispiel einer Unterfluranordnung nach W 121 – 10/88

Untersuchungen im Bohrloch 9

9.1 Allgemeines

Wenn auch die Untersuchungen im Bohrloch nicht unbedingt im Aufgabenbereich des Bohrunternehmer liegt, so wird dieser doch vielfach damit konfrontiert. Ein Teil der nachfolgend aufgeführten Versuche werden auch von gut ausgerüsteten und fachlich versierten Bohrunternehmen ausgeführt, da sie zu einem großen Teil während der Bohrarbeiten durchgeführt werden.

Die Bohrverfahren und damit auch die gewonnenen Bodenproben werden immer weiter verbessert und damit auch die im Bodenlabor gewonnenen Bodenparameter immer zutreffender. Trotzdem ist das Verhalten der Böden und besonders der von Fels, im Maßstab 1:1, also unmittelbar am Standort, für viele Bauplanungen und Berechnungen (z. B. Tunnelbauwerken) von großer Bedeutung. Darüber hinaus ergeben z. B. optische Bohrlochsondierungen sehr oft ein vollkommen anderes Bild der anstehenden Bodenformation, insbesondere beim Fels, wo durch viele Trennflächen der Kern teilweise vollkommen gestört gewonnen wird. Bei der optischen Sondierung zeigen sich teilweise erheblich günstigere Verhältnisse.

9.2 Verfahren

9.2.1 Slug- und Bautest

Ein Tauchkörper wird in einem Messpegel oder Brunnen bis unter das Grundwasser abgesenkt, der steigende und sich anschließend wieder senkende Wasserspiegel wird zeitlich genau vermessen (Slugtest). Das gleiche geschieht beim Wiederherausziehen des Körpers (Bautest). Aus den gewonnenen Daten wird der Durchlässigkeitsbeiwert des umliegenden Bodens ermittelt. Die schematische Darstellung des Slug- und Bautest zeigt Abb. 9.1.

© Der/die Autor(en), exklusiv lizenziert an Springer Fachmedien Wiesbaden GmbH, ein Teil von Springer Nature 2025
J. Lehn, M.Sc., M. Willikens, *Handbuch der Baugrunderkundung*,
https://doi.org/10.1007/978-3-658-45052-6_9

Abb. 9.1 Slug- und Bautest.
(Schematische Darstellung)

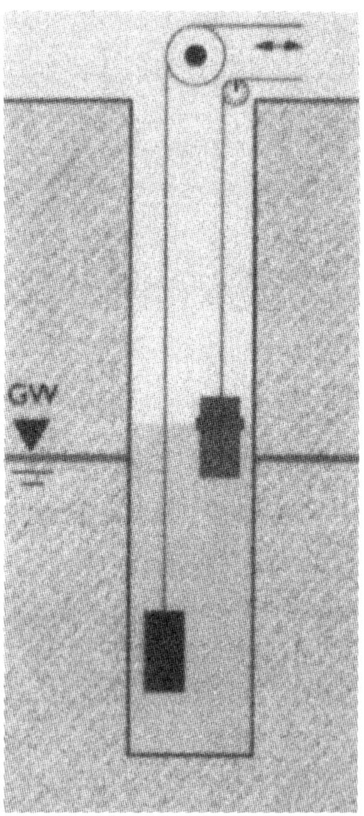

9.2.2 Flügelsondenmessung

Zusammen mit dem dazugehörenden Messinstrument wird die Flügelsonde (Abb. 9.2) dazu benutzt, die undrainierte Scherfestigkeit des ungestörten Bodens an Ort und Stelle zu messen. Dazu wird die Sonde von der Bohrlochsohle aus in den Boden eingebracht und über ein mitgeführtes Gestänge gedreht. Die vier im Boden sitzenden genormten Flügel auswechselbarer Größe scheren dabei den Boden ab. Der dazu nötige Kraftaufwand wird über Tage aufgebracht und gemessen. So ergeben sich Aussagen über die kurzfristige Belastbarkeit und Standsicherheit des Bodens bzw. die Kennwerte für die Standsicherheitsnachweise können ermittelt werden.

9.2.3 Dilatometertest

Bohrlochaufweitungsversuche dienen der Modulbestimmung des anstehenden Bodens in Bohrlöchern als Grundlage der Einschätzung der Verformbarkeit des Bodens.

Abb. 9.2 Flügelsonde. (Schematische Darstellung)

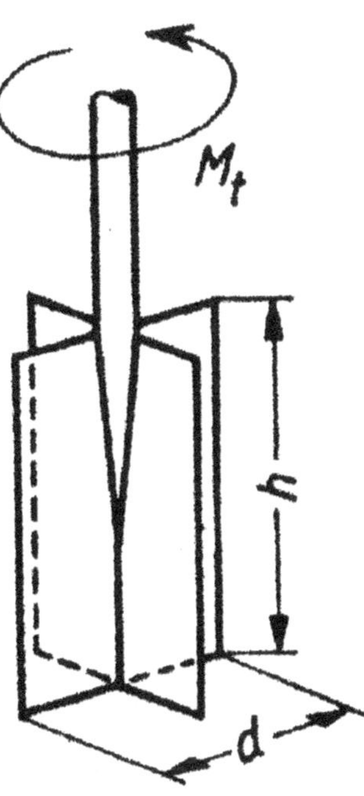

Die Sonde von etwa 100 mm Durchmesser und 1500 mm Länge wird von der Bohrlochsohle aus aufwärts spannungsfrei in den Boden eingebaut. Ein Gummimantel von 900 mm Länge wird hydraulisch um maximal 20 mm im Durchmesser geweitet und der Dehnweg in drei Querachsen (3 × 133,3°) bei der Ausdehnung und bei der Entlastung in Abhängigkeit von der Zeit gemessen. Es entsteht ein Diagramm ähnlich einer Probebelastung. Der Einsatz ist im Lockergestein bis zu 200 m Tiefe möglich. Die Datenübertragung wird durch Impulse der Messgeber analog übertragen. Hinzu kommt die Registrierung des Pumpendruckes. Den schematischen Aufbau einer Dilatometertesteinrichtung zeigt Abb. 9.3.

9.2.4 Porenwasserdruckmessung

Die Kenntnis des herrschenden Porenwasserdruckes ist zur Beurteilung von Setzungsvorgängen bei Auflast, wirksamen Scherfestigkeiten bei Auflast und Strömungsvorgängen von großer Bedeutung. In rolligen Böden ist der wirksame Porenwasserdruck leicht mit einer GW-Messstelle zu bestimmen. In bindigen Böden werden dazu elektrische Porenwasserdruckgeber in eine Bohrung eingebaut oder bei geeigneten Verhältnissen auch mit einer Einpressspitze in den Untergrund eingedrückt.

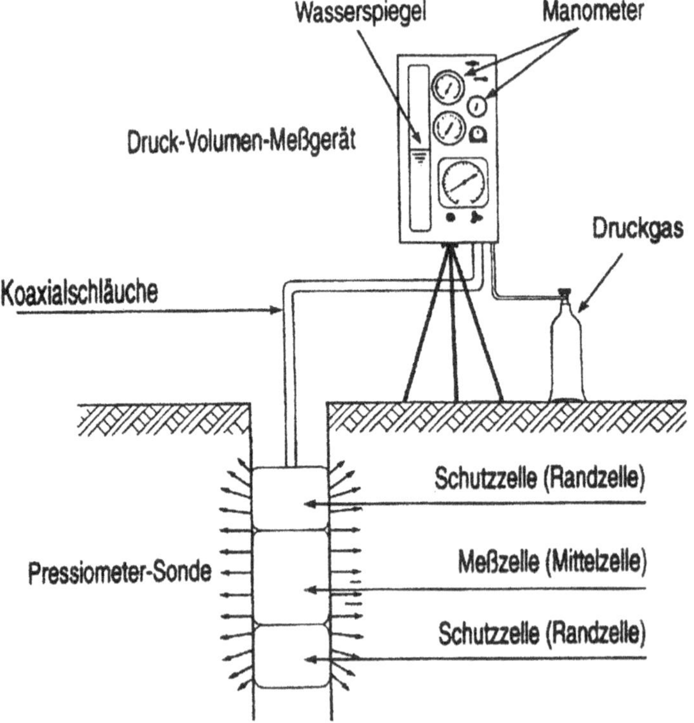

Abb. 9.3 Dilatometertesteinrichtung. (Schematisch)

9.2.5 Pressiometertest

Im Gegensatz zum Dilatometertest werden beim Einsatz eines Pressiometers, auch Seiten-drucksonde (Abb. 9.4) genannt, zwei Druckschalen mittels Druckzylinder seitlich an die unverrohrte Bohrlochwandung ge-presst. Die Verschiebung wird mit Wegaufnehmern ge-messen und die hydraulische Kraft registriert. Darauf lässt sich der Betttungsmodul ermit-teln, der auf andere Gründungselemente umgerechnet werden kann.

Eingesetzt wird das System insbesondere zur Bestimmung der Pfahltragfähigkeit. Es gibt mehrere artverwandte Geräte. Der Mindestbohrdurchmesser beträgt etwa 70 mm.

9.2.6 Standard Penetration Test (Bohrlochrammsondierung)

Der SP-Test ist eine Rammsondierung im Bohrloch, die von der Bohrlochsohle aus mit einem Spitzendurchmesser von 49 mm durchgeführt wird. Gezählt werden im Regelfall die Schläge des genormten Fallgewichtes zwischen 15 und 45 cm Eindringtiefe (JV30). Die aufgetragenen Werte geben Aufschluss über die Lagerungsdichte der jeweiligen Schicht, insbesondere in einer Korrelation mit dem Bohrprofil (s. Kap. 10). In Deutsch-

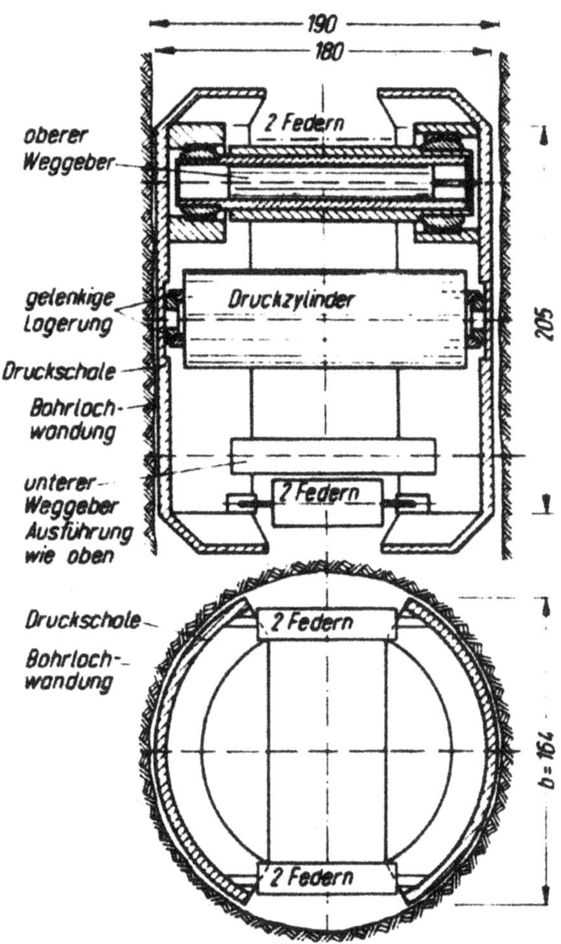

Abb. 9.4 Stuttgarter Seitendrucksonde für den Pressiometertest

land kommt in der Regel die Bohrlochrammsondierung (BDP) nach DIN 4094-2 zum Einsatz. Dieses Verfahren bieten sich vor allem bei der Ermittlung von Lagerungsdichten von nichtbindigen Böden in größeren Tiefen an, die mit Rammsondierungen oder Drucksondierungen aufgrund der Geräteauslastung bei diesen Verfahren nicht zu erreichen sind.

9.2.7 Wasserdurchlässigkeitstest (WD-Test)

Für den WD-Test (Abb. 9.5) wird ein Bohrlochabschnitt im Fels mittels Einfach- oder Doppelpacker abgesperrt. In diesen Bohrlochabschnitt wird Wasser in mehreren aufsteigenden und wieder abfallenden Druckstufen eingepresst. Nachdem sich ein scheinbarer Beharrungszustand eingestellt hat, wird die zu pumpende Wassermenge pro Zeiteinheit und der Druck im Bohrloch gemessen.

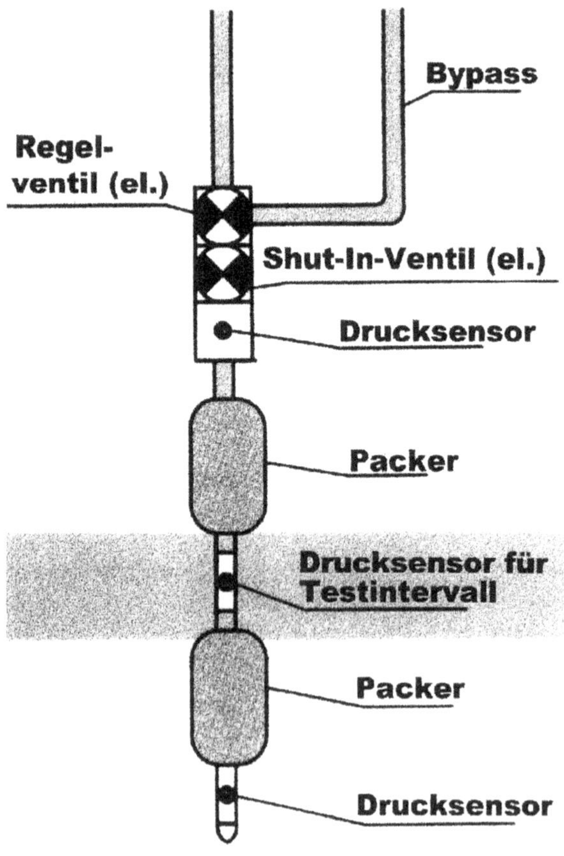

Abb. 9.5 WD-Testeinrichtung. (Schematische Darstellung)

Mit dem WD-Test wird die druckabhängige Wasseraufnahme des Gebirges bestimmt. Daraus lässt sich näherungsweise der Durchlässigkeitsbeiwert k errechnen. Wichtiger ist jedoch die Möglichkeit, tiefengestaffelte Durchlässigkeitsunterschiede des Gebirges zu ermitteln. So können in der Zusammenschau mit der geologischen Auswertung der Bohrkerne hochdurchlässige Kluft- und Störungszonen ausgemacht werden.

9.2.8 Extensometertest

Weg- und Deformationsmessungen von Bodenpaketen werden über das Schwingsaitenmessverfahren (Maihak) vorgenommen. Der Messbereich reicht bis zu ± 100 mm. Es gibt unterschiedliche Extensometerbauformen (Abb. 9.6) für Böden, Fels und bergmännische Hohlräume, und zwar:

- Drahtextensometer
- Stangenextensometer
- Sondenextensometer

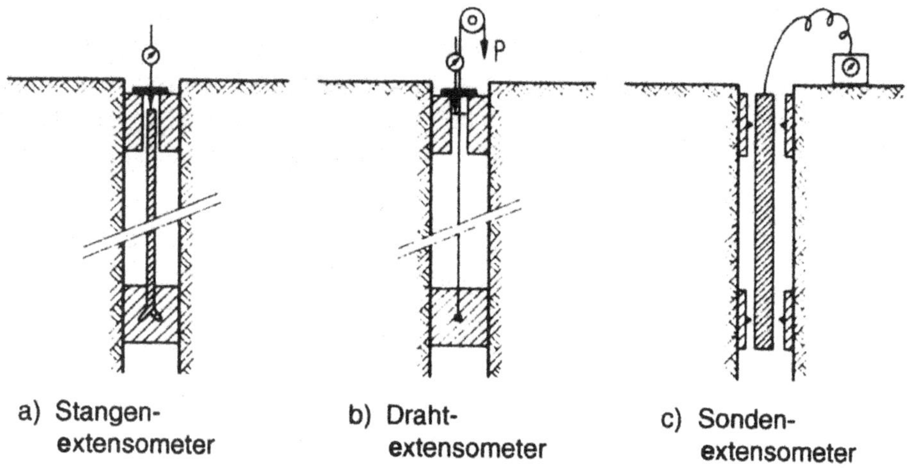

Abb. 9.6 Extensometersysteme. (Schematische Darstellung)

Es sind Messlängen bis zu 10 m möglich. Die Messwerte werden analog oder digital aufgezeichnet und mittels Kabel übertragen.

Konzipiert ist das Extensometer für Festgesteine, wo im Regelfall nur Extension auftritt. Die einfachen und zuverlässigen Extensometermessungen sind wesentlicher Bestandteil der meisten Messprogramme zur Überwachung des Baugrund- und Bauwerkverhaltens. Im Allgemeinen kommen hierbei Stangenextensometer zum Einsatz.

Häufig werden Extensometer auch für die Beobachtung von Setzungen an Dämmen oder unter Bauwerken eingesetzt. Solche Geräte müssten sinngemäß Kompressiometer genannt werden. Sie dienen der Beobachtung der Zusammendrückung (Stauchung, Kompression) und werden als Setzungspegel bezeichnet. Nach dem Einsatzbereich kann man erwarten, dass in Dämmen und Gründungen in Lockergesteinen Kompression auftritt (gelegentlich aber auch Extension, z. B. in quellfähigen Tonen oder am Fuß von Dämmen), und dass in Tunneln, Schächten, Stollen und Rutschungen mit Extension gerechnet werden kann.

Ist in einem Bohrloch nur eine Messstrecke installiert, so handelt es sich um ein Einfachextensometer. Sind längs des Bohrloches mehrere Messpunkte angeordnet, so bezeichnet man die Messeinrichtung als Mehrfachextensometer.

9.2.9 Optische Bohrlochsondierungen

9.2.9.1 Bohrlochfernsehverfahren

Beim integrierten Bohrlochfernsehverfahren wird, im Gegensatz zu der üblichen Vorgehensweise, die Bohrung im sogenannten Seilkernverfahren abgeteuft und nach Erreichen der gewünschten Bohrtiefe das Kernrohr gezogen und stattdessen die Fernsehsonde in die Stützkupplung eingefahren.

Die Fernsehsonde ist so konstruiert, dass die Sondenspitze mit der Optik wenige Zentimeter durch die Bohrkrone hindurch in das ungesicherte Bohrloch reicht.

Anschließend werden die einzelnen Schüsse der Bohrrohre mit dem Bohrgerät gezogen und gleichzeitig mit dem Ziehen eine kontinuierliche Fernsehaufnahme der Bohrlochwand hergestellt und auf einem Datenträger in der Sonde aufgezeichnet oder an ein Oberflächengerät übertragen.

Diese Vorgehensweise hat den großen Vorteil, dass die Fernsehaufnahme aus dem Schutz der Bohrverrohrung heraus vorgenommen wird und kein Nachfall aus der Bohrlochwand oder gar das Einstürzen der Bohrung zum Einklemmen bzw. Verlust der Sonde führen kann.

Der Vorteil dieses Verfahrens ist, dass mit dem Ziehen der Bohrrohre die Sondierung abgeschlossen ist, während bei dem üblichen Verfahren die Sondierung erst nach dem Ausbau der Rohre beginnt und die Bohrmannschaft mit dem Bohrgerät bis zur Beendigung der Sondierung auf der Bohrstelle wartet, um die abschließenden Aufgaben zu erledigen.

9.2.9.2 Bohrlochscanner

Der Bohrlochscanner besteht in der Regel aus folgenden Komponenten:

- Optische Sonde mit Orientierungssensorik
- Tiefenmesssystem
- Motorisierte Winde mit digitalem Zähler
- Datenverarbeitungseinheit (Logger)
- Digitaler Monitor mit Analyse-Software
- Interner oder externer Datenspeicher (z. B. SSD, USB)

Die wasserdichte optische Sonde ist mit einer nach unten gerichteten, gebündelten LED-Lichtquelle und einem Magnetkompass ausgestattet. Oberhalb der Lichtquelle rotiert ein Spiegel mit einer Geschwindigkeit von ca. 3200 Umdrehungen pro Minute. Dieser lenkt den Lichtstrahl spiralförmig auf die Bohrlochwand, wo er reflektiert wird und von einem lichtempfindlichen Sensor – z. B. einer CCD- oder CMOS-Kamera – aufgezeichnet wird.

Durch die Kombination aus Rotation und kontinuierlichem Absenken der Sonde wird die Bohrlochwand vollständig gescannt. Die vertikale Bildauflösung hängt dabei von der Absenkgeschwindigkeit ab. Im Standardbetrieb liegt diese bei etwa 40 cm/min (konservativer Wert für hochauflösende Scans), was einer Scanrate von ca. 24 m pro Stunde entspricht.

Die gewonnenen Bilddaten werden in Echtzeit digital mit den zugehörigen Tiefenmesswerten verknüpft und in der Datenverarbeitungseinheit gespeichert – in der Regel auf einer Festplatt. Die Daten können anschließend direkt auf dem Bildschirm als abgewickeltes Bild der Bohrlochwand dargestellt und analysiert werden (Abb. 9.7). Optional ist auch eine 3D-Visualisierung möglich.

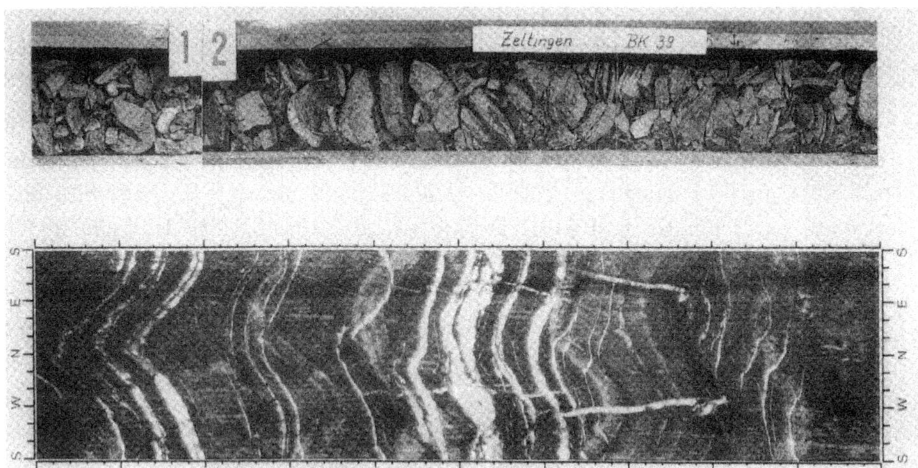

Abb. 9.7 Gestörter Bohrkern (oben) und Scanneraufnahme aus demselben Bohrlochabschnitt (unten)

Der Scanner ist für Bohrlöcher mit einem Durchmesser von 88 bis 146 mm konzipiert. Die Messung setzt eine vertikale bis subvertikale Bohrlochneigung voraus, da nur so eine gleichmäßige Bewegung und exakte Orientierung der Sonde gewährleistet werden kann.

Vor der Messung muss das Bohrloch gründlich gespült werden, um eine klare Sicht auf die Wandung sicherzustellen. In Bereichen mit instabiler Bohrlochwand empfiehlt es sich, unmittelbar nach dem Vorbohren der ersten Meter einen schnellen Scan durchzuführen. Anschließend kann das Bohrloch verrohrt, weiter gebohrt und erneut gescannt werden.

9.2.10 Temperaturmessungen

Insbesondere in Anschüttungen von Abfallstoffen wie Abraumhalden des Bergbaues (Schwelbrände) oder Deponien jeder Art (Verrottung) geben Temperaturmessungen einzelner Tiefenzonen Aufschluss über den Stand der Prozesse mit Wärmeentwicklung.

9.2.11 Gasmessungen

Die Feststellung von Gasentwicklungen und deren jeweilige Zusammensetzung sind wichtige Beurteilungskriterien bei Deponieerkundungen.

9.2.12 Strahlungsmessungen

In Abraumhalden des Uranbergbaues sind Strahlungsmessungen zur Feststellung einer möglichen Umweltgefährdung und auch aus Gründen der Sicherheit von Personal und Gerät notwendig.

9.2.13 Inklinometer- und Gleitmikrometertest

Über einen Neigungsmessschlitten werden die Rohrwandungen eines Bohrrohres in ihrer Abweichung zur Lotrechten vermessen. Die Messung erfolgt auf ganzer Rohrlänge in zwei rechtwinklig zueinanderstehenden Ebenen. Die Ebenen werden per Kompass eingeordnet. Mehrere Messungen in größerem zeitlichem Abstand ergeben Aufschluss über Horizontalverschiebungen des Bodens. Die Messwerte werden analog oder digital mittels Kabel übertragen, wobei die Messtiefe bis zur Bohrlochsohle reicht.

Ähnlich dem Inklinometer misst beim Gleitmikrometer eine Sonde die Lage von Messringen in Führungsrohren. Die Führungsrohre können in jedem Winkel bis zur Horizontalen eingebaut werden.

10.1 Allgemeines

Durch eine Sondierung gibt der Eindringwiderstand Aufschluss über die Lagerungsdichte bzw. Festigkeit des anstehenden Bodens, ohne dass eine Probenentnahme erfolgt. Dabei wird eine Stahlstange mit genormter Spitze, die zum Abbau der Reibung gegenüber dem Gestänge leicht vergrößert ist, in den Boden geschlagen (gerammt) oder gedrückt. Die hierbei aufzuwendende Schlagzahl bzw. die Höhe des Druckes wird als Diagramm aufgetragen und gibt Auskunft über die vorhandene Lagerungsdichte bzw. Festigkeit der durchfahrenen Schichten. Daraus können auch Schlüsse auf einen Schichtwechsel geschlossen werden, insbesondere dann, wenn als Vergleichsparameter ein Bodenprofil aus der unmittelbaren Nähe zur Verfügung steht. Es ist z. B. damit möglich, die Anzahl der Aufschlussbohrungen erheblich einzuschränken, wobei grundsätzlich empfohlen wird einen direkten und indirekten Aufschluss zu kombinieren. Die Ergebnisse finden u. a. Anwendung bei der Bestimmung von Gründungstiefen und Vorausbestimmung der Tragfähigkeit bei Tiefgründungen (z. B. bei Ramm- und Bohrfahlen). Sondierungen sind aber stets als Zusatzuntersuchungen anzusehen, die aber zwingend ausgeführt werden sollten.

Die gerätetechnische Entwicklung der Sondentypen, die Ausführung der Sondierungen und die Darstellung der Versuchsergebnisse sind inzwischen international abgestimmt worden. In Deutschland werden die Form des Gerätes, die Anwendung und Auswertung der Ergebnisse durch die DIN EN ISO 22476 – Erkundung durch Sondierungen – geregelt. Danach sind zu unterscheiden:

- Rammsondierungen
- Drucksondierungen
- Sondierungen mit der Standardsonde (SPT)

J. Lehn, M.Sc., M. Willikens, *Handbuch der Baugrunderkundung*,
https://doi.org/10.1007/978-3-658-45052-6_10

Tab. 10.1 Durchmesser, Fallhöhe, Fallgewicht und spitzenquerschnittbezogene Rammenergie

Nr.	Sondenart	Durchmesser d_{min} mm	Spitzenquerschnitt A cm^2	Fallhöhe h m	Masse Rammbär m kg
1	DPL-5	24	5	0,5	10
2	DPL	34	10	0,5	10
3	DPM-A	34	10	0,2	30
4	DPM	34	10	0,5	30
5	DPH	42	15	0,5	50
6	DPSH-A	43	16	0,5	63,5
7	DPSH-B	49	20	0,75	63,5

Mit Ausnahme der leichten Rammsonden (DPL und DPL-A) werden die Rammsonden heute mechanisch angetrieben (elektrisch, elektro-hydraulisch, Verbrennungsmotor). Dabei verfügen die Geräte über automatische Schlag- und Zählwerke und zum Teil auch über Aufzeichnungseinrichtungen Die ausführliche Beschreibung der Ramm- und Sondiergeräte ist in Kap. 5, nachzulesen; daher kann an dieser Stelle auf eine Beschreibung verzichtet werden. Im Folgenden wird auf die Hinweise der DIN EN ISO 22476-2 und die eigentliche Handhabung Bezug genommen

Tab. 10.2 Flügelsondentypen und Maße

Gerätetyp	Flügel h	d_1	s	Stab d_2	
FS 50	100	50	1,5	13	mm
FS 75	150	75	3	16	mm

Die Standardmaße der Geräte sind nach DIN EN ISO 22476-2 geregelt und können den folgenden Tabellen Tab. 10.1, Tab. 10.2 zu entnehmen.

10.2 Rammsondierungen

10.2.1 Allgemeines

Definition nach DIN:

Rammsondierung ist das Rammen einer Sonde in den Untergrund durch einen Rammbären (Fallgewicht) bei gleichbleibender Fallhöhe, wobei die Schlagzahl für eine definierte Eindringtiefe festgehalten wird.

Entsprechend Tab. 10.1 werden unterschieden:

- Leichte Rammsonden (DPL und DPL-5)
- Mittelschwere Rammsonden (DPM und DPM-A)
- Schwere Rammsonde (DPH)
- Superschwere Rammsonde (DPSH-A, DPSH-B)

10.2.2 Hinweise der DIN EN ISO 22476-2

Bei Rammsonden soll eine Schlagfolge von 15 bis 30 Schlägen je Minute eingehalten werden, wobei in grobkörnigen Böden die Schlagzahl auf 60 Schläge je Minute er-höht werden kann.

Die Anzahl der Schläge je 10 cm Eindringung ist in einem Messprotokoll zu protokol-lieren. Diese Schlagzahl wird als Stufendiagramm (Abb. 10.1) ausgewertet. Dabei ist auf der Abszisse (Waagerechte) die Schlagzahl und auf der Ordinate (Senkrechte) die Tiefe aufzuzeichnen.

Bei grobkörnigen Böden sind die Einflüsse aus

- der Kornform (eckige Kornform erhöht den Eindringwiderstand)
- der Kornrauigkeit (eine raue Oberfläche erhöht den Eindringwiderstand)
- der Korngrößenverteilung (gleichkörnige Zusammensetzung verringert den Eindring-widerstand)

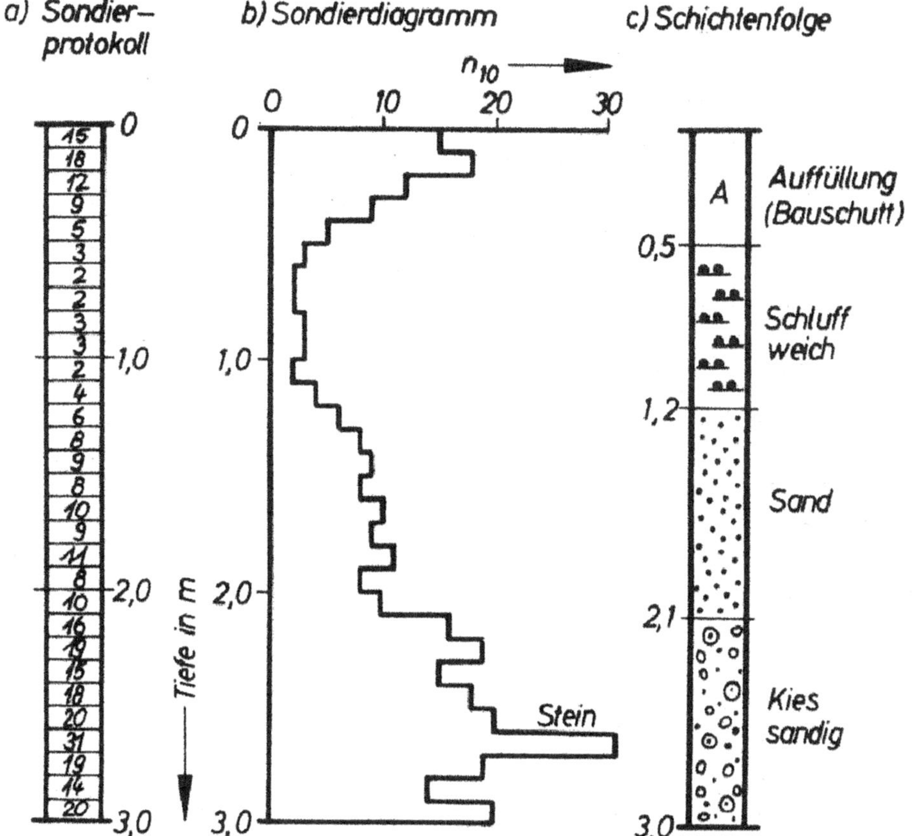

Abb. 10.1 Beispiel einer Rammsondierung

- dem GW-Stand (der Eindringwiderstand im Wasser ist wesentlich geringer)
- der Verkittung dem Verspannungszustand (Verkittung kann den Eindringwiderstand bis zum Abbruch erhöhen)

auf den Eindringwiderstand zu berücksichtigen.

Bei feinkörnigen Böden sind die

- Zustandsform
- Plastizität
- Struktur

zu beachten.

Bei organischen Böden sind zu berücksichtigen die

- Struktur
- geologische Vorgeschichte
- Beimengungen anderer Bodenarten

Die genannten Einflüsse sind bei der Wertung der Sondierergebnisse zu beachten, die im Übrigen für alle Sondiersysteme gelten.

10.2.3 Hinweise zur Durchführung

10.2.3.1 Handbetrieb mit der leichten Rammsonde

Nach dem Aufbau des Sondiergerätes wird die Sonde auf den Boden aufgesetzt, wobei die Spitze je nach Bodenverhältnis etwas einsinken kann und anschließend der Rammbär jeweils bis zum Anschlag gehoben und dann freifallen gelassen wird. Während des Rammens werden die Schläge je 10 cm Eindringtiefe gezählt. Man erhält damit einen Mittelwert der Schlagzahlen für die Eindringung von je 10 cm. Reicht ein solcher Mittelwert für die Genauigkeit der Messung nicht aus, empfiehlt es sich, umgekehrt die Eindringung für eine bestimmte Schlagzahl festzustellen. Diese Art der Messung ist auch dann zweckmäßig, wenn bei einem Schlag schon Eindringungen über 10 cm erzielt werden. Die Rammsonden sind mit möglichst gleichmäßiger Geschwindigkeit in den Boden zu treiben. Die DIN EN ISO 22476-2 schreibt eine Sondiergeschwindigkeit von 15 bis 30 Schlägen je Minute vor. Wenn auch bei rolligen Böden diese Geschwindigkeit keine große Rolle spielt, beeinflusst sie bei bindigen und wassergesättigten Böden die Ergebnisse. Der Grund hierfür liegt in den Porenwasserdrücken, die beim Sondieren in diesen Böden auftreten. Der aufbauende Porenwasserdruck führt zu einem Anstieg des Sondierwiderstands und muss zwingend bei der Auswertung berücksichtigt werden, da die Gefahr der Überbewertung der Konsistenz des Bodens besteht.

Ist nach Beendigung der Sondierung ein einfaches Herausziehen der Sonde von Hand nicht möglich, so verwendet man eine auf dem Hebelprinzip beruhende Ziehvorrichtung

Abb. 10.2 Mechanischer Gestängeheber, (links): Einfachgestänge, (rechts): Doppelgestänge

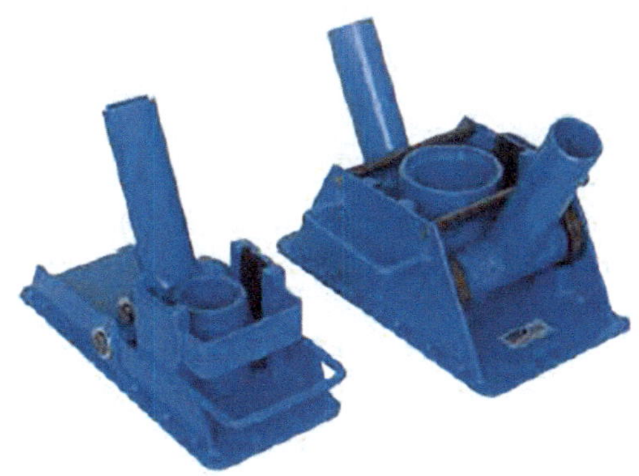

(Abb. 10.2). Gegebenenfalls genügt es auch, den Rammbären nach Abschrauben des Ambosses auf das Gestänge zu schieben und den Amboss wieder aufzuschrauben. Durch Schlagen des Bären von unten gegen den Amboss kann nun die Sonde herausgetrieben werden.

In vielen Fällen empfiehlt es sich auch, zur Verringerung der Zugkräfte Spitzen zu verwenden, die nur lose aufgesteckt sind und im Boden verbleiben (sogenannte verlorene Spitzen).

Während des Sondierens sind die Gestängeverbindungen nachzuziehen, um eine Lockerung des Gewindes zu verhindern. Damit wird ausgeschlossen, dass das Gewinde anstelle der Stoßflächen des Gestänges die Rammstöße aufnimmt und das Gewinde zerstört wird. Außerdem dürfen die Gewinde nicht verschmutzt sein und müssen vor der Sondierung gegebenenfalls mit einer Drahtbürste gereinigt werden.

Bei der Betätigung des Rammbären ist darauf zu achten, dass dieser nach dem oberen Anschlag wirklich frei fällt und nicht durch den Ausführenden eine zusätzliche Beschleunigung erfährt. Eine solche falsche Handhabung bei der leichten Rammsonde kann zu unrichtigen Ergebnissen führen.

Um eine Beschädigung der Sonde, vor allem der Sondenspitzen, zu vermeiden, ist die Sondierung bei einem zu großen Widerstand abzubrechen. Dieser liegt bei einer Schlagzahl von etwa 50 je 10 cm Eindringung. Unabhängig davon sind die Sondenspitzen von Zeit zu Zeit zu kontrollieren, da die Querschnittsfläche durch Verschleiß kleiner wird und sich auch der Öffnungswinkel der Spitze verändert. Die Hinweise in diesem Absatz treffen auch für mechanisch angetriebene Rammsonden zu.

Die Lage der Sondierstellen ist in einem Lageplan einzutragen und außerdem die Höhenkote anzugeben, von der aus die Sondierung angesetzt worden ist.

Zur Gewinnung zusätzlicher Informationen ist bei der Durchführung von Sondierungen u. a. auf die Härte des Schlages und des Klanges beim Sondieren zu achten. Verschiedentlich empfiehlt es sich, die Sonde in bestimmten Abständen um einige Zentimeter hochzuziehen, anschließend nachzurammen und hierbei das Verhältnis des nun auftretenden Rammwiderstandes zum Rammwiderstand beim ersten Eindringen zu bestimmen. Auch geben die Beobachtungen beim Drehen der Sonde während einer Rammpause wertvolle Anhaltspunkte.

10.2.3.2 Mittelschwere und schwere Rammsonden

Bei der Durchführung von Rammsondierungen mit automatischen mittelschweren und schweren Rammsonden (Rammbärgewichte von 30 oder 50 kg) kann die Fallhöhe und Schlagzahl eingestellt und jeweils mit wenigen Handgriffen schnell variiert werden.

Eine mechanische Koppel vom Amboss hält den Fallhub von 50 cm konstant ein. Die Schläge werden elektromechanisch erfasst und dekadisch gespeichert. Über eine einstellbare Zeigereinrichtung wird die Eindringtiefe angezeigt und die zugeordneten Speicher manuell zugeschaltet. Hierdurch werden Summenfehler minimiert. Nach einer Eindringtiefe von 10 Dekaden = 100 cm wird die Rammeinrichtung mit der Abschaltung des 10. Speichers gestoppt und bei Bedarf ein neues Gestänge aufgeschraubt.

Besonders bei diesen mechanisch und automatisch arbeitenden Geräten muss darauf geachtet werden, dass bei zu hohen Schlagzahlen rechtzeitig abgeschaltet wird, um die Beschädigung des Gestänges und der Sondenspitze zu vermeiden. Es kommt vor, dass aus diesen Gründen Gestänge brechen und im Boden verbleiben müssen.

Das Ziehen der Rammgestänge erfolgt über hydraulische Zieheinrichtungen (Abb. 5.5), die teilweise an selbstfahrenden Geräten schon am Mast montiert sind. Hohe Reibungskräfte treten insbesondere bei Beginn des Ziehens auf.

10.2.3.3 Superschwere Rammsonden

Auf die Kategorie superschwere Rammsonden wird an dieser Stelle nicht weiter eingegangen, da der Einsatz in der Praxis eher selten stattfindet. DPH-Rammsondierungen sind am weitesten verbreitet und liefern die meisten Erfahrungswerte zur Beurteilung der Baugrundverhältnisse. DPSH kann insbesondere bei sehr festen oder tiefen Schichten angewendet werden. Die Durchführung der Rammsondierung wird in der DIN EN ISO 22476-2 geregelt.

10.3   Drucksondierungen

10.3.1 Allgemeines

Eine Drucksondierung ist das Eindrücken einer Sonde in den Untergrund. Der Sondierwiderstand ist die Summe aus Spitzenwiderstand und Mantelreibung. Des Weiteren können direkt abgelesen bzw. ermittelt werden: Reibungskraft und lokale Mantelreibung.

Es bedeuten:

q_c	= Spitzenwiderstand	= QC/AQ	MN/m²
Q_c	= Kraft auf die Sondenspitze	MN	
A_c	= Querschnitt der Sondenspitze	cm²	
Q_m	= Reibungskraft	MN	
f_s	= lokale Mantelreibung	= Q_m/A_m	MN/m²
A_m	= Mantelfläche der Reibungshülse	cm²	

Es können zwei Drucksondierungssysteme (Abb. 10.3) unterschieden werden:

- Führung des inneren Gestänges, an dessen unterem Ende sich die Spitze befindet, in einem Mantelrohr (holländisches Messprinzip).
- Anordnung eines Messgebers in der Sondenspitze (Maihak-Messsaite).

Die Sonde wird bei Drucksondierungen durch eine statische Kraft mit gleichbleibender Geschwindigkeit in den Boden gedrückt. Als Sondenstab dient das Bohrgestänge B 32 mit 10 cm^2 Spitzenquerschnitt. Gemessen und registriert werden der Spitzenwiderstand, die Mantelreibung und gegebenenfalls der Gesamtwiderstand.

Bei der Maihakmessspitze wird ein Stahlzylinder (das Messelement) durch den Spitzendruck mehr oder weniger stark zusammengedrückt. Dieser Druck wird auf elektrischem Wege über eine Messsaite und ein Kabel in dem auf der Geländeoberfläche aufgestellten

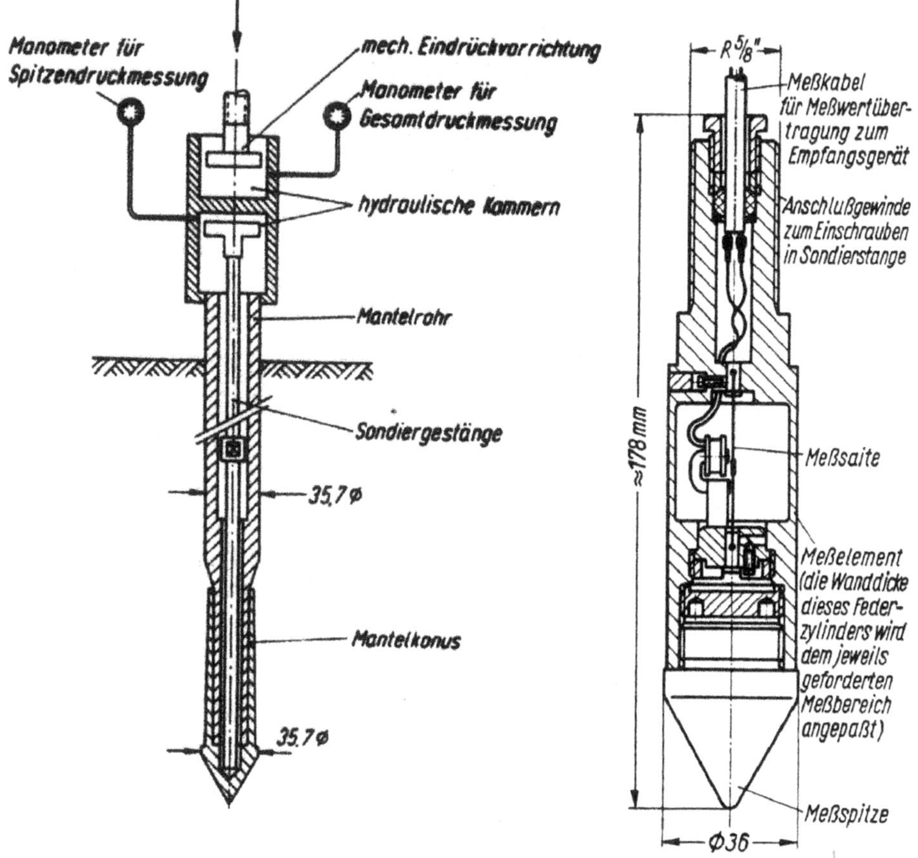

Abb. 10.3 Mechanisches Drucksondensystem (links), Drucksonde mit Maihak-Messspitze (rechts)

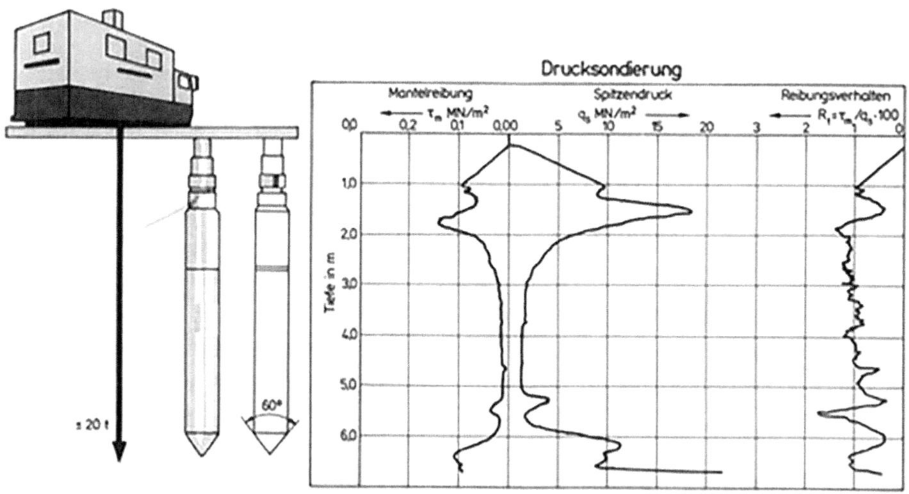

Abb. 10.4 Schweres Drucksondiergerät und Auswertung. (Sondierdiagramm)

Empfangsgerät sichtbar gemacht. Die Ergebnisse der Drucksondierung werden ähnlich wie bei der Rammsondierung aufgetragen (Tiefe als Ordinate, Abszisse als Spitzenwiderstand, Gesamtwiderstand in kN oder MN und der Spitzendruck q_c in N/mm^2 oder MN/m^2 (Abb. 10.4)).

Die sogenannte Holländische Drucksonde arbeitet mit einem getrennten Gestänge für Spitze und Mantel. Es wird zunächst die Spitze eingedrückt und dabei der Spitzendruck aufgezeichnet und dann das Mantelrohr nachgedrückt und der Wert registriert.

Haben Spitze und Mantelrohr bzw. Gestänge den gleichen Durchmesser, so kann aus der Differenz zwischen Gesamt- und Spitzenwiderstand die Gesamtmantelreibung berechnet werden. Dieser Wert sagt jedoch noch nichts über die Verteilung der Mantelreibung längs des Gestänges aus. Das ist z. B. bei geschichtetem Untergrund von Bedeutung. Deshalb wurden Messanordnungen entwickelt, mit denen die Mantelreibung nur in einem bestimmten Teilbereich gemessen werden kann: die lokale Mantelreibung.

Die Abmessungen von Spitze und Gestänge sind in der DIN EN ISO 22476-2 genormt. Die Sondiergeschwindigkeit beträgt etwa 1 m/min (Toleranzbereich lt. Norm: 0,9 m/min bis 1,5 m/min).

Im Allgemeinen reicht zur Überwindung des Gesamtwiderstands ein Gegengewicht von 100 kN aus, das bei selbstfahrenden Sondiergeräten durch deren Eigengewicht vorhanden ist (Abb. 10.5). Bei leichten Sondieranhängern wird dies durch eine Verankerung erreicht. Bei einem höheren Gesamtwiderstand erreicht erfahrungsgemäß der Anteil des Spitzenwiderstandes die Messkapazität der Sondenspitze (in der Regel 50 MN/m^2). In diesem Fall sollte die Sondierung zur Vermeidung einer mechanischen Überbeanspruchung

Abb. 10.5 Druck-Sondier-Lkw. (Quelle: Celler Brunnenbau GmbH)

der Spitze und des Gestänges abgebrochen werden. Damit wird auch die Grenze der Anwendbarkeit von Drucksondierungen aufgezeigt. In Böden mit erheblichen Grobkiesanteilen, Geröll und Steinen ist der Einsatz nur in Ausnahmen möglich. Auf der anderen Seite ist der Spitzenwiderstand in bindigen Böden wegen der Plastizität dieser Böden gewöhnlich klein. Ein Wert von 5 MN/m^2 kennzeichnet bereits feste Beschaffenheit. Bereits bei Werten von $q_c > 1{,}5$ MN/m^2 kann erfahrungsgemäß auf eine steife Konsistenz geschlossen werden. Die Aussagen beziehen sich auf bestimmte Böden und lassen sich daher nicht verallgemeinern.

10.4 Bohrlochrammsondierung

10.4.1 Allgemeines

Die Bohrlochrammsondierung ist ein indirektes Baugrunderkundungsverfahren, bei dem eine Sonde von der Bohrlochsohle aus mittels Rammbären in den Baugrund eingetrieben wird. Die dabei aufgezeichneten Schlagzahlen erlauben Rückschlüsse auf den Widerstand des Bodens und somit auf dessen mechanische Eigenschaften sowie die Lagerungsdichte von nichtbindigen Böden und bedingt Aussagen zu Konsistenzen von bindigen Böden.

10.4.2 Anwendungsbereich

Die Norm DIN EN ISO 22476-14 definiert die Anforderungen an Ausrüstung, Durchführung und Dokumentation der Bohrlochrammsondierung. Die Anwendung erfolgt im Rahmen von geotechnischen Untersuchungen gemäß DIN EN 1997-1 und DIN EN 1997-2.

Der Vorteil der Bohrlochrammsondierung ist, dass durch die Durchführung der Sondierung von der Bohrlochsohle aus, quasi keine Grenzen der Erkundungstiefe entstehen. Mit anderen indirekten Verfahren, wie Rammsondierungen sowie Drucksondierungen, wird in Abhängigkeit der Baugrundverhältnisse die Geräteauslastung vor der erforderlichen Solltiefe erreicht.

10.4.3 Aufbau und Funktion des Sondiergeräts

Das Sondiergerät besteht aus einer gekapselten Schlagvorrichtung, einem wasserdichten Hohlzylinder, einer Sonde sowie ggf. Zusatzgewichten. Der Rammbär wiegt 63,5 kg, der Spitzendurchmesser beträgt 50,5 mm.

10.4.4 Durchführung der Sondierung

Die Sondierung erfolgt durch Reinigung der Bohrlochsohle, Prüfung des Geräts und Einrammung der Sonde in 15 cm-Schritten (Schlagzahlen für eine Tiefe von 15 cm werden jeweils aufgezeichnet) bis zu einer Tiefe von 45 cm unter Bohrlochsohle. Die Schlagzahl N30 ergibt sich aus den Schlägen zwischen 15 und 45 cm Tiefe.

10.4.5 Auswertung und Dokumentation

Die Ergebnisse werden im Messprotokoll festgehalten und in einem Balkendiagramm dargestellt. Zusätzlich werden Umgebungsbedingungen und Beobachtungen dokumentiert.

10.4.6 Bewertung und Interpretation

Qualitative und quantitative Auswertungen erfolgen durch Vergleich mit anderen Sondierungen und durch Anwendung normativer Korrelationen, z. B. zur Lagerungsdichte oder zum Steifemodul. Ein wesentlicher Punkt ist hier auch, wie in allen Bereichen der Geotechnik, die Erfahrung bei der Beurteilung der Erkundungsergebnisse.

10.4.7 Grenzen der Methode

Die Aussagekraft ist in oberflächennahen bzw. bohrlochnahen Bereichen in Abhängigkeit des Bohrverfahrens und in bindigen Böden eingeschränkt. Störungen der Bohrlochsohle beeinträchtigen die Ergebnisse ebenfalls.

10.5 Standard Penetration Test

10.5.1 Einleitung

Der Standard Penetration Test (SPT) ist ein bewährtes Verfahren der geotechnischen Erkundung, das zum einen die Widerstandsfähigkeit des Bodens gegenüber einer dynamischen Eindringbeanspruchung misst und zum anderen zur Gewinnung von Bodenproben. Die Norm DIN EN ISO 22476-3 legt die Anforderungen an Durchführung, Auswertung und Berichterstellung des SPT fest und ermöglicht vergleichbare Ergebnisse für die geotechnische Planung und Bauausführung.

10.5.2 Versuchseinrichtung

Die Bohrung muss ein sauberes und stabiles Bohrloch schaffen, mit einem Durchmesser vorzugsweise unter 150 mm.

Das Probenentnahmegerät ist ein geteilter Stahlzylinder mit definierten Abmessungen und ggf. Rückschlagventil. In bestimmten Fällen wird eine Vollspitze (SPT(C)) verwendet

Das Sondiergestänge muss eine hohe Steifigkeit besitzen und darf keine signifikanten Biegungen aufweisen, da ansonsten Knickgefahr besteht. Vorgaben zur Linearitätsprüfung sind einzuhalten.

Die Rammvorrichtung besteht aus dem Rammbär (63,5 ± 0,5 kg), dem Amboss und der Führungsvorrichtung und weist eine Fallhöhe (760 ± 10 mm) auf.

Ggf. verfügt das Sondiergerät über einen Schlagzähler (mechanisch oder elektronisch).

10.5.3 Versuchsauswertung

Die Ergebnisse sind als Schlagzahlen (Anpassungsrammung N_0 und Messrammung N) ohne Korrektur anzugeben.

Für weitergehende Auswertungen werden Korrekturfaktoren berücksichtigt, die das Energieverhältnis (Er), die Gestängelänge und den Überlagerungsdruck im Boden berücksichtigen.

Die normierten Werte ermöglichen die weitere Nutzung für geotechnische Berechnungen, insbesondere gemäß Eurocode 7.

10.5.4 Dokumentation

Die Dokumentation vor Ort muss die Gerätetechnik, die Versuchsdaten, die Bohrlochparametern und ggf. vorhandene Besonderheiten während des Versuchs enthalten.

Für die Auswertung des Versuchs ist eine Graphischer Darstellung der N-Werte zu erstellen, die Angaben zu angewendeten Korrekturen erforderlich.

10.5.5 Grenzen und Vorteile der Methode

Grundsätzlich gelten die gleichen Vorteile hinsichtlich der möglichen Erkundungstiefen und auch die Grenzen hinsichtlich der Aussagefähigkeit wie bei der BDP.

10.6 Flügelsondierung

Die Flügelsondierungen sind nicht in der DIN EN ISO 22475 – Sondierungen erfasst. Die Geräte-beschreibung und Anwendung regelt die DIN EN ISO 22476-9 – Flügelsondierung.

Die Flügelsonde dient der Ermittlung der Scherfestigkeit in undränierten, wassergesättigten, bindigen oder organische Böden, bei weicher bis steifer Konsistenz geeignet. Sie ermittelt die Gesamt-scherfestigkeit undränierten Bodens bei schnellem Abscheren. Eine Verwendung der gemessenen Werte ist nur für erdstatische Berechnungen möglich, bei denen der Reibungswinkel gleich Null gesetzt wurde.

10.6.1 Gerätebeschreibung

Das Flügelsondiergerät besteht aus

der **Flügelsonde** (Abb. 10.6), einem Stab, an dessen unterem Ende vier Flügel so angeordnet sind, dass sie untereinander jeweils einen Winkel von 90° einschließen. Die Länge des Stabes beträgt 75 mm;

dem **Gestänge**, das das beim Versuch entstehende Dreh-moment übertragen kann. Zur Ausschaltung der Mantelreibung läuft es in einem Schutzrohr;

der **Drehvorrichtung**, die eine gleichmäßige, kontrollierbare Drehgeschwindigkeit ermöglicht;

dem **Drehmomentenmessgerät**, mit dem ein Scherwiderstand des Bodens bis zu 100 kN/m² mit einer Messsicherheit von 0,2 kN/m² gemessen werden kann;

dem **Drehwinkelmessgerät**, das für die Ermittlung der Kraft-Weg-Beziehung verwendet wird. Der Drehwinkelbereich beträgt 360° bei einem Ablesewert von 1°.

Abb. 10.6 Flügelsonde

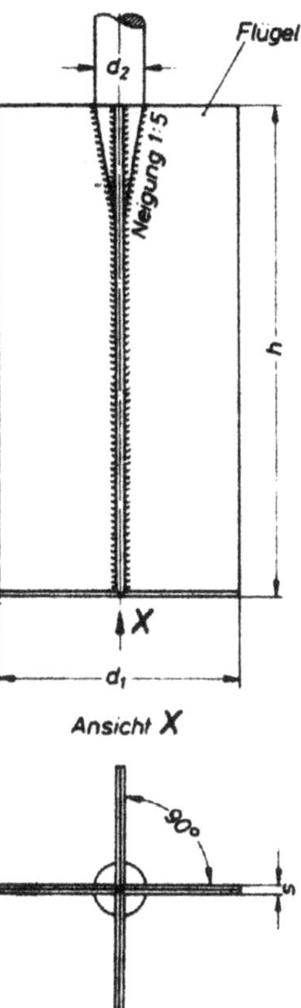

10.6.2 Versuchsdurchführung

Die Flügelsonde wird innerhalb der Verrohrung oder eines Verbaus auf die Sohle abgesetzt und eingedrückt (bei standfesten Böden kann auf ein Schutzrohr verzichtet werden). Schichten, die nicht geprüft werden, können mit der Sonde durchrammt oder mit Spülhilfe niedergebracht werden (Abb. 10.7). Da der Boden unterhalb der Bohrloch- oder Aushubsohle gestört sein kann, ist die Sonde mindestens 300 mm unter diese Bereiche einzudrücken.

Die Wahl des Flügels richtet sich nach der Konsistenz des Bodens. In Zweifelsfallen mit dem kleineren Flügel beginnen. Die Sondierung ist mit einer konstanten Drehgeschwindigkeit von 0,5° je Sekunde bis zum Bruch des Bodens durchzuführen und das aufgebrachte Drehmoment zu notieren.

Soll die Scherfestigkeit ebenfalls gemessen werden, ist die Flügelsonde zunächst mit größerer Geschwindigkeit fünfmal zu drehen und dann die vorgenannte Messung zu wiederholen.

Abb. 10.7 Prinzip der Flügelsondierung

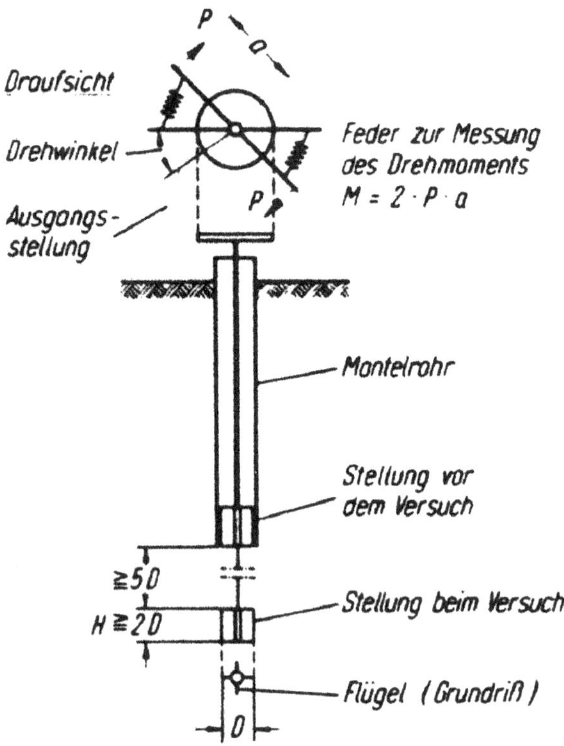

Soll eine Kraft-Weg-Beziehung aus der Sondierung abgeleitet werden, so ist die Drehgeschwindigkeit mit 0,1 bis 0,2° je Sekunde zu wählen. Die Drehmomente sind in diesem Fall mit wachsendem Drehwinkel zu messen.

Beimengungen von Muscheln oder Steinen können die Messungen verfälschen und in organischen Schichten sind Messungen nur auswertbar, wenn die Böden keine faserigen Bestandteile enthalten. Bei geologisch vorbeanspruchten Böden können die Scherwerte aus dem Sondierversuch höher liegen als sie für den vorhandenen Untergrund maßgebend sind, weil bereits vorhandene Trennflächen die Scherfestigkeit herabsetzen können. Im Protokoll müssen daher entsprechende Erkenntnisse vermerkt sein.

Die Auswertung ist nicht Gegenstand dieser Geräte- und Versuchsbeschreibung.

Wasser im Baugrund 11

11.1 Allgemeines

Bauwerke tauchen z. T. sehr weit in das vorhandene Grundwasser ein. Zur Erstellung des Bauvorhabens muss daher für die Bauzeit im Baubereich (z. B. bis UK des tiefsten Fundamentes) das vorhandene Grundwasser ferngehalten werden. Hierzu bieten sich in Abhängigkeit der Baugrundverhältnisse folgende Möglichkeiten an (Abb. 11.1):

- offene Wasserhaltung
- geschlossene Grundwasserabsenkung mit Brunnen
- Unterdruckentwässerung
- Herstellung einer wasserdichten Baugrube

Bei der Grundwasserhaltung und Einleitung des abgepumpten Wassers in Kanäle oder Vorfluter sind die wasserrechtlichen Vorschriften zu beachten. Bei der Grundwasserabsenkung können erhebliche Auswirkungen auf den Grundwasserhaushalt, die Vegetation und die Beeinflussung benachbarter Versorgungsbrunnen auftreten. Ferner ist bei Grundwasserentzug mit erheblichen Setzungsschäden an benachbarten Gebäuden und Anlagen zu rechnen.

11.1.1 Offene Wasserhaltung

Bei der offenen Wasserhaltung (Abb. 11.2) wird nur das innerhalb der Baugrube anfallende Wasser entfernt. Neben dem durch die Sohle und die Wände eintretenden Grundwassers kann auch das zulaufende Tagwasser – Niederschlags- und Oberflächenwasser be-

© Der/die Autor(en), exklusiv lizenziert an Springer Fachmedien Wiesbaden GmbH, ein Teil von Springer Nature 2025
J. Lehn, M.Sc., M. Willikens, *Handbuch der Baugrunderkundung*,
https://doi.org/10.1007/978-3-658-45052-6_11

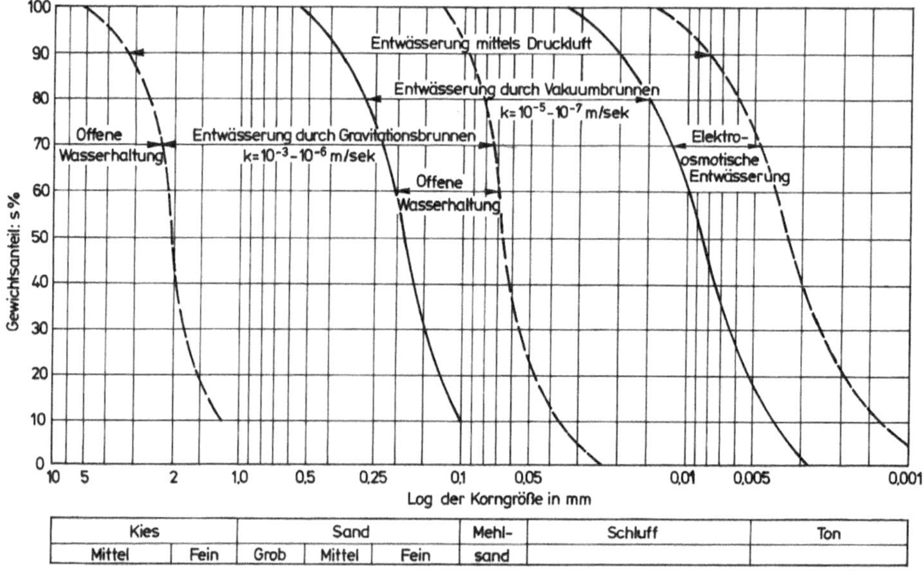

Kies		Sand			Mehl-	Schluff	Ton
Mittel	Fein	Grob	Mittel	Fein	sand		

Abb. 11.1 Anwendungsbereiche der verschiedenen Entwässerungsverfahren

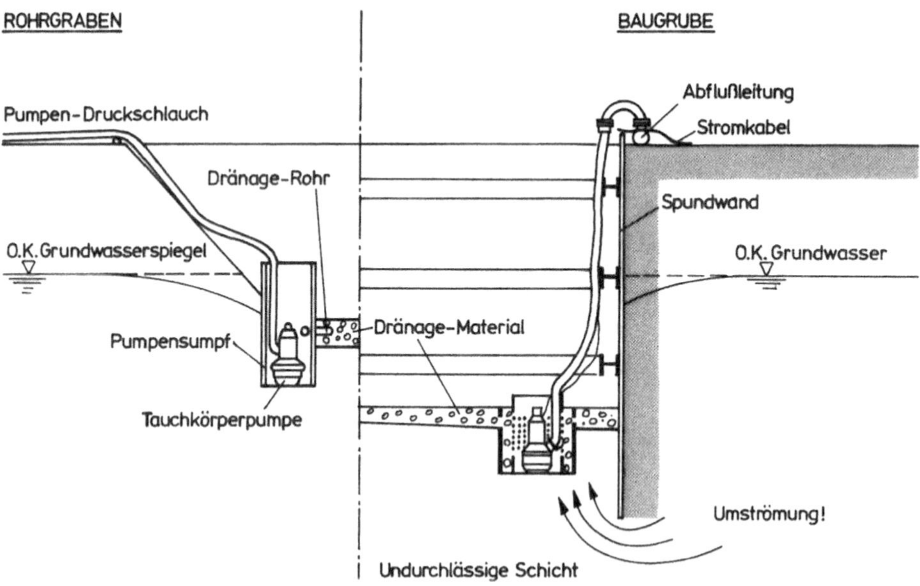

Abb. 11.2 Beispiel für eine richtig angelegte offene Wasserhaltung

herrscht werden. Das Abpumpen erfolgt über im Baugrubenbereich angelegte Drängräben, Sickerleitungen und Pumpensümpfe. So weit wie möglich sollte das Tagwasser durch Randgräben usw. von der Baugrube ferngehalten werden. Die offene Wasserhaltung ist

Bestandteil der allgemeinen Bauabwicklung im Erdbau, Hoch- und Tiefbau sowie im Ingenieurbau. Sie wird leider oft unfachmännisch betrieben, was dann zu Problemen und Behinderungen bei den laufenden Arbeiten führt. Auch bei der offenen Wasserhaltung ist auf Vermeidung von Bodenentzug zu achten.

11.2 Geschlossene Wasserhaltung

11.2.1 Schwerkraftentwässerung mit Saugbrunnen

Eine Schwerkraftentwässerung liegt grundsätzlich vor, wenn in Mittelsanden, Grobsanden sowie Kiesen das Grundwasser beim Abpumpen den Dränagen oder Brunnen unter dem Einfluss der Schwerkraft zufließt.

Dieses Verfahren mit Saugbrunnen wird heute nur noch selten angewendet. Die Brunnen werden als normale Bohrbrunnen im Schlag- oder Drehbohrverfahren – seltener im Spülbohrverfahren – hergestellt. Wie bei der Vakuumanlage ist die Absenkung auf max. 7 bis 8 m begrenzt, wenn nicht mit mehreren Staffeln gearbeitet wird (Abb. 11.3). Die Saugbrunnen werden über Spiralschläuche an die Saugleitung angeschlossen. Das Abpumpen erfolgt über Kreisel- oder Kolbenpumpen.

Dieses Absenkverfahren ist zugunsten der Filter-Tiefbrunnen stark zurückgegangen, insbesondere die Anwendung von Mehrstaffelanlagen.

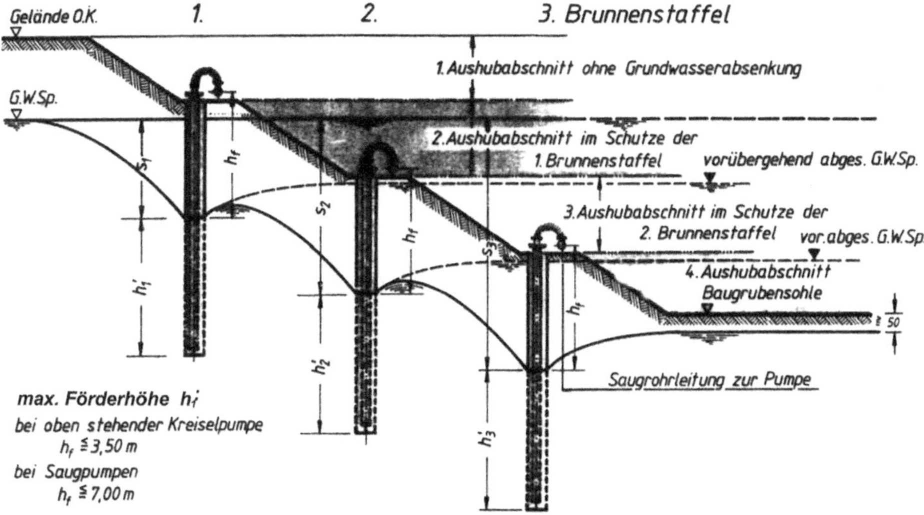

Abb. 11.3 Beispiel für die Anwendung von Saugbrunnen in einer Mehrstaffelanlage

11.2.2 Grundwasserabsenkung mittels Filterbrunnen

11.2.2.1 Allgemeines

Die Grundwasserabsenkung über *Filter-Tiefbrunnen* (Abb. 11.4) ist in Kiesen und Sanden möglich. Der Brunnendurchmesser, hergestellt im Bohrverfahren, kann 60 bis 90 cm betragen. Die Filterdurchmesser werden mit Größen von 200 bis 600 mm gewählt. Die Länge der Filterstrecke ergibt sich, wie auch die Tiefe und die Anzahl der Brunnen, aus der hydrologischen Berechnung der Anlage. Die Filterkiesschüttung wird soweit erforderlich, nach dem anstehenden Baugrund gewählt.

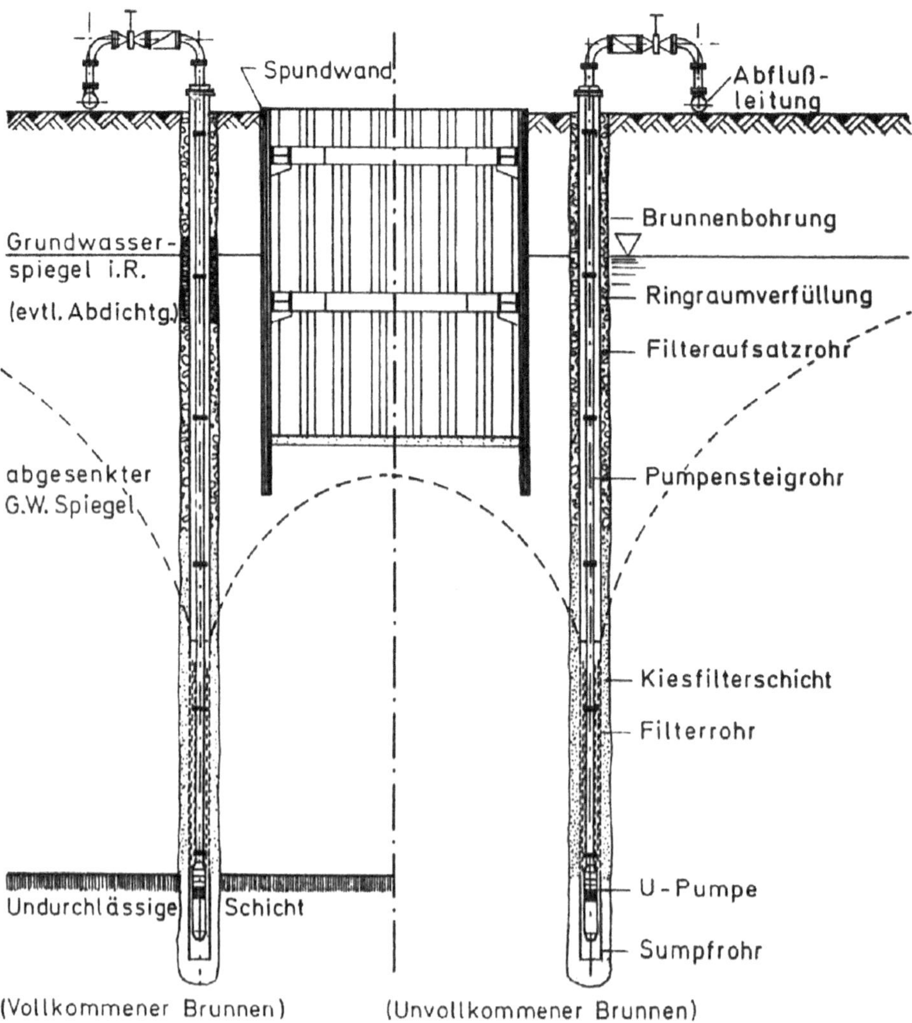

Abb. 11.4 Anordnung und Details einer Filter-Tiefbrunnenanlage – vollkommener und unvollkommener Brunnen

Bei den Filterbrunnen ist zu unterscheiden zwischen

- ***vollkommenen Brunnen und***
- ***unvollkommenen Brunnen.***

Vollkommen ist ein *Brunnen*, wenn er in eine undurchlässige Schicht einbindet (Abb. 11.4 links). Dagegen endet der *unvollkommene Brunnen* in einer wasserführenden Schicht (Abb. 11.4 rechts).

11.2.2.2 Brunnenanordnung und -ausbau

Die Brunnen werden möglichst außerhalb der Baugrube angeordnet. Für die Förderhöhe gibt es praktisch keine Grenze. Der Platzbedarf für Tiefbrunnenanlagen ist gering. Falls erforderlich, können die Brunnen abgedeckt und die Rohrleitungen ebenso wie die Stromkabel eingegraben werden, so dass die fertige Anlage in Geländehöhe keinen Platz in Anspruch nimmt. Damit die Tauchpumpen sich in die Brunnen einhängen lassen, müssen die Filterrohre einen Durchmesser von mindestens 200 mm aufweisen.

Werden bei geböschten Baugruben die Brunnen außerhalb der Böschungen angeordnet, so kann dies zu einer unwirtschaftlichen Lösung führen, da der Abstand der Brunnen und damit der Anstieg des Grundwassers zwischen den Brunnen sehr groß wird. Die Brunnen werden daher in diesem Falle oft innerhalb der Baugrube angeordnet, wodurch jedoch der Zugang sehr erschwert wird.

Als Filter kommen Stahl- oder Kunststoff-Schlitzbrückenfilter als Mehrfach- oder Einwegfilter nach DIN 4900-1 zum Einsatz Bei hohem Feinanteil können die Filter zusätzlich mit Kunststoff- und Metallgewebe umwickelt werden (Abb. 11.5). Das Sumpfrohr hat in der Regel eine Höhe von 1,0 m.

Für diejenigen Fälle, bei denen Absenkbrunnen innerhalb des Bauwerks angeordnet werden, müssen Maßnahmen vorgesehen werden, die einen späteren Verschluss der Bohrlochöffnung ermöglichen (Abb. 11.6). Diese Verschlüsse werden heute überwiegend als Schweißkonstruktion geliefert.

Abb. 11.5 Filterfeingewebe

Abb. 11.6 Brunnenabschlusskopf

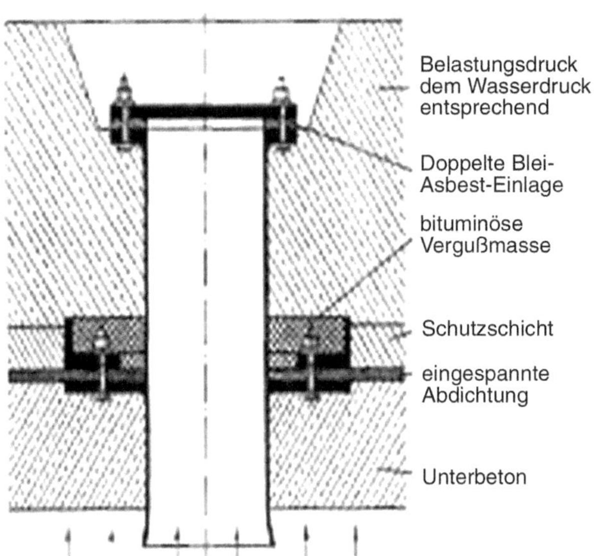

11.2.2.3 Rohrleitungen

Die Steigleitungen (Durchmesser 80 bis 150 mm) werden über Krümmer an die Sammelleitung angeschlossen, die zum Vorfluter, Sickerbrunnen oder zur Sickerfläche führt. Die Sammelleitungen haben bei kleineren und kurzen Baustellen Schnellverschlüsse (Abb. 11.7). Diese müssen gut gesichert sein, damit sie sich nicht unbeabsichtigt lösen können. Die Durchmesser betragen 150 bis 300 mm. Vorfluterleitungen mit einem Durchmesser von 200 bis 500 mm sind überwiegend mit Flanschverbindungen versehen.

Im Rohrleitungssystem sind zusätzliche Anschlussstellen für eine evtl. offene Wasserhaltung und zusätzliche Brunnen vorzusehen, da sich diese sonst nur schwer während des Betriebs anschließen lassen. Außerdem sind Zapfstellen einzubauen, damit die Sandfreiheit der Brunnen überprüft werden kann. Tab. 11.1 zeigt die Spezifikation für Standardrohre.

Der Auslauf der Rohrleitungen in den Vorfluter ist so zu bauen, dass keine Beschädigungen etwa vorhandener Böschungen auftreten. Hier ist zuweilen der Einbau von Energievernichtern erforderlich. Mehrere Ausläufe zum Vorfluter sind zweckmäßig. Wenn nur eine längere Auslaufleitung zum Vorfluter vorhanden ist, sind Notausläufe einzuplanen, durch die das Wasser abfließen kann, notfalls auch vorübergehend ins Gelände.

Bei Unterdruckanlagen sind die Saugleitungen nicht nur an den Filtern bzw. an den Brunnen, sondern auch zwischen der Saugleitung und der Vakuumpumpe abzuschiebern, damit bei Fehlern im Unterdrucksystem die Vakuumaggregate, Rohrleitungen und Filter getrennt auf Undichtigkeiten kontrolliert werden können.

Für die Dimensionierung der Rohrleitungen sind die Reibungsverluste zu berücksichtigen, die außerdem bei der Förderhöhe der Pumpe beachtet werden müssen. Hierbei dürfen die Zuschläge für Schieber und Formstücke, wie Krümmer und T-Stücke, nicht vergessen werden.

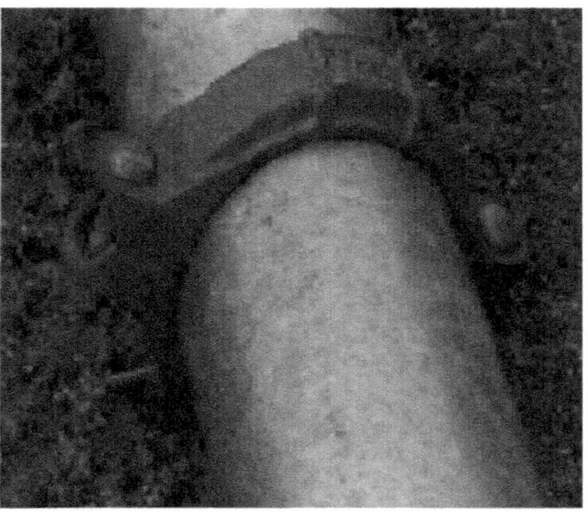

Abb. 11.7 Abflussleitungen mit Schnellverschluss System Hüdig

Tab. 11.1 Tabelle der Standard-Abflussrohre und Beispiele für Formstücke System Hüdig

DN		2″	3″	4″	5″	6″	8″	8″	10″	12″
Außen-⌀	mm	60,3	89	108	133	159	196	219,1	273	323,9
Wandstärke	mm	2	2	2	2,5	2,5	2,9	2,9	3,2	3,2
Rohr-Gewicht	kg/m	2,90	4,32	5,27	8,43	10,00	14,10	15,50	21,50	25,50
Kuppl.-Gewicht	kg	0,8	1,2	1,4	2,2	2,7	5,8	6,1	11,3	14,5
Betriebsdruck	bar	25	25	25	25	25	25	25	25	25

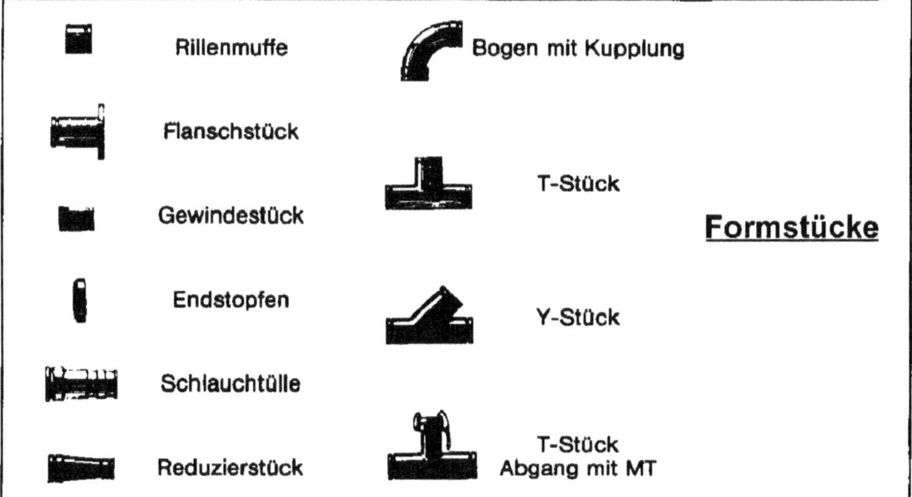

11.2.2.4 Pumpen

Als Pumpen verwendet man überwiegend einstufige Tauchpumpen mit oberem Abgangsstutzen (Abb. 11.8). Da die Tauchpumpen jeweils nur bei einer durch ihre Charakteristik vorgegebenen Fördermenge und Förderhöhe wirtschaftlich arbeiten, müssen sie entweder

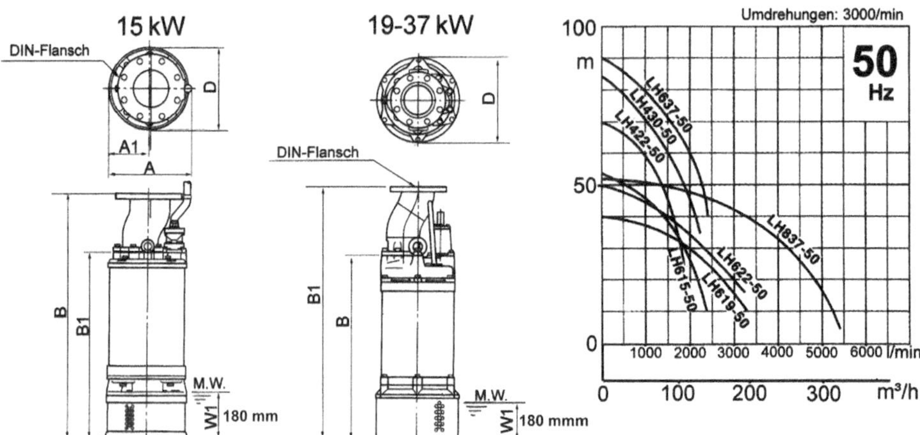

Abb. 11.8 Beispiele für Pumpen mit Flanschanschluss System Pracht Typ LH mit Leistungen von 15 bis 37 kW – rechts Leistungskurven unterschiedlicher Pumpentypen System Pracht

den Leistungen der einzelnen Brunnen angepasst und von Fall zu Fall ausgewechselt oder gedrosselt und damit unwirtschaftlich betrieben werden.

Verwendet werden in der Regel einstufige schmutzwassergeeignete Tauchpumpen mit schlanker Bauform. Am besten geeignet sind Pumpen mit oberen vertikalen Druckstutzen, da in der Regel Steigrohre mit Flansch verwendet werden. Die meisten Hersteller bieten ihre Pumpen mit den unterschiedlichsten Druckstutzen an. Ferner sollte die Pumpe tief ansaugen, um die Brunnentiefe voll auszunutzen und trockenlaufsicher zu sein. Von einigen besonderen Konstruktionsmerkmalen abgesehen, sind die Pumpen durchaus vergleichbar. Um die Handhabung, Ersatzteilhaltung und Reparatur zu vereinfachen, benutzen die Anwender überwiegend ein System.

Unter bzw. über der Pumpe sind Rückschlagventile oder -klappen anzuordnen, um bei Pumpenausfall einen Rückfluss des Wassers aus den Rohrleitungen zu verhindern. Über den Pumpen ist außerdem jeweils ein Regulierungsschieber vorzusehen, der bei Tiefbrunnen zweckmäßig unmittelbar vor der Hauptabflussleitung eingebaut wird, da oft einzelne Brunnen vor Außerbetriebnahme einer gesamten Anlage vorzeitig abgebaut werden. Die Stichleitung kann dann leicht im Schutze des vorgelagerten Absperrschiebers entfernt werden. Bei Flachhaltungen soll sie gegen die Hauptabflussleitung leicht ansteigen, damit aus ihr das Wasser beim Auffüllen einer leergelaufenen Kreiselpumpensaugleitung dieser von selbst zufließt.

Die Hauptabflussleitung wird zweckmäßigerweise als Ringleitung um die Baugrube geführt, sofern die Brunnen oder Brunnengruppen nicht unmittelbar zur Vorflut entwässert werden können. In den Hauptabflussleitungen ist eine genügende Anzahl Absperrschieber vorzusehen. Bei Reparaturarbeiten können dann die schadhaften Stellen ohne Störung des gesamten Betriebs abgeschaltet werden.

11.2.2.5 Betrieb und Betriebssicherheit von Wasserhaltungsanlagen

Eine Wasserhaltungsanlage wird im Regelfall mit elektrischer Energie aus dem öffentlichen Netz versorgt. Bei Ausfall dieser Stromversorgung sind Baugrube und Bauwerk gefährdet. Es muss daher eine Notstromversorgung eingerichtet werden.

Die eingesetzten Stromaggregate sollten über eine Notstromautomatik mit Netzumschaltung verfügen. Eine Überwachungsstation soll Störungen, wie z. B. das gefährliche Abfallen des Unterdrucks in einem Vakuumsystem, Netzausfall, Ausfall von Brunnen, durch optische und akustische Signale melden und sie darüber hinaus auch lokalisieren sowie bei Stromausfall auf einen zweiten Stromkreis umschalten oder ein Notstromaggregat starten.

Der Betrieb einer Tiefbrunnenanlage ist grundsätzlich genehmigungspflichtig. Falls der Einfluss auf die Umwelt (Grundwasserhaushalt, vorhandene Brunnenanlagen, Vegetation und die zu erwartenden Schäden an vorhandener Bebauung) nicht vertretbar ist, kann die Zulassungsbehörde den Betrieb einer GWA-Anlage untersagen, einschränken oder aber Sickerbrunnen bzw. Versickerungsbecken verlangen. In jedem Fall empfiehlt sich ein Beweissicherungsverfahren.

Die Anordnung der Brunnen muss so erfolgen, dass sich die Absenktrichter überschneiden und das Absenkziel unterhalb des Bauwerks mit einer Sicherheit von mindestens 0,50 m erreicht wird.

Zu einer funktionierenden Absenkungsanlage gehören eine gut abgesicherte Elektroinstallation und Sicherheiten gegen Stromausfall (Notstromaggregat, zweiter Stromkreis o. ä.).

Einen großen Einfluss auf Entwurf, Umfang und Umweltverträglichkeit hat der *k-Wert = Durchlässigkeitswert* des Bodens. Dieser k-Wert ist Bestandteil der Brunnenformeln. Er hat eine große Spannbreite und bewegt sich von 0,005 bis 0,01 m/s. Ein großer k-Wert kann, je nach Brunnentiefe, einen Absenktrichter von mehreren Kilometern erzeugen.

11.3 Unterdruckentwässerung

Bei zu geringer Wasserdurchlässigkeit des Bodens (k-Wert $< 10^6$) ist eine durch Schwerkraft bewirkte Entwässerung nicht mehr möglich. Daher wird mit Hilfe von Vakuumpumpen zusätzlich Unterdruck erzeugt. Die Absenktiefen betragen jedoch nur 5 bis 7 m. Größere Tiefen können mit Mehrstaffelanlagen erreicht werden.

Die Vakuum-Kleinfilter haben einen Durchmesser von 50 bis 75 mm. Am unteren Ende befindet sich eine 1 bis 2 m lange geschlitzte Filterstrecke mit einer Stahlspitze und Spülöffnung.

Mit speziellen Hochdruckpumpen werden die Filter selbstspülend oder mit einer Spüllanze eingebracht. Bei eingelagerten Trennschichten müssen die Filter eine feinkörnige Kiesschüttung erhalten, daher ist mit entsprechend größeren Spüllanzen zu arbeiten.

Die Filter werden über flexible Schläuche mit der Saugleitung verbunden, die zur Vakuumpumpe (Abb. 11.9) führt. Die Anzahl der Filter je Vakuumpumpe hängt von der Größe der Pumpe und auch von der Dichtigkeit des Systems ab.

Da der Ausfall einer Vakuumpumpe oder ein Stromausfall bei Elektrobetrieb schwerwiegende Folgen haben kann, sollte die Anlage mit ausreichender Sicherheit bemessen sein und eine Reservepumpe sowie ein Notstromaggregat vorgehalten werden.

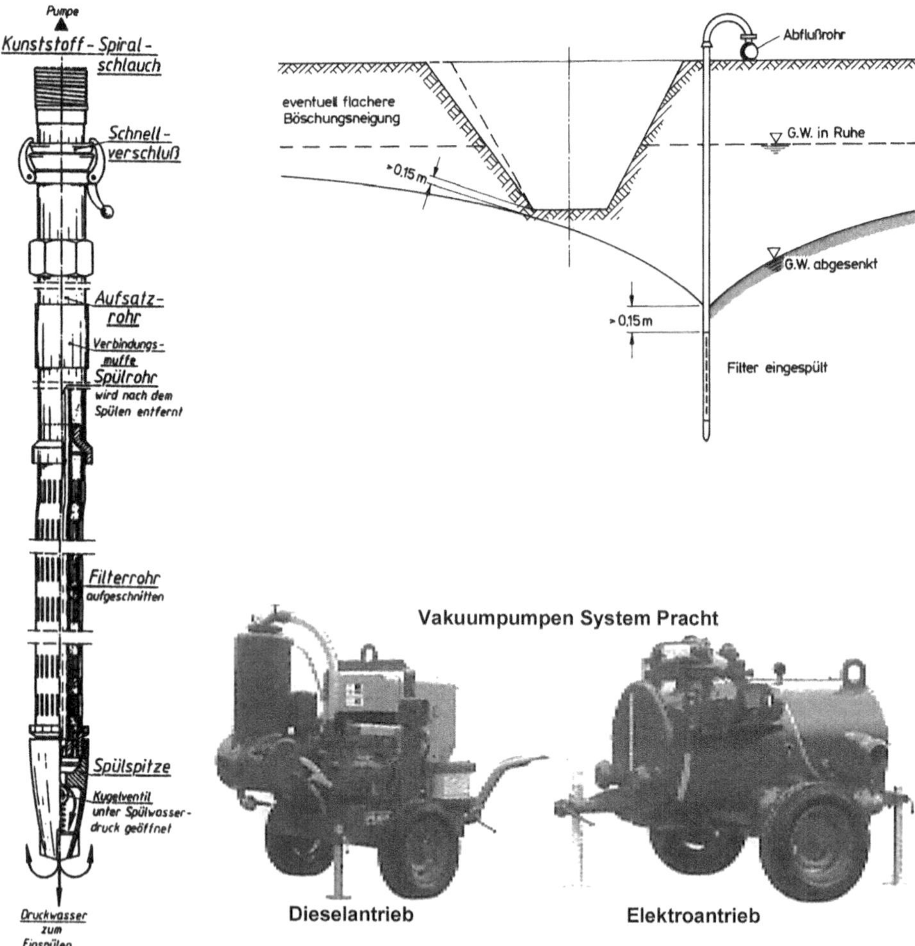

Abb. 11.9 links: Aufbau des Vakuumfilters – oben: System der Vakuumabsenkung – unten: Vakuumpumpen

Mit Vakuumbrunnen geringen Durchmessers (Kleinfilterbrunnen) erreicht man Absenktiefen von 5 bis 7 m. Mit mehrstaffeligen Anlagen kann die Absenktiefe vergrößert werden. Die Leitungen sind sehr empfindlich, da sehr hohe Anforderungen an ihre Luftdichtigkeit gestellt werden.

11.4 Tiefvakuumbrunnen

Wenn aus Platzgründen oder aufgrund wirtschaftlicher Erwägungen bei größeren Absenktiefen mehrstaffelige Kleinfilterbrunnen nicht angezeigt sind, müssen Tiefvakuumbrunnen (Abb. 11.10) installiert werden. Unterstützt durch den Unterdruck im Brunnenfilter, fließt das Wasser den Brunnen zu, wird von Tauchpumpen gefördert und dem Vorfluter zugeführt. Mit Tiefvakuumbrunnen kann man nahezu beliebige Absenktiefen erreichen.

Abb. 11.10 Tiefvakuumbrunnen

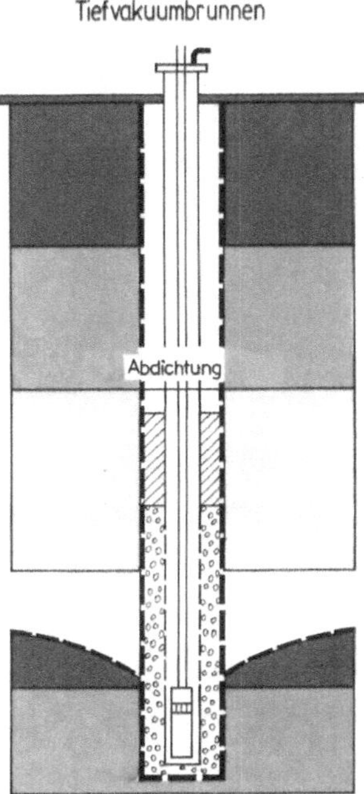

11.5 Vakuumkombibrunnen

Bei schwer zu entwässernden Böden kommen teilweise Tiefvakuumbrunnen zum Einsatz. Das Wasser wird allerdings nicht durch den Unterdruck angehoben und gefördert, sondern durch eine im Brunnen zusätzlich vorhandene Tauchpumpe. Der Unterdruck steht damit voll für die Erzeugung eines Luftdruckgefälles zur Verfügung. Damit strömt das Wasser verstärkt dem Brunnen zu. Für die Funktion eines solchen Brunnens ist eine absolute Abdichtung des Brunnens und der Leitungsdurchgänge erforderlich.

Der *Kombibrunnen System Brückner* (Abb. 11.11) entwässert gleichzeitig gut durchlässigen Boden und darunter anstehenden wenig durchlässigen Boden. Die Entwässerung der gut durchlässigen Bodenschichten wird im Gravitationsverfahren vorgenommen.

Den wenig durchlässigen Bodenschichten wird das Wasser im Vakuumverfahren entzogen. Bei Einsatz des Brückner-Kombibrunnens ist für beide Böden nur noch ein Brunnen mit einer Filterrohrtour und einer Unterwasserpumpe erforderlich.

Innerhalb des Kombibrunnens wird das Wasser aus dem oberen Gravitationsteil in den unteren Vakuumteil durch ein wasserstandsabhängig gesteuertes Ventil geleitet. Dieses Kombiteil liegt im Bereich der Brunnenabdichtung zwischen den beiden Bodenschichten. Durch Schwimmersteuerung verhindert das Kombiteil sicher das Eindringen von Luft in den Vakuumbereich des Brunnens.

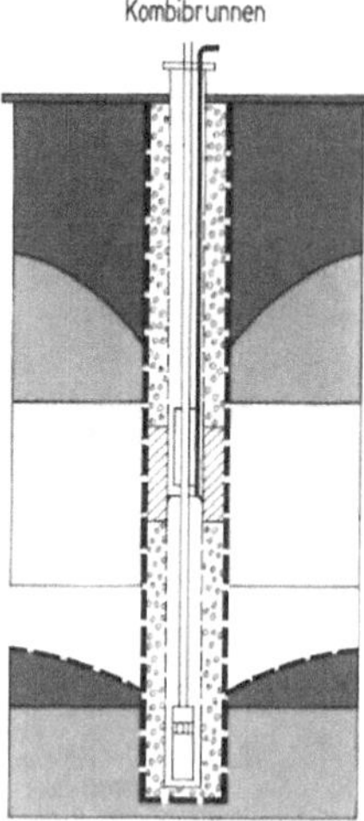

Abb. 11.11 Vakuumkombibrunnen System Brückner

11.6 Ausgleich des Grundwasserhaushalts

Ausgedehnte und über längere Zeit durchgeführte Absenkungen des Grundwassers können dessen Haushalt empfindlich stören. Dies lässt sich vermeiden, wenn das dem Boden entzogene Wasser wieder in den Grundwasserstrom eingespeist wird. Dazu können offene Sickerbecken oder Versickerungsbrunnen – sog. Schluckbrunnen – dienen. Diese müssen außerhalb des Einzugsbereichs der Absenktrichter liegen, die bei der Grundwasserabsenkung entstehen (Abb. 11.12).

Als Grundwassersperre können langgestreckte Bauwerke – wie z. B. U-Bahn-Tunnel – wirken, die in einer wasserführenden Bodenschicht liegen, in eine wasserundurchlässige Bodenschicht einbinden und mit ihrer Oberkante über den Grundwasserspiegel hinausragen. Um eine möglichst ungehinderte Strömung des Grundwassers aufrechtzuerhalten, kann mit einem System von Brunnen und Dükern eine Grundwasserverbindung so hergestellt werden, dass die anströmende Wassermenge gefasst, die Grundwassersperre unterquert und das Wasser an der Abströmseite wieder in den Baugrund eintreten kann.

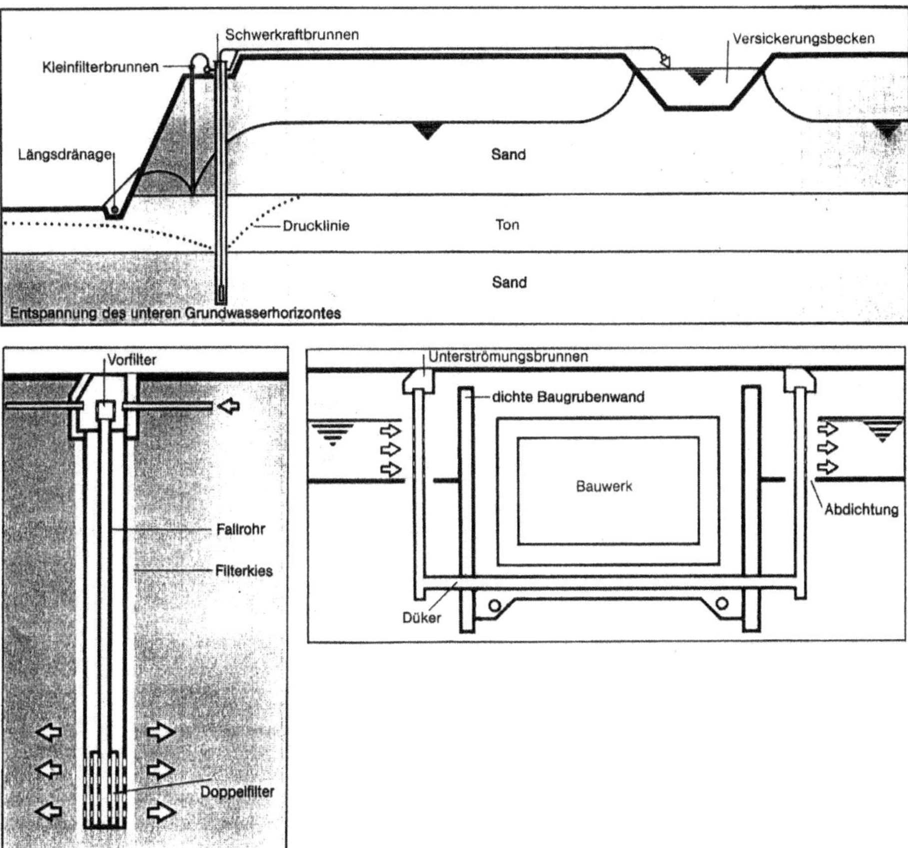

Abb. 11.12 Kombination von Unterdruck- und Schwerkraftentwässerung – oben: mit Versickerungsstrecke – links: Versickerungsbrunnen – rechts: Überbrückung

11.7   Wasserdichte Baugruben

Bei Untersagung einer Grundwasserabsenkungsanlage oder langer Bauzeit wird man nach dem Grundsatz *„Abdichten statt Absenken"* handeln und eine wasserdichte Baugrube wählen, für die u. a. Spundwände, Schlitzwände, Bohrpfahlwände in Verbindung mit Unterwassersohle oder Sohlinjektionen zum Einsatz kommen.

Wenn keine wichtigen Argumente gegen eine wasserdichte Baugrube sprechen, wird man bei Bauvorhaben mit langer Bauzeit grundsätzlich auf eine Grundwasserabsenkung verzichten.

Baugrundverbesserung 12

12.1 Allgemeines

Für großflächige Bauwerke wie Tanklager, Deiche, Dämme für Straßen und Eisenbahnen, Rollbahnen von Flugplätzen, aber auch z. T. Hallen, sind Tiefgründungen mit Pfählen zu aufwendig. Hier kennt die Grundbautechnik neben der Bodenersatzmethode eine Reihe von Maßnahmen, die weitaus kostengünstiger zu verwirklichen sind, dazu gehören u. a.

- *Rütteldruckverdichtungen*
- *dynamische Tiefenverdichtungen*
- *Rüttelstopfverdichtungen*
- *Rüttelverdichtung*
- *Tiefdränagen*
- *Gefrierverfahren*

12.2 Rütteldruckverdichtung

Sande und Kiese bestehen teilweise aus künstlichen Aufschüttungen von unterschiedlicher oder lockerer Lagerung, so dass sie für eine Belastung bzw. Bebauung ungeeignet sind. Die Anwendungsbereiche zeigt Abb. 12.1. Um eine dichtere Lagerung zu erreichen, müssen die Sand- und Kieskörner umgelagert werden. Diese Umlagerung wird dadurch erreicht, dass man die Körner, unterstützt durch Druckwasser, in Schwingungen versetzt. Damit wird die Reibung überwunden, und die Kies- und Sandkörner können in eine dichtere Lagerung fallen. Dieser Vorgang wird als Rütteldruckverfahren bezeichnet und wurde vor etwa 50 Jahren von der *Spezialtiefbauunternehmung Johann Keller, Offenburg* (heute: *Keller-Grundbau GmbH*) eingeführt.

© Der/die Autor(en), exklusiv lizenziert an Springer Fachmedien Wiesbaden GmbH, ein Teil von Springer Nature 2025
J. Lehn, M.Sc., M. Willikens, *Handbuch der Baugrunderkundung*,
https://doi.org/10.1007/978-3-658-45052-6_12

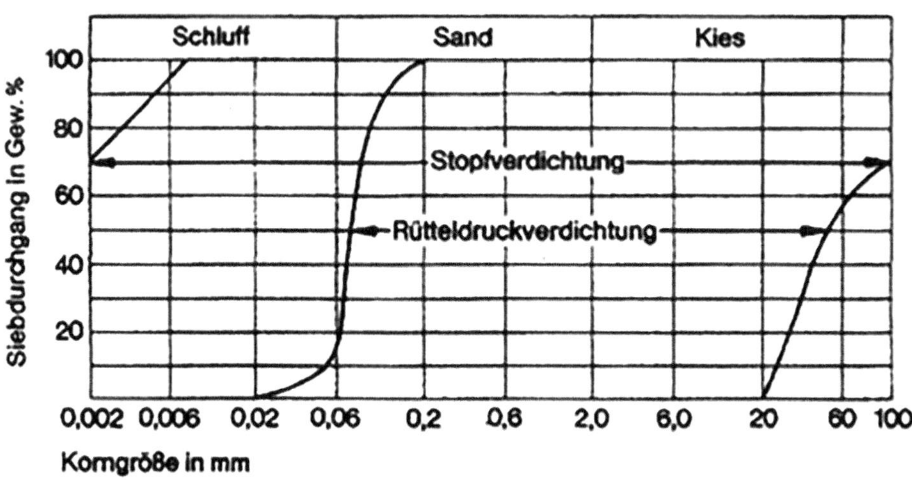

Abb. 12.1 Grenzen der Anwendungsverfahren

12.2.1 Verfahren

Beim Rütteldruckverfahren wird der Rüttler unter Wasserzugabe an seiner Spitze bis in die gewünschte Tiefe versenkt (Abb. 12.3). Der Rüttler wird anschließend stufenweise bei reduzierter Wasserzugabe wieder gezogen. Dabei erfolgt gleichzeitig eine Verdichtung des umliegenden Bodens und es entsteht eine verdichtete zylindrische Bodensäule.

Durch die Anordnung von Verdichtungspunkten nebeneinander können Erdkörper beliebiger Ausdehnung verdichtet werden. Ihr gegenseitiger Abstand wird durch die geforderte Tragfähigkeit und den Bodenaufbau bestimmt. Eine starke Pumpe versorgt den Rüttler mit Druckwasser, das an der Rüttlerspitze und erforderlichenfalls auch darüber austritt. Die Reichweite der Verdichtung beträgt 1,5 bis 3 m, so dass eine Fläche von bis zu 9 m² je Ansatzpunkt verdichtet werden kann. Die Ansatzpunkte müssen so angeordnet werden, dass eine Überschneidung stattfindet (Abb. 12.2). Die an der Oberfläche entstehenden Trichter müssen aufgefüllt und mit Flächenrüttlern verdichtet werden. Bei feinen Sanden müssen die Verdichtungspunkte enger als bei grobkörnigem Material angesetzt werden. Mit Tiefenrüttlern können auch Zug- und Druckglieder in den Untergrund eingebracht und Spundwandbohlen für Kajen, Dalben sowie Großrohre bis zu einem Durchmesser von 2,5 m versenkt werden. Ferner wird das Verfahren zur Verringerung der Durchlässigkeit von Böden verwendet.

Abb. 12.2 Rastersystem

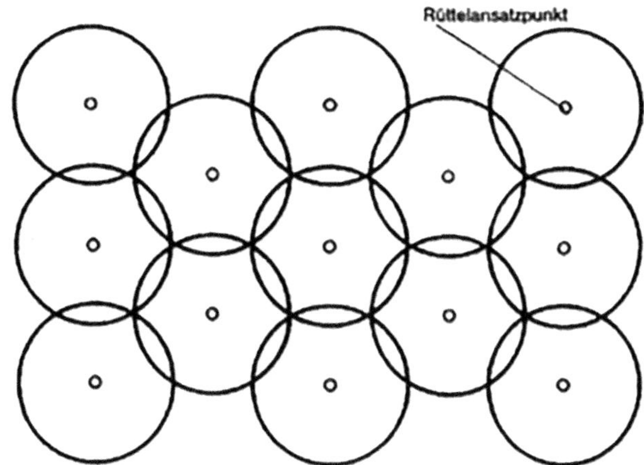

Dem Rütteldruckverfahren liegt die Tatsache zugrunde, dass grobkörnige Böden, die in der Natur gewachsen oder künstlich geschüttet sind und deren Verdichtungsgrad noch vergrößert werden kann, unter dem Einfluss von Schwingungen umgelagert werden. Gegenüber dem Ausgangszustand wird der Porenanteil vermindert und dadurch Steifemodul und Scherwinkel der behandelten Böden erhöht. Sie haben dann im verdichteten Zustand eine erheblich größere Tragfähigkeit, d. h., sie setzen sich bei gleicher Belastung wesentlich geringer.

Die Grenzen des Verfahrens sind durch die oben abgebildeten Kornverteilungslinien angegeben. Sinnvolle Verdichtungstiefen liegen zwischen 3 und 25 m. Außerhalb dieser Grenzen sind Sondermaßnahmen notwendig, die auch besonders zu planen sind, wenn die Verdichtung unmittelbar neben flach oder tief gegründeten Gebäuden auszuführen ist.

Während des Verdichtens wird die Reibung der Körner untereinander zeitweise aufgehoben. Sie können sich ohne bleibende Krafteinwirkung in eine sehr dichte Lagerung einordnen, so dass nach Ende der Verdichtungsarbeiten keine nachträgliche Entspannung oder Auflockerung eintritt. Nachsetzungen infolge dynamischer Beanspruchung während der Nutzung von Bauwerken können vernachlässigt werden, weil diese Belastungsart durch das Bauverfahren bereits vorweggenommen ist. Die Verdichtung gelingt ober- und unterhalb des Wasserspiegels und wird auch nicht durch stark strömendes Grundwasser oder Gezeiten verändert. Die Verdichtung ist dauerhaft, da der Boden auch durch aggressives Grundwasser nicht gestört wird (Abb. 12.3).

Nachprüfungen sind durch die üblichen Verfahren des Grundbaus möglich, wie z. B. Bestimmung der relativen Dichte des Bodens, durch Belastungsversuche oder auch durch Mengenermittlung des Zugabematerials.

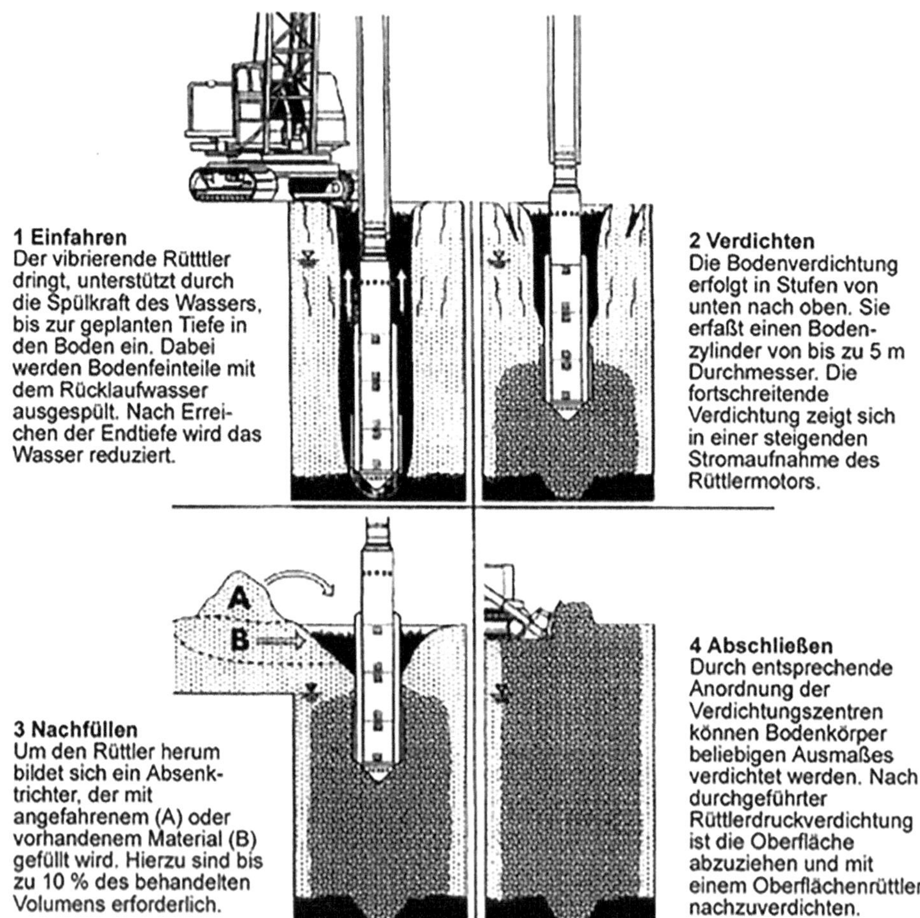

Abb. 12.3 Herstellungsphasen des Rütteldruckverfahrens

12.3 Rüttelstopfverdichtung

12.3.1 Allgemeines

Feinkörnige Böden, wie Schluffe und Tone, haften durch ihre hohe Kohäsion so eng aneinander, dass ihre Lagerungsdichte mit der Rütteldruck-Methode nicht verbessert werden
kann. Die Verbesserung des Tragverhaltens erreicht man hier durch Verdrängen oder Ausspülen beim Versenken des Tiefenrüttlers und anschließendes Verfüllen und Einrütteln von
grobkörnigem Material (Kies oder Schotter) in die entstehenden Hohlräume.

Für diese Aufgabe werden die Tiefenrüttler an Trägergeräten geführt und teilweise auch
sog. Schleusenrüttler verwendet, mit denen es möglich ist, das Material unmittelbar an der
Rüttlerspitze zuzugeben (Abb. 12.4).

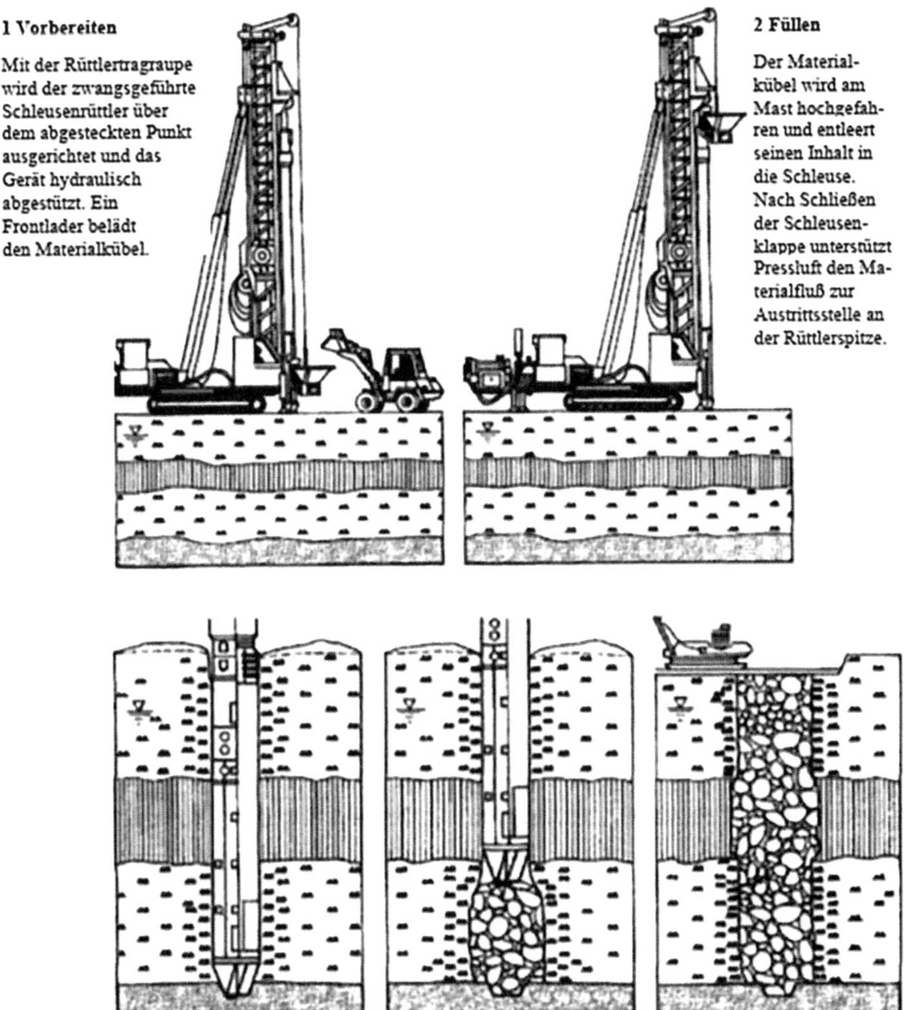

Abb. 12.4   Herstellungsphasen beim Rüttelstopfverfahren

12.3.2 Verfahren

Für die Gründung von Bauwerken auf feinkörnigen, gewachsenen Böden oder künstlichen Aufschüttungen ist das Stopfverdichtungsverfahren entwickelt worden, das oft eine wirtschaftlichere und zeitsparendere Gründungsmethode ist. Das Verfahren hat sich seit 15 Jahren in der Praxis gut bewährt.

Der Rüttler wird in feinkörnigen Böden trocken, gegebenenfalls unter Luftzugabe, bis in die gewünschte Tiefe in den Boden gedrückt. Nach Erreichen der Endtiefe wird das Grobmaterial für den Aufbau der Steinsäule durch den Rüttler an dessen Spitze dem Boden zugegeben. Die Stopfsäule wird im Pilgerschritt hergestellt. Dabei wird Grobmaterial so lange seitlich verdrängt, bis der Boden keine Steine mehr aufnimmt. Anzahl, Tiefe und Abstand der Säulen richten sich nach Bodenbeschaffenheit, Bauwerkslast und Bauwerkskonstruktion. Das Verfahren bietet vielfache Anpassungsmöglichkeiten an die jeweiligen Gründungsaufgaben.

Die in feinkörnigen Böden aneinanderheftenden Bodenteilchen können nicht mehr durch Schwingungen voneinander getrennt werden. Die Bodenteilchen lassen sich dagegen u. a. unter hoher Wechselbeanspruchung mit schnellem Lastwechsel gegeneinander verschieben.

Insbesondere bei Wechselschichten, bei denen einerseits eine Eigenverdichtung der Sande möglich ist, andererseits weiche Schichten nur geringe seitliche Stützkraft erbringen, sind besonders große Durchmesser der Stopfsäulen erwünscht. Dann wird der Boden ausgespült, falls es die Baustellenverhältnisse erlauben.

Anzahl, Tiefe und Abstand der Säulen richten sich nach der Bodenbeschaffenheit, der Bauwerkslast und -konstruktion. Die Stopfverdichtung bietet daher vielfältige Anpassungsmöglichkeiten an die jeweilige Gründungsaufgabe, die im äußersten Fall einen zusammenhängenden Gründungskörper verlangt.

Ein Maßstab für die Güte der Verdichtung ist der Verbrauch an Zugabematerial. Das Setzungsverhalten des verbesserten Bodens kann durch Belastungsversuche überprüft werden. Setzungsmessungen an ausgeführten Bauwerken geben wertvolle Hinweise.

Das Diagramm in Abb. 12.1 zeigt die Grenzen des Verfahrens. Es ist heute so weit entwickelt, dass auch sehr weiche oder organische Zwischenschichten durch Vermörtelung des an der Rüttlerspitze zugegebenen Grobmaterials überbrückt werden können.

12.4　Tiefdränagen

12.4.1 Allgemeines

Da die Tragfähigkeit der bindigen wie der nichtbindigen Böden entscheidend vom Wassergehalt abhängt, kann eine Verbesserung des Baugrundes durch Wasserentzug erzielt werden. Grundwasserabsenkungen durch Kiesbrunnen oder Vakuumverfahren sind dafür zu aufwendig.

12.4.2 Sanddränung

Bei der Sanddränung (Abb. 12.5) werden im Bohr-, Rüttel- oder Spülverfahren Löcher mit einem Durchmesser von 200 bis 300 mm bis auf eine vorhandene durchlässige Boden-schicht oder festen Untergrund hergestellt und mit Filtersand aufgefüllt. Der Rasterabstand wird je nach Tiefe mit 2 bis 2,5 m gewählt. Die Austrittsenden müssen mit einer mindes-tens 30 cm starken wasserundurchlässigen Schicht überdeckt werden.

Von allen Bohrverfahren hat sich das Spülbohrverfahren am besten bewährt. Der Spül-strahl tritt am unteren Ende des Hohlgestänges aus drei nach oben schräg gestellten Düsen mit einem Druck von 3 bis 4 bar aus und wird in einem 1,0 m hohen Mantelrohr mit Schneidenansätzen als Spülstrom nach oben umgeleitet. Der Spülstrom lockert und reißt die unverrohrten Wandungen auf, so dass der später eingefüllte Sand eine unmittelbare Verbindung mit den zu entwässernden Schichten erhält. Die Vortriebsleistung ist groß. Die Bohrlöcher stehen bei völliger Wasserfüllung ohne Verrohrung über Tage. Auf eine gute Abführung des reichlich anfallenden Spülwassers ist bei dem ohnehin schon nassen Un-tergrund besonders zu achten.

Für das Verfahren wurden die unterschiedlichsten Geräte entwickelt, wobei sowohl frei an einem Seilbagger hängende Spüllanzen als auch geführte Lanzen üblich sind. Über eine Traverse können auch mehrere Lanzen (bis zu 4 Stück) gleichzeitig eingebracht werden.

12.4.3 Sandwichs-Verfahren

Beim so genannten Sandwichs-Verfahren benutzt man mit Filtersand gefüllte Jute-schläuche von 65 mm Durchmesser. Die Abstände müssen hierbei gegebenenfalls bis auf 1,2 m verringert und damit die Wirksamkeit durch Verkürzung der Fließstrecken erhöht werden. Der vorgefertigte Schlauch wird in ein vorgebohrtes Loch abgesenkt, somit ent-

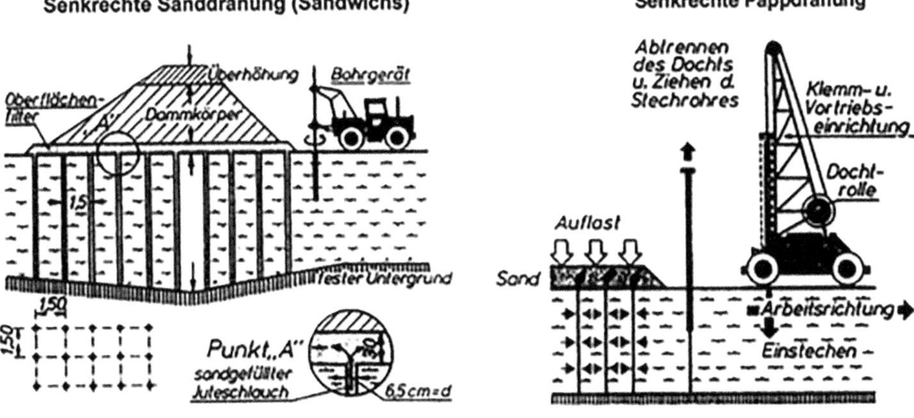

Abb. 12.5 Dränverfahren

fällt die Gefahr der Nesterbildung. Die Austrittsenden der Dräne an der Erdoberfläche werden, soweit die eigentliche Schüttung nicht aus einem rolligen Bodenmaterial besteht, mit einer 30 cm dicken waagerechten Filterschicht abgedeckt, damit das austretende Wasser seitlich abfließen kann.

12.4.4 Pappdränung

Die Pappdränung (Abb. 12.5) besteht aus verrottungssicherer Wollfilzpappe (100 mm × 4 mm), in die zwei mit Jutefäden gefüllte Kanäle von 3 mm² Querschnitt eingebettet sind. Die Pappe ist gegen Fäulnis und Bakterien imprägniert.

12.5 Dynamische Tiefenverdichtung

12.5.1 Allgemeines

Die *Dynamische Verdichtung* mit Fallgewichten beruht auf einem der ältesten Verfahren zur Bodenverbesserung – der Verdichtung mit der Stampf- oder Freifallplatte.

Bei der *Fallplattenverdichtung* oder *Dynamischen Tiefenverdichtung (DTV)* (Abb. 12.6 und 12.7) lässt man große Gewichte aus größeren Höhen im freien Fall in einem vorgegebenen Raster auf den zu verdichtenden Untergrund fallen. Unterhalb der Verdichtungspunkte wird der Boden kompaktiert. Zugleich bildet sich eine horizontale Verspannung aus, die zu einer Verdichtung der Bereiche zwischen den Rasterpunkten führt.

Die *Dynamische Tiefenverdichtung DTV* ist dadurch gekennzeichnet, dass mit hohen Fallenergien dynamische Verdichtungseffekte im Untergrund bewirkt werden.

Bei wassergesättigten bindigen oder organischen Böden führen die schockartigen Stöße zu einer Erhöhung der Porenwasser drücke. Hierdurch wird eine Entwässerung bewirkt, deren zeitlicher Verlauf von der Durchlässigkeit des Bodens abhängt. Die Entwässerung wird durch Risse und andere Wasserwegsamkeiten, welche bei der Verdichtung entstehen, begünstigt.

Mit der Entwässerung verbundene Konsistenzänderungen führen zu einer Erhöhung der Scherfestigkeit und der Steifigkeit. Die Tragfähigkeit des Unter-grundes wird entscheidend verbessert.

Bei stark zusammendrückbaren Böden werden die erzeugten Trichter verfüllt. Hierzu kann auch Fremdmaterial verwendet werden. Durch wiederholte Übergänge mit dem Fallgewicht und weiteres Verfüllen werden Säulen aus Füllmaterial bis in größere Tiefen getrieben. Die im Raster hergestellten Säulen bilden in Verbindung mit einer abschließenden Oberflächenverdichtung eine Tragkonstruktion ähnlich einer Pilzdecke. Verwendet man bei bindigen Böden für die Säulen dränfähiges Material, wie z. B. Kies-, Sand- oder Schottergemische, so wird zugleich eine bessere Entwässerungsmöglichkeit und eine damit verbundene bessere Konsolidierung des anstehenden Bodens bewirkt.

Abb. 12.6 System der dynamischen Tiefenverdichtung

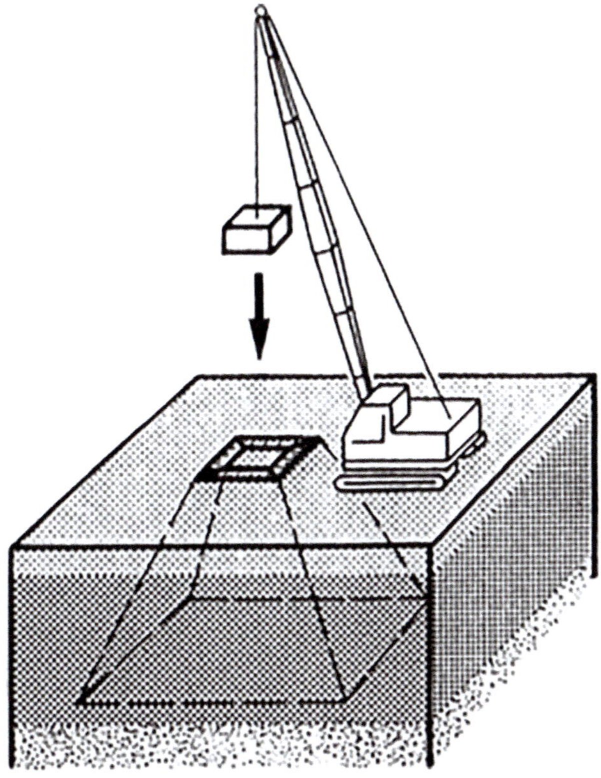

Abb. 12.7 Dynamische Tiefenversichtung. (Quelle: Brückner-Grundbau)

12.6 Rüttelverdichtung

12.6.1 Allgemeines

Das Müller Resonanz Compaction (MRC) (Abb. 12.8) genannte Verfahren ist seit mehr als zehn Jahren bekannt und wurde an der Königlichen Technischen Hochschule Stockholm entwickelt. Zahlreiche Bauprojekte für Flughäfen, Hafenanlagen, Industrieanlagen und Brücken-Gründungen im In- und Ausland wurden damit bereits erfolgreich durchgeführt. Diese Tiefenverdichtung verwendet man vorwiegend für rollige Böden bis 25 m Tiefe (auch unter Wasser). Sie lässt sich mit anderen Gründungsmethoden, wie Pfählen oder Verfahren der Bodenstabilisierung, kombinieren. Das MRC-Verfahren eignet sich auch in Erdbebengebieten zum Verfestigen von erschütterungsempfindlichen Böden.

Der Verdichtungsvorgang setzt sich aus drei Phasen zusammen:

- *Einbringen der Bohle bis zur Verdichtungstiefe,*
- *eigentlicher Resonanzverdichtungsvorgang und*
- *Ziehen der Bohle.*

Abb. 12.8 Rüttelverdichtung im MRC-Verfahren

12.6.2 Verfahren

Kern des Verfahrens ist das Erzeugen von Schwingungen, die mit einem Vibrator über eine speziell geformte Verdichtungsbohle in den Boden übertragen werden, diesen zu Resonanz-Schwingungen anregen und so den Verdichtungseffekt bewirken. Auf diese Weise erzielt man eine flächendeckende Verdichtung in kurzer Zeit. Zur kontrollierten Verdichtung und Qualitätssicherung verwendet man eine Messeinheit zur Prozess-Steuerung und Bildschirmüberwachung (Abb. 12.9). Alle für die Verdichtung wichtigen Messwerte wie Vibrator-Frequenz, Öldruck, Verdichtungtiefe der Verdichtungsbohle und die Bodenschwingungen sowie die Leistungsdaten der gesamten Anlage auf der Baustelle werden unmittelbar registriert, dokumentiert und dem Geräteführer angezeigt. Dieser erhält von der Prozess-Steuerung Anweisungen zur effektiven Durchführung der Bodenverdichtung.

Ein auf der Bodenoberfläche angebrachter Schwinggeber misst die Bodenerschütterung und wird für die Bestimmung der optimalen Verdichtungsfrequenz verwendet.

Die höchste Eindringgeschwindigkeit wird bei hoher Vibrator-frequenz erreicht, wobei die Mantelreibung und der Spitzenwiderstand des Bodens reduziert werden. Nach Erreichen der vorgesehenen Verdichtungstiefe wird die Schwingfrequenz des Vibrators so verändert, dass eine Resonanz in den zu verdichtenden Bodenschichten eintritt. Die Dauer der Verdichtung hängt von den Bodeneigenschaften und dem zu erreichenden Verdichtungsgrad ab. Wenn die geforderte Verdichtung erreicht ist, wird die Bohle schrittweise gezo-

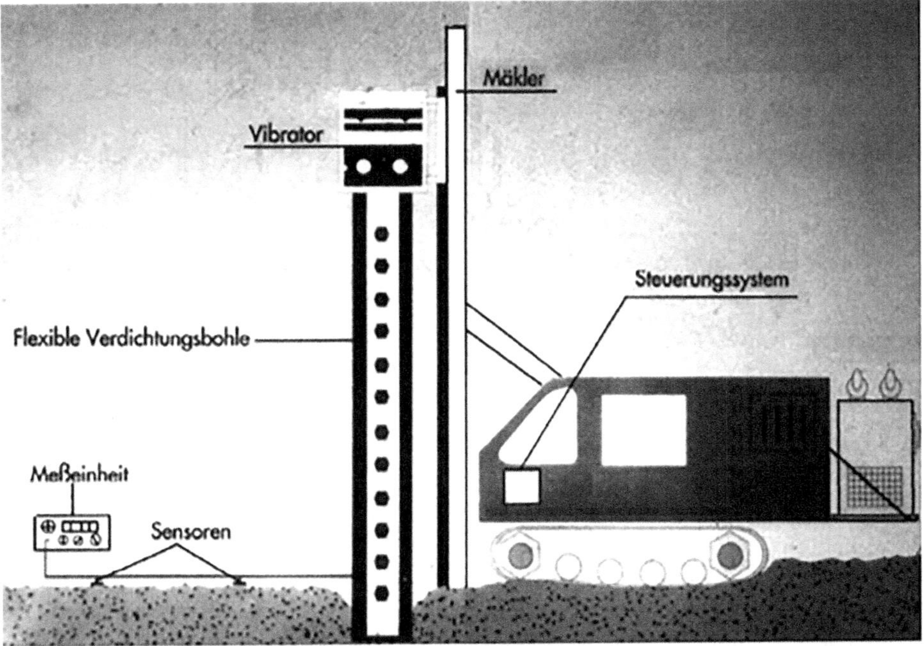

Abb. 12.9 Steuer- und Überwachungssystem beim MRC-Verfahren. (Schematische Darstellung)

gen, wobei die Vibrator-Frequenz variiert wird, um den Ziehvorgang zu beschleunigen, ohne dabei den bereits verdichteten Boden wieder aufzulockern. Die optimale Verdichtungsfrequenz ist bodenabhängig und liegt üblicherweise bei 10 bis 22 Hz.

Das *MRC-Verfahren* wird normalerweise in zwei Verdichtungsphasen durchgeführt. Zuerst wird die Fläche in einem quadratischen Raster vibriert. Danach erfolgt die Verdichtung in den Diagonalpunkten des Rasters zwischen den bereits verdichteten Säulen, was zu einer zusätzlichen Bodenverbesserung führt. Übliche Rasterabstände liegen zwischen 3,5 bis 5,0 m, was einer Verdichtungsfläche pro Punkt von 12 bis 25 m^2 entspricht.

In Böden mit Schluff- und Tonschichten kann das *MRC-Verfahren* mit vibrierten Sandspülpfählen kombiniert werden, die zuerst in einem quadratischen Raster mittels eines Stahlrohrs einvibriert werden. Bei der nachfolgenden *MRC-Verdichtung* in den Zwischenpunkten wirken die Sandpfähle als Dränage, wodurch sich der Porenwasserüberdruck schneller ausgleichen kann, was zu einem besseren Verdichtungseffekt führt. Gleichzeitig werden die Sandpfähle zusätzlich verdichtet.

12.7 Gefrierverfahren

12.7.1 Allgemeines

Im Gegensatz zu den bisher beschriebenen permanenten Verfahren zur Baugrundverbesserung, stellt das Gefrierverfahren eine temporäre Bauhilfsmaßnahme zur zeitweiligen Stabilisierung von Lockergestein dar.

Für das Gefrierverfahren wurde im Februar 1883 eine Patentschrift von *Friedrich Herrmann Poetsch* veröffentlicht, in dem das heute noch gültige Standardverfahren zum Abteufen von Bergbauschächten in wasserführenden Deckschichten mittels Bodenvereisung beschrieben wird. *Louis Gebhardt*, ein Mitarbeiter von *Poetsch*, verhalf in Zusammenarbeit mit August König dem Verfahren zum Durchbruch (es entstand daraus das Bergbau-Spezialunternehmen *Gebhardt & König*). Ab 1898 wurden innerhalb von fünf Jahren 26 Schächte in Frankreich, Belgien und Deutschland bis zu einer Tiefe von 600 m abgeteuft.

Bis auf vereinzelte Anwendungen im Bauwesen blieb das Verfahren eine Domäne im Schachtbau. In den 60er-Jahren wurde die Bodenvereisung im U-Bahn- und Tunnelbau zunehmend eingesetzt.

Mit dem Rückgang der Chemikalinjektionen konnte auch in anderen Tiefbaubereichen eine Zunahme festgestellt werden.

Haupteinsatzgebiete des Vereisungsverfahrens sind:

- *Abdichtung von Spundwänden (z. B. bei undichten oder aufgesprungenen Schlössern)*
- *Sanierung von Fehlstellen bei Schlitz-, Bohrpfahl- und Injektionswänden*
- *temporäre Sicherung beim Unterfahren von Gleisanlagen mit Rahmenbauwerken*
- *Abdichtung durchlässiger Verbauwände*

- *temporäre Unterfangungen und Verbaumaßnahmen*
- *temporäre Sicherungsmaßnahmen im Tunnelbau und Rohrvortrieb*
- *zeitweilige Stabilisierung von Bodenbereichen, die nach Herstellung des Bauwerks wieder für den Grundwasserstrom geöffnet werden müssen, was bei Injektionen nicht möglich ist.*

Voraussetzungen für die Anwendung des Verfahrens sind ein ausreichender Wassergehalt des Bodens und eine nur geringe Fließgeschwindigkeit des anstehenden Grundwassers.

12.7.2 Technische Grundlagen

Die grundlegende Idee beim Bodengefrieren (Abb. 12.10) besteht darin, den Boden durch eine künstliche Vereisung zu verfestigen und wasserundurchlässig zu machen.

Um den Boden zu gefrieren, werden in festgelegten Abständen Gefrierrohre in den Boden eingerammt oder in vorgefertigte Erdbohrungen eingesetzt. Durch die Gefrierrohre strömt Kältemittel, das dem umgebenden Boden die Wärme entzieht. Dadurch entstehen um die Gefrierrohre zylinderförmige Frostkörper, die sich mit den Gefrierkörpern der benachbarten Gefrierrohre zu gefrorenen Wänden oder Platten verbinden. Für das Gefrieren von Boden werden zwei unterschiedliche Verfahrensweisen und Kälteträger eingesetzt:

- *Bodenvereisung mit Sole (wässerige Salzlösung)*
- *Bodenvereisung mit flüssigem Stickstoff*

Abb. 12.10 Schematische
Darstellung Vereisung

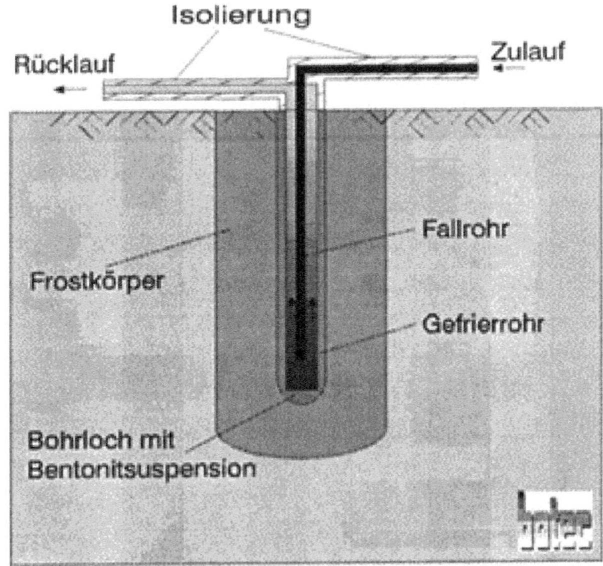

Die Beurteilung der Ausdehnung des Frostkörpers wird mittels Temperatur-Fühler im Boden realisiert, die in Temperaturmessrohren meist parallel zu den Gefrierrohren angeordnet werden. Eine zentrale *Mess- und Regeltechnikeinheit* zeichnet die Temperatur-Verläufe in Abhängigkeit von der Gefrierzeit auf und ermöglicht dadurch eine Beurteilung der Gefriermaßnahme.

Ein besonderes Augenmerk muss auf die ausgewählte Bohrtechnik zum Setzen der Gefrier- und Temperaturmessrohre gelegt werden. Je nach Gefrierrohrlänge muss eine Bohrgenauigkeit von 0,5 bis 1 % der Bohrlänge gewährleistet werden. Größere Bohrungenauigkeiten ergeben größere Gefrierrohrabständen, die zu größeren Frostkörpern und erhöhten Gesamtkosten führen. Falls erforderlich muss jede Bohrung in Bezug auf Neigung und Richtungsverhalten vermessen werden.

Die Gefrierrohrbohrungen werden meist als verrohrte Bohrungen ausgeführt, in die die Gefrierrohre eingesetzt werden. Während des Ziehens des Bohrrohres wird der Ringraum zwischen Gefrierrohr und umgebendem Erdreich mit einem Injektionsstoff z. B. Bentonit verdämmt. Lufteinschlüsse müssen bei diesen Arbeiten zuverlässig vermieden werden, da ein Luftpolster den Wärmetransport vom Gefrierrohr zum Boden sehr stark negativ beeinflusst.

12.7.3 Vereisung mit Sole

Bei der Solevereisung (Abb. 12.11) werden als Kälteträger wässerige Salzlösungen, z. B. aus Kochsalz, Calciumchlorid oder Magnesiumchlorid, eingesetzt. In Abhängigkeit von den Massenanteilen an Salz in der wässerigen Lösung lassen sich unterschiedliche Soletemperaturen realisieren (mit $CaCl2$ bis $- 50\,°C$). Die Salzlösungen müssen bei diesen Temperaturen noch flüssig und gut pumpbar sein. In der Praxis werden die Solelösungen durch Kälteaggregate auf Temperaturen von $- 5$ bis $- 35\,°C$ abgekühlt und mit korrosionsbeständigen Kreiselpumpen durch die isolierten Rohrleitungen und Gefrierrohre im Kreislauf gefördert. Die kalte Salzlösung wird durch Fallrohre in die Gefrierrohre eingeleitet

Abb. 12.11 Schema des Gefrierverfahrens mit Sole

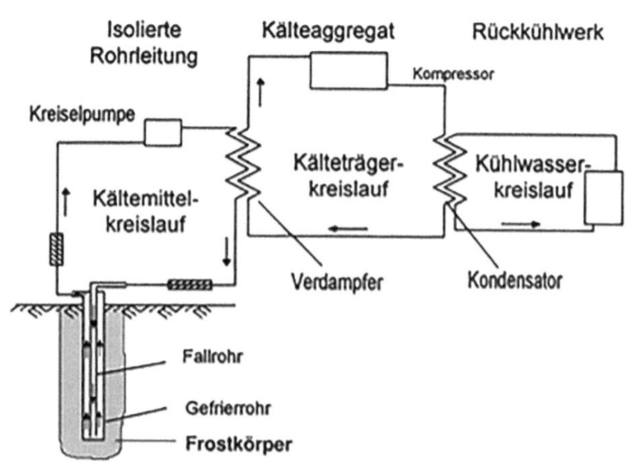

und strömt durch den Ringspalt zwischen Fallrohr und Gefrierrohrwandung in der Rücklaufleitung zurück zum Kälteaggregat. Auf dem Weg vom Austritt aus dem Fallrohr bis zum Eintritt in die Rücklaufleitung erwärmt sich die Sole um etwa 2 bis 3 °C gegenüber der Vorlauftemperatur.

Die Rohrleitungen einschließlich der Gefrierrohre sind ein geschlossenes System und müssen absolut dicht sein. Undichtigkeiten können zu einer Kontamination und zu einem Auftauen des Bodens führen. In Verbindung mit dem Kälteaggregat muss ein Rückkühlwerk installiert werden, um die Kompressionswärme des Kälteaggregates abzuführen. Je nach den örtlichen Gegebenheiten kann ein mit Wasser oder Luft betriebener Kühlturm eingesetzt werden.

Bei der *Solevereisung* ergeben sich niedrige spezifische Betriebskosten, das heißt, die Kosten für die elektrische Energie pro gefrorenem Kubikmeter Boden sind im Vergleich zu der Bodenvereisung mit flüssigem Stickstoff gering.

Nachteilig ist bei der *Solevereisung* der langsame Aufbau des Frostkörpers und damit der langsame Baufortschritt. Außerdem kann die Gefrierleistung, bedingt durch die gewählte Kälteaggregatleistung, nachträglich bei veränderten Randbedingungen kaum erhöht werden. Die Installation der aufwendigen Anlagenteile (Kältemaschine, Rückkühlung) ist sehr kostenintensiv. Aus diesen Gründen wird die Solevereisung vor allem für größere und lang-andauernde Vereisungen eingesetzt.

12.7.4 Vereisung mit flüssigem Stickstoff

Bei der Stickstoffvereisung (Abb. 12.12) wird tiefkalt verflüssigter Stickstoff als Kältemittel eingesetzt. Flüssiger Stickstoff wird großtechnisch in so genannten Luftverflüssigungsanlagen hergestellt. Stickstoff ist ein ungiftiges, nicht brennbares Gas und zu 78 % Bestandteil der Luft. Als tiefkalt verflüssigtes Gas hat Stickstoff bei 1 bar einer Temperatur von − 196 °C.

Der flüssige Stickstoff wird mit speziellen vakuumisolierten Tankwagen auf der Baustelle angeliefert und dort in Tankanlagen zwischengelagert.

Über hochwertig isolierte Rohrleitungen werden die Fallrohre in den Gefrierrohren mit flüssigem Stickstoff beaufschlagt. Die Versorgung der Gefrierrohre erfolgt durch den Eigendruck des verdampfenden Stickstoffs im Tank.

Die tiefkalte Flüssigkeit tritt aus den Fallrohren aus, verdampft bei Kontakt mit den relativ warmen Gefrierrohren und tritt gasförmig aus den Rohren aus. Durch den Verdampfungsvorgang wird dem umgebenden Boden Energie entzogen und der Boden gefriert.

Die Menge an Stickstoff, die zum Gefrieren oder zum Aufrechterhalten des Frostkörpers benötigt wird, wird für jedes Gefrierrohr durch einen Magnetventil-Temperaturfühler-Regelkreis bestimmt. Regelparameter für die Schaltvorgänge der Ventile sind die Temperaturen des aus den Gefrierrohren austretenden Stickstoffgases. Jedes Gefrierrohr kann durch die Vorgabe einer anderen Abgastemperatur mit einer anderen Gefrierleistung betrieben werden. Alle Temperaturen und Schaltvorgänge können an einer zentralen

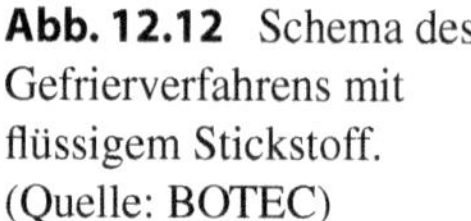

Abb. 12.12 Schema des Gefrierverfahrens mit flüssigem Stickstoff. (Quelle: BOTEC)

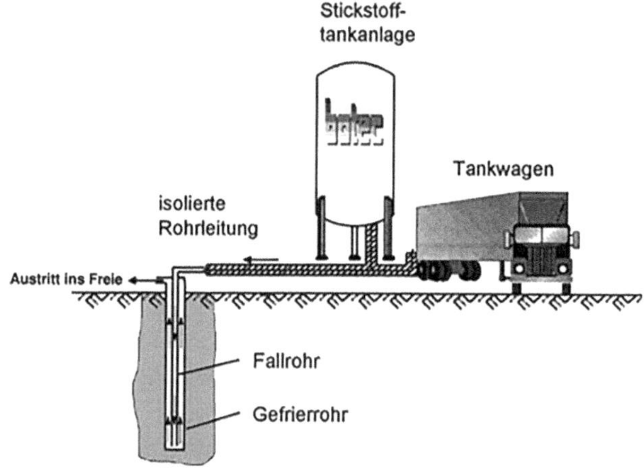

botec-Meß- und Steuereinheit beobachtet, dokumentiert, beurteilt und geändert werden, so dass maßgeschneiderte Gefrierkörper hergestellt werden können.

Der Gefriervorgang vollzieht sich bei dem Kälteträger Stickstoff sehr schnell, so dass von einem Schockfrosten gesprochen werden kann. Das Bodenvereisen mit flüssigem Stickstoff zeichnet sich wegen der physikalischen Eigenschaften von Stickstoff und der steuerungstechnischen Möglichkeiten durch eine hohe Flexibilität und ein breites Einsatzspektrum aus.

Die Anlagenteile Versorgungstank, Rohrleitung, Mess- und Steuertechnik sind schnell verfügbar und in kurzer Zeit betriebsbereit zu installieren.

Im Unterschied zum Bodengefrieren mit Sole wird der Kälteträger Stickstoff verbraucht und tritt gasförmig in die Atmosphäre zurück. Bei längeren und größeren Baumaßnahmen wird der Betriebsstoff flüssiger Stickstoff zum Hauptanteil der Kosten einer Bodenvereisungsmaßnahme.

Als Anlagekomponenten benötigt man u. a.:

- *Stickstofftankanlage einschließlich Stickstoffversorgung*
- *isolierte Rohrleitung*
- *Mess-und Steuerungstechnik*

12.7.5 Kontrollen

Zur laufenden Kontrolle des Frostkörperaufbaus ist der Gefriervorgang durch spezielle Temperaturfühler in besonderen Bohrlöchern zu überwachen. Ferner muss die Vorlauf- und Rücklauftemperatur der Sole bzw. des Stickstoffs laufend überprüft werden. Die Frostkörperabmessungen und evtl. Fehlstellen im Frostkörper können auch mit Ultraschallmessungen ermittelt werden. Das Verfahren beruht auf der unterschiedlichen Ausbreitungsgeschwindigkeit von Schallwellen in Baugrund und Frostkörper.

12.7.6 Auftauen des Frostkörpers

Das Auftauen des Frostkörpers sollte möglichst ohne besondere künstliche Einwirkungen vor sich gehen. Es wird durch Abschalten der Kälteerzeugung bzw. der Zufuhr des Kältemittels eingeleitet. Der Solekreislauf kann erhalten bleiben. Falls erforderlich, kann man durch besondere Maßnahmen ein schnelleres Auftauen erzielen, indem man über die Gefrierrohre eine auf 3 bis 8 °C erwärmte Lauge umlaufen lässt. Zweckmäßig ist es, den Verlauf des Auftauens durch Fernthermometer zu überwachen.

12.7.7 Ausführungstechnische Hinweise

Die Gefriertechnik gehört, von Ausnahmen abgesehen, nicht unbedingt zum Kenntnisstand der Bauunternehmen, da diese Technik immer noch selten angewendet wird. Da zur Ausführung auch sehr große Erfahrung und spezielle Geräte und Werkzeuge erforderlich sind, werden die Arbeiten überwiegend an Nachunternehmen vergeben, deren Spezialgebiet die Gefriertechnik ist. Sie können den Hauptunternehmer fachlich beraten und mit ihm den terminlichen Ablauf und die nötigen Vorarbeiten abstimmen.

12.7.8 Literaturhinweis und Ausführungsbeispiele

Im Rahmen der Ausführungen zur Gefriertechnik konnten nur einige wesentliche Aspekte der praktischen Durchführung erläutert werden. Zur Vertiefung dieses sehr komplexen Themas wird auf vorhandene Grundbau-Literatur und Veröffentlichungen aus diesem Anwendungsgebiet verwiesen (Literaturnachweis siehe Anhang).

Von den vielen Möglichkeiten für den umweltfreundlichen Einsatz der Gefriertechnik wird nachfolgende ein Beispiel gezeigt.

Gefriermaßnahme bei der Durchpressung einer Eisenbahnunterführung DB-Neubaustrecke Karlsruhe – Basel (Ausführung: *Ed. Züblin, Karlsruhe – Max Früh GmbH & Co. KG*, Achern)

Das Gefrierverfahren wurde auf zweierlei Art als Bauhilfsmaßnahme angewendet. In beiden Fällen kamen scheibenartige Frostkörper zur Ausführung, und zwar als tragende Frostplatte und als gefrorene Dichtwände (Abb. 12.13).

Als Kältemittel diente in beiden Fällen flüssiger Stickstoff, der mit Tankwagen angefahren und – aus Abrechnungsgründen – in zwei stationären Tanks vorgehalten wurde. Von dort strömte er flüssig, d. h. mit einer Temperatur von unter − 196 °C durch isolierte Leitungen und Verteiler in die Gefrierrohre, entzog durch Verdampfen und Erwärmung den Rohren und dem Boden Wärme und trat schließlich gasförmig wieder aus.

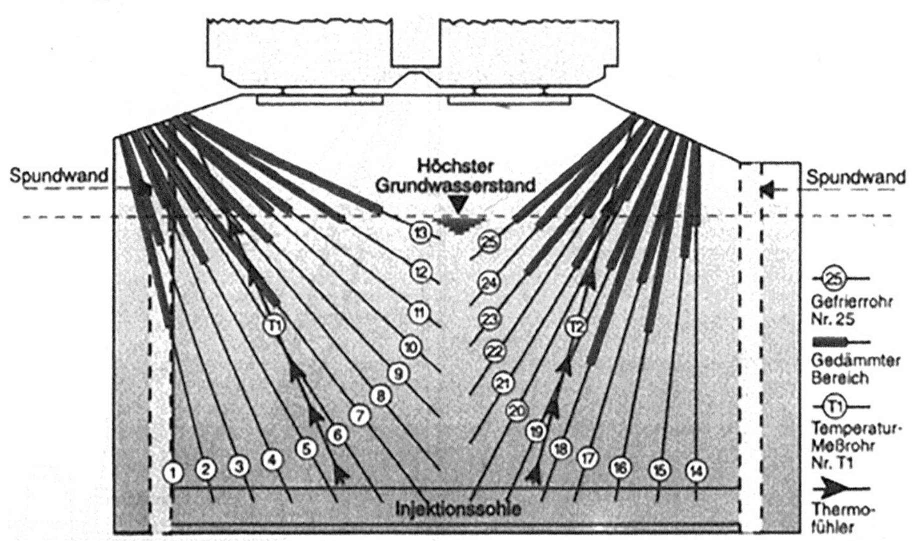

Abb. 12.13   Beispiel für eine Gefriermaßnahme

Die tragende Frostplatte wurde mit insgesamt 12 Gefrierrohren hergestellt, die im Abstand von 1,2 m horizontal von der westlichen Seite her durch den Damm gebohrt wurden.

In die Außenverrohrung wurden die Gefrierrohre eingeschoben und während des Ziehens der Außenverrohrung mit Dämmer bodenschlüssig verpresst. In jedem Gefrierrohr steuerte ein Temperaturfühler die Stickstofftemperatur derart, dass sie dort innerhalb eines vorgegebenen Schwankungsbereichs blieb. Die Temperaturen im Frostplattenquerschnitt wurden durch sechs vertikale mit Temperaturgebern bestückte Messrohre überwacht.

Die gefrorenen Dichtwände wurden mit je zwei von der Schulter des Bahndamms niedergebrachten Gefrierrohrfächern gefroren. Die Gefrierrohre aus Aluminium mit 60 mm Durchmesser waren unten verschlossen, der Raum zwischen Rohr und Boden wurde beim Bohren mit Dämmer vergossen. Die Abweichung der etwa 13 m langen Gefrierrohre betrug weniger als 5 cm. Der Stickstoff wurde durch eingehängte Speiserohre in das Rohrtiefste eingeleitet und strömte durch den verbleibenden Ringraum nach oben. An jedem Rohr steuerte ein Thermofühler in Abhängigkeit von der Abgastemperatur die Stickstoffzufuhr.

UAV in der Baugrunderkundung 13

13.1 Einleitung

Im letzten Jahrzehnt haben Unbemannte Luftfahrzeuge (UAV[1]), im Allgemeinen oft als Drohnen bezeichnet, in vielen Bereichen Einzug gehalten. Neben der verbreiteten, aber in diesem Kapitel nicht relevanten privaten und freizeitbezogenen Nutzung, finden UAV in einer Vielzahl von gewerblichen und industriellen Anwendungen Verbreitung. Dazu gehören z. B. Inspektionen von technischen und industriellen Anlagen im Innen- und Außenbereich, Untersuchung von Windkraftanlagen auf Schäden, Vermessungs- und Kartierarbeiten, Grenzsicherung und -überwachung oder Monitoring von Pflanzen- sowie Tierbeständen.

Ein erheblicher Vorteil des Einsatzes von UAV im gewerblichen sowie dem industriellen Umfeld ist, je nach Fragestellung, eine bedeutende Effizienzsteigerung bei der Untersuchung oder Kartierung von Flächen und Objekten aus der Luft, da deren Einsatz i. d. R. wenig bis gar nicht von der Begehbarkeit oder Befahrbarkeit des Untersuchungsraumes abhängig ist. Die Vogelperspektive des UAV ermöglicht oft weiterführende und ungestörte Einblicke in vom Boden aus schwer erfassbare Bereiche und Merkmale. Des Weiteren lassen sich auch tätigkeitspezifische Gefährdungen dort ausschließen, wo statt eines Menschen das UAV eine Inspektion durchführt. Das trifft u. a. bei Inspektionen in großer Höhe zu oder dort, wo Gefährdungen durch gesundheitsschädliche Atmosphäre, wie sie im Inneren von Tanks oder ähnlichen Industrieanlagen, herrschen können, bestehen.

Abhängig von der Fragestellung und den rechtlichen Rahmenbedingungen können unterschiedliche UAV-Typen in verschiedensten Gewichts- und Größenklassen mit auf den Einsatzzweck angepasster Sensorik zum Einsatz kommen. Eine grundsätzliche Unterscheidung von UAV erfolgt u. a. im Hinblick auf ihre Bauform. Weit verbreitet sind

---

[1] Unmanned Aerial Vehicle.

Multirotor-VTOL[2] Typen – auch als Multicopter bezeichnet – die eine variable Anzahl von Rotoren besitzen. Neben diesen weit verbreiteten Typen sind auch Fixed Wing-UAV verfügbar, die für den Auftrieb starre Tragflächen nutzen oder als Nurflügler konstruiert sind und den Vortrieb über einen oder mehrere Propeller erzeugen. Es gibt auch Hybride Systeme, die z. B. durch kippbare Propeller vertikal starten und landen können, für den eigentlichen Flug die Rotoren zur Erzeugung des Vortriebs umklappen und den Auftrieb über starre Tragflächen realisiert.

13.2 Rechtlicher Rahmen und Einsatzbedingungen

Der Einsatz von UAV in Deutschland wird unionsrechtlich durch die Vorgaben der Durchführungsverordnungen 2019/947 sowie 2019/945 bestimmt. Die nationalen Regelungen werden in der Luftverkehrs-Ordnung (LuftVO) festgeschrieben. Der Betrieb von UAV wird in Kategorien und Unterkategorien eingeteilt, die jeweils unterschiedliche Anforderungen an den Fernpilot, das Flugsystem und die Betriebsbedingungen stellen. Eine detaillierte Erläuterung der Kategorien ist für eine Einführung in den Themenkomplex nicht erforderlich und es wird auf die wesentliche Unterteilung in drei Kategorien für den Betrieb von UAV verwiesen. Diese erfolgt in die Kategorien *Offen*, *Speziell* und *Zulassungspflichtig*, wobei die Einstufung wesentlich vom Risiko für Personenschäden im Betrieb abhängt. Vereinfacht dargestellt, führt eine Erhöhung der Masse und Geschwindigkeit des UAV bei Unfällen zu höherer kinetischer Aufschlagenergie und somit zu höherem Schadensrisiko. Bei höherem Risiko erfolgt eine Einstufung in die Spezielle oder Zulassungspflichtige Kategorie, die mit zusätzlichen Auflagen und Sicherheitserfordernissen verbunden ist. Darüber hinaus gelten für den Einsatz von UAV spezifische Restriktionen in von den Unionsländern bestimmten Zonen (geographische Gebiete). In Deutschland sind diese Gebiete in § 21 h der LuftVO benannt und mit ergänzenden Flugbeschränkungen, z. B. definierten Mindestabständen in der Nähe sensibler Infrastruktur oder in Schutzgebieten, belegt. Das Bundesministerium für Digitales und Verkehr stellt auf seiner „Digitalen Plattform unbemannte Luftfahrt"[3] einen kostenfreien Kartendienst zur Verfügung, der diese Restriktionsgebiete zeigt und ein hilfreiches Werkzeug für die Planung rechtskonformer UAV-Befliegungen ist. Für eine Vielzahl der dort ersichtlichen Einschränkungen sieht die LuftVO Möglichkeiten vor, unter denen ein Betrieb trotzdem realisierbar ist. So lassen sich häufig Flugeinschränkungen über bestimmten Anlagen beim Vorliegen einer ausdrücklichen Zustimmung des Anlagenbetreibers luftrechtsrechtskonform durchführen oder horizontale Mindestabstände durch eine Verringerung der Flughöhe reduzieren.

In aller Regel ist der UAV-Betrieb in der Offenen Kategorie anzustreben, da dort die Rahmenbedingungen am wenigsten restriktiv sind und unter Einhaltung der geforderten Auflagen der Betrieb genehmigungsfrei ist. Ergänzend sei darauf hingewiesen, dass es

---

[2] Vertical Takeoff and Landing.

[3] https://www.dipul.de.

innerhalb der Offenen Kategorie weitere Unterteilungen gibt, die in Abhängigkeit vom Abstand zu unbeteiligten Personen und der technischen Einstufung des UAV weitere Spezifizierungen der Mindestabstände zu bestimmten Flächennutzungen[4] vorgeben. Die technische Einstufung von UAV erfolgt, in Abhängigkeit der Masse und den Sicherheitseinrichtungen des Fluggeräts, i. d. R. in die Klassen C0 bis C4 (Masse aufsteigend). In der Offenen Kategorie können UAV mit einer maximalen MTOM[5] von < 25 kg (technische Klasse C3 oder C4) betrieben werden. Aufgrund der Abstandsanforderungen zu Wohn-, Gewerbe-, Industrie- und Erholungsgebieten für den Betrieb von UAV größerer Masse, ist deren Einsatz in der Offenen Kategorie allerdings nur mit größeren Einschränkungen möglich. Deutlich flexibler lassen sich kleinere Systeme der technischen Klasse C2 (MTOM < 4 kg) in der Offenen Kategorie einsetzen. Die Einsatzbedingungen ergeben sich folglich im Wesentlichen aus der Masse des UAV und den rechtlichen Anforderungen an den Betrieb. So ist in der Offenen Kategorie die maximale Flughöhe auf 120 m über Grund begrenzt und der Betrieb muss unter direkter Sichtverbindung des Steuerers mit dem UAV stattfinden.

Multicopter UAV Systeme der Klasse C2 ermöglichen mit einer Akkuladung üblicherweise Flugzeiten von 25 bis 45 min. Unter den Anforderungen der Offenen Kategorie und je nach Flugbedingungen lassen sich damit Flächengrößen um 30 ha erfassen. In Abhängigkeit der gewünschten räumlichen Auflösung, der Auflösungsfähigkeit des Sensors, des FOV[6] des Objektivs und der Fluggeschwindigkeit kann sich die Flächenleistung erhöhen oder verringern. Fixed Wing-UAV erreichen i. d. R. bei gleicher Masse bauartbedingt eine längere Flugzeit, höhere Geschwindigkeit und somit eine höhere Flächenleistung.

13.3 Sensorik und Anwendungen

Es gibt eine Vielzahl von Sensoren, die von UAV als Nutzlast getragen werden können. Die Sensorik des UAV bestimmt, welche Merkmale des zu untersuchenden Objekts abgebildet werden können. Durch die vielfältige Ausstattung von UAV mit Sensorik ergeben sich spezifische Anwendungsprofile des Flugsystems, die für verschiedene Fragenstellungen geeignet sind. Verbreitet sind UAV, die einen festinstallierten Sensor aufweisen. Es existieren darüber hinaus auch UAV mit mehreren parallel verwendbaren oder wechselbaren Sensoren für verschiedene Anwendungsfälle. Neben Punkt und Linienscannern kommen am häufigsten bildgebende Sensoren an UAV zum Einsatz, die ein festes Gitter aus Spalten und Zeilen erzeugen. Ergänzend zu klassischen RGB-Sensoren lassen sich beispielsweise ebenfalls bildgebende multispektrale, hyperspektrale oder Thermalsensoren an UAV verwenden. Multispektrale und hyperspektrale Sensoren werden unter anderem eingesetzt, um Vegetationsvitalität zu kartieren oder Flächennutzung zu

---

[4] Wohn-, Gewerbe-, Industrie- oder Erholungsgebiete.

[5] Maximum Take Off Mass.

[6] Field of View.

identifizieren. Vegetationsvitalität wird oftmals mittels Vegetationsindizes, häufig unter Verwendung des Nahinfrarotbands ermittelt, das im für den Menschen nicht sichtbaren Bereich des elektromagnetischen Spektrums liegt. Vitalitätsunterschiede können zur Selektion in der Saatzucht, zur Ertragsschätzung oder der Einschätzung von Nährstoffverfügbarkeit und -versorgung herangezogen werden.

Thermalsensoren finden im landwirtschaftlichen Kontext bei der Untersuchung von Hitzestress Anwendung. Darüber hinaus kommen Thermalsensoren beispielsweise auch zur Identifikation von Hot-Spots an Photovoltaikanlagen zum Einsatz. Sie sind ebenso hilfreich bei artenschutzrelevanten Fragestellungen, wie der Rehkitzrettung, der Suche nach Brutstätten von Vögeln oder dem Aufspüren von Wildschweinkadavern im Zusammenhang mit der Bekämpfung der afrikanischen Schweinepest. Die Fähigkeiten von UAV mit Thermal Sensorik spielen ebenfalls bei der Grenzsicherung oder der Suche nach vermissten Personen eine Rolle.

Für hochgenaue Geländemodelle sind UAV-getragene Laser-Scanner (LiDAR[7]) verfügbar und UAV-getragene Magnetometer können die Identifikation magnetischer Anomalien, beispielsweise bei der Untersuchung auf Kampfmittel im Boden, unterstützen.

Trotz der Vielzahl an verfügbaren Sensoren ist ein Großteil der am Markt verfügbaren UAV in der Regel mit RGB-Sensorik ausgestattet. Diese Sensoren erstellen Aufnahmen, wie sie von handelsüblichen Fotokameras bekannt sind. Im Vergleich zu den anderen zuvor aufgeführten Sensoren, weisen Echtfarbsensoren einen günstigen Preis bei gleichzeitig hoher Bildauflösung auf und finden daher eine weite Verbreitung insbesondere in kostengünstigen UAV. Für weniger spezielle Fragestellungen reichen die günstigeren mit RGB-Echtfarbsensoren ausgerüsteten UAV oft aus. Ein großer Teil der Systeme, die für photogrammetrische Vermessung, DGM[8]-Erstellung oder orthorektifizierter Luftbilderstellung zu Dokumentationszwecken eingesetzt werden, stützen sich auf RGB-Sensorik.

Wenn eine Fläche systematisch[9] mit einem UAV mit bildgebendem Sensor beflogen wird und die Daten photogrammetrisch ausgewertet werden, lässt sich aus den Einzelaufnahmen i. d. R. eine dreidimensionale Abbildung des Untersuchungsobjekts ableiten. Der photogrammetrische Prozess und das daraus abgeleitete dreidimensionale Modell sind nicht auf RGB-Sensoren beschränkt und funktionieren mit anderen bildgebenden Sensoren grundsätzlich genauso. Der Vorteil von RGB-Sensoren liegt in deren hoher Sensorauflösung, die beispielsweise im Vergleich zu Thermalsensoren um ein Vielfaches feiner ist.[10] Das erhöht bei gleicher Flughöhe und vergleichbarem Objektiv die Bodenauflösung,[11] d. h. den Abstand zwischen zwei Bildpunkten[12] am Boden, was für den Photogrammetrieprozess allgemein von Vorteil ist.

---

[7] Light detection and ranging oder Light imaging, detection and ranging.

[8] Digitales Geländemodell.

[9] Systematische Erfassung des Untersuchungsgebiets mit überlappenden Einzelfotos.

[10] Beispielsweise DJI Mavic 3T: Wärmebildkamera 640×512 px; RGB-Kamera 5280×3956 px.

[11] Geläufig ist die englische Bezeichnung Ground Sampling Distance (GSD).

[12] Pixel.

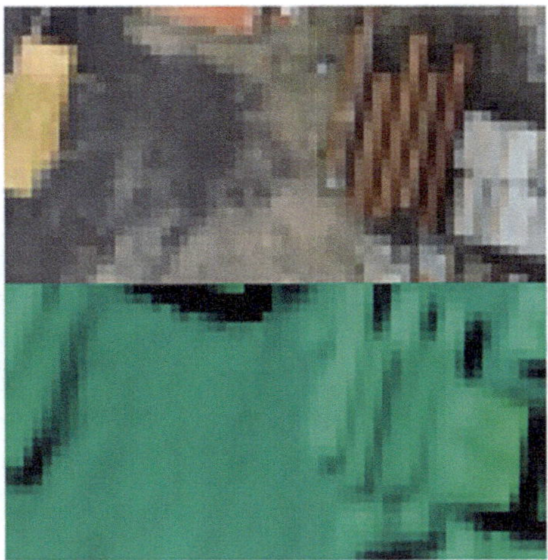

Abb. 13.1 Visualisierung unterschiedlicher räumlicher Auflösung von Einzelaufnahme und Höhenmodell bei 0,02 m (links) und 0,2 m (rechts)

Sofern der Fokus auf der Ableitung eines räumlich möglichst genauen Höhenmodells liegt, ist die Verwendung eines Sensors mit hoher räumlicher Auflösung, wie in Abb. 13.1 exemplarisch dargestellt, vorzuziehen.

Abhängig von Bewuchs oder Bebauung repräsentiert das photogrammetrisch bestimmte Höhenmodell auch das Geländemodell. Mit Hilfe des Geländemodells lässt sich die Morphologie eines Untersuchungsgebiets detailliert abbilden und höherliegende Geländebereiche von niedriger gelegenem Gelände unterscheiden. So ist es möglich, auf morphologieabhängige Prozesse im Untersuchungsgebiet zu schließen. Das betrifft beispielsweise die Abschätzung von Erosionsgefahren, oberflächlicher und oberflächennaher Wasserbewegungen bis hin zur Einzugsgebietsmodellierung. Aus der Höhenmodellierung können auch andere stoffliche Verlagerungsprozesse, wie beispielsweise jene von Boden- oder Gesteinsmaterial, abgeleitet werden.

Ein georeferenziertes Oberflächenmodell kann auch zur Berechnung von Fläche, Volumen oder Höhe des Abbildungsbereichs herangezogen werden. Das kann z. B. ein Haufwerk sein für das, wie in Abb. 13.2 gezeigt, ein Querprofil bestimmt werden soll. Genauso ist es möglich dessen Höhe oder das Volumen zu ermitteln, was z. B. als Abrechnungsgrundlage verwendet werden kann.

Die relative Genauigkeit des Höhenmodells ist von der Sensorauflösung in Kombination mit den Flugparametern abhängig. Die absolute Genauigkeit unterliegt zusätzlich auch der Genauigkeit der verwendeten Georeferenzierung im Photogrammetrieprozess und lässt sich insbesondere durch präzise vermessene Bodenkontrollpunkte verbessern. Wenn die Randbedingungen passen, sind bereits Höhenunterschiede von wenigen Zentimetern und feiner sichtbar, wie die Abb. 13.3 exemplarisch anhand von deutlich erkennbaren Traktorspuren zeigt.

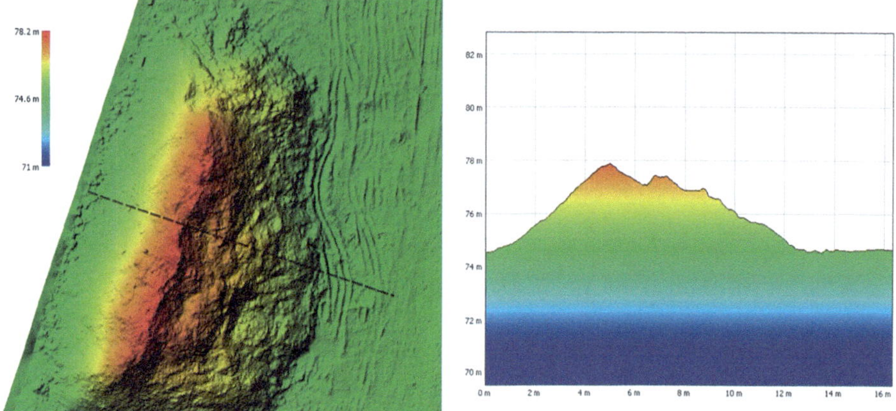

Abb. 13.2　Höhenmodell eines Haufwerks und Querprofil aus photogrammetrischer Vermessung

Abb. 13.3　Sichtbare Fahrspur auf einer landwirtschaftlichen Fläche im DGM und Orthophoto

13.4　UAV in der Landwirtschaft & Übertragbarkeit auf die Baugrunderkundung

In der Landwirtschaft werden UAV bereits seit mehreren Jahren eingesetzt. Anfänglich insbesondere im Bereich der Forschung und Saatzucht finden diese zunehmend in mittelständischen landwirtschaftlichen Betrieben und bei Dienstleistern für vielfältige Aufgaben, wie der Rehkitzrettung oder der Ausbringung biologischer Nützlinge zur Bekämpfung von Schadinsekten,[13] Verbreitung. Auch die Detektion, Verortung und Quantifizierung von Schäden in Pflanzenbeständen unter Verwendung des georeferenzierten und ortho-

---

[13] Trichogramma-Ausbringung zur Bekämpfung des Maiszünslers.

rektifizierten Luftbilds oder des Höhenmodells spielen im landwirtschaftlichen Umfeld eine wesentliche Rolle (vgl. Abb. 13.4). Grüne Distelnester im Echtfarbbild (vgl. Abb. 13.5) innerhalb eines abgereiften Winterweizenbestands lassen sich leicht erkennen und für die Erstellung einer teilflächenspezifischen Maßnahmenkarte verwenden.

Inwieweit lassen sich die Erfahrungen des Einsatzes von UAV-Technik im Agrarbereich auf das Feld der Baugrunderkundung übertragen?

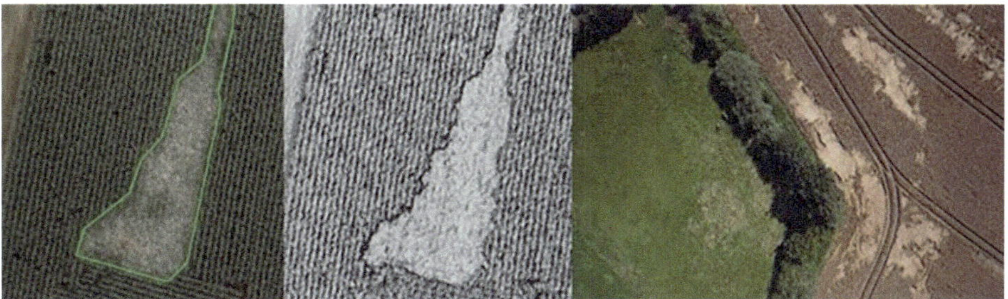

Abb. 13.4 Schadensidentifikation in einem Maisbestand im Echtfarbbild (links), Höhenmodell (Mitte) sowie Lagerschäden im Winterweizenbestand (rechts). (Bild: geo-konzept GmbH)

Abb. 13.5 Grüne Unkrautnester im abgereiften Getreide. (Bild: geo-konzept GmbH)

Die Anwendung teilflächenspezifischer Maßnahmen ist in der modernen Präzisions-landwirtschaft ein wesentliches Kriterium bei der Bewirtschaftung von Nutzflächen. Demnach wird die Heterogenität der Schläge[14] besonders einbezogen und gewürdigt. Eine Möglichkeit der Identifikation von Heterogenitäten ist die Kartierung landwirtschaftlicher Pflanzenbestände mittels UAV und bildgebendem Sensor. Bei einer solchen Kartierung ist regelmäßig keine Absolutbetrachtung der vom Sensor abgebildeten Merkmale erforderlich. Vielmehr sind relative Unterschiede im Untersuchungsgebiet (i. d. S. der Schlag) für die Anpassung der Bewirtschaftung ausschlaggebend. Heterogenitäten oder Anomalien im Feld sollen erkannt und entsprechende bewirtschaftungsbezogene Ableitungen getroffen werden. Die Ableitungen unterliegen nicht zuletzt auch den individuellen Motiven des Bewirtschaftenden und können auf eine Produktionsmaximierung von Teilflächen aber auch einer Homogenisierung des gesamten Bestandes abzielen. Die Identifikation von Heterogenitäten und Anomalien gilt bspw. auch bei archäologischen Voruntersuchungen oder der Einschätzung von Kampfmittelverdachtsflächen und lässt sich grundsätzlich auf die Baugrunderkundung übertragen. So legen Anomalien im Luftbild nahe, dass Heterogenitäten im Untergrund bestehen, die sich im Boden oder auch im Bewuchs (Vegetationsanomalien) abzeichnen. Solche Auffälligkeiten können bei Echtfarbluftbildern z. B. als Farbunterschiede der vorhandenen Vegetation zu Tage treten oder sich in unterschiedlichem Abreifeverhalten bei Getreidebeständen zeigen. Auch das Auftreten sehr lichter Bestände oder kleinwüchsiger Pflanzen im Vergleich zum Umfeld ist eine Auffälligkeit, die ihre Ursache im Untergrund haben kann.

Im landwirtschaftlichen Pflanzenbau stehen Nutzpflanzen im Fokus, deren effektive Durchwurzelungstiefe kulturspezifisch zwischen einigen Dezimetern und maximal zwei Metern beträgt. Für die Übertragbarkeit auf Baugrunderkundungen lässt sich daher einschränken, dass Vegetationsheterogenitäten im Wesentlichen Rückschlüsse auf die Verhältnisse im Wurzelraum der Pflanzen und damit auf die oberflächennahen Bodenhorizonte zulassen können. Die Baugrunderkundung bezieht im Gegensatz dazu auch tieferliegende Horizonte und Schichten ein. Hinzu kommt, dass die Ursache festgestellter Anomalien nicht zweifelsfrei aus den Luftbildern ableitbar ist. So kann eine Vegetationsanomalie auf Verdichtungen im Ober- sowie Unterboden hindeuten – es können aber auch Fremdkörper im Untergrund das Wachstum der Pflanzen beeinflussen. Beispielsweise können sich Rohrleitungen oder Fundamentreste nachteilig auf den verfügbaren durchwurzelbaren Raum oder die Wasserhaltekapazität des Bodens auswirken, was sich im darüberliegenden Bewuchs zeigt. Genauso ist es auch möglich, dass eine eingeschränkte Pflanzenentwicklung auf lokal erhöhte Steingehalte oder nah anstehendes Festgestein zurückzuführen ist. Neben negativen Auswirkungen auf die Pflanzenbestände sind auch Einflüsse möglich, die das Pflanzenwachstum positiv beeinflussen. Zurückliegende Siedlungstätigkeit kann beispielsweise zu einer Anreicherung organischer Substanz im Boden geführt haben, die die Wasser- und Nährstoffverfügbarkeit für Pflanzen verbessern kann und dem Pflanzenwachstum förderlich ist.

---

[14] Im allgemeinen Sprachgebrauch als Feld bezeichnet.

Aus Vegetationsanomalien lassen sich keine vollständigen Aussagen über den Baugrund ableiten. Jedoch legen Unterschiede in der Vegetation nahe, dass Boden- und Untergrundeigenschaften ebenfalls eine Variabilität aufweisen. Eine Aussage zur Kausalität ist darüber hinaus nicht ohne Weiteres zu treffen. Dennoch können durch Anomalien gekennzeichnete Bereiche eine besondere oder eine ergänzende Berücksichtigung in der Baugrunduntersuchung erfahren. Kartierungen aus der Luft haben im Allgemeinen einen Geschwindigkeitsvorteil gegenüber bodengebundenen Untersuchungsmethoden. Die sich daraus ergebende Kosteneffizienz ermöglicht es, dass UAV-Untersuchungen auch vorbereitend einsetzbar sind, um sich einen Überblick über ein Untersuchungsgebiet zu verschaffen. In der Verfügbarkeit begrenzte und kostenintensive Ressourcen, wie menschliche Arbeitskraft für klassische bodengebundene Erkundung, können darauf aufbauend zielgerichteter und effizienter eingesetzt werden. Dabei ist ein weiterer Vorteil der Befliegung, dass diese berührungsfrei und somit nicht-invasiv erfolgt. Die Gewinnung dieser zusätzlichen Informationsebene ist dementsprechend für Baugrund oder Pflanzenbestand schadlos. Aus der Kartierung und den gewonnenen Informationen über Heterogenitäten im Untersuchungsgebiet lassen sich u. U. Beprobungspunkte repräsentativer platzieren oder zusätzlich erforderliche Beprobungspunkte festlegen. Eine sonst streng rasterbasierte Baugrunduntersuchung kann dadurch in ihrer Repräsentativität und Aussagekraft gesteigert und letztlich das Baugrundrisiko minimiert werden.

13.5 Fazit

Bisher ist ein Einsatz von UAV in der Baugrunderkundung nicht verbreitet. Im bauvorbereitenden und baubegleitenden Bereich ist aber bereits eine hohe Marktdurchdringung an UAV-Lösungen und -Dienstleistern z. B. für Vermessung, Baudokumentation und BIM in der Fachplanung gegeben. Durch die weiter zunehmende Verfügbarkeit von UAV-Lösungen und -Dienstleistern sowie der technischen Weiterentwicklung von Fluggeräten und Sensorik ist künftig eine Ausdehnung auf weitere Bereiche, wie der Baugrunderkundung, zu erwarten. Insbesondere als ergänzende Untersuchung zur Festlegung zusätzlicher Beprobungspunkte und somit der Verringerung von baugrundbedingten Risiken ist in Verbindung mit der kosteneffizienten Datenerfassung durch UAV von erheblichem Potential auszugehen.

Nicht zuletzt erfährt die Datenanalyse und Entscheidungsfindung z. Zt. erhebliche Innovations- und Automatisierungssprünge durch den Einsatz datengetriebener Modelle. Es ist zu erwarten, dass diese Entwicklung auch die Möglichkeit zum Erkenntnisgewinn UAV-generierter Datensätze erheblich steigert und bisher unbeachtete Zusammenhänge in diesen Daten identifiziert werden, sodass explizite baugrundspezifische Aussagen möglich werden.

Vertrags- und Rechtsfragen im Spezialtiefbau

14

Abkürzungen

BGB	Bürgerliches Gesetzbuch der Bundesrepublik Deutschland in der Fassung vom 23.10.2024
VOB	Vergabe- und Vertragsordnnung für Bauleistungen, hrsg. vom DVA Deutschen Vergabe- und Vertragsausschuss sowie dem DIN-institut, Beuth-Verlag, Berlin, Ausgabe 2019 mit Ergänzungsband 2023
GWG	Gesetz gegen Wettbewerbsbeschränkungen in der Fassung der 10. Novelle 8/2021
DIN	Deutsches Institut für Normung, Berlin

14.1 Allgemeines

Spezialtiefbauleistungen aller Art führen zu zahlreichen Streitigkeiten im Zusammenhang mit der Planung, Ausschreibung, Ausführung und Mängelhaftung. Denn hier wird – wie der Begriff schon sagt – nicht nur „*tief*", sondern auch in spezieller Weise gebaut. Und zwar immer und untrennbar verbunden mit dem Baugrund, der sehr viele Gesichter hat: Angefangen von den Boden- und Fels- bis hin zu den Grundwasserverhältnissen, aber auch möglichen Kontaminationen wie etwa Kampfmittel oder von Menschenhand bzw. von der Natur selbst erzeugte toxische Belastungen. Dass insoweit viele Gerichte die Gleichung „Spezialtiefbau = Spezialwissen" anwenden und so häufig sehr hohe Anforderungen an mögliche Bedenkenhinweise gestellt werden – die bei einem „Normal-Hochbauer" nicht einmal im Ansatz bejaht werden würden –, ist nur eines von zahlreichen Sonderproblemen, mit denen sich Spezialtiefbauunternehmer auseinandersetzen müssen. Das Kernproblem aber liegt darin, dass nur ganz wenige Juristen in der Lage sind, die speziellen technischen

J. Lehn, M.Sc., M. Willikens, *Handbuch der Baugrunderkundung*,
https://doi.org/10.1007/978-3-658-45052-6_14

Gegebenheiten bei Arbeiten auf, mit und im Baugrund und die deshalb insbesondere in der VOB Teil C entwickelten Regelungen zur gerechten Risikoverteilung zu verstehen. Genau dies aber ist der Grund dafür, dass es eine Vielzahl von offensichtlichen Fehlurteilen deshalb gibt, weil der Nachvollzug nicht gelingt, dass jede Spezialtiefbauleistung zwangsläufig aus den Komponenten Baugrund mitsamt allen Inhaltsstoffen (Grundwasser, Kontaminationen, Kampfmittel, künstliche Einlagerungen etc.) einerseits und dem Einsatz von Maschinen, Geräten, Material und Methoden durch Bauausführende andererseits herzustellen ist. Der bedeutungsvolle Satz von Prof. Hermann Korbion, dem Vordenker des deutschen Baurechts in der zweiten Hälfte des 20. Jahrhunderts, den er im Geleitwort zum maßgeblichen „*Handbuch des Baugrund- und Tiefbaurechts*" [1] geprägt hat, erklärt dazu eigentlich alles: „Ohne Grund und Boden geht das Bauen nicht!" Deutlicher kann nicht gesagt werden, dass denknotwendig jedes Bauwerk in Wechselwirkung zum tragenden, aufnehmenden, abstützenden oder einbettenden Baugrund tritt – vom buchstäblich „ersten Spatenstich" an, der (theoretisch) bereits zu Kornumlagerungen, Erschütterungen, Grundwasserbeeinflussung und vielem mehr führen kann –, was sich am praxisnahen Beispiel der Herstellung eines 100 m tief reichenden Bohrpfahls mit 2000 mm Durchmesser oder der Durchführung von Mixed-in-place-Arbeiten plastisch nachvollziehen lässt.

Es ist damit Aufgabe des planenden Architekten bzw. Ingenieurs sowie der Spezialtiefbauunternehmer, gemeinsam mit den Auftraggebern diese Denknotwendigkeit der Mitverwendung des Baugrunds immer wieder nachzuvollziehen und die daraus resultierenden Besonderheiten zu berücksichtigen. Dabei sind nicht nur die speziellen gesetzlichen Vorgaben zu beachten, sondern auch die zahlreichen Regelungen, die von der VOB Teil C in rechtlicher Hinsicht bestehen, aber von Juristen nur selten und von Spezialtiefbau-Ingenieuren manchmal nur rudimentär beachtet werden.

Aufgabe dieses Beitrages in einem „Handbuch des Spezialtiefbaus" kann es damit nur sein, die Praxisprobleme aufzuzeigen und Lösungen unter Verweis auf die spezielle Literatur (vgl. am Ende) aufzubereiten.

14.2　Der Baugrund als terra incognita für Juristen und Ingenieure

Die schnelle Entwicklung immer neuer Baumaschinen und -geräte, die zur Umsetzung neuer Bauverfahren führt, aber auch die Verschärfung der maßgeblichen Gesetze insbesondere zum Schutz der Umwelt und nicht zuletzt das kontinuierlich anwachsende Wissen und Können der Planer und Ausführenden, aber auch der Baugrundgutachter, führt öfter als früher zur Verwirklichung des sog. Baugrundrisikos. Und so tritt vermehrt Streit im Zusammenhang mit „Arbeiten in der Tiefe" auf, der oft von technisch überforderten Richtern nicht nach den Vorgaben des Gesetzes, sondern aufgrund eigener, auf (vermeintlich richtig verstandene) Sachverständigenaussagen gestützte Rechtseinschätzung einem (Fehl-)Urteil zugeführt wird: Wer die Setzungsproblematik von Deponiegut im Zusammenhang mit der Sanierung einer Hausmüll-Ablagerung nicht nachvollziehen kann, wird zwangsläufig unter Bezugnahme auf die Erfolgshaftung des Unternehmers zur Annahme eines Mangels kommen, der auf dessen Kosten von diesem zu beheben ist – auch wenn technisch feststeht, dass der Müllberg hinsichtlich seiner Setzungserscheinungen niemals konkrete Aussagen zulässt, sodass selbst bei noch so perfekter Ausführung mit Kompensatoren und entsprechendem Gefälle immer wieder ein Erlöschen der Gasflamme zum Abfackeln des Deponiegases bei den über viele Jahre anhaltenden ungleichmäßigen Setzungen zu erwarten steht ([1]; OLG München, IBR 2004, 7). Oder: Wer das Prinzip der Bodenvermörtelung, dessen unschätzbarer Vorteil das Belassen des Baugrunds an Ort und Stelle mit entsprechender Einsparmöglichkeit für Material und Transport ist, nicht kennt, kann kein Recht dazu sprechen! Oder: Wer die Problematik der „Uneinsichtigkeit" von Bodenschichten in großer Tiefe nicht nachvollziehen kann, wird bei der Frage, warum trotz großer Düsmengen und fachlich richtiger Ausführung keine dichte HDI-Sohle entsteht, eher die Erfolgshaftung als Grundsatz anstelle der Befreiung von dieser als Ausnahme zur Entscheidungsgrundlage machen.

Kurzum: Es fehlen den Baurichtern und -anwälten oftmals das technische Verständnis und das Wissen um die rechtliche Besonderheit, die der Baugrund als Universalbaustoff, der von der Erdgeschichte geschaffen und vom Auftraggeber als condito sine qua non immer zur Ausführung von Bauarbeiten gestellt werden muss, im Gesetz und in der VOB als Bibel des Baurechts erfährt. Dieses Wissen ist aber Voraussetzung für das Verständnis der BGH-Rechtsprechung zum Baugrundrisiko!

14.2.1   Begrifflichkeit Baugrund – Gebirge – Deponiegut

„*Baugrund*" oder – synonym für Untertagebauarbeiten ATV DIN 18312 – „*Gebirge*" sind Begriffe, die im maßgeblichen Sinn die Bedeutung „Träger von Bauwerken aller Art" haben. Mit „Baugrund" wird ausgedrückt, dass jegliche Bauleistung letztlich in irgendeiner Wechselwirkung zum jeweiligen Baugrund steht: Selbst der Einbau eines Blitzableiters oder die Anbringung des Wetterhahns auf dem Dach kann – theoretisch – dazu führen, dass die Standsicherheit eines Gebäudes in Frage zu stellen ist, weil der „tragende Baugrund" nicht mehr in der Lage ist, die zusätzlichen Lasten (und seien es nur einige Kilogramm) ohne Verformung aufzunehmen.

Leuchtet vielen Juristen noch ein, dass „die Baugrube", in der etwa ein Keller hergestellt wird, in irgendeiner Form etwas mit „Erde" oder „Baugrund" zu tun hat oder dass ein Tunnel im Fels, also – laienhaft verstanden – „im Gebirge" ausgebrochen wird, so fehlt im Regelfall das Verständnis dafür, dass auch andere Medien, in oder auf denen Bauleistungen ausgeführt werden (müssen), als „Baugrund" bezeichnet und so auch in der maßgeblichen Norm für Erdarbeiten (ATV DIN 18300 VOB/C) behandelt werden: Abfall- und Recyclingmaterial, insbesondere aber Deponiegut (OLG München, IBR 2007, 7).

Ein weiteres Verständnisdefizit hinsichtlich der umfassenden Bedeutung des Begriffs „Baugrund" ist schließlich in der Bau- und Gerichtspraxis häufig festzustellen: Erst wenn der Normentext dazu vorgelegt wird, dass Baugrund nicht nur Boden und Fels, sondern auch alle „Inhaltsstoffe" – wie z. B. das Grundwasser, (Kampfmittel-)Kontaminationen oder künstliche „Bodenbestandteile" wie Brunnenschächte, Spunddielen, Bodendenkmäler oder Auffüllungen – bezeichnet, wandelt sich der vorher enge zum universalen Begriff – und damit zum Generalbegriff des Bauens überhaupt!

14.2.2 Rechtsprobleme im Zusammenhang mit dem Baugrund

Im Zusammenhang mit dem Baugrund gibt es eine ebenso große Fülle an rechtlichen Problemen, wie sich die Bautechnik immer wieder mit neuen Überraschungen und Herausforderungen konfrontiert sieht. Um dies nachvollziehen zu können, ist zunächst die rechtliche Qualifizierung des „Baugrunds" bzw. „Gebirges" oder auch Deponieguts vorzunehmen.

Was ist – im Rechtssinne – „Baugrund"? „Etwas" von der Erdgeschichte Vorgegebenes und dem Recht deshalb entzogen? Oder – einfach – ein nicht wegdenkbarer Bestandteil eines jeden Bauwerks, aber auch einer jeden Bauleistung, die letztlich in irgendeiner Form – und sei es nur durch das Gewicht sowie die Verbindung mit dem Bauwerk und damit dem Baugrund – diesen „Grund und Boden" tangiert? Lässt sich eine juristisch nachvollziehbare Qualifizierung finden?

14.2.2.1 Baugrund als „Vorgabe" des Auftraggebers und „Baustoff"

Wesentliche Bestimmungen des gesetzlichen Werkvertragsrechts – §§ 631 ff. BGB – und der VOB, Teil B enthalten den Begriff **„Stoff"**.

So gibt **§ 644, Absatz 1 BGB** vor:

*„Gefahrtragung. Der Unternehmer trägt die Gefahr bis zur Abnahme des Werkes. Kommt der Besteller in Verzug der Annahme, so geht die Gefahr auf ihn über. Für den zufälligen Untergang und eine zufällige Verschlechterung **des vom Besteller gelieferten Stoffes** ist der Unternehmer nicht verantwortlich."*

§ 645 BGB regelt die „Haftung des Bestellers" wie folgt:

*„Ist das Werk vor der Abnahme infolge eines Mangels **des von dem Besteller gelieferten Stoffes oder infolge einer von dem Besteller für die Ausführung erteilten Anweisung untergegangen, verschlechtert oder unausführbar geworden**, ohne dass ein Umstand mitgewirkt hat, den der Unternehmer zu vertreten hat, so kann der Unternehmer einen der geleisteten Arbeit entsprechenden Teil der Vergütung und Ersatz der in der Vergütung nicht inbegriffenen Auslagen verlangen."*

In der VOB Teil B (Ausgabe 2019) finden sich ebenso wichtige wie unverstandene Regelungen zum „Stoff"

§ 4 Abs. 3 VOB/B (Bedenken) lautet:

*„Hat der Auftragnehmer Bedenken gegen die vorgesehene Art der Ausführung (auch wegen der Sicherung gegen Unfallgefahren), gegen **die Güte der vom Auftraggeber gelieferten Stoffe** oder Bauteile oder gegen die Leistungen anderer Unternehmer, so hat er sie dem Auftraggeber unverzüglich – möglichst schon vor Beginn der Arbeiten – schriftlich mitzuteilen; …"*

Eine weitere Regelung findet sich in
§ 13 Abs. 3 VOB/B (Mängelhaftungsfreistellung)

*„Ist ein Mangel zurückzuführen auf die Leistungsbeschreibung oder auf Anordnungen des Auftraggebers, auf die von diesem **gelieferten oder vorgeschriebenen Stoffe** oder*

Bauteile oder die Beschaffenheit der Vorleistung eines anderen Unternehmers, haftet der Auftragnehmer, es sei denn, er hat die ihm nach § 4 Abs. 3 obliegende Mitteilung gemacht."

Auch § 18 Abs. 4 VOB/B (Meinungsverschiedenheiten) regelt allgemein:

*„Bei Meinungsverschiedenheiten **über die Eigenschaft von Stoffen** und Bauteilen, für die allgemeingültige Prüfungsverfahren bestehen, … kann jede Vertragspartei nach vorheriger Benachrichtigung der anderen Vertragspartei die materialtechnische Untersuchung durch eine staatliche oder staatlich anerkannte Materialprüfungsstelle vornehmen lassen; deren Feststellungen sind verbindlich."*

Mehrere weitere VOB/B-Regelungen nennen ebenso den Begriff „Stoff": §§ 2 Abs. 4; 4 Abs. 1 Nr. 2; 5 Abs. 3; 8 Abs. 3 Nr. 3; 15 Abs. 1 Nr. 2; 16 Abs. 1 Nr. 1.

Auch die **VOB Teil C** führt bei allen DIN-Normen jeweils als Überschrift des 2. Abschnitts auf: *„Stoffe, Bauteile".*

Im Beiblatt 1 zur DIN 4020 (Ausgabe 2003) findet sich „Zu 3.1" die Vorgabe

„…, dass der Baugrund einschließlich seiner Inhaltsstoffe ein inhomogener, von der Natur vorgegebener Werkstoff ist …"

14.2.2.2 „Baugrund" ist „(Bau-)Stoff" im Sinne der §§ 644 und 645 BGB sowie der VOB/B und VOB/C!

Der Begriff „Stoff" umfasst *„alle Gegenstände, aus denen, an denen oder mit deren Hilfe das Werk herzustellen ist".* (BGHZ 60,14, 20; 61, 144). Damit sind sowohl der Baugrund [2] als auch die „Gesamtheit des Baugrundstücks" [1] *Baustoff.*

Diese – vom OLG München bestätigte weite Auslegung des Begriffs – wird durch eine technische Vorgabe bestätigt: Im Eurocode 7 (ENV 1997-1, Abschnitt 1.5.2) ist Baugrund wie folgt definiert: *„Baugrund: Erde, Steine und Füllung, die vor Beginn der Baumaßnahme vor Ort vorhanden sind."*

Die „Füllung" ist dabei der Überbegriff. Er umfasst alles, was „im Grundstück unter der Oberfläche verborgen" ist: Böden aller Art, Fels, aber auch Findlinge, Torflinsen, Grundwasser, Auffüllungen, Holzkohlereibsel, Kampfmittel- und sonstige Kontaminationen, alte Brunnen, Stahlträger etc.

Und mit dieser „Füllung" oder „dem vom Auftraggeber bereitgestellten Baugrund(stück)" müssen die Baubeteiligten letztlich auch „arbeiten": Der Architekt muss wie der Tragwerksplaner seine Überlegungen – im Sinne einer wirtschaftlichen, aber auch sicheren Planung – auf die Baugrund-Problematik ebenso richten wie der Bauunternehmer (evtl. auf Kosten des Bauherrn bei Besonderen Leistungen) mit den „Überraschungen" oder Inhomogenitäten aus dem Baugrund heraus fertig werden muss.

14.2.2.3 Rechtsfolgen für die Baupraxis

Der Baugrund, ob gelöst oder in situ, ist „Baustoff" = „Werkstoff" = „Stoff" im Sinne des Rechts. Und dieser „Stoff" wird grundsätzlich vom Grundstückseigentümer bzw. Bauherrn bzw. Auftraggeber „geliefert", „vorgegeben" oder „beigestellt" bzw.

„vorgeschrieben", – so die verschiedenen Formulierungen in den oben zitierten Normen bzw. VOB-Regelungen. Hinzu kommt, dass im Verhältnis zwischen Hauptunternehmer – Nachunternehmer bzw. Nachunternehmer – Nach-Nachunternehmer (Subsubunternehmer) jeweils der Auftraggeber in dieser Vertragskette gleichfalls den „Baustoff Baugrund" „vorgibt" oder „liefert". Dies bedeutet, dass auch in diesen Vertragsverhältnissen die gesetzlichen bzw. VOB-Vorgaben gelten. Dies wird in der Baupraxis, aber auch bei Gericht häufig übersehen. So werden Bedenken nicht (rechtzeitig und gegenüber dem richtigen Adressaten = Auftraggeber) angemeldet und damit auch die Mängelhaftungsbefreiungsmöglichkeit gemäß den §§ 13 Abs. 3 i. V. m. 4 Abs. 3 VOB/B nicht genutzt. Die Befreiung von der Verantwortung nach § 644 BGB bleibt ebenso oft unbemerkt wie ein Vergütungsanspruch auch ohne Erfolgsherbeiführung gemäß § 645 BGB. Schließlich wird oft auch die Möglichkeit der schnellen Streitentscheidung bei unterschiedlichen Meinungen über die Bodenverhältnisse etc. gem. § 18 Abs. 4 VOB/B nicht ergriffen.

14.2.3 Kernproblem: Risikoverwirklichung

Im Zusammenhang mit Arbeiten auf, mit und im Baugrund müssen schon im Planungsvorfeld zahlreiche mögliche Risiken erkannt und berücksichtigt werden, soll es nicht später während der Ausführung zu – oft sehr kostenaufwändigen und auch (lebens-)gefährlichen – Überraschungen kommen. Die beiden großen Risikobereiche werden dabei durch das Baugrundrisiko einerseits und das Systemrisiko andererseits gebildet.

Das Baugrund- oder auch Gebirgsrisiko beinhaltet wiederum eine Reihe von Spezialrisiken, angefangen bei Boden- und Wasserrisiken über Setzungs- bzw. Hebungsrisiken bis hin zum Risiko einer (Kampfmittel-)Kontamination. Gleiches gilt für das Systemrisiko.

14.2.3.1 Das Baugrundrisiko

Von einer Verwirklichung des Baugrundrisikos spricht man im Einklang mit der DIN 4020:2010-12 (Geotechnische Untersuchungen für bautechnische Zwecke – Ergänzende Regelungen zu DIN EN 1997-2:2010-10), Abschnitt A 1.5.3.17 (früher Abschnitt 3.5 der DIN 4020) dann, wenn diese – maßgebend von Prof. Dr.-Ing. Rolf Katzenbach und Prof. Dr. jur. Klaus Englert erarbeitete – Definition erfüllt ist:

> *„Baugrundrisiko ein in der Natur der Sache liegendes, unvermeidbares Restrisiko, das bei Inanspruchnahme des Baugrundes zu unvorhersehbaren Wirkungen bzw. Erschwernissen, z. B. Bauschäden oder Bauverzögerungen, führen kann, obwohl derjenige, der den Baugrund zur Verfügung stellt, seiner Verpflichtung zur Untersuchung und Beschreibung der Baugrund- und Grundwasserverhältnisse nach den Regeln der Technik zuvor vollständig nachgekommen ist, und obwohl der Bauausführende seiner eigenen Prüfungs- und Hinweispflicht nachgekommen ist."*

14.2.3.2 Das Systemrisiko

Das Systemrisiko zählt – obwohl dutzendfach in der VOB Teil C geregelt – zu den Bereichen des Baurechts, die nur verstehen kann, wer technisch-physikalisch-chemische Reaktionen von Baumaterialien im Zusammenhang mit der Witterung, Baumethoden und Bauaufgaben entsprechend den großen Unterscheidungskriterien zuordnen kann.

Es geht dabei um die Abgrenzung von abstrakt-generellen zu konkret-individuellen Reaktionen.

Beispiel

Abstrakt-generell kann zu jeder Sekunde an jeder beliebigen Stelle der Erd- oder Meeresoberfläche ein Meteorit einschlagen. Konkret-individuell lässt sich der Aufschlagsort ebenso wenig vorhersagen wie die Zeit. Oder: Ein Müllberg wird sich immer – abstrakt-generell betrachtet – über die Jahre und Jahrzehnte hinweg durch Verrottungs- und Fäulnis- sowie andere Prozesse ungleichmäßig setzen. Konkret-individuell lassen sich jedoch für keinen Bereich einer Deponie das Setzungsmaß und die Setzungszeit vorherbestimmen. Oder: Beim Einbringen von Gründungspfählen wird abstrakt-generell immer durch entsprechende Kornumlagerung etwa in einem Baugrund mit Feinsand eine Setzung eintreten. Konkret-individuell kann jedoch eine solche Setzung allenfalls näherungsweise, nie aber als absoluter Wert angegeben werden.

Deshalb gibt die VOB/C entsprechende Vertragsregelungen vor, wenn und solange sich dieses Risiko, das ebenso mit dem Baugrund zusammenhängt, verwirklicht. Der Unterschied zum Baugrundrisiko ist dabei relativ einfach:

Während beim echten Baugrundrisiko ein Problem deshalb auftritt, weil der beschriebene und der angetroffene Baugrund nicht übereinstimmen, da Aufschlüsse im Baugrund immer nur Stichprobencharakter haben können und für die zwischen den Erkundungsstellen liegenden Bereiche stets nur Wahrscheinlichkeitsaussagen zulassen, gilt für das echte Systemrisiko: Alle haben alles richtig gemacht, auch der Baugrund ist richtig beschrieben (in den vorstehenden Beispielen: Inhomogener Müllkörper, Feinsand) – aber dennoch kommt es zu Mängeln oder Schäden, weil der anstehende Baugrund auf das zum Einsatz kommende Bauverfahren in letztlich nicht konkret-individuell vorhersehbarer Weise reagiert.

Das Verständnis für diese naturwissenschaftlichen Phänomene fehlt oft bei geotechnisch weniger bewanderten Baujuristen – mit der Folge von vermeidbarem Streit oder Fehlurteilen. Schlimmer aber: Viele Richter und Anwälte kennen nicht die fundamentalen Vorgaben des Bundesgerichtshofs zur rechtlich richtigen Behandlung der gesamten Baugrundproblematik, die gerade in jüngster Zeit sich in maßgebenden Urteilen finden.

Diese Vorgaben zu kennen und zu beachten wäre im Sinne einer einheitlichen Rechtsprechung jedoch Pflicht eines jeden deutschen Gerichts.

14.3   Die Lösung von Spezialtiefbau-Streitfällen auf der Basis der Rechtsprechung des Bundesgerichtshofes und des Vergaberechts

In der Gerichts- und Baupraxis herrscht seit mehr als 25 Jahren Streit über die richtige Lösung von Problemfällen, die im Zusammenhang mit dem Baugrund bei Spezialtiefbauarbeiten entstehen können. Letztlich gibt es zwei Lager: Ein Teil der Gerichte und in der Literatur verneint mit dem Argument der Erfolgshaftung die Verantwortung des Auftraggebers für den von ihm denknotwendig bereit zu stellenden Baugrund und verweist auf das Primat der vertraglichen Regelungen, obwohl genau in den gesetzlichen und vertraglichen Regelungen, die das BGB und die VOB bereitstellen, die rechtlich richtige und auch faire Verantwortungsverteilung geregelt wird, wie der BGH in seinem Urteil vom 28.01.2016 (dazu unten) unmissverständlich klargestellt hat. Dem folgt die herrschende Meinung in Rechtsprechung und Literatur. Deshalb wird nachstehend aufgezeigt, welche eindeutigen „Spielregeln" jeden Baugrund-Rechtsstreit richtig lösen helfen.

Die Feststellung der Verantwortung für die Baugrundverhältnisse bei öffentlichen Bauaufträgen zählt mit zu den schwierigsten Aufgaben für die damit befassten Baujuristen. Denn der „Überraschungsbaustoff Baugrund" entzieht sich nicht nur einer sicheren geotechnischen Beschreibung der Boden-, Fels- und Wasserverhältnisse, weil er bis tief unter der Erdoberfläche „unsichtbar" ansteht, sondern auch einer rechtlich einfachen Beurteilung nach rein rechtsdogmatischen Grundsätzen. Deshalb gibt das Vergaberecht für den öffentlichen Auftraggeber mit der verpflichtend anzuwendenden VOB, insbesondere den Teilen A und C, für alle Bauverfahren, die in irgendeiner Form mit dem Baugrund in Interaktion treten, klare Regelungen für die Fälle des Antreffens von problematischen Baugrundverhältnissen vor. Diese Vorgaben der VOB finden jedoch, obwohl der Teil C Vertragsinhalt ist, oftmals – da offenbar unbekannt – in der Instanzrechtsprechung und Teilen der Literatur keine Anwendung und führen so zur rechtlich nicht haltbaren Beurteilung der Verantwortung für die Baugrundverhältnisse.

14.3.1 Einführung

Der Baugrund stellt bei Bauwerken aller Art die conditio sine qua non zur Herstellung dar. Denn *„Ohne Baugrund geht das Bauen nicht!"*, wie *Prof. Hermann Korbion*, der Ur-Vater des Deutschen Baurechts, schon 1993 im Vorwort zu dem maßgeblichen Handbuch Baugrund- und Tiefbaurecht festgestellt hatte. Seit dieser Zeit findet eine Diskussion zur Frage statt, wer die Verantwortung für den von der Erdgeschichte geschaffenen, aber auch von Menschenhand veränderten und letztlich bis zur Freilegung nicht einsehbaren und deshalb niemals sicher beschreibbaren Baugrund zu tragen hat: Der Auftragnehmer, weil er den Erfolg schuldet? Oder der Auftraggeber, weil er denknotwendig den in die Bauwerksherstellung einzubeziehenden Baugrund zur Verfügung stellen muss? Obwohl der BGH mit einem oftmals falsch verstandenen Urteil vom 28.01.2016, Az: I ZR 60/14 als *obiter dictum* die Verantwortung des Auftraggebers für „seinen" Baugrund herausgearbeitet und auch die

Baustoff-Eigenschaft in den Vordergrund gestellt hatte, negieren immer wieder Instanz-Gerichte und auch die Vertreter der Theorie, wonach der Bauunternehmer wissen müsse, welche Schwierigkeiten der niemals vollständig beschreibbare Baugrund aufweise, diese von der h. M. in Rechtsprechung und Lehre längst manifestierte Erkenntnis: Der Bauherr oder Auftraggeber muss zwangsläufig und denknotwendig „seinen" Baugrund in Form des Baugrundstücks zur Verfügung stellen, damit überhaupt gebaut werden kann. Und deshalb hat er insb. nach den Vorgaben der VOB Teil C, aber auch der §§ 642; 645 BGB, grundsätzlich die Verantwortung für die Kompatibilität von Baugrund und beauftragtem Bauverfahren zu tragen. Diese Vorgaben bleiben oftmals unbeachtet in der Gerichtspraxis.

Der Grund für dieses wiederholt anzutreffende Fehlverständnis der Baugrundproblematik insbesondere im Zusammenhang mit öffentlichen Bauaufträgen ist die Außerachtlassung der Vorgaben des Vergaberechts und insbesondere der vertraglich vereinbarten Regelungen durch den vorgeschriebenen Einbezug der VOB Teil C. Deshalb finden sich Ausführungen zur Anwendung der VOB nur in seltenen Fällen – obwohl der BGH schon 2006 mit Urteil vom 27.07.2006, Az: VII ZR 202/04 = NZBau 2006, 777 und ausdrücklich 2013 mit Urteil vom 21.03.2013, Az: VII ZR 122/11 die Bedeutung der VOB Teil C hervorgehoben hat!

Es ist deshalb notwendig, der Baurechtspraxis ein belastbares Prüfschema zur Beurteilung von Baustreitigkeiten mit Baugrundbezug an die Hand zu geben.

14.3.2 Der Baugrund als unverzichtbare Baukomponente

Für Infrastrukturmaßnahmen wie Straßen, Tunnel, Brücken sowie öffentliche Gebäude stellt der zur Ausführung dieser Projekte unabdingbare Baugrund die conditio sine qua non dar. Deshalb rückt dieser „Untergrundbereich" immer wieder in den Fokus nicht nur der Geotechnik, sondern auch des Baurechts. Zudem führt die stetige Fortentwicklung von Tiefbaumaschinen und -verfahren zu immer mehr Möglichkeiten, in, mit und auf dem Baugrund Tiefbaugewerke zu errichten. Während jedoch Probleme mit Boden, Fels und Grundwasser bis etwa 1980 nahezu unbekannt waren, weil die bis dahin üblichen Baugerätschaften nur so lange und so tief eingesetzt werden konnten, bis sich durch die vorhandenen Baugrundverhältnisse kein Baufortschritt mehr erzielen ließ, galt nach und nach durch die Entwicklung von Schlitzwandfräsen, Mixed-in-Place-Verfahren, Ankerbohrgeräten, Rammen und vielem mehr in der Baupraxis der Satz: Geht nicht, gibt es nicht! Dieser Anschauung machten aber immer häufiger die Baugrundverhältnisse als Grundvoraussetzung für das Gelingen eines Tiefbaugewerks einen Strich durch die Rechnung: Sie erwiesen sich als nicht kompatibel und es mussten neue Wege zur Verwirklichung der immer komplexer werdenden Tiefbauleistungen gesucht und gefunden werden. Das aber war grundsätzlich mit einem sehr hohen finanziellen Aufwand verbunden und somit kam und kommt es immer wieder sehr rasch zum Streit zwischen den Vertragsparteien: Die ausführende Bauunternehmung verweist auf eine Unvereinbarkeit des Baugrunds mit dem vereinbarten Bauverfahren und den Baumaschinen, der Auftraggeber hingegen besteht auf seinem Anspruch, eine mangelfreie, vertragsgemäße Leistung zu erhalten. Die Verantwortung für die Komponente „Baugrund" bleibt dabei unbeantwortet. Vielfach werden auch mangels technischen Verständnisses dezidierte Regelungen innerhalb der Tiefbaunormen der VOB Teil C, ATV DIN 18300 bis 18326 und 18459, obwohl Vertragsinhalt, nicht beachtet, da nicht bekannt. Und grundlegende Vorgaben der maßgebenden Baugrunduntersuchungs- und -beschreibungsnormen, insb. der DIN EN 1997-2 mit DIN 4020, die eine klare Definition des Begriffs „Baugrundrisiko" enthalten, werden nur selten zur Begründung der Verantwortungszuweisung herangezogen. Dabei ist es im Prinzip sehr einfach, die Abgrenzung der Verantwortungsbereiche durch die sog. 5-M-Methode, die in den 90er-Jahren des 20. Jahrhunderts entwickelt worden war und heute von vielen Sachverständigen sowie Gerichten als Beurteilungs- oder Entscheidungshilfe verwendet wird, vorzunehmen. Dies zeigen die nachstehenden Prüfschritte für Baugrund-Fälle, die als hilfreiche Schemata in der Streitpraxis verwendet werden können, auf.

14.3.3 Ein typischer Baugrund-Fall

Zum besseren Nachvollzug der Prüfschritte wird ein öffentlicher Auftrag als Beispiel für eine Baugrund-Risiko-Prüfung gebildet: Eine Stadt beauftragt einen Spezialtiefbauunternehmer mit der Herstellung von Gründungspfählen für die Widerlager einer Brücke. Unerkannt in der Tiefe liegt im Sandstein eine Klüftigkeit vor, zudem steht gespanntes Wasser an. Beide Inhomogenitäten werden im Baugrundgutachten nicht aufgeführt. Dies führt zum Verlust des frischen Betons in Teilbereichen der Pfähle, die damit den Integritäts-Test nicht bestehen und aufwändig durch neue Pfähle mit anderer Ausführungsart ersetzt werden müssen. Der Auftragnehmer verlangt dafür Zahlung und verweist auf das Baugrundrisiko, die Auftraggeberin weigert sich mit Hinweis auf die Erfolgshaftung. Wer hat recht?

14.3.3.1 Geotechnische Grundlagen

Aus der DIN-Norm 4020 als nationale Ergänzungsnorm zur europäischen Baugrunduntersuchungsnorm DIN EN 1992-2 ergibt sich:

> „zu 2.1.1 Aufschlüsse in Boden und Fels sind als Stichproben zu bewerten. Sie lassen für zwischenliegende Bereiche nur Wahrscheinlichkeitsaussagen zu, so dass ein Baugrundrisiko verbleibt."

Hier findet sich also deutlich der Begriff des *„Baugrundrisikos"* in der Normung, deren vertragliche Verbindlichkeit ausdrücklich in Abschnitt 2.1 der maßgebenden VOB Teil C-Norm ATV DIN 18301 (Bohrarbeiten) – wie auch bei allen anderen Tiefbaunormen – vorgegeben ist.

Nimmt man dann noch die Kernaussage zur Baugrunduntersuchung, festgeschrieben in der europäischen Norm DIN EN 1997-2 in Abschnitt 2.1.1 *Allgemeines* dazu, dann gilt zunächst:

> „(1) Geotechnische Untersuchungen sind so zu planen, dass die wesentlichen geotechnischen Informationen und Kennwerte mit Sicherheit in den verschiedenen Projektphasen zur Verfügung stehen. Die geotechnischen Informationen müssen ausreichen, um bekannten

oder voraussichtlichen Gefahren für das Bauvorhaben zu begegnen. Für Bauzustände und den Endzustand sind Informationen und Daten bereitzustellen, um die Risiken von Unfällen, Bauverzögerungen und Schäden abdecken zu können."

Diese Regelungen sind von der Stadt als öffentliche Auftraggeberin aufgrund der §§ 98 ff. GWB; §§ 8a bzw. 8a EU VOB/A verbindlich anzuwenden.

Dabei legt sich die öffentliche Hand selbst eine Beschränkung der Verantwortungsüberbürdung in Form der §§ 7; 7 EU VOB/A Abs. 1 Nr. 3 auf. Danach gilt: Dem Auftraggeber darf kein ungewöhnliches Wagnis aufgebürdet werden für Umstände und Ereignisse, auf die er keinen Einfluss hat und deren Einwirkung auf die Preise und Fristen er nicht im Voraus schätzen kann! Das ist bei nicht sicher erkundbaren Baugrundverhältnissen der Fall: Hier geht die Rechtsprechung davon aus, dass dem Auftragnehmer niemals eine Verantwortung für die Tauglichkeit und die Reaktionen des Baugrunds, in, mit und auf dem ein Bauwerk errichtet werden soll, überbürdet werden darf, insbesondere auch nicht durch AGB. Denn zum einen stellt der Auftraggeber denknotwendig diesen Baugrund bereit, zum anderen kann der Bieter bzw. Auftragnehmer nicht mehr (er-)kennen als der Auftraggeber, der seinerseits durch seinen Baugrundgutachter das überhaupt Mögliche an Erkenntnissen zu den Baugrundverhältnissen untersuchen und beschreiben lässt.

Es ergibt sich damit für die Feststellung, welche Bestimmungen von der Stadt zu beachten waren, zunächst der folgende Überblick:

14.3.3.2 Die Regelungskaskaden zur Lösung der Streitfragen

Das Problem bei der Entscheidungsfindung im Zusammenhang mit Baugrundfragen ist stets, dass eine klare Wegweisung verfolgt werden muss, um das Ziel, d. h. das rechtlich richtige Ergebnis zu erhalten. Dies kann mit Hilfe von drei Prüfschemata erfolgen (Abb. 14.1, 14.2 und 14.3).

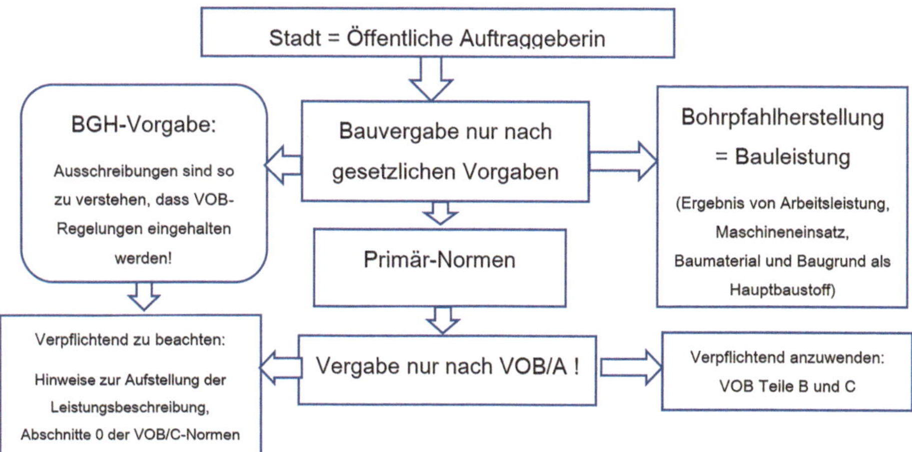

Abb. 14.1 Prüfschema 1

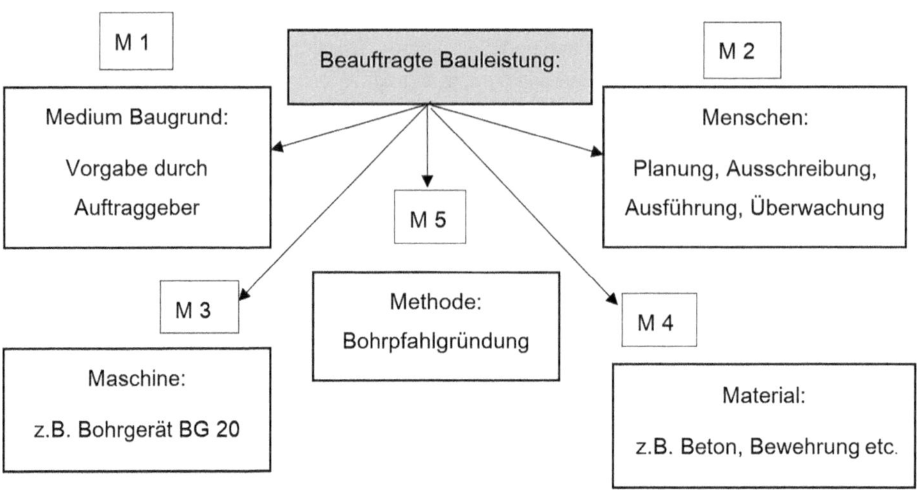

Abb. 14.2 Prüfschema 2

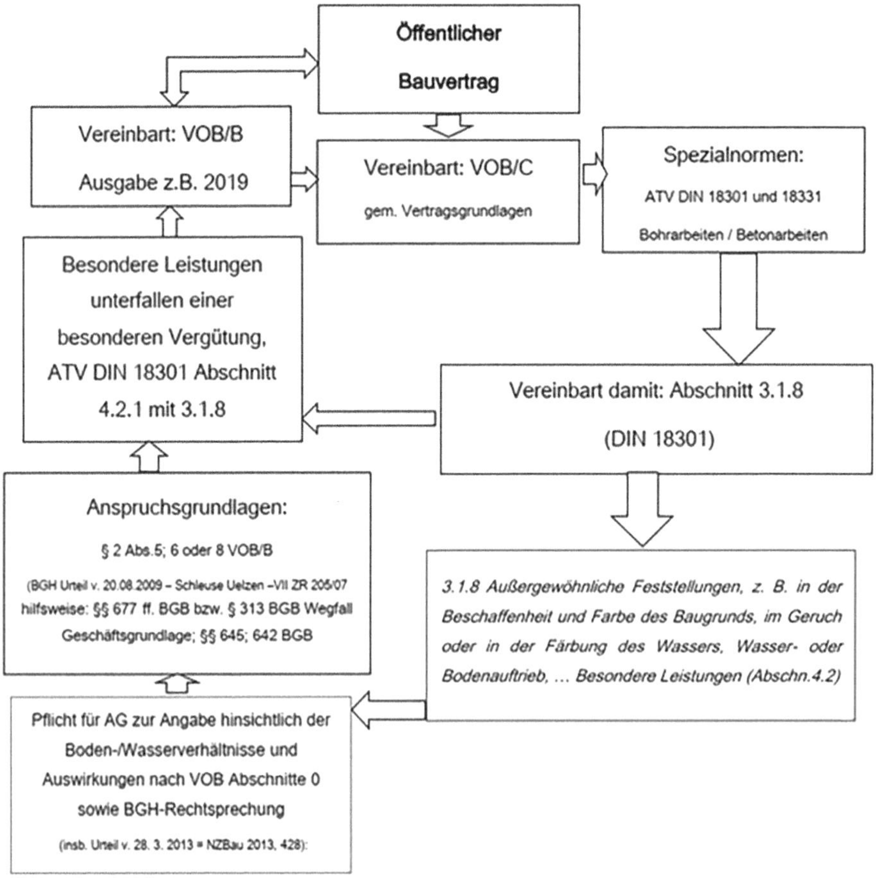

Abb. 14.3 Prüfschema 3

1. **Prüfschema 1:**

Dieses Prüfschema 1 ist einfach zu füllen
Die Stadt ist öffentliche Auftraggeberin und deshalb gesetzlich verpflichtet, die Ausschreibung und Vergabe von Bauleistungen nach den Regelungen der §§ 98 ff. GWB vorzunehmen. Denn die Herstellung von Bohrpfählen tief im Baugrund stellt eine Bauleistung i. S. d. § 1 VOB/A dar: Mit Hilfe von Arbeitskraft (z. B. (Ober-)Bauleiter, Poliere, Geräteführer, Vermesser, Fach- und Hilfsarbeiter), einem Bohrgerät (z. B. BG 20) und weiterer Hilfsgeräte wie z. B. Hebezeuge und Lkw sowie Baumaterial (z. B. Beton für die Pfahlherstellung, Stahl für Bewehrungen) müssen im von der Stadt festgelegten Baubereich nach Tiefenlage, Durchmesser und Länge exakt definierte Gründungs- und Kran-Fundamentpfähle hergestellt werden. Der in den Bohrbereichen erwartete – jedoch im Voraus nicht verlässlich verifizierbare – Baugrund mit seiner Reaktion auf das Herstellungsverfahren stellt die weitere nicht hinwegdenkbare Komponente dieser Herstellung dar. Mit anderen Worten: Für jede Bauleistung ist letztlich die Kompatibilität mit den Baugrundverhältnissen die *conditio sine qua non* einer vertragsentsprechenden Umsetzung:

Einerseits generell das Vorhandensein von Baugrund und andererseits die Wechselwirkung zwischen dem Baugrund – (in dem, auf dem und mit dem jede erdberührende Bauleistung zu erbringen ist) – und der Herstellungsmethode im Entstehungsprozess sowie der Herbeiführung des Bau-Erfolgs zur Abnahmefähigkeit.

Die vorstehenden Ausführungen dürften, da im Baurecht verankert, ohne Widerspruch bleiben.

Nach der Rechtsprechung des BGH ist deshalb davon auszugehen, dass sich selbstverständlich ein öffentlicher Auftraggeber an die geltenden Ausschreibungs- und Vergaberegeln auch halten will (was in der Praxis öffentlicher Auftragsvergaben manchmal übersehen wird). Damit aber ist ebenso unstrittig, dass Vertragsinhalte im Zweifel so zu verstehen bzw. auszulegen sind, dass mit der Bestimmung des Vertragsinhalts auch diese Vorgaben der VOB Teil A, die letztlich der Ausfüllung gesetzlicher Vorgaben in den §§ 98 ff. GWB dienen, beachtet werden.

Damit aber sind insbesondere die folgenden Grundregeln der VOB Teil A in Verbindung mit der höchstrichterlichen Rechtsprechung vorliegend von Bedeutung:

a) Die Stadt wollte als öffentliche Auftraggeberin mit der Ausschreibung der Klägerin keine ungewöhnlichen Risiken überbürden, deren Auswirkungen auf die Preise und Fristen die Klägerin im Voraus nicht abschätzen konnte, § 7 Abs. 1 Nr. 3 VOB/A (Ausgabe 2019), wie der BGH mit Urteil schon vom 09.01.1997 – VII ZR 259/95 vorgegeben hatte.

b) Die Stadt wollte ebenso die „für die Ausführung der Leistung wesentlichen Verhältnisse der Baustelle, z. B. Boden- und Wasserverhältnisse" so beschreiben, „dass der Bewerber ihre Auswirkungen auf die bauliche Anlage und die Bauausführung hinreichend beurteilen kann", §§ 7; 7 EU, je Abs. 1 Nr. 6 VOB/A (Ausgabe 2019). Sind bestimmte Umstände nicht beschrieben, obwohl dies nach der VOB/C erforderlich gewesen wäre – z. B. gespannt anstehendes Kluftwasser im Sandsteinbereich –, so kann der Auftragnehmer davon ausgehen, dass die Vergütungsvereinbarung die Leistung unter diesen Umständen nicht erfasst, wie der BGH mit Urt. v. 21.03.2013 – VII ZR 122/11 ausdrücklich festgestellt hat. Liegen solche Beschreibungen nicht vor und hat der Auftragnehmer auch keine Gelegenheit gehabt, insoweit Feststellungen zu treffen, wird der Auftraggeber redlicherweise davon ausgehen müssen, dass der Auftragnehmer keine außergewöhnlichen Gegebenheiten voraussetzt. Denn der Auftragnehmer darf bei der Kalkulation berücksichtigen, dass ihm keine ungewöhnlichen Wagnisse auferlegt werden sollen, wozu auch Bauumstände gehören können, die redlicherweise deshalb beschrieben werden müssen, weil sie von den gewöhnlichen Gegebenheiten abweichen. Dies hat der BGH in ständiger Rechtsprechung klargestellt, wie das Studium der folgenden Urteile belegt: BGH Urt. v. 22.12.2011 – VII ZR 67/11; Urt. v. 21.03.2013 – VII ZR 122/11 sowie BGH Urt. v. 30.06.2011 – VII ZR 13/10. Die Stadt wollte – wie es das Vergaberecht vorgibt – mit der Ausschreibung die „Hinweise für das Aufstellen der Leistungsbeschreibung" nach den Abschnitten 0 der VOB Teil C beachten, §§ 7; 7 EU jeweils Abs. 1 Nr. 7 VOB/A (Ausgabe 2019). Die Pflicht zu dieser Beachtung der Hinweise – in der Baupraxis häufig übersehen – ergibt sich aus dem Wortlaut der VOB Teil A selbst, wie der BGH mit seinen richtungweisenden Urteilen vom 12.09.2013 – VII ZR 227/11, 21.03.2013 – VII ZR 122/11 und 22.12.2011 – VII ZR 67/11 wiederholt ausdrücklich festgestellt hat. Vorliegend gibt die ATV DIN 18331 in Abschnitt 0.2.29 verpflichtend für die Stadt zur Angabe vor: 0.2.29 Mechanische, chemische und dynamische Beanspruchungen, denen Stoffe und Bauteile während und nach dem Einbau ausgesetzt sind.

Strömendes, da gespanntes oder artesisches Grundwasser aus Kluftbereichen wirkt mechanisch auf Frischbeton bis zu dessen Aushärtung ein. Die Stadt hätte deshalb diese Einwirkung angeben müssen, wenn diese bekannt gewesen wäre. Damit aber musste auch die Auftragnehmerin nicht davon ausgehen, dass eine derartige Beanspruchung des Betons bei der Betonage der Pfähle vorliegen würde, wie der BGH in den vorgenannten Entscheidungen ausdrücklich betont: Was nicht angegeben ist, aber angegeben werden müsste, muss vom Bieter nicht kalkuliert werden! Dabei kommt es nicht darauf an, ob die ausschreibende Stelle selbst unwissend war: Was die Auftraggeberseite nicht kennt, kann auch die Auftragnehmerseite in Bezug auf die tatsächlich anstehenden Baugrundverhältnisse nicht berücksichtigen. Nur in Ausnahmefällen kann deshalb Anlass zu einer Bedenkenanmeldung gemäß den Vorgaben der Abschnitte 3 aller VOB/C-Tiefbaunormen ATV DIN 18300 ff. i. V. m. § 4 Abs. 3 VOB/B bestehen.

c) Die VOB mit den Teilen B und C muss unverändert dem Vertrag zugrunde gelegt werden. Dies folgt ausdrücklich aus den §§ 8a Abs. 1; 8a EU Abs. 1 VOB/A (Ausgabe 2019).

d) Der Baugrund stellt als nicht wegdenkbarer Bestandteil jedes Bauwerks die wesentliche Grundlage für jegliche Bauleistung dar. Er wird vom BGH im Urteil vom 28.01.2016 – I ZR 60/14 ausdrücklich als „Stoff" im Sinne des § 645 BGB und der §§ 4 Abs. 3; 13 Abs. 3 VOB/B behandelt.

e) Dieser „Baustoff Baugrund" wird nach der höchstrichterlichen Rechtsprechung, gefolgt von Wissenschaft und Lehre, denknotwendig von der Auftraggeberseite auf dem gesamten Baufeld für die Pfahlherstellung vorgegeben. Und zwar so, wie er sich im Zusammenwirken mit der Arbeitsleistung, dem Maschineneinsatz und den verwendeten Baumaterialien in situ tatsächlich verhalten hat, nicht aber, wie sich der Baugrund möglicherweise theoretisch verhalten hätte sollen. Insoweit kann jede Vorgabe zu den Baugrundverhältnissen in Baugrundgutachten, Baubeschreibungen und Leistungsverzeichnissen immer nur – wie die maßgebliche und nach Abschnitt 2.2 der einschlägigen ATV DIN 18301 zwingend anzuwendende Baugrund-Untersuchungsnorm DIN EN 1997-2 mit DIN 4020 vorgibt – eine Wahrscheinlichkeitsangabe mit Stichprobencharakter darstellen, nicht aber den Anspruch auf Richtigkeit und Vollständigkeit erheben. Die Kongruenz oder Nicht-Kongruenz zwischen Baugrund-Beschreibung und Baugrund-Realität ist denknotwendig erst dann zu erkennen, wenn die unmittelbare Konfrontation der Bauleistungs-Bestandteile Arbeitsleistung, Maschineneinsatz und Baumaterialverwendung mit den Baugrundverhältnissen erfolgt.

Sind diese vorstehenden Prüfschritte erfolgt und kann die Einhaltung aller Vergabe-Regeln bejaht werden, dann schließt sich das Prüfschema 2 an.

2. Prüfschema 2:

Mit Hilfe dieses, auf dem Prüfschema 1 aufbauenden Kaskaden-Schemas ist mit Hilfe der „*5-M-Methode*" überprüfbar, welche Verantwortungssphären bestehen. Danach besteht jede Bauleistung denknotwendig immer aus den 5 M-Komponenten: Medium (M 1), Mensch (M 2), Maschine (M 3), Material (M 4) und Methode (M 5).

Und für alle diese fünf Komponenten gibt es Verantwortliche dafür, dass sie jeweils kompatibel zur Herbeiführung des vereinbarten Bau-Erfolgs sind.

Geht man dieses Prüfschema 2 anhand der nachträglich von einem Sachverständigen für Geotechnik festgestellten tatsächlichen Baugrundverhältnisse auf der Basis des einleitenden Beispielsfalles durch, so ergibt sich:

a) **M 1 = Medium Baugrund** weist Eigenschaften und Reaktionen mit den Vortriebskomponenten „Bohrgerät" und „Bohr-Methode" auf, die weder vom Baugrundgutachter im Zuge der Baugrunderkundung und -beschreibung festgestellt werden, noch aus anderen Gründen erkannt werden konnten: Eine Wasserwegigkeit mit gespannt anstehendem Kluftwasser in großer Tiefe im Sandstein-Bereich stellt eine deutliche Abweichung der angetroffenen von den durch die Baugrundbeschreibung zu erwartenden Baugrundverhältnissen, die weder die Klüftigkeit noch das gespannte Grundwasser aufzeigen konnte, dar. Diese Nichtkompatibilität des Mediums Baugrund mit der ursprünglich von allen Parteien vorgesehenen Ausführung liegt in der Verantwortungssphäre der Stadt. Denn die AG-Seite hatte den „Baustoff Baugrund" so bereitzustellen, dass mit der beauftragten und ausdrücklich von der AG-Seite mit dem

LV und dem Geotechnischen Bericht auch vorgegebenen Methode „Bohrpfahlgründung" insgesamt alle Pfähle hergestellt werden konnten.

Die Feststellung, dass die Baugrundverhältnisse zu anderen, als den bei Vertragsabschluss von beiden Vertragsparteien angenommenen Problemen führen, beinhaltet grundsätzlich keinerlei Verschuldensvorwurf gegenüber dem Baugrundgutachter oder dem ausschreibenden Fachingenieurbüro der Stadt. Es ist vielmehr in der Geotechnik bekannt und in der DIN 1997-2 mit DIN 4020 ausdrücklich genormt, dass auch bei noch so umfangreicher Baugrunderkundung und -beschreibung immer Fragezeichen aufscheinen können, die nicht von der Technik, sondern nur über zusätzlich erforderlich werdende Leistungen mit entsprechender Vergütungsfolge beantwortet werden können.

Alleine schon aus dem *obiter dictum* des 1.Senats beim BGH im Urteil vom 28.01.2016 mit dem Aktenzeichen I ZR 60/14 ist nachvollziehbar, dass bei Verwirklichung des Baugrundrisikos keinem der Baubeteiligten ein Schuldvorwurf zu machen ist, weil es eben nicht möglich ist, die Baugrund-, insb. auch Wasserverhältnisse in bestimmten Tiefenbereichen sicher anzugeben. Dennoch gibt es – wie die 5 -M-Prüfung aufgezeigt hat –, verschiedene Verantwortungssphären, durch die dann auch die Vergütungs- und Haftungsfrage (ohne dass es auf ein Verschulden ankommen würde!) zu klären ist. Vier der maßgeblichen Vorgaben des BGH im Urteil vom 28.01.2016 – I ZR 60/14 lauten:

- Allerdings ist es grundsätzlich nicht unangemessen, dem Auftraggeber die Verantwortlichkeit für die Bodenbeschaffenheit im Verhältnis zu einem von ihm beauftragten, auf einer Baustelle tätigen Unternehmer aufzuerlegen.
- In der Rechtsprechung des Bundesgerichtshofs ist anerkannt, dass der Besteller einer Werkleistung alles ihm Zumutbare und Mögliche zu unternehmen hat, um den Werkunternehmer bei der Erfüllung seiner Vertragspflichten vor Schaden zu bewahren, und zwar auch vor Schäden an seinem Arbeitsgerät (BGH, Urteil vom 09.07.1959 – VII ZR 149/58, VersR 1959, 948; Urteil vom 03.10.1974 – VII ZR 156/72, VersR 1975, 41).
- Im Regelfall wird der Auftraggeber einer Leistung, die an einem Bauwerk zu erbringen ist, Eigentümer oder Besitzer des Grundstücks sein. Er wird aus diesem Grund die örtlichen Gegebenheiten besser kennen als der Auftragnehmer. Dazu zählen nicht erkennbare unterirdische Risiken. Deshalb erscheint es gerechtfertigt, ihm das Risiko der Eignung der Bodenbeschaffenheit für die Ausführung des Auftrags zuzuweisen.
- Für eine Verantwortlichkeit des Bestellers von auf einer Baustelle auszuführenden Werkleistungen für den Baugrund spricht die Regelung des § 645 BGB. Wenn es Sache des Bestellers ist, den Stoff für die Herstellung des Werks zu liefern, muss er auch die Verantwortung dafür tragen, dass der Stoff zur Herstellung des Werks tauglich ist, und zwar ohne Rücksicht auf ein etwaiges Verschulden. Der sich aus der Beschaffenheit des Stoffs ergebenden Gefahr für das Gelingen des Werks steht der Besteller, wenn er den Stoff zur Verfügung stellen soll, näher als der Unternehmer.

Vorliegend kommt eine weitere Vorgabe des BGH zum Tragen:

Verspricht der öffentliche Auftraggeber, durch Befolgung der VOB/A die Bodenverhältnisse so zu beschreiben, dass ihre Auswirkungen auf die Bauausführung hinreichend beurteilt werden können, so kann der Auftragnehmer im Zweifel darauf vertrauen, dass dies auch so erfolgt ist.

Fasst man die Erkenntnisse zu den vorliegenden Baugrundverhältnissen unter Einbezug der höchstrichterlichen und obergerichtlichen Rechtsprechung sowie der h. M. im Schrifttum und in der Lehre zusammen, dann hat sich vorliegend zweifelsfrei ein Baugrundrisiko verwirklicht, für das keine der Bauvertragsparteien und niemand von Seiten der Baugrundgutachter oder Ingenieurbüros haftbar gemacht werden kann. Jedoch trägt die Verantwortung und damit die Vergütungsfolge für die Bewältigung dieser Risikoverwirklichung in Form von Ausschwemmungen des Frischbetons die Stadt als Bereitstellerin des Baustoffs Baugrund, wenn sich nicht aufgrund der nachstehenden Bau-Komponenten etwas anderes ergibt:

b) **M 2 = Mensch.**

Es bestehen ohne besondere Erkenntnisse keinerlei Anhaltspunkte dafür, irgendeinem Gutachter, Planer, Ingenieur, (Ober-)Bauleiter, Polier, Gerätefahrer oder Facharbeiter einen Vorwurf fehlerhafter Leistungen machen zu können. Man kann also hinter M 2 grundsätzlich einen Haken machen.

c) **M 3 = Maschine.**

Das zum Einsatz kommende Bohrgerät muss zur Bewältigung des beschriebenen (!) Baugrunds geeignet und damit auch in der Lage sein, alle Pfahlbohrungen auf jeweils planliche Endteufe zu bringen. Maßstab für die Beurteilung durch Sachverständige ist dabei der beschriebene bzw. aus sonstigen Angaben abzuleitende wahrscheinlich anzutreffende Baugrund. Im Regelfall gibt es auch hier keine Probleme.

d) **M 4 = Material.**

Hinsichtlich der zur Pfahlherstellung erforderlichen Bewehrung und des verwendeten Betons sind in der Praxis kaum Fälle bekannt, dass hierbei Fehler gemacht werden.

e) **M 5 = Methode.**

Die Tiefbaumethode (z. B. Bohren, Rammen, Pressen, Düsen etc.) wird im Regelfall durch den Baugrundgutachter vorgegeben, abgestimmt auf die beschriebenen Baugrundverhältnisse. Entspricht die Umsetzung der Methode dann dem *state of the art*, ist eine mangelfreie Herstellung ohne Probleme zu erwarten. Aufgabe des Sachverständigen ist es dann, die Umsetzung der Methode einerseits und die Gründe für ein Fehlschlagen andererseits zu prüfen.

Das Prüfschema 2 führt damit in vielen Fällen zu dem Ergebnis:

Alle Baubeteiligten, insb. Baugrundgutachter, Planer, Ingenieure, (Ober-)Bauleiter, Poliere, Gerätefahrer und Facharbeiter, haben alles richtig gemacht – nur der Baugrund in seiner Uneinsehbarkeit und Unbestimmbarkeit aufgrund der vielen Milliarden an Jahren seiner ständigen Umwandlung und Bewegung – etwa durch Gletscherwanderung –, aber auch durch über die Jahrtausende hinweg erfolgten Eingriffe von Menschenhand, hat nicht „mitgespielt" und mit seiner Reaktion auf das zutreffend gewählte Bohrpfahlverfahren die Mängel verursacht.

Damit kommt man zum Prüfschema 3. Dabei geht es nur noch um die Zuordnung der Baugrundrisikoverwirklichung im System der VOB-Vergütungsregeln, die beim öffentlichen Bauauftrag maßgebend sind.

3. Prüfschema 3 (am Beispiel von Gründungspfählen):

Die **Ausfüllung dieses Prüfschemas 3** erfolgt mit den nachstehenden Schritten:

a) Ist die VOB Teile B und C und damit auch die einschlägige Spezialnorm für Bohrarbeiten ATV DIN 18301 sowie für Betonarbeiten ATV DIN 18331 vereinbart, § 1 Abs. 1 Satz 2 VOB/B? Dabei ist auf die jeweils geltende VOB-Ausgabe zu achten, da sich Regelungen von Ausgabe zu Ausgabe ändern können.

b) Mit der VOB/B und C wird automatisch auch die ATV DIN 18299 vereinbart, wie die Abschnitte 1.3 der ATV DIN 18301 und 18331 vorgeben.

Vertraglich vereinbart ist demnach, dass dann, wenn *von der Leistungsbeschreibung abweichende Boden-, Fels- und Wasserverhältnisse angetroffen … werden, dies dem Auftraggeber mitzuteilen ist. Weiter gilt auch: Die Leistungen für gemeinsam festzulegende Maßnahmen sind Besondere Leistungen (siehe Abschn. 4.2.1).* Die Mitteilungspflicht beim Auftreten von Baugrundproblemen versteht sich von selbst. Insgesamt wird mit der VOB-Vereinbarung jedoch zwischen den Parteien vereinbart: Treten von der Leistungsbeschreibung abweichende Bodenverhältnisse (nicht zu verwechseln mit Bodenklassen oder nunmehr Homogenbereichen nach den Abschnitten 2 der ATV DIN 18300 ff. VOB/C!) auf, dann sind die zu treffenden Maßnahmen als Besondere Leistungen zu vergüten. Sofern man insoweit eine zumindest konkludente Anordnung zur Problembewältigung jeweils verneinen will und damit § 2 Abs. 6 bzw. 5 VOB/B nicht unmittelbar zur Anwendung kommen würde, dann hilft der BGH mit dem Urteil vom 20.08.2009 – VII ZR 205/07 (Schleuse Uelzen) damit, dass in solchen Fällen § 2 Abs. 8 Nr. 2 VOB/B mit dem Rückverweis auf die Absätze 5 und 6 des § 2 VOB/B anzuwenden ist. Dieses bedeutsame Urteil wird in der Anwalts- und Gerichtspraxis häufig unzutreffend, da aus dem Zusammenhang gerissen, als vermeintliche Argumentationshilfe verwendet.

Es geht damit allein um die Frage, ob auch wirklich „*von der Leistungsbeschreibung abweichende Bodenverhältnisse*" vorgefunden wurden, die letztlich die mängelfreie Herstellung aller Pfähle verhindert haben.

Wenn „der Fall der Fälle" tatsächlich eintritt, kann nur rückwärtsgerichtet festgestellt werden, welche Ursachen für eine Risikoverwirklichung maßgebend waren, womit man wieder bei der „5-M-Prüfung" ist: Haben geschulte Menschen mit tauglichen Maschinen und passendem Material die vorgegebene Methode richtig umgesetzt? Wenn dies alles zu bejahen ist – wie im Regelfall –, dann liegt die Ursache im 5. M, nämlich dem Medium Baugrund, begründet!

14.4   Exkurs: „Der Baugrund ist, wie er ist!"?

Das häufig gebrauchte Argument, dass der Baugrund „ist, wie er ist" und er damit keine Mängel aufweisen könne, kann aber auch aus einem anderen Grund, als nur den Vorgaben in der VOB Teil C zur Verteilung der Verantwortung im Zusammenhang mit Baugrund-Problemen, nicht greifen:

Der Grat zwischen einer zulässigen Überwälzung von Risiken und der Auferlegung ungebührlicher Wagnisse ist schmal. Wirtschaftliche Interessen führen dazu, dass die Beteiligten den Rahmen des Zulässigen häufig voll ausschöpfen. Die Vorschriften zum ungewöhnlichen Wagnis schließen nicht aus, dass unkalkulierbare und damit sehr riskante Leistungen ausgeschrieben werden. Auch einen Rechtsgrundsatz, dass riskante Leistungen von einem Bieter nicht übernommen werden dürfen, gibt es nicht. Grundsätzlich ist zudem davon auszugehen, dass jedem Vertrag gewisse Wagnisse innewohnen, die der Auftragnehmer bei der Ausführung der Leistung meistern muss.

Hierunter fallen die Risiken aus Vertragserfüllung, Verzug und Mängelhaftung. Das sind alles bekannte Grundsätze aus der Rechtsprechung zum Baurecht und sie müssen hier nicht näher vertieft werden. Denn dadurch wird der Grundsatz nach den §§ 7; 7 EU Abs. 1 Nr. 3 VOB/A nicht abgeschafft, der zum Inhalt hat:

Auftraggeber dürfen Auftragnehmern über die Leistungsbeschreibung keine ungewöhnlichen Wagnisse in technischer und wirtschaftlicher Art für Umstände und Ereignisse aufbürden, auf die diese keinen Einfluss haben und deren Einwirkung auf die Preise und Fristen sie nicht im Voraus abschätzen können. Mit anderen Worten: Die Leistungsbeschreibung darf nicht gegen die §§ 7; 7 EU Abs. 1 Nr. 3 VOB/A verstoßen. Diese Vorschriften dienen der Gewährleistung der Chancengleichheit der Bieter und dem Schutz vor einer unangemessenen Überbürdung von Risiken durch den Auftraggeber. Da diese Vorgaben in Verbindung mit den Bestimmungen des allgemeinen Kartellrechts – Stichwort: Nachfragemacht der öffentlichen Hand in bestimmten Marktsegmenten – als Verbotsvorschrift einzustufen ist, jedoch nach der oben zitierten Rechtsprechung des BGH davon auszugehen ist, dass ein öffentlicher Auftraggeber sich rechtskonform verhalten will, sind Ausschreibungen immer so zu verstehen, wie sie objektiv zur Einhaltung der Vergabevorschriften gefasst sein müss(t)en.

Die Auftragnehmern aufzubürdenden Wagnisse dürfen also – unter Berücksichtigung der besonderen Gegebenheiten des Auftrags – nach Art und Umfang nicht ungewöhnlich sein. Als gewöhnliche Wagnisse gelten solche, die zum leistungstypischen Risiko eines Unternehmers, zu seiner Sphäre, gehören. Darunter fallen Risiken wie die Beschaffbarkeit und Finanzierbarkeit von Materialien oder technische Schwierigkeiten der Ausführung. Nicht in die Sphäre eines Auftragnehmers fallen die Baugrundverhältnisse, wie auch der BGH mit dem Urteil vom 28.01.2016 – I ZR 60/14 unmissverständlich begründet hat. Die Baugrundverhältnisse werden aber dann Teil der Verantwortungssphäre des Auftragnehmers, wenn sie so, wie beschrieben, auch tatsächlich angetroffen werden und der Auftragnehmer damit ein Problem hat. Dies setzt aber voraus, dass es überhaupt möglich ist, die Baugrundverhältnisse gesichert beschreiben zu können. Das aber ist, wie die geotechnischen Normen aufzeigen, häufig nicht möglich. Denn bis heute gibt es keine verlässliche Methode, die Baugrund-, insb. Grundwasserverhältnisse auch nur annähernd richtig so zu beschreiben, dass eine absolut sichere Grundlage für die voraussichtlichen Probleme und die dazu erforderlichen Lösungsmöglichkeiten bejaht werden könnte. Denn damit würde man vom Bieter im Zuge der Angebotserstellung verlangen, dass er eine *worst-case*-Betrachtung und entsprechende Bepreisung vornimmt. Der Auftraggeber erhielte in einem solchen Fall Steine statt Brot: Würden alle Bieter diese eigentlich „unschätzbare" Bewertung in diesem Sinne durchführen, dann erhielte der ausschreibende öffentliche Auftraggeber nur Angebote mit Höchstpreisen. Denn die Bieter müssten dieses sehr hohe Risiko, bedingt durch die für alle Seiten nicht mögliche genauere Beschreibung der Bodenverhältnisse z. B. im Zusammenwirken mit der Herstellung von Bohrpfählen, mit Höchstpreisen anbieten. Kennzeichen ungewöhnlicher Wagnisse ist immer, dass für den jeweiligen Bieter im Voraus nicht einschätzbar ist, ob und gegebenenfalls in welchem Umfang sich das ihm aufgebürdete Wagnis realisieren wird. Da ein Bauunternehmer möglichst zutreffend auch im eigenen Interesse kalkulieren muss, um nicht das Insolvenzgericht bemühen zu müssen, umgekehrt aber ein öffentlicher Auftraggeber mit Blick auf die ihm anvertrauten Steuergelder nicht unnötig Geld ausgeben darf, ergibt sich die einfache Gleichung:

Ist keine sichere Grundlagenermittlung für die Preisbildung möglich, dann will der Auftraggeber keine Vorsichtskalkulation mit Höchstpreisen und der Auftragnehmer keine Wagniskalkulation mit möglichen Unterpreisen. Der goldene Mittelweg liegt in solchen Fällen darin, dass von normalen Baugrundverhältnissen, die theoretisch kompatibel mit dem gewählten Bauverfahren sind, ausgegangen wird und entsprechend die Kosten hierfür Vertragsinhalt werden, jedoch bei objektivierbaren anderen Baugrundverhältnissen die Parteien eine Nachtragsvereinbarung gem. § 2 Abs. 5 oder 6 VOB/B schließen: Damit wird die Auftraggeberseite nicht übervorteilt, weil sie nur dann eine in diesem Fall ohnehin erforderlich werdende zusätzliche Vergütung zu bezahlen hat, wenn sich die unaufklärbaren Baugrundverhältnisse anders als „normal" *in situ* zeigen. Und die Auftragnehmerseite geht nicht das Risiko ein, den Kopf für etwas hinhalten zu müssen, was sie nicht beeinflussen kann (Baugrundverhältnisse) oder aber bei sicherer, also *worst-case*-Kalkulation, keine Auftragschance zu haben.

Es gilt also die vergaberechtliche Regel: Gemäß § 7 Abs 1 Nr. 3 VOB/A kann der Bieter die Einwirkung des ihm aufgebürdeten Wagnisses auf die Preise nur dann schätzen, wenn er im konkreten Fall die Höhe des Risikos und die Wahrscheinlichkeit seiner Verwirklichung selbst einzuschätzen und die daraus resultierenden Auswirkungen auf den Preis zu ermessen vermag.

Es fällt damit alles wieder auf die Füße der Fairness und des Rechts, letztlich in Übereinstimmung mit den §§ 242; 313 BGB, in erster Linie aber mit den vertraglichen Regelungen, die sich wiederum aus einem Rückschluss auf den erkennbaren Vertragsinhalt anhand der Ausschreibung ergeben, wie der BGH in mehreren Entscheidungen ausdrücklich vorgegeben hat:

Danach darf ein Bieter bei der Angebotsbearbeitung davon ausgehen, dass aufgrund der Vorgaben in der Ausschreibung die für eine Bohrpfahlherstellung maßgebenden Boden-,

Wasser- und Felsinformationen im Einflussbereich der Bohrung über die grundlegenden Angaben nach Abschnitt 0.1.9 und 0.1.10 der ATV DIN 18299 (anzuwenden gemäß Abschnitt 1.3 der ATV DIN 18301) hinaus angegeben werden. Ebenso darf der Bieter darauf vertrauen, dass sich nach der Herstellung des Bohrlochs und der Einstellung der Bewehrung im Zuge der anschließenden Betonage keine wesentlichen Änderungen der Eigenschaften und Zustände von Boden, Grundwasser und Fels gegenüber den Ausschreibungsvorgaben ergeben würden. Denn andernfalls hätten diese konkret angegeben werden müssen, um eine sichere Kalkulation gemäß den §§ 7; 7 EU, je Abs 1 Nr. 1 und 2 VOB/A zu ermöglichen.

Es handelt sich im vorliegenden Beispielsfall durch das im Vorfeld nicht feststellbare gespannte Kluftwasser mithin um ein typisches Baugrundrisiko, das bei objektiver Betrachtung ein öffentlicher Auftraggeber – so die Rechtsprechung des BGH – keinesfalls dem Auftragnehmer überbürden will. Denn der Auftraggeber stellt immer denknotwendig die wichtigste Komponente zur Herstellung von Gründungs- und Kranfundamentpfählen, nämlich den Baugrund, in dem die Pfähle – eingebettet wiederum von allen Seiten vom Baugrund – hergestellt werden müssen, um als solche durch die Lastabtragung über den Spitzendruck und die Mantelreibung verwendet zu werden.

Insoweit liegen durch die Angaben zu den Baugrundverhältnissen (nicht zu verwechseln mit der bloßen Beschreibung des Baugrunds als solchem, z. B. Fels, Mergel, Sand!) zwar Anhaltspunkte allgemeiner Art vor, die jedem Tiefbauunternehmer ebenso wie Fachauftraggebern geläufig sind, es fehlt aber die zum Ausschluss einer Wagnis-Überbürdung notwendige Präzisierung, weil eine Angabe der Auswirkung von Grundwasser, wie es im Bereich der Bohrungen angetroffen wurde, nicht konkret möglich ist. Dann nämlich hätte von Anfang an eine Position „Hüllrohr" oder „Bullflexschlauch" im LV aufgenommen werden müssen, womit das eventuell, aber nicht konkret vorhersehbare Problem der Ausspülung des Frischbetons im Sandsteinbereich durch gespanntes Kluftwasser gelöst hätte werden können. Dann wären die Pfähle von Anfang an tauglich gewesen – aber dies hätte eine *worst-case*-Ausschreibung bedingt, die der öffentliche Auftraggeber im Interesse der Steuerzahler gerade nicht vornehmen und auch der Bieter umgekehrt nicht ins Blaue hinein anbieten darf. Deshalb verbleibt das Risiko einer Abweichung der von beiden Seiten vorgestellten Möglichkeit unproblematischer Herstellung mit Hilfe eines normalen Bohrvorgangs mit anschließender Bewehrungseinstellung und Betonage ohne zusätzliche aufwändige Hilfsmaßnahmen auf der Auftraggeberseite. Denn dieser ist es schon durch die Vergaberegeln der §§ 7; 7 EU VOB/A verwehrt, dieses unter keinen Umständen ausschließbare sehr große und – wie sich in der Praxis immer zeigt – äußerst kostenaufwändige Risiko der Bieterseite zu überbürden: Die Stadt stellte den Baugrund, sie bestimmte das Verfahren und legte die Tiefenlage und den Baubereich fest. Damit aber lagen detailliert beschriebene Bodenverhältnisse mit nicht möglichen exakten Angaben zur Reaktion mit dem gespannten Kluftwasser vor. Dies führt aber zu einer Beschränkung im Vergütungssoll auf diese Bodenverhältnisse, wie der BGH im Urteil vom 20.08.2009 – Az: VII ZR 205/07 sowie im Urteil vom 20.06.2013 – Az: VII ZR 103/12 unmissverständlich klargestellt hat. Denn die Stadt wollte bei objektiver Sicht sicherlich nicht, dass alle Bieter das in jeder Hinsicht unbestimmbare, dennoch aber immer latente Risiko einer eventuell vorhandenen gespannten Grundwassersituation und Klüftigkeit aus kaufmännischer Vorsicht heraus mit der *worst-case*-Sicht in die Preisbildung aufnahmen.

Dies wird auch mit Blick auf die normierte Definition eines Baugrundrisikos nachvollziehbar.

Tritt ein solcher Fall ein, dann ergeben sich die finanziellen Folgen nachlesbar aus der einschlägigen vertraglichen Regelung in ATV DIN 18301 Abschnitt 3.1.8 mit 4.2.1 und § 2 Abs. 6 bzw. 8 VOB/B. Denn der Auftraggeber müsste in Ausfüllung des Kooperationsgebots, das der BGH in ständiger Rechtsprechung vorgibt, in aller Regel den Fortgang der Arbeiten unter geänderten Boden- und Wasserverhältnissen anordnen. Denn regelmäßig ist der Werkerfolg sonst nicht zu erreichen. Dies nur entspricht der Notwendigkeit, „*gemeinsam*" die festzulegenden Maßnahmen zu bestimmen, wie die ATV DIN 18301 in Abschn. 3.1.8 ausdrücklich vorgibt.

Der BGH sieht deshalb bei von der Leistungsbeschreibung abweichenden Bodenverhältnissen wegen der Notwendigkeit, weiterzuarbeiten und nicht erst längere Zeit (auch vor Gericht) im Hinblick auf die damit verbundenen Mehrkosten zu streiten, eine konkludente Anordnung des Auftraggebers für gegeben: Danach fordert der Auftraggeber das Weiterarbeiten unter den erschwerten oder geänderten Bedingungen, lässt aber die Vergütungsfrage offen. Dazu weist der BGH ebenso im Urteil vom 20.08.2009 noch einen zweiten Weg: Er sieht in solchen Fällen auch § 2 Abs. 8 VOB/B i. V. m. Abs. 5 und 6 als mögliche Anspruchsgrundlage, sofern nicht ohnehin eine stillschweigende Anordnung bei abweichenden Bodenverhältnissen festzustellen ist.

Vertraglich vereinbarte Bodenverhältnisse waren bei Auslegung des Vertrages nach den Regeln des BGH, wonach u. a. ein Auftragnehmer nicht verifizierbare Risiken nicht kalkulieren kann und muss, solche Boden- und Wasserverhältnisse, die kompatibel mit den Vorgaben „Bohrpfahlherstellung" waren. Denn ein Bieter muss nicht annehmen, dass ein Fachauftraggeber Bauleistungen ausschreibt, von deren Erbringung mit Hilfe der Vorgaben im LV er selbst Zweifel hat: Nachdem vorliegend die Stadt die Gründungspfähle etc. geplant hatte, den Baugrund untersuchen und beschreiben lies und zu den dabei festgestellten Baugrundverhältnissen die (vermeintlich) passenden Vorgaben hinsichtlich des anzuwendenden Bauverfahrens zwingend vorgegeben hatte (Herstellung von Bohrpfählen), konnten und mussten die Streitparteien davon ausgehen, dass die Hinweise im Geotechnischen Bericht berücksichtigt worden waren. Dem ist nochmals die Quintessenz aus einer der wichtigsten Entscheidungen des BGH im Urteil vom 20.08.2009 zu Baugrundverhältnissen anzufügen: Danach ist die – auch stillschweigende – Anordnung des Auftraggebers, die Leistung trotz der veränderten Umstände zu erbringen, eine Änderung des Bauentwurfs im Sinne des § 1 Nr. 3 VOB/B mit der Folge, dass ein neuer Preis nach Maßgabe des § 2 Nr. 5 VOB/B zu bilden ist. Zudem sind an eine Risikoübernahme, die unbekannte Bodenverhältnisse betrifft, jedenfalls dann strenge Anforderungen zu stellen, wenn sie die Baukosten erheblich beeinflussen können.

Überträgt man diese lehrbuchhaften Vorgaben des VII. BGH-Senats auf den Beispielsfall, so ist hervorzuheben, dass die Stadt nicht nur den Baugrund gestellt und beschrieben, sondern auch das zur Bewältigung dieses Baugrundes anzuwendende Bauverfahren verpflichtend vorgegeben hatte. Schließlich enthält das vorzitierte Urteil noch eine deutliche Klarstellung zur Risikoübernahme durch Auftragnehmer: Danach sind an eine Risikoübernahme, die unbekannte Bodenverhältnisse betrifft, jedenfalls dann strenge Anforderungen zu stellen, wenn sie die Baukosten erheblich beeinflussen können! Damit schließt sich der Kreis des Prüfschemas 3.

14.5 Zusammenfassung

Mit Hilfe der vorstehenden drei Prüfschemata kann jeder Baugrund-Fall nachvollziehbar einer Lösung zugeführt werden. Denn dieser Weg wird der Tatsache gerecht, dass denknotwendig der öffentliche Auftraggeber gemäß den §§ 642; 645 BGB den *„Baustoff Baugrund"* zur Verfügung stellen muss, damit überhaupt gebaut werden kann. Dementsprechend greift auch die Freizeichnungsmöglichkeit der §§ 4 Abs. 7; 4 Abs. 3; 13 Abs. 3 VOB/B. Denn der Baugrund ist ein vom Auftraggeber bereitgestellter Stoff i. S. d. Regelungen. Er trägt demnach grundsätzlich die Verantwortung für dessen Tauglichkeit! Im Wesentlichen gelten die vorgenannten Grundsätze und Regelungen auch bei Spezialtiefbauverträgen zwischen einem privaten Auftraggeber und dem Spezialtiefbauunternehmen. Zum einen ist regelmäßig auch hier die VOB Teil C Vertragsbestandteil, zum anderen helfen hier die Regelungen von Treu und Glauben, § 242 BGB, zu ausgewogenen Entscheidungen zu kommen.

Seit 01.10.2023 ist für Spezialtiefbauarbeiten auch die neu eingeführte ATV DIN 18302 (Spezialtiefbauarbeiten zum Ausbau von Bohrungen) im Ergänzungsband 2023 zur VOB/C zu beachten!

Maßgebliche Literatur

1. Englert/Katzenbach/Motzke: Beck'scher VOB- und Vergaberechtskommentar, VOB Teil C, 4. Auflage 2021, Verlage C. H. Beck, München, und Beuth, Berlin
2. Englert/Grauvogl/et al: Handbuch des Baugrund- und Tiefbaurechts einschließlich des Altlasten-, Deponie- und Kampfmittelrechts, 5. Auflage 2016, Werner Verlag, Köln
3. Boley/Englert/et al: Baurecht-Taschenbuch; Sonderbauverfahren Tiefbau: Technische Erläuterungen – Rechtliche Lösungen: Rohrvortrieb, HDD, Pipe¬line¬bau, Tunnel-, Kanal- und Deponiebau, Wasserhaltung, Düsenstrahlarbeiten, Spundwände, Bodenstabilisierung, Abbruch- und Rückbauarbeiten, Kampfmittelproblematik, 1. Auflage 2011, Verlag Ernst & Sohn, Berlin
4. Englert/Motzke/Wirth: Baukommentar, 2. Auflage 2009, Werner Verlag, Köln
5. Englert, Christine/Englert-Dougherty, Stephanie, Die Verantwortung für die Baugrundverhältnisse, NZBau 2023, 1 ff.
6. Englert, Florian, Die Störerhaftung der Bundesrepublik Deutschland im Zusammenhang mit Kampfmitteln, Berlin 2016
7. Englert, K.: „Baugrundrisiko: Schimäre oder Realität beim (Tief-)Bauen?", NZBau 2016, 131 ff.
8. Englert, Beweisführung im Tiefbau – keine Glaubensfrage mehr mit der „5-M-Methode"!, in: Festschrift Jagenburg, C.H.Beck, 2002
9. Kapellmann/Franke/Grauvogl (Hrsg.),„Geheimnisse des Baugrunds", Festschrift für Klaus Englert zum 65. Geburtstag, C.H.Beck, 2014

Arbeitssicherheit 15

In der vorliegenden zweiten Auflage wurde das Kapitel zur Arbeitssicherheit inhaltlich unverändert aus der ersten Auflage übernommen. Die darin dargestellten grundlegenden Prinzipien und Inhalte sind nach wie vor gültig und behalten ihre Relevanz und sind essenziell für den Schutz der Mitarbeiter, als auch für einen reibungslosen Betriebsablauf. Die hier aufgeführten Inhalte dienen als Orientierung und sollten stets mit den aktuellen gesetzlichen Anforderungen abgeglichen werden.

15.1 Allgemeines

Die mit der Ausgabe 4/1997 (ZH 1/492) von der Tiefbau-Berufsgenossenschaft und mit Neufassung unter DGUV Regel 101-008 herausgegebenen

„Regeln für Sicherheit und Gesundheitsschutz bei der Arbeit im Spezialtiefbau"

bzw. *„Arbeiten im Spezialtiefbau"* fassen mit dem Oberbegriff *Spezialtiefbau* folgende Arbeitsbereiche zusammen:

- Bohr-, Bohrpfahl und Bohrpfahlwandarbeiten
- Schlitzwandarbeiten
- Dichtwandarbeiten
- Ramm-, Rüttel- und hydraulische Einpressarbeiten (mit Rammelementen aus Stahlprofilen oder Stahlbetonfertigteilen bzw. für Ortbetonrammpfahle)
- Verbauarbeiten
- Unterfangungsarbeiten
- Injektionsarbeiten
- Baugrundvereisung

J. Lehn, M.Sc., M. Willikens, *Handbuch der Baugrunderkundung*, https://doi.org/10.1007/978-3-658-45052-6_15

- Verpressankerarbeiten
- Wasserhaltungsarbeiten
- Brunnenbau
- Tiefenverdichtungsarbeiten

Diese neue Regel erläutert die einschlägigen Unfallverhütungsvorschriften, insbesondere die UVV „Bauarbeiten" (DGUV Vorschrift 38) und die UVV „Rammen" (VBG 41). Die bisher für *„Arbeiten in Bohrungen"* (ZH 1/492) veröffentlichten Sicherheitsregeln wurden hier eingearbeitet.

In den folgenden Ausführungen sind Textzitate aus diesen Regeln eingerückt und kursiv gestellt.

15.2 Begriffsbestimmungen

Im Sinne der oben genannten Vorschriften sind bzw. ist

- **Arbeiten in Bohrungen** alle Arbeiten, bei denen Personen in Bohrungen eingesetzt werden.
- **Arbeiten in Brunnen** alle Arbeiten, bei denen Personen beim Abteufen von Brunnen eingesetzt werden.
- **Gefahrenbereich** der Bereich in der Umgebung einer Maschine oder einer Ausrüstung des Spezialtiefbaus, in dem Personen dem Risiko einer Verletzung oder Gesundheitsbeeinträchtigung infolge Maschineneinwirkung, z. B. durch arbeitsbedingte Bewegungen der Maschine oder ihrer Arbeitseinrichtungen, durch Abgase, Lärm oder Staub, ausgesetzt sind.

15.3 Allgemeine Anforderungen

Der Unternehmer hat die Aufgabe, dafür zu sorgen, dass Arbeiten des Spezialtiefbaus nach den Bestimmungen dieser Regeln und im Übrigen den allgemein anerkannten Regeln der Technik entsprechend durchgeführt werden. Abweichungen sind zulässig, wenn die gleiche Sicherheit auf andere Weise gewährleistet ist.

Der Unternehmer ist ebenso verpflichtet, seine Mitarbeiter über besondere Gefahren bei der Durchführung der ihnen aufgetragenen Arbeiten ausreichend zu informieren und die erforderlichen Maßnahmen zum Schutz der Versicherten einzuleiten und die nötigen Einrichtungen dafür vorzuhalten und deren sachgerechte Anwendung zu überwachen (z. B. bei Arbeiten in kontaminierten Bereichen).

15.4 Unfallursachen

Grundsätzlich können folgende Ursachenbereiche unterschieden werden:

- technisch bedingte Ursachen
- fehlende persönliche Schutzausrüstung
- organisatorisch bedingte Ursachen
- menschlich/persönlich bedingte Unfallursachen

15.4.1 Technisch bedingte Unfallursachen

Technisch bedingte Ursachen können z. B. fehlerhafte technische Ausrüstungen und Arbeitsplatzausrüstungen sein. Streng genommen müssen auch diese Unfälle auf menschliches Versagen zurückgeführt werden. So ist der sehr oft angeführte Grund des Materialversagens ebenfalls auf mangelnde Qualitätskontrolle oder falsche Ermittlung der erforderlichen Materialfestigkeit, falsche Standsicherheitsberechnungen von Bauzuständen und Geräten usw. zurückzuführen. Ebenso trifft dies zu für die Materialalterung und Materialermüdung, die durch menschliches Versagen nicht rechtzeitig erkannt wurden.

15.4.2 Fehlende persönliche Schutzausrüstung

Der Unternehmer hat für Arbeiten des Spezialtiefbaus den Versicherten die folgenden persönlichen Schutzausrüstungen zur Verfügung zu stellen:

- Kopfschutz (Schutzhelme)
- Fußschutz (Sicherheitsschuhe oder Sicherheitsgummistiefel mit durchtrittsicherem Unterbau)
- Handschutz (Schutzhandschuhe)
- erforderlichenfalls weitere persönliche Schutzausrüstungen wie
  - Gehörschutz
  - Augenschutz
  - Hautschutz

besondere Schutzkleidung (z. B. bei Schweißarbeiten und beim Umgang mit Gefahrenstoffen) wie

- Atemschutz
- Anseilschutz
- Rettungswesten

Die Bereitstellung der persönlichen Schutzausrüstungen schützt vor Unfällen alleine nicht. Der Versicherte hat diese auch zu verwenden. Sind sie mangelhaft, dürfen sie nicht benutzt werden.

15.4.3 Organisatorisch bedingte Unfallursachen

Neben der allgemeinen Sicherungspflicht hat der Bauunternehmer auch die Aufgabe, die von ihm eingesetzten Mitarbeiter auf ihre Tauglichkeit für die betreffenden Arbeiten zu überprüfen und entsprechend zu überwachen. In den Bereich der organisatorischen Pflichten gehört auch die richtige Auswahl der Geräte und Arbeitsverfahren.

Zu den organisatorischen Unfallursachen gehören u. a.: keine rechtzeitige Erkundigung auf eventuell vorhandene Versorgungsleitungen (insbesondere Gasleitungen und Starkstromkabel), Blindgänger und Munition, Gefahrenstoffe, unterirdische Behälter usw. eingeholt.

Zu den Aufgaben des Bauleiters gehören u. a. die Baustellenorganisation sowie begleitende und lenkende Maßnahmen.

Hierzu der Wortlaut des § 618 BGB (1):

„Der Dienstberechtigte hat Räume, Vorrichtungen oder Gerätschaften, die er zur Verrichtung der Dienste zu beschaffen hat, so einzurichten und zu unterhalten und Dienstleistungen, die unter seiner Anordnung oder seiner Leitung vorzunehmen sind, so zu regeln, dass der Verpflichtete gegen Gefahr für Leben und Gesundheit so weit geschützt ist, als die Natur der Dienstleistung es gestattet."

Zu beachten ist ebenso § 4 Nr. 2 VOB/B. Hier heißt es u. a.:

„Der Auftragnehmer hat die Ausführung seiner vertraglichen Leistung zu leiten und für Ordnung auf seiner Arbeitsstelle zu sorgen. Er ist für die Erfüllung der gesetzlichen, behördlichen und berufsgenossenschaftlichen Verpflichtungen gegenüber seinen Arbeitnehmern allein verantwortlich. Es ist ausschließlich seine Aufgabe, die Vereinbarungen und Maßnahmen zu treffen, die sein Verhältnis zu den Arbeitnehmern regeln."

Dabei dürfen Pflichten des Bauunternehmers bzw. seiner Bauleiter nicht uneingeschränkt angewendet werden. Sie müssen auch darauf vertrauen können, dass der betreffende Personenkreis in eigener Verantwortung Gefahren erkennt und die erforderlichen Maßnahmen zur Beseitigung bzw. Vermeidung von Unfallursachen beiträgt. Die für den Arbeitgeber oder seinen Vertreter geltenden Aufsichts- und Schutzverpflichtungen sind jedoch nicht grenzenlos. Dies gilt insbesondere für die sachgerechte Anwendung bzw. Benutzung der allgemeinen und persönlichen Arbeitsschutzeinrichtungen. Dies setzt allerdings voraus, dass die Mitarbeiter über besondere Gefahren ausreichend informiert werden.

15.4.4 Menschlich/persönlich bedingte Unfallursachen

Dieser Bereich gehört wohl zu den am häufigsten vorkommenden Unfallursachen. Dabei sind die Gründe nicht nur direkt auf der Betriebsstelle zu suchen. Es gehören hierzu u. a. auch

- eine ungenügende Vorbereitung
- nicht erkannte Mängel an den Geräten und Werkzeugen
- eine schlechte Ausbildung

Auf der Baustelle sind es insbesondere

- Nichtbenutzung der persönlichen Schutzeinrichtung
- Nichtanwendung (oder leider auch Ausschaltung oder Abbau) maschinentechnischer Schutzeinrichtungen
- Unachtsamkeit (und leider auch Gleichgültigkeit)
- mangelnde Kenntnisse
- Fehlverhalten
- Überlastung
- Unkenntnis
- Alkoholeinfluss

15.5   Unfallschwerpunkte

15.5.1 Allgemeines

Aus verständlichen Gründen ist es nicht möglich, alle Unfallgefahrenpunkte zu nennen. Hier muss auf die entsprechenden Unfallverhütungsvorschriften, Regeln und sonstigen Veröffentlichungen der Bauberufsgenossenschaften und insbesondere der Tiefbau-Berufsgenossenschaft verwiesen werden. Im Rahmen dieses Buches bleibt nur Raum, auf die maßgebenden Regeln hinzuweisen, die den Bereich der Bohrarbeiten betreffen und die in den oben erwähnten Regeln ausführlich behandelt werden.

15.6   Besondere Bestimmungen für Bohrarbeiten

Die Regeln für *„Arbeit im Spezialtiefbau"* umfassen in Bezug auf **Bohrarbeiten** unter u. a. folgende Einzelbestimmungen:

- Die besonderen Bestimmungen für Bohrarbeiten behandeln
  - die Standsicherheit der Bohrung
  - die Handhabung der Bohrrohre und Bohrwerkzeuge

- das Lösen von Rohr- und Gestängeverbindungen
- den Einsatz von Schutzeinrichtungen im Bereich des drehenden Gestänges
- die Handhabungssysteme
- Die besonderen Bestimmungen für Arbeiten in Bohrungen behandeln
    - die Beaufsichtigung und Belegung der Arbeitsplätze
    - den Einsatz von Sicherungsposten
    - die Befahrungsanweisung
    - die erforderlichen Mindestlichtmaße
    - die Sicherung der Bohrlochwandung
    - die Sicherung des Bohrlochmundes
    - die Ausbrucharbeiten
    - die Zugänge zu den Arbeitsplätzen
    - die Verständigung
    - die elektrischen Anlagen und Betriebsmittel
    - die Beleuchtung
    - die Belüftung
    - den Betrieb von Verbrennungskraftmaschinen
    - die Verwendung von Flüssiggas
    - die Wasserhaltung

15.7 Arbeiten in kontaminierten Bereichen

15.7.1 Vorschriften und Regeln

Für Arbeiten in kontaminierten oder sonstigen gesundheitsgefährdeten Bereichen sind zahlreiche Vorschriften und Regeln zu beachten. Eine Zusammenstellung ist enthalten in den

„Regeln für Sicherheit und Gesundheitsschutz bei der Arbeit in kontaminierten Bereichen"

der Tiefbauberufsgenossenschaft, Ausgabe 4/1997 aktualisiert unter DGUV Regel 101-004 *„Kontaminierte Bereiche"*, 2/2006, denen auch ein Teil der vorgenannten Ausführungen entnommen wurde. Textzitate aus diesen Regeln sind jeweils eingerückt und kursiv gestellt.

15.7.2 Begriffsbestimmungen

Kontaminierte Bereiche im Sinne dieser Regeln sind Standorte, bauliche Anlagen, Gegenstände, Boden, Wasser, Luft und dergleichen, die mit Gefahrstoffen verunreinigt sind. Zu den kontaminierten Bereichen gehören auch Anlagen und Einrichtungen zur Behandlung (Sanierung) kontaminierter Gegenstände, Materialien und Stoffe sowie Bereiche mit einem erhöhten Aufkommen an Krankheitskeimen.

Arbeiten im Sinne dieser Regeln umfassen das Herstellen, Instandhalten, Ändern und Beseitigen von baulichen Anlagen einschließlich der hierfür vorbereitenden und abschließenden Arbeiten in kontaminierten Bereichen sowie das Betreiben von Anlagen und Einrichtungen zur Behandlung bzw. Sanierung kontaminierter Gegenstände, Materialien und Stoffe. Zu diesen Arbeiten zählen auch Erkundungsarbeiten, z. B. das Anlegen von Schürfen, die Durchführung von Bohrungen, Sondierungen, Probeentnahmen und Begehungen.

Arbeiten in kontaminierten Bereichen können sein:

Instandsetzung und nachträgliche Errichtung von baulichen Anlagen und Deponien

- nachträgliche Abdichtung stillgelegter Deponien
- alle Bauarbeiten auf mit Gefahrstoffen belastetem Gelände
- Sanierung von Böden, Gewässern und baulichen Anlagen, die mit Gefahrstoffen kontaminiert sind
- Durchführung von Erkundungsbohrungen und -Sondierungen

15.7.3 Persönliche Schutzausrüstungen bei Arbeiten in kontaminierten Bereichen

Als Grundausstattung ist folgende persönliche Schutzausrüstung zur Verfügung zu stellen:

- Schutzhelm
- Bausicherheitsgummistiefel
- Schutzhandschuhe aus Kunststoff
- Einwegschutzanzug, atmungsaktiv und PE-beschichtet

Je nach Art der Arbeit sind folgende zusätzliche Ausrüstungen erforderlich:

- Schutzhelme mit Gesichtsschutzschirmen
- chemikalienbeständige Schutzhandschuhe
- Chemikalienschutzanzüge für schwere Beanspruchungen
- Atemschutzgeräte (Filtergeräte oder Isoliergeräte)

15.7.4 Bestimmungen für Bohrungen und Sondierungen

Werden bei Bohr- oder Sondierungsarbeiten Unregelmäßigkeiten festgestellt, die zu Gefahren für die Versicherten führen können, sind die Arbeiten unverzüglich zu unterbrechen, der Gefahrenbereich zu verlassen und der Aufsichtführende zu verständigen.

Als Unregelmäßigkeiten kommen z. B. in Betracht:

- Unvermutet austretende Gase, Dämpfe oder Stäube
- Hindernisse beim Bohren, wie Metallteile, Munition
- Hohlräume im Erdreich, Dolinen und ähnliches
- Veränderungen des Bohrkleins oder der Bohrspülung in Menge, Farbe und Geruch

Der Aufsichtführende hat festzulegen, welche Sicherheitsmaßnahmen zu treffen sind. Ist mit austretenden Gasen oder Dämpfen zu rechnen, ist deren messtechnische Untersuchung zu veranlassen.

In Betracht kommende Sicherheitsmaßnahmen können z. B. sein:

- den Gefahrenbereich festlegen, kennzeichnen und absperren
- den Gefahrenbereich von Personen räumen
- dafür sorgen, dass sich die Versicherten bei austretenden Gasen oder Dämpfen nur auf der dem Wind zugekehrten Seite aufhalten
- erzeugen eines künstlichen Luftstromes mittels leistungsstarkem Gebläse
- Gasabsaugung oder -inertisierung
- abwarten, bis die angebohrte Gasblase ausgelüftet ist

Bohr- oder Sondierungsarbeiten dürfen erst fortgesetzt werden, nachdem der Aufsichtführende dies angeordnet und die dabei einzuhaltenden Schutzmaßnahmen, erforderlichenfalls unter Hinzuziehung eines Sachverständigen, festgelegt hat.

Eine Weiterarbeit kann möglicherweise trotz technischer Lüftungsmaßnahmen nur unter Verwendung von geeigneten Atemschutzgeräten erfolgen. Im Falle einer festgestellten explosionsfähigen Atmosphäre, die nicht beseitigt werden kann, darf nur ohne Zündquellen und mit explosionsgeschützten Geräten weitergearbeitet werden. Siehe auch „Explosionsschutz-Richtlinien (EX-RL)" (BGR 104).

Das bei Bohr- oder Sondierungsarbeiten anfallende Bohrgut usw. muss unmittelbar an der Austrittstelle in dafür geeignete Behälter aufgefangen (Abb. 15.1), durch Hauben abgedeckt und später fachgerecht entsorgt werden. Das gilt ebenfalls für Bohrspülungen und ähnliches. Art und Umfang der Maßnahmen und der Entsorgung müssen vor Beginn der Arbeiten festliegen.

Die verwendeten Bohr- und Hilfsgeräte, Bohrwerkzeuge, Rohre und das sonstige Zubehör sind bei Beendigung der Arbeiten an den dafür vorgesehenen Stellen (Waschplatz usw.) zu reinigen.

Bei Arbeiten unter *Teilschutzbedingungen* können u. a. folgende Maßnahmen erforderlich werden:

Arbeitsmedizinische Eignungs- und Vorsorgeuntersuchung

- Belehrung über besondere Gefahren im kontaminierten Arbeitsbereich
- Erarbeitung einer auf die Baustellenverhältnisse abgestimmten Arbeitsanweisung

Abb. 15.1 Bohrarbeiten in einem stark kontaminierten Bereich, Personal im Schutzanzug mit Atemschutzfiltergerät. Das Bohrgut wird in einer Wanne aufgefangen und bis zum Abtransport gelagert. (Quelle: Celler Brunnenbau)

Abb. 15.2 Arbeitnehmer mit Schutzanzug und Atemschutzfiltergerät. (Foto: Bauer Grundbau)

- Auswahl von zusätzlicher persönlicher Schutzausrüstung (Abb. 15.2) (z. B. Einmalschutzanzüge, Atemschutzmasken, Gummihandschuhe usw.)
- Einrichtung von Personalschleusen mit Umkleideräumen, Ausgabe- und Pflegestation für persönliche Schutzausrüstung, Duschkabinen, Ruhe- und Aufenthaltsräume Festlegung des Arbeitsrhythmus, da durch die erforderlichen Atemschutzfiltergeräte nur zwei Stunden mit anschließender Pause von einer Stunde (einschließlich. Ein- und Ausschleuszeit) gearbeitet werden kann
- Dekontaminationsstation für Gerät und Material vor dem Abtransport von der Baustelle, Reinigen des Wassers von Schadstoffen aus der Dekontamination
- Begleitende Luftmessungen und Beprobung des Bohrgutes zur Sicherstellung der Einhaltungen der MAK-Werte (maximale Arbeitsplatzkonzentration)

Umfassende Informationen sind den Regeln für

„Kontaminierte Bereiche" – DGUV Regel 101-004
„Arbeiten im Spezialtiefbau" – DGUV Regel 101-008

15.8 Allgemeine Hinweise für Arbeiten im Bereich von Leitungen

15.8.1 Arbeiten im Bereich elektrischer Freileitungen

Die Gefährlichkeit des elektrischen Stromes wird oft unterschätzt. Bereits geringere Stromstärken können lebensgefährlich sein. Auch bei weniger gut leitenden Materialien kann bei Nässe ein Stromüberschlag erfolgen, deshalb ist folgendes zu beachten:

- Sicherheitsabstände (Tab. 15.1) in der Nähe spannungsführender elektrischer Freileitungen beachten.
- Das Ausschwingen der Leitungsseile durch Wind berücksichtigen.
- Bei Arbeiten mit Maschinen, z. B. Bohrgeräten, Bagger, Bohrrohre und Gestänge, die Gefahr der Annäherung an spannungsführende Freileitungen berücksichtigen.
- Eventuell Freischaltung beantragen, falls die Sicherheitsabstände zu elektrischen Freileitungen nicht eingehalten werden können.
- Alle Sicherheitsmaßnahmen in Abstimmung mit dem Betreiber der Leitungen (z. B. Elektroversorgungsunternehmen) festlegen und durchfuhren.
- Vor Beginn der Arbeiten die Beschäftigten einweisen und über die Gefahren informieren.

15.8.2 Arbeiten im Bereich erdverlegter Leitungen

15.8.2.1 Allgemeine Hinweise
- Vor Baubeginn Informationen über Lage und Schutzabstände von den Leitungseigentümern, (z. B. Stadtwerke, Post, Tiefbauamt) einholen und beteiligte Mitarbeiter und Firmen informieren.
- Zum Auffinden von Leitungen Suchgräben herstellen oder Ortungsgeräte einsetzen. Im vermuteten Leitungsbereich in Handschachtung arbeiten.

Tab. 15.1 Sicherheitsabstände für stromführende Freileitungen

Nennspannung in kV	Sicherheitsabstand in m
bis 1	1
über 1 bis 110	3
über 110 bis 220	4
über 220 bis 380 (oder bei unbekannter Spannung)	5

- Beim Antreffen unbekannter Leitungen sofort den Auftraggeber, die Behörde oder den Leitungsbetreiber informieren und Arbeiten einstellen.
- Beim Aushub auf Schutzabdeckungen oder Warnbänder im Boden achten.
- Den vorhandenen Leitungsverlauf kennzeichnen und Schutzstreifen von mindestens 1 m in Längsachse berücksichtigen.
- Maschinellen Aushub nur bis maximal 50 cm Abstand zur Leitung einsetzen. Freilegen der Leitung in Handschachtung vornehmen, Schutzabstände und Kabelschutzanweisungen der jeweiligen Leitungsbetreiber beachten.
- Vorsicht ist angezeigt bei horizontalen oder geneigten Bohrungen. Hier ist bis in den Bereich der Endtiefe mit dem entsprechenden Sicherheitsabstand zu prüfen.

15.8.2.2 Zusätzliche Hinweise für Telefon- und Elektroleitungen

- Nicht näher als 10 cm (Telefon) bzw. 50 cm (Elektro) mit spitzem oder scharfem Werkzeug an das Kabel herangehen oder *stumpfe Geräte* (Schaufeln) einsetzen.
- Abfangungen, Unterstützungen und Umverlegungen von Elektroleitungen nur von Energieversorgungsunternehmen durchfuhren lassen.
- Beim Stromübertritt im Schadensfall ist unbedingt Abstand vom Aushubgerät zu halten.

Der Maschinenführer darf den Führerstand nicht verlassen, bis die beschädigte Stromleitung spannungsfrei geschaltet ist.

15.8.2.3 Zusätzliche Hinweise für Gasleitungen

- Bei Beschädigungen (auch geringsten Verformungen) oder Gasgeruch Feuer und Funkenbildung vermeiden, Zündquellen beseitigen, Motore abstellen, keine elektrischen Schalter betätigen oder Kabelstecker ziehen, den Arbeitsbereich auf ausströmendes Gas überprüfen lassen.
- Vor Baubeginn Lage der Absperrschieber ermitteln.
- Vorhandene Schachtdeckel, Schieberkappen usw. stets freihalten. Während der Bauarbeiten Telefonnummern von Leitungsbetreibern (Störungsdienste), Behörden (Umweltamt, Wasserbehörde, Tiefbauamt), Polizei und Feuerwehr bereithalten. Bei Beschädigung einer Leitung Arbeiten sofort einstellen, den Gefahrenbereich absperren und zuständige Stellen (Leitungseigentümer, Leitungsbetreiber, Polizei, Feuerwehr) informieren. Passanten, Hausbewohner warnen und unbefugte Personen fernhalten.

15.8.2.4 Zusätzliche Hinweise für kreuzende Leitungen

- Rohre, Kabel, Isolierungen und Anschlüsse sichern und vor Beschädigungen durch Baggergreifer, Werkzeug, pendelnde Rohre, herabfallende Gegenstände (z. B. Steinbrocken, Stahlträger, Verbauteile) schützen.
- Vorsicht bei stillgelegten Leitungen! Alte Gasleitungen müssen ausgeblasen und alte Stromleitungen überprüft werden.

15.8.2.5 Ortung von Kabeln und Leitungen

15.8.2.5.1 Geräte

Mehrere Firmen stellen Leitungssuchgeräte her, die relativ einfach in der Handhabung, robust und kostengünstig in der Anschaffung sind (Abb. 15.8). Mit ihrer Hilfe kann man ein Gelände vor Beginn der Erd- bzw. Bohrarbeiten auf erdverlegte Leitungen und metallische Rohre sondieren sowie deren Verlegetiefe feststellen. Die Anschaffungskosten liegen in der Größenordnung der Kosten von nur zwei bis drei Schäden mittleren Umfangs.

Prinzipiell ist zwischen der Ortung metallischer und nichtmetallischer Leitungen zu unterscheiden.

15.8.2.5.2 Elektromagnetische Ortung metallischer Leitungen – Passives Verfahren

Fließt in einem Leiter elektrischer Strom, so ist in der Umgebung des Leiters ein magnetisches Feld vorhanden. Das Feld ist umso stärker und kann umso besser mit einem Empfänger erfasst werden, je größer der Strom ist. Mit zunehmendem Abstand vom Leiter nimmt die Feldintensität ab, und die Ortung wird schwieriger. Die Abhängigkeit der Feldstärke vom Abstand wird dazu benutzt, Tiefenlage und Verlauf eines Kabels zu messen (Abb. 15.3 und 15.4).

Ein großer Strom fließt vor allem in 50-Hz-Energiekabeln, wobei lastabhängig zeitlich starke Schwankungen auftreten können. Führt das Kabel keinen Strom, kann es im 50-Hz-Empfangsmodus nicht geortet werden, auch wenn es unter Spannung steht. Auch auf dem metallischen Schirm oder Mantel eines Kommunikationskabels fließen meist Ausgleichsströme mit einer Frequenz von 16,67 Hz oder 50 Hz. Sie sind damit gut ortbar. Metallische

Abb. 15.3 Schematische Darstellung der Ortung von Verlauf und Tiefe einer stromführenden Leitung mit dem Gerät „Radiodetection RD 400"

Abb. 15.4 Schematische Darstellung der Ortung von Verlauf und Tiefe einer stromführenden Leitung mit dem Gerät „Radiodetection RD 400"

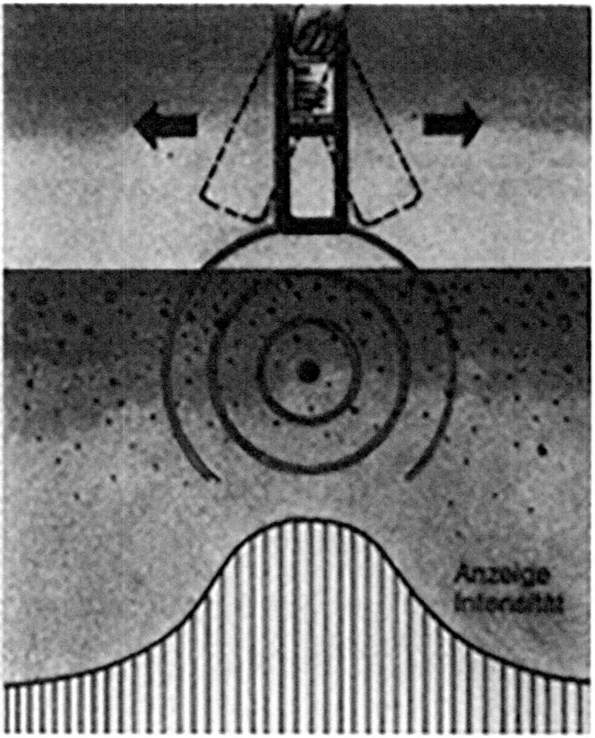

Rohre fuhren in vielen Fällen Ausgleichsströme des 5 O-Hz-Wechselstromes und sind deshalb zu orten. Alte, katholisch geschützte Rohrsysteme weisen ebenfalls Ströme auf, die der Ortung dienen können. Metallische Rohre sind jedoch häufig durch isolierende Muffen verbunden, wodurch ein Stromfluss und damit die Ortung verhindert wird.

In metallischen Leitern fließt jedoch nicht nur Strom bei der industriell genutzten Frequenz von 50 Hz, sondern auch bei Frequenzen im Bereich von 14 bis 19,5 kHz. Sie werden von VLF-Sendern hervorgerufen. Dies sind Sender des festen Funkdienstes oder des Navigationsfunkdienstes, zu denen auch Militärsender gehören. Es besteht ein relativ dichtes Netz an VLF-Sendern, so dass praktisch an jedem Ort ein Empfang möglich ist.

Da Standort und Einschaltzeit der Sender meist unbekannt sind, besteht die Möglichkeit unterschiedlicher Empfangsresultate an einem Ortungsobjekt, wenn zu unterschiedlichen Zeiten gemessen wird. Ein metallischer Leiter, der im Durchströmungsbereich dieser VLF-Ströme liegt, hat im Vergleich zum Erdboden einen höheren Leitwert. Deshalb fließt ein relativ großer Teil des VLF-Stromes auf dem Leiter und kann zur Ortung genutzt werden. Bei einem Leiter, der quer zu den Strompfaden liegt, kann sich kein VLF-Strom einstellen. Diese Leiter wären nicht ortbar, wenn nur ein VLF-Sender wirksam wäre. Meist sind jedoch mehrere VLF-Sender mit unterschiedlichen Standorten tätig. Kurze Leitungen oder Leitungen mit sehr geringem Querschnitt nehmen aber die durch das Erdreich fließenden VLF-Ströme kaum auf und sind daher auf diese Weise nicht ortbar.

15.8.2.5.3 Elektromagnetische Ortung metallischer Leitungen – Aktives Verfahren

Beim aktiven Orten wird der Strom in den metallischen Leitungen mit einem speziellen Sender erzeugt. Das magnetische Eigenfeld der Leitung wird – wie beim passiven Verfahren – mit Hilfe des Empfängers erfasst. Der Sender bildet ein magnetisches Feld bei einer Frequenz von 8 bis 300 kHz aus. Eine Zulassung des Zentralamtes für Zulassungen im Fernmeldewesen ist erforderlich.

15.8.2.5.4 Ortung nichtmetallischer Leitungen

Nichtmetallische Rohre und Kabel sind ohne metallische Hilfsleitungen elektromagnetisch nicht zu orten. Als Abhilfe werden Trassenwarnbänder mit eingelegten Drähten angeboten, die bei der Neuverlegung nichtmetallischer Rohre mit eingegraben werden. Die Bänder erfüllen allerdings nicht immer die in sie gesetzten Erwartungen, vor allem nicht bei der passiven Ortung.

Dies ist darauf zurückzuführen, dass sich auf den Drähten kein ausreichender Strom ausbilden kann, weil entweder ihr Querschnitt oder ihre Länge zu klein sind oder sie keine hinreichend gut leitende Verbindung zur Erde haben. Jede Unterbrechung des Drahtes verkleinert bzw. verhindert den Strom und macht damit die Ortung schwieriger bis unmöglich. Größere Erfolge versprechen parallel verlegte metallische Leiter mit hinreichendem Querschnitt, größerer Länge und gutem Erdkontakt.

(Weitere Informationen u. a. über das Gerät RD 400 (Abb. 15.5 und 15.6) und genaue Angaben der Funktion und Handhabung www.radiodetection.de)

In Verbindung mit einem „Molch-Sender" können nichtmetallische Rohrleitungen geortet werden. Der Molchsender ist in ein wasserdichtes Gehäuse eingebaut. Ortet man das Zentrum des ausgesandten Magnetfeldes und damit die genaue Position des Molchsenders, so erhält man beim Ziehen durch Rohre deren genauen Verlauf (Abb. 15.7). Beim Auffinden unbekannter Leitungen kann der Molchsender nicht helfen (Abb. 15.8).

15.8.3 Weitere Hinweise zur Vermeidung von Leitungsschäden

Schlussfolgernd sollen einige Maßnahmen genannt werden, mit denen die Anzahl der Leitungsschäden vermindert werden kann:

Im Untergrund sind heute sehr große Werte verborgen. Insbesondere öffentliche Verkehrswege sind auch im Untergrund als wertvolle Bauwerke anzusehen. Angemessene Aufwendungen für die sorgfältige Planung, Verlegung und Dokumentation unterirdischer

Abb. 15.5 Weitläufige
Leitungsortung (RD 400)

Kabel und Leitungen sind ebenso zu akzeptieren wie Aufwendungen für die ästhetische Gestaltung der sichtbaren Oberflächen. Da 60 % aller Bauschäden auf Fehler bei der Planung, Ausführung und Ausschreibung zurückzuführen sind, ist auf diese Bereiche große Aufmerksamkeit zu richten.

Die herausgegebenen Ausschreibungsunterlagen und Leitungspläne müssen für die Baufirmen direkt verwendbar sein. Alle Leitungen sind in einem einheitlichen Maßstab darzustellen und auf Festpunkte einzumessen. Auf die Angabe der Höhenlage darf zumindest in Ballungsbereichen nicht verzichtet werden. Falls z. B. aus historischen Gründen nur unverbindliche Angaben existieren, sind die Leitungen vor Beginn der Bauarbeiten aufzumessen oder die Leitungssuche als gesonderte Position ins Leistungsverzeichnis aufzunehmen. Daten über die tatsächliche Lage der Leitungen sind genau zu erfassen und in Datenbanken zu speichern (Leitungskataster). Verlegte Leitungen sind gut kenntlich zu machen, z. B. durch breite Trassenwarnbänder oder Warnnetze. Bei Bauarbeiten ist an kritischen Stellen Handschachtung vorzuschreiben (und auch zu bezahlen!).

Abb. 15.6 Tiefenortung.
(RD 400)

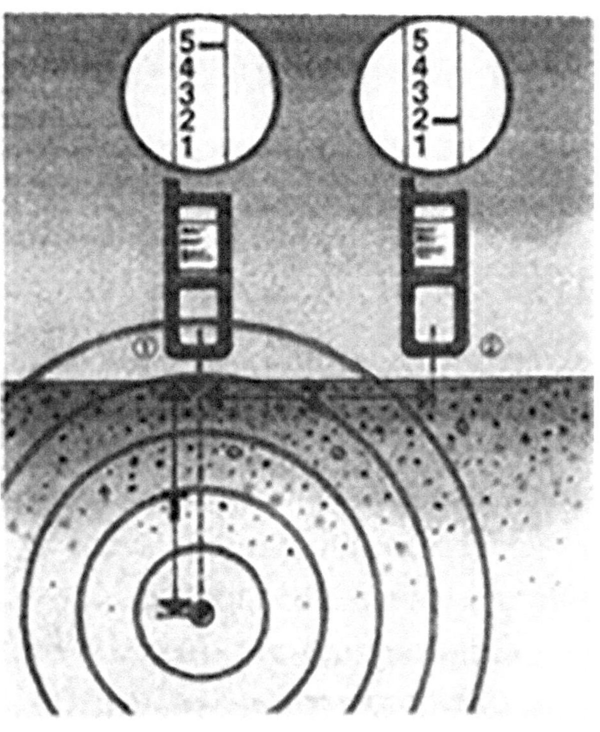

Abb. 15.7 Ortung mit Hilfe
eines „Molch-Senders"

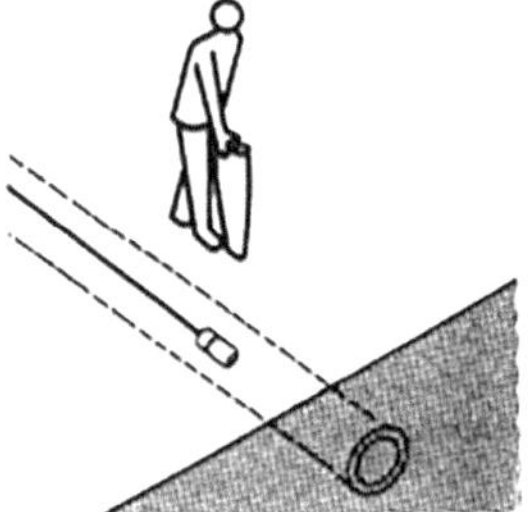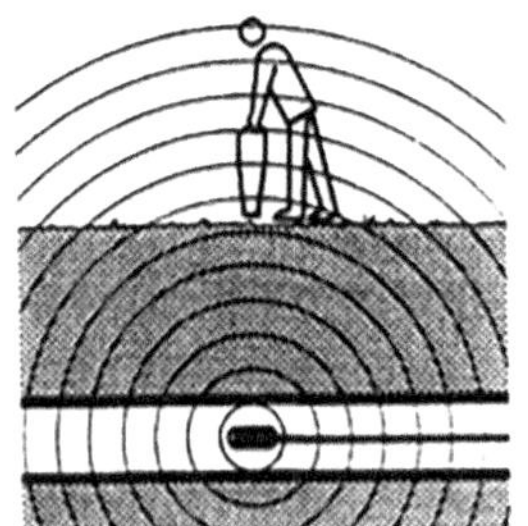

Abb. 15.8 Leitungssuchgerät
Fabrikat Radiodetection,
Typ RD 400

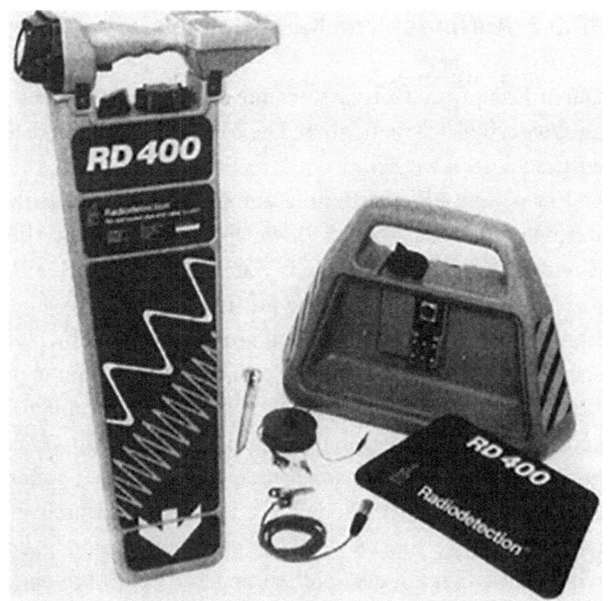

15.9 Gefahren durch Kampfmittel

15.9.1 Allgemeines

Bei der Bombardierung deutscher Städte durch englische und amerikanische Bomberverbände in den Jahren 1941 bis 1945 kamen bis zu 1000 Flugzeuge je Tag zum Einsatz. Unmengen von Brand- und Sprengbomben wurden dabei abgeworfen. Davon kamen 10 bis 15 % nicht zur Detonation und lagerten nach Kriegsende noch unter Trümmern und im Boden. Obwohl ein großer Teil bereits entdeckt, entschärft und entsorgt wurde, kommt es immer wieder zu Blindgängerfunden und leider auch zu Unfällen durch Selbstdetonationen mit Personen- oder/und Sachschäden. Wenn auch der größte Teil der Bomben auf Städte und Industrieanlagen abgeworfen wurde, so ist auch in Wäldern und auf sonstigen Grundstücken außerhalb der Städte heute noch mit derartigen Kampfmitteln zu rechnen. Dabei handelt es sich auch teilweise um Rückstände aus Munitionsdepots o. ä. Sie stellen insbesondere bei Erd- und Bohrarbeiten eine große Gefahr dar. So hat sich am 16. September 1994 in Berlin ein derartiger Unfall ereignet. Bei Bohrarbeiten wurden drei Mitarbeiter eines Spezialtiefbauunternehmens durch die Detonation einer 250-kg-Bombe getötet und zahlreiche Beschäftigte und Passanten verletzt. Außerdem entstand großer Sachschaden an Geräten und Gebäuden. Der Auftraggeber hatte versäumt, Erkundigungen über eventuell vorhandene Kampfmittel einzuholen und der Auftragnehmer hat nicht auf eine entsprechende Untersuchung vor Beginn der Bohrarbeiten bestanden.

15.9.2 Auffinden von Kampfmitteln

Durch Kampf- und Einsatzberichte sowie Aussagen von Zeitzeugen sind erste Hinweise auf Verdachtsflächen möglich. Die Mehrzahl der Grundstücke kann so als Verdachtsfläche ausgeschlossen werden.

Einen wesentlichen Beitrag zur Auffindung von Blindgängern stellt die Luftbildauswertung dar (siehe Abb. 15.9), welche die damaligen Alliierten meist einen Tag nach dem Bombardement gemacht haben. Sie steht interessierten Bauherren zur Verfügung.

Da der Sprengbombenabwurf überwiegend in einer Reihe erfolgte, müssen die Bombentrichter, in Abhängigkeit von der Fluggeschwindigkeit, in einem bestimmten Abstand liegen. Fehlt in der Reihe ein Trichter, so kann man davon ausgehen, dass hier eine Bombe nicht zur Detonation gekommen ist und somit als Blindgänger noch im Boden lagert. Die Praxis hat gezeigt, dass mit Hilfe der *Luftbildauswertung* die Lage eines Blindgängers auf ± 1 m genau angegeben werden kann. Darüber hinaus müssen gegebenenfalls Sondierungen zum Auffinden der Blindgänger durchgeführt werden. Diese sind genau nach den Anweisungen der Kampfmittelbeseitigungsunternehmen auszuführen. Überwiegend werden mittels Spülbohrungen PVC-Rohre eingebracht, in die dann Prüfsonden eingelassen werden. Allerdings zeigen diese Geräte alle Eisenteile an, die im Boden liegen. Trotzdem sollte auf diese Möglichkeit nicht verzichtet werden, wenn berechtigter Verdacht auf Blindgänger besteht.

Alle Bundesländer unterhalten einen Kampfmittelräumdienst, der das Bergen und Entschärfen in eigener Regie vornimmt oder gewerbliche Spezialfirmen damit beauftragt. Diese stehen auch beratend zur Verfügung.

Wer die Möglichkeiten der Kampfmittelerkundung und -beseitigung nicht nutzt und die Gesundheit oder das Leben der Beschäftigten, von Anwohnern und Passanten gefährdet, handelt grob fahrlässig und kann strafrechtlich verfolgt werden.

Die Finanzierung der zivilen Kampfmittelbeseitigung teilt sich auf zwischen dem Grundstückseigentümer, dem Bundesland und dem Bund. Während die vorsorgliche Absuche eines Baugrundstückes z. B. vom Bauherren zu tragen ist, übernimmt das Land die Maßnahmen der Gefahrenabwehr (Entschärfung, Abtransport und Vernichtung). Der Bund

Abb. 15.9 Typische Luftbildaufnahme der Alliierten Luftwaffe bei einem Luftangriff

beteiligt sich in den Fällen an den Kosten, in denen die Gefahr von ehemals reichseigenen Kampfmitteln ausgeht. Allerdings hat aufgrund der föderalistischen Struktur jedes Bundesland hierzu seine eigenen Regeln, so dass in dem einen Bundesland andere Finanzierungsgrundsätze gelten als in dem Nachbarland.

15.9.3 Spürgeräte

Für das Aufspüren von Kampfmitteln (Bomben, Granaten, Munition usw.) sind spezielle Suchgeräte entwickelt worden, die auch militärisch (z. B. bei der Mienenräumung) eingesetzt werden.

Ein international bekanntes unternehmen ist die Fa. EBINGER, Köln, die bereits vor 40 Jahren ihre ersten Suchgeräte zum Einsatz zum Einsatz gebracht haben. Erst vor etwa 10 Jahren wandte sich EBINGER der Entwicklung von hochempfindlichen Fluxgate Magnetometern zu. Heute zählen MAGNEX®-Sonden zu den Spitzenprodukten, die auf dem internationalen Markt angeboten werden.

Das MAGNEX® 120 LW wurde für die Kampfmittelräumung entwickelt. Es dient zum Auffinden ferromagnetischer Sprengkörper, die sich im Erdboden oder Gewässern befinden. Außerdem wird es bei der Bohrlochsondierung eingesetzt, wo Bomben in großer Tiefe oder auch in stark gestörten Suchgebieten nachgewiesen werden müssen.

Anwendung und Wirkungsweise
Das MAGNEX® 120 LW (Abb. 15.10) beruht auf dem Gradiometer-Prinzip, mit dem Störungen im magnetischen Erdfeld nachgewiesen werden können. Ferromagnetische Teile verursachen in ihrer Umgebung ein Störfeld, dessen Amplitude und Polarität als Suchinformation zur Lokalisierung ausgewertet werden.

Digitale Messdatenaufnahme erfolgt vorzugsweise mit dem *MAGNETO-System*, das von SENSYS entwickelt wurde. Durch die einfache Bedienbarkeit entspricht es den Belangen des Praktikers in der Kampfmittelräumung. Wesentliche Funktionalität bei Bearbeitung und Bewertung der Messdaten, so auch des Belastungsgrades der sondierten Fläche, zählen zu den Vorteilen des MAGNETO-Systems. Mit dem Standard-Datenlogger kann es als Ein- oder Dreikanalsystem im Feld eingesetzt werden.

Aufbau
Das MAGNEX® 120 LW (Abb. 15.11) besteht aus folgenden Komponenten:

- Abschraubbarer Sondenstab
- Sondengabel mit Elektronik und Zeigerinstrument
- Bedienteil mit Stufenschalter und Nullpunkt-Kompensation
- Abnehmbarer Lautsprecher
- Batterierohr
- Tragegurt
- Transportkoffer und Zubehör

Abb. 15.10 Spürgerät
MAGNEX 120 LW

Abb. 15.11 Handlicher
Gerätekoffer für das
MAGNEX 120 LW

Für Bohrlochsondierungen dient das Standard-Wasserkabel, das den Sondenstabdruck-wasserdicht über eine Länge von 25 m mit der Geräteelektronik bzw. einem Datenlogger, als auch mit einer externen Batterieversorgung verbindet. Für besondere Anwendungen können kundenspezifische Wasserkabel größerer Längen angefertigt werden.

Das TREX®-System 150 LW (Abb. 15.12) ist ein neu entwickeltes aktives Metallsuch-gerät. Hauptsächlich ist es für die Kampfmittelräumung bestimmt und dient zum Auffin-den großer Metallobjekte, wie zum Beispiel Bomben, Fässer oder Tanks. Die Besonder-heiten des TREX®-Systems liegen in seiner Selektivität gegenüber metallischen Kleintei-len an der Oberfläche und in seiner – bezogen auf aktive Metallsuchgeräte – großen Reichweite auf entsprechend große Objekte (Transmitter-Wirkung). Je nach Größe der oberflächennahen Kleinteile werden diese entweder ignoriert oder als Kleinteile erkannt und angezeigt (Absorber-Wirkung). Damit sollte das TREX®-System eine interessante Ergänzung gegenüber der klassischen Bombenortung (passive Magnetometertechnik) darstellen.

Abb. 15.12 Ortungsgerät TREX® 150 LW im Einsatz

Wirkungsweise und Bedienung

Das TREX®-System besteht aus zwei räumlich getrennt angeordneten Spulen. Durch die Sendespule fließt ein Wechselstrom bestimmter Frequenz, welcher in der Empfangsspule eine bestimmte Spannung induziert. Metallkomponenten verändern diese weiträumige Kopplung

zwischen Sende- und Empfangsspule. Diese Änderungen werden als Ortungssignal zur Anzeige gebracht. Der große Vorteil dieses Verfahrens liegt in der selektiven Empfindlichkeit auf große Metallflächen. Kleine Metallteile, z. B. Splitter werden vom TREX® weitgehend ignoriert.

Das TREX®-System ist ohne weiteren Zusammenbau sofort einsatzbereit. Die Bedienelemente wie Stufenschalter, Kompensationsdrehknopf und Lautstärke-Einsteller befinden sich stirnseitig an der Elektronikbox. Nach Wahl der gewünschten Empfindlichkeitsstufe wird der Offsetwert mit der Kompensation auf Null abgeglichen. Das TREX®-System kann direkt am Rohr, Griff oder Tragegurt geführt werden. Der Abstand zum Boden sollte dabei 70 bis 80 cm betragen:

Deutlich ist z. B. – neben starken oberflächennahen Störungen – die großflächige Signatur z. B. einer Bombe zu erkennen. Bei größerer Verseuchung mit oberflächennahen magnetisierten Kleinteilen wächst die Gefahr, die magnetische Signatur tiefliegender Objekte zu übersehen. So konnte z. B. in einem solchen Bereich in 1,90 m Tiefe erfolgreich eine 500 kg Bombe aus dem zweiten Weltkrieg geortet und geborgen werden.

15.9.4 Praktische Durchführung von Suchbohrungen

Die *Messdaten* der Metallsuchgeräte bei der flächenmäßigen Absuche können durch Störungen (z. B. durch Zäune, Leitungen, Bahngleise oder massiver Schrottbelastung) *verfälscht* werden.

In solchen Fällen kommen Bohrungen nebst (PVC-Verrohrung) zum Einsatz.

Die Bohransatzpunkte, Abstände und Tiefen der Bohrungen werden von der zuständigen Fach-Aufsichtsbehörden (z. B. Kampfmittelräumdienst der Bundesländer) festgelegt.

Das Bohrverfahren wir vom Bohrunternehmen in Abhängigkeit von der vorhandenen Gerätschaft und den zu erwartenden Bodenverhältnissen festgelegt.

In der Regel kommen Geräte zum Einsatz, wie sie auch in der Geothermie verwendet werden. Folgende Bohrverfahren können je nach Bodenart eingesetzt werden:

- Unverrohrte Endlosschneckenbohrung
- verrohrte Endlosschneckenbohrung (Abb. 15.13)
- Verrohrte Spülbohrung bzw. Lufthebeverfahren
- Rammkernbohrung
- Kurzschnecken-Kellybohrung bzw. Bohrung mit Bohreiner
- Überlagerungsbohrung

Abb. 15.13 Raupenbohrgerät
bei der Herstellung einer
Bohrung mit Endlosschnecke

Nach Abschluss der Oberflächenortung und Beseitigung evtl. Funde (z. B. durch Baggerschürfung), ist sichergestellt, dass in den oberen zwei bis 3 m keine Kampfstoffe anzutreffen sind. Anschließend kann mit den Bohrungen wie folgt begonnen werden:

1. Abteufen einer (i. d. R. verrohrten) Bohrung von 2–3 m Tiefe.
2. Ausbau der Bohrschnecke bzw. sonst. Bohrwerkzeuge.
3. Einbau eine PVC-Verrohrung zur Vermeidung von Ablenkungen.
4. Einfahren der Sonde (z. B. MAGNEX 120 LW) und Sondieren der nächsten 2–3 m
5. Ausbau der PVC-Verrohrung, Einbau des Bohrwerkzeuges und Abteufen der nächsten Bohrstrecke.
6. Weiter mit Pkt. 2.
7. Nach Erreichen der max. Bohrteufe verbleibt die PVC-Verrohung im Bohrloch (für evtl. weitere Nachkontrollen)

Hierbei festgestellte Bodenanomalien, die möglicherweise Kampfmittel sein können, werden freigelegt, identifiziert und geborgen, falls sie handhabungsfähig sind. Falls das aufgefundene Kampfmittel nicht handhabungsfähig ist, muss es „entschärft" werden oder – falls das nicht möglich ist – noch an der Fundstelle durch eine gezielte Sprengung zerstört oder unschädlich gemacht werden.

Nach Abschluss der Bohrarbeiten erhält der Auftraggeber ein *Bohrprotokoll* mit *Auswertung und Freigabe* für jedes einzelne Bohrloch.

15.9.5 Vorschriften und Regeln

Zu beachten sind:

- Die Unfallverhütungsvorschrift BGI 833 „Schutzmaßnahmen für den Einsatz von Separieranlagen bei der Bergung von Fundmunition (Kampfmittelräumung)"
- Die von den Bundesländen herausgegebenen Gesetze und Bestimmungen für den Bereich Kampfmittelräumung.

Qualitätssicherung nach DIN EN ISO 9000 ff.

Dieses Kapitel wurde mit freundlicher Unterstützung von Frau Simone Brugger-Gebhardt erstellt. Simone Brugger-Gebhardt ist seit 1998 in Unternehmen als Beraterin und Trainerin für Qualitäts-, Umwelt- und Energiemanagementsysteme tätig. Für einen vertieften Einstieg in das Thema Qualitätssicherung empfehlen wir die Literatur von Frau Brugger-Gebhardt, erschienen im Springer Gabler Verlag.

16.1 Allgemeines

Dem ständig wachsenden Umwelt- und Qualitätsbewusstsein und den damit verbundenen Folgekosten kann auch im Bauwesen nur noch durch ein ausgereiftes Qualitätssicherungssystem begegnet werden. Nur so kann im zukünftigen europäischen Vergabesystem der Wettbewerbsvorteil (Made in Germany) erhalten bleiben.

Qualitätssicherungssysteme umfassen alle technischen und organisatorischen Maßnahmen, die der vorbeugenden Fehler- bzw. Mängelvermeidung dienen. Hierzu gehört auch die Einbeziehung der Sicherheit und des Arbeitsschutzes.

Wie Untersuchungen von Versicherungen usw. ergeben haben, wären etwa 85 % aller Schäden bzw. Mängel am Bau durch ein intensives Qualitätssicherungssystem vermeidbar gewesen. Die Qualitätsmängel können nach Verantwortungsbereichen grob unterteilt werden in

- 40 % Planungsfehler
- 10 % Materialfehler
- 40 % Ausführungsfehler
- 10 % sonstige Fehler

J. Lehn, M.Sc., M. Willikens, *Handbuch der Baugrunderkundung*, https://doi.org/10.1007/978-3-658-45052-6_16

595

Die Ausführungsfehler sind wiederum bedingt zu etwa

- 30 % durch fehlende Informationen
- 70 % durch Sorglosigkeit

Die vorgenannten Zahlen lassen erkennen, dass der wesentliche Teil der Schäden durch einen vertretbaren Aufwand vermieden werden könnte. Das Qualitätssicherungssystem ist in der Lage, hierzu einen wesentlichen Beitrag zu leisten. Viele Bauunternehmen haben dies nach anfänglich großer Skepsis erkannt und bereits ein Qualitätsmanagement aufgebaut. Auch eine Vielzahl von Spezialtiefbauunternehmen bzw. -gesellschaften besitzen bereits ein entsprechendes Zertifikat nach DIN EN ISO 9001.

Zu den maßgebenden Faktoren der Qualitätssicherung gehören u. a.:

• Angebotsbearbeitung	• Abnahme/Übernahme
• Nachunternehmerverträge	• Instandhaltung und Sanierung
• technische Bearbeitung	• Rückbau bzw. Abbruch
• Vertragswesen	• Umweltverträglichkeit
• Betriebsorganisation	• Sicherheit
• Arbeitsvorbereitung	• Beachtung der allgemeinen Regeln der
• Güteüberwachung der Baustoffe	• Baukunst (DIN-Vorschriften)
• Baustellenmanagement für jede Baustelle	• Beachtung der Unfallverhütungsvorschriften
• Gerätebereitstellung	• Beachtung arbeitsrechtlicher Belange
• Herstellung	

16.2   Definition der Qualität

Der Begriff „Qualität" wird nach DIN EN ISO 9000 wie folgt definiert:

„Qualität ist der Grad, in dem ein Satz inhärenter Merkmale Anforderungen erfüllt."

Inhärent bedeutet, das Merkmal ist dem Produkt oder der Leistung „innewohnend" im Gegensatz zu „zugeordnet". Gemeint sind also Merkmale, die untrennbar zum betrachteten Gegenstand gehören.

Eine Probebohrung mit Verrohrung kann im Sinne der Qualitätssicherung die gleiche Qualität besitzen wie eine solche ohne Schutzverrohrung, wenn diese den Anforderungen des Kunden nach Herstellung, Funktionsfähigkeit usw. entspricht. Das teure Produkt darf in diesem Zusammenhang nicht mit Qualität gleichgesetzt werden.

Den normgerechten Qualitätsbegriff soll folgendes Beispiel erläutern:

Ein Spezialtiefbauunternehmen hat bei einem Hersteller Stahlspundwände in der Stahlgüte S 240 GP ($\sigma = 160$ MN/m^2) bestellt. Geliefert wurden Stahlspundwände in der Stahlgüte S 335 GP ($\sigma = 240$ MN/m^2) zum selben Preis. Die Kundenanforderung wurde damit in keiner Weise erfüllt, obwohl es sich um ein hochwertigeres Produkt handelte. Im Sinne der DIN EN ISO 9000 spricht man hier von einer Nicht-Qualität oder einer Nicht-Konformität.

Um es noch einmal deutlich herauszustellen, der Qualitätsbegriff im Sinne der DIN EN ISO 9000 ist preisneutral. Maßgebend für die Qualität ist hier die Erfüllung der vom Kunden geforderten Produkteigenschaften.

16.3   Qualitätsmanagement

Qualitätsmanagement (QM) bedeutet, dass alle Maßnahmen des Unternehmens am Qualitätsziel ausgerichtet sind sowie systematisch geplant und abgewickelt werden. Die DIN EN ISO 9000 gibt hierzu folgende Definitionen:

„Qualitätsmanagement = Aufeinander abgestimmte Tätigkeiten zum Leiten und Lenken einer Organisation bezüglich Qualität."
„Qualitätsmanagementsystem = Managementsystem zum Leiten und Lenken einer Organisation bezüglich Qualität."

Das „Qualitätsmanagementsystem" schafft die Voraussetzung für ein erfolgreiches „Qualitätsmanagement". Es hilft einem Unternehmen, sich gut zu organisieren und so das Auftreten von Nicht-Konformitäten = Fehlern zu verhindern. Es hat die Aufgabe, mögliche Qualitäts-Risiken besser zu erkennen und die Wiederholung von Fehlern in der Produktion und der Dienstleistung durch Korrektur-Maßnahmen zu vermindern.

16.4   Das QM-System

Ein QM-System beschreibt also die betriebliche Organisation, die in die Aufbauorganisation und die Ablauforganisation unterteilt werden kann. In der Aufbauorganisation sind die Aufgaben und Zuständigkeiten festgelegt, in der Ablauforganisation sind die innerbetrieblichen Prozesse wie Beschaffung, Planung, Konstruktion, Fertigung usw. dokumentiert. Ein QM-System soll dabei immer prozessorientiert aufgebaut sein.

Die Norm gliedert sich in folgende Abschnitte:

4 Kontext der Organisation

Das Unternehmen soll eine Unternehmensstrategie aus dem Unternehmensumfeld entwickeln, den Anwendungsbereich des Systems eindeutig festlegen und dazu die zu regelnden Prozesse identifizieren und beschreiben.

5 Führung

Ohne die Unternehmensführung geht es dabei nicht. Die Führung regelt Aufgaben und Kompetenzen und legt die Qualitätsstrategie fest.

6 Planung

Die Strategie muss in eine konkrete Planung überführt werden. Dazu werden Risiken und Chancen identifiziert sowie konkrete Qualitätsziele festgelegt und umgesetzt.

7 Unterstützung

Dieses Normkapitel enthält alle Anforderungen an unterstützende Prozesse, wie die Personalqualifikation, die Wartung und Instandhaltung von Maschinen und Geräten, eine zuträgliche Arbeitsumgebung, funktionierende Prüfmittel und die Steuerung der Dokumentation.

8 Betrieb

Hier sind die Anforderungen an die wertschöpfenden Prozesse eines Unternehmens gelistet. Bei einem Bauunternehmen betrifft dies zum Beispiel die Teilnahme an Ausschreibungen, die Bauprojektplanung mit allen Phasen nach HOAI, sowie die Vorbereitung und Nachbereitung einer Baustelle und die Baustellenorganisation selbst.

9 Bewertung der Leistung

Die Qualität und damit der Erfolg des Systems müssen mit Kennzahlen gemessen werden. Dazu müssen auch regelmäßige interne Audits durchgeführt und das System von der Geschäftsleitung bewertet werden.

10 Verbesserung

Hier geht es darum, aus Fehlern zu lernen und damit eine ständige Verbesserung der Organisation zu erreichen.

Dies bedeutet jedoch nicht, dass von einem Unternehmen ein derart gegliedertes QM-System erstellt werden muss. Die Gliederung dient nur der besseren Auffindbarkeit von Regelungen, die auf die unternehmenseigenen Prozesse zutreffen.

Die Norm wurde ursprünglich nach den Anforderungen der Automobilindustrie gestaltet. Inzwischen, nach mehreren Revisionen, lässt sich die ISO 9001 gut auf andere Branchen sowie Dienstleistungs- und Handelsunternehmen übertragen.

Es gibt jedoch weiterhin keine zwingende Einführung des QM-Systems in jedem Unternehmen. Es wird weiterhin die Entscheidung der Geschäftsleitung bleiben, ob sie dieses Hilfsmittel zur Unternehmensführung einsetzt. Jedoch wird bei internationalen und auch bei immer mehr nationalen Ausschreibungen von den Bietern zwingend ein Nachweis der Qualitätsfähigkeit nach DIN EN ISO 9001 verlangt.

Die Zertifizierung hat den Vorteil, dass das Unternehmen seine Qualitätsfähigkeit nicht mehr im Einzelfall nachweisen muss, sondern durch das Zertifikat den allgemein gültigen Nachweis erhält, der weltweit anerkannt ist.

16.5   Normen zum Qualitätsmanagement

DIN   = Deutsches Institut für Normung
EN   = Europäische Norm
ISO   = International Organization for Standardization

DIN EN ISO 9000:
Qualitätsmanagementsysteme – Grundlagen und Begriffe; Ausgabe November 2015
DIN ISO/TS 9002:
Qualitätsmanagementsysteme – Leitfaden für die Anwendung von ISO 9001:2015; Ausgabe August 2020
DIN EN ISO 9001:
Qualitätsmanagementsysteme – Anforderungen; Ausgabe November 2015
DIN EN ISO 9004:
Qualitätsmanagement – Qualität einer Organisation – Anleitung zum Erreichen nachhaltigen Erfolgs; Ausgabe August 2018
DIN EN ISO 19011
Leitfaden zur Auditierung von Managementsystemen; Ausgabe Oktober 2018
DIN EN ISO 10006
Qualitätsmanagementsysteme – Leitfaden für Qualitätsmanagement in Projekten; Ausgabe Oktober 2020
Die Zertifizierungsgrundlage für ein QM-System bildet jedoch ausschließlich die DIN EN ISO 9001.

16.6   Kosten des Qualitätsmanagements

Wenn man die nach Einführung des Qualitätsmanagements erzielten Einsparungen durch Mängelminderung, Erkennung von Schwachstellen und vor allem der möglichen Effizienzsteigerung durch die Optimierung von Prozessen berücksichtigt, sind die Kosten für den Aufbau verschwindend gering. Der Kostendeckungsbeitrag wird sich nicht unerheblich erhöhen.

Die direkten Fehlerkosten werden im Allgemeinen mit etwa 2 % des Umsatzes beziffert. Wenn man jedoch den Aufwand für die Produktionsausfälle (Baustellenstillstand), Nacharbeit, Ersatzleistungen, zusätzliche Abnahme, Terminverzug, fehlendes Personal und Gerät auf anderen Baustellen, eventuelle Verlängerung der Gewährleistungsfrist und nicht zuletzt den Vertrauensverlust richtig bewertet, kann sich der Anteil der Fehlerkosten sehr schnell auf 8 bis 10 % erhöhen.

Die Kosten für die Behebung eines Fehlers steigen erfahrungsgemäß umso stärker, je später der Mangel erkannt wird. Die Kosten der Fehlerbehebung steigen in der Regel um das Zehnfache an jedem Projektmeilenstein. Oft entstehen diese Fehler durch belanglose Vorkommnisse (z. B. falscher oder fehlender Ausführungsplan), deren Vermeidung keinen Aufwand bedeutet hätte. Es gilt der Grundsatz: „Qualität gibt es nicht umsonst, aber sie kostet nichts.“

16.7   Einführung des Qualitätsmanagements

Auch ohne die Einführung eines Qualitätsmanagements verfügt jedes erfolgreiche Unternehmen über eine Organisationsstruktur, ohne die es sich am Markt unter Wettbewerbsbedingungen nicht halten könnte. Die Einführung des QM-Systems nach DIN EN ISO 9001 bedeutet keinesfalls, die gesamte Unternehmensstruktur zu ändern, sondern sie mit den Anforderungen der Norm zu ergänzen und zu optimieren.

Der Einführungsablauf wird sinnvollerweise anhand eines Flussdiagramms, wie es im Qualitätsmanagement üblich ist, verdeutlicht. Auf Details dieses Verfahren soll in diesem einfachen Überblick nicht eingegangen werden, sondern lediglich auf die wesentlichen Stufen des Ablaufs. Für weitere Informationen und Vertiefungen in das QM-Thema wird am Schluss dieser Ausführungen auf vorhandene Fachliteratur hingewiesen.

Hat man sich für die Einführung eines QM-Systems entschieden, so muss rechtzeitig vor der Zertifizierung Kontakt mit der gewählten Zertifizierungsstelle aufgenommen werden. Die Zertifizierungsstellen müssen sich bei der DAkkS (Deutsche Akkreditierungsstelle) registrieren. Außerdem muss eine Zertifizierungsstelle für bestimmte Fachbereiche (Scopes) zugelassen sein. Der Scope für das Baugewerbe ist Scope 28. In der Datenbank der DAkkS lassen sich die Zertifizierungsgesellschaften mit dem zugelassenen Scope 28 filtern.

https://www.dakks.de/de/home.html

Das von den Zertifizierern angebotene kostenlose Informationsgespräch sollte auf jeden Fall genutzt werden, wenn die Einführung des Systems nicht von einem erfahrenen Berater begleitet wird. Hierbei werden alle die Einführung des QM-Systems betreffenden Fragen ausführlich erläutert.

Die Phasen der Zertifizierung sind folgende:

1.	Phase:	Beauftragung des ausgewählten Zertifizierungsunternehmens
2.	Phase:	Stufe 1-Audit mit Feststellung der Zertifizierungsfähigkeit
3.	Phase:	Stufe 2-Audit
4.	Phase:	Prüfung des Verfahrens und Erteilung des Zertifikats
5.	Phase:	Jährliche Überwachungsaudits, nach 3 Jahren Rezertifizierung

16.8   Grobe Ablaufplanung der QM-Einführung

Phase 1: Entscheidung	
☐	Die Geschäftsführung entscheidet sich für die Einführung des QM-Systems
☐	Innerbetrieblich Verantwortlichen einsetzen
☐	Personal und Mittel für den Aufbau des QM-Systems bereitstellen
☐	Einsetzen einer Arbeitsgruppe (abteilungsübergreifend)
☐	Schulung der beauftragten Mitarbeiter
☐	Information der Beschäftigten über das Projekt

	Phase 2: Aufbau
☐	Bestandsaufnahme
☐	Erarbeitung der Prozessdokumentation
☐	Erarbeitung weiterführender Hilfsmittel, wie Arbeitsanweisungen, Checklisten und Formulare
☐	Optimieren der betrieblichen Organisation
☐	Informieren der Beschäftigten über die Qualitätspolitik, die Ziele und die neu eingeführten Regelungen
☐	Ausprobieren der neu eingeführten Regelungen
☐	Durchführen eines ersten internen Audits
☐	Durchführen einer ersten Managementbewertung durch die Geschäftsführung

	Phase 3: Anwendung und Pflege des QM-Systems
☐	Anwendung des QM-Systems
☐	Pflege und Weiterentwicklung des QM-Systems
☐	Beständige Verbesserung des QM-Systems durch Interne Audits und Korrekturmaßnahmen

16.9 Qualitätsmanagement-Schulungen

Systembezogene Schulungen bieten an:

- DEKRA Akademie, https://www.dekra-akademie.de/homepage
- DGQ Deutsche Gesellschaft für Qualität, https://www.dgq.de/
- Haufe Akademie, https://www.haufe-akademie.de/
- TÜB Nord Akademie, https://www.tuev-nord.de/de/weiterbildung/
- TÜV-Rheinland-Akademie, https://akademie.tuv.com/
- TÜV SÜD, https://www.tuvsud.com/de-de/store/akademie
- TÜV Thüringen Akademie, https://die-tuev-akademie.de/
- VOREST AG, https://www.vorest-ag.com/

16.10 Schlussbemerkung

Mit diesen kurzen Ausführungen sollte lediglich Verständnis und Interesse für das QM-System geweckt werden. Bei der Einführung ist sicherlich mit zusätzlichen Kosten zu rechnen. Nach der Übernahme des Systems und entsprechender Einarbeitungszeit werden sich die Erfolge jedoch schnell einstellen. Im Zuge des ständig wachsenden EU-Marktes sowie der Einführung des Euro und dem damit verbundenen Wettbewerbsdruck kann sich schließlich nur das Unternehmen behaupten, das hochwertige Bauleistungen anbieten kann. Eine Grundlage dafür ist eine Zertifikation nach DIN EN ISO 9000 ff.

16.11 Literaturhinweise

DIN EN ISO 9000:2015
Qualitätsmanagementsysteme – Grundlagen und Begriffe. Berlin: Beuth Verlag.
DIN EN ISO 9001:2015
Qualitätsmanagementsysteme – Anforderungen. Berlin: Beuth Verlag.
DIN ISO/TS 9002:2020
Qualitätsmanagementsysteme – Leitfaden für die Anwendung von ISO 9001:2015. Berlin: Beuth Verlag.
DIN EN ISO 9004:2018
Qualitätsmanagement – Qualität einer Organisation – Anleitung zum Erreichen nachhaltigen Erfolgs. Berlin: Beuth Verlag.
DIN EN ISO 19011:2018
Leitfaden zur Auditierung von Managementsystemen. Berlin: Beuth Verlag.
DIN EN ISO 10006:2020
Qualitätsmanagement – Leitfaden für Qualitätsmanagement in Projekten. Berlin: Beuth Verlag.
Brugger-Gebhardt, S. (2016)
Die DIN EN ISO 9001:2015 verstehen. Wiesbaden: Springer Gabler.

Aus- und Weiterbildung 17

Dieses Kapitel wurde mit freundlicher Unterstützung des BAU-ABC Rostrup erstellt

17.1 Allgemeines

Bohrunternehmen, die bohrtechnische Leistungen anbieten, sind nicht nur ausschließlich im Brunnenbau tätig, sondern führen auch Baugrundaufschlusserkundungen, Geothermiebohrungen, Deponiebohrungen, sowie Aufgaben im Grund- und Spezialtiefbau durch. Dafür werden hochqualifizierte Fachkräfte mit einer Ausbildung als Brunnenbauer oder Spezialtiefbauer benötigt.

Das Bau-ABC Rostrup in Bad Zwischenahn spielt hierbei seit 1976 eine wichtige Rolle bei der Nachwuchsgewinnung und Fachkräftesicherung der Bauwirtschaft und hat sich mittlerweile mit 23 vertretenen Berufen in 44 Lehrwerkstätten zur größten überbetrieblichen Bildungsstätte seiner Art entwickelt. Hier wird die überbetriebliche Ausbildung für Brunnenbauer und Spezialtiefbauer aus ganz Deutschland im betriebseigenen „Kompetenzzentrum Bohr- und Energietechnik" umgesetzt.

Weit über 50 Baumaschinen, bzw. spezielle Bohranlagen oder Technologien stehen hierbei zur Verfügung. Durch eine starke Vernetzung in der Branche und den ständigen fachlichen Austausch mit Herstellern, Lieferanten und Baubetrieben in Bezug auf Innovationen und Bildungsbedarfe ist durch Zentralisierung und gute Auslastung der Bildungsstätte ein hochspezialisiertes und diversifiziertes Bildungsangebot entstanden, welches sich agil an die Bedürfnisse der Branche anpassen kann.

Getragen wird dieses Alleinstellungsmerkmal durch die enge Lernortkooperation des Bau-ABC Rostrup mit der benachbarten Berufsschule BBS Ammerland, den ausbildenden Betrieben und der prüfenden Handwerkskammer HWK Oldenburg. Während der überbetrieblichen Ausbildung und des Berufsschulunterrichts steht ein Internats- und Gästehausbetrieb mit angegliederten Freizeitbereich zur Verfügung, ein gesamtheitliches pädagogisches Konzept wird hierbei permanent fortgeschrieben.

© Der/die Autor(en), exklusiv lizenziert an Springer Fachmedien Wiesbaden GmbH, ein Teil von Springer Nature 2025
J. Lehn, M.Sc., M. Willikens, *Handbuch der Baugrunderkundung*,
https://doi.org/10.1007/978-3-658-45052-6_17

In Kooperation mit der „Technischen Hochschule Georg Agricola" (THGA, früher u. a. FH Bergbau und TFH Bochum), der „Ostfalia Hochschule für angewandte Wissenschaften – Campus Suderburg" oder der „Hochschule Osnabrück" ist ein Duales Studium oder ein Duales Studium im Praxisverbund mit einer vollwertigen Erstausbildung mit Berufsabschluss curricular verankert und möglich.

Das breite Bildungsportfolio mit klassischer Aufstiegsfortbildung, Fach- oder Zertifikatslehrgängen im Rahmen der Erwachsenenbildung wird im Bau-ABC Rostrup durch die zertifizierte Weiterbildungsmarke „BAU-Akademie-Nord" im Sinne des „lebenslangen Lernens" für die Branche umgesetzt.

17.2   Die überbetriebliche Ausbildung

17.2.1 Infrastruktur und Ausstattung der überbetrieblichen Bildungsstätte

Die Arbeitsbedingungen auf wechselnden Baustellen erschweren eine systematische Ausbildung.

Die überbetriebliche Ausbildung baut daher berufliche Qualifikationen grundlegend planmäßig und systematisch auf und vermittelt Qualifikationen, die der Ausbildungsbetrieb nicht oder nur unzureichend abdeckt.

In der überbetrieblichen Ausbildung wird durch praxisnahe Projektaufgaben berufliche Handlungskompetenz entwickelt. Hierbei wird Sie eng mit dem jeweiligen Unterricht in der Berufsschule abgestimmt. Sie ist für die Bauberufe unverzichtbar und wird über die jeweilige Ausbildungsverordnung verbindlich für alle Ausbildungs-verhältnisse inhaltlich und zeitlich geregelt.

Die überbetriebliche Berufsausbildung im Brunnenbau wird seit 1980 im „Bau-ABC Rostrup" in Bad Zwischenahn durchgeführt. Seit 1999 gilt dies ebenfalls für die Ausbildung zum Spezialtiefbauer. Zeitgleich wurde die jeweilige Bundesfachklasse in der BBS Ammerland eingerichtet und der Prüfungsausschuss über die Handwerkskammer einberufen. Die Auszubildenden haben die Möglichkeit, sowohl während ihrer überbetrieblichen Ausbildung, als auch während ihrer Berufsschulzeit im Bau-ABC Rostrup zu wohnen. Dazu wird ein großzügiger Internats- und Freizeitbereich mit angegliederten Gästehäusern nebst gesamtheitlichem pädagogischen Konzept vorgehalten.

Neben einem Freigelände stehen im Bau-ABC Rostrup große Lehrwerkhallen und eine Freihalle zur Verfügung. Sie bieten die Gewähr dafür, dass die Ausbildung ganzjährig witterungsunabhängig durchgeführt werden kann.

Um den anspruchsvollen Ausbildungsinhalten gerecht zu werden, wurde im Kompetenzzentrum Bohr- und Energietechnik eine Gebäudeinfrastruktur erstellt, in der alle technischen Ausbildungsinhalte in Sichtnähe des Bohrplatzes mit komplexer Maschinenausstattung vermittelt werden können. Auch in den Lehrwerkhallen stehen

Brunnenanlagen zur Verfügung, an denen Wasserversorgungsanlagen installiert werden können. Eine komplett ausgerüstete Metalllehrwerkstatt inklusive hochmoderner Schweißkabinen, Demonstrationsanlagen zur Wasseraufbereitung sowie eine Demonstrationsanlage zur unterirdischen Trinkwasseraufbereitung oder Kamerabefahrung im Rahmen von Regenerierung oder Sanierung steht zur Verfügung. Weiterhin kommt Messtechnik für Pumpversuche zum Einsatz und die Dichtheitsprüfung von Erdwärmesonden kann vermittelt werden. Die Pumpentechnologie als essentieller Bestandteil aller Bohranlagen wird im Werkstattbereich erschlossen, repariert und bewertet. Bohrspülungen werden auf Ihre Eigenschaften hin untersucht und mit Hilfe von Rezepturen unter Berücksichtigung der Maschinentechnik den jeweiligen geologischen Verhältnisse angepasst und neu berechnet. Moderne Software zur Aufbereitung und Dokumentation der Messergebnisse und Bohrdaten ergänzen die Ausstattung. Für die Dokumentation aller handlungsorientierten und arbeitsnahen Aufgaben nutzt jeder Auszubildende sein eigenes Tablet. Im Klassenoder Sozialraum der jeweiligen Lehrgangsgruppe können theoretische Inhalte aufbereitet werden oder Dokumentationen erstellt werden. Lager, Sanitärräume, Umkleiden und Schließfächer sowie das Büro der Lehrwerkmeister gehören zum Standard. In der überbetrieblichen Bildungsstätte ist für die Vollverpflegung gesorgt.

Für die praktische Ausbildung stehen u. a. folgende Geräte zur Verfügung:

- Dreiböcke mit elektrohydraulischen Winden und jeweils einer kompletten Bohrrohr- und Bohrwerkzeuggarnitur für Bohrungen bis 20 m Teufe
- Universalbohrgerät vom Typ ECO-0 auf Raupenfahrwerk der Firma Wirth
- Hydraulikbohranlage der Firma Nordmeyer
- Bohrgerät Klemm Typ KR 702-2 mit Kraftdrehkopf Typ KH 16, Bohrlafette Typ 160 und Hydraulik Power Pack Typ PP-95-DS
- Bohrgerät Klemm KR 708 3F
- Bohrgerät Geotec Rotomax Li-B
- Spezialrammgerät Vermeer HL 1200 zur gerammten Stahlrohrpfahlherstellung
- Hydraulisches Spülbohrgerät System Adler B75pro (Abb. 17.1)
- Drucksondier-(CPT) Kleinraupengerät der Fa. Eijkelkamp
- Kleinbohr- und Rammsondiergerät der Fa. Carl Hamm
- Geräte für horizontale Bohrverfahren
- Anlagen für unterschiedliche Wasserhaltungsmaßnahmen
- Förder- und Spülpumpen für Montage und Simulationsübungen
- Pumpenraum mit Montagewänden
- Messgeräte zur Durchführung von EDV-gestützten Pumpversuchen
- Brunnenkamera der Fa. IBAK
- Vermessungsgeräte
- Ausbaumaterial für den Rohrgrabenverbau

Abb. 17.1　Hydraulisches Spülbohrgerät System Adler B75pro

17.2.2 Ausbildungsablauf

Im ersten Ausbildungsjahr werden im Berufsschulunterricht und in der überbetrieblichen Ausbildung die Grundbegriffe des allgemeinen Tiefbaus (Straßenbau, Kanalbau, Rohrleitungsbau und Brunnenbau) sowie grundlegende brunnen- und spezialtiefbauspezifische Inhalte vermittelt.

Im Rahmen der Stufenausbildung kann bereits am Ende des zweiten Ausbildungsjahres die Abschlussprüfung zum Tiefbaufacharbeiter mit Schwerpunkt Brunnen- und Spezialtiefbauarbeiten abgelegt werden. Nach einem dritten Ausbildungsjahr erreicht der/die Auszubildende, nach einer vertiefenden Ausbildung und Prüfung, die Qualifikation zum Brunnenbauer*In bzw. zum Spezialtiefbauer*In (Geselle/Gesellin bzw. Spezialfacharbeiter*In).

17.2.3 Ausbildungsinhalte

Die Ausbildung im Brunnenbau oder Spezialtiefbau beinhaltet im 1. und 2. Ausbildungsjahr u. a.:

* Metallbau, Metallverarbeitung
* Werkstoff- und Maschinenkunde, Hydraulik
* Metallbau; A- und E-Schweißen, Brennen, Weich- und Hartlöten

- Montage und Einbau einer funktionsfähigen Druckkesselanlage
- Aufbau einer Enteisungsanlage und Überprüfung der erzielten Eisenwerte des Wassers
- Kennenlernen der Funktionen unterschiedlicher Pumpen
- Durchführung von Bohrungen mit unterschiedlichen Bohrverfahren
- Bohrverfahren zur Erdwärmegewinnung
- Thermal Response Test
- Entnahme von Bodenproben und deren Kennzeichnung
- Dokumentation der Bohrarbeiten in Feldberichten (Schichtenverzeichnisse, Bohrprotokolle)
- Durchführung von Siebanalysen zur Korngrößenbestimmung von Sand und Kies
- Anfertigung von Schichtenprofilen und Ausbauplänen
- Aufbau einer kompletten Grundwasserhaltungsanlage
- Durchführung einer Horizontalbohrung
- Höhen- und lagemäßiges Einmessen der Bohrpunkte
- Herstellen einer Probebohrung und Ausbau zum Brunnen oder zur Grundwassermessstelle
- Rohrleitungsbau mit Formstücken und Verbau
- Kunststoffbearbeitung durch Kleben und Spiegelschweißen

Die überbetriebliche Ausbildung zum/zur Brunnenbauer*In im dritten Ausbildungsjahr beinhaltet u. a.:

- Bau von Grundwassermessstellen
- Brunnenregenerierung und Brunnensanierung
- Durchführen von Pumpversuchen
- Graphische Darstellung von Pumpversuchen
- Messung des Restsandgehaltes
- Herstellen von Ergiebigkeitskurven
- Zusammenstellen der Brunnenstammakte
- Dieselmotoren
- Hydraulik
- Entwickeln von Brunnen

Die überbetriebliche Ausbildung zum/zur Spezialtiefbauer*In im dritten Ausbildungsjahr beinhaltet u. a.:

- Herstellen von Werkstücken aus Stahl
- Ankertechnik
- Bohrpfähle in verschiedenen Verfahren
- Manschettenrohrbohrungen
- Injektionstechnik
- Baugrundverbesserung

- Unterfangungen
- Ramm-/Rütteltechnik
- Großdrehbohrgeräteschulung
- Dokumentation von Spezialtiefbauverfahren

Die Abschlussprüfung zum Brunnenbauer oder Spezialtiefbauer findet vor einer überregionalen Prüfungskommission der Handwerkskammer Oldenburg im Bau-ABC Rostrup statt.

Im Rahmen der Neuordnung der Berufe des Bauhauptgewerbes tritt ab dem 01.08.2026 für den Brunnenbau und den Spezialtiefbau eine neue Ausbildungsordnung in Kraft, in der die maschinentechnische Ausbildung intensiviert wird und die Themen Digitalisierung, Nachhaltigkeit und Umweltschutz stärker integriert werden.

17.3   Fort- und Weiterbildung

Wie in anderen Berufen nimmt auch im Brunnen- und Spezialtiefbau die Weiterbildung einen immer größeren Stellenwert ein. Trotz intensiver Berufsausbildung reicht heute das einmal vermittelte Wissen nicht für alle Zeiten aus. Die rasante Entwicklung in der Geräte- und Verfahrenstechnik setzt eine laufende Weiterbildung voraus, um stets auf dem neuesten Stand zu sein. Gerade in wirtschaftlich schlechteren Zeiten tun die Unternehmen gut daran, die angebotenen Weiterbildungsmaßnahmen für ihre Fach- und Führungskräfte zu nutzen.

Als weitere Säule in der Fachkräftequalifizierung bietet die BAU-Akademie-Nord in Bad Zwischenahn offene Lehrgänge und Seminare, Personalentwicklungskonzepte und Inhouse-Trainings an.

Die Fort- und Weiterbildung nimmt auch im Brunnen- und Spezialtiefbau einen immer größeren Stellenwert ein. Trotz intensiver Berufsausbildung reicht das einmal vermittelte Wissen nicht für alle Zeiten aus. Die rasante Entwicklung in der Geräte- und Verfahrenstechnik setzt eine laufende Fort- und Weiterbildung voraus, um stets auf dem neuesten Stand zu sein. Das erforderliche Wissen kann nicht in einer Standard-Weiterbildungsmaßnahme vermittelt werden. Es sind daher unterschiedliche Lehrgangskonzeptionen erforderlich, die dem Mitarbeiterspektrum der Brunnenbau- und Bohrbetriebe entsprechen. Auch dieser Aufgabe hat sich das Bau-ABC Rostrup in Zusammenarbeit mit anderen Institutionen gewidmet, sie umfassen u. a.:

- Praktikerlehrgänge für Quereinsteiger mit Qualifizierungsverfahren nach W120-1/W120-2
- Fachseminare zur Arbeitssicherheit am Bohrgerät
- Fachseminare zur Bohr- und Spülungstechnik
- Fachseminare zur Herstellung von Grundwassermessstellen
- Fachseminare zur Probennahme in der Baugrunderkundung
- Fachseminare zur Bohrtechnik

- Fachseminare zu Grundwasserhaltungsverfahren
- Fachseminare zur Brunnenregenerierung
- Grundkurs und Prüfung zur Fachkraft nach DIN ISO/TS 24283-1 für „Probenentnahme mittels Bohrungen nach DIN EN ISO 22475-1" (Geotechnische Erkundung) sowie die Folgeprüfungen nach jeweils 7 Jahren
- Grundkurs und Prüfung zur Fachkraft nach DIN ISO/TS 24283-1 für „Bohrungen und Einbau von Erdwärmesonden" nach DIN EN ISO 17628 (Geothermie) sowie die Folgeprüfungen nach jeweils 7 Jahren
- Grundkurs und Prüfung zur Fachkraft für Drucksondierungen mit elektrischen Messwertaufnehmern und Messeinrichtungen für den Porenwasserdruck nach DIN CEN ISO/TS 24283-1 und DIN EN ISO 22476-1 „Geotechnische Erkundung und Untersuchung – Feldversuche – Teil 1" sowie die Folgeprüfungen nach jeweils 7 Jahren
- Fachseminar mit Grundkurs und Prüfung für den „Verantwortlichen Fachleiter" nach DIN ISO/TS 24283-2 (Qualitätssicherung bei der Baugrunderkundung auf Grundlage der DIN EN ISO 22475-1 sowie die Folgeprüfungen nach jeweils 7 Jahren)
- Vorarbeiter- und Werkpolierlehrgänge im Bereich Brunnen- und Spezialtiefbau
- Vorbereitungslehrgänge auf die Meisterprüfung im Brunnenbauerhandwerk
- Meisterprüfung im Brunnenbauerhandwerk
- In Planung: Fachkraft für geohydraulische Feldversuche nach DIN EN ISO 22282

17.4   Anschriften von Bildungsstätten

Bau-ABC Rostrup/BAU-Akademie-Nord (Abb. 17.2)
Virchowstraße 5
26160 Bad Zwischenahn
Tel. 04403-9795-0
info@bau-abc-rostrup.de
www.bau-abc-rostrup.de
www.bauakademie-nord.de

BILDUNGS- UND TAGUNGSZENTREN DER BAUWIRTSCHAFT

Abb. 17.2 Logos der Bildungs- und Tagungszentren der Bauwirtschaft

Bayerischer Bauindustrieverband e. V.
Verein für Bauforschung und Berufsbildung des Bayerischen Bauindustrieverbandes e. V.
Oberanger 32
80331 München
Tel 089235003-0
Fax 089235003-70
info@bauindustrie-bayern.de

DVGW
Deutscher Verein des Gas- und Wasserfaches e. V.
Josef-Wirmer-Strasse 1–3
53123 Bonn
Tel. 02 289 18 85; Fax 02 28 91 88-9 90

FIGAWA
Mevissenstraße 1
50668 Köln
www.figawaservice.de
info@figawaservice.de
Tel. 0221 2707 99 20

Anhang

Literaturverzeichnis (1. Auflage)

Diese Angaben wurden in der 2. Auflage unverändert aus der Erstauflage übernommen. Ergänzende Quellenangaben sind bei den jeweils überarbeiteten Kapiteln direkt angeführt

Arnold, W.: Flachbohrtechnik, Deutscher Verlag für Grundstoffindustrie, Stuttgart 1993

Bender, F.: Angewandte Geowissenschaften, Bd. II, Erike-Verlag, Stuttgart 1984

Bieske, E.: Bohrbrunnen, Oldenburg, München 1992

Buja, H. O.: Handbuch des Spezialtiefbaus, Werner Verlag, Düsseldorf 2001

Buja, H. O.: Handbuch der Baugrunderkundung, Werner Verlag, Düsseldorf 2001

Cambefort, H.: Bohrtechnik, Bauverlag Wiesbaden, 1964

Cloos, H.: Gespräch mit der Erde, Verlag Piper & Co., München 1954

Fecker, E.: Geotechnische Messgeräte und Feldversuche, Erike Verlag, Stuttgart 1997

Goodman, R. E.: Einführung in die Gesteinsmechanik (engl.), New York 1989

Handbuch der Gesteinsbohrtechnik, Deutscher Verlag für Grundstoffindustrie, Leipzig 1983

Happel, M.: Verfahren zur Herstellung von Bohrlöchern, Untereisesheim 1992

Heuer, Gubany, Hinrichsen: Baumaschinen Taschenbuch, Bauverlag, Wiesbaden 1984

Hoffmann, D.: 150 Jahre Tiefbohrungen in Deutschland, Urban Verlag, Wien 1963

Kempfert, H. G. u. Raitel, M.: Bodenmechanik und Grundbau, Bauwerk Verlag, Berlin 2007

Krüdener, A. Frhr. von, und Becker, A.: Atlas Standortkennzeichnender Pflanzen, Berlin 1941

Krupp-Widia: Programmübersicht Widia-Werkzeuge, Essen 1991

Kühn, G.: Bohren im Lockergestein – Untersuchungsbericht, Baumaschine und Technik 1980

Kukuk, Paul: Geologie, Mineralogie und Lagerstättenkunde, Springer-Verlag, Berlin 1960

J. Lehn, M.Sc., M. Willikens, *Handbuch der Baugrunderkundung*,
https://doi.org/10.1007/978-3-658-45052-6

Marx, C.: Diamantbohrwerkzeuge in der Schürfbohrtechnik, Christensen Diamond Products, Celle

Marx, C: Diamantbohrwerkzeuge in der Schürfbohrtechnik, Firmenschrift der Christensen,

Nold, J. F. GmbH: Nold-Brunnenfilterbuch, Stockstadt 1989

Möller, G.: Geotechnik kompakt Grundbau, Bauwerk Verlag, Berlin 2003

Rübener, R. H.: Grundbautechnik für Architekten, Werner Verlag, Düsseldorf 1985

Scheidegger, F.: Aus der Geschichte der Bautechnik, Bd. 1 + 2, Birkhäuser Verlag, Basel 1994

Schlüter, K., u. a.: Statusbericht Schürfbohren, Clausthal-Zellerfeld 1981

Schröder, H.: Grundbau Taschenbuch, Verlag W. Ernst & Sohn, Berlin 1966

Schwate, W.: Handbuch der Gesteinsbohrtechnik, Dt. Verlag der Grundstoffindustrie, Leipzig

Simmer, K.: Grundbau 1, Verlag B. G. Teubner, Stuttgart 1987

Smoltczyk, H.-U.: Grundbautaschenbuch Teil 1, 2 u. 3: Verlag W. Ernst & Sohn, Berlin

Stüwa-Brunnenfilter und Bohrbedarf: Taschenkalender für den Brunnenbauer, Rietberg 1997

Tecklenburg, Th. S.: Handbuch der Tiefbohrtechnik Bd. 1, Baumgärtnersche Buchhandlung 1896

Tholen, M.: Arbeitshilfen für Brunnenbauer, Verlag R. Müller, Köln 1997

Tholen, M. u. Dr. S. Walker-Hertkorn: Arbeitshilfen Geothermie, wvgw Wirtschafts- und Verlagsgesellschaft Bonn 2008

Wirth Maschinen- und Bohrgeräte: Bohrtechnisches Handbuch, Erkelenz 2004

Wirth-Bohrgeräte: Vortragsband anlässlich des Aufbaulehrgangs der FIGAWA „Die verschiedenen Drehbohrverfahren", Kerpen 1991

Zieschang, W.: Fangwerkzeuge – Reihe Tiefbohrtechnik. Dt. Verlag für Grundstoffindustrie, Leibzig 1976

Kontaktadressen von Unternehmen und Behörden, die mit Informationsschriften, Prospekten und Abbildungen zum Gelingen des Buches beigetragen haben (diese Angaben wurden in der 2. Auflage unverändert aus der Erstauflage übernommen. Ergänzende Quellenangaben sind bei den jeweils überarbeiteten Kapiteln direkt angeführt)

Bauer Maschinenbau GmbH, Wittelsbacherstr. 5, 86522 Schrobenhausen, Tel.:08252-97-0, E-Mail: info@bauer.de, Internet: www.bauer.de.

Brückner Grundbau GmbH, Am Lichtbogen 8, 45141 Essen, Tel.: 0201-3108-0, E-Mail: zentrale@brueckner-grundbau.de, Internet: www.brueckner-grundbau.de

Broschüre „Oberflächennahe Geothermie" herausgegeben vom

Bayerisches Staatsministerium für Umwelt, Gesundheit und Verbraucherschutz (StMUGV) Rosenkavalierplatz 2, 81925 München, E-Mail: poststelle@stmugv.bayern.de, Internet: www.umweltsministerum.bayern.de

und

Bayerisches Staatsministerium für Wirtschaft, Infrastruktur, Verkehr und Technologie

StMWIVT, Prinzregentenstr. 28, 80538 München, E-Mail: info@stmwivt.bayern.de.
Internet: www.stmwivt.bayern.de.
BauGrund Süd Gesellschaft für Geothermie mbH, Maybachstr. 5, 88410 Bad Wurzach,
Tel.: 07554-9313-40, E-Mail: info@baugrunsued.de, Internet: baugrundsued.de
BetaTherm-Erdwärmekörbe – Ausführung: Dietrich Rohrleitungsbau GmbH,
Carl-Benz-Straße 16, 73235 Weilheim/Teck, Tel. +49 (0) 70 23/95 14-0,
E-Mail: info@dietrich-rb.de
Broschüre: Geothermie – herausgegeben von der Handelskammer Düsseldorf –
    Zentrum für
Umwelt und Energie, Mülheimer Str., 46049 Oberhausen, Tel.: 0208-82055-55,
E-Mail: info@umweltmarkt.org
DC-Software – Doster & Christmann GmbH, Hanna-Arendt-Weg 3, 80997 München,
E-Mail: service@dc-software.de, Internet: dc-software.de
Celler Brunnenbau GmbH, Postfach 1171, www.celler-brunnenbau.de. 29221 Celle,
Tel.: 05141-8844-10, E-Mail: cb@celler-brunnenbau.de, Internet: www.celler-brunnenbau.de.
COMDRILL Bohrausrüstungen GmbH, Im Kressgraben 29, 74257 Untereisesheim,
Tel.: 07132-99870, www.comdrill.de.
COMACCHIO s.r.l. Vertrieb u. Service: Wirth GmbH, Kölner Str. 71–73, 41812 Erkelenz,
E-Mail: info@wirth-europe.com – Vertrieb Süddeutschland: Dipl.-Ing. Werner Jahrbacher,
Bohrtechnische Beratungen, 81197 Gröbenzell, Föhrenstr. 1, Tel.: 08142-570033,
E-Mail: jahrbacher@t-online.de
EMDE Industrie-Technik GmbH, Grundbauzubehör, Postfach 1339, 56373 Nassau,
Gewerbegebiet Koppelheck, Tel.: 02604-97030, E-Mail: info@emde.de, Internet:
    www.emde.de
Franki Grundbau GmbH &Co. KG, Hittfelder Kirchweg 24–28, 21220 Seevetal,
Tel.: 04105-869-0, E-Mail: info@franki.de, Internet: www.franki.de.
GGU Gesellschaft für Grundbau und Umwelttechnik GmbH, Am Hafen 22, 38112
    Braunschweig,
Tel: 0049-(0)531-31 03 7-0, E-Mail: post-bs@ggu.de, Internet: www.ggu.de
Heinz Burkhardt GmbH & Co KG – Erdwärme, Tulpenstr. 15, Tel.: 07055-9297-0,
E-Mail: info@burkhardt-erdwaerme.de, Internet: www.burkhardt-erdwaerme.de.
IDAT GmbH, Ing.-Büro für Datenverarbeitung GmbH, Dieburger Str. 80, 64287 Darmstadt,
Tel.: 06151-7903-0, Internet: www.idat.de
Keller Grundbau GmbH, Kaiserleistr. 44, 63006 Offenbach, Tel.: 069-80510,
E-Mail: marketing@KellerGrundbau.com, Internet: KellerGrundbau.com
KLEMM-Bohrtechnik, Postfach 1267, 57484 Drolshagen, Tel.:07261-7050,
E-Mail: klemm-bt@klemm-mail.de, Internet: www.klemm-bt.de
Geotec Bohrtechnik GmbH, Aspastr. 26, 59394 Nordkirchen, Tel.: 02596-97000,
E-Mail: contact@geotec-bohrtechnik.de, Internet: www.geotec-bohrtechnik.de
Hans Leffer Stahl- und Apparatebau GmbH, Pfählerstr. 1, 66125 Saarbrücken, Tel.:
    06897-793-0,
E-Mail: info@leffer.de, Internet: www.leffer.de

Maschinenfabrik Sennebogen, Hebbelstr. 30, 94315 Straubing, Tel.:+49 (0)9421-540-0,
E-Mail: info@sennebogen.de, Internet: www.sennebogen.de mailto:info@schaefers.de
Nordmeyer GmbH – Maschinen und Brunnenbohrgeräte, Postfach 1604, Tel.: 05171-542-0,
E-Mail: info@nordmeyer.de, Internet: www.nordmeyer.de
SPIBO Spielhoff-Bohrwerkzeuge GmbH, Kronprinzenstr. 26, 44135 Dortmund,
Tel.: 0231-528246, E-Mail: spibo-dortmund@t-online.de, Internet: www.spibo.de
SVG – Förderstelle Geothermie Nord-Schweiz, Dr. Mark Eberhard, Schachenallee 29,
CH 5000 Aarau, Tel.: 062-8232707, E-Mail: mark.eberhard@geothermal-energy.ch
Tracto-Technik GmbH Co. KG – Spezialmaschinen, Postfach 4020, 57356 Lennestadt,
Tel.: 02723-8080, Internet: www.tracto-technik.de.
Wirth Maschinen- und Bohrgeräte-Fabrik GmbH, Postfach 1660, 41806 Erkelenz,
Tel.: 02431-83267, E-Mail: info@wirth-drilling.com, Internet: www.wirth.drilling.com

Kontaktadressen von Unternehmen und Behörden, die mit Informationsschriften, Prospekten und Abbildungen zum Gelingen des Buches beigetragen haben (diese Angaben wurden in der 2. Auflage unverändert aus der Erstauflage übernommen. Ergänzende Quellenangaben sind bei den jeweils überarbeiteten Kapiteln direkt angeführt)

Geowissenschaften, Verlag Wilhelm Ernst & Sohn, 13187 Berlin
bbr – Wasser und Rohrbau – Bundesfachblatt Brunnen-, Kanal- und Rohrleitungsbau im
    Hauptverband der deutschen Bauindustrie, Verlag Rudolf Müller, 50933 Köln
Baumaschine und Technik, Bertelsmann Fachzeitschriften GmbH, Avenwedder Str. 55,
    33311 Gütersloh
Bautechnik – Verlag Ernst & Sohn GmbH & Co. KG, Bühringstr. 10, 130086 Berlin,
E-Mail: bautechnik@ernst-und-sohn.de, Internet: Bautechnik.ernst-und-sohn.de.
Bauingenieur – Springer VDI- Verlag, Heinrichstr. 24, 40239 Düsseldorf, Tel.:
    0211-6103-140,
E-Mail: vetrieb@technikwissen.de, Internet: www.bauingenieur.de

Stichwortverzeichnis